"十二五"普通高等教育本科国家级规划教材

国家精品课程教材

普通高等教育电气工程与自动化类系列教材

电力工程

第 2 版

鞠 平 主编

马宏忠　卫志农　袁 越

张利民　丁晓群　参编

U0349682

机械工业出版社

本书是"十二五"普通高等教育本科国家级规划教材，普通高等教育电气工程与自动化类系列教材，着重介绍电力工程的基本知识、基本原理和基本方法。全书内容分为 4 篇 16 章，其中：电力设备篇主要包括输电设备、电力负荷、同步发电机、开关类设备以及高压绝缘与保护控制；电力系统稳态分析篇主要包括电力系统的潮流、电力系统的频率、电力系统的电压；电力系统暂态分析篇主要包括电力系统对称故障、电力系统不对称故障以及电力系统的稳定；电力工程的设计与管理篇主要包括电气主接线、电力网络接线的设计、电气设备的选择以及电力工程的管理。本书在内容上注重反映新技术，注重精练易懂，注重启发互动。

本书在体系上采用模块式结构，以便不同专业的灵活选用，既可以作为电气工程及其自动化专业的"电力工程"、"电气工程"或"电力系统"课程的教材，也可以作为其他弱电专业有关电力工程类背景课程的教材。对于电气工程及其自动化专业，还可以根据学分数不同而选用不同的内容。

本书的读者对象主要为电气工程类本科生、研究生，也可供高职高专及成人高校相关专业学生使用，还可供电力行业广大工程技术人员自学参考。

本书配有免费电子课件，欢迎选用本书作教材的老师登录 www.cmpedu.com 下载或发邮件到 yu57sh@163.com 索取。

图书在版编目（CIP）数据

电力工程/鞠平主编. —2 版. —北京：机械工业出版社，2014.7
（2021.6 重印）

"十二五"普通高等教育本科国家级规划教材　普通高等教育电气工程与自动化类系列教材

ISBN 978-7-111-46729-8

Ⅰ.①电…　Ⅱ.①鞠…　Ⅲ.①电力工程-高等学校-教材　Ⅳ.①TM7

中国版本图书馆 CIP 数据核字（2014）第 099474 号

机械工业出版社（北京市百万庄大街 22 号　邮政编码 100037）
策划编辑：于苏华　责任编辑：于苏华　王　琪　版式设计：赵颖喆
责任校对：纪　敬　封面设计：张　静　　　　责任印制：常天培
北京虎彩文化传播有限公司印刷
2021 年 6 月第 2 版第 8 次印刷
184mm×260mm · 27 印张 · 649 千字
标准书号：ISBN 978-7-111-46729-8
定价：55.00 元

电话服务　　　　　　　　　　网络服务
客服电话：010-88361066　　机　工　官　网：www.cmpbook.com
　　　　　010-88379833　　机　工　官　博：weibo.com/cmp1952
　　　　　010-68326294　　金　书　网：www.golden-book.com
封底无防伪标均为盗版　机工教育服务网：www.cmpedu.com

序

随着科学技术的不断进步，电气工程与自动化技术正以令人瞩目的发展速度，改变着我国工业的整体面貌。同时，对社会的生产方式、人们的生活方式和思想观念也产生了重大的影响，并在现代化建设中发挥着越来越重要的作用。随着与信息科学、计算机科学和能源科学等相关学科的交叉融合，它正在向智能化、网络化和集成化的方向发展。

教育是培养人才和增强民族创新能力的基础，高等学校作为国家培养人才的主要基地，肩负着教书育人的神圣使命。在实际教学中，根据社会需求，构建具有时代特征、反映最新科技成果的知识体系是每个教育工作者义不容辞的光荣任务。

教书育人，教材先行。机械工业出版社几十年来出版了大量的电气工程与自动化类教材，有些教材十几年、几十年长盛不衰，有着很好的基础。为了适应我国目前高等学校电气工程与自动化类专业人才培养的需要，配合各高等学校的教学改革进程，满足不同类型、不同层次的学校在课程设置上的需求，由中国机械工业教育协会电气工程及自动化学科教学委员会、中国电工技术学会高校工业自动化教育专业委员会、机械工业出版社共同发起成立了"全国高等学校电气工程与自动化系列教材编审委员会"，组织出版新的电气工程与自动化类系列教材。这套教材基于**"加强基础，削枝强干，循序渐进，力求创新"**的原则，通过对传统课程内容的整合、交融和改革，以不同的模块组合来满足各类学校特色办学的需要，并力求做到：

1. 适用性：结合电气工程与自动化类专业的培养目标、专业定位，按技术基础课、专业基础课、专业课和教学实践等环节，进行选材组稿。对有的具有特色的教材采取一纲多本的方法。注重课程之间的交叉与衔接，在满足系统性的前提下，尽量减少内容上的重复。

2. 示范性：力求教材中展现的教学理念、知识体系、知识点和实施方案在本领域中具有广泛的辐射性和示范性，代表并引导教学发展的趋势和方向。

3. 创新性：在教材编写中强调与时俱进，对原有的知识体系进行实质性的改革和发展，鼓励教材涵盖新体系、新内容、新技术，注重教学理论创新和实践创新，以适应新形势下的教学规律。

4. 权威性：本系列教材的编委由长期工作在教学第一线的知名教授和学者组成。他们知识渊博，经验丰富，组稿过程严谨细致，对书目确定、主编征集、资料申报和专家评审等都有明确的规范和要求，为确保教材的高质量提供了有力保障。

　　此套教材的顺利出版，先后得到全国数十所高校相关领导的大力支持和广大骨干教师的积极参与，在此谨表示衷心的感谢，并欢迎广大师生提出宝贵的意见和建议。

　　此套教材的出版如能在转变教学思想、推动教学改革、更新专业知识体系、创造适应学生个性和多样化发展的学习环境、培养学生的创新能力等方面收到成效，我们将会感到莫大的欣慰。

全国高等学校电气工程与自动化系列教材编审委员会

第2版前言

本书第1版出版至今只有5年，已经有上百所高校选用或参考。编者在衷心感谢之余，也深感责任重大，只有精益求精、不断完善，才能够不辜负大家的厚爱。恰逢本书被评为"十二五"普通高等教育本科国家级规划教材，所以通过广泛征求授课教师和学生的意见，结合国内外电力工业和电力系统的发展情况，进行了本次修订。第2版主要修订内容如下：

1）增加或更新了电力工程发展的内容。例如，由鞠平重写了6.3节，由马宏忠增加了1.2.6节并对第14、15章进行了修订，其余章节也由其他编者进行了不同程度的修改。

2）删除了部分相对次要或者易变的内容。例如，删除了原16.2节和16.3节关于电力市场的内容。

3）调整了部分章节的顺序。例如，将原"第7章 电气主接线"移至后面作为新的第13章，这是因为这部分内容与电力工程设计关系更加密切，而且在电力系统分析之后再学习，一些地方比较容易理解。

4）增加部分例题和通俗易懂的解释，有利于读者的理解。

5）增加了思考题和习题，尤其是增加了需要读者通过自行查找数据资料进行分析的题目，以锻炼读者这方面的能力。

第2版涵盖了电力工程的主要内容，结构更加合理，各高校可以结合自己的专业特色和课程安排来选择。本书适用于下列课程：电气工程及其自动化专业的"电力工程"、"电气工程"或分开设置的"电力系统稳态分析"（第1~3、7~9章）、"电力系统暂态分析"（第4、10~12章）、"电气设备"（第1~6章、13~16章），非电气工程专业的"电气工程概论"（第1~3、5~6、13、16章）、"电力系统概论"（第1~3、7~12章）。

但挂一漏万，第2版教材仍难尽善尽美，不妥之处恳请广大读者不吝赐教。鞠平邮箱：pju@hhu.edu.cn，马宏忠邮箱：hhumhz@163.com。

编　者

2014 年 3 月于南京

第1版前言

1952 年，我国大学进行院系调整时形成了一批以工科为主的大学。工科大学几乎都把电气工程专业作为本校的重要专业。在计划经济时代，专业分得很细，以适应经济建设的需要。原来的电气类专业共 5 个：电机电器及其控制、电力系统及其自动化、高电压与绝缘技术、工业自动化、电气技术。20 世纪 90 年代开始，为了适应市场需要，提高学生的适应性，开始进行专业合并。目前的电气工程及其自动化专业，正是在上述 5 个专业的基础上合并而成的，专业内容主要是电能的产生、传输和利用。

电力工程与许多学科专业是密切相关的，现代电力工程的发展也要求不断地拓展同学们的知识面。电力专业所需的知识结构如图 1 所示。电力工程的内容非常丰富，可以从两个角度进行概括：①电力技术，主要是从设备角度概括，包括电源、输电、配电等；②电力科学，主要是从系统角度概括，电力科学的结构(内容及相应的课程)如图 2 所示。电力工程课程涵盖了电力技术和电力科学的基本内容，作为电力专业的学生，自然要学好这门课。

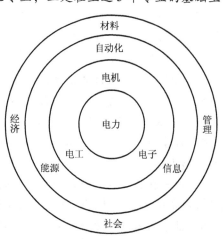

图 1　电力专业所需的知识结构

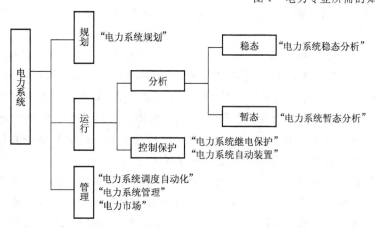

图 2　电力科学的结构

专业合并前，电力系统分析国内较多采用的教材是《电力系统稳态分析》和《电力系统暂态分析》，这些教材内容丰富、介绍详细、叙述严谨、循序渐进。在专业细分时期，电力系统分析有 8 学分，这些教材尤其合适。但是，专业合并后，尤其是各高校压缩专业课程的学分后，电力工程或者电力系统方面的学分只有 5 学分左右。在这种背景下，最近几年出版了几本教材，如《电力系统分析》、《电能系统基础》等，大都简化了原有内容，各有千秋。西方国家也有几本相关教材，比如《Electric Power Systems》（John Wiley & Sons Ltd.），覆盖内容相当宽，但不具体详细展开，只给出问题描述和基本方法。

本书内容分为4篇：电力设备、电力系统稳态分析、电力系统暂态分析、电力工程的设计与管理。这4个方面互相关联，从学习的角度，合适的次序应该是先了解元件，再了解系统，最后再设计。

本书的主要特色有：

1）注重体系上的模块式结构，以便不同专业的灵活选用。既可以作为电气工程及其自动化专业的"电力工程"或者"电力系统"课程的教材，同时也可以作为其他弱电专业有关电力工程类背景课程的教材。即使是电气工程及其自动化专业，根据各个高校的学分数情况，也可以选用不同内容。既可以选择不同篇，同一篇中也可以选择章。例如，如果有6学分，则可以讲解全部内容；如果只有4学分，可以选择第1篇中第2～4章，第2篇中第8、9章，第3篇中第11～13章（不讲13.4、13.5节）。另外，本书比较注重与其他课程（包括研究生课程）的衔接。

2）注重理论与实际的结合，尤其强调工程中定量分析与定性分析结合的重要性。

3）注重内容的综合性，实际上本书内容可以包括以前的"电力系统分析"、"电气设备"等互相关联的几门课程的内容。

4）注重新知识、新技术、新方法的纳入，比如直流输电技术、电能质量、电压稳定、电力市场等。

5）对一些内容的讲解方法进行了创新，比如同步发电机三相短路电流的推导、电压稳定的直观讲解等。另外，也纠正了以往教材中一些不妥之处。

6）注重基本点、要点和难点的讲解，注重教学的启发互动，为此设置了讨论课，思考练习题分为课堂、课后题目两种。

本书中加"※"的内容为选讲内容，主要供学生课外阅读。习题中加"＊"的为研究型题目。

本书由鞠平教授任主编，第1、3、4、11和13（部分内容）章由鞠平教授编写，第2、6、7、15（部分内容）章及附录由马宏忠教授编写，第8～10章由卫志农教授编写，第12、13（部分内容）和16章由袁越教授编写，第14、15（主要内容）章由张利民高级工程师编写，第5章由丁晓群教授编写。全书由鞠平教授、马宏忠教授统稿。全书承蒙浙江大学邱家驹教授审阅，并提出了宝贵的修改意见与建议。本书的立项和出版得到教育部高教司、机械工业出版社和河海大学的大力支持和资助，谨在此一并表示衷心感谢。

本书已在河海大学试用，根据使用情况对书稿内容进行了适当调整。限于笔者水平和实践经验，而且许多地方尚属于教学改革探索，所以书中难免有不足或有待改进之处，尚希读者不吝指正。联系方式：鞠平 pju@hhu.edu.cn，马宏忠 hhumhz@163.com。

作　者

2008年12月于南京

目　　录

第2篇 电力系统稳态分析

第3篇 电力系统暂态分析

第4篇 电力工程的设计与管理

第1章 绪 论

1.1 电力工程的发展

20世纪是电气时代!

电力工程的基石是电磁感应定律。电磁感应定律是法拉第(Faraday)在1831年10月发现的,即当磁铁和导线有相对运动时,回路中会产生电流。

电机的出现。不久,法拉第就依据电磁感应定律发明了最早的发电机原型——圆盘发电机,如图1-1所示。此后,达文波特、西门子、惠斯顿、格拉姆等发明制造出了发电机和电动机。

电厂的出现。1875年,巴黎北火车站建造了世界上第一座火电厂,是直流的。1879年,美国旧金山电厂成为最早售电的电厂。1882年,美国纽约珍珠街电厂,成为第一座较正规的电厂。1881年,英国戈德尔明电厂成为第一座水电厂。

电力系统的出现。爱迪生在1882年创办的美国纽约珍珠街电厂,由发电机-输电线-电灯组成,应该说是电力系统的萌芽。俄国电工科学家多利沃在1888年创用三相交流技术,在1889年发明三相笼型感应电机,成为三相交流制的鼻祖。1891年,密勒主持建立了最早的三相交流输电系统,如图1-2所示。

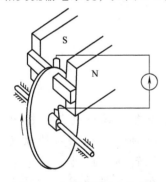

图 1-1 法拉第的圆盘发电机

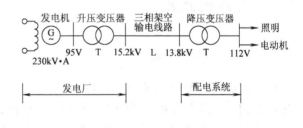

图 1-2 密勒制三相交流输电系统

交流与直流。在电力系统发展史上,一个有趣的问题是交流与直流之争。在19世纪电力发展初期,人们采用的是直流;到了20世纪初至50年代,开始采用交流;到了1954年,瑞典本土和歌德兰岛之间建成第一条100kV高压直流输电线路,此后交直流并存。直流输电系统的基本结构如图1-3所示。

我国电力工业。我国于1882年在上海第一次装机发电。时至今日,我国电力工业取得了巨大的成就,成为世界上最大的电力

图 1-3 直流输电系统的基本结构

系统。我国电力工业近期有几项战略性的任务：

1）全国联网。各省级电网实现交直流互联，形成了华北-华中、华东、东北、西北、南方5个大规模同步电网。同步电网之间通过直流或者背靠背直流实现互联，如图1-4所示。同时，我国相继建成1000kV特高压交流输电线路和±800kV特高压直流输电线路的示范工程。

2）可再生能源发电。资源和环境的双重压力，使开发可再生能源发电成为世界各国的共识。我国近期和中期将在可再生能源集中的"三北"（西北、华北、东

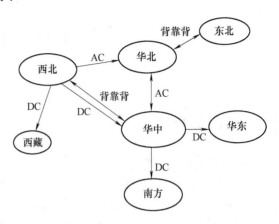

图1-4　我国大区电网互联基本框架

北）及东部沿海等地，建设大型风力发电、太阳能发电基地，并入大电网。同时，因地制宜开发建设小型风力发电、太阳能发电、生物质能发电等，进行分布式、微电网供电。

3）智能电网。国际上对于智能电网还没有统一的定义，各国发展智能电网的侧重点也不尽相同。信息化、自动化、互动化是智能电网的基本特征，满足用户多样化需求、促进清洁能源发展、实现高效可靠优质供电是智能电网的基本目标，推进电网主要环节智能化、推进信息支撑平台建设、促进智能公共服务平台建设是智能电网的发展重点。

1.2　电力系统概述

1.2.1　电力系统的构成

电力系统是如何组成的？电力系统是由发电厂、变压器、线路（包括输电线路和配电线路）、用户等电力设备联成一体的系统，如图1-5所示。电力系统从功能上通常分为发电、输配电、用电3部分，发电厂将一次能源转换为电能，经过输配电网络输送到用户，然后由用电设备转换为用户所需的其他形式的能量，如图1-6所示。根据电能的流向，将送出电能这一侧称为送端，接受电能这一侧称为受端。由变压器和线路等设备构成的网络，也称为电网，实现输配电功能。电网通常划分为输电网和配电网：输电网主要指大区域电网和省级电网，通过特高压或者高压网络实现大范围电能传输；配电网主要指地区电网，通过高压或者中压网络实现小范围电能分配。

什么是电气接线图？电气接线图从电气上描述了电力系统各个部分和设备的连接关系，严格来说应该采用三相电路，如图1-7所示，但在三相对称的情况下，一般都简化为单相电路，图1-7的单相电路如图1-8所示。图1-9则描述了典型电力系统的单相电路。

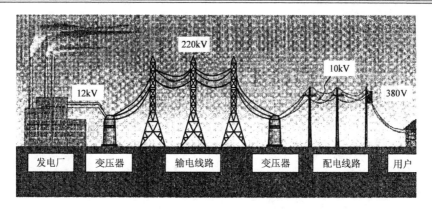

图 1-5　电力系统基本组成

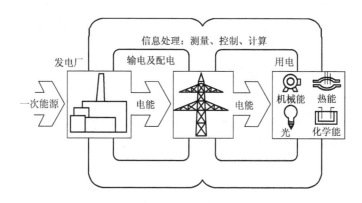

图 1-6　电力系统示意

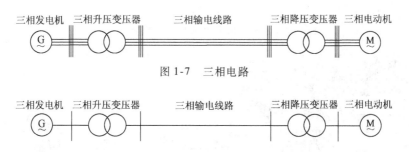

图 1-7　三相电路

图 1-8　电气接线图

　　什么是地理接线图？地理接线图从地理上描述了电力系统各个部分和设备的连接关系。严格来说应该采用如图 1-10 所示的地理接线图，但对于大规模电力系统一般都进行简化，如某电网的地理接线图如图 1-11 所示。

　　电力设备如何分类呢？电力设备分为一次设备（发电、输电、变电、配电、用电等）和二次设备（测量、监视、控制、继电保护、自动化、通信等），本课程主要介绍一次设备，后续课程介绍二次设备。

1.2.2　电力系统的基本参量

　　电力系统有哪些基本参量？电力系统的基本参量及其含义、单位见表 1-1。

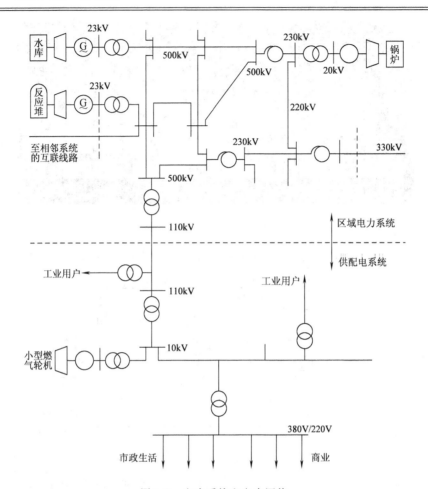

图 1-9 电力系统和电力网络

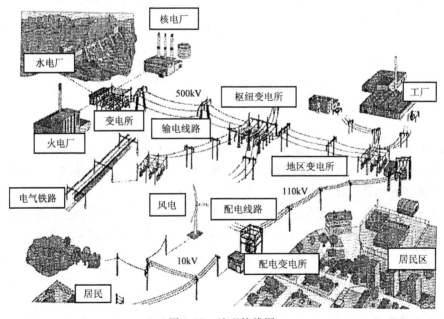

图 1-10 地理接线图

图 1-11 某电网地理接线图

表 1-1 电力系统的基本参量及其含义、单位

名　称	含　义	单位(国际/俗称)
总装机容量	发电机额定容量之和	MW/万 kW
最大负荷	负荷有功之和的最大值	MW/万 kW
年发电量	所发电能总和	MW·h/亿度
年用电量	所用电能总和	MW·h/亿度
额定频率	规定的频率(50Hz/60Hz)	Hz/赫兹
额定电压	规定的电压	kV/万伏

电力系统有哪些电压等级？电压等级是国家规定的标准额定电压，是指线电压。我国电力系统的电压等级见表 1-2，按照电压等级的范围，分为低压、高压、超高压、特高压，见表 1-3。

表 1-2 电力系统电压等级 　　(单位:kV)

电网额定电压	0.38	3	6	10	35	110	220	330	500	750
平均额定电压		3.15	6.3	10.5	37	115	230	345	525	788

表 1-3 各电压等级及范围

<3kV	3~280kV	280~800kV	≥800kV
低压	高压	超高压	特高压
Low-Voltage	High-Voltage	Extra-High-Voltage	Ultra-High-Voltage

电压是如何分布的？电压是会沿输配电线路下降的，电力网络中的电压分布如图 1-12 所示。一般来说按照如下规则处理：

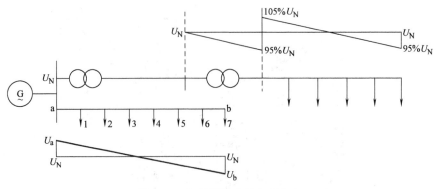

图 1-12　电力网络中的电压分布

电压降落：线路上一般为 10%，变压器一般为 5%。

电压偏移：一般允许 ±5%。

发电机：$1.05 \times$ 线路额定电压。

各设备具体额定电压等级见表 1-4。

表 1-4　各设备额定电压等级

用电设备额定线电压/kV	发电机线电压/kV	变压器线电压/kV	
		一次绕组	二次绕组
3	3.15	3，3.15	3.15，3.3
6	6.3	6，6.3	6.3，6.6
10	10.5	10，10.5	10.5，11.0
	15.75	15.75	
	23.0	23.0	
35		35	38.5
110		110	121
220		220	242
330		330	345，363
500		500	525，550
750		750	788，825

　　如何选择电压等级？电压等级的选择需要进行技术经济比较，包括线损、设备投资、输送功率与距离几个方面。一般来说，输送功率越大、输送距离越长，就需要选择越高的电压等级，见表 1-5。

表 1-5　架空线路的电压及其输送功率、输送距离

线路电压/kV	输送功率/MW	输送距离/km	线路电压/kV	输送功率/MW	输送距离/km
3	0.1~1.0	1~3	220	100~500	100~300
6	0.1~1.2	4~15	330	200~800	200~600
10	0.2~2.0	6~20	500	1000~1500	150~850
35	2~10	20~50	750	2000~2500	500 以上
110	10~50	50~150			

1.2.3　发电厂简介

　　发电厂是电力系统的核心部分。由图 1-6 可见，其功能是将各种形式的一次能源（如煤、油、水、风等），通过发电机转换为电能，然后并入输配电网。大部分发电厂都是先将

一次能源经过驱动系统转换为机械能，然后再带动发电机旋转产生电能。

1）火力发电。火力发电通常简称为火电，火电厂的流程示意图如图 1-13 所示。煤或者油被喷进炉膛燃烧，沿炉膛壁铺设的水管中的水受热后成为蒸汽，蒸汽进入汽轮机驱动汽轮机旋转，汽轮机带动发电机旋转发电。火电的优点是容量大，单台火电机组的容量已达 1300MW，一座火电厂通常有几台甚至十几台机组；火电的缺点是受到环境和资源的双重约束，火电厂污染排放已经引起各国高度关注，火电所需的煤油等矿石资源也日益短缺。

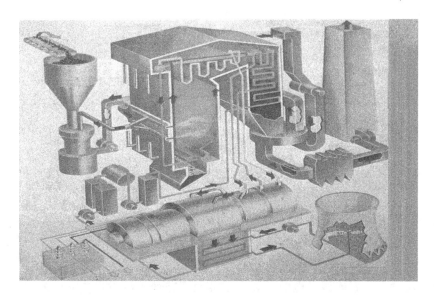

图 1-13　火力发电厂流程示意

2）水力发电。水力发电通常简称为水电，水电厂的流程示意如图 1-14 所示，立式水轮发电机剖面如图 1-15 所示。大坝上游的水流向下游，驱动水轮机旋转，水轮机带动发电机旋转发电。水电的优点是容量大而且清洁，单台水电机组的容量已达 800MW，我国的向家坝水电站就采用了这一容量等级的机组；水电的缺点是水力资源有限，而且可能对生物和环境产生一定影响。

图 1-14　水力发电厂流程示意

图 1-15　立式水轮发电机剖面

3）核能发电。核能发电通常简称为核电，核电厂的流程示意如图 1-16 所示，通过核聚变产生热量来加热水，水管中的水受热后成为蒸汽，蒸汽进入汽轮机驱动汽轮机旋转，汽轮机带动发电机旋转发电。核电装机容量最高的国家是美国、法国、日本、德国和俄罗斯。核电发电量比例最高的国家是立陶宛、法国和比利时。我国已经建成了秦山核电站、大亚湾核电站等 15 座核电厂。核电的优点是容量大而且资源丰富，单台核电机组的容量已达1750MW；核电的缺点是一旦发生事故就可能导致巨大的核灾难，日本的福岛核电站事故就是一个典型例子。

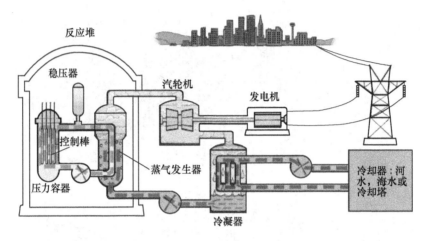

图 1-16　核能发电厂流程示意图

4）新能源发电。新能源发电的"新"是相对于前面 3 种发电方式，发电厂通常也称为发电场。新能源发电包括风力发电、太阳能发电、生物质能发电、地热能发电、海洋能发电等。新能源发电的优点是可再生和清洁，所以经常与可再生能源发电、清洁能源发电混用，但可再生能源发电、清洁能源发电严格来讲都包括水电。新能源发电的缺点是容量小而且能量密度低，比如单台风电机组的容量目前最大为 6MW。为了缓解日益严重的能源危机和环境问题，各国政府鼓励开发和利用新能源发电。新能源发电可以分为大规模集中式和小规模分布式，大规模集中式发电场接入输电网运行，小规模分布式发电则接入配电网运行。

我国电力工业发展政策是什么？目前，世界上大部分国家仍然以火电为主，以水电为主的国家有加拿大等，以核电为主的国家有法国等。我国能源发展"十二五"规划指出，积极有序发展水电，安全高效发展核电，加快发展风能等其他可再生能源发电，有序发展天然气发电，高效清洁发展煤电，推动能源供应方式变革。

1.2.4　变电所简介

变电所是电力系统的中间环节。由于电力系统中有不同的电压等级，变电所的功能就是对这些不同等级的电压进行变换、对不同电压等级的部分进行连接。变电所的主要设备有变压器、开关设备、避雷器、互感器等一次设备和继电保护、通信设备等二次设备。

变电所按照功能可划分为升压变电所(一般用于发电厂出口)和降压变电所(一般用于输

配电网络)。

变电所按照地位可划分为枢纽变电所(至关重要,汇集多个电源,高压侧为 330 ~ 500kV)、中间变电所(转换功率,汇集 2 ~ 3 个电源,高压侧为 220 ~ 330kV)、地区变电所(向地区用户供电,高压侧为 110 ~ 220kV)、终端变电所(接近负荷点,经降压后向用户供电)。

1.2.5 电力系统的特点和要求

电力系统的特点:地域广、构成复杂、动态时间短、电能难以储存。

对电力系统的要求:可靠性好、经济性好、高质量、高效率、环保。电力系统中的质量是有标准的,其主要电量频率和电压的标准见表 1-6、表 1-7。

表 1-6 系统频率允许偏差

运 行 情 况		允许频率偏差/Hz
正常	大容量系统	±0.2
	中小容量系统	±0.5
事故	300min 以内	±1
	15min 以内	±1.5
	不允许	-4

表 1-7 用户供电电压及波形畸变率允许变动范围

线路额定电压	电压允许变化范围	允许波形畸变率
35kV 及以上	±5%	
10kV	±7%	4%
380V/220V	±7%	
低压照明	+5% ~ -7%	5%
农业用户	+5% ~ -10%	

1.2.6 电力系统中性点接地方式

什么是电力系统的中性点接地方式?分哪几类?最常用的有哪些?电力系统中性点接地方式即电力系统中性点与大地间的电气连接方式。

电力系统中性点的运行方式,可分为中性点非有效接地和中性点有效接地两大类。

中性点非有效接地的系统包括中性点不接地、中性点经消弧线圈接地和中性点经高电阻接地的系统,当发生单相接地时,接地电流被限制到较小数值,故又称为小接地电流系统;而中性点有效接地的系统包括中性点直接接地和中性点经小阻抗接地的系统,因发生单相接地时接地电流很大,故又称为大接地电流系统。

我国电力系统广泛采用的中性点接地方式主要有中性点不接地、中性点经消弧线圈接地及中性点直接接地 3 种。

什么是中性点不接地系统,有什么特点?在正常运行时,中性点不接地系统的各相对地电压是对称的,其值为相电压,如图 1-17 所示。各相对地电容电流对称,其值为

$$I_{C0} = \omega C_0 l U_\phi$$

式中,C_0 为该线路单位长度的电容;l 为线路长度;U_ϕ 为相电压。

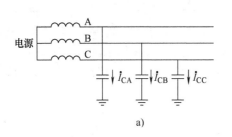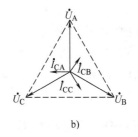

图 1-17 正常运行时的中性点不接地系统

a）电路 b）相量图

当中性点不接地的系统中发生一相接地故障时（设为 C 相，见图 1-18），故障相对地电压为零，非故障相对地电压升高为原来的 $\sqrt{3}$ 倍，而线电压大小和相位都没有发生变化。非故障相对地电容电流升高为原来 $\sqrt{3}$ 倍，流经故障点的电流为非故障相电流的相量和：

$$\dot{I}_k = \dot{I}'_C = -(\dot{I}'_{CA} + \dot{I}'_{CB}) \text{ 其有效值为}$$

$$I_k = \sqrt{3}(\sqrt{3}\omega C_0 l U_\phi) = 3I_{C0}$$

即故障相的对地电容电流增大为原来的 3 倍。

这种电网长期在一相接地的状态下运行是不被允许的，因为这时非故障相电压升高，绝缘薄弱点很可能被击穿，而引起两相接地短路，将严重地损坏电气设备。

在中性点不接地系统中，当接地的电容电流较大时，在接地处引起的电弧就很难自行熄灭。在接地处还可能出现所谓间隙电弧，即周期地熄灭与重燃的电弧。由于电网是一个具有电感和电容的振荡回路，间歇电弧将引起相对地的过电压。这种过电压会传输到与接地点有直接电连接的整个电网上，更容易引起另一相

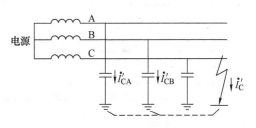

图 1-18 发生单相接地故障时的
中性点不接地系统

对地击穿，而形成两相接地短路。

电力系统的有关规程规定：在中性点不接地的三相系统中发生单相接地时，允许继续运行的时间不得超过 2h，并要加强监视。

什么是中性点经消弧线圈接地系统？有什么特点？消弧线圈主要由带气隙的铁心和套在铁心上的绕组组成，绕组的电阻很小、电抗很大，实际上是一个铁心可调的电感线圈，安装在变压器或发电机中性点与大地之间。

在正常的运行状态下，由于系统中性点的电压三相不对称，电压数值很小，所以通过消弧线圈的电流也很小。当一相接地电容电流超过了上述的允许值时，可以用中性点经消弧线圈接地的方法来解决，该系统即称为中性点经消弧线圈接地系统，如图 1-19 所示。

在中性点经消弧线圈接地的系统中，一相接地和中性点不接地系统一样，故障相对地电压为零，非故障相对地电压升高至 $\sqrt{3}$ 倍，三相线电压仍然保持对称和大小不变，所以也允许暂时运行，但不得超过 2h，消弧线圈的作用对瞬时性接地系统故障尤为重要，因为它使接地处的电流大大减小，电弧可能自动熄灭。接地电流小，还可减轻对附近弱电线路的影响。

中性点直接接地系统有什么特点？中性点的电位在电网的任何工作状态下均保持为零。在这种系统中，当发生一相接地时，这一相直接经过接地点和接地的中性点短路，一相接地短路电流的数值最大，因而应立即使继电保护动作，将故障部分切除。

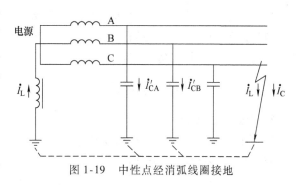

图 1-19 中性点经消弧线圈接地

中性点直接接地或经过电抗器接地系统，在发生一相接地故障时，故障的送电线被切断，因而使用户的供电中断。运行经验表明，在 1000V 以上的电网中，大多数的一相接地故障，尤其是架空送电线路的一相接地故障，大都具有瞬时的性质，在故障部分切除以后，接地处的绝缘可能迅速恢复，而送电线可以立即恢复工作。目前在中性点直接接地的电网内，为了提高供电可靠性，均装设自动重合闸装置，在系统一相接地线路切除后，立即自动重合，再试送一次，如为瞬时故障，送电即可恢复。

中性点直接接地的主要优点是它在发生一相接地故障时，非故障相对地电压不会增高，因而各相对地绝缘即可按相对地电压考虑。电网的电压越高，经济效果越好；而且在中性点不接地或经消弧线圈接地的系统中，单相接地电流往往比正常负荷电流小得多，因而要实现有选择性的接地保护就比较困难。但在中性点直接接地系统中，实现就比较容易，由于接地电流较大，继电保护一般都能迅速而准确地切除故障线路，且保护装置简单，工作可靠。

目前我国电力系统中性点一般采用怎样的运行方式？目前我国电力系统中性点一般采用的运行方式是：

1）对于 3～10kV 系统，由于设备绝缘水平按线电压考虑对于设备造价影响不大，为了提高供电可靠性，一般均采用中性点不接地或经消弧线圈接地的方式。

2）对于 110kV 及以上的系统，主要考虑降低设备绝缘水平，简化继电保护装置，一般均采用中性点直接接地的方式，并采用送电线路全线架设避雷线和装设自动重合闸装置等措施，以提高供电可靠性。

3）20～60kV 的系统是一种中间情况，一般一相接地时的电容电流不是很大，网络不是很复杂，设备绝缘水平的提高或降低对于造价影响不是很显著，所以一般均采用中性点经消弧线圈接地方式。

4）电压在 500V 以下的三相三线制系统采用中性点不接地运行方式，220V/380V 三相四线制系统采用中性点直接接地运行方式。

1.3 电力系统计算的标幺制

什么是有名制？什么是标幺制？通常所描述的电压、电流、功率、阻抗等物理量是用在数值后带有 V 或 kV、A 或 kA、kV·A（或 MV·A）、Ω 等物理单位的量值表示的。这种将实际数字和明确的量纲相结合的物理量值称为有名值。在计算或论述中所有物理量均用有名值表示，称为有名制。有名制的特点是量值的物理概念清楚。

标幺制是相对有名制而言的，在标幺制中各物理量均用相对值表示。在电气工程的计算中，如电力系统潮流分析、故障分析和稳定分析等计算中常采用标幺制。标幺制之所以能在相当宽广的范围内取代有名制，是因为标幺制具有计算结果清晰、能迅速判断计算结果的正确性、可大量简化计算等优点。

1.3.1 标幺值的计算与选择

1. 标幺值的计算

标幺值如何计算呢？标幺值是相对值，必然要有所对应的基准，即所谓的基准值。标幺值、有名值、基准值之间有如下关系：

$$标幺值 = \frac{实际有名值（有单位）}{基准值（与有名值同单位）} \tag{1-1}$$

确定一个物理量的标幺值必须先选定其对应的基准值。例如，某发电机的端电压有名值为 10.5kV，如果选电压的基准值为 10.5kV，则发电机端电压的标幺值为 1。电压的基准值也可以选别的数值，例如，选电压的基准值为 10kV，则其对应的标幺值就是 1.05。

由此可见，标幺值是一个没有量纲的相对值，对于同一个实际有名值，基准值选得不同，其标幺值也就不同。

若选定电压、电流、功率和阻抗的基准值分别为 U_B、I_B、S_B 和 Z_B 时，相应的标幺值表示如下：

（1）电压、电流标幺值

$$U_* = \frac{U}{U_B} \qquad I_* = \frac{I}{I_B} \tag{1-2}$$

（2）功率标幺值

$$S_* = \frac{S}{S_B} \qquad P_* = \frac{P}{S_B} \qquad Q_* = \frac{Q}{S_B} \tag{1-3}$$

（3）阻抗标幺值

$$Z_* = \frac{Z}{Z_B} \qquad R_* = \frac{R}{Z_B} \qquad X_* = \frac{X}{Z_B} \tag{1-4}$$

式（1-2）~式（1-4）中，下标含有 * 号的物理量表示标幺值；下标含有字母 B 的量表示基准值；无下标的量表示实际有名值。

2. 基准值的选择

如何选择相电量的基准值？相电量的标幺值满足什么关系？与线电量的标幺值有什么关系？

（1）一般原则

根据式（1-2）~式（1-4）计算各物理量的标幺值时，首先要选择相应的基准值。基准值的选择，除要求基准值与有名值单位相同外，原则上可以是任意的。但是，采用标幺值的目的就是为了简化计算和便于对计算结果进行分析。因此，选择基准值时应考虑达到这些目的。为了在运用标幺值进行计算时，仍能使用电路理论的基本公式，各物理量的基准值之间必须满足一定的关系。

在单相电路中，电压 U_p、电流 I、功率 S_p 和阻抗 Z 这 4 个物理量之间满足如下关系：

$$U_p = ZI \qquad S_p = U_p I \tag{1-5}$$

如果各物理量的基准值之间也满足电路理论的基本公式，即按如下选择：

$$U_{p \cdot B} = Z_B I_B \qquad S_{p \cdot B} = U_{p \cdot B} I_B \tag{1-6}$$

那么，在标幺制中，可以得到

$$U_{p*} = Z_* I_* \qquad S_{p*} = U_{p*} I_* \tag{1-7}$$

式(1-7)表明，基准值的选择只要满足式(1-6)的关系，则在标幺制中，单相电路各物理量之间的关系完全等同于它们在有名制中的关系。从而，有名制中的有关公式完全可以直接应用到标幺制中。

式(1-6)中有 4 个基准值，可任意选择两个基准值，而剩下的两个基准值可由该公式确定。一般选择电压和功率的基准值，电流和阻抗的基准值由式(1-6)确定。

(2) 三相系统中各基准值之间的关系

上述计算公式适用于单相电路。在电气工程的分析计算中，主要涉及对称三相电路，如果计算一相的量，上述公式当然适用。计算三相电路时，一般采用线电压 U、线电流(即相电流)I、三相功率 S 和一相等效阻抗 Z。各物理量有名值之间满足如下关系：

$$U = \sqrt{3} Z I = \sqrt{3} U_p \qquad S = \sqrt{3} U I = 3 S_p \tag{1-8}$$

与单相电路相同，选择各物理量基准值之间的关系式与有名值之间的关系式相同，即

$$U_B = \sqrt{3} Z_B I_B = \sqrt{3} U_{p \cdot B} \qquad S_B = \sqrt{3} U_B I_B = 3 U_{p \cdot B} I_B = 3 S_{p \cdot B} \tag{1-9}$$

则在标幺制中，各物理量标幺值之间有

$$U_* = Z_* I_* = U_{p*} \qquad S_* = U_* I_* = S_{p*} \tag{1-10}$$

由此可见，按上述方式选择基准值，在标幺制中，三相电路的计算公式与单相电路的计算公式完全相同，线电压和相电压的标幺值相等，三相功率和单相功率的标幺值相等，从而简化了计算公式，给计算带来了方便。

同样，在选择基准值时，一般也是先选择电压和功率的基准值，其他物理量的基准值由此推得

$$I_B = \frac{S_B}{\sqrt{3} U_B}, \qquad Z_B = \frac{U_B^2}{S_B}, \qquad Y_B = \frac{1}{Z_B} \tag{1-11}$$

采用标幺制进行计算后，计算结果最后还要换算成有名值，其换算公式为

$$Z = Z_* Z_B = Z_* \frac{U_B^2}{S_B}, \qquad R = R_* \frac{U_B^2}{S_B}, \qquad X = X_* \frac{U_B^2}{S_B} \tag{1-12}$$

$$U = U_* U_B, \qquad I = I_* I_B = I_* \frac{S_B}{\sqrt{3} U_B} \tag{1-13}$$

$$S = S_* S_B, \qquad P = P_* S_B, \qquad Q = Q_* S_B \tag{1-14}$$

实际电力系统计算时，通常来说电压基准值的选择有两种方法：一是以电力设备或电力系统的额定电压作为基准值；二是以电力系统的"平均额定电压"作为基准值。所谓电力系统的"平均额定电压"是指约定的、较系统额定电压约高 5% 的电压系列。不同电压等级系统的平均电压见表 1-2。

功率基准值的选择有 3 种方法：一是选择电力设备的额定容量，即发电机的额定容量或变压器的额定容量；二是选择电力系统的总容量；三是考虑到计算的简单，又避免标幺值的数值过大或过小，一般取 100MV·A 或 1000MV·A 为基准值。

1.3.2　标幺值之间的换算

标幺值为什么需要换算呢？电力系统实际计算中，在求标幺值表示的等效电路图时，各元器件的参数必须按统一的基准值进行归算。然而，从手册或产品说明书中得到的电力设备的阻抗值，一般都是以各自的额定容量（或额定电流）和额定电压为基准的标幺值。因为各元器件的额定值可能不同，所以，必须把不同基准值下的标幺值换算成统一基准值下的标幺值。

标幺值如何进行换算呢？下面以电抗为例，说明如何将额定基准值下的标幺值换算成统一基准值下的标幺值。

进行换算时，先将额定基准值下的标幺电抗还原为有名值。按式(1-12)有

$$X_{(有名值)} = X_{(N)*} \frac{U_N^2}{S_N}$$

设统一基准电压和基准功率分别为 U_B 和 S_B，那么以此为基准的标幺电抗值应为

$$X_{(B)*} = X_{(有名值)} \left/ \left(\frac{U_B^2}{S_B} \right) \right. = X_{(N)*} \frac{U_N^2}{U_B^2} \frac{S_B}{S_N} \tag{1-15}$$

式(1-15)可用于发电机和变压器的标幺电抗的换算。而对于系统中用于限制短路电流的电抗器，其额定标幺电抗是以额定电压和额定电流为基准值来表示的。因此，它的换算公式为

$$X_{R(有名值)} = X_{R(N)*} \frac{U_N}{\sqrt{3} I_N}$$

$$X_{R(B)*} = X_{R(有名值)} \left/ \left(\frac{U_B^2}{S_B} \right) \right. = X_{R(N)*} \frac{U_N}{\sqrt{3} I_N} \frac{S_B}{U_B^2} \tag{1-16}$$

1.3.3　复杂网络中标幺值的计算

电力系统中有许多不同电压等级的线路段，它们由变压器连接起来，组成一个电力系统整体，这时计算阻抗及阻抗标幺值就需要归算。这种由多电压等级组成的复杂网络，其标幺值的计算方法通常有两种：准确计算法和近似计算法。而前者又可分为归一式和扩散式。

1. 准确计算法——归一式

以图 1-20 所示系统为例，其中有两台变压器和三段不同电压等级。用归一式方法进行标幺值计算时，先将各电压等级元器件参数的有名值归算到同一电压等级（称为基本级），在此基础上选定统一的基准值求各元器件参数的标幺值。一般选择最高电压等级为基本级。

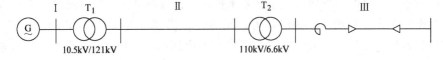

图 1-20　有两台变压器和三段不同电压等级的电力系统

对于图 1-20 所示系统，选择最高电压的 Ⅱ 段为基本级，其他各段的参数都向该段归算，然后选择 Ⅱ 段的功率基准值和电压基准值分别为 S_B 和 U_{B2}，并计算各元器件的电抗标幺值。

（1）发电机

发电机电抗有名值必须先归算到基本级，再求标幺值

$$X_G = X_{G(N)} \cdot \frac{U_{GN}^2}{S_{GN}}$$

$$X_G' = k_1^2 X_G$$

式中，k_1 为变压器 T_1 的电压比（121/10.5），则标幺值为

$$X_{G(B)*} = X_G' \bigg/ \left(\frac{U_{B2}^2}{S_B} \right) = k_1^2 X_{G(N)} \cdot \frac{U_{GN}^2}{U_{B2}^2} \frac{S_B}{S_{GN}} \tag{1-17}$$

（2）变压器 T_1

变压器在基本级，其 121kV 侧的电抗有名值不需归算，故其有名值为

$$X_{T1} = X_{T1(N)} \cdot \frac{U_{T1N}^2}{S_{T1N}}$$

其标幺值为

$$X_{T1(B)*} = X_{T1} \bigg/ \left(\frac{U_{B2}^2}{S_B} \right) = X_{T1(N)} \cdot \frac{U_{T1N}^2}{U_{B2}^2} \frac{S_B}{S_{T1N}} \tag{1-18}$$

（3）Ⅱ段的输电线路

Ⅱ段输电线路的电抗有名值不需归算，故其标幺值为

$$X_{L*} = X_L \bigg/ \left(\frac{U_{B2}^2}{S_B} \right) \tag{1-19}$$

式中，X_L 为架空线路的电抗有名值。

（4）变压器 T_2

变压器 T_2 的有名值也不需归算，所以有名值为

$$X_{T2} = X_{T2(N)} \cdot \frac{U_{T2N}^2}{S_{T2N}}$$

标幺值为

$$X_{T2(B)*} = X_{T2} \bigg/ \left(\frac{U_{B2}^2}{S_B} \right) = X_{T2(N)} \cdot \frac{U_{T2N}^2}{U_{B2}^2} \frac{S_B}{S_{T2N}} \tag{1-20}$$

（5）电抗器

电抗器的有名值需要归算，然后再求标幺值：

$$X_R = \frac{X_R\%}{100} \frac{U_{RN}}{\sqrt{3} I_{RN}}$$

$$X_R' = k_2^2 X_R$$

式中，k_2 为变压器 T_2 的电压比（110/6.6），则标幺值为

$$X_{R(B)*} = k_2^2 X_R \bigg/ \left(\frac{U_{B2}^2}{S_B} \right) = k_2^2 \frac{X_R\%}{100} \frac{U_{RN}}{\sqrt{3} I_{RN}} \frac{S_B}{U_{B2}^2} \tag{1-21}$$

（6）Ⅲ段的电缆线路：

Ⅲ段电缆线路的有名值需要归算，再求标幺值：

$$X_C' = k_2^2 X_C$$

式中，X_C 为电缆线路的电抗有名值。其标幺值为

$$X_{C(B)*} = X_C' \bigg/ \left(\frac{U_{B2}^2}{S_B} \right) = k_2^2 X_C \frac{S_B}{U_{B2}^2} \tag{1-22}$$

2. 准确计算法——扩散式

扩散式是指将基本级的基准电压, 经变压器电压比归算得到各段的电压基准值, 然后就地由实际有名值计算得到标幺值。功率基准值经过变压器后不改变, 故不需归算。

以发电机为例, 首先计算第一段的电压基准值:

$$U_{B1} = \frac{U_{B2}}{k_1}$$

其次计算实际有名值:

$$X_G = X_{G(N)*} \frac{U_{GN}^2}{S_{GN}}$$

然后计算在第一段电压基准值之下的标幺值:

$$X_{G(B)*} = X_{G(N)*} \left(\frac{U_{GN}^2}{S_{GN}} \right) \bigg/ \left(\frac{U_{B1}^2}{S_B} \right) = k_1^2 X_{G(N)*} \frac{U_{GN}^2}{S_{GN}} \frac{S_B}{U_{B2}^2} \tag{1-23}$$

对比式 (1-23) 和式 (1-17) 可见, 扩散式与归一式两种方法的结果完全一致。其他元器件参数的标幺值计算公式不再一一给出, 读者不难自行推导。

3. 简化计算法

上面介绍了两种准确计算法, 归一式方法是归算参数的有名值, 扩散式方法是归算电压的基准值, 结果是完全相同的。但是, 都需要按照变压器的实际电压比进行归算。对于大规模电力系统来说, 计算起来比较麻烦。

工程实际中普遍使用的是一种简化的方法, 即不管变压器的实际电压比如何, 近似地将变压器电压比取为两侧的平均额定电压之比, 基本级的基准电压取为该级的平均额定电压。不难证明, 将基本级的基准电压经过变压器近似电压比归算到各级网络后, 各级基准电压就是该级的平均额定电压。进一步忽略额定电压和平均额定电压的差别, 则发电机、变压器等电抗标幺值就不需考虑电压归算, 只需要按照容量进行归算, 即

$$X_{(B)*} = X_{(N)*} \frac{S_B}{S_N} \tag{1-24}$$

【例 1-1】 试计算图 1-21a 所示系统的参数标幺值。

【解】 (1) 准确计算法(扩散式)。选择第二段为基本级, 并取 $U_{B2} = 121\text{kV}$, $S_B = 100\text{MV} \cdot \text{A}$, 其他两段电压的基准值分别为

$$U_{B1} = \frac{U_{B2}}{k_1} = 121 \times \frac{10.5}{121}\text{kV} = 10.5\text{kV}$$

$$U_{B3} = \frac{U_{B2}}{k_2} = 121 \times \frac{6.6}{110}\text{kV} = 7.26\text{kV}$$

各元器件电抗的标幺值分别为

发电机 $\qquad X_{1*} = 0.26 \times \frac{10.5^2}{30} \bigg/ \left(\frac{10.5^2}{100} \right) = 0.26 \times \frac{100}{30} = 0.87$

变压器 $T_1 \qquad X_{2*} = 0.105 \times \frac{10.5^2}{31.5} \bigg/ \left(\frac{10.5^2}{100} \right) = 0.33$

架空线路 $\qquad X_{3*} = 0.4 \times 80 \bigg/ \left(\frac{121^2}{100} \right) = 0.22$

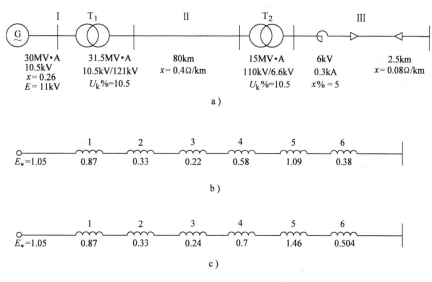

图 1-21　例题 1-1 计算用图

a）接线图　b）准确计算等效电路　c）近似计算等效电路

变压器 T₂　　　　　　$X_{4*} = 0.105 \times 110^2 \Big/ \left(\dfrac{121^2}{100} \right) = 0.58$

电抗器　　　　　　　$X_{5*} = 0.05 \times \dfrac{6}{\sqrt{3} \times 0.3} \Big/ \left(\dfrac{7.26^2}{100} \right) = 1.09$

电缆线路　　　　　　$X_{6*} = 0.08 \times 2.5 \Big/ \left(\dfrac{7.26^2}{100} \right) = 0.38$

电源电动势　　　　　$E_* = \dfrac{11}{10.5} = 1.05$

（2）近似计算法。取 $S_B = 100\,\text{MV} \cdot \text{A}$，各段电压基准值分别为

$$U_{B1} = 10.5\,\text{kV} \quad U_{B2} = 115\,\text{kV} \quad U_{B3} = 6.3\,\text{kV}$$

各元器件标幺值分别为

发电机　　　　　　　$X_{1*} = 0.26 \times \dfrac{100}{30} = 0.87$

变压器 T₁　　　　　　$X_{2*} = 0.105 \times \dfrac{100}{31.5} = 0.33$

架空线路　　　　　　$X_{3*} = 0.4 \times 80 \Big/ \left(\dfrac{115^2}{100} \right) = 0.24$

变压器 T₂　　　　　　$X_{4*} = 0.105 \times \dfrac{100}{15} = 0.7$

电抗器　　　　　　　$X_{5*} = 0.05 \times \dfrac{6}{\sqrt{3} \times 0.3} \Big/ \left(\dfrac{6.3^2}{100} \right) = 1.46$

电缆线路　　　　　　$X_{6*} = 0.08 \times 2.5 \Big/ \left(\dfrac{6.3^2}{100} \right) = 0.504$

电源电动势　　　　　$E_* = \dfrac{11}{10.5} = 1.05$

1.3.4 频率、角速度和时间的基准值

除电压、电流、功率和阻抗这些量需要用标幺值表示外，频率、角速度和时间等量有时也需要表示成标幺值，为此需要确定这些量的基准值。

一般选择额定频率为基准频率，即 $f_B = f_N = 50\text{Hz}$，所以频率的标幺值为

$$f_* = \frac{f}{f_B} = \frac{f}{f_N} \tag{1-25}$$

角速度的基准值取同步角速度，即 $\omega_B = 2\pi f_B = 2\pi f_N$，实际角速度为 $\omega = 2\pi f$ 时，其对应的标幺值为

$$\omega_* = \frac{\omega}{\omega_B} = \frac{f}{f_B} = f_* \tag{1-26}$$

可见角速度与频率的标幺值是相同的。

时间的基准值一般取 $t_B = \dfrac{1}{\omega_B} = \dfrac{1}{\omega_N}$，$\omega_N$ 为同步发电机额定角速度，当 $f_N = 50\text{Hz}$ 时，$t_B = 1/2\pi f_N = (1/314.16)\text{s}$，即同步发电机转子转动一个弧度电角度所需的时间，由此可求出时间的标幺值为

$$t_* = t/t_B = \omega_N t \tag{1-27}$$

考虑到电抗、磁链、电动势的有名值有如下关系：

$$X = \omega_N L, \quad \Psi = IL, \quad E = \omega_N \Psi$$

由于稳态时 ω_N 的标幺值为 1，所以上述各量的标幺值为

$$X_* = L_*, \quad \Psi_* = I_* X_*, \quad E_* = \Psi_* \tag{1-28}$$

在标幺制中，正弦函数也可以表示为

$$\sin\omega_N t = \sin t_* \tag{1-29}$$

为什么在电力系统计算分析中人们大都采用标幺制呢？这是因为标幺制有明显的优点，归纳如下：

1) 三相计算公式与单相计算公式形式一致，省去了 $\sqrt{3}$ 倍的常数，且不需考虑相电压和线电压，以及单相功率和三相功率的差别。

2) 复杂网络中可以避免繁琐地按变压器电压比来回归算，在准确计算法 (扩散式) 中只需对基准电压归算一次。而在近似计算法中则不必归算。使计算大大简化。

3) 易于比较电力系统各种设备的特性及参数。如同一类型的发电机、变压器，尽管它们的容量不同，参数的有名值差别很大，但用标幺值表示后就比较接近。

4) 易于对计算结果进行比较、分析。如潮流计算结果中，节点电压幅值的标幺值应在 1 的附近，过大或过小都说明计算有误或者出现严重问题。

当然，标幺制也有缺点，主要是没有量纲，因而其物理概念不如有名值明确。

思考题与习题

1-1 请自行收集一个实际电网的地理接线图，并且在图上标注发电、输配电和用电部分。

1-2 请自行收集资料，给出我国容量最大的火电厂、水电厂、核电厂、风电场的名称及其容量。

1-3 请自行收集资料，分析我国直流输电应用的实际场合。

1-4　请自行收集资料，分析自己家乡所在电网的电压等级、发电厂类型、变电所类型。

1-5　采用标幺制选取基准值时应遵循什么原则？为什么？电力系统分析中基准功率通常如何选取？基准电压又如何选取？

1-6　如何选择幅值的基准值？幅值与有效值的标幺值之间有什么关系？

1-7　系统接线如图 1-22 所示，如果已知变压器 T_1 归算至 121kV 侧的阻抗为 $(2.95 + j48.7)\Omega$，T_2 归算至 110kV 侧的阻抗为 $(4.48 + j48.4)\Omega$，T_3 归算至 35kV 侧的阻抗为 $(1.127 + j9.188)\Omega$，输电线路的参数已标于图中，试分别作出用有名值和标幺值表示的等效电路。

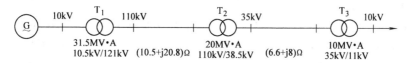

图 1-22　题 1-7 图

1-8　简单系统接线如图 1-23 所示，试作出该系统的等效电路（不计电阻、导纳）。（1）所有参数归算至 110kV 侧；（2）所有参数归算至 10kV 侧；（3）选取 $S_B = 100\text{MV} \cdot \text{A}$，$U_B = U_{av}$ 时以标幺值表示的等效电路。

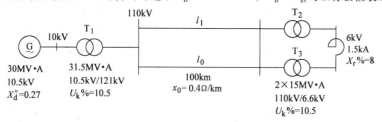

图 1-23　题 1-8 图

参 考 文 献

[1]　陈珩. 电力系统稳态分析[M]. 2 版. 北京：中国电力出版社，1995.

[2]　李光琦. 电力系统暂态分析[M]. 3 版. 北京：中国电力出版社，2007.

[3]　何仰赞，等. 电力系统分析（上下册）[M]. 武汉：华中理工大学出版社，1984.

[4]　蔡元宇. 电力系统故障分析[M]. 北京：水利电力出版社，1992.

[5]　B M Weedy，B J Cory. Electric Power Systems[M]. 4th ed. Newyork：John Wiley & Sons，1999.

[6]　王锡凡. 现代电力系统分析[M]. 北京：科学出版社，2003.

[7]　东北电业管理局调度通信中心. 电力系统运行操作和计算[M]. 沈阳：辽宁科学技术出版社，1996.

[8]　高景德，等. 中国大百科全书——电工[M]. 北京：中国大百科全书出版社，1992.

第1篇 电 力 设 备

电力系统中的电力设备很多，根据它们在运行中所起的作用不同，通常将它们分为电气一次设备和电气二次设备。

直接参与生产、变换、传输、分配和消耗电能的设备称为电气一次设备，主要有：①进行电能生产和变换的设备，如发电机、电动机、变压器等；②接通、断开电路的开关电器，如断路器、隔离开关、接触器、熔断器等；③载流导体及其绝缘设备，如母线、电力电缆、绝缘子、穿墙套管等；④限制过电流或过电压的设备，如限流电抗器、避雷器等；⑤互感器类设备：将一次回路中的高电压和大电流降低，供测量仪表和继电保护装置使用，如电压互感器、电流互感器；⑥为电气设备正常运行及人员、设备安全而装设的设备，如接地装置等。

为了保证电气一次设备的正常运行，对其运行状态进行测量、监视、控制、调节、保护等的设备称为电气二次设备，主要有：①各种测量表/计；②各种继电保护及自动装置；③直流电源设备等。

本篇主要讨论一次设备，其中第2章介绍输电设备，主要包括输电线路、变压器、直流输电等；第3章介绍电力负荷，主要包括电力负荷曲线、负荷特性与模型等方面的知识；第4章介绍同步发电机，主要包括同步发电机的模型、参数及励磁调节等方面内容；第5章介绍高压断路器、隔离开关、高压负荷开关、高压熔断器等高压电气设备以及一些常用的低压电器。第6章讲述高压绝缘与保护控制。

第2章 输 电 设 备

2.1 输电线路

电力线路主要分为架空线路和电缆线路两大类。架空线路是将导线通过杆塔露天架设，而电缆线路一般是埋在地下的电缆沟或管道中。与电缆相比，架空线路建造费用要低得多，且便于架设、维护修理。但线路设备长期暴露于大自然环境中，遭受各种气象条件的侵蚀、化学气体的腐蚀和外力破坏，出现故障的概率较高。电力电缆的基建费用明显高于架空线路，但却具有占地少，受气象条件影响小、传输性能稳定等优点。因此，在电力网络中大多数的线路是采用架空线路，而近年来由于大城市建设需要，城市电网中大量采用电缆线路。

2.1.1 输电线路的结构特点

架空线路由哪几部分组成？各自的作用是什么？架空线路由导线、避雷线（或称架空地线）、杆塔、绝缘子和金具等主要元件组成，如图 2-1 所示。

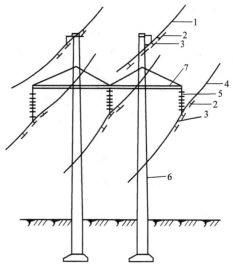

图 2-1　架空线的组成元件
1—避雷线　2—防振锤　3—线夹
4—导线　5—绝缘子　6—杆塔　7—金具

架空线组成元件的作用分别叙述如下：

1）导线。传导电流，输送电能。

2）避雷线。把雷电流引入大地，以保护电力线免遭因雷击而引起过电压对线路及电气设备的绝缘介质破坏；防止直击雷，使在它们保护范围内的电气设备（架空输电线路及变电站设备）遭直击雷绕击的概率减小。

3）绝缘子。它是用于支持导线的绝缘体，用于保持导线和杆塔之间的绝缘状态。

4）杆塔。用来支撑导线和避雷线，使导线与导线间、导线与地之间以及导线和避雷线之间保持一定绝缘距离。

5）金具。金具是用来固定、悬挂、连接和保护架空线路各主要元件的金属器件的总称。其作用也就是支持、连接导线，使导线固定在绝缘子上，并保护导线、避雷线，将绝缘子固定在杆塔上。

有关输电线路的几个术语：

6）档距。架空线路相邻杆塔之间水平距离，称为线路的档距。通常用字母 l 表示，如图 2-2 所示。

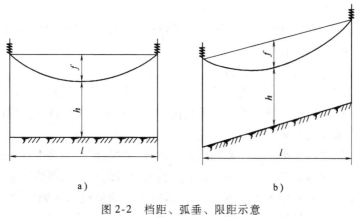

a）　　　　　　　　　　　　　　b）

图 2-2　档距、弧垂、限距示意
a）悬挂点等高　b）悬挂点不等高

7）弧垂。在档距中导线离地最低点和悬挂点之间的垂直距离，称为导线的弧垂。用字母 f 表示。

8）限距。导线到地面的最小距离，用字母 h 表示。

导线弧垂的大小，决定于导线允许的拉力与档距，并与气象（温度、覆冰等）、地理（高山等）条件有关。对于 6～10kV 配电线路，档距一般在 100m 以下。110～220kV 输电线路，采用钢筋混凝土杆塔时档距一般为 150～400m，用铁塔时为 250～400m 左右。

1. 架空线路的导线与避雷线

架空线路的导线和避雷线工作在露天，不仅受到风压、覆冰和温度变化的影响，且受到空气中各种化学杂质的侵蚀。它们所需承受的张力（即拉力）很大，特别是那些架在大跨越档距杆塔上的导线所受张力就更大。因此导线除应具有良好的导电性能外，还应柔软且有韧性，并具有足够的机械强度和抗腐蚀性能。2008 年初我国南方地区罕见冰雪灾害造成大量输电线路倒塔，机械强度不够是主要原因。

那么，架空线路的导线主要用什么材料？结构有哪些形式？为什么架空线路中广泛应用钢芯铝绞线？导线常用材料有铜、铝及铝合金和钢等。避雷线一般用钢线，也有用铝包钢线。有关导线材料的物理特性见表 2-1。

表 2-1　有关导线材料的物理特性

材　料	20℃时的电阻率 /($10^{-6}\Omega \cdot m$)	密度 /(g/cm^3)	抗拉强度 /(N/mm^2)	抗化学腐蚀能力及其他
铜	0.0182	8.9	390	表面易形成氧化膜，抗腐蚀能力强
铝	0.029	2.7	160	表面氧化膜可防继续氧化，但易受酸碱盐的腐蚀
钢	0.103	7.85	1200	在空气中易锈蚀，需镀锌
铝合金	0.0339	2.7	300	抗化学腐蚀性能好，受振动时易损坏

由表 2-1 可见，铜的导电性能最好，但价格高，架空线很少使用；铝的导电性能仅次于铜，且密度小，但机械强度差；钢的导电性最差，但机械强度很高。

导线除低压配电线路使用绝缘线外，一般都使用裸线，其结构主要有以下 3 种形式：

1）单股线。

2）单金属多股线。

3）复合金属多股绞线（包括钢芯铝绞线、扩径钢芯铝绞线、空心导线、钢铝混绞线、钢芯铝包钢绞线、铝包钢绞线、分裂导线）。

架空线路各种导线和避雷线断面如图 2-3 所示。

因为高压架空线路上不允许采用单股导线，所以实际上架空线路均采用多股绞线。多股绞线的优点是比同样截面积单股线的机械强度高、柔韧性好、可靠性高。同时，它的趋肤效应较弱，截面积金属利用率高。

若架空线路的输送功率大，导线截面积大，对导线的机械强度要求高，而多股单金属铝绞线的机械强度仍不能满足要求时，则把铝和钢两种材料结合起来制成钢芯铝绞线，这样不仅有较高的电导率，而且有很好的机械强度，其所承受的机械荷载则由钢芯和铝线共同负担。这样，既发挥了两种材料的各自优点，又补偿了它们各自的缺点，因此，钢芯铝绞线被广泛地应用在 35kV 及以上的线路中。

钢芯铝绞线按照铝钢截面积比的不同又分为普通型钢芯铝绞线（LGJ）、轻型钢芯铝绞线（LGJQ）、加强型钢芯铝绞线（LGJJ）。普通型和轻型钢芯铝绞线用于一般地区，加强型钢芯铝绞线用于重冰区或大跨越地段。

此外，为了减小电晕以降低损耗和对无线电的干扰以及为了减小电抗以提高线路的输送能力，电压为 220kV 及以上的架空线路应采用分裂导线或扩径空心导线。分裂导线每相分裂的根数一般为 2～4 根，并以一定的几何形状并联排列而成。每相中的每一根导线称为次

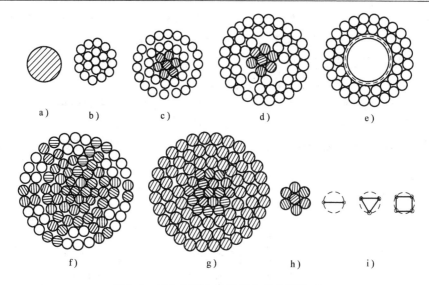

图 2-3 架空线路各种导线和避雷线断面

a) 单股导线 b) 单金属多股绞线 c) 钢芯铝绞线 d) 扩径钢芯铝绞线

e) 空心导线（腔中为蛇形管） f) 钢铝混绞线 g) 钢芯铝包钢绞线

h) 铝包钢绞线避雷线 i) 分裂导线

导线，两根次导线间的距离称为次线间距离。在一个档距中，一般每隔 30～80m 装一个间隔棒，两相邻间隔棒间的水平距离为次档距。

避雷线的作用是什么？架设避雷线有什么要求？避雷线装设在导线上方，且直接接地，作为防雷保护之用，以减少雷击导线的机会，提高线路的耐雷水平，降低雷击跳闸率，保证线路安全送电。

根据运行经验，110kV 及以上的输电线路，应沿全线架设避雷线；经过山区的 220kV 输电线路，应沿全线架设双避雷线；330kV 及以上的输电线路，应沿全线架设双避雷线；60kV 线路，当负荷重要，且经过地区雷电活动频繁，年均雷电日在 30 日以上时，宜沿全线装设避雷线；35kV 线路一般不沿全线架设避雷线，仅在距变电站 1～2km 的进出线上架设避雷线，称进线保护，以保护导线、变电站设备免遭直接雷击及削弱入侵雷电波的强度和陡度。

【课堂讨论】 架空线的导线截面有哪些类型？各有什么特点？

2. 架空线路的杆塔

架空线路的杆塔是用来支撑导线和避雷线的支持结构，使导线对地面、地物满足限距要求，并能承受导线、避雷线及本身的荷载及外荷载。

架空线路的杆塔一般分为哪些类型？各有什么特征？杆塔按其用途可分为直线杆塔、耐张杆塔、终端杆塔、转角杆塔、跨越杆塔和换位杆塔等。杆塔杆型及转角杆塔的受力如图 2-4 所示。

1）直线杆塔。也称中间杆塔，用在线路的直线走向段内，其主要作用是悬挂导线，如图 2-4a 与图 2-4b 所示。直线杆塔的数量约占杆塔总数的 80%。

2）耐张杆塔。也称承力杆塔。用于线路的首、末端以及线路的分段处。在线路较长时，一般每隔 3～5km 设置一基耐张杆塔，用来承受正常及故障（如断线）情况下导线和避雷线顺线路方向的水平张力,限制故障范围,将线路故障限制在一个耐张段(两耐张杆塔之间的距离)内,如图 2-5 所示,且可起到便于施工和检修的作用。

3)终端杆塔。用于线路首、末端,即线路上最靠近变电所或发电厂的进线或出线的第一基杆塔。终端杆塔是一种承受单侧张力的耐张杆塔。

4)转角杆塔。位于线路转角处的杆塔,如图 2-4c 所示。线路的转角是指线路转向内角的补角。转角杆要承受(线路方向的)侧向拉力,如图 2-4d 所示。

5)跨越杆塔。位于线路跨越河流、山谷、铁路、公路、居民区等地方的杆塔,其高度较一般杆塔高。

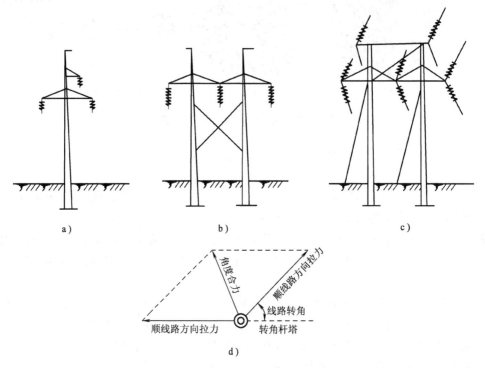

图 2-4 杆塔杆型及转角杆塔的受力

a)直线单杆 b)直线双杆 c)转角杆 d)转角杆塔的受力

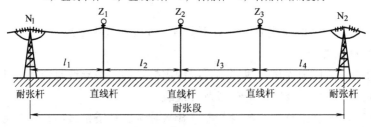

图 2-5 线路的一个耐张段

6)换位杆塔。为保持线路三相对称运行,将三相导线在空间进行换位所使用的特种杆塔。架空线路的三相导线在杆塔上无论如何布置均不能保证其三相的线间距离和对地距离都相等。为避免由三相架空线路参数不等而引起的三相电流不对称,给发电机和线路附近的通信带来不良影响,规程规定凡线路长度超过 100km 时,导线必须换位。

杆塔按使用的材料可分为木杆、钢筋混凝土杆和铁塔 3 种。其中,钢筋混凝土杆使用年限长（一般寿命不少于 30 年），维护工作量小，节约钢材，投资少。缺点是比较重，施工和运输不方便。由于钢筋混凝土杆有比较突出的优点，因此在我国普遍使用。铁塔是用角钢焊接或螺栓连接的钢架，其优点是机械强度大、使用年限长、运输和施工方便，但钢材消耗量大、造价高、施工工艺较复杂、维护工作量大。因此，铁塔多用于交通不便和地形复杂的山区，或一般地区的特大荷载的终端、耐张、大转角、大跨越等特种杆塔。

杆塔按输电回路数可分为单回路、双回路、多回路等型式。输电线路铁塔示意如图 2-6 所示。图 2-6a 表示单回路型式铁塔；图 2-6b 表示多回路型式铁塔。

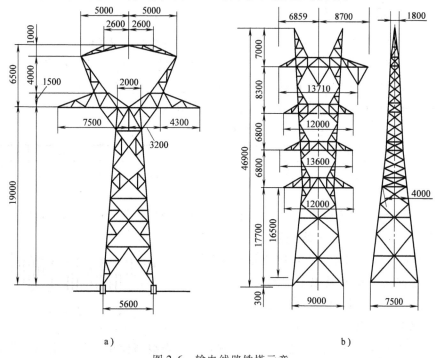

a）　　　　　　　　　　　　　　　　　b）

图 2-6　输电线路铁塔示意

a）单回路型式铁塔　b）多回路（3 回路）型式铁塔

3. 架空线路的绝缘子

绝缘子用来支承和悬挂导线，并使导线与杆塔绝缘。它应具有足够的绝缘强度和机械强度，同时对化学杂质的侵蚀具有足够的抗御能力，并能适应周围大气条件的变化，如温度和湿度变化对它本身的影响等。由于以往绝缘子多用瓷材料，故又称瓷瓶。现在玻璃和复合材料的绝缘子应用已很普遍。

架空线路的绝缘子有哪几种形式？各有什么特点呢？架空线常用的绝缘子有针式绝缘子、悬式绝缘子、瓷横担绝缘子等。

1）针式绝缘子。针式绝缘子如图 2-7 所示，这种绝缘子用于电压不超过 35kV 以及导线拉力不大的线路上，主要用于直线杆塔和小转角杆塔。针式绝缘子制造简易、廉价，但耐雷击水平不高。

2）悬式绝缘子。悬式绝缘子如图 2-8a 所示，它制造简单、安装方便、机械强度大。这种绝缘子广泛用于电压为 35kV 以上的线路，通常都把它们组装成绝缘子串使用，并可随着电压的高低和污秽的严重程度增加或减少片数，使用灵活，如图 2-8b

所示。

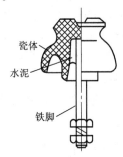

图 2-7 针式绝缘子

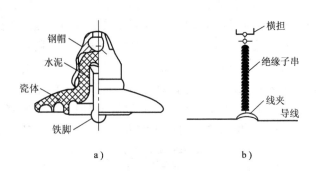

a)　　　　　　　b)

图 2-8 悬式绝缘子

a) 单个悬式绝缘子　b) 悬式绝缘子链

表 2-2 中列出了与不同系统标称电压相应的直线杆塔上悬垂串中绝缘子的片数。耐张串中绝缘子的片数一般比同级电压线路悬垂串多 1～2 片。

表 2-2 直线杆塔上悬垂串中绝缘子的片数

系统标称电压/kV	35	63	110	220	330	500
每串绝缘子片数/片	3	5	7	13	17～19	25～28

3）瓷横担绝缘子。这种绝缘子是同时起到横担和绝缘子作用的一种新型绝缘子结构，如图 2-9 所示。该绝缘子的绝缘强度高，运行安全，维护简单，且能在断线时转动，可避免因断线而扩大事故。我国目前在 110kV 及以下的线路上已广泛采用瓷横担绝缘子，部分 220kV 线路上也开始采用。

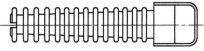

图 2-9 瓷横担式绝缘子

4. 架空线路的金具

什么是架空线路的金具？常见的金具有哪些？架空线路使用的所有金属部件统称为金具。金具种类繁多，其中使用广泛的主要是线夹、连接金具、接续金具和保护金具。

1）线夹。线夹是用来将导线、避雷线固定在绝缘子上的金具。图 2-10 所示为在直线型杆塔悬垂串上使用的悬垂线夹；在耐张型杆塔的耐张串上则要使用耐张线夹。

2）连接金具。连接金具主要用来将绝缘子组装成绝缘子串，并将绝缘子串连接、悬挂在杆塔和横担上。

3）接续金具。接续金具主要用于连接导线或避雷线的两个终端，连接直接杆塔的跳线及补修损伤断股的导线或避雷线。

接续金具分为液压接续金具和钳压接续金具等类型。铝线用铝质钳压接续管连接，连接后用管钳压成波状，如图 2-11a 所示。钢线用钢质液压接续管和小型水压机压接，钢芯铝线的铝股和钢芯要分开压接，如图 2-11b 所示。近年来，大型号导线多采用爆压接续技术进行连接，压接好的接头形状如图 2-11c 所示。

4）保护金具。保护金具分为机械和电气两大类。机械类保护金具是为了防止导线、避雷线因受振动而造成断股。电气类保护金具是为了防止绝缘子因电压分布不均匀而过早损坏。

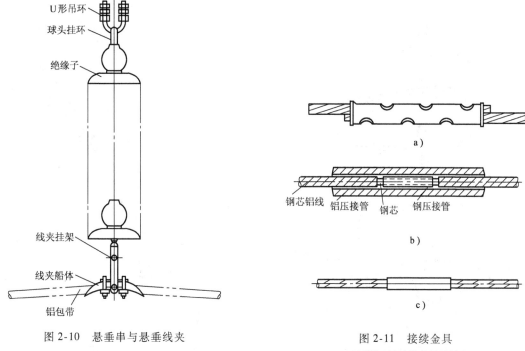

图 2-10　悬垂串与悬垂线夹

图 2-11　接续金具
a）用钳压接续管连接的接头
b）用液压接续管连接的钢芯
c）用爆压接续的导线接头

　　线路上常使用的保护金具有防振锤、阻尼线、护线条、间隔棒、均压环、屏蔽环等，如图 2-12～图 2-14 所示。其中防振锤和阻尼线用来吸收或消耗架空线的振动能量，以防止导线振动时在悬挂点处发生反复拗折，造成导线断股甚至断线的事故。护线条用来加强架空线的耐振强度，以降低架空线的使用应力。

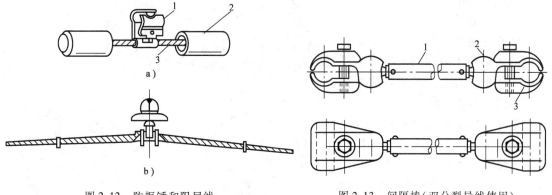

图 2-12　防振锤和阻尼线
a）防振锤　b）护线条
1—夹板　2—铸铁锤头　3—钢绞线

图 2-13　间隔棒（双分裂导线使用）
1—无缝钢管　2—间隔棒线夹　3—压舌

　　5）拉线金具。拉线金具主要用于固定拉线杆塔，包括从杆塔顶端引至地面拉线之间的所有零件。线路常用的拉线金具有楔形线夹、UT 形线夹、拉线用 U 形环、钢线卡子等。拉线的连接方法如图 2-15 所示。

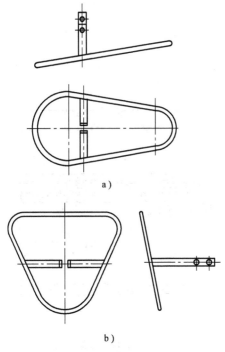

图 2-14 均压环和屏蔽环

a) 均压环 b) 屏蔽环

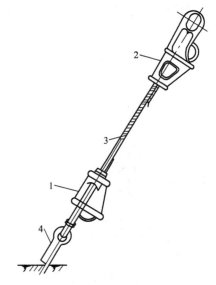

图 2-15 拉线的连接方法

1—可调式 UT 形线夹 2—楔形线夹

3—镀锌钢绞线 4—拉线棒

2.1.2 电缆线路及附件

电缆线路的优点是占用土地面积少，受外力破坏的概率低，因而供电可靠，对人身较安全，且可使城市环境美观。因此，近年来获得广泛的应用，特别是在大城市中目前电缆使用几乎成指数关系增长。

1. 电缆线路

电力电缆的结构是怎样的呢？电力电缆的结构主要包括导体、绝缘层和保护包皮 3 部分。常用电缆的构造示意如图 2-16 所示。

电缆导体通常用多股铜绞线或铝绞线，以增加电缆的柔软性，使之在一定程度内弯曲不变形，根据电缆中导体数目的不同，分别有单芯电缆、三芯电缆和四芯电缆等几种，单芯电缆的导体截面总是圆形，三芯或四芯电缆导体截面除圆形外，更多采用扇形，如图 2-16a 所示。

电缆的绝缘层用来使导体与导体间以及导体与包皮之间保持绝缘。通

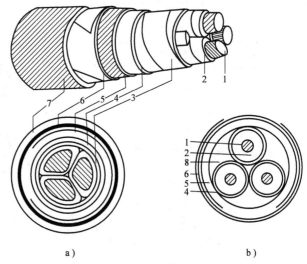

图 2-16 常用电缆的构造示意

a) 纸绝缘铝(铅)包钢带铠装 b) 纸绝缘分相铝(铅)包裸钢带铠装

1—导体 2—相绝缘层 3—带绝缘 4—铝(铅)包

5—麻衬 6—钢带铠装 7—麻被 8—填麻

常电缆的绝缘层包括芯绝缘与带绝缘两部分。芯绝缘层指包裹导体芯体的绝缘，带绝缘层指包裹全部导体的绝缘。绝缘层所用的材料有油浸纸、橡胶、聚乙烯、交联聚乙烯等。电力电缆多用油浸纸绝缘。

电缆的保护层用来保护绝缘物及芯线使之不受外力的损坏。电缆的保护层可分为内保护层和外保护层两种。内保护层用来提高电缆绝缘物的抗压能力，并可防水、防潮、防止绝缘油外渗。外保护层的作用是防止电缆在运输、敷设和检修过程中受机械损伤。

电缆可以按照电压等级、线芯数、导体截面积分类。除此之外，还可按内保护层的结构分为三相统包型、屏蔽型和分相铅包型。图 2-16a 为三相统包型，此种电缆只用于 10kV 以下的电缆。10kV 以上电缆常采用屏蔽型和分相铅包型，屏蔽型每相芯线绝缘外面都包有金属带，分相铅包型各相分别有铅包，如图 2-16b 所示。这种形式电缆的内部电场分布较为均匀，绝缘介质能得到充分利用，因此通常都用在电压等级较高的 20kV 及 35kV 电缆中。110kV 以上的电压等级则采用充油式或充气式电力电缆。

2. 电缆附件

电缆附件主要指电缆的连接头（盒）和电缆的终端盒等。对充油电缆还应包括一整套供油系统。当两盘电缆相互连接时，以及电缆与电机、变压器或架空线连接时，必须剥去外皮和绝缘层，通过连接头或终端盒实现密封连接。

2.1.3　架空线路模型

对电力系统进行定量分析及计算时，必须知道其各元件的等效电路和电气参数。输电线路的电气参数包括电阻、电导（与电晕、泄漏电流及电缆的介质损耗有关）、电感和电容（由交变磁场和交变电场引起）。线路的电感以电抗的形式表示，而电容以电纳的形式表示。

输电线路是均匀分布参数的电路，也就是说它的电阻、电导、电抗、电纳都是沿线均匀分布的。每千米（单位长度）的电阻、电抗、电导、电纳分别以 r_1、x_1、g_1、b_1 表示。

1. 架空线路的电阻

导线单位长度的直流电阻可用下式计算：

$$r_1 = \frac{\rho}{S} \tag{2-1}$$

式中，r_1 为导线单位长度电阻（Ω/km）；ρ 为导线材料的电阻率（$\Omega \cdot \text{mm}^2/\text{km}$）；$S$ 为导线截面积（mm^2）。

在计算导线电阻时应注意哪些问题？在应用式(2-1)来计算架空线路的电阻时，必须注意到以下几点：

1）趋肤效应和邻近效应的影响。由于交流电路内存在着趋肤效应和邻近效应的影响（当导线通以交流电流时，由于电流在导线内部产生磁场，当该磁场发生变化时，导线截面内各点电流密度就不相同，这就是所谓趋肤效应），故交流电阻值比直流电阻值大，但要精确计算其影响却是比较复杂的。一般可近似认为在工频交流下，这些效应会使电阻值增加0.2% ~1%。

2）多股绞线的影响。架空线路的导线大部分采用多股绞线，由于绞扭使导线的实际长度增加了2% ~3%，故可以认为它们的电阻率要比同样长度的单股导线的电阻率增大2% ~3%。

3）实际截面积要比额定截面积小。计算线路的电气参数时，都是根据导线的额定截面积(标称截面积)来进行的，但大多数情况下，导线的实际截面积要比额定截面积小。例如，LGJ—120型钢芯铝线，其额定截面积为120mm²，而实际截面积为115mm²。因而在实际计算时必须把导线的电阻率适当地增大，折算到与它的额定截面积相适应。

为简化计算，在电力系统实际计算中，这些因素可统一用增大电阻率的方法来等效计入，即在用式(2-1)计算电阻时将铝的电阻率增大为31.5Ω·mm²/km，铜的电阻率增大为18.8Ω·mm²/km。导线的实际电阻也可直接在手册上查得。

不论由手册查得还是按式(2-1)计算所得的电阻值，均是指周围空气温度为20℃时的值，如果线路实际运行温度不是20℃，则需按下式进行修正：

$$r_t = r_{20}\left[1 + \alpha(t - 20)\right] \tag{2-2}$$

式中，r_t 为温度为 t（单位为℃）时导线电阻；r_{20} 为温度为20℃时导线电阻；α 为电阻温度系数，铝线约为0.0036(1/℃)，铜线为0.00382(1/℃)。

2. 架空线路的电抗

输电线路的电抗是由于导线中通过交流电时，在其内部和外部产生的交变磁场引起的。导线内部的交变磁场只与导线的自感有关，导线外部的交变磁场，不仅与自感有关，还与周围其他导线与其相互作用的互感有关。导线的电抗可根据这一交变磁场中与该导线相链的那部分磁链求出。

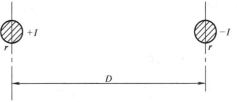

（1）两线输电线路的电感

图2-17所示为往返两线输电线路，它相当于单相线路的情况。假定线路长度远大于导线半径以及两导线间的距离。把与导线相交链的磁通

图 2-17　两线输电线路

分为两部分：一部分是导线内部的磁通链，它所产生的电感称为内感；另一部分是导线外部的磁通链，它所产生的电感称为外感。按电磁场理论的分析推导，根据安培环路定律可得出单根导线的单位长度电感计算式为

$$L_1 = L_{in} + L_{out} = \frac{\mu_0}{2\pi}\left(\frac{1}{4} + \ln\frac{D}{r}\right) \tag{2-3}$$

式中，L_{in} 为单位长度导线的内部电感（简称内感）(H/m)；L_{out} 为单位长度导线的外部电感（简称外感）(H/m)；μ_0 为真空磁导率，$\mu_0 = 4\pi \times 10^{-7}$(H/m)；$r$ 为导线的半径(m)；D 为两导线的几何轴线距离(m)。

如将 μ_0 的值代入式(2-3)并适当化简后可得

$$L_1 = \left(0.5 + 2\ln\frac{D}{r}\right) \times 10^{-7} \tag{2-4}$$

其中，内感为

$$L_{in} = 0.5 \times 10^{-7}\text{H/m}$$

外感为

$$L_{out} = 2\ln\frac{D}{r} \times 10^{-7}$$

（2）一般的三相架空线路的电抗

一般的三相架空线路的电抗怎样计算？三相架空线为什么要换位？什么是三相导线间的

几何均距？三相导线布线如图 2-18 所示。设导线的半径为 r，三相导线间的距离为 D_{ab}、D_{bc}、D_{ca}，如图 2-18a 所示，则可写出与 a 相单位长度导线相链的磁链 $\dot{\Psi}_a$ 为

$$\dot{\Psi}_a = \int_r^{D\to\infty} \frac{\mu_0}{2\pi r} \dot{I}_a \, dr + \int_{D_{ab}}^{D\to\infty} \frac{\mu_0}{2\pi r} \dot{I}_b \, dr + \int_{D_{ac}}^{D\to\infty} \frac{\mu_0}{2\pi r} \dot{I}_c \, dr$$

$$= \frac{\mu_0}{2\pi} \left[\dot{I}_a \ln\frac{D}{r} + \dot{I}_b \ln\frac{D}{D_{ab}} + \dot{I}_c \ln\frac{D}{D_{ac}} \right]_{D\to\infty} \tag{2-5}$$

同理可得与 b 相单位长度导线相链的磁链 $\dot{\Psi}_b$ 以及与 c 相单位长度磁链相链的磁链 $\dot{\Psi}_c$ 为

$$\dot{\Psi}_b = \frac{\mu_0}{2\pi} \left[\dot{I}_a \ln\frac{D}{D_{ab}} + \dot{I}_b \ln\frac{D}{r} + \dot{I}_c \ln\frac{D}{D_{bc}} \right]_{D\to\infty}$$

$$\dot{\Psi}_c = \frac{\mu_0}{2\pi} \left[\dot{I}_a \ln\frac{D}{D_{ac}} + \dot{I}_b \ln\frac{D}{D_{bc}} + \dot{I}_c \ln\frac{D}{r} \right]_{D\to\infty}$$

当三相导线的布置在几何上不对称时(如不等边三角形布置、水平布置等)，各相的电感值就不会相等。因而，当流过相同的电流时，各相的压降也不相等，从而造成三相电压不平衡。为了克服这个缺点，三相输电线路应当进行换位。所谓换位就是轮流改换三相导线在杆塔上的位置，如图 2-18b 所示。当线路进行完全换位时，在一次整换位循环内，各相导线将轮流地占据 a、b、c 相的几何位置，因而在这个长度范围内各相的电感(电抗)值就变得一样了。此外，换位对改善电力线路对通信线路的干扰也是十分必要的。当布置位置不对称的三相导线与通信线路邻近或平行时，与通信线路所交链的各相磁链之和并不为零，从而可能在通信线路上感应出危险的干扰电压，不仅影响正常通信，甚至可能危及设备和人身的安全。当三相导线经完全换位后，则与通信线路所交链的各相磁链之和将接近于零，从而消除了干扰影响。

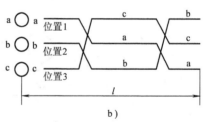

图 2-18　三相导线布线
a) 三相不对称排列　b) 三相输电线换位

目前，电压在 110kV 以上、线路长度在 100km 以上的输电线路，一般均需要进行完全换位，只有当线路不长、电压不高时才可以不进行换位。

当线路完全换位时，导线在各个位置的长度为总长度的 1/3。此时与 a 相导线相链的磁链将由下列 3 部分组成：处于位置 1 时的磁链 $\dot{\Psi}_{a1}$，处于位置 2 时的磁链 $\dot{\Psi}_{a2}$，处于位置 3 时的磁链 $\dot{\Psi}_{a3}$。它们分别是

$$\left. \begin{aligned} \dot{\Psi}_{a1} &= \frac{1}{3}\frac{\mu_0}{2\pi} \left[\dot{I}_a \ln\frac{D}{r} + \dot{I}_b \ln\frac{D}{D_{ab}} + \dot{I}_c \ln\frac{D}{D_{ac}} \right]_{D\to\infty} \\ \dot{\Psi}_{a2} &= \frac{1}{3}\frac{\mu_0}{2\pi} \left[\dot{I}_c \ln\frac{D}{D_{ab}} + \dot{I}_a \ln\frac{D}{r} + \dot{I}_b \ln\frac{D}{D_{bc}} \right]_{D\to\infty} \\ \dot{\Psi}_{a3} &= \frac{1}{3}\frac{\mu_0}{2\pi} \left[\dot{I}_b \ln\frac{D}{D_{ac}} + \dot{I}_c \ln\frac{D}{D_{bc}} + \dot{I}_a \ln\frac{D}{r} \right]_{D\to\infty} \end{aligned} \right\} \tag{2-6}$$

而与 a 相导线相链的的总磁通 $\dot{\Psi}_a$ 将是

$$\dot{\Psi}_a = \frac{1}{3}\frac{\mu_0}{2\pi}\Big[\dot{i}_a\ln\frac{D^3}{r^3} + \dot{i}_b\ln\frac{D^3}{D_{ab}D_{bc}D_{ac}} + \dot{i}_c\ln\frac{D^3}{D_{ac}D_{ab}D_{bc}}\Big]_{D\to\infty}$$

$$= \frac{\mu_0}{2\pi}\Big[\dot{i}_a\ln\frac{D}{r} + (\dot{i}_b + \dot{i}_c)\ln\frac{D}{D_{eq}}\Big]_{D\to\infty} \tag{2-7}$$

式中，D_{eq} 称为三相导线间的几何均距，$D_{eq} = \sqrt[3]{D_{ab}D_{bc}D_{ac}}$。

由于 $\dot{i}_a + \dot{i}_b + \dot{i}_c = 0$，即 $\dot{i}_b + \dot{i}_c = -\dot{i}_a$，则式（2-7）可改写为

$$\dot{\Psi}_a = \frac{\mu_0}{2\pi}\dot{i}_a\ln\frac{D_{eq}}{r} \tag{2-8}$$

据此可得经完全换位的三相线路，每相导线单位长度的电感为

$$L = \frac{\dot{\Psi}_a}{\dot{i}_a} = \frac{\mu_0}{2\pi}\ln\frac{D_{eq}}{r} \tag{2-9}$$

每相导线单位长度的电抗为

$$x_1 = \omega L = \omega\frac{\mu_0}{2\pi}\ln\frac{D_{eq}}{r} \tag{2-10}$$

当三相导线为水平排列时（见图 2-19a），即 $D_{ab} = D_{bc} = D$，$D_{ac} = 2D$，则式（2-7）中，$D_{eq}\sqrt[3]{DD2D} = 1.26D$；当三相导线为等边三角形排列时（见图 2-19b），即 $D_{ab} = D_{bc} = D_{ac} = D$，则 $D_{eq} = D$。

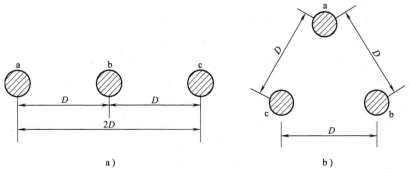

图 2-19 三相导线的两种常见排列方式

a）水平排列 b）等边三角形排列

若进一步计入导线的内感，则有

$$x_1 = \omega\frac{\mu_0}{2\pi}\Big(\ln\frac{D_{eq}}{r} + \frac{1}{4}\mu_r\Big) \tag{2-11}$$

式中，μ_r 为导线材料的相对磁导率，对于铜、铝等有色金属材料，$\mu_r = 1$。

将 $\mu_0 = 4\pi\times10^{-7}\text{H/m}$，$\omega = 2\pi f = 314$，$\mu_r = 1$ 代入式（2-11），并将以 e 为底的自然对数变换为以 10 为底的常用对数，可得

$$x_1 = 2\pi f\Big(4.6\lg\frac{D_{eq}}{r} + 0.5\mu_r\Big)\times10^{-4}$$

$$= 0.1445\lg\frac{D_{eq}}{r} + 0.0157 \tag{2-12}$$

【例 2-1】 有一长度为 100km、电压为 110kV 的输电线路，导线型号为 LGJ—185，导

线水平排列，相距为 4m，求线路单位长度电抗。

【解】 线路单位长度电阻为

$$r_1 = \frac{\rho}{S} = \frac{31.5}{185}\Omega/km = 0.17\Omega/km$$

由手册查得 LGJ—185 型导线的直径为 19mm，导线水平排列时的几何均距为

$$D_{eq} = \sqrt[3]{D_{ab}D_{bc}D_{ca}} = 1.26 \times 4000mm = 5040mm$$

线路单位长度电抗为

$$x_1 = \left(0.1445\lg\frac{D_{eq}}{r} + 0.0157\right)\Omega/km = \left(0.1445\lg\frac{5040}{9.5} + 0.0157\right)\Omega/km = 0.409\Omega/km$$

（3）双回路架空线路的电抗

当同一杆塔上布置双回三相线路时，尽管每回线路的电抗要受另一回线路的互感磁场的影响，但理论分析与实践表明，当三相对称时，这种互感影响可以略去不计（两个回路离开较远时），双回路每相电抗为

$$x_1 = 0.1445\lg\frac{D_{eq}}{r} \tag{2-13}$$

即与单回路的情况相同。同样，计入内感时双回路电抗同式(2-12)。

在三相对称运行时，架空地线对 x_1 值的影响也可以不考虑。

（4）分裂导线的三相输电线电抗

为什么要使用分裂导线？分裂导线的三相输电线电抗怎样计算？如前所述，对于超高压输电线路，为了降低导线表面电场强度以达到减低电晕损耗和抑制电晕干扰的目的，目前广泛采用了分裂导线。由于电流分布的改变所引起的周围电磁场的变化，使得分裂导线的电抗计算式将不同于一般的导线。可以设想，如将每相导线分裂为若干根子导体，并将它们均匀布置在半径为 r_{eq}（等效半径）的圆周上时（见图 2-20），则决定每相导线电抗的将不再是每根子导体的半径 r，而是圆的半径 r_{eq}，这样就等效地增大了导线半径。

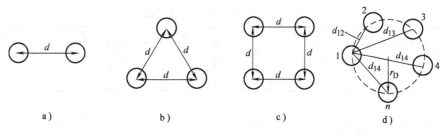

a)   b)   c)   d)

图 2-20 分裂导线形式

输电线路使用分裂导线时，每相线路单位长度的电抗仍可利用式(2-12)计算，但式中的 r 要用分裂导线的等效半径 r_{eq} 替代，其值为

$$r_{eq} = \sqrt[n]{r\prod_{k=2}^{n}d_{1k}} \tag{2-14}$$

式中，n 为每相导线的分裂根数；r 为分裂导线的每一根子导线的半径；d_{1k} 为分裂导线一相中第 1 根与第 k 根子导线之间的距离，$k = 2,3,\cdots,n$；$\prod$ 为表示连乘运算的符号。一般分裂

导线的各子导线之间均为等距，则 $r_{eq} = \sqrt[n]{rd^{n-1}}$。

严格地讲，式(2-14)中的 d 与子导线间距离不完全相同，即 d 等于实际子导线间距离乘分裂系数 α。不同布置方式下的分裂系数见表2-3。

表2-3　不同布置方式下的分裂系数

分裂根数 与布置方式	二分裂	三分裂 （正三角形）	三分裂 （水平）	四分裂 （正四边形）	五分裂 （正五边形）	六分裂 （正六边形）
α	1	1	1.26	1.12	1.27	1.4

经过完全换位后的分裂导线线路的每相单位长度电抗为

$$x_1 = 0.1445 \lg \frac{D_{eq}}{r_{eq}} + \frac{0.0157}{n} \tag{2-15}$$

可见，导线分裂根数越多，电抗下降越多，但当导线分裂根数大于4时，电抗的减少就不再那么明显。分裂导线的电抗值与分裂根数的关系如图2-21所示。分裂间距的增大也可使电抗减少，但间距过大又不利于防止导线产生电晕。因此，分裂导线的根数一般不超过4根，其子导线间的距离一般取 $400 \sim 500 \text{mm}$。

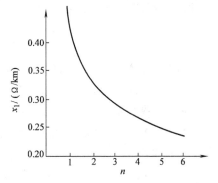

图2-21　分裂导线的电抗值与分裂根数的关系

导线的几何均距和导线的半径虽然也会影响 x_1 的大小。但由于 x_1 与几何均距 D_{eq} 以及导线半径之间为对数关系，它们的变化对线路单位长度的电抗 x_1 没有明显影响，故在工程实际的范围内，单根导线的 x_1 一般都为 $0.4\Omega/\text{km}$ 左右；与2根、3根和4根分裂导线相应的 x_1 则分别为 $0.33\Omega/\text{km}$、$0.3\Omega/\text{km}$ 和 $0.28\Omega/\text{km}$ 左右。分裂导线电抗的近似值见表2-4。

表2-4　分裂导线电抗的近似值

电压/kV	分裂根数	电抗/(Ω/km)	电压/kV	分裂根数	电抗/(Ω/km)
$220 \sim 330$	2	$0.3 \sim 0.33$	750	4	0.29
500	3	0.3		6	0.28
	4	0.29			

（5）三相输电线路的负序电抗

三相输电线路的负序电抗，是三相输电线中流过三相负序电流时的电抗，其每相电抗值与正序电流流过时完全一样，即三相输电线负序电抗与正序电抗完全相同

$$x_2 = x_1$$

【例2-2】　某500kV三相架空输电线路采用三分裂导线，已知每根子导体的半径为 $r = 13.6 \text{mm}$；子导体间距为 $d = 400 \text{mm}$；子导体间按正三角形布置，三相导线为水平布置并经完全换位，相间距离 $D = 12 \text{m}$，试求该线路每千米的电抗值。

【解】　已知 $D = 12 \text{m}$，导线为水平排列，故 $D_{eq} = 1.26D = 1.26 \times 12 \text{m} = 15.12 \text{m}$。

又查表2-3知，正三角形布置的三分裂导线的 $\alpha = 1$，故 $d_{eq} = d = 0.4\mathrm{m}$，代入式(2-14)中可得

$$r_{eq} = \sqrt[n]{rd^{(n-1)}} = \sqrt[3]{13.6 \times 10^{-3} \times 0.4^{(3-1)}}\mathrm{m}$$

$$= 0.1296\mathrm{m}$$

将以上各值代入式(2-15)，即可求得该线路每千米的电抗值为

$$x_1 = \left(0.1445\lg\frac{D_{eq}}{r_{eq}} + \frac{0.0157}{n}\right)\Omega/\mathrm{km}$$

$$= \left(0.1445\lg\frac{15.12}{0.1296} + \frac{0.0157}{3}\right)\Omega/\mathrm{km}$$

$$= (0.2987 + 0.0052)\Omega/\mathrm{km} = 0.3039\Omega/\mathrm{km}$$

3. 输电线路的电纳

输电线路的电纳大小与哪些因素有关？怎样计算？输电线路的电纳与导线周围电场有关，当导线中通有交流电流时，其周围就存在电场，电场中任一点电位与导线上电荷密度成正比，而电位与电荷密度的比例系数的倒数就是电容，此为已学过的电容的概念。电纳与电容有如下关系：

$$B = \omega C = 2\pi f C \tag{2-16}$$

式中，C 为导线电容(F)；f 为通过导线电流的频率（或作用在该导线上的交流电压频率）(Hz)。

如果三相完全对称排列(或经完全换位)，每相每千米的等效电容为

$$C = \frac{2\pi\varepsilon}{\lg\dfrac{D_{eq}}{r}} = \frac{0.0241 \times 10^{-6}}{\lg\dfrac{D_{eq}}{r}} \tag{2-17}$$

式中，ε 为介质的介电常数；D_{eq} 为导线间几何均距，$D_{eq} = \sqrt[3]{D_{ab}D_{bc}D_{ca}}$。

当频率为50Hz时，三相输电线每相电纳为

$$b = \omega C = 314 \times \frac{0.0241 \times 10^{-6}}{\lg\dfrac{D_{eq}}{r}} = \frac{7.57 \times 10^{-6}}{\lg\dfrac{D_{eq}}{r}} \tag{2-18}$$

由式(2-18)可见，电纳与 D_{eq}/r 有关。

如果是分裂导线，则可类似地导出电容计算式如下：

$$C_a = \frac{0.0241 \times 10^{-6}}{\lg\left(\dfrac{D_{eq}}{r_{eq}}\right)} \tag{2-19}$$

式中，r_{eq} 是分裂导线等效半径。

由式(2-19)可知，分裂导线的电容增大了。

4. 输电线路的电导

线路的电导是反映由于导线上施加电压后产生的电晕现象和绝缘子中所产生泄漏电流的参数。

输电线路的电导大小与哪些因素有关呢？因为一般情况下线路的绝缘良好，所以沿绝缘子串的泄漏电流通常很小，可以忽略不计，故线路电导主要与电晕损耗有关。电晕是在强电场作用下导线周围空气被电离的现象。它的产生不仅与导线本身而且还与导线周围的空气条

件有关,当导线表面的电场强度超过了某一临界值(称为电晕起始电压或电晕临界电压)时,就会引起周围空气部分导电。在这个过程中,导线表面的某些部分可以看到蓝色的光环,并能听到"刺刺"的放电声和闻到臭氧味。

空气电离将消耗有功功率,该功率与施加在线路上的电压有关,而与线路上通过的电流大小无关,可用导线对地电导来表征。线路电导表示如下:

$$g_1 = \frac{\Delta P_g}{U^2} \times 10^{-3} \tag{2-20}$$

式中,g_1 为输电线每相导线单位长度的电导(S/km);ΔP_g 为实测的三相输电线单位长度电晕损耗的总功率(kW/km);U 为输电线路的线电压(kV)。

发生电晕的最小电压称电晕起始电压,简称临界电压 U_{cr}。影响临界电压的因素较多,难以准确计算,而且其数值相对较小。一般使用经验公式计算

$$U_{cr} = 84 m_1 m_2 \delta r \lg \frac{D_{eq}}{r} \tag{2-21}$$

式中,m_1 为导线表面光滑系数,光滑表面单导线 $m_1 = 1$,对久经使用的单导线 $m_1 = 0.98 \sim 0.93$,对绞线 $m_1 = 0.87 \sim 0.83$;m_2 为气象系数,干燥或晴朗天气 $m_2 = 1$,在有雾、雨、霜、暴风雨时 $m_2 < 1$,在最恶劣的情况时 $m_2 = 0.8$;δ 为空气相对密度,$\delta = \frac{3.92 + b}{273 + t}$,其中 b 为大气压力(cmHg)(注:1cmHg = 1333.22Pa);t 为空气温度(℃);D_{eq} 为导线几何平均距离(cm);r 为导线半径(mm)。

在频率50Hz和电压 U 作用下,三相输电线每千米的电晕损耗可由实验求得,也可由下面公式近似求得:

$$\Delta P_g = \frac{0.18}{\delta} \sqrt{\frac{r}{D_{eq}}} (U - U_{cr})^2 \tag{2-22}$$

在晴朗的天气,正常运行时几乎不产生电晕,即 $g_1 = 0$。

【例2-3】(综合例题) 某500kV电力线路使用 $4 \times$ LGJQ—300 型分裂导线,分裂间距为450mm(按正四边形排列),三相导线水平排列,相间距离为12m,如图2-22所示。求此线路单位长度的电气参数。

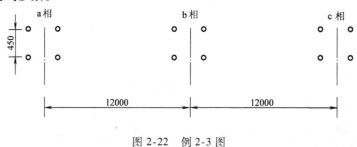

图 2-22 例 2-3 图

【解】 1)每千米线路电阻 r_1 的计算:

$$r_1 = \frac{\rho}{S} = \frac{31.5}{4 \times 300} \Omega/km = 0.0263 \Omega/km$$

2)每千米线路电抗 x_1 的计算。由手册查得 LGJQ—300 型导线的半径为 $r = 11.85$mm,计算相间几何均距为

$$D_{eq} = 1.26D = 1.26 \times 12000 \text{mm} = 15119.1 \text{mm}$$

分裂导线的等效半径 r_{eq} 为

$$r_{eq} = \sqrt[n]{r \prod_{k=2}^{n} d_{1k}} = \sqrt[4]{11.85 \times 450 \times 450 \times \sqrt{2} \times 450} \text{mm} = 197.68 \text{mm}$$

故　　　$x_1 = 0.1445 \lg \dfrac{D_{eq}}{r_{eq}} + \dfrac{0.0157}{n} = \left(0.1445 \lg \dfrac{15119.1}{197.68} + \dfrac{0.0157}{4} \right) \Omega/\text{km} = 0.277 \Omega/\text{km}$

3）每千米线路电纳 b_1 的计算：

$$b_1 = \frac{7.58}{\lg \dfrac{D_{eq}}{r_{eq}}} \times 10^{-6} \text{S/km} = \frac{7.58}{\lg \dfrac{15119.1}{197.68}} \times 10^{-6} \text{S/km} = 4.024 \times 10^{-6} \text{S/km}$$

2.1.4　电力线路的等效电路

因为三相输电线通以交流电流时，导线周围产生电磁场，该电磁场沿线作均匀分布，电磁能转变为热能也是沿全线进行的，所以，上述线路的各参数实际上是沿线均匀分布的，其等效电路应如图 2-23 所示。由于三相线路是对称的，所以图中只画出了一相。为了简化计算，实际工程中，在对 300km 及以下的电力线路进行计算时，可把图 2-23 的分布参数电路简化为下述两种类型的集中参数的等效电路。

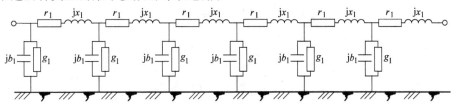

图 2-23　分布参数等效电路

1. 一字形等效电路（短线路的等效电路）

什么是一字形等效电路？在什么情况下可以用一字形等效电路？当电力线路为长度不超过 100km 的架空线路或不长的电缆线路，且工作电压不高时，可忽略线路电纳 b_1 的影响，即可令 $b_1 = 0$。又因线路在正常天气时不会产生电晕，且绝缘子的泄漏又很小，可令电导 $g_1 = 0$。用串联阻抗（集中参数）来表示

$$Z = R + jX = rl + jxl$$

式中，r、x 分别为单位长度的电阻、电抗（Ω/km）；l 为线路长度（km）。

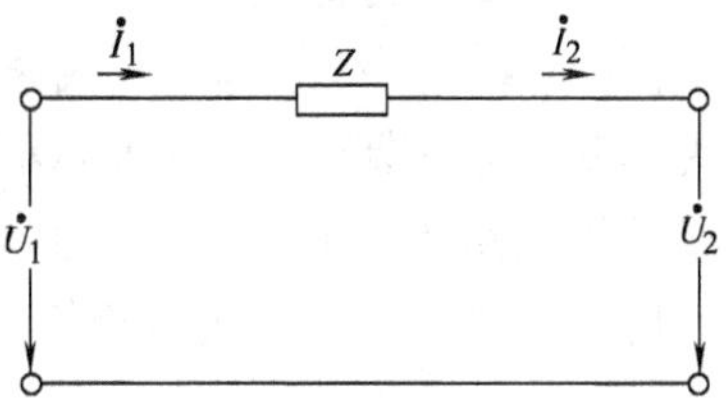

因此上述短电力线路的等效电路可化简为图 2-24 所示的一字形等效电路。公式为

图 2-24　短电力线路的
一字形等效电路

$$\left. \begin{array}{l} \dot{I}_1 = \dot{I}_2 \\ \dot{U}_1 = \dot{U}_2 + Z\dot{I}_2 \end{array} \right\} \tag{2-23}$$

2. π 形和 T 形等效电路（中等长度线路的等效电路）

什么是 π 形等效电路和 T 形等效电路？在什么情况下可以用 π 形和 T 形等效电路？当电力线路为长度在 100～300km 之间的架空线路或长度不超过 100km 的电缆线路时，其电纳

的影响已不能忽略。此时需采用集中参数的 π 形和 T 形等效电路，如图 2-25 所示。

π 形等效电路是将线路总阻抗 $Z_\pi = R + jX$ 串接在电路的中间，而将线路总导纳 $Y_\pi = jB$ 的一半并接在电路的始端，另一半并接在电路的末端所得到的等效电路，如图 2-25a 所示。

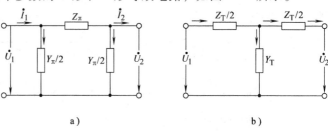

a)　　　　　b)

图 2-25　中等长度电力线路的 π 形和 T 形等效电路
a) π 形　b) T 形

T 形等效电路是将线路总导纳 $Y_T = jB$ 并接在电路的中间，而将线路总阻抗 $Z_T = R + jX$ 分成相等两份，分别串接在电路的两端所得到的等效电路中，如图 2-25b 所示。

由于 T 形等效电路比 π 形等效电路多了一个中间节点，使电网计算工作量有所增加，故在上述中等长度电力线路的计算中常用 π 形等效电路。对 π 形电路可列出它的始末端电压、电流关系式为

$$\left.\begin{aligned}
\dot{U}_1 &= \dot{U}_2 + \left(\dot{I}_2 + \frac{\dot{U}_2 Y_\pi}{2}\right) Z_\pi \\
&= \left(1 + \frac{Y_\pi Z_\pi}{2}\right) \dot{U}_2 + Z_\pi \dot{I}_2 \\
\dot{I}_1 &= \dot{I}_2 + \frac{1}{2} Y_\pi \dot{U}_2 + \frac{1}{2} Y_\pi \dot{U}_1 \\
&= \left(1 + \frac{Y_\pi Z_\pi}{2}\right) Y_\pi \dot{U}_2 + \left(1 + \frac{Y_\pi Z_\pi}{2}\right) \dot{I}_2
\end{aligned}\right\} \tag{2-24}$$

需要指出的是：π 形和 T 形都是线路的一种近似等效电路，它们两者之间不能用丫-△等效互换。利用 π 形和 T 形等效电路对中等长度的电力线路进行电气计算，所带来的误差在工程上是允许的。

对于超高压远距离输电线，必须考虑其分布参数特性。

【例 2-4】　一条 70km 长线路，已知受端负荷为 20000kW，额定线电压为 60kV，功率因数为 0.8，线路参数：$r_1 = 0.1\Omega/\text{km}$，$L_1 = 1.3\text{mH/km}$，$C_1 = 0.0095\mu\text{F/km}$。试用 π 形等效电路计算线路始端电压和电流值。

【解】　（1）求出线路全长的参数，并作出等效电路
$$R = 0.1 \times 70\Omega = 7\Omega$$
$$X = 2\pi fL = 2\pi \times 50 \times (1.3 \times 10^{-3} \times 70)\Omega = 28.6\Omega$$
$$B_C = 2\pi fC = 2\pi \times 50 \times (0.0095 \times 10^{-6} \times 70)\text{S} = 0.209 \times 10^{-3}\text{S}$$
按此作出 π 形等效电路如图 2-26 所示。

（2）相电压 $\dot{U}_2$ 和相电流 $\dot{I}_2$

由于等效电路是表示对称三相系统一相的情况，所以 $\dot{U}_2$ 和 $\dot{I}_2$ 都应该换算成相电压和相电流。当以 $\dot{U}_2$ 为参考相量

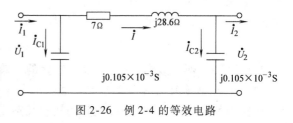

图 2-26　例 2-4 的等效电路

时，有

$$\dot{U}_2 = U_2 + j0 = \left(\frac{60}{\sqrt{3}} + j0\right)kV = (34.8 + j0)\,kV$$

因为

$$\hat{\dot{I}}_2 = \frac{\overline{S}_2}{3\dot{U}_2} = \frac{P_2 + jQ}{3\dot{U}_2} = \frac{P_2}{3U_2\cos\varphi}(0.8 + j0.6)$$

$$= \left[\frac{20000}{3 \times 34.8 \times 0.8}(0.8 + j0.6)\right]A = (192 + j144)\,A$$

所以

$$\dot{I}_2 = (192 - j144)\,A$$

（3）求电流 $\dot{I}$

因为末端电容上的充电电流为

$$\dot{I}_{C2} = jU_2\frac{B_C}{2} = j34.8 \times 10^3 \times 0.105 \times 10^{-3}A = j3.66\,A$$

所以输电线路上流过的电流为

$$\dot{I} = \dot{I}_2 + \dot{I}_{C2} = (192 - j144 + j3.66)A = (192 - j140.3)\,A$$

（4）求始端电压 $\dot{U}_1$

$$\dot{U}_1 = \dot{U}_2 + \dot{I}(R + jX) = [(34.8 + j0) + (192 - j140.3) \times (7 + j28.6) \times 10^{-3}]\,kV$$

$$= (40.15 + j4.51)kV = 40.4\,\underline{/6.4°}\,kV$$

（5）求始端电流 $\dot{I}_1$

因为始端电容上的充电电流为

$$\dot{I}_{C1} = j\dot{U}_1\frac{B_C}{2} = j(40.15 + j4.51) \times 10^3 \times 0.105 \times 10^{-3}A = (-0.474 + j4.217)\,A$$

所以　$\dot{I}_1 = \dot{I} + \dot{I}_{C1} = [192 - j140.3 + (-0.474 + j4.271)]A = (191.5 - j136.1)\,A$

$$= 234.9\,\underline{/-35.4°}\,A$$

【课堂思考题1】　三相输电线的各参数实际上是沿线均匀分布的，怎样用集中参数的等效电路进行分析计算？

【课堂思考题2】　用T形等效电路计算例【2-4】中的有关电压电流值，并比较线路参数是否满足丫 – △变换。

※2.1.5　输电线路覆冰危害及除冰防冰

覆冰和积雪是美丽的自然现象，给人以美的享受。然而，对于电力系统来说覆冰却是自然灾害。在输变电工程中，导线覆冰现象较为普遍，覆冰可以引起导线舞动、杆塔倾斜、倒塔、断线及绝缘子闪络，从而造成重大事故。2008 年初，我国南方部分地区大范围的严重冰雪灾害给国民经济和人们的日常生活带来灾难性的影响。

导线覆冰是一个复杂的过程，覆冰量与导线半径、过冷水滴直径、含风量、风速、风向、气温及覆冰时间等因素有关。我国北方地区虽然气温低，但因气候干燥，所以较少出现覆冰。即使偶尔出现，也由于覆冰量很少，对送电线路不构成太大的威胁。相反，有高空西南暖湿气流的长江以南高海拔地区受覆冰灾害影响较严重。

1. 导线覆冰的危害

（1）线路过荷载事故

当覆冰积累到一定体积之后，输电导线的重量倍增，弧垂增大，导线对地间距减小，从而有可能发生闪络事故。弧垂增大的同时，在风的作用下，两根导线或导线与地之间可能相碰，会造成短路跳闸，烧伤甚至烧断导线的事故。如果覆冰的重量进一步增大，则可能超过导线、金具、绝缘子及杆塔的机械强度，使导线从压接管内抽出，或外层铝股全断、钢芯抽出；当导线覆冰超过杆塔的额定荷载一定限度时，可能导致杆塔基础下沉、倾斜或爆裂，杆塔折断甚至倒塌。

（2）相邻档不均匀覆冰或不同期脱冰造成的事故

输电线路相邻档不均匀覆冰或不同期脱冰都会产生张力差，使导线在线夹内滑动，严重时导线外层铝股在线夹出口处全部断裂、钢芯抽动，造成线夹另一侧的铝股拥挤在线夹附近。因覆冰不均匀使横担扭转，不同期脱冰使横担折断或向上翘起，地线支架破坏。

（3）绝缘子串覆冰造成频繁冰闪事故

冰闪是污闪的一种特殊形式。绝缘子在严重覆冰的情况下，大量伞形冰凌桥接，绝缘强度降低，泄漏距离缩短；融冰过程中，冰体或者冰晶体表面水膜很快溶解污秽中的电解质，提高了融冰水或冰面水膜的电导率，引起绝缘子串电压分布及单片绝缘子表面电压分布的畸变，从而降低了覆冰绝缘子串的闪络电压；融冰时期通常伴有的大雾，使大气中的污秽微粒进一步融化，增加冰水电导率，形成冰闪。闪络过程中产生持续电弧会烧伤绝缘子，引起绝缘子绝缘强度下降。

（4）输电导线舞动损坏电力设备

输电导线覆冰后形成非圆截面，在风力作用下发生弛振，这是一种低频、大幅度的振动，其振动频率通常为 $0.1 \sim 3 \mathrm{Hz}$，振幅为导线直径的 $5 \sim 300$ 倍。导线舞动引起杆塔、导线、金具及部件的损坏，造成频繁跳闸甚至停电事故。导线舞动是一种复杂的流固耦合振动，其形成主要取决于导线覆冰、风力作用及线路结构与参数。

2. 输电线路抗冰设计

输电线路覆冰是一种地域性很强的自然现象，气候起决定性的作用，而且同一地区不同的微地形、微气候差别也很大，使得输电线路走廊的覆冰因素千差万别。只有得到长期、详细的气象资料才能准确地把握输电线走廊的覆冰情况。

（1）新建线路的抗冰设计

对于新建的输电线路，要根据已掌握的气象资料，合理划分冰区，选取不同的设计冰厚进行线路设计，力求确保线路安全运行而又不过分增加线路的造价。输电线路经过的各种地势、微气候及微地形的差别较大，沿线冰雪情况不会一致，故不能只采取一个冰厚设计值。

新建线路在路径选择上，应力求避开严重覆冰段，并做到线路沿起伏不大的地形走线；线路应避免横跨垭口、风道和通过湖泊、水库等易于覆冰的地带；线路翻越山岭时不应采取大档距、大高差；线路沿山岭通过时宜沿覆冰时的背风坡走线。

当线路无法避开重冰区时，应采取抗冰设计。例如，减小杆塔之间的间距，减轻杆塔荷载，杆塔间距尽量均匀；由于地形限制必须采取较大档距时，宜制成耐张段或采取其他措施；重冰区线路每隔若干基增设一基抗串耐张塔；导线可采用机械强度较高的钢芯铝合金或铝包钢绞线；增大绝缘子串长度，改善绝缘子串伞形结构及布置方式来提高防冰闪能力，也可以考虑采用复合绝缘子，由于复合绝缘子表面材料的特殊性，可以延缓结冰时间。

（2）已运行线路的抗冰害措施

对于已运行的线路，为加强其对覆冰灾害的抵御能力，应视具体情况区别对待。海拔较高的输电线路，翻越分水岭及横跨峡谷、风道、垭口等处的路线应进行改造；重冰区的输电线路应重新以抗冰要求进行彻底改造，方法参照新建线路的抗冰设计；对没有明显微气候、微地形影响的大面积覆冰地区，不宜立即进行线路改造，可以考虑采用融冰措施来防治冰雪灾害。

3. 输电线路除冰技术

国内外除冰防冰技术可归纳为 30 余种，划分为 3 大类：①热力融冰法；②机械除冰法；③被动除冰法。

（1）热力融冰法

采用增大导线的传输电流融冰，短路电流融冰，以及低居里温度磁环、低居里温度磁力线等使导线自身发热、温度升高的除冰方法。这样的融冰方法能量消耗高，而且存在各种各样的缺陷。表 2-5 给出几种热力融冰方法的比较。

表 2-5　几种热力融冰方法的比较

序号	名　称	应用范围	使用阶段	冰类型	除冰效果	使用情况及条件	价　格
1	过电流密度	导线和电缆	覆冰过程中	各类冰	有限	已采用	中等
2	短路电流	导线和电缆	覆冰过程中	各类冰	全部	已采用	高
3	跟踪法	导线和电缆	覆冰过程中	各类冰	全部	已采用	中等
4	铁磁线	仅对导线	覆冰过程中	各类冰	有限	已采用	高

（2）机械除冰法

使用机械外力手工或自动强制覆冰脱落。针对导线的机械除冰方法主要有 3 种，即"ad hoc"法、滑轮铲刮法和强力振动法。

"ad hoc"法由线路操作者在现场处理，处理方法千变万化，这种技术既不安全，又不十分有效。滑轮铲刮技术是一种由地面操作人员拉动可在线路上行走的滑轮铲除导线上覆冰的方法，这种方法是目前唯一可行的输电线路除冰的机械方法。强力振动法通过外部振动器使冻结输电线路导线和拉线振动来除冰，该技术由于要求外加振动源并且振动加速了线缆疲劳，因而难以在实际工程中采用。表 2-6 给出几种机械除冰方法的比较。

表 2-6　几种机械除冰方法的比较

序号	名　称	应用范围	应用阶段	冰　型	有效除冰	应用情况及条件	价　格
1	"ad hoc"方法	导线和电缆		各类冰	不定	有限安全，谨慎	中等
2	轮刮，手工水力和风力	导线和电缆	覆冰期	各类冰	全部	已采用	中等
3	强力振动	线缆，杆塔，地线	设想	雾凇	有限	困难	低

（3）被动除冰法

利用风、地球引力、随机散射能和温度变化等来自大自然的外力脱冰的方法称为被动除冰法。一般来说，在工程上首先考虑这种方法，被动除冰法虽然不能保证可靠除冰，但无需附加能量。被动除冰技术不能阻止冰的形成，但有助于限制冰灾。在被动除冰法中，应用憎水性和憎冰性固体涂料涂敷在导线上的方法已引起业内人士广泛的兴趣。

现有的除冰、防冰方法虽多种多样，但到目前为止，尚无一成熟的有效而经济的方法应用于工程实践。有潜力并期望在短期内得到突破的方法有电磁脉冲法及现场用的"ad hoc"法。研制低结合力和吸收随机热辐射的涂料也具有很大的潜力。

2.2 变压器

电力系统中为什么要使用变压器？电力变压器是电力系统中实现电能传输和分配的核心元件。在电源侧，发电机的端电压一般为 13.8kV 或 20kV，而典型的输电电压有 220kV 或更高的电压 500kV 以及 750kV 等。发电机发出的电能要用升压变压器将电压升高到输电电压实现电能的远距离传输。在用电侧要用降压变压器将输电电压逐级降低为配电电压（35 ~ 110kV,6 ~ 10kV,380V/220V）。一个电力系统通常具有多个电压等级，因而变压器使用很多，同时电力变压器还可用来调整电压和在一定范围内控制潮流。

电力系统中使用的变压器大多数是三相的。当容量特大，运输不便时也有采用 3 个单相变压器接成三相变压器组。按每相绕组的结构分类，电力变压器有双绕组、三绕组和自耦 3 种形式。通常 220kV 及以上的变压器均采用三绕组或三绕组自耦的结构。

变压器的工作原理和结构已在《电机学》教材中作过系统介绍，本节主要讨论电力系统分析中所用到的变压器三相对称运行时的等效电路及参数计算。

2.2.1 双绕组变压器的参数计算

在系统中主要关心电力变压器的哪些参数？在电机学中，研究变压器的等效电路时，为说明变压器的电磁关系，重点分析 T 形等效电路，其主要参数为短路阻抗与励磁阻抗。在电力网的计算中，双绕组变压器一般采用由短路电阻 R_T、短路电抗 X_T、励磁电导 G_T 和励磁电纳 B_T 这 4 个等效参数组成的 Γ 形等效电路，如图 2-27a 所示。图中电导 G_T 和电纳 B_T 也可直接用变压器的空载损耗 ΔP_0 和励磁功率 ΔQ_0 代替，如图 2-27b 所示。对于地方电网及发展规划中的电力系统，为了进一步简化计算，通常可不计变压器的等效导纳，而将变压器的等效电路进一步简化为图 2-27c 所示的由电阻 R_T、电抗 X_T 串联的等效电路。

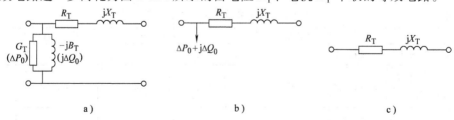

图 2-27 双绕组变压器的等效电路

变压器出厂时，制造厂商都会在变压器的铭牌上或出厂试验书上给出代表其电气特性的 4 个参数，即负载损耗 ΔP_S、短路电压百分数 $U_S\%$、空载损耗 ΔP_0、空载电流百分数 $I_0\%$。

前两个参数由短路试验得出，后两个参数由空载试验得出。根据以上 4 个电气特性数据，即可算出等效电路中的 R_T、X_T、G_T 和 B_T。

1. 短路电阻 R_T 与短路电抗 X_T

变压器的短路电阻 R_T 与短路电抗 X_T 通过短路试验求得。

怎样求变压器的短路电阻 R_T 呢？变压器作短路试验时，一侧绕组短接，另一侧绕组利用调压变压器从零开始加电压，当短路侧电流达到该侧绕组的额定值后，所测得的有功功率即为负载损耗 ΔP_S。此时由于电压很低（为额定电压的 $5\% \sim 10.5\%$），铁损可忽略不计，认为负载损耗 $\Delta P_S(\mathrm{kW})$ 与变压器满载后两侧绕组中的总有功功率损耗（即额定有功功率损耗）$\Delta P_N(\mathrm{kW})$ 近似相等，即

$$\Delta P_S \approx \Delta P_N = 3I_N^2 R_T \times 10^{-3} = \frac{S_N^2}{U_N^2} R_T \times 10^{-3} \tag{2-25}$$

式中，I_N 为变压器的额定电流（A）；U_N 变压器的额定电压（kV）；S_N 为变压器的额定容量（kV·A）。

由此可得变压器的短路电阻 $R_T(\Omega)$ 为

$$R_T = \frac{\Delta P_S U_N^2}{S_N^2} \times 10^3 \tag{2-26}$$

若用标幺值表示，则

$$R_T^* = \frac{\Delta P_S}{S_N} \tag{2-27}$$

怎样求变压器的短路电抗 X_T 呢？短路试验时，变压器通过的是额定电流，此时变压器阻抗上电压降（即短路电压）的百分数为

$$U_S\% = \sqrt{(U_X\%)^2 + (U_R\%)^2} \tag{2-28}$$

式中，$U_R\%$ 为电阻 R_T 上电压降的百分数；$U_X\%$ 为电抗 X_T 上电压降的百分数。

对大、中型变压器，因 $X_T \gg R_T$，可近似地认为 $U_S\% \approx U_X\%$

$$U_X\% = \frac{\sqrt{3}I_N X_T \times 10^{-3}}{U_N} \times 100 = \frac{S_N X_T \times 10^{-3}}{U_N^2} \times 100 \tag{2-29}$$

由此可得变压器的短路电抗 $X_T(\Omega)$ 为

$$X_T = \frac{U_S\% U_N^2}{S_N} \times 10 \tag{2-30}$$

若用标幺值表示，则

$$X_T^* = \frac{U_S\%}{100} \tag{2-31}$$

应该注意，此处电阻、电抗都是指折算到某一侧额定电压下两侧绕组的总电阻、总电抗。

2. 电导 G_T 和电纳 B_T

怎样求变压器的电导 G_T 和电纳 B_T？变压器空载试验是一侧开路，在另一侧加额定电压，测量变压器的有功损耗（即空载损耗）$\Delta P_0(\mathrm{kW})$ 和空载电流百分数 $I_0\%$。由于空载电流相对于额定电流很小，因而空载时变压器绕组电阻的功率损耗也很小，故可近似认为其空载损耗 ΔP_0 就是铁损 P_{Fe}。由此可求出变压器的励磁绕组的电导 $G_T(\mathrm{S})$，即

$$\Delta P_0 \approx P_{\text{Fe}} = U_{\text{N}}^2 G_{\text{T}} \times 10^3 \tag{2-32}$$

$$G_{\text{T}} = \frac{\Delta P_0}{U_{\text{N}}^2} \times 10^{-3} \tag{2-33}$$

若用标幺值表示，则

$$G_{\text{T}}^* = \frac{\Delta P_0}{S_{\text{N}}} \tag{2-34}$$

双绕组变压器的空载电流 $\dot{I}_0$ 由电导中的有功电流分量 $\dot{I}_{\text{G}}$ 和电纳中的无功电流分量 $\dot{I}_{\text{B}}$ 两部分组成，相应的相量图如图 2-28 所示。由于 $\dot{I}_{\text{G}}$ 远小于 $\dot{I}_{\text{B}}$，可以认为 $\dot{I}_{\text{B}} \approx \dot{I}_0$。故有

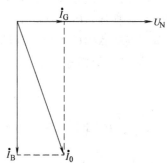

$$\frac{\Delta Q_0}{S_{\text{N}}} \times 100 = \frac{\sqrt{3} U_{\text{N}} I_{\text{B}}}{\sqrt{3} U_{\text{N}} I_{\text{N}}} \times 100 \approx \frac{\sqrt{3} U_{\text{N}} I_0}{\sqrt{3} U_{\text{N}} I_{\text{N}}} \times 100 = \frac{I_0}{I_{\text{N}}} \times 100 = I_0\%$$

$$\Delta Q_0 = \frac{I_0\%}{100} S_{\text{N}}$$

$$B_{\text{T}} = \frac{\Delta Q_0}{U_{\text{N}}^2} \times 10^{-3} = \frac{I_0\%}{100} \frac{S_{\text{N}}}{U_{\text{N}}^2} \times 10^{-3} \tag{2-35}$$

图 2-28 双绕组变压器空载电流相量图

式中，B_{T} 为变压器电纳（S）；$I_0\%$ 为变压器空载电流百分值；S_{N}、U_{N} 与前同。

B_{T} 的标幺值为

$$B_{\text{T}}^* = \frac{I_0\%}{100} \tag{2-36}$$

在应用上述公式时，公式中的 U_{N} 既可取高压侧的电压，也可取低压侧的电压，视需要而定。当 U_{N} 取高压侧值时，参数折算到高压侧；当 U_{N} 取低压侧值时，参数折算到低压侧。

【例 2-5】 有一台 SFPL1—63000/110 型双绕组降压变压器，其铭牌数据为 $\Delta P_{\text{S}} = 298\text{kW}$，$U_{\text{S}}\% = 10.5$，$\Delta P_0 = 60\text{kW}$，$I_0\% = 0.8$，试求变压器的等效参数并作出等效电路。

【解】 变压器的短路电阻为

$$R_{\text{T}} = \frac{\Delta P_{\text{S}} U_{\text{N}}^2}{S_{\text{N}}^2} \times 10^3 = \frac{298 \times 110^2}{63000^2} \times 10^3 \Omega = 0.908\Omega$$

变压器的短路电抗为

$$X_{\text{T}} = \frac{U_{\text{S}}\% U_{\text{N}}^2}{S_{\text{N}}} \times 10 = \frac{10.5 \times 110^2}{63000} \times 10\Omega = 20.17\Omega$$

变压器的励磁电导为

$$G_{\text{T}} = \frac{\Delta P_0}{U_{\text{N}}^2} \times 10^{-3} = \frac{60}{110^2} \times 10^{-3}\text{S} = 4.96 \times 10^{-6}\text{S}$$

变压器的励磁电纳为

$$B_{\text{T}} = \frac{I_0\% S_{\text{N}}}{100 U_{\text{N}}^2} \times 10^{-3} = \frac{0.8 \times 63000}{110^2} \times 10^{-5}\text{S} = 4.17 \times 10^{-5}\text{S}$$

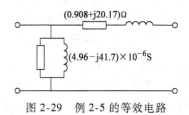

图 2-29 例 2-5 的等效电路

变压器励磁回路中的功率损耗为

$$\Delta P_0 + j\Delta Q_0 = \Delta P_0 + j\frac{I_0\%}{100}S_N = (60 + j504)\,kV \cdot A$$

变压器的等效电路如图 2-29 所示。

2.2.2　三绕组变压器的参数计算

　　三绕组变压器有什么用途呢？三绕组变压器用来连接 3 个不同电压等级的电网。无论是发电厂（站）或变电所（站）如存在有两个以上电压等级时，用三绕组变压器比用两级双绕组变压器成本低，并可提高供电的可靠性和灵活性。

　　三绕组变压器的等效电路如图 2-30 所示。其导纳支路参数 G_T 和 B_T 的计算公式与双绕组变压器完全相同，阻抗支路参数 R_T 和 X_T 的计算与双绕组变压器也无本质上的差别。但由于三绕组变压器各绕组的容量有不同的组合，因而其阻抗的计算方法有所不同。

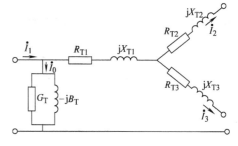

图 2-30　三绕组变压器的等效电路

　　三绕组变压器 3 个绕组容量比有什么规定呢？我国新型三绕组变压器按高、中、低压 3 个绕组容量比的不同分为 100/100/100、100/100/50 和 100/50/100 三种类型，见表 2-7。

表 2-7　三绕组变压器的容量类型

类　　型	各绕组容量占变压器额定容量的百分比（%）		
	高压	中压	低压
1	100	100	100
2	100	100	50
3	100	50	100

　　从结构上看 3 个绕组有哪几种排列方式，各有什么特点？三绕组变压器的绕组有两种排列方式，如图 2-31 所示。降压变压器多半是从高压侧向中压、低压侧传递功率，把中压绕组安排在高、低绕组中间，低压绕组靠近铁心，称为降压结构（从绕组绝缘考虑不宜将高压绕组放在中、低压绕组中间）。而升压变压器多半是将功率从低压绕组向中高压绕组传递，因此多采用第二种排列方式。这种排列方式高压、中压绕组间的漏磁通道较长，阻抗电压较大，而高压、低压绕组间以及中压、低压绕组间的漏磁通道较短，阻抗电压较小。这样可使低压绕组与中高压绕组联系紧密。

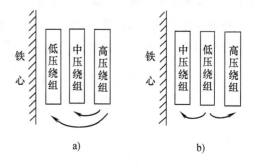

图 2-31　三绕组变压器绕组的两种排列方式

a）降压变压器　b）升压变压器

　　绕组排列方式不同，绕组间漏抗不同，其短路电压也就不同。降压结构 $U_{S(低-高)}\%$ 最大，$U_{S(中-高)}\%$、$U_{S(中-低)}\%$ 较小；而升压结构的 $U_{S(高-中)}\%$ 为最大，$U_{S(高-低)}\%$、

$U_{S(高-低)}$% 较小。

1. 电阻 R_{T1}、R_{T2}、R_{T3}

容量比为 100/100/100 的三绕组变压器的电阻 R_{T1}、R_{T2}、R_{T3} 怎样计算呢? 这类变压器的短路试验是分别令一个绕组开路、一个绕组短路,而对余下的一个绕组施加电压,依次进行。试验时均达到额定电流,测得负载损耗 ΔP_{S1-2}、ΔP_{S1-3}、ΔP_{S2-3} 分别为

$$\left.\begin{aligned} \Delta P_{S1-2} &= \Delta P_{S1} + \Delta P_{S2} \\ \Delta P_{S1-3} &= \Delta P_{S1} + \Delta P_{S3} \\ \Delta P_{S2-3} &= \Delta P_{S2} + \Delta P_{S3} \end{aligned}\right\} \tag{2-37}$$

式中,ΔP_{S1}、ΔP_{S2}、ΔP_{S3} 为各绕组的负载损耗,则有

$$\left.\begin{aligned} \Delta P_{S1} &= \frac{1}{2}(\Delta P_{S1-2} + \Delta P_{S1-3} - \Delta P_{S2-3}) \\ \Delta P_{S2} &= \frac{1}{2}(\Delta P_{S1-2} + \Delta P_{S2-3} - \Delta P_{S1-3}) \\ \Delta P_{S3} &= \frac{1}{2}(\Delta P_{S1-3} + \Delta P_{S2-3} - \Delta P_{S1-2}) \end{aligned}\right\} \tag{2-38}$$

再利用前面双绕组变压器短路电阻的计算式(2-26),即可求得各个绕组的电阻为

$$\left.\begin{aligned} R_{T1} &= \frac{\Delta P_{S1} U_N^2}{S_N^2} \times 10^3 \\ R_{T2} &= \frac{\Delta P_{S2} U_N^2}{S_N^2} \times 10^3 \\ R_{T3} &= \frac{\Delta P_{S3} U_N^2}{S_N^2} \times 10^3 \end{aligned}\right\} \tag{2-39}$$

容量比为 100/100/50 或 100/50/100 的三绕组变压器的电阻 R_{T1}、R_{T2}、R_{T3} 怎样计算呢? 这两种容量比不相等的变压器,只能使小容量的绕组达到它的额定电流值。因此,在进行短路试验时有两组数据是按 50% 容量的绕组达到额定容量时测得的值。而式(2-39)中的 S_N 是指 100% 容量绕组的额定容量,因此对制造厂商提供的或查资料所得到的负载损耗必须先按变压器的额定容量进行折算,然后再按容量比为 100/100/100 的三绕组变压器计算方法计算各个绕组的电阻。例如,对容量比为 100/50/100 的变压器,其折算公式为

$$\left.\begin{aligned} \Delta P_{S1-2} &= \Delta P'_{S1-2}\left(\frac{S_N}{S_{N2}}\right)^2 = \Delta P'_{S1-2}\left(\frac{100}{50}\right)^2 = 4\Delta P'_{S1-2} \\ \Delta P_{S2-3} &= \Delta P'_{S2-3}\left(\frac{S_N}{S_{N2}}\right)^2 = \Delta P'_{S2-3}\left(\frac{100}{50}\right)^2 = 4\Delta P'_{S2-3} \\ \Delta P_{S1-3} &= \Delta P'_{S1-3} \end{aligned}\right\} \tag{2-40}$$

式中,S_{N2} 为绕组 2 的额定容量;$\Delta P'_{S1-2}$,$\Delta P'_{S2-3}$ 为未折算的绕组间的负载损耗;ΔP_{S1-2},ΔP_{S2-3} 为折算到 100% 绕组额定容量下绕组间的负载损耗。

2. 电抗 X_{T1}、X_{T2}、X_{T3}

怎样求三绕组变压器的电抗 X_{T1}、X_{T2} 和 X_{T3} 呢? 由于按照国标规定,制造厂商提供的短路电压是已折算为与变压器的额定容量相对应的数值,因而不管变压器各绕组的容量比如

何，短路电压不需要再进行折算。各绕组之间的短路电压分别为

$$\left.\begin{array}{l} U_{S1-2}\% = U_{S1}\% + U_{S2}\% \\ U_{S1-3}\% = U_{S1}\% + U_{S3}\% \\ U_{S2-3}\% = U_{S2}\% + U_{S3}\% \end{array}\right\} \tag{2-41}$$

利用式(2-41)即可解得各个绕组的短路电压百分数为

$$\left.\begin{array}{l} U_{S1}\% = \dfrac{1}{2}(U_{S1-2}\% + U_{S1-3}\% - U_{S2-3}\%) \\[2mm] U_{S2}\% = \dfrac{1}{2}(U_{S1-2}\% + U_{S2-3}\% - U_{S1-3}\%) \\[2mm] U_{S3}\% = \dfrac{1}{2}(U_{S1-3}\% + U_{S2-3}\% - U_{S1-2}\%) \end{array}\right\} \tag{2-42}$$

再利用双绕组变压器电抗计算式(2-30)，即可求得各个绕组的电抗为

$$\left.\begin{array}{l} X_{T1} = \dfrac{U_{S1}\% \, U_N^2}{S_N} \times 10 \\[3mm] X_{T2} = \dfrac{U_{S2}\% \, U_N^2}{S_N} \times 10 \\[3mm] X_{T3} = \dfrac{U_{S3}\% \, U_N^2}{S_N} \times 10 \end{array}\right\} \tag{2-43}$$

【课堂讨论题】　在计算容量不等的三绕组变压器电阻和电抗时要注意什么问题？

【例 2-6】　某变电所装有一台型号为 SFSL1—20000/110，容量比为 100/50/100 的三绕组变压器。已知 $\Delta P'_{S1-2} = 52\text{kW}$，$\Delta P'_{S2-3} = 47\text{kW}$，$\Delta P_{S1-3} = 148.2\text{kW}$，$U_{S1-2}\% = 18$，$U_{S1-3}\% = 10.5$，$U_{S2-3}\% = 6.5$，$\Delta P_0 = 50.2\text{kW}$，$I_0\% = 4.1$，试求变压器的参数并作出等效电路。

【解】　（1）计算各绕组的电阻

1）对与容量较小绕组有关的负载损耗进行折算：

$$\Delta P_{S1-2} = 4\Delta P'_{S1-2} = 4 \times 52\text{kW} = 208\text{kW}$$
$$\Delta P_{S2-3} = 4\Delta P'_{S2-3} = 4 \times 47\text{kW} = 188\text{kW}$$

2）各绕组的负载损耗：

$$\Delta P_{S1} = \frac{1}{2}(\Delta P_{S1-2} + \Delta P_{S1-3} - \Delta P_{S2-3}) = \frac{1}{2}(208 + 148.2 - 188)\text{kW} = 84.1\text{kW}$$

$$\Delta P_{S2} = \frac{1}{2}(\Delta P_{S1-2} + \Delta P_{S2-3} - \Delta P_{S1-3}) = \frac{1}{2}(208 + 188 - 148.2)\text{kW} = 123.9\text{kW}$$

$$\Delta P_{S3} = \frac{1}{2}(\Delta P_{S1-3} + \Delta P_{S2-3} - \Delta P_{S1-2}) = \frac{1}{2}(148.2 + 188 - 208)\text{kW} = 64.1\text{kW}$$

3）各绕组的电阻：

$$R_{T1} = \frac{\Delta P_{S1} U_N^2}{S_N^2} \times 10^3 = \frac{84.1 \times 110^2}{20000^2} \times 10^3 \Omega = 2.54\Omega$$

$$R_{T2} = \frac{\Delta P_{S2} U_N^2}{S_N^2} \times 10^3 = \frac{123.9 \times 110^2}{20000^2} \times 10^3 \Omega = 3.75\Omega$$

$$R_{T3} = \frac{\Delta P_{S3} U_N^2}{S_N^2} \times 10^3 = \frac{64.1 \times 110^2}{20000^2} \times 10^3 \Omega = 1.94\Omega$$

（2）计算各绕组的电抗

1）各绕组的短路电压：

$$U_{S1}\% = \frac{1}{2}(U_{S1-2}\% + U_{S1-3}\% - U_{S2-3}\%) = \frac{1}{2}(18 + 10.5 - 6.5) = 11$$

$$U_{S2}\% = \frac{1}{2}(U_{S1-2}\% + U_{S2-3}\% - U_{S1-3}\%) = \frac{1}{2}(18 + 6.5 - 10.5) = 7$$

$$U_{S3}\% = \frac{1}{2}(U_{S1-3}\% + U_{S2-3}\% - U_{S1-2}\%) = \frac{1}{2}(10.5 + 6.5 - 18) = -0.5$$

2）各绕组的电抗：

$$X_{T1} = \frac{U_{S1}\% U_N^2}{S_N} \times 10 = \frac{11 \times 110^2}{20000} \times 10\Omega = 66.55\Omega$$

$$X_{T2} = \frac{U_{S2}\% U_N^2}{S_N} \times 10 = \frac{7 \times 110^2}{20000} \times 10\Omega = 42.35\Omega$$

$$X_{T3} = \frac{U_{S3}\% U_N^2}{S_N} \times 10 = \frac{-0.5 \times 110^2}{20000} \times 10\Omega = -3.03\Omega \approx 0\Omega$$

为什么电抗 X_{T3} 会是负数呢？从上面计算结果可见，在等效电路参数中 X_{T3} 为一个不大的负值，这是常见的现象。出现这种现象是因为处于两侧的绕组 1 和 2 的漏抗较大，且大于绕组 1、3 和绕组 2、3 漏抗之和所造成的。由于其值不大，实际计算中通常作零处理。由于等效电路只是数学模型，而不是物理模型，参数 X_{T1}、X_{T2}、X_{T3} 只是用来求各绕组中的电压、电流，并无物理意义。出现负值不意味着电抗是容性的。

（3）计算变压器励磁回路中的 G_T 和 B_T 及功率损耗

$$G_T = \frac{\Delta P_0}{U_N^2} \times 10^{-3} = \frac{50.2}{110^2} \times 10^{-3}S = 4.15 \times 10^{-6}S$$

$$B_T = \frac{I_0\% S_N}{U_N^2} \times 10^{-5} = \frac{4.1 \times 20000}{110^2} \times 10^{-5}S = 67.8 \times 10^{-6}S$$

相应的功率损耗为

$$\Delta P_0 + j\Delta Q_0 = \Delta P_0 + j\frac{I_0\%}{100}S_N = (50.2 + j820)kV \cdot A$$

所得等效电路如图 2-32 所示。

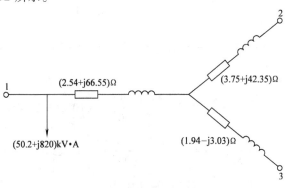

图 2-32　例 2-6 计算所得的等效电路

2.2.3　自耦变压器的参数计算

由于自耦变压器具有消耗材料少、投资低、损耗小等明显优点，因此，在电力系统中得到广泛的应用。在电力系统中，自耦变压器一般均为三绕组型式，即每相有串联绕组、公共绕组和第三绕组。三绕组自耦变压器及其等效的普通变压器如图 2-33 所示。

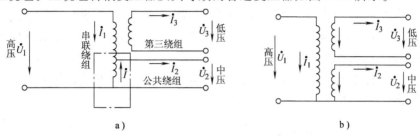

图 2-33　三绕组自耦变压器及其等效的普通变压器
a）自耦变压器　b）等效的普通变压器

为了消除由于铁心饱和所引起的 3 次谐波，自耦变压器的第三绕组都采用三角形联结。自耦变压器的第三绕组为低压绕组，可用来连接调相机、所用电等，其容量小于变压器的额定容量。自耦变压器的原理和联结如图 2-34 所示。

值得注意的是，自耦变压器的两侧绕组间不仅有磁的耦合，而且还有电的直接联系，即不具备电气隔离的功能。

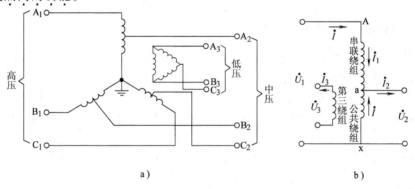

图 2-34　自耦变压器的原理和连接
a）连接　b）原理

怎样计算自耦变压器的参数？就端点条件而言，自耦变压器与三绕组变压器是等效的，因而自耦变压器的等效电路和参数计算与普通三绕组变压器相同。但是，由于自耦变压器低压侧绕组的容量总小于其额定容量，而制造厂商或相关资料所提供的短路试验数据中，不仅与低压侧绕组有关的负载损耗 $\Delta P'_{S1-3}$、$\Delta P'_{S2-3}$ 未经折算，甚至连短路电压百分数 $U'_{S1-3}\%$、$U'_{S2-3}\%$ 也是未经折算的数值，因此需要对它们分别进行折算。

负载损耗 $\Delta P'_{S1-3}$、$\Delta P'_{S2-3}$ 的折算公式同式（2-40）；短路电压百分数折算式为

$$\left.\begin{aligned}U_{S1-3}\% &= U'_{S1-3}\%\,\frac{S_N}{S_{N3}}\\[2mm]U_{S2-3}\% &= U'_{S2-3}\%\,\frac{S_N}{S_{N3}}\end{aligned}\right\}\qquad(2\text{-}44)$$

式中，$U'_{S1-3}\%$、$U'_{S2-3}\%$ 为未经折算的与第三绕组有关的短路电压百分数；$U_{S1-3}\%$、$U_{S2-3}\%$ 为经过折算的与第三绕组有关的短路电压百分数。

将按上述方式折算后的结果代入普通三绕组变压器的参数计算公式，即可求得三绕组自耦变压器的参数。

【例 2-7】 已知一台 120000kV·A，220kV/121kV/10.5kV，容量比为 100/100/50 的三相三绕组自耦变压器。$I_0\% = 0.9$，$\Delta P_0 = 123.1\text{kW}$，$\Delta P'_{S1-2} = 660\text{kW}$，$\Delta P'_{S1-3} = 256\text{kW}$，$\Delta P'_{S2-3} = 227\text{kW}$，$U'_{S1-2}\% = 24.7$，$U'_{S1-3}\% = 14.7$，$U'_{S2-3}\% = 8.8$，试求折算到高压侧的自耦变压器的参数并作出等效电路。

【解】 （1）将与第三绕组有关的负载损耗和短路电压折算到变压器的额定容量

1）负载损耗的折算：

$$\Delta P_{S1-3} = \Delta P'_{S1-3}\left(\frac{S_N}{S_{N3}}\right)^2 = 256 \times \left(\frac{120000}{60000}\right)^2 \text{kW} = 1024\text{kW}$$

$$\Delta P_{S2-3} = \Delta P'_{S2-3}\left(\frac{S_N}{S_{N3}}\right)^2 = 227 \times \left(\frac{120000}{60000}\right)^2 \text{kW} = 908\text{kW}$$

2）短路电压百分数的折算：

$$U_{S1-3}\% = U'_{S1-3}\%\frac{S_N}{S_{N3}} = 14.7 \times \left(\frac{120000}{60000}\right) = 29.4$$

$$U_{S2-3}\% = U'_{S2-3}\%\frac{S_N}{S_{N3}} = 8.8 \times \left(\frac{120000}{60000}\right) = 17.6$$

（2）计算各绕组负载损耗及电阻

1）各绕组负载损耗：

$$\Delta P_{S1} = \frac{1}{2}(\Delta P_{S1-2} + \Delta P_{S1-3} - \Delta P_{S2-3}) = \frac{1}{2}(660 + 1024 - 908)\text{kW} = 388\text{kW}$$

$$\Delta P_{S2} = \frac{1}{2}(\Delta P_{S1-2} + \Delta P_{S2-3} - \Delta P_{S1-3}) = \frac{1}{2}(660 + 908 - 1024)\text{kW} = 272\text{kW}$$

$$\Delta P_{S3} = \frac{1}{2}(\Delta P_{S1-3} + \Delta P_{S2-3} - \Delta P_{S1-2}) = \frac{1}{2}(1024 + 908 - 660)\text{kW} = 636\text{kW}$$

2）各绕组电阻：

$$R_{T1} = \frac{\Delta P_{S1}U_N^2}{S_N^2} \times 10^3 = \frac{388 \times 220^2}{120000^2} \times 10^3 \Omega = 1.30\Omega$$

$$R_{T2} = \frac{\Delta P_{S2}U_N^2}{S_N^2} \times 10^3 = \frac{272 \times 220^2}{120000^2} \times 10^3 \Omega = 0.91\Omega$$

$$R_{T3} = \frac{\Delta P_{S3}U_N^2}{S_N^2} \times 10^3 = \frac{636 \times 220^2}{120000^2} \times 10^3 \Omega = 2.14\Omega$$

（3）计算各绕组的短路电压百分数及电抗

1）各绕组短路电压百分数：

$$U_{S1}\% = \frac{1}{2}(U_{S1-2}\% + U_{S1-3}\% - U_{S2-3}\%) = \frac{1}{2}(24.7 + 29.4 - 17.6) = 18.25$$

$$U_{S2}\% = \frac{1}{2}(U_{S1-2}\% + U_{S2-3}\% - U_{S1-3}\%) = \frac{1}{2}(24.7 + 17.6 - 29.4) = 6.45$$

$$U_{S3}\% = \frac{1}{2}(U_{S1-3}\% + U_{S2-3}\% - U_{S1-2}\%) = \frac{1}{2}(29.4 + 17.6 - 24.7) = 11.15$$

2）各绕组电抗：

$$X_{T1} = \frac{U_{S1}\% U_N^2}{S_N} \times 10 = \frac{18.25 \times 220^2}{120000} \times 10\,\Omega = 73.6\,\Omega$$

$$X_{T2} = \frac{U_{S2}\% U_N^2}{S_N} \times 10 = \frac{6.45 \times 220^2}{120000} \times 10\,\Omega = 26.0\,\Omega$$

$$X_{T3} = \frac{U_{S3}\% U_N^2}{S_N} \times 10 = \frac{11.15 \times 220^2}{120000} \times 10\,\Omega = 45.0\,\Omega$$

所以

$$Z_{T1} = (1.30 + j73.6)\,\Omega$$
$$Z_{T2} = (0.91 + j26.0)\,\Omega$$
$$Z_{T3} = (2.14 + j45.0)\,\Omega$$

（4）计算变压器励磁回路中的 G_T 和 B_T 及功率损耗

$$G_T = \frac{\Delta P_0}{U_N^2} \times 10^{-3} = \frac{123.1}{220^2} \times 10^{-3}\,\text{S}$$
$$= 2.54 \times 10^{-6}\,\text{S}$$

$$B_T = \frac{I_0\% S_N}{U_N^2} \times 10^{-5} = \frac{0.9 \times 120000}{220^2} \times 10^{-5}\,\text{S}$$
$$= 22.314 \times 10^{-6}\,\text{S}$$

相应的功率损耗为

$$\Delta P_0 + j\Delta Q_0 = \Delta P_0 + j\frac{I_0\%}{100}S_N$$
$$= (123.1 + j1080)\,\text{kV·A}$$

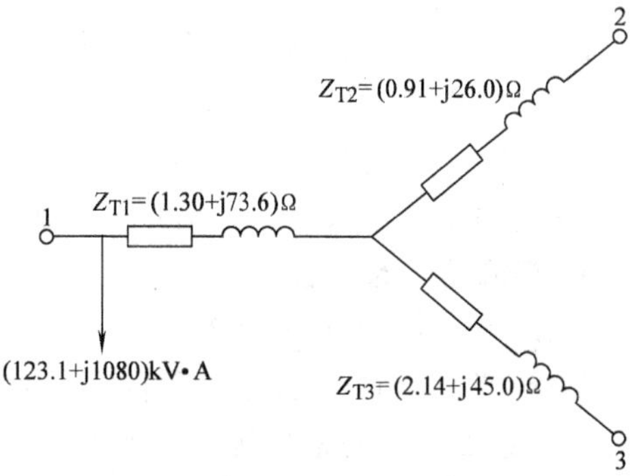

所得等效电路如图 2-35 所示。

图 2-35　例 2-7 的等效电路

2.3　直流输电

2.3.1　直流输电概述

人们对电力的认识和应用都是从直流电开始的。在电力事业发展的初期，由于当时的电源是直流发电机，所以都是采用直流输电。后来，随着交流的出现，特别是三相交流制的建立以及高压输变电设备制造技术的进步，交流高压输电以其独特的优点逐渐取代了直流输电。由于当时的技术条件限制，直流输电难以实现高压大容量传输，故在相当一段时间内已基本上被人们遗忘了。

但是，随着交流输送容量的增大、线路距离的增长以及电网结构的复杂化，使得系统稳定、短路电流的限制、调压等问题日益突出，特别是在远距离输电时，为了提高稳定性与输送容量，常需要花费较大的投资。而直流输电技术有交流输电不能取代之处，再加上交直流换流技术所取得的进展，使得人们又回过头来重新研究高压直流输电技术。

从20世纪50年代起，高压直流输电有了显著的进展，首次商业应用是在1954年瑞典用海底电缆向哥得兰岛（Gotland）供电的直流输电工程。目前世界上有20多个国家和地区都已有了直流输电工程。

我国幅员广大、土地辽阔，水力资源主要分布在西南地区，煤炭资源70%集中在山西和内蒙古，而工业负荷却集中在沿海地区，因此直流输电有着宽广的发展前景。

我国直流输电的建设始于20世纪70年代，当时依靠国产设备建设了舟山群岛的跨海直流输电工程，其电压为±100kV，初期容量仅为50MW。葛洲坝—上海南桥的直流输电工程，电压为±500kV，输送容量为1200MW，全长1045.7km，于1990年8月建成投运。这是我国已建成的标志性的直流输电工程，实现了跨大区电网的互连。

截至2007年10月，我国直流输电线路总长度达7085km，输送容量达1856万kW，线路总长度和输送容量均居世界第一。与此同时，我国超高压直流输电工程的设计建设、运行管理和设备制造水平已处于国际领先地位。我国目前已建成并正式投入运行的直流输电工程包括：葛（洲坝）沪（上海）、三（峡）常（州）、三（峡）广（东）、三（峡）沪（上海）、天（生桥）广（东）、贵（州）广（东）I回、贵（州）广（东）Ⅱ回等7个超高压直流输电工程和灵宝直流背靠背工程。

国家电网计划到2020年底，在我国将建成覆盖华北、华中、华东地区的特高压交流同步电网，建成±800kV向家坝—上海、锦屏—苏南、溪洛渡—株洲、溪洛渡—浙西等特高压直流工程15个，包括特高压直流换流站约30座、线路约2.6万km，输送容量达9440万kW，使电力工业进入交、直流并驾齐驱的时代。

1. 直流输电的特点

直流输电有什么优点呢？

1）线路造价低、年运行费用低。对于架空输电线路，交流输电线路要用三根导线；而直流输电线路只要两根导线，当采用大地或海水作回路时，只要一根导线即可。换句话说，如果输电线路建设费用相等，则直流输送的功率可为交流输送功率的1.5倍。此外，由于直流架空线路所用的导线根数少，故损耗也小。同时，由于在直流下线路的电感和电容不起作用，因而线路上没有充放电电流等所引起的附加损耗。它的电晕损耗和无线电干扰也都比交流线路小。直流输电没有趋肤效应，导线截面积能得到充分利用。在导线截面积相等并输送同样功率时，直流线路产生的功率损耗约比交流线路少1/3。双极直流线路的年平均损耗仅为相应交流线路的50%～60%。

对于电缆，因为绝缘介质的直流耐压强度远高于交流，通常的油浸纸电缆，直流的允许工作电压约为交流允许工作电压的3倍，所以，在同样电压等级下直流电缆比交流电缆的造价要低得多。如交流35kV的电缆可用于直流100kV左右。因此，即使短距离的跨海电缆输电，采用直流输电的实例也不少。

2）不存在一般交流系统中稳定性问题，可以连接两个不同频率的系统。在交流输电系统中，所有连接在电力系统的同步发电机必须保持同步运行，而直流线路不存在一般交流系统那样的稳定性问题，传输容量不受稳定性的限制，因而可以大大提高输送功率和传输距离。此外，还可以用来联系两个不同频率的系统，这时可以采用所谓"背靠背"的直流工程，即整流器与逆变器直接相连，中间没有直流输电线路，不受距离的限制，两端交流系统不需要同步运行，各自的频率和相角与对侧无关。

3）能限制短路电流。两电力系统之间如用交流输电线路互连，由于系统容量增加，将使短路电流增大，有可能超过原有断路器的遮断容量，这就要求更换大量设备，增加大量的投资。如用一条直流线路来连接两个交流系统时，直流系统的"定电流控制"将快速地把短路电流限制在额定电流值，即使在暂态过程也不超过 2 倍额定值。因此两个系统的短路容量不会因互连而显著增大。这对于两个大系统的互连具有很大的实用意义。

4）调节速度快，运行可靠。直流输电通过换流器能快速调整有功功率或实现潮流翻转（功率方向改变）。当交流输电系统因扰动引起输送功率变化时，可迅速地调节直流输电功率，抵消交流输电系统因扰动引起的功率变化量。特别在事故情况下，直流输电可以实现快速调整功率或潮流翻转，对另一端事故系统进行紧急支援，提高系统的稳定性。

5）没有充电电流，不需要并联电抗器补偿。由于是直流，故没有交流网络中那种因电容而引起的充电电流，无需为了抑制容性电压升高而装设大容量的并联电抗器，当采用长距离的海底电缆时这点具有特别重要的意义，也可以说在这种情况下只能采用直流输电。

另外，对于采用双极型的直流输电，在正常运行时中性点没有电流通过，当一根导线或一极设备发生故障时，另一极的一根导线即以大地作回路，继续输送一半功率或全部功率；如果设备绝缘性能薄弱，还可降压运行，这样就提高了系统运行的可靠性。

直流输电有没有缺点呢？虽然直流输电有上述重要的优点，但与交流输电相比，仍存在一些明显的缺点：

1）换流装置价格昂贵，换流站造价高。目前换流装置所采用的高压晶闸管器件价格较贵，从而部分抵消了因线路投资降低所取得的经济效果。据计算，在综合考虑投资和运行费用等经济指标后，直流输电和交流输电的等价距离，对架空线路为 800 ~ 1000km，对电缆线路为 30 ~ 60km（见图 2-36）。只有当输送距离超过等价距离时，采用直流输电才有利，表 2-8 列出了各电压等级下交流与直流的经济输电容量对比。

表 2-8　各电压等级下交流和直流的经济输电容量对比

电 压 等 级	交　流		直　流	
	线路电压/kV	单回路输送容量/MW	线路电压/kV	双极线路输送容量/MW
超高压	525	600 ~ 1000	±400	500 ~ 1000
			±500	1000 ~ 2500
	800	2000 ~ 4000	±600	2000 ~ 4000
			±700	4000 ~ 6000
特高压	1100	5000 ~ 8000	±800	6000 ~ 9000

2）消耗大量的无功功率。直流输电线路本身虽不消耗无功功率，但换流器在运行时，需要消耗大量的无功功率。一般情况下，整流器所需无功功率为有功功率的 30% ~ 50%，逆变器为 40% ~ 60%。为了供给所消耗的无功功率，需要加装大量的无功补偿装置。

3）产生谐波。换流器运行中，会在交流侧和直流侧产生谐波电压和谐波电流，使电容器、变压器和电机过热，使换流器的本身控制不稳定，对通信系统产生干扰。为了限制这些谐波并且降低其不良影响，一般都在交流侧和直流侧安装滤波器，且交流侧的滤波器兼作无功补偿用。

4）缺乏成熟的高压直流断路器。由于直流电流不像交流那样有电流波形的过零点，故熄灭电弧比较困难。因此，相对于交流断路来说，高压直流断路器还不够成熟。

2. 直流输电的适用范围

直流输电适用于哪些范围呢？

1）远距离大容量输电。直流输电易于解决交流系统的稳定问题，较易实现远距离大容量输电。如前所述，具有相同的输送容量和距离，直流输电线路的杆塔、导线和绝缘件要比交流线路造价低，且不需要装设串、并联补偿装置，但两端的换流站需要额外的投资。所以，一般来说，线路越长，输电容量越大，用直流输电越经济，如图2-36所示。

但是，在直流断路器的制造问题未能很好解决之前，不能引接支线供电，难以实现直流多端输电。

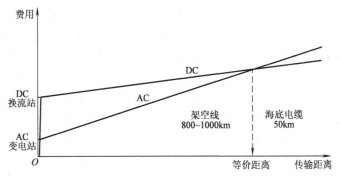

图2-36 交直流输电的等价距离

2）直流线路特别适合于海底或地下电缆输电。因为高压交流电缆具有很大的分布电容及很大的充电功率。大的充电电流已使线路无法传输有效负荷，而且海底电缆无从加装电抗器补偿，而直流线路不存在电容电流问题。在目前已投入运行的直流输电工程中跨海线路较多，约占已投运直流输电工程的1/3。

3）交流系统的互连。主要用于联系两个不同频率或不要求同步运行的交流系统，它们可以通过两侧的换流站在直流侧联系起来，从而实现联网。

4）配合新能源发电，需要依靠直流输电来接入交流系统。在一些新能源发电（如风力发电、太阳能发电、磁流体发电等）系统中，它们的输出频率并不能保证是系统频率，为了接入交流大系统，可以先将发出的电经整流器变成直流并依靠直流输电再经逆变器逆变为工频交流，从而实现与交流系统的并联运行。

3. 直流输电系统的构成及主要电气设备

直流输电系统的构成是怎样的呢？直流输电系统是由整流站、直流线路、逆变站组成的，其中整流站和逆变站的主要设备基本相同。当输送功率方向可逆时，一个换流站既可作为整流站，又可作为逆变站运行。直流输电系统的构成（单极）如图2-37所示。

高压直流输电系统有哪些主要设备，其主要作用是什么？

1）换流装置。其主体由晶闸管阀构成，其作用是把交流电变换为直流电，或把直流电逆变为交流电。晶闸管阀由多个晶闸管器件串、并联组成，其中单个器件的电压已达8kV，电流达4000A以上，并采用光触发，整个阀体装于全屏蔽的阀厅内，以防止对周围产生电磁辐射与干扰。

2）换流变压器。其结构与普通电力变压器基本相同，要求具有较大的短路电抗以限制短路电流，防止损坏阀体。但漏电抗太大会引起功率因数过低，因此换流变压器应采用有载调压，并具有第三绕组以准备连接无功补偿装置和滤波设备等。

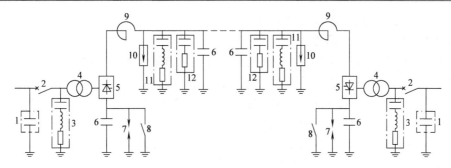

图 2-37 直流输电系统的构成（单极）

1—无功功率补偿装置 2—交流断路器 3—交流滤波器 4—换流变压器 5—换流装置
6—过电压吸收电容 7—保护间隙 8—隔离开关 9—直流平波电抗器
10—避雷器 11—直流滤波器 12—线路用阻尼器

3）直流输电线路。直流输电线路可以是架空线路，也可以是电缆线路。除了导体数和间距的要求有差异外，直流线路与交流线路十分相似。

4）直流平波电抗器。串联在换流装置与线路之间，以抑制直流电流变化时的上升速度及减小直流线路中电压和电流的谐波分量，又称为平波电抗器。

5）滤波装置。由于换流装置的交、直流侧都含有多种谐波分量，会使周围电气设备引起附加损耗以及干扰邻近的通信线路，并导致波形畸变造成对系统的谐波污染，因而必须装设滤波器。交流侧滤波器一般装在换流变压器的交流侧母线上或与变压器的第三绕组连接，以单调谐滤波器来吸收 5、7、11 次等谐波电流，而以高通滤波器吸收其他高次谐波电流。对直流侧一般可采用较简单的一阶或二阶高通滤波器来吸收经直流电抗器平滑后的残余谐波分量。直流滤波器一般装在直流线路两端。整个滤波装置在换流站中所占的面积是较大的。

6）无功功率补偿装置。如上所述，换流站的换流装置在运行中需要消耗无功功率，除了交流滤波器供给一部分无功功率之外，其余由安装在换流站内的无功补偿设备（包括电力电容器、同步调相机、静止补偿器）供给，逆变站的无功补偿设备还供应一部分受端负荷所需的无功功率。静止补偿器和装有快速励磁调节装置的同步调相机有助于提高直流输电系统的电压稳定性。

7）直流避雷器。和交流系统不同，直流系统中的电压、电流无自然经过零值的时刻，所以直流避雷器的工作条件及灭弧方式与交流避雷器有较大的差别。直流避雷器的火花间隙在各种波形的过电压作用下应具有稳定的击穿电压值，且具有足够大的泄放电荷的能力和自灭弧能力，能可靠切断有很大直流分量的电压下的续流。在过电压作用下动作后残压不得超过规定值。目前均采用氧化锌无间隙避雷器。

8）接地电极。大多数采用大地作为中性导线。与大地相连接的导体需要有较大的表面积，以便使电流密度和表面电压梯度最小。这个导体被称为接地电极。直流输电工程的接地电阻很小，一般在 0.1Ω 左右。

9）控制保护设备。直流输电之所以能实现快速调节，与具有性能优越的控制保护系统有关。其控制系统可以按不同参数来实现调节，如定电流控制、定电压控制、定功率控制、定熄弧角控制等。目前直流输电的控制保护系统已全部依靠计算机来实现。

10）直流气体绝缘开关成套装置（直流 GIS）。该装置内装有气体绝缘母线、直流隔离开关与接地器、直流中性点侧金属接地用断路器等。

4. 直流输电的基本工作原理

高压直流输电系统的基本原理是怎样的呢？高压直流输电系统的原理比较复杂，稍后将详细讨论，这里先介绍其最基本的原理，以使读者先初步建立直流输电的基本概念。双极直流输电的原理接线如图2-38所示，电源仍由发电厂中的交流发电机供给，经换流变压器将电压升高后接至整流器，由整流器将高压交流变为高压直流，经过直流输电线路输送到受端，再经过逆变器重新将直流变换成交流，并经变压器降压后供给用户使用。

整流器和逆变器可总称为换流装置。

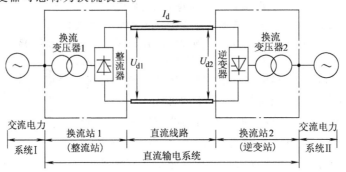

图2-38 双极直流输电的原理接线

5. 直流输电接线方式

直流输电接线方式有哪些？

1）单极—地直流输电。如图2-39所示，只用一根（通常为负极）导线，以大地或海水作为回路，该输电方式比较经济，但由于在大电流场合下，地电流对地下管道的腐蚀严重，而海水中流过电流，将影响航运与渔业安全等，故未能进一步推广。

图2-39 单极—地直流输电

2）单极两线直流输电。如图2-40所示，单极线路是用金属导体（如电缆、架空线路）作为返回导体以形成回路。这种方式往往可用于分期建设的直流工程中作为初期的一种接线。

3）双极直流输电。如图2-41所示，具有两根导线，一根是正极，另一根是负极。每端有两组额定电压相等，且在直流侧相互串联的换流装置。如两侧的中性点（两组换流装置的连接点）接地，线路两极可独立运行。正常运行时以相同的电流工作，中性点与大地中没有电流，而当一根导线故障时，另一根以大地作为回路，可带一半的负荷，从而提高了运行的可靠性。

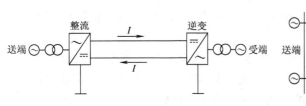

图2-40 单极两线直流输电

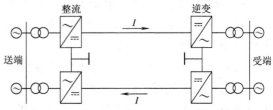

图2-41 双极直流输电

4）"背靠背"直流输电。"背靠背"直流输电简称 BTB，即 Back-To-Back。其原理接线如图 2-42 所示。这种方式的特点是没有直流线路，一侧经整流后立即经逆变器与另一侧的交流系统相连，潮流可以反转，该方式主要用于大系统间的互连，用以限制短路电流及强化系统间的功率交换，以及联系两个不同频率或非同步运行的电力系统等。该方式目前在世界上的应用是较广泛的。

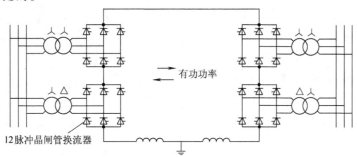

图 2-42　"背靠背"直流输电原理接线

2.3.2　直流输电系统的工作原理

上一节介绍了直流输电最基本的原理，实际上直流输电的工作情况是相当复杂的，这要从直流输电的核心部分——换流站进行分析。

换流站由换流变压器、换流器、平波电抗器等组成。图 2-43 所示为换流站的基本接线，其中 e_a、e_b、e_c 为换流变压器提供的三相交流电源，L_s 为电源电感，L_d 为减小直流侧电压电流脉动的平波电抗器，I_d 为负载电流（直流），$K_1 \sim K_6$ 为起换流作用的晶闸管阀。改变晶闸管的触发延迟角，可以使换流器在整流状态或逆变状态下变化。换流器是整流器和逆变器的总称，也称为换流装置，是换流站的核心设备。下面对换流器在两种工作状态下的工作原理进行介绍。

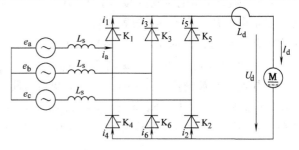

图 2-43　换流站的基本接线

1. 换流站整流工作状态

为简化分析，先作如下假定：

1）三相电源 e_a、e_b、e_c 对称，即

$$\left. \begin{aligned} e_a &= e_m \sin\left(\omega t + \frac{\pi}{6}\right) \\ e_b &= e_m \sin\left(\omega t - \frac{\pi}{2}\right) \\ e_c &= e_m \sin\left(\omega t + \frac{5\pi}{6}\right) \end{aligned} \right\} \tag{2-45}$$

其波形如图 2-44a 所示。

2）平波电抗值足够大，负载直流无纹波。

3）晶闸管阀 $K_1 \sim K_6$ 是理想的，即导通时压降为零，关断后阻抗无穷大。

（1）忽略三相电源电感 L_s 时换流站的整流工作状态

忽略三相电源电感 L_s 时换流站整流工作状态是怎样的呢？为便于理解，先忽略三相电源电感 L_s，晶闸管阀 $K_1 \sim K_6$ 每隔 60° 电角度轮流触发导通，导通的次序为 $K_6 \to K_1 \to K_2 \to K_3 \to K_4 \to K_5 \to K_6$。晶闸管阀的导通时刻由图 2-44b、c 所示触发延迟角 α 来决定，在整流工作状态下 $0 < \alpha < \pi/2$。晶闸管阀导通的条件是阀承受正向电压，同时在门极得到触发脉冲信号。一旦导通后，晶闸管阀只有在电流过零并承受反向电压时方能恢复到关断状态。整流工作状态如图 2-45 所示。

在 $\omega t = 0$ 前，c 相电压最高（正值最大），b 相电压最低（负值最大），K_5、K_6 导通，电流通过 $K_5 \to$ 负载 $\to K_6 \to$ b 相和 c 相电源形成回路。K_1、K_2、K_3、K_4 均承受反向电压，如图 2-45a 所示，直流输出电压为 $e_c - e_b$。

$\omega t = 0$ 后，a 相电压变为最大，K_1 开始承受正向电压，但在 K_1 的触发脉冲到来之前并不导通，此时 K_5 在感性负载电流下仍可维持导通。在 $\omega t = \alpha$ 时刻，K_1

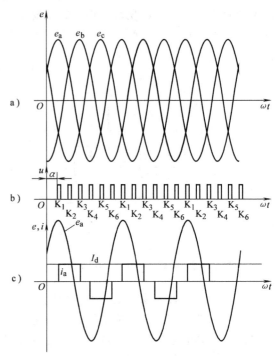

图 2-44 整流器的电流、电压波形
（理想状态，$\alpha < \pi/2$ 时）

被触发导通。在被触发导通瞬间，a、c 相电源短路，由于忽略电源电感 L_s，K_5 因将流过巨大的反向电流而立即关断。K_1 导通、K_5 关断的过程称为换相。K_1 触发导通后，电流通过 $K_1 \to$ 负载 $\to K_6 \to$ b 相和 a 相电源形成回路，如图 2-45b 所示。此时的直流输出电压变为 $e_a - e_b$。

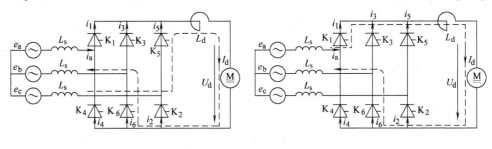

a)   b)

图 2-45 整流工作状态
a) $\omega t = 0$ 前 b) $\omega t = \alpha (0 < \alpha < \pi/2)$

按上述规律，以后晶闸管阀按 K_1、K_2（输出电压为 $e_a - e_c$），K_3、K_2（输出电压为 $e_b - e_c$），K_3、K_4（输出电压为 $e_b - e_a$），K_5、K_4（输出电压为 $e_c - e_a$）……的顺序分 6 组轮流导通，每组晶闸管阀导通的时间为 60° 电角度，导通的两个晶闸管阀分别处于不同相的上部和下部桥臂上。每一晶闸管阀连续在两组中导通，其导通时间为 120° 电角度。

　　每组晶闸管阀导通时，其直流输出电压的波形相同，所以整流电路直流输出电压的平均值，可由任一组晶闸管阀（如 K_1、K_6）导通时母线直流电压的平均值求得，即

$$E_{dr} = \frac{3}{\pi} \int_{\alpha}^{\alpha + \frac{\pi}{3}} (e_a - e_b) \, d(\omega t) = \frac{3}{\pi} \int_{\alpha}^{\alpha + \frac{\pi}{3}} \sqrt{3} E_m \sin\left(\omega t + \frac{\pi}{3}\right) d(\omega t)$$

$$= \frac{3\sqrt{3}}{\pi} E_m \cos\alpha$$

令 $E_{d0} = \dfrac{3\sqrt{3}}{\pi} E_m$，可得

$$E_{dr} = E_{d0} \cos\alpha \tag{2-46}$$

　　式（2-46）表明，在整流工作状态下，随着触发延迟角的增加，直流输出电压将逐渐减小，当触发延迟角为 90° 时，下降为零。应当指出，在整流状态下的触发延迟角为延迟控制角。

　　（2）考虑电源电感 L_s 时换流站的整流工作状态

　　考虑电源电感 L_s 的影响时换流站整流工作状态是怎样的呢？如考虑电源电感 L_s，则在 K_5 换相到 K_1 时，流过 K_5 的电流由于 L_s 的存在不可能突变为零，即换相不能瞬间完成。整流器的电压、电流波形（考虑电源电抗时）如图 2-46 所示。从 $\omega t = \alpha$ 到 $\omega t = \alpha + \gamma$ 的时间里，K_1 中的电流 i_1 从零上升为 I_d，K_5 中的电流 i_5 则由 I_d 逐渐降为零。在这段时间里，K_1、K_5 同时导通，这段时间对应的电角度，又称为重叠角。K_1 中的电流 i_1 由下式决定：

$$2L_s \frac{di_1}{dt} = e_a - e_c = \sqrt{3} E_m \sin\omega t$$

因为 $\omega t = \alpha$，$i_1 = 0$，可解得

$$i_1 = \frac{\sqrt{3}}{2} \frac{E_m}{\omega L_s} (\cos\alpha - \cos\omega t)$$

当 $\omega t = \alpha + \gamma$，$i_1 = I_d$，则有

$$\gamma = -\alpha + \arccos\left(\cos\alpha - \frac{2\omega L_s}{\sqrt{3} E_m} I_d\right) \tag{2-47}$$

$$I_d = \frac{\sqrt{3}}{2} \frac{E_m}{\omega L_s} \left[\cos\alpha - \cos(\alpha + \gamma)\right] \tag{2-48}$$

式中，γ 为换相角或重叠角；ωL_s 为换相电抗。这两者是换流器的重要参数。

　　由式（2-47）可知，γ 角随着换相电抗或直流电流 I_d 的增大而增大，随着交流电压 E_m 的减小而增大。提高交流电压 E_m 或减少换相电抗可以加速换相过程。换相过程和重叠角如图 2-47 所示。

　　在从 K_5 到 K_1 的换相过程中，上端直流侧母线相对于中性点的电位为 $(e_a + e_c)/2$，而不是理想情况下（忽略 L_s）的 e_a。可以求得，母线直流电压的平均值为

$$E_{dr} = E_{d0} \cos\alpha - \frac{3\omega L_s}{\pi} I_d = E_{d0} \cos\alpha - R I_d \tag{2-49}$$

式中，E_{d0} 为理想条件（$\gamma = 0$）下和 $\alpha = 0$ 时的直流电压，$E_{d0} = (3\sqrt{3}/\pi) E_m$。

　　式（2-49）右边第一项为理想条件下的直流电压，第二项为换相所引起的电压降，与直流电流和电源漏抗成正比，$R = 3\omega L_s/\pi$ 为等效电阻。从式（2-49）可知，在直流输电系统中，线路母线直流电压的平均值 E_{dr} 可以通过调整触发延迟角 α 及换流变压器二次侧交流电压大

小来控制。由于线路平波电抗器的作用，可以认为直流电流 I_d 与触发延迟角 α 和换相角 γ 大小无关，为一常量。整流器的等效电路和电压—电流特性如图 2-48 所示。

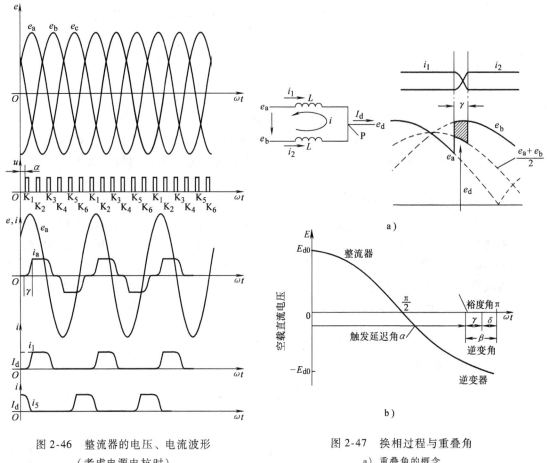

图 2-46　整流器的电压、电流波形
（考虑电源电抗时）

图 2-47　换相过程与重叠角
a）重叠角的概念
b）从整流到逆变转换过程中的角度关系

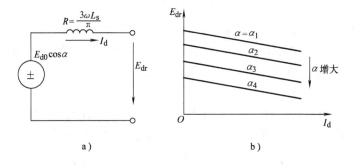

图 2-48　整流器的等效电路和电压—电流特性
a）等效电路　b）电压—电流特性

触发延迟和换相所造成的交流侧功率因数大小近似为

$$\cos\varphi = \frac{1}{2}\left(\cos\alpha + \cos(\alpha + \gamma)\right) \tag{2-50}$$

为减小无功功率，整流触发延迟角 α 不宜过大，一般在 $10° \sim 20°$ 范围内。

2. 换流站逆变工作状态

换流站逆变工作状态是怎样的呢？当 $\gamma = 0$，换流器的直流平均电压 $E_{dr} = E_{d0}\cos\alpha$，当 α 角较小时，直流端电压瞬时值均是正的。当 $60° < \alpha < 90°$ 时，母线电压将交替出现正值和负值，当直流电抗器的电抗很大时，直流电压的平均值仍是正的，因而能向负荷送出直流电流。由式(2-46)可知，在理想情况下，当 $\alpha = 90°$ 时，整流电路输出的直流电压平均值为零，相电流的基波分量滞后于相电压 $90°$（见图 2-49），此时换流装置与电网间没有有功交换，仅有无功交换。当 $90° < \alpha < 120°$ 时，电压曲线所决定的负面积大于正面积，直流平均电压变成负值。当 $120° < \alpha < 180°$ 时，换流器进入逆变状态。也就是整流器输出的直流电压通过直流输电线加到一个运行于 $90° < \alpha < 180°$ 的换流器上，即后者作为逆变器运行（见图 2-50）。

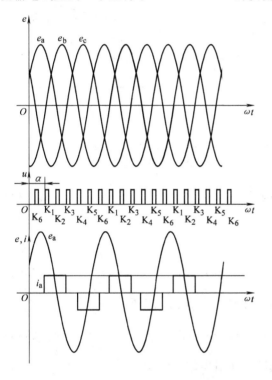

图 2-49　$\alpha = 90°$时，理想状态下逆变器的逆变电压、电流波形

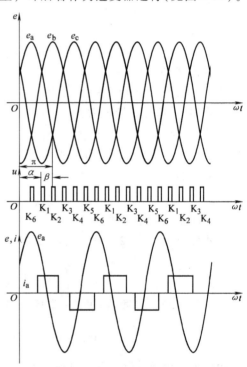

图 2-50　$\alpha > 90°$时，理想状态下逆变器的逆变电压、电流波形

具有整流和逆变电路的直流输电系统如图 2-51 所示。图中 E_{dr} 为由整流器输出的直流电压，E_{di} 为作用在逆变器上的直流电压，在图中的接线方式下，E_{dr} 和 E_{di} 均为正值。和整流器一样，逆变器的 6 个晶闸管阀 $K_1 \sim K_6$ 每隔 $60°$ 电角度轮流触发导通，为简化起见仍设换相电抗 ωL_s 为零，因而换向角 $\gamma = 0$。仍以 K_5、K_6 处于导通为起点。当 K_5 对 K_1 换向完成后，K_1 和 K_6 导通，此时直流电流从直流系统正极出发经过 K_6 流入换流变压器 b 相，然后再从换流变压器 a 相流出，通过 K_1 回到直流系统的负极，历时电气角度 $60°$ 相位宽度。接着 K_6 对 K_2 换向，由 K_1 和 K_2 构成导通回路，直流电流经 K_2 进入 c 相，再由 a 相流出，经 K_1 回到直流系统的负极，历时同样为 $60°$ 相位宽度，以后的过程可以依次类推。

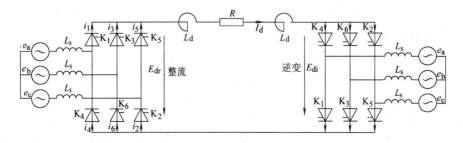

图 2-51 具有整流和逆变电路的直流输电系统

逆变工作状态与整流工作状态相比，除了前者的功率流向是从直流侧流向交流侧外，电压、电流表达式均相同。常用逆变角 β 描述逆变器的工作状态（见图 2-52），其与触发延迟角 α 的关系为

$$\beta = \pi - \alpha \qquad (2\text{-}51)$$

晶闸管阀必须在 $\omega t = \pi$ 之前关断，否则将会造成换相失败。因此，逆变工作状态下晶闸管阀关断后到 $\omega t = \pi$ 时刻之间要留有一裕度角 δ，一般取为 $10° \sim 15°$。裕度角 δ 与逆变角 β 的关系为

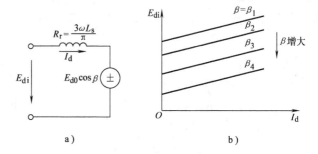

图 2-52 逆变器等效电路与电压-电流特性
a) 等效电路　b) 电压-电流特性

$$\beta = \gamma + \delta \qquad (2\text{-}52)$$

式中，γ 为换相角（重叠角）。

将式（2-51）、式（2-52）代入式（2-48）有

$$I_d = \frac{\sqrt{3}}{2} \frac{E_m}{\omega L_s} (\cos\delta - \cos\beta) \qquad (2\text{-}53)$$

由式（2-49），并考虑到图 2-52 接线中逆变工作时 I_d 的流向，故有

$$E_{di} = E_{d0}\cos\beta + \frac{3\omega L_s}{\pi}I_d = E_{d0}\cos\beta + RI_d \qquad (2\text{-}54)$$

由此可得出逆变器的等效电路和电压-电流特性如图 2-52 所示。

综上所述可知，当换流器按逆变方式运行时，晶闸管阀的触发延迟角工作范围为 $\pi/2 < \alpha < \pi$，各相交流电流的相位滞后于所对应的交流相电压 $\pi/2 \sim \pi$，故在逆变器工作条件下，换流器仍从交流电源吸收无功功率。

2.3.3 直流输电系统的等效电路

直流输电系统的稳态等效电路如图 2-53 所示，可得

$$I_d(R_\alpha + R_1 + R_\beta) = E_{dor}\cos\alpha - E_{doi}\cos\beta$$

$$I_d = \frac{E_{dor}\cos\alpha - E_{doi}\cos\beta}{R_\alpha + R_1 + R_\beta} \qquad (2\text{-}55)$$

式中，E_{dor}、E_{doi} 为整流器和逆变器的出口电压；R_α、R_β 为整流器和逆变器的等效电阻；R_1 为直流线路的电阻。

整流端送出的有功功率 P_{dr} 和逆变端接收的有功功率 P_{di} 分别为

$$\left.\begin{array}{l} P_{dr} = E_{dr}I_d \\ P_{di} = E_{di}I_d \end{array}\right\} \qquad (2\text{-}56)$$

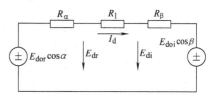

可见，在直流输电系统中，可通过整流器的触发延迟角 α 和逆变器的超前触发角 β 来实现对直流电压、电流和有功功率的控制，其调节速度快。由于调节控制迅速，直流线路短路时，短路电流峰值一般只有其额定电流的 1. 7 ~ 2 倍。

图 2-53　直流输电系统的稳态等效电路

思考题与习题

2-1　请自行收集资料，分析架空线与电缆的特点及应用场合。

2-2　请自行收集资料并注意观察架空线的绝缘子形式及与线路电压的关系。

2-3　请自行收集资料并注意观察分裂导线，总结采用分裂导线的原因。

2-4　自 2008 年雪灾以来，人们对输电线路除冰高度重视，并进行大量研究，请自行收集资料，总结近年来有哪些有效的除冰方法，并说明原理与特点。

2-5　请自行收集资料，分析直流输电的特点和我国直流输电的最新发展情况。

2-6　什么是钢芯铝绞线？什么是扩径钢芯铝绞线？什么是分裂导线？各有什么特点？

2-7　绝缘子的主要作用是什么？直线杆塔上悬挂绝缘子串中绝缘子数量与电压等级有什么样的关系？

2-8　观察电力电缆的结构，分析各部分的结构特征与用途。

2-9　架空线路的电抗怎样计算，分裂导线对三相输电线电抗有什么影响？

2-10　在电力网计算中两绕组和三绕组变压器各有哪种等效电路？

2-11　怎样利用电力变压器的铭牌数据计算变压器等效电路的参数？

2-12　分别从整流与逆变两个工作状态分析直流输电系统的工作原理。

2-13　一条长度为100km，额定电压为110kV的双回路架空线，导线型号为 LGJ—185，水平排列，线间距离为4m，求线路的参数，并画出等效电路。

2-14　某 220kV 输电线路选用 LGJ—80 型导线，直径为 24.2mm，水平排列，线间距离为 6m，试求线路单位长度的电阻、电抗和电纳，并验证是否发生电晕。

2-15　某 330kV 输电线路，采用 LGJQ—300 × 2 型双分裂导线，导线为水平排列并经过完全换位，线间距离为 9m，分裂导线的间距为 400mm，试计算每千米线路的电抗和电容值。

2-16　某 500kV 输电线路的杆塔型式和导线布置情况如图 2-54 所示，三相导线采用三角形布置并经过完全换位，导线间的水平距离为 12.2m，垂直距离为 8.4m，导线为 LGJQ—600 × 2 型双分裂线，分裂导线的间距为 600mm，各相导线对地的高度如图所示。试求：

（1）线路每千米的电抗和电容值。

（2）计入大地影响后每相的对地电容值。

2-17　已知一台 SSPSOL 型三相三绕组自耦变压器，其容量比为：300000/300000/150000kV · A，$U_{1N} = 242kV$，$U_{2N} = 121kV$，$U_{3N} = 13.8kV$，$\Delta P_{s(1\text{-}2)} = 950kW$，$\Delta P_{s(1\text{-}3)}^* = 500kW$，$\Delta P_{s(2\text{-}3)}^* = 620kW$，$\Delta P_0 = 123kW$，$U_{s(1\text{-}2)}\% = 13.73$，$U_{s(1\text{-}3)}^*\% = 11.9$，$U_{s(2\text{-}3)}^*\% = 18.64$，$I_0\% = 0.5$。试求以高压为基准的该变压器各基本参数（说明：

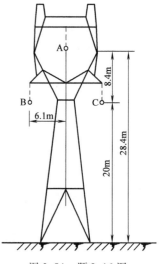

图 2-54　题 2-16 图

凡带 * 号的值是以低压绕组容量为基准的值)。

2-18 某变电所装有一台型号为 SFSL1—15000/110、容量比为 100/100/100 的三绕组变压器。试验数据为 $\Delta P_{S1-2} = 120\text{kW}$，$\Delta P_{S2-3} = 120\text{kW}$，$\Delta P_{S1-3} = 95\text{kW}$，$U_{S1-2}\% = 10.5$，$U_{S1-3}\% = 17$，$U_{S2-3}\% = 6.0$，$\Delta P_0 = 22.7\text{kW}$，$I_0\% = 1.3$，试求变压器的参数并作出等效电路。

2-19 一台型号为 OFSPSL—90000/220、额定电压为 220kV/121kV/38.5kV，容量比为 100/100/50 的三相三绕组自耦变压器。实测数据为 $\Delta P_{S1-2} = 333\text{kW}$，$\Delta P'_{S2-3} = 277\text{kW}$，$\Delta P'_{S3-1} = 265\text{kW}$，$U_{S1-2}\% = 9.09$，$U'_{S3-1}\% = 16.45$，$U'_{S2-3}\% = 10.75$，$\Delta P_0 = 59.0\text{kW}$，$I_0\% = 0.332$，试求自耦变压器的参数并作出等效电路。

2-20 试分析高压直流输电的优、缺点与适用范围。

2-21 什么叫"背靠背"直流输电方式，它适用于什么场合？

参 考 文 献

[1] 陈珩. 电力系统稳态分析[M]. 北京：中国电力出版社，1995.

[2] 刘笙. 电气工程基础：上[M]. 北京：科学出版社，2003.

[3] 陈慈萱. 电气工程基础：上[M]. 北京：中国电力出版社，2003.

[4] 陈慈萱. 电气工程基础：下[M]. 北京：中国电力出版社，2004.

[5] 韩学山. 电力系统工程基础[M]. 济南：山东大学出版社，1997.

[6] Stephen J Chapman. Electric Machinery Fundamentals[M]. McGRAW-HILL, 1999.

[7] 刘涤尘. 电气工程基础[M]. 武汉：武汉理工大学出版社，2002.

[8] 柴玉华. 架空线路设计[M]. 北京：中国水利水电出版社，2001.

[9] 尹克宁. 电力工程[M]. 北京：中国电力出版社，2005.

[10] 马宏忠，倪欣荣. 高压电力电缆护层感应电压的补偿研究[J]. 高电压技术，2007，33（3）：148-151，183.

[11] 蒋兴良，张丽华. 输电线路除冰防冰技术综述[J]. 高电压技术，1997，23（1）：73-75.

[12] 李政敏，庾振平，胡琰锋. 输电线路覆冰的危害及防护[J]. 电瓷避雷器，2006，2：12-14.

[13] 韦钢. 电力系统分析基础[M]. 北京：中国电力出版社，2006.

[14] 刘子玉. 电气绝缘结构设计原理. 上册：电力电缆[M]. 北京：机械工业出版社，1981.

[15] 马宏忠. 电机学[M]. 北京：高等教育出版社，2009.

第3章 电力负荷

电力系统是由发电厂、电力网及电力负荷3大部分组成的系统，发电厂发出的电能经过高压输电网及低压配电网被传送到各个用户，并被安装在用户处的用电设备所消耗。电力负荷就是这些用电设备的总称，有时也包括配电网络，简称负荷。本章介绍负荷曲线、负荷分类、负荷模型等内容。

3.1 负荷曲线

负荷采用什么单位？负荷是用电设备的总称，习惯上也指所耗用的功率。国际上采用MW（有功功率）、Mvar（无功功率）、MV·A（视在功率和容量），我国习惯上采用万kW即10MW。

什么是电量？电量是指该负荷消耗的电能量，单位为千瓦时（kW·h），即俗称的度。

什么是负荷曲线？负荷曲线是指负荷所耗用的功率随时间变化的曲线，主要指有功功率，即

$$P = p(t) \tag{3-1}$$

什么是日负荷曲线？将一天的负荷按照一定的时间间隔描成一条曲线，称为日负荷曲线。以往是每小时一点即24点曲线，目前大都采用每一刻钟一点即96点曲线。如图3-1所

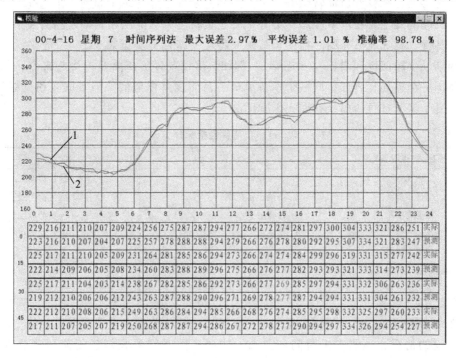

图 3-1　日负荷曲线

1—实际负荷曲线　2—预测负荷曲线

示。日负荷曲线一般有两个低谷、两个高峰，第一个低谷在深夜，第二个低谷在中午，第一个高峰在上午（称为早高峰），第二个高峰在晚上（称为晚高峰）。当然，这种特性会因地而异。一天中最大的负荷称为峰荷，一天中最小的负荷称为谷荷，两者的差异称为峰谷差。峰谷差越大对发电容量的利用越不利，所以国内外都采取各种措施降低负荷的峰谷差。

什么是年最大负荷曲线？将一年中每天的日最大负荷连成一条曲线，称为年最大负荷曲线或峰值负荷曲线。对于大多数地区，夏季负荷最高。某市 2003 年峰值负荷图线如图 3-2 所示。

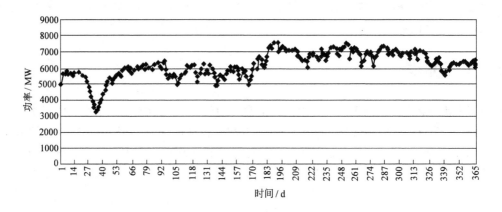

图 3-2　某市 2003 年峰值负荷曲线

负荷有哪些特性呢？负荷特性有两种：一种是负荷功率随着时间变化而呈现出的规律，称为负荷的时间特性，在本节介绍；另外一种是负荷功率与电压和频率之间的关系，称为负荷的电气特性，在 3.3 节介绍。描述负荷时间特性的指标分类见表 3-1。一般来说，电力负荷具有周期性、相似性和增长性（逐年）。例如，将每条日负荷曲线连接起来看，每天一个周期、每周一个周期；再如，同一个季节里日负荷曲线是相似的，但不同年份又是增长的。某市 5 年夏季典型日负荷曲线如图 3-3 所示。

表 3-1　负荷特性指标分类

描述类（绝对量）	比较类（相对量）	曲 线 类
1. 日最大负荷	1. 日负荷率	1. 日负荷曲线
2. 日最小负荷	2. 日最小负荷率	2. 周负荷曲线
3. 日平均负荷	3. 日峰谷差率	3. 年负荷曲线
4. 日峰谷差	4. 季负荷率（季不均衡系数）	
5. 年最大负荷		
6. 年最小负荷		
7. 年平均负荷		

什么是负荷预测？根据负荷变化的规律，可以进行负荷预测，即根据以往的负荷曲线和预测时间段的情况，预测未来时间的负荷。按照预测时间的长短，负荷预测分为超短期（分钟级）、短期（日级）和中长期负荷预测（年级）。最常用的是日负荷预测，即今天预测明天的日负荷曲线，如图 3-1 所示。

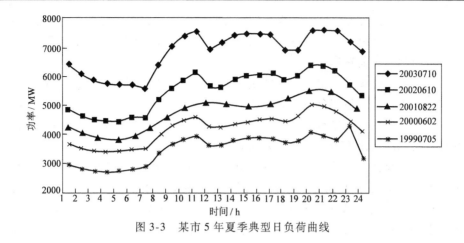

图 3-3　某市 5 年夏季典型日负荷曲线

3.2　负荷分类

负荷有哪些类型呢？负荷可以从不同的角度来分类，大多数是按照行业来分，也可以按照设备来分，还可以按照重要性来分，如图 3-4 所示。

按照行业来分，有：

1）工业负荷：负荷量大，负荷曲线比较平稳；在工业内部的各行业之间，这两大特点又是不平衡的。

2）农业负荷：季节性强，年最大利用小时数低，负荷密度小，功率因数低，负荷结构变化大。

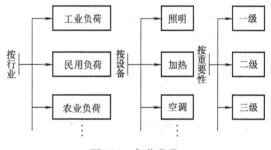

图 3-4　负荷分类

3）商业负荷：具有很强的时间性和季节性，是电网峰荷的主要组成部分。

4）市政及居民生活负荷：负荷变化大，负荷率跨度大，负荷同时率高，负荷功率因数低。

按照设备来分的话，工业负荷中电力设备种类更多，最主要的是异步电动机和同步电动机，其他还有整流型负荷、电弧炉、阻抗型负荷（如工厂照明）等。该类负荷与商业负荷统称为民用负荷。

按照重要性来分，有：

1）一级负荷：若中断供电，可能造成生命危险、重大经济损失或社会混乱。

2）二级负荷：若中断供电，可能造成大量减产、交通停顿、生活受到影响。

3）三级负荷：其他负荷。

3.3　负荷模型

3.3.1　负荷模型概述

什么是负荷模型？负荷吸收的有功功率（P）及无功功率（Q）是随着负荷母线的电压

（U）和频率（f）的变动而变化的，这就是负荷的电压特性和频率特性，用于描述这种负荷特性的数学方程称为负荷模型。建立负荷模型就是要确定描述负荷特性的数学方程的形式及其中的参数，简称为负荷建模。

为什么要建立负荷模型？负荷作为能量的消耗者，在电力系统的设计、分析与控制中有着重要影响。在进行电力系统分析时，不恰当地考虑负荷的模型，会使所得结果与系统实际情况不相一致，或偏乐观，或偏保守，从而构成系统的潜在危险或造成不必要的投资。因此，建立符合实际的负荷模型是非常重要的。

如何建立负荷模型？诚然，建立每种用电设备的模型相对来说比较容易。但由于负荷是由成千上万个用电设备所组成的，各类用电设备的模型又不相同。在进行电力系统计算和分析时，既无必要、也不可能对所有用电设备都逐个加以精确地描述。人们所关心的是负荷群对外部系统所呈现的总体特性。因此，需要建立一个总体的负荷模型，来描述某个地区（变电所）负荷群的总体外部特性，如图 3-5 所示。当然，这是相当困难的。

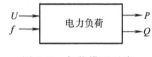

图 3-5　负荷模型示意

【**例 3-1**】　某负荷由 R、L 串联而成，如图 3-6 所示，其端口电压是频率为 f 的交流电压源。推导其静态和动态模型。

【**解**】（1）静态模型

根据交流电路理论，有

$$P = U^2 \frac{R}{R^2 + (2\pi f L)^2}, \ Q = U^2 \frac{2\pi f L}{R^2 + (2\pi f L)^2} \qquad (3\text{-}2)$$

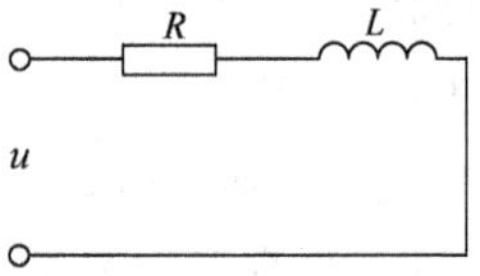

图 3-6　例 3-1 图

（2）动态模型

以电流作为状态变量，有

$$u = Ri + L \frac{\mathrm{d}i}{\mathrm{d}t} \qquad (3\text{-}3)$$

3.3.2　静态负荷模型

在稳态条件下，负荷功率与电压及频率之间的非线性函数关系称为负荷的静态模型。某实际综合负荷的静态特性如图 3-7 所示。

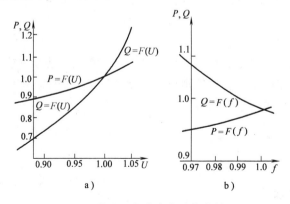

图 3-7　某实际综合负荷的静态特性

a）综合负荷的电压静特性曲线　b）综合负荷的频率静特性曲线

静态负荷模型有哪些主要形式？多项式及幂函数是描述静态负荷特性的两种基本模型。

1. 多项式模型

我国以及 IEEE 的多项式模型基本形式如下：

$$\left.\begin{aligned} P/P_0 &= \left[P_Z(U/U_0)^2 + P_I(U/U_0) + P_P\right](1 + L_{DP}\Delta f/f_0) \\ Q/Q_0 &= \left[Q_Z(U/U_0)^2 + Q_I(U/U_0) + Q_P\right](1 + L_{DQ}\Delta f/f_0) \end{aligned}\right\} \tag{3-4}$$

式中，P 代表有功功率；Q 代表无功功率；U 代表电压；f 代表频率；下标 0 代表初始运行点。

显然，式中各系数满足

$$\left.\begin{aligned} P_Z + P_I + P_P &= 1 \\ Q_Z + Q_I + Q_P &= 1 \end{aligned}\right\}$$

式（3-4）中频率相关的函数是线性的，这是因为频率变化很小的缘故。如果不考虑频率变化，则多项式中包含 3 个部分：第一项为恒定阻抗部分（Z），第二项为恒定电流部分（I），第三项为恒定功率部分（P）。所以，该模型通常又称为 ZIP 模型。

2. 幂函数模型

我国以及 IEEE 的幂函数模型基本形式如下：

$$\left.\begin{aligned} P/P_0 &= (U/U_0)^{n_{pu}}(f/f_0)^{n_{pf}} \\ Q/Q_0 &= (U/U_0)^{n_{qu}}(f/f_0)^{n_{qf}} \end{aligned}\right\} \tag{3-5}$$

3. 静态特征系数

所谓静态特征系数，是指当负荷的功率、电压及频率均取相对值时，功率对电压及频率的变化率。特征系数共有 4 个，即

$$\left.\begin{aligned} p_u &= \frac{d(P/P_0)}{d(U/U_0)}, \quad p_f = \frac{d(P/P_0)}{d(f/f_0)} \\ q_u &= \frac{d(Q/Q_0)}{d(U/U_0)}, \quad q_f = \frac{d(Q/Q_0)}{d(f/f_0)} \end{aligned}\right\} \tag{3-6}$$

式中，p_u 为有功电压特征系数；p_f 为有功频率特征系数；q_u 为无功电压特征系数；q_f 为无功频率特征系数。

【课堂讨论】 几种静态模型系数之间有什么关系呢？

讨论 1. 静态特征系数与幂函数模型中幂指数的关系。不难证明，静态特征系数等于幂函数模型中的幂指数，所以幂函数模型可以写为

$$\left.\begin{aligned} P &= P_0(U/U_0)^{p_u}(f/f_0)^{p_f} \\ Q &= Q_0(U/U_0)^{q_u}(f/f_0)^{q_f} \end{aligned}\right\} \tag{3-7}$$

这表明，负荷的静态特征系数就是幂函数模型中的幂系数。换言之，得到了静态特征系数也就得到了幂指数，从而获得幂函数模型。

讨论 2. 由多项式模型获取幂函数模型。将式（3-4）求导，易得

$$\left.\begin{aligned} p_u &= 2P_Z + P_I, \quad p_f = L_{DP} \\ q_u &= 2Q_Z + Q_I, \quad q_f = L_{DQ} \end{aligned}\right\} \tag{3-8}$$

讨论 3. 由幂函数模型获取多项式模型。将幂函数模型式（3-7）围绕 U_0 进行泰勒级数

展开，忽略高于二阶的高次项，则可近似地获得 ZIP 模型，其系数关系为

$$P_Z = \frac{p_u(p_u - 1)}{2}, \quad P_I = p_u(2 - p_u), \quad P_P = \frac{2 - 3p_u + p_u^2}{2}$$

$$Q_Z = \frac{q_u(q_u - 1)}{2}, \quad Q_I = q_u(2 - q_u), \quad Q_P = \frac{2 - 3q_u + q_u^2}{2} \tag{3-9}$$

由于忽略了电压偏差的高次项，所以式（3-9）存在误差，一般不使用。

【例 3-2】 对于例 3-1 中 RL 电路，已知其功率因数为 0.8，计算其静态特征系数，并写出多项式模型和幂函数模型方程。

【解】 由式（3-2）可知，该负荷的电压特性系数为 2，即 $p_u = 2$，$q_u = 2$。

将式（3-2）对 f 求导，经过适当推导整理可得

$$p_f = \frac{\mathrm{d}(P/P_0)}{\mathrm{d}(f/f_0)} = \frac{\mathrm{d}(P/P_0)}{\mathrm{d}(\omega/\omega_0)} = -2 \frac{(\omega_0 L)^2}{z^2} = -2\sin^2\varphi = 2(\cos^2\varphi - 1) \tag{3-10}$$

同理得

$$q_f = \cos 2\varphi = 2\cos^2\varphi - 1 \tag{3-11}$$

将 $\cos\varphi = 0.8$ 代入可得 $p_f = -0.72$，$q_f = 0.28$。所以，幂函数模型为

$$P = P_0(U/U_0)^2(f/f_0)^{-0.72}$$
$$Q = Q_0(U/U_0)^2(f/f_0)^{0.28}$$

按照式（3-8）和式（3-9）计算可得

$$P_Z = 1, \quad P_I = 0, \quad P_P = 0, \quad L_{DP} = -0.72$$
$$Q_Z = 1, \quad Q_I = 0, \quad Q_P = 0, \quad L_{DQ} = 0.28$$

所以，多项式模型为

$$P/P_0 = (U/U_0)^2(1 - 0.72\Delta f/f_0)$$
$$Q/Q_0 = (U/U_0)^2(1 + 0.28\Delta f/f_0)$$

3.3.3 电动机负荷模型

为什么要建立动态负荷模型？上述静态模型可以用于描述负荷功率与电压和频率之间的静态关系。但是，当电压或者频率发生突然变化时，负荷中的动态成分会表现出动态特性。描述动态负荷的模型有机理与非机理之分，所谓机理式负荷模型是以物理和电学等基本定律为基础，通过列写负荷的各种平衡关系式而获得的模型，如例 3-1 中的 RL 电路方程。机理式模型的最大优点是具有明确的物理意义，易于被人们理解。

为什么要建立异步电动机模型？异步电动机在负荷中（特别是工业负荷中）占有较大的比重，是负荷中最重要的动态成分。以某省为例，电动机负荷约占电力消费的 57%，且主要是异步电动机。工业能源的 78% 为电动机消耗，而居民负荷和商业负荷中电动机耗能的比例分别为 37% 和 43%，其中异步电动机耗能大约占电动机总耗能的 90%。居民负荷和商业负荷中的异步电动机主要用于空调和制冷等压缩机，泵、送风机与风扇、压缩机占工业电动机负荷的一半以上。

异步电动机模型有哪些？根据不同的应用领域和分析计算目的，人们已经提出了多种异步电动机模型。比较详细的模型是五阶的电磁暂态模型，其中考虑了定子绕组、转子绕组的电磁暂态特性，以及转子的机械动态特性。一般来说，感应电动机定子绕组的暂态过程比转

子绕组的电磁暂态要快得多，更比电力系统暂态过程快得多。所以，就感应电动机对电力系统的影响而言，是否计及定子的暂态过程影响不大。因此，忽略定子绕组的暂态过程，得到三阶的机电暂态模型。机电暂态模型可以采用不同的状态变量组，则模型结构有所不同。在我国电力系统计算程序中，都是采用以暂态电动势作为状态变量的机电暂态模型。在稳态条件下，还可以获得异步电动机的静态模型。

机电暂态模型是什么样的？电压方程为

$$\dot{U} = \dot{E}' + (R_{\rm s} + {\rm j}fX')\dot{I} \tag{3-12}$$

电动势方程为

$$T'_{\rm d0}\frac{{\rm d}\dot{E}'}{{\rm d}t} = -\dot{E}' + {\rm j}f(X - X')\dot{I} + {\rm j}(\omega_{\rm r} - f)\dot{E}'T'_{\rm d0} \tag{3-13}$$

转子运动方程为

$$\frac{{\rm d}\omega_{\rm r}}{{\rm d}t} = [T_{\rm E} - T_{\rm M}]/T_{\rm J} \tag{3-14}$$

电磁转矩和机械转矩分别为

$$T_{\rm E} = (P - I^2 R_{\rm s})/f \tag{3-15}$$

$$T_{\rm M} = T_{\rm M0}(\omega_{\rm r}/\omega_{\rm r0})^\beta \tag{3-16}$$

式中，$\dot{U}$、$\dot{I}$、f 分别为端口电压、电流及其频率；$\dot{E}'$ 为内电动势；$\omega_{\rm r}$ 为转子转速；$R_{\rm s}$ 为定子电阻；X、X' 分别为稳态和暂态电抗；$T'_{\rm d0}$、$T_{\rm J}$ 分别为转子绕组时间常数和惯性时间常数；$T_{\rm E}$、$T_{\rm M}$ 分别为电磁转矩和机械转矩；β 为机械转矩系数。上述各量均为标幺值，所以 $f = \omega_{\rm s}$。

机械暂态模型是什么样的？在上述机电暂态模型基础上，进一步忽略转子绕组的电磁暂态，亦即忽略所有电磁暂态，只考虑机械暂态，即可得机械暂态模型。此时，异步电动机 T 形等效电路如图 3-8 所示。由于该电路形如 T 状，故称为 T 形等效电路。由此可得

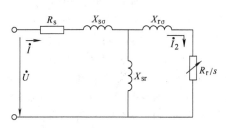

图 3-8　异步电动机的等效电路

$$P = \frac{U^2}{R_\Sigma^2 + X_\Sigma^2}R_\Sigma = U^2 G_\Sigma \tag{3-17}$$

式中，G_Σ 是从电动机端口看进去的电导，应注意的是它与转差率 s 有关，转差率 s 定义为 $s = (\omega_{\rm s} - \omega_{\rm r})/\omega_{\rm s} = 1 - \omega_{\rm r}/f$，则有 $\omega_{\rm r} = (1 - s)f$。

机械暂态模型的状态方程是一阶的，即只考虑转子运动方程

$$\frac{{\rm d}s}{{\rm d}t} = (T_{\rm M} - T_{\rm E})/(T_{\rm J}f) \tag{3-18}$$

电磁转矩和机械转矩分别为

$$T_{\rm E} = [U^2 G_\Sigma - I^2 R_{\rm s}]/f = \frac{U^2(R_\Sigma - R_{\rm s})}{(R_\Sigma^2 + X_\Sigma^2)f} \tag{3-19}$$

$$T_{\rm M} = T'_{\rm M0}[(1 - s)f]^\beta \tag{3-20}$$

3.3.4 综合负荷模型

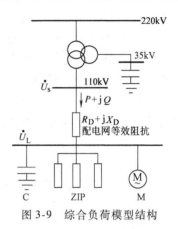

大多数实际负荷中都是既有静态负荷又有动态负荷的综合负荷，所以应该采用综合负荷模型。电力系统计算中常用的一种综合负荷模型结构如图3-9所示，其中，静态负荷采用3.3.2小节中的静态模型描述，电动机采用3.3.3小节中的三阶机电暂态模型描述。

有关负荷模型参数，请参阅有关文献［4，8，9］，这里不再赘述。

图3-9 综合负荷模型结构

思考题与习题

3-1 请自行收集资料，总结某个变电站负荷功率曲线的特点。

3-2 请自行收集资料，分析某个变电站负荷的电气特性模型。

3-3 某负荷由R、C串联而成，推导其有功功率的静态和动态特性模型。

*3-4 试证明式（3-7）~式（3-9）。

参 考 文 献

［1］ 赵希正，周小谦，姜绍俊. 中国电力负荷特性分析与预测［M］. 北京：中国电力出版社，2001.

［2］ 李璐新，刘建安. 行业用电分析［M］. 北京：中国电力出版社，2002.

［3］ 牛东晓，曹树华，赵磊，等. 电力负荷预测技术及其应用［M］. 北京：中国电力出版社，1998.

［4］ 鞠平，马大强. 电力系统负荷建模［M］. 2版. 北京：中国电力出版社，2008.

［5］ 沈善德. 电力系统辨识［M］. 北京：清华大学出版社，1993.

［6］ 倪以信，陈寿孙，张宝霖. 动态电力系统的理论和分析［M］. 北京：清华大学出版社，2002.

［7］ 马大强. 电力系统机电暂态过程［M］. 北京：水利电力出版社，1988.

［8］ Kundur P. Power system stability and control（Chapter 7）［M］. New York：McGraw-Hill，1994.

［9］ 鞠平. 电力系统非线性辨识［M］. 南京：河海大学出版社，1999.

［10］ 鞠平. 电力系统负荷建模理论与实践［J］. 电力系统自动化，1999，23（19）：1-7.

［11］ 鞠平，戴琦，黄永皓，等. 我国电力负荷建模工作的若干建议［J］. 电力系统自动化，2004，28（16）：8-12.

［12］ 鞠平，谢会玲，陈谦. 电力负荷建模研究的发展趋势［J］. 电力系统自动化，2007，31（2）：1-4.

［13］ IEEE Task Force Report. Load representation for dynamic performance analysis［J］. IEEE Trans. PWRS，1993，8（2）：472-482.

［14］ Dyer F，Byrne F，McGee R et al. Load modeling and dynamics［J］. Electra，1990，130：122-141.

第4章　同步发电机

4.1　同步发电机的基本方程与参数

4.1.1　abc 坐标系下的方程

1. 基本假定

何谓理想电机？同步发电机的基本结构如图 4-1 所示，其中图 4-1a 所示是隐极机，图 4-1b 所示是凸极机。为了分析方便起见，首先作一些简化假设：①转子、定子绕组对称；②磁动势、磁通按正弦分布；③不计饱和影响。满足上述条件的电机称为理想电机。

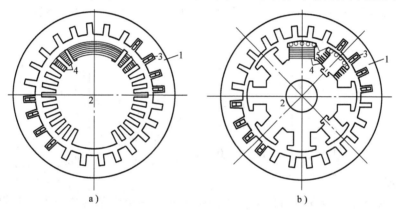

图 4-1　同步发电机的基本结构

a）隐极机　b）凸极机

1—定子　2—转子　3—定子绕组　4—励磁绕组　5—阻尼绕组

由图 4-1 可见，同步发电机定子侧有 abc 三相绕组，转子侧有励磁绕组。为了描述同步发电机阻尼绕组以及转子涡流产生的阻尼作用，假设转子侧分别有直轴和交轴阻尼绕组。这样，同步发电机共有 6 个绕组，即 a 相绕组（a）、b 相绕组（b）、c 相绕组（c）、励磁绕组（f）、直轴阻尼绕组（D）、交轴阻尼绕组（Q）。

2. 同步发电机回路图

图 4-2 是双极理想同步发电机各绕组位置示意，图中标明了各绕组轴的正方向。定子三相绕组磁链 ψ_a、ψ_b 和 ψ_c 的正方向分别与各绕组轴的正方向一致，定子三相绕组正方向电流 i_a、i_b 和 i_c 产生负的磁

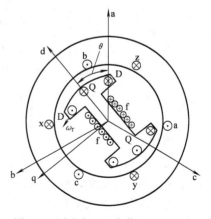

图 4-2　同步发电机各绕组位置示意

链；转子侧 f、D 两个绕组磁链 ψ_f 和 ψ_D 的正方向与直轴的正方向一致，Q 绕组磁链 ψ_Q 的正方向与交轴的正方向一致，转子侧绕组正方向电流产生正的磁链。图中，θ 为 d 轴与 a 轴之间的夹角，ω_r 为转子的转速，在后文中经常采用不带下标的 ω 表示。

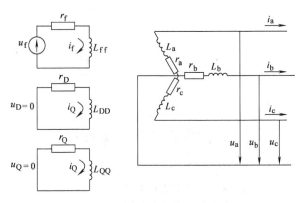

图 4-3　同步发电机各回路电路

【课堂提问】在图 4-3 所示同步发电机各回路电路中，两个阻尼绕组的电源电压为 0，那么其中的电流是否为 0？

3. 电压方程

电压方程描述了同步发电机的各绕组的电关系。一个绕组的电压有两个部分：第一是其电阻压降，第二是绕组中磁链变化产生的电动势。按照前面定义的方向，由图 4-3，可以方便地获得电压方程：

$$
\begin{bmatrix} u_\text{a} \\ u_\text{b} \\ u_\text{c} \\ u_\text{f} \\ u_\text{D} \\ u_\text{Q} \end{bmatrix} = \begin{bmatrix} r & 0 & 0 & 0 & 0 & 0 \\ 0 & r & 0 & 0 & 0 & 0 \\ 0 & 0 & r & 0 & 0 & 0 \\ 0 & 0 & 0 & r_\text{f} & 0 & 0 \\ 0 & 0 & 0 & 0 & r_\text{D} & 0 \\ 0 & 0 & 0 & 0 & 0 & r_\text{Q} \end{bmatrix} \begin{bmatrix} -i_\text{a} \\ -i_\text{b} \\ -i_\text{c} \\ i_\text{f} \\ i_\text{D} \\ i_\text{Q} \end{bmatrix} + \frac{\text{d}}{\text{d}t} \begin{bmatrix} \psi_\text{a} \\ \psi_\text{b} \\ \psi_\text{c} \\ \psi_\text{f} \\ \psi_\text{D} \\ \psi_\text{Q} \end{bmatrix} \tag{4-1}
$$

4. 磁链方程

磁链方程描述了同步发电机的各绕组的磁关系。一个绕组的磁链不仅与自身的电流有关，而且可能与其他绕组的电流有关。按照前面定义的方向，可以获得磁链方程式

$$
\begin{bmatrix} \psi_\text{a} \\ \psi_\text{b} \\ \psi_\text{c} \\ \psi_\text{f} \\ \psi_\text{D} \\ \psi_\text{Q} \end{bmatrix} = \begin{bmatrix} L_\text{aa} & M_\text{ab} & M_\text{ac} & M_\text{af} & M_\text{aD} & M_\text{aQ} \\ M_\text{ba} & L_\text{bb} & M_\text{bc} & M_\text{bf} & M_\text{bD} & M_\text{bQ} \\ M_\text{ca} & M_\text{cb} & L_\text{cc} & M_\text{cf} & M_\text{cD} & M_\text{cQ} \\ M_\text{fa} & M_\text{fb} & M_\text{fc} & L_\text{ff} & M_\text{fD} & M_\text{fQ} \\ M_\text{Da} & M_\text{Db} & M_\text{Dc} & M_\text{Df} & L_\text{DD} & M_\text{DQ} \\ M_\text{Qa} & M_\text{Qb} & M_\text{Qc} & M_\text{Qf} & M_\text{QD} & L_\text{QQ} \end{bmatrix} \begin{bmatrix} -i_\text{a} \\ -i_\text{b} \\ -i_\text{c} \\ i_\text{f} \\ i_\text{D} \\ i_\text{Q} \end{bmatrix} \tag{4-2}
$$

简写为

$$
\begin{bmatrix} \boldsymbol{\psi}_\text{abc} \\ \boldsymbol{\psi}_\text{fDQ} \end{bmatrix} = \begin{bmatrix} \boldsymbol{L}_\text{SS} & \boldsymbol{L}_\text{SR} \\ \boldsymbol{L}_\text{RS} & \boldsymbol{L}_\text{RR} \end{bmatrix} \begin{bmatrix} -\boldsymbol{i}_\text{abc} \\ \boldsymbol{i}_\text{fDQ} \end{bmatrix} \tag{4-3}
$$

5. 电感

在式（4-3）中，电感系数分为三类：一是定子绕组的电感，二是转子绕组的电感，三是定子绕组与转子绕组之间的电感。

那么，这些电感是否随着时间而变化呢？

（1）转子绕组电感

由图 4-1、图 4-2 可见，虽然转子在旋转，但转子磁链经过的磁路却是一样的，所以转子绕组的电感是恒定不变的。而且，由于直轴与交轴互相垂直，所以直轴与交轴之间的互感为零。

（2）定子与转子绕组间互感

同步发电机定子与转子绕组间互感示意如图 4-4 所示。由图 4-4 可见，随着转子的旋转，定子绕组与转子绕组之间的互感总是变化的，周期为 360°。

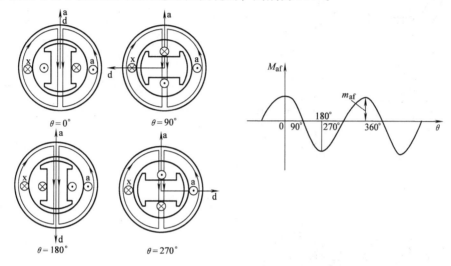

图 4-4　同步发电机定子与转子绕组间互感示意

（3）定子绕组自感

同步发电机定子绕组的自感和互感如图 4-5 所示。由图 4-5 可见，随着转子的旋转，如果转子是凸极的话，定子绕组自身的电感是变化的，周期为 180°。但如果转子是隐极的话，定子绕组自身的电感则不再变化。

（4）总结

综上所述，电感是否变化分为 3 种情况：恒定；一定变；可变可不变。电感变化的主因是转子的旋转，辅因是转子为凸极。我国已故知名电机学专家吴大榕先生曾经讲过："动为机，静为器"。

4.1.2　派克-戈列夫变换

上一节建立了 abc 坐标系中的两组方程，可以简写为

$$\begin{cases} \boldsymbol{U} = \boldsymbol{RI} + \dfrac{\mathrm{d}\boldsymbol{\psi}}{\mathrm{d}t} \\ \boldsymbol{\psi} = \boldsymbol{MI} \end{cases} \qquad (4\text{-}4)$$

式（4-4）中，电感系数矩阵 $\boldsymbol{M}$ 中大部分系数是时变的，这将导致方程难分析、难计算，尤其在计算机技术不发达的时期更是如此。所以，对其进行坐标变换，即寻找一组新的变量 $\boldsymbol{Y} = \boldsymbol{PX}$，目的是新的方程更容易分析、更容易处理。坐标变换可理解为数学变换，但作为工程技术人员，应当了解其物理本质。电力系统中有几种变换，其中最著名的就是派克-戈列夫变换，美国学者派克与前苏联学者戈列夫几乎同时独立发明了该变换，所以称为派

克-戈列夫变换，一般简称为派克变换。此外，华人学者顾毓秀、高景德先生也发明了其他的变换。下面只介绍派克-戈列夫变换，其他变换在研究生阶段会涉及。

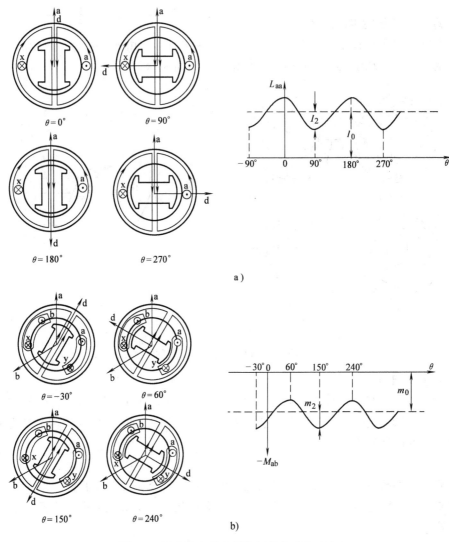

a)

b)

图 4-5 同步发电机定子绕组的自感和互感

a）同步发电机定子绕组的自感   b）同步发电机定子绕组间互感

1. 空间综合相量

在《电机学》里，有两个原理是众所周知的：一是旋转磁场原理，二是双反应原理。

（1）旋转磁场原理

当同步发电机定子的三相绕组中通以对称的正弦交变电流时，其合成磁动势为一正向旋转的磁动势。方向由超前电流相转向滞后电流相，即 abc 方向旋转。转速是

$$\omega_s = 2\pi f \tag{4-5}$$

如图 4-6 所示。图中，F 为合成磁动势，由 abc 三相磁动势合

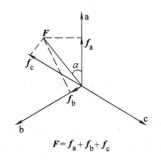

$$F = f_a + f_b + f_c$$

图 4-6 旋转磁场原理示意

成而得。

（2）双反应原理

双反应原理指出，上述三相定子绕组合成的旋转磁动势 $\boldsymbol{F}$，又可以用直轴分量 $\boldsymbol{f}_d$ 和交轴分量 $\boldsymbol{f}_q$ 代替，如图 4-7 所示。

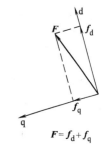

图 4-7　双反应原理示意

2. 两个角度

在派克变换中，用到两个角度，如图 4-8 所示。

一个角度是空间角 θ，为转子 d 轴与定子 a 轴之间的角度，随着转子的旋转而变化

$$\theta = \int_0^t \omega_r \mathrm{d}t + \theta_0 \qquad (4\text{-}6\mathrm{a})$$

当转子匀速旋转时

$$\theta = \omega_r t + \theta_0 \qquad (4\text{-}6\mathrm{b})$$

式中，ω_r 表示转子的转速；θ_0 表示转子的初始角。

另一个角度是电气角 α，为空间综合矢量与定子 a 轴之间的角度，随着空间综合矢量的旋转而变化：

$$\alpha = \int_0^t \omega_s \mathrm{d}t + \alpha_0 \qquad (4\text{-}7\mathrm{a})$$

当 ω_s 恒定时

$$\alpha = \omega_s t + \alpha_0 \qquad (4\text{-}7\mathrm{b})$$

式中，ω_s 表示空间综合矢量的转速，也就是定子绕组的电气速度；α_0 表示电气角的初始值。

3. 变换的导出

根据前面介绍的两个基本原理，由图 4-8 可见：

$$\boldsymbol{F} = \boldsymbol{f}_a + \boldsymbol{f}_b + \boldsymbol{f}_c = \boldsymbol{f}_d + \boldsymbol{f}_q \qquad (4\text{-}8)$$

$$\begin{cases} f_a = F\cos\alpha \\ f_b = F\cos(\alpha - 120°) \\ f_c = F\cos(\alpha + 120°) \end{cases} \qquad (4\text{-}9)$$

图 4-8　两个角度示意

$$\begin{cases} f_d = F\cos(\alpha - \theta) \\ f_q = F\sin(\alpha - \theta) \end{cases} \qquad (4\text{-}10)$$

再由三角函数公式

$$\cos(\alpha - \theta) = \frac{2}{3}\big[\cos\alpha\cos\theta + \cos(\alpha - 120°)\cos(\theta - 120°) +$$
$$\cos(\alpha + 120°)\cos(\theta + 120°)\big] \qquad (4\text{-}11)$$

$$\sin(\alpha - \theta) = -\frac{2}{3}\big[\cos\alpha\sin\theta + \cos(\alpha - 120°)\sin(\theta - 120°) +$$
$$\cos(\alpha + 120°)\sin(\theta + 120°)\big] \qquad (4\text{-}12)$$

将方程两边同乘以 F，并且将式（4-9）、式（4-10）代入，可得

$$\begin{cases} f_d = \dfrac{2}{3}\big[f_a\cos\theta + f_b\cos(\theta - 120°) + f_c\cos(\theta + 120°)\big] \\ f_q = -\dfrac{2}{3}\big[f_a\sin\theta + f_b\sin(\theta - 120°) + f_c\sin(\theta + 120°)\big] \end{cases} \qquad (4\text{-}13)$$

当 abc 分量不对称时，$f_a + f_b + f_c \neq 0$。但可令

$$f_a + f_b + f_c = (f_a' + f_0) + (f_b' + f_0) + (f_c' + f_0)$$

使 $$f_a' + f_b' + f_c' = 0 \qquad (4\text{-}14)$$

则 $$f_0 = \frac{1}{3}(f_a + f_b + f_c) \qquad (4\text{-}15)$$

综合式(4-13)、式(4-15)，得派克变换如下：

$$\begin{bmatrix} f_d \\ f_q \\ f_0 \end{bmatrix} = \frac{2}{3} \begin{bmatrix} \cos\theta & \cos(\theta - 120°) & \cos(\theta + 120°) \\ -\sin\theta & -\sin(\theta - 120°) & -\sin(\theta + 120°) \\ \frac{1}{2} & \frac{1}{2} & \frac{1}{2} \end{bmatrix} \begin{bmatrix} f_a \\ f_b \\ f_c \end{bmatrix} \qquad (4\text{-}16a)$$

写出矩阵形式 $$\boldsymbol{f}_{dq0} = \boldsymbol{P}\boldsymbol{f}_{abc} \qquad (4\text{-}16b)$$

逆变换为

$$\begin{bmatrix} f_a \\ f_b \\ f_c \end{bmatrix} = \begin{bmatrix} \cos\theta & -\sin\theta & 1 \\ \cos(\theta - 120°) & -\sin(\theta - 120°) & 1 \\ \cos(\theta + 120°) & -\sin(\theta + 120°) & 1 \end{bmatrix} \begin{bmatrix} f_d \\ f_q \\ f_0 \end{bmatrix} \qquad (4\text{-}17a)$$

写出矩阵形式 $$\boldsymbol{f}_{abc} = \boldsymbol{P}^{-1}\boldsymbol{f}_{dq0} \qquad (4\text{-}17b)$$

派克变换可以理解为线性数学变换，可用于其他各量，如 ψ、i、u 等；也可用于其他任何函数，如不对称、直流等。

【例 4-1】 abc 坐标系下的电流为 $i_a = I_m \cos\alpha$，$i_b = I_m \cos(\alpha - 120°)$，$i_c = I_m \cos(\alpha + 120°)$，求：$\boldsymbol{i}_{dq0}$。

【解】 按派克变换得

$$\boldsymbol{i}_{dq0} = \boldsymbol{P}\boldsymbol{i}_{abc} = \begin{bmatrix} I_m\cos(\alpha - \theta) \\ I_m\sin(\alpha - \theta) \\ 0 \end{bmatrix} = \begin{bmatrix} I_m\cos[(\omega_s - \omega_r)t + (\alpha_0 - \theta_0)] \\ I_m\sin[(\omega_s - \omega_r)t + (\alpha_0 - \theta_0)] \\ 0 \end{bmatrix}$$

那么，dq0 各个分量何时恒定呢？由上式可见，当 abc 分量对称，而且 $\omega_s = \omega_r = \omega$ 即电速度等于机速度时，dq 分量恒定，0 分量为零。

4.1.3 dq0 坐标系下的方程

首先需要明确，哪些分量需要对其进行变换呢？由上节可见，派克变换是将 abc 分量变换为 dq0 分量，dq0 坐标系是与转子一起旋转的。所以，转子侧各个变量并不需要进行变换。

1. 磁链方程

原方程为

$$\begin{bmatrix} \boldsymbol{\psi}_{abc} \\ \boldsymbol{\psi}_{fDQ} \end{bmatrix} = \begin{bmatrix} \boldsymbol{L}_{SS} & \boldsymbol{L}_{SR} \\ \boldsymbol{L}_{RS} & \boldsymbol{L}_{RR} \end{bmatrix} \begin{bmatrix} -\boldsymbol{i}_{abc} \\ \boldsymbol{i}_{fDQ} \end{bmatrix} \qquad (4\text{-}18)$$

将 abc 分量变换为 dq0 分量

$$\begin{bmatrix} \boldsymbol{\psi}_{dq0} \\ \boldsymbol{\psi}_{fDQ} \end{bmatrix} = \begin{bmatrix} \boldsymbol{P} & 0 \\ 0 & 1 \end{bmatrix} \begin{bmatrix} \boldsymbol{\psi}_{abc} \\ \boldsymbol{\psi}_{fDQ} \end{bmatrix}$$

$$= \begin{bmatrix} \boldsymbol{P} & 0 \\ 0 & 1 \end{bmatrix} \begin{bmatrix} \boldsymbol{L}_{SS} & \boldsymbol{L}_{SR} \\ \boldsymbol{L}_{RS} & \boldsymbol{L}_{RR} \end{bmatrix} \begin{bmatrix} -\boldsymbol{i}_{abc} \\ \boldsymbol{i}_{fDQ} \end{bmatrix} \qquad (4\text{-}19)$$

$$= \begin{bmatrix} \boldsymbol{P} & 0 \\ 0 & \boldsymbol{1} \end{bmatrix} \begin{bmatrix} \boldsymbol{L}_{SS} & \boldsymbol{L}_{SR} \\ \boldsymbol{L}_{RS} & \boldsymbol{L}_{RR} \end{bmatrix} \begin{bmatrix} \boldsymbol{P}^{-1} & 0 \\ 0 & \boldsymbol{1} \end{bmatrix} \begin{bmatrix} -\boldsymbol{i}_{dq0} \\ \boldsymbol{i}_{fDQ} \end{bmatrix}$$

令

$$\begin{aligned} \boldsymbol{L} &= \begin{bmatrix} P & 0 \\ 0 & 1 \end{bmatrix} \begin{bmatrix} L_{SS} & L_{SR} \\ L_{RS} & L_{RR} \end{bmatrix} \begin{bmatrix} P^{-1} & 0 \\ 0 & 1 \end{bmatrix} \\ &= \begin{bmatrix} P & 0 \\ 0 & 1 \end{bmatrix} \begin{bmatrix} L_{SS} P^{-1} & L_{SR} \\ L_{RS} P^{-1} & L_{RR} \end{bmatrix} \\ &= \begin{bmatrix} P L_{SS} P^{-1} & P L_{SR} \\ L_{RS} P^{-1} & L_{RR} \end{bmatrix} \end{aligned} \tag{4-20}$$

经推导整理得

$$\begin{bmatrix} \psi_d \\ \psi_q \\ \psi_0 \\ \psi_f \\ \psi_D \\ \psi_Q \end{bmatrix} = \begin{bmatrix} L_d & 0 & 0 & m_{af} & m_{aD} & 0 \\ 0 & L_q & 0 & 0 & 0 & m_{aQ} \\ 0 & 0 & L_0 & 0 & 0 & 0 \\ \frac{3}{2}m_{af} & 0 & 0 & L_f & m_r & 0 \\ \frac{3}{2}m_{aD} & 0 & 0 & m_r & L_D & 0 \\ 0 & \frac{3}{2}m_{aQ} & 0 & 0 & 0 & L_Q \end{bmatrix} \begin{bmatrix} -i_d \\ -i_q \\ -i_0 \\ i_f \\ i_D \\ i_Q \end{bmatrix} \tag{4-21}$$

式中，$L_d = l_0 + m_0 + \frac{3}{2}l_2$；$L_q = l_0 + m_0 - \frac{3}{2}l_2$；$L_0 = l_0 - 2m_0$。

此处，l、m 为图 4-5 所示电感系数中的常数。

那么，观察式（4-2）和式（4-21）两个方程组，有什么不同呢？经过比较可以看出，新的磁链方程有以下变化：

1）电感变成常数。

2）dq0 绕组之间无互感。

3）0 分量方程独立。

4）d 轴绕组与 q 轴绕组之间无互感。

【课堂提问】试分析磁链方程发生以上变化的原因？

2. 电压方程

电压方程式（4-1）中的定子电压方程写成矩阵形式为

$$\boldsymbol{u}_{abc} = -\boldsymbol{r}_s \boldsymbol{i}_{abc} + \frac{d\boldsymbol{\psi}_{abc}}{dt} \tag{4-22}$$

将 abc 分量变换为 dq0 分量得

$$\boldsymbol{P}^{-1} \boldsymbol{u}_{dq0} = -\boldsymbol{r}_s \boldsymbol{P}^{-1} \boldsymbol{i}_{dq0} + \frac{d(\boldsymbol{P}^{-1}\boldsymbol{\psi}_{dq0})}{dt} \tag{4-23}$$

等式两边都乘以 $\boldsymbol{P}$，可得

$$\boldsymbol{u}_{dq0} = -(\boldsymbol{P}\boldsymbol{r}_s\boldsymbol{P}^{-1})\boldsymbol{i}_{dq0} + \boldsymbol{P}\left[\boldsymbol{P}^{-1}\frac{d\boldsymbol{\psi}_{dq0}}{dt} + \frac{d\boldsymbol{P}^{-1}}{dt}\boldsymbol{\psi}_{dq0}\right] \tag{4-24}$$

需要特别注意的是，派克变换矩阵及其逆矩阵都是时变的，所以其导数非零。另外，在后文中转子转速省略下标，用 ω 表示。那么

$$P\frac{\mathrm{d}P^{-1}}{\mathrm{d}t} = \frac{2}{3}\begin{bmatrix} \cos\theta & \cos(\theta-120°) & \cos(\theta+120°) \\ -\sin\theta & -\sin(\theta-120°) & -\sin(\theta+120°) \\ \frac{1}{2} & \frac{1}{2} & \frac{1}{2} \end{bmatrix}$$

$$\begin{bmatrix} -\sin\theta & -\cos\theta & 0 \\ -\sin(\theta-120°) & -\cos(\theta-120°) & 0 \\ -\sin(\theta+120°) & -\cos(\theta+120°) & 0 \end{bmatrix}\frac{\mathrm{d}\theta}{\mathrm{d}t} \tag{4-25}$$

$$= \begin{bmatrix} 0 & -1 & 0 \\ 1 & 0 & 0 \\ 0 & 0 & 0 \end{bmatrix}\omega = \begin{bmatrix} 0 & -\omega & 0 \\ \omega & 0 & 0 \\ 0 & 0 & 0 \end{bmatrix}$$

所以

$$S = P\frac{\mathrm{d}P^{-1}}{\mathrm{d}t}\boldsymbol{\psi}_{\mathrm{dq0}} = \begin{bmatrix} -\omega\psi_{\mathrm{q}} \\ \omega\psi_{\mathrm{d}} \\ 0 \end{bmatrix} \tag{4-26}$$

又因为

$$P\boldsymbol{r}_{\mathrm{s}}\boldsymbol{P}^{-1} = \boldsymbol{r}_{\mathrm{s}} \tag{4-27}$$

因此,式(4-24)变为

$$\boldsymbol{u}_{\mathrm{dq0}} = -\boldsymbol{r}_{\mathrm{s}}\boldsymbol{i}_{\mathrm{dq0}} + \frac{\mathrm{d}\boldsymbol{\psi}_{\mathrm{dq0}}}{\mathrm{d}t} + \boldsymbol{S} \tag{4-28}$$

那么，观察式（4-22）和式（4-28）两个方程组，有什么不同呢？经过比较可以看出，新的电压方程有以下变化：

1）电压公式中有 3 项：电阻压降 + $\underset{\text{（变压器电动势）}}{\text{脉变电动势}}$ + $\underset{\text{（发电机电动势）}}{\text{速度电动势}}$

2）速度电动势 S 为新增项，且 u_{d} 中增加了 $-\omega\psi_{\mathrm{q}}$，u_{q} 中增加了 $\omega\psi_{\mathrm{d}}$。

【课堂提问】试分析电压方程发生以上变化的原因？

3. 标幺值方程

上述方程中各个变量均是有名值，电力系统中大都采用标幺值方程。适当选取定、转子侧的基准值，使：①互感系数对称可逆；②d 轴互感 m_{af}^{*}、m_{aD}^{*} 相等；③电感与电抗标幺值相等。

由 1.3.4 小节中的公式可见：角速度与频率的标幺值相同，电感与电抗的标幺值相同，电动势与磁链的标幺值相同，所以后面这些对应量的标幺值不再区分。关于基准值的选取和标幺值方程的推导，可以参见本章参考文献［1］，这里不再赘述。以下为简便起见，略去标幺值下标 *。

标幺值形式的磁链方程为

$$\begin{bmatrix} \psi_{\mathrm{d}} \\ \psi_{\mathrm{q}} \\ \psi_{0} \\ \psi_{\mathrm{f}} \\ \psi_{\mathrm{D}} \\ \psi_{\mathrm{Q}} \end{bmatrix} = \begin{bmatrix} x_{\mathrm{d}} & 0 & 0 & x_{\mathrm{ad}} & x_{\mathrm{ad}} & 0 \\ 0 & x_{\mathrm{q}} & 0 & 0 & 0 & x_{\mathrm{aq}} \\ 0 & 0 & x_{0} & 0 & 0 & 0 \\ x_{\mathrm{ad}} & 0 & 0 & x_{\mathrm{f}} & x_{\mathrm{ad}} & 0 \\ x_{\mathrm{ad}} & 0 & 0 & x_{\mathrm{ad}} & x_{\mathrm{D}} & 0 \\ 0 & x_{\mathrm{aq}} & 0 & 0 & 0 & x_{\mathrm{Q}} \end{bmatrix}\begin{bmatrix} -i_{\mathrm{d}} \\ -i_{\mathrm{q}} \\ -i_{0} \\ i_{\mathrm{f}} \\ i_{\mathrm{D}} \\ i_{\mathrm{Q}} \end{bmatrix} \tag{4-29}$$

标幺值形式的电压方程为

$$
\begin{bmatrix} u_d \\ u_q \\ u_0 \\ u_f \\ 0 \\ 0 \end{bmatrix} = \begin{bmatrix} r & 0 & 0 & 0 & 0 & 0 \\ 0 & r & 0 & 0 & 0 & 0 \\ 0 & 0 & r & 0 & 0 & 0 \\ 0 & 0 & 0 & r_f & 0 & 0 \\ 0 & 0 & 0 & 0 & r_D & 0 \\ 0 & 0 & 0 & 0 & 0 & r_Q \end{bmatrix} \begin{bmatrix} -i_d \\ -i_q \\ -i_0 \\ i_f \\ i_D \\ i_Q \end{bmatrix} + \frac{d}{dt}\begin{bmatrix} \psi_d \\ \psi_q \\ \psi_0 \\ \psi_f \\ \psi_D \\ \psi_Q \end{bmatrix} + \begin{bmatrix} -\omega\psi_q \\ \omega\psi_d \\ 0 \\ 0 \\ 0 \\ 0 \end{bmatrix} \tag{4-30}
$$

【课堂讨论】关于派克变换和方程（参见图 4-6 ~ 图 4-8）。

讨论 1. 派克变换的理解。

提示：从数学上可以简单地理解为状态量的转换，从物理上可以理解为观察点的转移，即从静止的 abc 坐标系转变为以速度 ω 旋转的 dq0 坐标系。

讨论 2. 为什么电感变为常数？

提示：dq0 坐标系是与转子一起旋转的。

讨论 3. 为什么 d、q 轴之间无互感？是否就无联系？

提示：dq 轴互相垂直，所以互感为零。磁链方程中无联系，但电压方程中却有联系。

讨论 4. 0 分量独立是为什么？

提示：0 分量三相相同，当定子三相绕组中通以相同的电流时，在空间产生的合成磁场为 0，与转子侧就不会产生关系。

讨论 5. 电感 L_d，L_q，L_0 的大小关系？在什么情况下 L_d 与 L_q 相等？

提示：根据下式讨论

$$L_d = l_0 + m_0 + \frac{3}{2}l_2$$

$$L_q = l_0 + m_0 - \frac{3}{2}l_2$$

$$L_0 = l_0 - 2m_0$$

4.2　同步发电机的稳态方程与参数

4.2.1　稳态条件

1）转速恒定，则 $\omega = 1$。

2）三相对称，故 $i_0 = u_0 = \psi_0 = 0$。

3）dq 分量均为常数，所以脉变电动势为零，即 $\dfrac{d\psi_{dq0}}{dt} = 0$，$\dfrac{d\psi_{fDQ}}{dt} = 0$。

4）u_f 恒定，则因为 ψ_f = 恒定，所以 $u_f = r_f i_f + 0$，则 $i_f = \dfrac{u_f}{r_f}$ = 恒定。

5）因为 ψ_D 恒定，所以 $0 = r_D i_D + 0$，则 $i_D = 0$，同理，$i_Q = 0$。

4.2.2　稳态电压方程

将上述条件代入派克电压方程和磁链方程可得

$$\begin{cases} u_{\mathrm{d}} = -ri_{\mathrm{d}} + \dfrac{\mathrm{d}\psi_{\mathrm{d}}}{\mathrm{d}t} - \omega\psi_{\mathrm{q}} = -ri_{\mathrm{d}} - \psi_{\mathrm{q}} \\[2mm] u_{\mathrm{q}} = -ri_{\mathrm{q}} + \dfrac{\mathrm{d}\psi_{\mathrm{q}}}{\mathrm{d}t} + \omega\psi_{\mathrm{d}} = -ri_{\mathrm{q}} + \psi_{\mathrm{d}} \end{cases}$$

$$\begin{cases} \psi_{\mathrm{d}} = -x_{\mathrm{d}}i_{\mathrm{d}} + x_{\mathrm{ad}}i_{\mathrm{f}} + 0 \\[2mm] \psi_{\mathrm{q}} = -x_{\mathrm{q}}i_{\mathrm{q}} + 0 \end{cases}$$

故
$$\begin{cases} u_{\mathrm{d}} = -ri_{\mathrm{d}} + x_{\mathrm{q}}i_{\mathrm{q}} \\[2mm] u_{\mathrm{q}} = -ri_{\mathrm{q}} - x_{\mathrm{d}}i_{\mathrm{d}} + x_{\mathrm{ad}}i_{\mathrm{f}} \end{cases} \tag{4-31}$$

这里定义一个重要的电动势

$$E_{\mathrm{q}} = x_{\mathrm{ad}}i_{\mathrm{f}} \tag{4-32}$$

当发电机空载时电流为零，即 $i_{\mathrm{d}} = 0$，$i_{\mathrm{q}} = 0$，此时 $u_{\mathrm{d}} = 0$，$u_{\mathrm{q}} = U_0 = E_{\mathrm{q}}$。这表明该电动势就是发电机在空载情况下的端电压，所以称为空载电动势。

这里再定义一个重要的角度——功角 δ，它是指转子 q 轴与端电压之间的夹角。功角 δ 在电力系统中经常用到，非常重要。

4.2.3 相量方程、相量图、等效电路图

以 d 轴为实轴，q 轴为虚轴，令（相量）＝（d 分量）＋j（q 分量），即

$$\dot{U} = u_{\mathrm{d}} + \mathrm{j}u_{\mathrm{q}}, \quad \dot{I} = i_{\mathrm{d}} + \mathrm{j}i_{\mathrm{q}}, \quad \dot{E}_{\mathrm{q}} = \mathrm{j}E_{\mathrm{q}}$$

由式（4-31）、式（4-32）可得

$$\dot{U} = (-ri_{\mathrm{d}} + x_{\mathrm{q}}i_{\mathrm{q}}) + \mathrm{j}(-ri_{\mathrm{q}} - x_{\mathrm{d}}i_{\mathrm{d}} + E_{\mathrm{q}}) \tag{4-33}$$

1. 隐极机

对于隐极机，$x_{\mathrm{d}} = x_{\mathrm{q}}$。由式（4-33）可得

$$\dot{U} = (-ri_{\mathrm{d}} + x_{\mathrm{q}}i_{\mathrm{q}}) + \mathrm{j}(-ri_{\mathrm{q}} - x_{\mathrm{d}}i_{\mathrm{d}} + E_{\mathrm{q}}) \xrightarrow[x_{\mathrm{d}}=x_{\mathrm{q}}]{\text{隐极机}} \dot{E}_{\mathrm{q}} - (r + \mathrm{j}x_{\mathrm{d}})\dot{I} = \dot{E}_{\mathrm{q}} - Z\dot{I} \tag{4-34}$$

那么，已知 U、I、φ 和各参数，如何求出 d、q 轴以及各分量呢？

1）设端电压为参考轴，即 $\dot{U} = U\underline{/0°}$。

2）由 $\dot{E}_{\mathrm{q}} = \dot{U} + r\dot{I} + \mathrm{j}x_{\mathrm{d}}\dot{I}$，可以求出相量 $\dot{E}_{\mathrm{q}}$，由于 $\dot{E}_{\mathrm{q}}$ 位于虚轴也就是 q 轴，由此也就获得 q 轴位置和 d 轴位置（滞后 90°），$\dot{E}_{\mathrm{q}}$ 的模就是空载电动势 E_{q}，$\dot{E}_{\mathrm{q}}$ 的相角也就是功角，即 $\dot{E}_{\mathrm{q}} = E_{\mathrm{q}}\underline{/\delta}$，如图 4-9a 所示。

3）将 $\dot{U}$、$\dot{I}$ 投影到 d、q 轴，即可获得其 d、q 分量

$$u_{\mathrm{d}} = U\sin\delta, \quad u_{\mathrm{q}} = U\cos\delta$$

$$i_{\mathrm{d}} = I\sin(\delta + \varphi), \quad i_{\mathrm{q}} = I\cos(\delta + \varphi)$$

2. 凸极机

对于凸极机，$x_{\mathrm{d}} \neq x_{\mathrm{q}}$。由式（4-33）就不能获得像式（4-34）那样的完全相量公式，相量图也就不能直接画出。

那么，已知 U、I、φ 和各参数，是否可能求出 d、q 轴以及 $\dot{U}$、$\dot{I}$ 各分量呢？

1）同样，设 $\dot{U} = U\underline{/0°}$。

2）虽然不能直接画出相量图求得 q 轴位置，但可以设想：能否构造一个既位于 q 轴、又隐极化的电动势呢？定义

$$\dot{E}_Q = \dot{U} + r\dot{I} + jx_q\dot{I} \tag{4-35}$$

由式（4-33）、式（4-35）可知

$$\dot{E}_q = \dot{E}_Q + j(x_d - x_q)i_d \quad 即 \quad \dot{E}_Q = j[E_q - (x_d - x_q)i_d]$$

这表明 $\dot{E}_Q$ 位于 q 轴，与 $\dot{E}_q$ 同向，所以由 $\dot{E}_Q$ 相量就获得了 q 轴位置，如图 4-9b 所示。需要说明的是，$\dot{E}_Q$ 是为了计算引入的假想电动势，并没有明确的物理意义。

3）将 $\dot{U}$、$\dot{I}$ 投影到 d、q 轴，即可获得其 d、q 分量。

4）由 $E_q = E_Q + (x_d - x_q)i_d$ 或 $E_q = u_q + ri_q + x_d i_d$ 即可获得 E_q。

由式（4-34）和式（4-35），可以获得等效电路如图 4-10 所示。

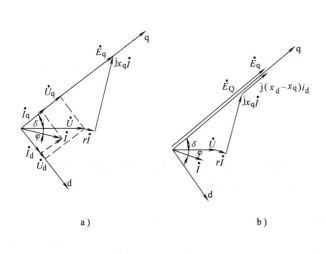

图 4-9　同步发电机稳态运行相量图
a）隐极机　b）凸极机

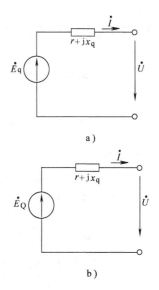

图 4-10　稳态等效电路
a）隐极机　b）凸极机

【**例 4-2**】　已知：发电机参数为 $x_d = 1.0$，$x_q = 0.6$，忽略电阻；稳态运行条件为 $U = 1.0$，$I = 1.0$，$\cos\varphi = 0.85$。试求：稳态时电压、电流的 d、q 分量及空载电动势。

【**解**】　（1）对于凸极机，先求 $E_Q \underline{/\delta}$

$$\dot{E}_Q = 1.0 \underline{/0°} + j0.6 \times 1.0 \underline{/-\cos^{-1}0.85}$$
$$= 1.41 \underline{/21°}$$

（2）计算电压、电流分量

$$u_d = 1.0 \times \sin 21° = 0.36$$
$$u_q = 1.0 \times \cos 21° = 0.93$$
$$i_d = 1.0 \times \sin(21° + 31.79°) = 0.80$$
$$i_q = 1.0 \times \cos(21° + 31.79°) = 0.60$$

（3）计算 $E_q = E_Q + (x_d - x_q)i_d = 1.73$

例 4-2 的求解过程如图 4-11 所示。

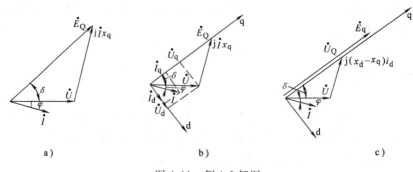

图 4-11 例 4-2 解图

a) 求虚构电动势 $\dot{E}_Q$ b) 计算电压、电流各分量 c) 求 $\dot{E}_q$

4.3 同步发电机的动态方程与参数

上面推导的稳态方程只适用于稳态，在动态过程中由于不满足 4.2.1 节所述条件，所以是不能用的。为此，需要建立动态方程与参数。

4.3.1 次暂态方程与参数

1. 直轴

根据式（4-29）所示的磁链方程，将其中直轴 3 个绕组 d、f、D 的方程专门列出来，并且将各个绕组的电抗分解为 3 个绕组之间的互抗和绕组各自的漏抗，可得

$$\begin{cases} \psi_d = -x_d i_d + x_{ad} i_f + x_{ad} i_D \xrightarrow{x_d = x_{ad} + x_\sigma} -x_\sigma i_d + x_{ad}(-i_d + i_f + i_D) \\ \psi_f = -x_{ad} i_d + x_f i_f + x_{ad} i_D \xrightarrow{x_f = x_{ad} + x_{f\sigma}} x_{f\sigma} i_f + x_{ad}(-i_d + i_f + i_D) \\ \psi_D = -x_{ad} i_d + x_{ad} i_f + x_D i_D \xrightarrow{x_D = x_{ad} + x_{D\sigma}} x_{D\sigma} i_D + x_{ad}(-i_d + i_f + i_D) \end{cases} \tag{4-36}$$

由此可得图 4-12 所示的等效电路。

下面求从 ψ_d 端口 dd′ 看进去的戴维南等效电路。

1）直轴次暂态电抗就是沿 dd′ 看进去的等效电抗，将 f、D 绕组磁链短路，由图 4-13 可得

$$x_d'' = x_\sigma + \cfrac{1}{\cfrac{1}{x_{D\sigma}} + \cfrac{1}{x_{f\sigma}} + \cfrac{1}{x_{ad}}} \tag{4-37}$$

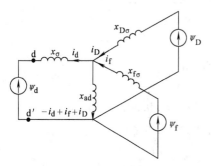

图 4-12 d 轴次暂态磁链等效电路

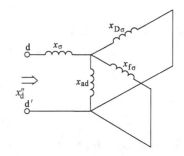

图 4-13 d 轴次暂态电抗计算示意

2）直轴次暂态电动势就是沿 dd′ 看进去的等效电动势，即 dd′ 开路时的端口电压，由图 4-14 可得

$$E_q'' = \frac{\dfrac{\psi_D}{x_{D\sigma}} + \dfrac{\psi_f}{x_{f\sigma}}}{\dfrac{1}{x_{D\sigma}} + \dfrac{1}{x_{f\sigma}} + \dfrac{1}{x_{ad}}} \qquad (4\text{-}38)$$

由此可见，E_q'' 正比于 ψ_D、ψ_f，所以该电动势不发生突变。

3）等效电路如图 4-15 所示，电路方程为

$$\psi_d = E_q'' - x_d'' i_d \qquad (4\text{-}39)$$

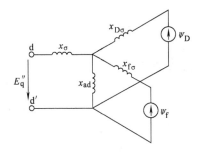
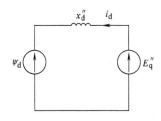

图 4-14　d 轴次暂态电动势计算示意　　　　　图 4-15　d 轴次暂态等效电路

2. 交轴

按照类似于直轴的做法，将式（4-29）磁链方程中交轴的两个绕组 q、Q 的方程专门列出来

$$\begin{cases} -\psi_q = x_q i_q - x_{aq} i_Q \\ -\psi_Q = x_{aq} i_q - x_Q i_Q \end{cases} \qquad (4\text{-}40)$$

将各个绕组的电抗分解为互抗和漏抗，如图 4-16 所示。再求从 ψ_q 端口 qq′ 看进去的戴维南等效电路。

1）交轴次暂态电抗，即 ψ_Q 短路时沿 qq′ 看进去的电抗，如图 4-17 所示。

$$x_q'' = x_\sigma + \frac{1}{\dfrac{1}{x_{Q\sigma}} + \dfrac{1}{x_{aq}}} \qquad (4\text{-}41)$$

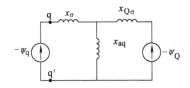
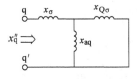

图 4-16　q 轴次暂态磁链计算示意　　　　　图 4-17　q 轴次暂态电抗计算示意

2）交轴次暂态电动势就是沿 qq′ 看进去的等效电动势，即 qq′ 开路时的端口电压，由图 4-18 可得

$$E_d'' = \frac{-\dfrac{\psi_Q}{x_{Q\sigma}}}{\dfrac{1}{x_{Q\sigma}} + \dfrac{1}{x_{aq}}} \qquad (4\text{-}42)$$

可以看出，E_d'' 正比于 $-\psi_Q$，不发生突变。

3）等效电路如图 4-19 所示，电路方程为

$$-\psi_q = E_d'' + x_q'' i_q \tag{4-43}$$

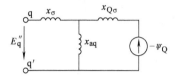

图 4-18　q 轴次暂态电动势计算示意

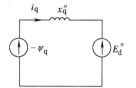

图 4-19　q 轴次暂态等效电路

3. 电压方程

令派克电压方程式（4-30）中：①$\omega = 1$；②$\dfrac{\mathrm{d}\psi_d}{\mathrm{d}t} = \dfrac{\mathrm{d}\psi_q}{\mathrm{d}t} = 0$，则有

$$\begin{cases} u_d = -r i_d - \psi_q \xrightarrow[-\psi_q]{\text{代入}} -r i_d + x_q'' i_q + E_d'' \\ u_q = -r i_q + \psi_d \xrightarrow[\psi_d]{\text{代入}} -r i_q - x_d'' i_d + E_q'' \end{cases} \tag{4-44}$$

写成相量的形式，令　　　　　　　$\dot{E}'' = E_d'' + jE_q''$

近似隐极化，设　　　　　　　　　$x_d'' \approx x_q''$

则有　　　　　　　　　　　　　　$\dot{U} = \dot{E}'' - r\dot{I} - jx_d''\dot{I}$

即　　　　　　　　　　　　　　　$\dot{E}'' = \dot{U} + (r + jx_d'')\dot{I}$

$\dot{E}''$称为次暂态电抗后电动势，简称为次暂态电动势。

需要注意的是，次暂态参数定义时无条件，但次暂态电压方程有条件。

4.3.2　暂态方程与参数

下面设阻尼绕组中电流为零，即 $i_D = i_Q = 0$。在此条件下，定义暂态方程与参数。此时，两个阻尼绕组相当于开路。

【课堂提问】什么情况下满足此条件？

1. 直轴

式（4-36）变为

$$\begin{cases} \psi_d = -x_d i_d + x_{ad} i_f \\ \psi_f = -x_{ad} i_d + x_f i_f \end{cases} \tag{4-45}$$

将图 4-12 中 d 绕组开路，可得到图 4-20 所示。

定义暂态电抗和暂态电动势为端口看进去的等效电抗和电动势，则有

$$x_d' = x_\sigma + \frac{1}{\dfrac{1}{x_{f\sigma}} + \dfrac{1}{x_{ad}}} = x_d - \frac{x_{ad}^2}{x_f} \tag{4-46a}$$

$$E_q' = \frac{x_{ad}}{x_{ad} + x_{f\sigma}} \psi_f = \frac{x_{ad}}{x_f} \psi_f \tag{4-46b}$$

显然，E_q'正比于 ψ_f，不发生突变。

直轴暂态等效电路如图 4-21 所示。

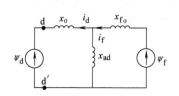

图 4-20　d 轴暂态磁链等效电路

2. 交轴

式（4-40）变为

$$\psi_q = -x_q i_q \tag{4-47}$$

所以无需定义交轴暂态电动势和电抗，或者认为 $E_d' = 0$，$x_q' = x_q$。

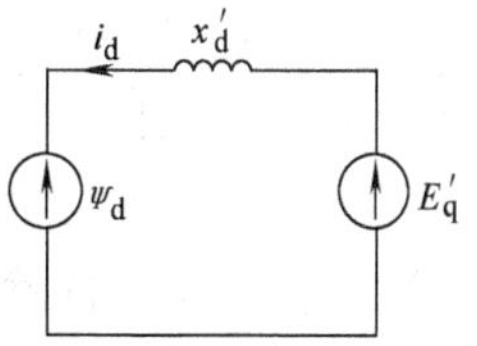

3. 电压方程

令：① $i_D = i_Q = 0$；② $\omega = 1$；③ $\dfrac{\mathrm{d}\psi_d}{\mathrm{d}t} = \dfrac{\mathrm{d}\psi_q}{\mathrm{d}t} = 0$。

【课堂提问】什么情况下如此？什么涵义？

电压方程式（4-44）演变为

$$u_d = -r i_d - \psi_q \underset{i_Q = 0}{\overset{i_D = 0}{=\!=\!=}} -r i_d + x_q i_q$$

$$u_q = -r i_q + \psi_d \underset{i_Q = 0}{\overset{i_D = 0}{=\!=\!=}} -r i_q + E_q' - x_d' i_d$$

类似于前面那样推导相量方程，由于 $x_d' \neq x_q$，只能获得

$$\dot{U} = -r\dot{I} - \mathrm{j} x_d' i_d + x_q i_q + \dot{E}_q'$$

可见无法隐极化。类似于凸极机稳态时那样，先求 $\dot{E}_Q$：

$$\dot{E}_Q = \dot{U} + r\dot{I} + \mathrm{j} x_q \dot{I}$$

则可得

$$\dot{E}_q' = \dot{E}_Q + \mathrm{j}(x_d' - x_q) i_d = \mathrm{j}\big[E_Q + (x_d' - x_q) i_d\big] \tag{4-48}$$

可见 $\dot{E}_q'$ 也位于 q 轴。

求解 $\dot{E}_q'$ 的过程如下（参见图 4-22）：

1）先求 $\dot{E}_Q$ 得 q 轴及 δ、E_Q。

2）投影得 u_d、u_q、i_d、i_q。

3）求 $E_q' = E_Q + (x_d' - x_q) i_d = u_q + r i_q + x_d' i_d$。

4. 暂态电抗后电动势

令

$$\dot{E}' = \dot{U} + (r + \mathrm{j} x_d')\dot{I} = E' \underline{/\delta'} \tag{4-49a}$$

由电压方程得

$$\dot{E}' = \dot{E}_q' - \mathrm{j}(x_q - x_d')\dot{I}_q = (x_q - x_d') i_q + \mathrm{j} E_q' \tag{4-49b}$$

等效电路如图 4-23 所示。

【课堂提问】$\dot{E}'$ 是否位于 q 轴上？

【课堂讨论】空间相量图如图 4-22 所示。

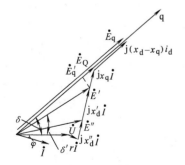

图 4-22　空间相量图

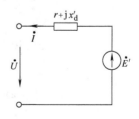

图 4-23　暂态电抗后电动势等效电路

（右上方）

图 4-21　d 轴暂态等效电路

讨论1. $\dot{E}'$可由电压方程式（4-49）直接计算。

讨论2. $\dot{E}'$不位于q轴，其在q轴上投影为E_q'。

讨论3. $\dot{E}'$与$\dot{U}$的夹角为δ'，与δ有一定差异。其差异的大小与$(x_q - x_d')i_q$成正比，当近似认为$x_q \approx x_d'$时，$\delta' \approx \delta$。

讨论4. 在早期电力系统动态计算中，由于当时的计算机条件限制，常假设$\dot{E}'$恒定，这样就可以将暂态电抗合并到网络方程中去，大大简化了计算，这种模型称为经典模型。目前，定性分析中有时依然采用此模型。但该模型精确性不够，在现代电力系统定量计算中已很少使用。

【**例4-3**】 条件和稳态参数同例4-2，且已知$x_d' = 0.3$，$x_d'' = 0.21$，$x_q'' = 0.31$。试求稳态时各电动势。

【**解**】 1）在例4-2中已经求得：
$$\dot{E}_Q = 1.41 \,\underline{/21°}, \quad u_d = 0.36, \quad u_q = 0.93, \quad i_d = 0.8, \quad i_q = 0.6$$

2）计算E_q'和E'：
$$E_q' = E_Q + (x_d' - x_q)\,i_d = 1.17$$
$$\dot{E}' = \dot{U} + (r + jx_d')\,\dot{I} = 1.187\,\underline{/12.4°}$$

3）求E_q''、E_d''、E''：
$$E_q'' = u_q + x_d''i_d = 1.098, \quad E_d'' = u_d - x_q''i_q = 0.174$$
$$E'' = \sqrt{E_q''^2 + E_d''^2} = 1.112, \quad \delta'' = \delta - \arctan\frac{E_d''}{E_q''} = 21.1° - 9° = 12.1°$$

若按$\dot{E}'' \approx \dot{U} + jx_d''\dot{I}$，得
$$\dot{E}'' = \sqrt{(U + x_d''I\sin\varphi)^2 + (x_d''I\cos\varphi)^2} = 1.126$$
$$\delta'' = \arctan\frac{x_d''I\cos\varphi}{U + x_d''I\sin\varphi} = 9.13°$$

可见两者有一定的差异。

例4-3的求解过程如图4-24所示。

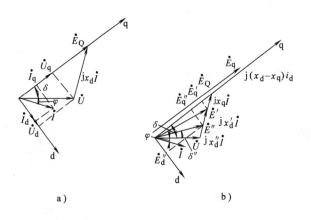

图4-24 例4-3求解图

a）计算虚构电动势$\dot{E}_Q$及电压、电流各分量　　b）计算$\dot{E}_q'$、$\dot{E}_q''$、$\dot{E}_d''$

【**课堂讨论**】前面定义了多种电动势和电抗，这里进行讨论和归纳。

讨论 1. 电动势与电抗是成对使用的关系，见表 4-1。

表 4-1 电动势与电抗成对使用的关系

E_Q	E_q	E_q'	$\dot{E}'$	E_q''	E_d''	$\dot{E}''$
x_q	x_d	x_d'	jx_d'	x_d''	x_q''	jx_d''

讨论 2. 直轴的等效电路从次暂态→暂态→稳态的演变关系如图 4-25 所示，其之所以重要，是因为记住图 4-25a，就可以记住直轴所有电抗的定义。交轴情况类似，请自己归纳。

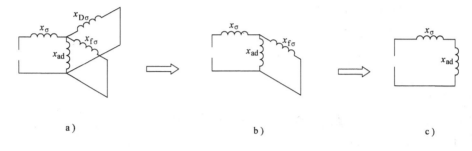

a)   b)   c)

图 4-25 等效电路的演变关系

a) 次暂态 b) 暂态 c) 稳态

讨论 3. 电抗的大小关系。由图 4-25 以及前面的公式易得

$$\left.\begin{array}{l} x_d > x_d' > x_d'' > x_\sigma \\ x_d \geqslant x_q > x_q'' > x_\sigma \end{array}\right\} \tag{4-50}$$

讨论 4. 电动势的大小关系。稳态时，下列各式均成立

$$u_q = E_q - x_d i_d = E_q' - x_d' i_d = E_q'' - x_d'' i_d = E_Q - x_q i_d$$

一般来说 $i_d \geqslant 0$，所以

$$E_q \geqslant E_Q \geqslant E_q' \geqslant E_q'' \geqslant u_q$$

各电动势间大小关系如图 4-26 所示。

讨论 5. 电动势和电抗的定义无条件。各电动势和电抗都是定义的，不管在稳态、动态，各个阶段均有的，但不一定都能直接测量。

讨论 6. 电压方程有条件。到目前为止，已经获得了 4 组电压方程。

（1）派克方程中的电压方程

$$\left\{\begin{array}{l} u_d = -ri_d + \dfrac{\mathrm{d}\psi_d}{\mathrm{d}t} - \omega\psi_q \\ u_q = -ri_q + \dfrac{\mathrm{d}\psi_q}{\mathrm{d}t} + \omega\psi_d \end{array}\right. \tag{4-51}$$

适用于任何情况。

（2）基于次暂态参数的电压方程

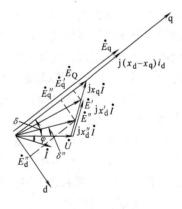

图 4-26 各电动势间大小关系

$$\begin{cases} u_{\mathrm{d}} = -ri_{\mathrm{d}} + x_{\mathrm{q}}''i_{\mathrm{q}} + E_{\mathrm{d}}'' \\ u_{\mathrm{q}} = -ri_{\mathrm{q}} - x_{\mathrm{d}}''i_{\mathrm{d}} + E_{\mathrm{q}}'' \end{cases} \tag{4-52}$$

适用于条件 $\omega = 1$、$\dfrac{\mathrm{d}\psi_{\mathrm{d}}}{\mathrm{d}t} = \dfrac{\mathrm{d}\psi_{\mathrm{q}}}{\mathrm{d}t} = 0$。

（3）基于暂态参数的电压方程

$$\begin{cases} u_{\mathrm{d}} = -ri_{\mathrm{d}} + x_{\mathrm{q}}i_{\mathrm{q}} \\ u_{\mathrm{q}} = -ri_{\mathrm{q}} - x_{\mathrm{d}}'i_{\mathrm{d}} + E_{\mathrm{q}}' \end{cases} \tag{4-53}$$

适用于条件 $\omega = 1$、$\dfrac{\mathrm{d}\psi_{\mathrm{d}}}{\mathrm{d}t} = \dfrac{\mathrm{d}\psi_{\mathrm{q}}}{\mathrm{d}t} = 0$、$i_{\mathrm{D}} = i_{\mathrm{Q}} = 0$。

（4）基于稳态参数的电压方程

$$\begin{cases} u_{\mathrm{d}} = -ri_{\mathrm{d}} + x_{\mathrm{q}}i_{\mathrm{q}} \\ u_{\mathrm{q}} = -ri_{\mathrm{q}} - x_{\mathrm{d}}i_{\mathrm{d}} + E_{\mathrm{q}} \end{cases} \tag{4-54}$$

适用于稳态条件。

因此可见，4 组方程所适用的条件由下往上逐步放宽，所以上面的方程适用于下面的条件，各方程在稳态时均成立。

讨论 7. 在文献 7《电机学》教材中，也介绍了几个电抗的概念。那么，与本章所述电抗的概念是什么关系呢？

对比《电机学》教材中的图 5-7-6 与本书中的图 4-25 可知，该教材中的"超瞬态电抗"对应于本书的"次暂态电抗"，"瞬态电抗"对应于"暂态电抗"，两者在电路上相同，只不过《电机学》教材中是从磁路角度来定义的，而本书是通过磁链方程来获得的。讨论 5 中指出，各电抗的定义并没有条件，在各个动态阶段和稳态阶段均存在；讨论 6 中指出，电压方程有条件，只适用于某个动态阶段和稳态。

※4.4　励磁系统及调压器

励磁系统及调压器（AVR）有什么作用呢？励磁系统向发电机转子提供励磁电流，所产生的磁场切割定子绕组发出电功率，它还起着调节电压、保持发电机端电压或枢纽点电压的作用，并可控制并列运行发电机的无功功率分配。它对发电机的动态行为有很大影响，可以帮助提高电力系统的稳定极限。特别是现代电子技术的发展，使快速响应、高放大倍数的励磁系统得以实现，显著改善了电力系统的暂态稳定性。励磁系统的附加控制，又称电力系统稳定器（PSS），可以增强系统的电气阻尼，有利于系统稳定。

励磁系统有哪些类型呢？励磁系统可按励磁功率源的不同进行分类，主要分为 3 大类：①直流励磁系统，它通过直流励磁机供给发电机励磁电流；②交流励磁系统，它通过交流励磁机及半导体可控或不可控整流供给发电机励磁功率；③静止励磁系统，它从机端或电网经变压器取得功率，经可控整流供给发电机励磁电流，其形式通常为自并励（激）的或自复励（激）的。励磁系统分类及典型接线见表 4-2。直流励磁系统由于受直流励磁机的换向器限制，功率不宜过大，可靠性较差。直流励磁机时间常数较大，响应速度较慢，价格较高，一般只用于中、小型发电机励磁。直流励磁机和主机同轴，电网故障时仍能可靠工作。交流励磁系统采用交流励磁机，相对于直流励磁机其时间常数较小，响应速度较快，不含换向器，可靠性高，可适用于大容量机组，且价格较低，故在大、中型火电机组中广泛应用。特别是可控静止整流器交流励磁系统，时间常数只有几十毫秒，非常有利于改善电力系统的稳定性。交流励磁机和主机同轴，电网故障时能可靠工作，但用于水轮发电机励磁时，若发电机甩负荷，易发生超速引起的过电压，应予以注意。自并励或自复励的半导体励磁系统由于响应速度快（可达几十毫秒）、无旋转部件、制造简单、易维修、可靠性高，可适用于大容量机组，且对于水轮发电机组而言布置方便，并有利于缓解水轮机甩负荷时的超速引起的过电压问题，故目前在大、中型水电机组中得到推广应用，并正进一步用于火电机组。其主要问题是要注意防止机端故障或电网故障时可能引起的失磁问题，以及对强励和后备保护可靠动作的影响问题。

表 4-2　励磁系统分类及典型接线

		结　构	命　名
旋转电机励磁系统	直流励磁系统	L … G	自励式 直流励磁系统
		FL … L … G	他励式 直流励磁系统
	交流励磁系统	JL … G … LT	（可控） 静止整流器 交流励磁系统
		JL … G … LT	（不可控） 静止整流器 交流励磁系统
		JFL 永磁发电机 … 旋转部分 JL … G … LT	旋转整流器 交流励磁系统 （无刷励磁）
自励式静止励磁系统		G … LT	自并励 静止励磁系统
		G … LT	自复励 静止励磁系统

注：L—励磁机；FL—复励磁机；G—发电机；LT—励磁调节器；JL—交流励磁机；JFL—交流复励磁机。

调压器采用什么模型呢？励磁系统中的电压调节器已从传统的变阻器型、旋转放大机型和磁放大器型迅速向晶闸管励磁调节器过渡，并在控制原理上逐步引入了先进的现代控制理论，硬件装置上逐步采用大规模集成电路及微机技术以及先进的电力电子器件。至于励磁调节系统模型，随着种类不同而不同，请参见本章参考文献［1］。

※4.5 原动机及调速器

什么是原动机及调速器呢？电力系统中向发电机提供机械功率和机械能的机械装置，如汽轮机、水轮机等统称为原动机。调速器通过控制汽轮机的汽门或水轮机的导水叶的开度，控制原动机向发电机输出的机械功率。

原动机及调速器有什么作用呢？原动机及调速器在电力系统中的作用示意如图 4-27 所示。将发电机的转速 ω 和给定速度 ω_{ref} 作比较，其偏差进入调速器，以控制汽轮机汽门或水轮机导水叶开度 μ，从而改变原动机输出的机械功率 P_{m}，亦即发电机的输入机械功率，从而可调节速度和（或）调节发电机输出电功率 P_{e}，并保持电网的正常运行频率。

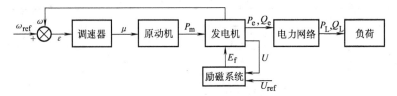

图 4-27 原动机及调速器在电力系统中的作用示意

汽轮机采用什么数学模型呢？汽轮机是以一定温度和压力的蒸汽为工质的叶轮式发动机。在电力系统分析中均采用简化的汽轮机动态模型，其动态特性只考虑汽门和喷嘴之间的蒸汽惯性引起的蒸汽容积效应。蒸汽容积效应可简述如下：当改变汽门开度时，由于汽门和喷嘴之间存在一定容积的蒸汽，此蒸汽的压力不会立即发生变化，因而输入汽轮机的功率也不会立即发生变化，而有一个时滞，在数学上用一个一阶惯性环节来表示。汽轮机数学模型就是指汽轮机汽门开度与输出机械功率间的传递函数关系，常采用以下 3 种动态模型，即：①只计及高压蒸汽容积效应的一阶模型，如图 4-28a 所示；②计及高压蒸汽和中间再热，蒸汽容积效应的二阶模型，如图 4-28b 所示；③计及高压蒸汽、中间再热，蒸汽及低压蒸汽容积效应的三阶模型，如图 4-28c 所示。以一阶模型为例

$$\frac{P_{\text{m}}}{\mu} = \frac{1}{1 + T_{\text{CH}}s} \tag{4-55}$$

式中，P_{m} 为汽轮机输出机械功率（标幺值）；μ 为汽门开度（标幺值）；T_{CH} 为高压蒸汽容积时间常数，一般为 $0.1 \sim 0.4\text{s}$；s 为拉普拉斯算子。

水轮机采用什么数学模型呢？水轮机是以一定压力的水为工质的叶轮式发动机。水轮机模型描写的是水轮机导水叶开度 μ 和输出机械功率 P_{m} 之间的动态关系。电力系统分析中均采用简化的水轮机及其引水管道动态模型，通常只考虑引水管道由于水流惯性引起的水锤效应（又称"水击"）。水锤效应可简述如下：稳态运行时，引水管道中各点的流速一定，管道中各点的水压也一定；当导水叶开度 μ 突然变化时，引水管道各点的水压将发生变化，从而输入水轮机的机械功率 P_{m} 也相应变化；在导水叶突然开大时，会引起流量增大的趋势，反而使水压减小，水轮机瞬时功率不是增大而是突然减小一下，然后再增加，反之亦然。这一现象常称为水锤效应或水击。水锤效应如图 4-29 所示。引水管道的水击是导致水轮机系统动态特性恶化的重要因素。若忽略引水管道的弹性，则刚性引水管道水锤效应（又称

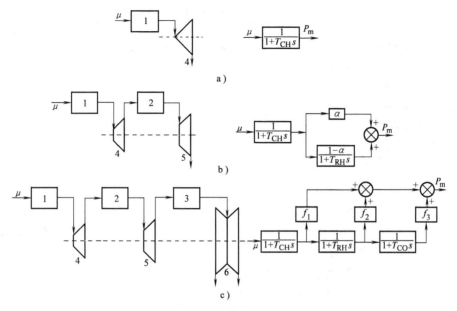

图 4-28 汽轮机数学模型

a) 一阶数学模型 b) 二阶数学模型 c) 三阶数学模型

1—蒸汽容积 2—再热器 3—跨接管 4—高压缸 5—中压缸 6—低压缸

"刚性水击") 的数学表达式为

$$h = -T_W \frac{\mathrm{d}q}{\mathrm{d}t} \tag{4-56}$$

式中，q 为流量增量（标幺值）；h 为水头增量（标幺值）；T_W 为水流时间常数，其物理意义为在额定水头、额定运行条件下，水流经引水管道，流速从零增大到额定值所需的时间。

图 4-30 给出了文献中常用的刚性水击、理想水轮机的传递函数及简化模型，其中 T_W 一般为 0.5～4s。

大型水轮机的调速器主要有机械调速器和电气液压调速器两类。大型汽轮机的调速器主要有液压调速器和功频电液调速器两类，后者主要适用于中间再热式汽轮机。电力系统分析中一般采用简化的调速器数学模型，种类较多，详见本章参考文献 [1] 和 [3]。

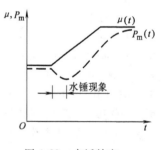

图 4-29 水锤效应

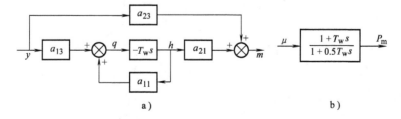

图 4-30 水轮机传递函数及简化模型

a) 刚性水击水轮机传递函数 b) 水轮机简化模型

思考题与习题

4-1 请自行收集资料，分析同步发电机 dq0 坐标系下动态方程的阶次。

4-2 请自行收集资料，分析同步发电机几个电抗的取值范围。

4-3 求下列情况下的 i_{dq0}，与例 4-1 一起，总结规律。

$$(1)\begin{bmatrix} i_a \\ i_b \\ i_c \end{bmatrix} = \begin{bmatrix} I_m \sin\alpha \\ I_m \sin\alpha \\ I_m \sin\alpha \end{bmatrix}$$

$$(2)\begin{bmatrix} i_a \\ i_b \\ i_c \end{bmatrix} = \begin{bmatrix} I_m \sin\alpha \\ I_m \sin(\alpha + 120°) \\ I_m \sin(\alpha - 120°) \end{bmatrix}$$

4-4 已知发电机参数如下：$x_d = 1.0$，$x_q = 0.6$，$x_d' = 0.3$，$x_d'' = 0.21$，$x_q'' = 0.31$，忽略电阻；稳态运行条件为 $U = 1.0$，$I = 1.0$，$\cos\varphi = 0.8$。试求各电动势。

*4-5 忽略发电机电阻，试证明 δ' 与 δ 之间满足关系式

$$\delta' = \delta - \arcsin\left[\frac{U}{E'}\left(1 - \frac{x_d'}{x_q} \right)\sin\delta \right]$$

*4-6 试证明如下关系式：

$$\delta = 90° - (\alpha_u - \theta)$$

$$\frac{d\delta}{dt} = \omega_r - \omega_s$$

参 考 文 献

[1] 倪以信，陈寿孙，张宝霖. 动态电力系统的理论和分析（第 1 ~ 3 章）[M]. 北京：清华大学出版社，2002.

[2] 马大强. 电力系统机电暂态过程（第四章）[M]. 北京：水利电力出版社，1988.

[3] Kundur P. Power system stability and control (Chapter 3 ~ 5) [M]. New York：McGraw-Hill, 1994.

[4] IEEE Std. 115—1995. Guide Test Procedures for Synchronous Machines, Aug. 1995.

[5] GB/T 1092—1993. 三相同步电机试验方法[S]. 北京：中国标准出版社，1993.

[6] 王锡凡. 现代电力系统分析 [M]. 北京：科学出版社，2003.

[7] 马宏忠，等. 电机学 [M]. 北京：高等教育出版社，2009.

第5章 开关类设备

电力系统中电气设备很多，除前面介绍的输电线路、同步发电机、变压器、互感器等主要设备之外，开关类设备是电力系统中又一大类重要的电气设备，如断路器、隔离开关、重合器、分段器、接触器等，其种类多、数量大、发展快、操作频繁，其性能直接影响电力系统运行的可靠性与人身安全。

本章重点介绍高压断路器、隔离开关、高压负荷开关等高压电气设备以及一些常用的低压开关设备。熔断器是一种利用过热熔化原理的保护类电器，它往往与开关类设备配合使用，也有部分的"开关"功能，所以放在本章介绍。电弧是绝大多数高压开关类设备的共性问题，灭弧能力是断路器的核心性能，因此本章首先介绍电气设备的电弧与灭弧知识。

※5.1 电弧与灭弧

在机械式开关开断电路过程中，当两触头间电压高于 10 ~ 20V，电流大于 80 ~ 100mA 时，就会在动、静触头间产生电弧。尽管此时电路连接已被开断，但电路的电流还在继续流通，直到电弧熄灭，动、静触头间隙成为绝缘介质后，电流才真正被开断。触头间电弧的产生在开断或接通电路过程中是不可避免的，其强度与开断回路的电压高低、电流大小有关，电压越高，开断电流越大，则电弧燃烧越强烈。

如不采取措施，强烈的电弧将会带来怎样的后果呢？如不采取措施，强烈的电弧将会带来严重后果：一是电弧的存在使电路不能断开；二是电弧的高温可能烧坏触头或破坏触头附近的绝缘材料；三是电弧不能熄灭将使触头周围的空气迅速膨胀形成巨大的爆炸力，炸坏开关自身并严重影响周围其他设备运行，这是最危险的后果。为此，必须采取措施尽快地熄灭电弧。

5.1.1 电弧产生和熄灭的物理过程

电弧产生和熄灭的物理过程是怎样的？电弧可以分为形成和维持两个阶段。电弧的形成依赖于强电场发射及碰撞游离，电弧的维持主要依赖于热游离。

触头间电弧燃烧的区域称为弧隙。弧隙中带电质点不断增多的游离过程可以由各种不同途径发生：①强电场发射；②碰撞游离；③热游离；④热电子发射。

1. 电弧中带电质点的产生

1）强电场发射。动、静触头分离的一瞬间，触头间加有一定的电压，触头拉开初始瞬间距离很小，其间的电场强度很大。当电场强度达到 $3 \times 10^6 V/m$ 时，阴极触头表面的电子便会在强电场的作用下被拉出触头表面，这种现象称为强电场发射。

2）碰撞游离。射出来的电子受电场力的作用，会向阳极触头方向加速运动，并会与气体的中性质点发生碰撞。当电子的动能足够大时，就会使气体的中性质点分离为带负电的电子和带正电的正离子，这种现象称为碰撞游离。碰撞游离可以在触头间积聚必要的离子和电子，在它们达到一定的浓度时，触头间有足够大的电导，就会使介质击穿，开始弧光放电。

3）热游离。弧光放电时，弧隙中主要的游离过程是热游离。这是因为在弧光放电后，弧柱中的电位梯度通常只有 $1 \sim 20V/cm$，电子的自由行程又因带电质点的增加而减小到只有 $10^{-4} \sim 10^{-3}cm$。所以电子不能获得一般气体所需的游离能，就无法依靠碰撞游离来维持弧隙的带电质点浓度。

在高温下，气体分子和原子热运动加快，它们互相碰撞，在温度足够高时会撞击产生离子和自由电子，这种现象称为热游离。一般气体分子热游离所需温度较高，在 10000K 以上，而金属蒸气则只有 4000~5000K；弧光放电过程中，电弧的燃烧向弧隙注入的能量足以维持这一温度，金属电极又在高温下熔化形成金属蒸气，因而得以使热游离过程顺利进行。

4）热电子发射。在弧光放电过程中，电极表面少数点上有局部较集中的电流，同时因开关触头分离后，触头间接触压力及接触面积逐渐减小，接触电阻也随之增加，会使电极表面有相应高温，从而造成其中的电子获得很大的动能后逸出到周围空间。这种现象称为热电子发射，其强弱程度与阴极的材料及表面温度有关，是气体介质中带电质点产生的主要原因之一。

2. 电弧间隙的去游离

以上讨论了电弧形成中 4 种基本的游离方式，而实际上在电弧放电发生后，介质中同时存在着游离与去游离这样两个相反过程。去游离对应的是弧隙中带电粒子（正离子或自由电子）减少的过程，它进行的方式主要有两种。

1）复合。弧隙间的电子和正离子在电场力的作用下，运行方向是相反的。运动中的自由电子和正离子相互吸引也会发生复合，使弧隙间的自由电子减少，此过程称为去游离。

电弧中存在的游离与去游离这两个性质相反过程的强弱对比就决定了电弧的最终发展趋势，即当游离强于去游离时，电弧就会发生并燃烧激烈；若去游离与游离过程达到平衡，电弧就会稳定燃烧；而在去游离占有优势时，电弧的燃烧即将减弱并最终熄灭。

由此可见，在电弧产生后只要抓住有利时机，采取合理措施减弱热游离而加强去游离，就将加速促成电弧熄灭。各种开关电器（断路器）正是基于这一原理有效灭弧的。

因交流（AC）、直流（DC）回路中产生的电弧特性上的差异，开关熄灭这两种电弧的方法并不完全相同，后面将就电力系统中最为常见的交流电弧特性作简单的介绍。

2）扩散。去游离的主要方式除复合外还有扩散。电子的运动速度远大于正离子，当二者相遇时，快速碰撞很难复合。但如果运行中的电子首先附着在中性质点上形成负离子，则其运动速度将迅速降低，这样再遇正离子则较容易复合。由于复合与带电质点的运动速度有关，所以冷却电弧可以加强复合（还可以使弧隙降温减弱热游离）。增加气体压力，使分子的密度加大，带电质点的自由行程缩短，也可使碰撞游离的机会减少，复合的几率增加。此外，使电弧与固体表面接触，一方面可使电弧冷却，另一方面可使电子附着在固体表面上，使其表面带负电，亦可加强复合。

由于弧隙中温度高，离子浓度大，所以离子将向温度低、浓度小的周围介质中扩散。扩散使弧隙中的电子、离子数目减少，有利于熄灭电弧。扩散出去的离子，因冷却而更易复合。用气体吹弧，可冷却弧隙，并可带走弧隙中大量的带电质点，既可加强扩散，又可减少中性质点游离的几率，使电弧更容易熄灭。迅速拉长电弧，使弧隙与周围介质的接触面加大，亦可加强冷却和扩散。

5.1.2　灭弧的物理过程

灭弧的物理过程是怎样的？开断大功率直流电路时，产生的直流电弧不易熄灭。目前，高压直流输电系统中直流断路器的研制仍相当困难。

交流电路与直流电路不同。由于交流电路电流每半个周波要过零一次，所以交流电弧亦要每半周自然熄灭一次，这是熄灭交流电弧的有利时机。在电流过零以前的一段时间，随着电流的减小，输入弧隙的能量也相应减少，弧隙温度开始降低，游离过程也开始加速减弱。电流自然过零时，由于电源停止向电弧间隙输入能量，所以弧隙的温度迅速下降，去游离过程加强，弧隙间介质的绝缘电阻急剧增大。

在电弧电流过零、电弧熄灭的短时期内，弧隙的绝缘能力在逐步恢复，称为弧隙介质强度的恢复过程，用弧隙介质耐受的电压 $u_j(t)$ 表示。与此同时，加在弧隙触头间的电压也由较低的弧隙电压恢复到换向后的电源电压（这是一种过渡过程），称为电压恢复过程，以 $u_h(t)$ 表示。电弧能否重燃，取决于这两个过程的"竞赛"。如果恢复电压 $u_h(t)$ 在某一时刻高于介质强度（耐受电压）$u_j(t)$，弧隙即被击穿，电弧重燃；反之则电弧不重燃，直接熄灭。可见断路器开断交流电路时，熄灭电弧的条件应为

$$u_j(t) > u_h(t)$$

$u_j(t)$ 主要由灭弧介质的性质及断路器的结构决定，而 $u_h(t)$ 的上升一般情况下是一种振荡的过渡过程，取决于系统的参数及短路条件，在断路器断口处并联适当的电阻，可以减缓振荡第一波陡度，如图 5-1 所示的曲线 2。

弧隙介质强度的恢复过程，随断路器的形式及灭弧介质而异。图 5-2 示出了不同类型断路器介质强度恢复过程曲线，在 $t = 0$ 电流过零瞬间，介质强度突然出现 Oa（Oa' 或 Oa''）升高的现象，称为近阴极效应。低压开关常常利用这种近阴极效应来熄弧。其后介质强度的发展过程，则取决于介质特性、冷却强度及触头分离速度等条件。

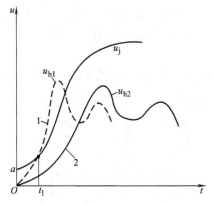

图 5-1　介质强度与恢复电压曲线

1—电弧重燃　2—电弧不重燃

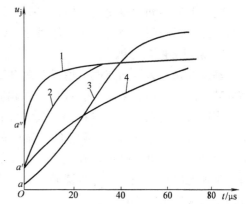

图 5-2　不同类型断路器介质强度恢复过程曲线

1—真空　2—SF_6　3—空气　4—油

5.1.3　熄灭交流电弧的基本方法

弧隙间的电弧能否重燃，取决于电流过零时，介质强度恢复和弧隙电压恢复两者竞争的

结果。如果加强弧隙的去游离或减小弧隙电压的恢复速度，就可以促使电弧熄灭。现代开关电器中广泛采用的灭弧方法有以下几种。

1. 用液体或气体吹弧

采用液体或气体吹弧既能加强对流散热、强烈冷却弧隙，又可部分取代原弧隙中已游离气体或高温气体。吹弧越强烈，对流散热能力越强，弧隙温度降低得越快，弧隙间的带电质点扩散和复合越迅速，介质强度恢复速度就越快。

在断路器中，吹弧的方法分为横吹和纵吹。那么什么是横吹？什么是纵吹呢？吹弧介质（气体或油流）沿电弧方向的吹拂，使电弧冷却变细最后熄灭的方法称为纵吹；横吹时，气流或油流的方向与触头运动方向是垂直的，把电弧拉长，增大电弧的表面积，所以冷却效果更好。有的断路器将纵吹和横吹两种方式结合使用，效果更佳。开关电器吹弧方式如图5-3所示。

油断路器用变压器油作为灭弧介质。电弧在油中燃烧，弧柱周围的油遇热而分解出大量气体，在这些气体中氢气占70%～80%。氢气的导热性很好，因此有很好的灭弧特性。这些气体受到周围油和灭弧室的限制，具有很大的压力，在灭弧室的纵、横沟道内形成油气的强烈流动，从而实现了对电弧的纵吹与横吹。

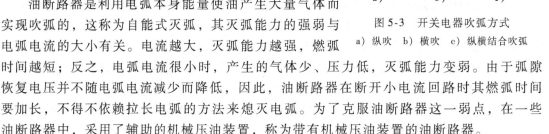

图5-3 开关电器吹弧方式
a) 纵吹 b) 横吹 c) 纵横结合吹弧

油断路器是利用电弧本身能量使油产生大量气体而实现吹弧的，这称为自能式灭弧，其灭弧能力的强弱与电弧电流的大小有关。电流越大，灭弧能力越强，燃弧时间越短；反之，电弧电流很小时，产生的气体少、压力低，灭弧能力变弱。由于弧隙恢复电压并不随电弧电流减少而降低，因此，油断路器在断开小电流回路时其燃弧时间要加长，不得不依赖拉长电弧的方法来熄灭电弧。为了克服油断路器这一弱点，在一些油断路器中，采用了辅助的机械压油装置，称为带有机械压油装置的油断路器。

空气断路器和六氟化硫（SF_6）断路器采用外能式灭弧方式。它们都是将气体压缩，在开断电路时以较高压力的压缩气体强烈吹弧，灭弧的能力很强且与电弧电流的大小无关。

2. 采用多断口熄弧

高压断路器为了加速电弧熄灭，常将每相制成具有两个或多个串联的断口，使电弧被分割成若干段，如图5-4所示。这样，在相同的行程下，多断口的电弧比单断口拉得更长，并且电弧被拉长的速度更快，有利于弧隙介质强度的迅速恢复。此外，由于电源电压加在几个断口上，每个断口上施加的电压降低，既降低弧隙的恢复电压，也有助于熄弧。

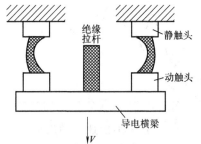

图5-4 双断口结构

对于110kV以上电压等级的断路器，一般可由相同型号的灭弧室（内有两个断口）串联组成，称为积木式或组合式结构的断路器。例如，用两个具有双断口的110kV的断路器串联，同时对地绝缘再增加一级，构成4个断口的220kV的断路器，这种情况在少油断路器中尤为常见（为使各断口处的电压分配尽可能地均匀，一般在灭弧室外侧（即断口处）并联一个足够大的电容)。

3. 利用真空灭弧

利用真空灭弧的基本原理是什么? 设法降低触头间气体的压力 (气压降到 0.0133Pa 以下), 使灭弧室内气体十分稀薄, 单位体积内的分子数目极少, 则碰撞游离的数量大为减少。同时, 弧隙对周围真空空间而言具有很高的离子浓度差, 带电质点极易从弧隙中向外扩散, 所以真空空间具有较高介质强度的恢复速度。一般在电流第一次过零时, 电弧即可被熄灭而不再重燃, 故利用真空灭弧的真空断路器又称为半周波断路器。在有电感的电路中, 电弧的急剧熄灭会产生截流过电压, 这是需要注意的。

图 5-5 示出了击穿电压与气体压力的关系。

4. 利用特殊介质灭弧

SF$_6$ 气体是一种人工合成气体。因为它具有良好的绝缘性能和灭弧性能, 所以自被发现后, 便迅速应用在电力工业中。

那么, SF$_6$ 气体有什么特性呢?

1) SF$_6$ 气体为无色、无味、无毒、不燃烧亦不助燃的化合物。

2) 具有强负电性。SF$_6$ 的体积大, 且易俘获电子形成低活性的负离子, 运动速度要慢得多, 使得去游离的几率增加。

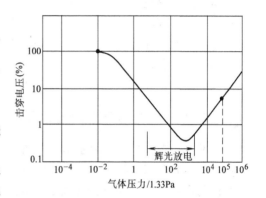

图 5-5　击穿电压与气体压力的关系

3) SF$_6$ 分子量较大, 其密度是空气的 5.1 倍, 同体积同压力下 SF$_6$ 气体比空气重得多。

4) SF$_6$ 气体的击穿电压高, 在 1 个大气压下是空气的 3 倍。

5) 热传导性能好且易复合。SF$_6$ 在电弧作用下分解成低氟化合物, 在电弧电流过零时, 低氟化合物则急速复合成 SF$_6$, 故弧隙介质强度恢复过程极快, 其灭弧能力相当于同等条件下空气的 100 倍。

6) 可在小的气罐内储存, 供气方便。

7) 没有火灾和爆炸危险, 且电器触头在 SF$_6$ 中不易被电弧烧损。

SF$_6$ 气体本身无毒, 但经电弧作用后形成的低氟化合物对人体有害。另外, SF$_6$ 气体吸潮后绝缘性能下降, 需定期测其含水量。

5. 快速拉长电弧

快速拉长电弧, 可使电弧的长度和表面积增大, 有利于冷却电弧和带电质点的扩散, 去游离作用增强, 加快介质强度的恢复。断路器中常采用强力的分闸弹簧, 就是为了提高触头的分离速度以快速拉长电弧。在低压开关中, 这更是主要的灭弧手段。

6. 采用特殊金属材料作为灭弧触头

采用熔点高、导热系数大、耐高温的金属材料作成灭弧触头, 可减少游离过程中的金属蒸气, 抑制游离作用。

7. 采用并联电阻

在大容量高压断路器中, 也常采用弧隙并联电阻来促进灭弧, 并联电阻的作用为: ①断路器触头两端并联小电阻可抑制电弧燃烧及自然熄弧后恢复电压的变化, 有利于电弧的熄灭; ②多断口断路器触头上并联大电阻可使断口之间电压分布均匀, 充分发挥各断口作用。

8. 其他措施

基于交流电弧熄灭的基本原理，还可以在开关电器灭弧过程中采用固体介质狭缝灭弧，把长弧分成串联短弧以及加快断路器触头分离速度等众多措施，结合具体的开断电路特点加以应用。

5.2 高压断路器

高压断路器是电力系统中控制和保护电路的关键设备。它在电网中的作用有两方面：其一是控制作用，即根据电力系统的运行要求，接通或断开工作电路；其二是保护作用，当系统中发生故障时，在继电保护装置的作用下，断路器自动断开故障部分，以保证系统中无故障部分的正常运行。

断开电路时会在断口处产生电弧。因此，灭弧能力是断路器的核心性能。

5.2.1 电力系统对高压断路器的要求

电力系统对高压断路器的基本要求有哪些？

1）工作可靠。断路器应能在规定的运行条件下长期、可靠地工作，并能正确地执行分、合闸的命令，顺利完成接通或断开电路的任务。

2）足够的开断短路电流的能力。断路器断开短路电流时，触头间会产生能量很大的电弧。因此，断路器必须具有足够强的灭弧能力才能安全、可靠地断开电路，并且还要有足够的热稳定性。

3）尽可能短的切断时间。在电路发生短路故障时，短路电流对电气设备和电力系统会造成很大危害，所以断路器应具有尽可能短的切断时间，以减少危害，并有利于电力系统的稳定。

4）具有自动重合闸性能。由于输电线路的短路故障大多数是临时性的，所以采用自动重合闸可以提高电力系统的稳定性和供电可靠性。即在发生短路故障时，继电保护动作使断路器分闸，切除故障电流，经无电流间隔时间后自动重合闸，恢复供电。如果故障仍然存在，断路器则立即跳闸，再次切除故障电流。这就要求断路器具有在短时间内接连切除故障电流的能力。

5）足够的机械强度和良好的稳定性能。正常运行时，断路器应能承受自身重量、风载和各种操作力的作用。系统发生短路故障时，应能承受电动力的作用，以保证具有足够的动稳定性。断路器还应能适应各种工作环境条件的影响，以保证在各种恶劣的气象条件下都能正常工作。

6）结构简单、价格低廉。在满足安全、可靠要求的同时，还应考虑经济上的合理性。这就要求断路器结构简单、体积小、重量轻、价格合理。

5.2.2 高压断路器的型号、分类和特点

1. 高压断路器类别与特点

断路器的种类很多，按灭弧介质可分为油断路器（少油和多油）、压缩空气断路器、六

氟化硫（SF_6）断路器、真空断路器等；按安装场所可分为户内式断路器和户外式断路器。

目前常用的高压断路器的主要特点有哪些呢？表 5-1 所示为高压断路器分类及主要特点。

表 5-1　高压断路器分类及主要特点

类别		结构特点	技术性能特点	运行维护特点	常用型号举例
油断路器	多油式	以油作为灭弧介质和绝缘介质；触头系统及灭弧室安置在接地的油箱中；结构简单，制造方便，易于加装单匝环形电流互感器及电容分压装置 耗钢、耗油量大，体积大；属自能式灭弧结构	额定电流不易做得大；灭弧装置简单，灭弧能力差；开断小电流时，燃弧时间较长；开断电路速度较慢；油量多，有发生火灾的可能性，目前国内只生产 35kV 电压级产品，可用于户内或户外	运行维护简单；噪声低 需配备一套油处理装置	DW—35 系列
	少油式	油量少，油主要用作灭弧介质，对地绝缘主要依靠固体介质；结构简单，制造方便，可配用电磁操动机构、液压操动机构或弹簧操动机构；采用积木式结构可制成各种电压等级产品	开断电流大，对 35kV 以下可采用加并联回路以提高额定电流，35kV 以上为积木式结构；全开断时间短；增加压油活塞装置加强机械油吹后，可开断空载长线	运行经验丰富，噪声低 油量少，易劣化，常需检修或换油，需要一套油处理装置，不宜频繁操作	SN₁₀—10 系列 SN₃—10/3000 SN₄—10/4000 SN₄—20G/8000 SW₆—220/1000
压缩空气断路器		结构较复杂，工艺和材料要求高 以压缩空气作为灭弧介质和操动介质以及弧隙绝缘介质，操动机构与断路器合为一体，体积和重量比较小	额定电流和开断能力都可以做得较大，适于开断大容量电路，动作快，开断时间短	开断时噪声很大，维修周期长，无火灾危险；需要一套压缩空气装置作为气源 价格较高	KW₄—110～330 KW₅—110～330
SF₆断路器		利用 SF₆ 气体作灭弧介质 结构简单，但工艺及密封要求严格，对材料要求高；体积小、重量轻 有户外敞开式及户内落地罐式之别，也用于 GIS 封闭式组合电器	额定电流和开断电流都可以做得很大；开断性能好，可适于各种工况开断；SF₆ 气体灭弧、绝缘性能好，所以断口电压可做得较高；断口开距小	噪声低，维护工作量小；不检修间隔期长；运行稳定，安全可靠，寿命长 断路器价格目前较高	LN₂—10/600 LN₂—35/1250 LW—110～330 LW—500
真空断路器		体积小、重量轻；灭弧室工艺及材料要求高；以真空作为绝缘和灭弧介质；触头不易氧化	可连续多次操作，开断性能好、灭弧迅速、动作时间短 开断电流及断口电压不能做得很高，目前主要生产 35kV 以下等级。110kV 及以上等级产品正在研究之中	运行维护简单，灭弧室可更换而不需要检修，无火灾及爆炸危险，噪声低，可以频繁操作 因灭弧速度快，易发生截流过电压	ZN—10/600 ZN₁₀—10/2000 ZN—35/1250

注：所谓真空，是指绝对压力低于 101.3kPa 的空间，断路器中要求的真空度为 133.3×10^{-4} Pa（即 10^{-4} mmHg）以下。

2. 高压断路器的型号

高压断路器的型号如图 5-6 所示。

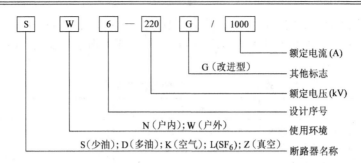

图 5-6 高压断路器的型号

3. 高压断路器的技术参数

1）额定电压 U_N。这是保证断路器长期正常工作的线电压（标称电压），以 kV 为单位。按我国现行国标及有关暂行规定，我国断路器的额定电压有 10kV、20kV、35kV、60kV、110kV、220kV、330kV、500kV。

2）额定电流 I_N。断路器的额定电流是指在规定的环境温度下，允许长期通过的最大工作电流，以 A 为单位。

我国断路器额定电流等级为 200A、400A、600A、1250A、1600A、2000A、3150A、4000A、5000A、6300A、8000A、10000A、12500A、16000A 及 20000A 等。

3）额定开断电流 I_{Nbr}。断路器在额定电压下能可靠地开断的最大电流（即触头刚分瞬间通过断路器的电流的有效值），单位为 kA。它与断路器的工作电压有关，当运行电压低于额定电压时，开断电流允许大于额定开断电流，但不可大于其极限开断电流。额定开断电流是标志断路器开断（灭弧）能力的主要参数，以短路电流周期分量有效值表示。

4）热稳定电流 I_{th}，又称短时耐受电流。它指的是在某一规定的短时间 t 内断路器能耐受的短路电流热效应所对应的电流值（以有效值表示），以 kA 为单位。其大小也将影响到断路器触头和导电部分的结构和尺寸。

5）动稳定电流 I_{es}，又称极限通过电流、峰值耐受电流。它是断路器在关合位置时能允许通过而不至影响其正常运行的短路电流最大瞬时值，以 kA 为单位。它是反映断路器机械强度的一项指标，即表征断路器承受短路时产生的电动力的冲击能力，以短路电流的第一个半波峰值来表示。

6）额定短路关合电流 I_{Nd}。额定短路关合电流是指断路器在额定电压下用相应操动机构所能闭合的最大短路电流，单位为 kA。其数值大小等于动稳定电流，取决于操动机构及导电回路的形式和触头。

7）开断时间 t_{br}。开断时间（也称全开断时间）是指断路器的操动机构接到分闸指令起到三相电弧完全熄灭为止的一段时间，它包括断路器的分闸时间和熄弧时间两部分。

分闸时间指断路器接到分闸命令起到首先分离相的触头分开为止的一段时间。它主要取决于断路器及其所配操动机构的机械特性。

熄弧时间是指从首先分离相的触头刚分离起到三相电弧完全熄灭为止的一段时间。

开断时间是表征断路器开断过程快慢的主要参数。t_{br} 越小，越有利于减小短路电流对电气设备的危害，缩小故障范围，保持电力系统的稳定。

8）合闸时间 t_d。处于分闸位置的断路器从操动机构接到合闸信号瞬间起到断路器三相触头全接通为止所经历的时间为合闸时间。合闸时间决定于断路器的操动机构及中间传动机构。一般合闸时间大于分闸时间。

5.2.3 SF₆ 高压断路器

上面提到高压断路器的类型很多，而 SF₆ 断路器具有明显的优点，是当前应用最广泛的断路器。本节以 SF₆ 断路器为例，介绍高压断路器的基本结构及工作原理，其他类型的断路器请读者参见其他有关资料。

1. SF₆ 气体的特性及 SF₆ 断路器的结构类型

（1）SF₆ 气体的特性

SF₆ 气体有什么样的特性？SF₆ 气体是一种无色、无臭、无毒和不可燃的人工合成气体，化学性能稳定，具有优良的灭弧和绝缘性能。SF₆ 气体的灭弧能力为同等条件下空气的 100 倍以上。

SF₆ 断路器中，在水分参与下将产生强腐蚀性的分解产物 HF。这种物质对绝缘材料、金属材料、玻璃、电瓷等含硅材料有很强的腐蚀性。因此，必须严格控制 SF₆ 气体中的水分。常采用的措施有：加强断路器的密封；组装断路器时，先要对零部件进行彻底烘干；严格控制 SF₆ 气体中的含水量；严格控制断路器充气前的含水量；在 SF₆ 断路器内部加装吸附剂。

（2）SF₆ 断路器的结构类型

SF₆ 断路器结构按照对地绝缘方式不同分以下两种类型：

1）落地罐式。这种断路器的总体结构与多油断路器相似，它把触头和灭弧室装在充有 SF₆ 气体并接地的金属罐中，触头与罐壁间的绝缘采用环氧支持绝缘子，引出线靠绝缘瓷套管引出。这种结构便于安装电流互感器，抗振性能好，但系列性能差。500kV SFMT 型 SF₆ 断路器如图 5-7 所示。

2）瓷柱式。瓷柱式断路器的灭弧室可布置成 T 形或 Y 形，220kV SF₆ 断路器随着开断电流增大，制成单断口断路器可以布置成单柱式，灭弧室位于高电位，靠支柱绝缘瓷套对地绝缘。单压式定开距灭弧室绝缘套支柱型断路器如图 5-8 所示。

2. SF₆ 断路器灭弧室结构及灭弧过程

SF₆ 断路器灭弧室结构及灭弧过程是怎样的呢？SF₆ 断路器灭弧室的结构基本上可分为单压式和双压式两种。

（1）单压式（压气式）灭弧室

单压式灭弧室又称压气式灭弧室。它只有一个气压系统，即常态时只有单一的 SF₆ 气体。灭弧室的可动部分带有压气装置，分闸过程中，压气缸与触头同时运动，将压气室内的气体压缩。触头分离后，电弧即受到高速气流纵吹而将电弧熄灭。

单压式灭弧室又分为变开距和定开距两种。

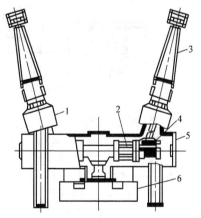

图 5-7 500kV SFMT 型 SF₆ 断路器

1—套管式电流互感器 2—灭弧室 3—套管
4—合闸电阻 5—吸附剂 6—操作机构箱

图 5-9 所示为压气式变开距灭弧室工作原理，其中压气活塞是固定不动的。图 5-9a 所示触头在合闸位置。分闸时，操动机构通过拉杆使动触头、动弧触头、绝缘喷嘴和压气缸运动，在压气活塞与压气缸之间产生压力。图 5-9b 所示为产生压力的情况。当动、静触头分离后，触头间产生电弧，同时压气缸内 SF$_6$ 气体在压力作用下吹向电弧，使电弧熄灭，如图 5-9c 所示。在电弧熄灭后，触头在分闸位置，如图 5-9d 所示。因为电弧可能在触头运动的过程中熄灭，所以这种结构的灭弧室称为变开距灭弧室。

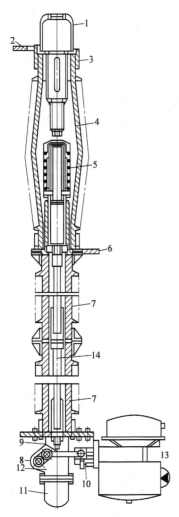

图 5-8 单压式定开距灭弧室绝缘套支柱型断路器

1—帽 2—上接线板 3—密封圈 4—灭弧室
5—动触头 6—下接线板 7—支柱绝缘套
8—轴 9—操作机构传动杆 10—辅助开关传动杆
11—吸附剂 12—传动机构箱 13—液压机构
14—操作拉杆

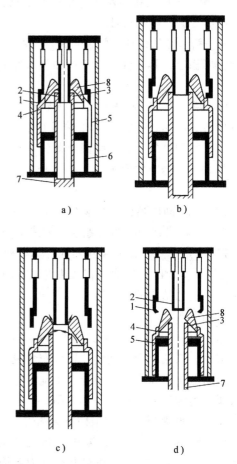

图 5-9 压气式变开距灭弧室工作原理

a）合闸位置 b）产生压力 c）电弧熄灭 d）分闸位置

1—静触头 2—静弧触头 3—动弧触头 4—动触头
5—压气缸 6—压气活塞 7—拉杆 8—绝缘喷嘴

在定开距灭弧室中，压气活塞是固定不动的，静触头与动触头之间的开距也是固定不变的。

（2）双压式灭弧室

双压式灭弧室有高压和低压两个气压系统。灭弧时，高压室控制阀打开，高压 SF_6 气体经过喷嘴吹向低压系统，再吹向电弧使其熄灭。灭弧室内正常时充有高压气体的称为常充高压式；仅在灭弧过程中才充有高压气体的称为瞬时充高压式。

近年来，单压式 SF_6 断路器广泛采用了大功率液压机构和双向吹弧，并逐渐取代双压式。

3. 两种典型 SF_6 断路器

（1）LW16—35 型断路器

LW16—35 型断路器结构上有什么特点？是怎样灭弧的？

1）LW16—35 型断路器结构。如图 5-10 所示，断路器的三相固定在一个公共底架上，各相的 SF_6 气体都与总气管连通，每相的底箱上有一伸出的转轴，在上面装有外拐臂并与连杆相连，L_1 相转轴通过连杆与过渡轴相连，过渡轴再通过另一个连杆与操动机构输出轴相连，分闸弹簧连在 L_2、L_3 两相转轴的外拐臂上。每相由底箱和上、下瓷套组成。上瓷套内装有灭弧室，并承受断口电压；下瓷套承受对地电压，内绝缘介质为 SF_6 气体。

分闸时，操动机构脱扣后，在分闸弹簧作用下，三相的转轴按顺时针方向转动，通过内拐臂和绝缘拉杆使导电杆向下运动，使断路器分闸。

合闸时，在操动机构作用下，过渡轴顺时针方向运动，带动三相转轴沿逆时针方向转动，使导电杆向上运动，完成合闸动作。

2）自能旋弧式灭弧室工作原理。LW16—35 型断路器采用膨胀式灭弧原理。分闸时，动触头向下运动，动、静触头之间产生电弧。当静触头上的弧根转移到弧环上之后，旋弧线圈被串联进电路，并产生旋转磁场，使电弧旋转。

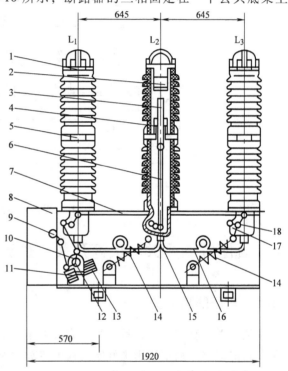

图 5-10 LW16-35 型断路器结构

1—上接线座 2—静触头 3—导电杆 4—中间触指
5—下接线座 6—绝缘拉杆 7—连杆 8—弹簧机构
9—操动机构输出轴 10—拐臂 11—分闸缓冲器
12—过渡轴 13—合闸缓冲器 14—分闸弹簧
15—内拐臂 16—气管 17—外拐臂 18—转轴

均匀加热 SF_6 气体，气体压力升高，与喷嘴下游形成压差，产生强烈喷嘴气吹，在电流过零时，自然熄弧。其灭弧能力随开断电流而自动调节。这种断路器具有良好的开断性能，而且由于电弧不断的旋转，使触头和灭弧室的烧损均匀且轻微。

（2）LW8—35 型断路器

图 5-11 所示为 LW8—35 型断路器结构。这是一种户外高压罐式结构的断路器，主要由瓷套、电流互感器、灭弧室、外壳、吸附器、传动箱、连杆、底架及弹簧操动机构等部分组

成。断路器采用三相分立的落地罐式结构，具有压气式灭弧室。灭弧室为单压力压气式结构，用铜管连通三相断路器中的 SF_6 气体。

这种灭弧室主要由静触头、动触头、外壳、气缸及喷口等部件组成，上、下绝缘子及绝缘拉杆构成了动、静触头的对地绝缘。

LW8—35 型断路器可装设 12 只管式电流互感器，每一种互感器有 4 个端头，可以获得 3 种电流比。

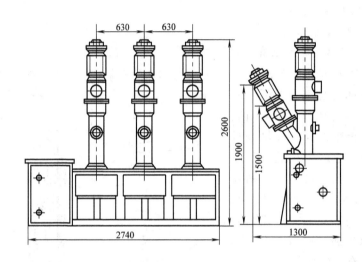

图 5-11　LW8—35 型断路器结构

5.3　高压隔离开关、负荷开关、熔断器

5.3.1　高压隔离开关

隔离开关又称刀开关，是一种没有灭弧装置的开关设备。它一般只用来关合和开断有电压无负荷的线路，而不能用来开断负荷电流和短路电流，需要与断路器配合使用，由断路器来完成带负荷线路的关合、开断任务。

1. 高压隔离开关的用途与应满足的要求

（1）隔离开关的用途

1）隔离电源。将需要检修的线路或电气设备与带电的电网隔离，形成安全的电气设备检修断口，建立可靠的绝缘回路，以保证检修人员及设备的安全。

2）倒闸操作。在双母线的电路中，可利用隔离开关将设备或线路从一组母线切换到另一组母线，实现运行方式的改变。

3）接通和断开小电流电路。隔离开关可以直接操作小电流电路，例如，接通和断开电压互感器和避雷器电路；接通和断开电压为 10kV、长 5km 以内的空载配电线路；接通和断开电压为 35kV、容量为 1000kV·A 及以下和电压为 110kV、容量为 3200kV·A 及以下的空载变压器；接通和断开电压为 35kV，长度在 10km 以内的空载输电线路。

（2）隔离开关应满足的要求

按照隔离开关所担负的任务，它应满足什么要求？为了确保检修工作的安全以及倒合闸操作的简单易行，隔离开关在结构上应满足以下要求：

1）隔离开关应具有明显的断口，以便于确定被检修的设备或线路是否与电网断开。

2）隔离开关断口之间应有可靠的绝缘，以保证在恶劣的气候条件下也能可靠工作，并在过电压及相间闪络的情况下，不至从断口击穿而危及人身安全。

3）隔离开关应具有足够的热稳定性和动稳定性，尤其不能因电动力的作用而自动断开，否则将引起严重事故。

4）结构要简单，动作要可靠。

5）带有接地开关的隔离开关必须有联锁机构，以保证先断开隔离开关，然后再合上接地开关；先断开接地开关，然后再合上隔离开关的操作顺序。

6）隔离开关要装有和断路器之间的联锁机构，以保证正确的操作顺序，杜绝隔离开关带负荷操作事故的发生。

2. 高压隔离开关的技术参数、分类和型号

（1）隔离开关的主要技术参数

隔离开关的主要技术参数有哪些？

1）额定电压。指隔离开关长期运行时所能承受的工作电压。

2）最高工作电压。指隔离开关能承受的超过额定电压的最高电压。

3）额定电流。指隔离开关可以长期通过的工作电流。

4）热稳定电流。指隔离开关在规定的时间内允许通过的最大电流。它表明了隔离开关承受短路电流热稳定的能力。

5）极限通过电流峰值。指隔离开关所能承受的最大瞬时冲击短路电流。

隔离开关没有灭弧装置，故没有开断电流数据。

（2）隔离开关分类

隔离开关分哪几类？隔离开关种类很多，按不同的分类方法分类如下：

1）按装设地点的不同，可分为户内式和户外式两种。

2）按绝缘支柱数目，可分为单柱式、双柱式和三柱式 3 种。

3）按动触头运动方式，可分为水平旋转式、垂直旋转式、摆动式和插入式等。

4）按有无接地开关，可分为无接地开关、一侧有接地开关、两侧有接地开关 3 种。

5）按操动机构的不同，可分为手动式、电动式、气动式和液压式等。

6）按极数，可分为单极、双极、三极 3 种。

7）按安装方式，分为平装式和套管式等。

（3）隔离开关的型号、规格

隔离开关的型号、规格一般由文字符号和数字组合方式表示，如图 5-12 所示。其中，第一单元为产品字母代号，隔离开关用 G 表示。

3. 高压隔离开关的结构和工作原理

隔离开关的结构形式很多，这里仅介绍其中有代表性的典型结构。

（1）户内隔离开关

户内隔离开关有什么特点？户内隔离开关有三极式和单极式两种，一般为刀闸隔离开关，图 5-13 所示为 GN8—10/600 型户内隔离开关。传动绝缘子一端与开关相连，另一端与

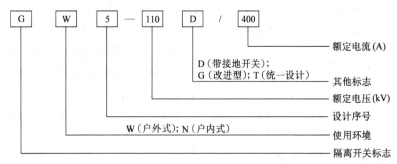

图 5-12 隔离开关的型号、规格

装在公共转轴上的拐臂铰接。操动机构驱动拐臂转动时，顶起传动绝缘子，从而使开关与固定触头分离。

（2）户外隔离开关

户外隔离开关有什么特点？户外隔离开关有单柱式、双柱式和三柱式3种。由于其工作条件比户内隔离开关差，容易受外界气象变化的影响，因而其绝缘强度和机械强度要求较高。图5-14所示为110kV隔离开关外形。其中，图5-14a为GW5—110D型户外隔离开关一极（相）外形。它有两个实心支柱绝缘子，成V形布置，底座上有两个轴承座，支柱绝缘子可在轴承上旋转90°，两个轴承座之间用锥齿轮啮合，操作时两支柱绝缘子同步反向旋转，以达到分、合的目的。图5-14b为GW4—110D型隔离开关外形，为双柱旋转式结构。它的主开关固定在支柱绝缘子顶部的活动出线座上，分合闸操作时，操动机构的交叉连杆带动两个支柱绝缘子向相反方

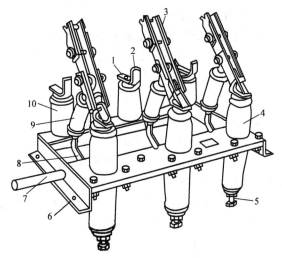

图 5-13 GN8—10/600 型户内隔离开关

1—上接线端子 2—静触头 3—开关

4—套管绝缘子 5—下接线端子 6—框架

7—转轴 8—拐臂 9—传动绝缘子

10—支柱绝缘子

向转动90°，从而完成操作。接地开关和主开关通过操作把手互相闭锁，使两者不能同时合闸，以免发生带电接地故障。

断路器和隔离开关的操作顺序是怎样的呢？断路器和隔离开关的操作顺序为：接通电路时，先合上断路器两侧的隔离开关，再合断路器；切断电路时，先断开断路器，再拉开两侧的隔离开关。严禁在未断开断路器的情况下拉合隔离开关。为了防止误操作，除严格按照操作规程实行操作票制度外，还应在隔离开关和相应的断路器之间加装电磁闭锁、机械闭锁或电脑钥匙等闭锁装置。

5.3.2 高压负荷开关

1. 高压负荷开关的用途和特点

高压负荷开关有哪些用途？有什么特点？高压负荷开关是一种结构比较简单，具有一定

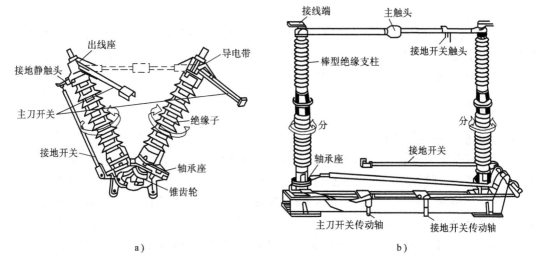

图 5-14　110kV 隔离开关外形

a) GW5—110D 型　b) GW4—110D 型

开断和关合能力的开关电器，常用于配电电压等级。它具有灭弧装置和一定的分、合闸速度，能开断正常的负荷电流和过负荷电流，也能关合一定的短路电流，但不能开断短路电流。因此，高压负荷开关可用于控制供电线路的负荷电流，也可以用来控制空载线路、空载变压器及电容器等。高压负荷开关在分闸时有明显的断口，可起到隔离开关的作用，与高压熔断器串联使用，前者作为操作电器投切电路的正常负荷电流，而后者作为保护电器开断电路的短路电流及过负荷电流。在功率不大或可靠性要求不高的配电回路中可用于代替断路器，以便简化配电装置，降低设备费用。

据国外有关资料介绍，断路器与负荷开关的使用率之比为 1:(5～6)，以负荷开关来取代常规断路器保护的方案具有明显的优点。

2. 几种典型的高压负荷开关的结构特点与基本原理

负荷开关的种类很多，按结构可分为油负荷开关、真空负荷开关、六氟化硫（SF_6）负荷开关、产气式负荷开关、压气型负荷开关；按操作方式分为手动操作负荷开关和电动操作负荷开关。这些产品集中使用于配电网中，如环网开关柜中，目前较为流行的是真空负荷开关。负荷开关配用熔断器等设备随着我国城网改造工作的推进越来越受到重视。下面介绍两种典型的高压负荷开关的结构特点与基本原理。

（1）真空负荷开关

真空负荷开关有什么特点？真空负荷开关完全采用了真空开关管的灭弧优点以及相应的操作机构，由于负荷开关不具备开断短路电流的能力，故它在结构上较简单，适用于电流小、动作频繁的场合，常见真空负荷开关有户内型及户外柱上型两种。

真空负荷开关的主要特点是无明显电弧、不会发生火灾及爆炸事故、可靠性好、使用寿命长、几乎不需要维护、体积小、重量轻，可用于各种成套配电装置，尤其是城网中的箱式变电站、环网等设施中，有很多优点。

（2）SF_6 负荷开关

SF_6 负荷开关有什么特点？SF_6 负荷开关适用于 10kV 户外安装，它可用于关合负荷电流及关合额定短路电流，常用于城网中的环网供电系统，作为分段开关或分支线的配电开关。

SF$_6$ 开关根据旋弧式原理进行灭弧，灭弧效果较好。同时由于 SF$_6$ 气体无老化现象且其燃弧时间短，触头烧损轻，检修周期一般可达 10 年，在运行中又无爆炸、燃烧的可能，所以 SF$_6$ 负荷开关是城网建设中推荐采用的一种开关设备。

5.3.3 高压熔断器

1. 熔断器的作用与特点

熔断器是最简单和最早使用的一种保护电器。它串联在电路中，当电路发生短路或过负荷时，熔体熔断，切断故障电路，使电气设备免遭损坏，并维持电力系统其余部分的正常工作。

由于价格低廉、简单实用，特别是随着熔断器制造技术的不断提高，熔断器的开断能力、保护特性等都有所提高，所以，熔断器不仅在低压电路中得到了广泛应用，而且在 35kV 及以下的小容量高压电路，特别是供电可靠性要求不是很高的配电线路中也得到了广泛应用。

熔断器按电压等级可分为高压熔断器和低压熔断器，本节只介绍高压熔断器。

2. 高压熔断器的基本结构、工作特性

熔断器主要由金属熔件（熔体）、支持熔件的触头、灭弧装置和绝缘底座等部分组成。其中决定其工作特性的主要是熔体和灭弧装置。

高压熔断器采取什么措施熄灭熔体熔断时产生的电弧？熔断器必须采取措施熄灭熔体熔断时产生的电弧，否则，会引起事故的扩大。熔断器的灭弧措施可分为两类：一类是在熔断器内装有特殊的灭弧介质，如产气纤维管、石英砂等，它利用了吹弧、冷却等灭弧原理；另一类是采用特殊形状的熔体，如上述焊有小锡（铅）球的熔体、变截面积的熔体、网孔状的熔体等。

高压熔断器的工作原理是怎样的呢？熔断器串联在电路中使用，安装在被保护设备或线路的电源侧。当电路中发生过负荷或短路时，熔体被过负荷或短路电流加热，并在被保护设备的温度未达到破坏其绝缘之前熔断，使电路断开，设备得到保护。

熔断器的工作全过程由以下 3 个阶段组成：

1）正常工作阶段，熔体通过的电流小于其额定电流，熔断器长期可靠地运行不应发生误熔断现象。

2）过负荷或短路时，熔体升温并导致熔化、汽化而开断。

3）熔体熔断汽化时发生电弧，又使熔体加速熔化和汽化，并将电弧拉长，这时高温的金属蒸气向四周喷溅并发出爆炸声。熔体熔断产生电弧的同时，也开始了灭弧过程。直到电弧被熄灭，电路才真正被断开。

高压熔断器的保护特性是怎样的呢？熔体熔化时间的长短，取决于熔体熔点的高低和所通过电流的大小。熔体材料的熔点越高，熔体熔化就越慢，熔断时间就越长。熔体熔断电流和熔断时间之间呈现反时限特性，即电流越大，熔断时间就越短，其关系曲线称为熔断器的保护特性，也称安秒特性，如图 5-15 所示。

3. 高压熔断器的技术参数

熔断器的主要技术参数有：

1）熔断器的额定电压。它既是绝缘介质所允许的电压等级，又是熔断器允许的灭弧电

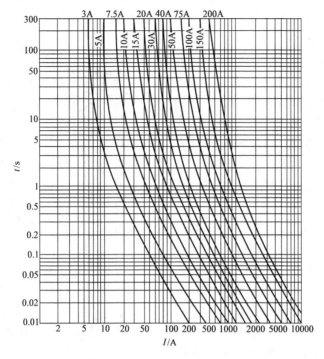

图 5-15　6～35kV 熔断器安秒特性

压等级。对于限流式熔断器，不允许降低电压等级使用，以免出现大的过电压。

2）熔断器的额定电流。它是指在一般环境温度（不超过 40℃）下，熔断器壳体的载流部分和接触部分长期允许通过的最大工作电流。

3）熔体的额定电流。熔体允许长期通过而不至发生熔断的最大电流有效值。该电流可以小于或等于熔断器的额定电流，但不能超过。

4）熔断器的开断电流。熔断器所能正常开断的最大电流。若被开断的电流大于此电流时，有可能导致熔断器损坏，或由于电弧不能熄灭引起相间短路。

4. 典型的高压熔断器介绍

目前在电力系统中使用最为广泛的是限流式熔断器和跌落式熔断器。

（1）跌落式熔断器

跌落式熔断器有哪些基本特点？图 5-16 所示为常见跌落式熔断器结构。由图可见，熔断器由绝缘支座、开口熔断器管（简称熔管）两部分组成，利用固体产气材料灭弧。当熔丝熔断，熔管内产生电弧时，熔管的内壁在电弧的作用下将产生大量气体使管内压力增高。气体在高压力作用下高速向外喷出，产生强烈去游离作用使电弧在过零时熄灭。它和所有自能式灭弧装置一样存在着开断小电流能力较弱的缺陷，往往采用分段排气方式加以解决，即把熔管的上端用一个金属膜封闭，在开断小电流时由下端单向排气以保持

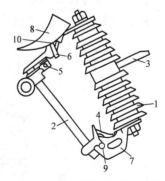

图 5-16　常见跌落式熔断器结构
1—绝缘支座　2—开口熔断器管　3—安装固定板
4—下触头　5、9—轴　6—压板　7—金属支座
8—鸭嘴罩　10—弹簧铜片

足够的吹弧压力；在开断大电流时用熔管内较高压力将上端薄膜冲破形成两端排气，以避免熔管因压力过高而爆裂。

（2）限流式熔断器

限流式熔断器有哪些基本特点？限流式熔断器的熔体可用镀银的细铜丝制成，铜丝上焊有锡球以降低铜的熔化温度。熔丝长度由熔断器的额定电压及灭弧要求决定，额定电压越高则熔丝越长。为缩短熔丝长度，可将其绕成螺旋形。为避免过细熔丝的损伤，可把熔丝绕在瓷心上，整个熔件放在充满石英砂的瓷管中。充入熔管的石英砂形成大量细小的固体介质狭缝狭沟，对电弧起分割、冷却和表面吸附（带电粒子）作用，同时缝隙内骤增的气体压力也对电弧起强烈的去游离作用，所以电弧能被迅速熄灭。图5-17a、b所示为限流熔断器熔体管的结构。

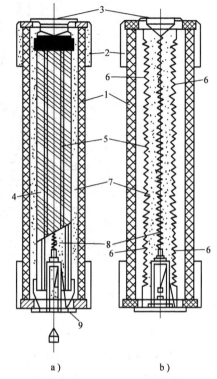

图5-17　限流熔断器熔体管的结构
a）额定电流小于7.5A　b）额定电流大于7.5A
1—熔管　2—端盖　3—顶盖　4—陶瓷芯　5—熔体
6—小锡球　7—石英砂　8—指示熔体　9—弹簧

当流经熔丝的短路电流很大时，熔丝的温度可在电流上升到最大值前达到其熔点，此时被石英砂包围的熔丝立即在全长范围内熔化、蒸发，在狭小的空间中形成很高的压力，迫使金属蒸气向四周喷溅并深入到石英砂中，使短路电流在达到最大值前被截断，从而引起了过电压。这一过电压作用在熔体熔断后形成的间隙上，使间隙立即击穿形成电弧，电弧燃烧被限制在很小区域中进行，直径很小，再加上石英砂对电弧所起的冷却、去游离作用，使电弧电阻大大增加，限制了短路电流的上升，体现出限流熔断器的限流作用。

这类熔断器适用于户内装置，全部过程均在密闭的管子中进行，熄灭时无巨大气流冲出管外，运行人员可通过设置在熔管内的动作指示器来判别熔断器的动作情况。图5-18所示为RN1型熔断器的外形。由于过电压现象的出现，这类熔断器只用于与自身额定电压相等的电网中。

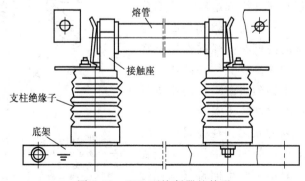

图5-18　RN1型熔断器的外形

5.4　低压电器

低压电器通常指正常工作在交流电压 1200V 及其以下或直流电压 1500V 及其以下的电路中的电器。低压电器的种类繁多，构造各异，分类方法很多。常见的低压电器分类方法如图 5-19 所示。

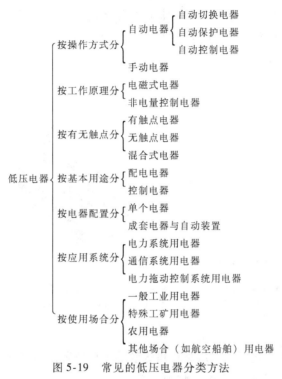

图 5-19　常见的低压电器分类方法

5.4.1　低压熔断器

熔断器是一种利用物质过热熔化的性质制作的保护电器。当电路发生严重过载或短路时，将有超过限定值的电流通过熔断器，使熔断器的熔体熔断切断电路，达到保护的目的。

1. 熔断器的结构及工作原理

熔断器主要由熔体和安装熔体的熔管或熔座两部分组成。其中熔体是主要部分，它既是感受元件又是执行元件。熔体的材料有两类：一类为低熔点材料，如铅、锌、锡及铅锡合金等；另一类为高熔点材料，如银、铜、铝等。熔断器接入电路时，熔体是串接在被保护电路中的。熔管是熔体的保护外壳，可做成封闭式或半封闭式，其材料一般为陶瓷、绝缘钢纸或玻璃纤维。

熔断器熔体中的电流为熔体的额定电流（I_{FN}）时，熔体长期不熔断；当电路发生严重过载时，熔体在较短时间内熔断；当电路发生短路时，熔体能在瞬间熔断。熔体的这个特性称为反时限保护特性。熔断器的保护特性又称安秒特性，是电流与熔断时间的关系曲线，如图 5-20 所示，即电流为额定值时长期不熔断，过载电流或短路电流越大，熔断时间就越短。图 5-20 中，I_{min} 为最小熔断电流。

总地来说，由于熔断器对过载反应不灵敏，所以不宜用于过载保护，主要用于短路保护。

2. 熔断器的主要类型与特点

熔断器的种类很多，这里仅简要介绍最常用的几种。

（1）插入式熔断器

插入式熔断器又称瓷插式熔断器，指熔断体靠导电插件插入底座的熔断器。常用的插入式熔断器主要是 RC1A 系列产品，其结构如图 5-21 所示，它由瓷盖、瓷座、动触头、静触头和熔丝等组成。RC1A 系列插入式熔断器主要用于交流 50Hz、额定电压 380V 及以下、额定电流至 200A 的线路末端，也可在供配电系统作为电缆、导线及电气设备（如电动机、变压器等）的短路保护。

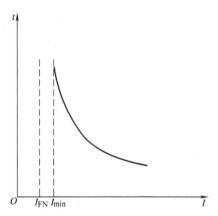

图 5-20 熔断器的保护特性（安秒特性）

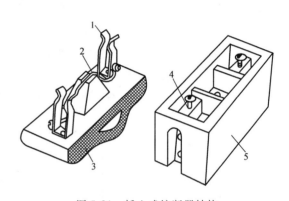

图 5-21 插入式熔断器结构
1—动触头 2—熔丝 3—瓷盖 4—静触头 5—瓷座

（2）螺旋式熔断器

螺旋式熔断器是指带熔断体的载熔件借螺纹旋入底座而固定于底座的熔断器，其外形和结构如图 5-22 所示，主要由瓷帽、熔管、瓷套、上接线端、下接线端和底座等组成。熔断器的熔管上盖中还有一个熔断指示器（上有色点），当熔体熔断时指示器跳出，显示熔断器熔断，通过瓷帽可观察到。当熔断器熔断后，只需旋开瓷帽，取下已熔断的熔管，换上新熔管即可。其缺点是它的熔体无法更换，只能更换整个熔管，成本相对较高。

螺旋式熔断器具有断流能力大、体积小、熔丝熔断后能显示、更换熔丝方便、安全可靠等特点，广泛用于低压配电设备、机械设备的电气控制系统中的配电箱、控制箱及振动较大的场合，作为过载及短路保护元件。

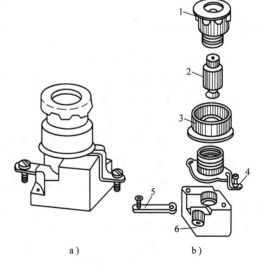

图 5-22 螺旋式熔断器外形和结构
a）外形 b）结构
1—瓷帽 2—熔管 3—瓷套 4—上接线端
5—下接线端 6—底座

（3）无填料密闭管式熔断器

无填料密闭管式熔断器是指熔体被密闭在不充填料的熔管内的熔断器。它是一种可拆卸的熔断器，其特点是当熔体熔断时，管内产生高气压，能加速灭弧。另外，熔体熔断后，使用人员可自行拆开，装上新熔体后可尽快恢复供电。这种熔断器还具有分断能力强、保护特性好和运行安全可靠等优点，常用于频繁发生过载和短路故障的场合。

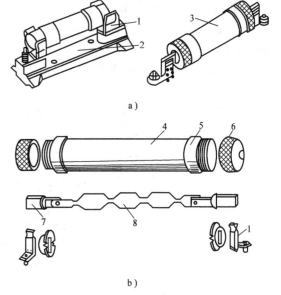

常用的无填料密闭管式熔断器产品主要是 RM10 系列，如图 5-23 所示。

（4）有填料封闭管式熔断器

有填料封闭管式熔断器是指熔体被封闭在充有颗粒、粉末等灭弧填料的熔管内的熔断器。它是为增强熔断器的灭弧能力，在其熔管中填充了石英砂等介质材料而得名。

有填料封闭管式熔断器具有分断能力强、保护特性好、带有醒目的熔断指示器、使用安全等优点，广泛用于具有高短路电流的电网或配电装置中，作为电缆、导线、电动机、变压器以及其他电器设备的短路保护和电缆、导线的过载保护。其缺点是

图 5-23　RM10 系列无填料密闭管式熔断器
a）外形　b）结构
1—夹座　2—底座　3—熔管　4—钢纸管
5—黄铜管　6—黄铜帽　7—触刀　8—熔体

熔体熔断后必须更换熔管，经济性较差。图 5-24 所示为 RT0 系列有填料封闭管式熔断器的外形。

5.4.2　低压刀开关

1. 隔离器、刀开关及其区别

隔离器、刀开关是低压电器中结构比较简单，应用十分广泛的一类手动操作电器，其主要作用是将电路和电源隔开，以保障检修人员的安全，有时也用于直接起动笼型异步电动机。

图 5-24　RT0 系列有填料封闭
管式熔断器的外形

什么是隔离器？什么是刀开关？它们有什么区别？刀开关俗称闸刀开关，是一种带有动触头（触刀），在闭合位置与底座上的静触头（刀座）相契合（或分离）的一种开关。主要用于各种配电设备和供电线路，可作为非频繁地接通和分断容量不太大的低压供电线路之用。当能满足隔离功能要求时，刀开关也可用来隔离电源。

隔离器在电源切除后，能将电路中所有电流通路都切断，并保持有效的隔离距离（又称电气间隙），可以保障检修人员的安全。它属于一种特殊结构的刀开关，通常有手动操作和电动操作两种结构。隔离器一般属于无载通断电器，只能接通或分断母线、连接线和短电缆等的分布电容电流和电压互感器或分压器的电流等，但有一定的载流能力。

一般情况下，刀开关不能当隔离器使用，因为它不具备在断开位置上的隔离功能，也就不能确保维修供电设备时维修人员的人身安全；反之，也不能把隔离器当开关使用，因为它不能切断分断电流时产生的电弧。但特殊情况除外，例如，当能满足隔离功能时，刀开关也

可用来隔离电源。

2. 常见的刀开关和隔离器

刀开关和隔离器的种类很多，常用的有开启式负荷开关、封闭式负荷开关、组合开关、熔断器式隔离器等。

开启式负荷开关俗称瓷底胶壳刀开关。HK系列开启式负荷开关结构如图5-25所示，是一种结构简单、应用最广泛的手动电器，常用作交流额定电压380V/220V，额定电流至100A的照明配电线路的电源开关和小容量电动机非频繁起动的操作开关。

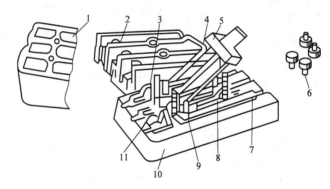

图5-25 HK系列开启式负荷开关结构

1—上胶盖 2—下胶盖 3—触刀座 4—触刀 5—瓷柄 6—胶盖紧固螺帽
7—出线端子 8—熔丝 9—触刀铰链 10—瓷底座 11—进线端子

封闭式负荷开关，俗称铁壳开关。HH型封闭式荷开关结构如图5-26所示。封闭式负荷开关一般在额定电压380V的电力排灌、电热器、电气照明线路的配电设备中，作为手动不频繁地接通与分断负荷电路使用。其中容量较小者（额定电流为60A及以下的），还可用作交流异步电动机非频繁全压起动的控制开关。

组合开关也是一种刀开关，不过它的触刀（刀片）是转动式的，操作比较轻巧。它的动触头（触刀）和静触头装在封闭的绝缘件内，采用叠装式结构，其层数由动触头数量决定。动触头装在操作手柄的转轴上，随转轴旋转而改变各对触头的通断状态，如图5-27所示。

熔断器式隔离器是指动触头由熔断器或带有熔断体的载熔件组成的隔离器。熔断器式隔离器有多种结构形式，一般多采用有填料熔断器和刀开关组合而成，广泛应用于开关柜以及与终端电器配套的电器装置中，作为线路或用电设备的电源隔离开关及严重过载和短路保护之用。在回路正常供电的情况下接通和切断电源由刀开关来承担，当线路或用电设备过载或短路时，熔断器的熔体熔断，可及时

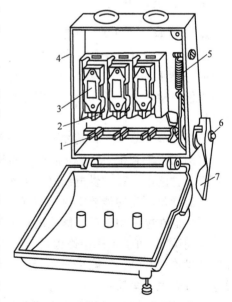

图5-26 HH型封闭式负荷开关结构

1—闸刀 2—夹座 3—熔断器 4—铁壳
5—速断弹簧 6—转轴 7—手柄

切断故障电流。

5.4.3　低压断路器

低压断路器俗称自动空气开关。按规定条件，对配电电路、电动机或其他用电设备实行通断操作并起保护作用，即当它们发生严重过电流、过载、短路、断相、漏电等故障时，能自动切断电路。

通俗地讲，断路器是一种可以自动切断故障线路的保护开关，它既可用来接通和分断正常的负载电流、电动机的工作电流和过载电流，也可用来接通和分断短路电流，在正常情况下还可以用于不频繁地接通和分断电路以及控制电动机的起动和停止。

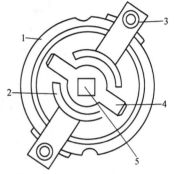

图 5-27　组合开关的触头系统
1—触头座　2—隔地板　3—静触头
4—动触头　5—转轴

图 5-28 所示为低压断路器的工作原理。图中断路器处于闭合状态，3 个主触头通过杠杆与锁扣（锁键、钩子）保持闭合，锁扣可绕轴转动。当电路正常运行时，电磁脱扣器的电磁线圈虽然串接在电路中，但所产生的电磁吸力不能使衔铁动作，只有当电路电流很大（如短路或严重过载），达到动作电流时，衔铁才被迅速吸合，同时撞击杠杆，使锁扣脱扣，主触头被弹簧迅速拉开将主电路分断。一般电磁脱扣器是瞬时动作的。当线路发生过载但又达不到电磁脱扣器动作电流时，因尚有双金属片制成的热脱扣器，过载达到一定的值并经过一段时间，热脱扣器动作使主触头断开主电路，起到过载保护作用。热脱扣器是反时限动作的。电磁脱扣器和热脱扣器合称复式脱扣器。欠电压脱扣器在正常运行时衔铁吸合，当电源电压降低到额定电压的 40% ~ 75% 时（或失电压），吸力减小，衔铁被弹簧拉开，并撞击杠杆，使锁扣脱扣，实行欠电压（失电压）保护。

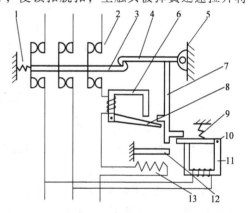

图 5-28　低压断路器的工作原理
1、9—弹簧　2—主触头　3—锁键　4—钩子
5—轴　6—电磁脱扣器　7—杠杆　8、10—衔铁
11—欠电压脱扣器　12—热脱扣器双金属片
13—热脱扣器的热元件

5.4.4　接触器

接触器是指仅有一个起始位置，能接通、承载和分断正常电路条件（包括过载运行条件）下的电流的一种非手动操作的机械开关电器。它可用于远距离频繁地接通和分断交直流主电路和大容量控制电路，具有动作快、控制容量大、使用安全方便、能频繁操作和远距离操作等优点，主要用于控制交直流电动机，也可用于控制小型发电机、电热装置、电焊机和电容器组等设备，是电力拖动自动控制电路中使用最广泛的一种低压电器元件。

下面以接触器控制电动机为例介绍接触器的工作原理。

接触器工作原理如图 5-29 所示。接触器电磁机构的线圈通电后，在铁心中产生磁通，在动、静铁心气隙处产生吸力，使动、静铁心闭合，主触头在动铁心的带动下也闭合，于是接通了电路。与此同时，动铁心还带动辅助触头动作，使常开触头闭合，使常闭触头打开。当线圈断电或电压显著降低时，吸力消失或减弱，衔铁在释放弹簧作用下打开，主、辅触头又恢复到原来状态。这就是电磁接触器的简单工作原理。

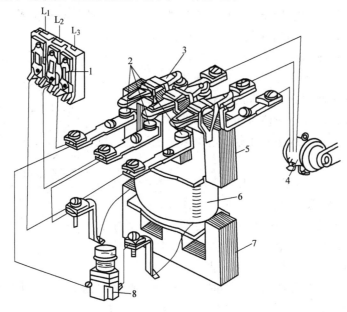

图 5-29 接触器工作原理

1—熔断器 2—静触头 3—动触头 4—电动机
5—动铁心 6—线圈 7—静铁心 8—按钮

思考题与习题

5-1 请自行搜集资料，分析电力系统电弧的危害及灭弧的方法。

5-2 断路器既是电力系统中最重要的开关类设备，又是保护类设备，请自行搜集资料，分析断路器的工作原理以及断路器的最近发展。

5-3 在校学生往往缺少工程背景，请自行搜集各种断路器的图片资料，从外形方面比较其相互区别以及与电压互感器、电流互感器的区别。

5-4 电弧是一种什么现象？具有什么特征？它对电力系统有哪些危害？

5-5 高压断路器有哪些功能，常见的有哪些种类？

5-6 高压真空断路器有何结构特点？有哪些类型？

5-7 SF$_6$断路器有何结构特点？有哪些类型？SF$_6$断路器的优点有哪些？

5-8 高压隔离开关有哪些功能？它为什么不能带负荷操作？

5-9 高压隔离开关运行维护应注意哪些项目？预防隔离开关事故的技术措施有哪些？

5-10 高压负荷开关有什么结构特点？其基本原理是什么？

5-11 高压熔断器的主要功能是什么？其工作性能主要用哪些特性和参数来表征？

5-12 什么是熔断器的安秒特性？

5-13 使用一般熔断器时，额定电流如何选择？

5-14 隔离器、刀开关的主要功能和选用原则是什么？

5-15 接触器主要有什么用途？其工作原理是什么？

参 考 文 献

［1］　刘笙. 电气工程基础（上）［M］. 北京：科学出版社，2003.

［2］　王士政. 发电厂电气部分［M］. 北京：中国水利水电出版社，2002.

［3］　刘增良. 电气设备及运行维护［M］. 北京：中国电力出版社，2004.

［4］　熊信银. 发电厂电气部分［M］. 北京：中国电力出版社，2004.

［5］　陈家斌. 高压电器［M］. 北京：中国电力出版社，2002.

［6］　曹金根. 低压电器和低压开关柜［M］. 北京：人民邮电出版社，2001.

［7］　尹克宁. 电力工程［M］. 北京：中国电力出版社，2005.

［8］　倪远平. 现代低压电器及其控制技术［M］. 重庆：重庆大学出版社，2003.

［9］　王仁祥. 常用低压电器原理及其控制技术［M］. 北京：机械工业出版社，2006.

第6章　高压绝缘与保护控制

本章主要介绍高压绝缘与继电保护的基本知识。在高压绝缘部分将主要介绍高电压的产生、电力系统过电压及其保护；在继电保护部分将主要介绍线路、电力变压器的继电保护；最后简要介绍一下电力系统控制。

6.1　高压绝缘与接地

6.1.1　高电压与绝缘的成因

高电压是怎么产生的？高电压可由一些物理现象自然形成，如雷电、静电等，也可以是为达到某种目的而人为产生，如高压静电起电机。电力系统一般通过高电压变压器、高压电路瞬态过程变化等产生高电压。

高电压是相对于低电压而言的，对于电力系统来说，1～220kV 称为高压，而 220～800kV 称为超高压（EHV），1000kV 以上称为特高压（UHV）。

那么，什么是绝缘介质？绝缘是高电压技术及电气设备结构中的重要组成部分，其作用是把电位不等的导体分开，使其保持各自的电位，没有电气连接。具有绝缘作用的材料称为绝缘材料，即电介质。电介质在电场作用下，有极化、电导、损耗和击穿等现象。

高电压与绝缘有什么关系？高电压靠绝缘支撑，电压过高又会使绝缘破坏，绝缘的破坏性放电使高电压消失。因而，对作用电压的研究和绝缘特性的研究是同时进行的，过电压和绝缘这对矛盾需要用技术经济的综合观点来处理。

6.1.2　过电压保护

什么是电力系统过电压？正常运行中的电力系统，由于雷击、倒闸操作、故障或电力系统参数配合不当等原因，会使电力系统中某些部分的电压突然升高，成倍地超过其额定电压，这种电压升高现象称为电力系统过电压。

电力系统过电压可以分为大气过电压和内部过电压。

1. 大气过电压

由于直击雷或雷电感应而引起的过电压称为大气过电压或称外部过电压。可分为雷电、直击雷过电压，感应过电压3种。这种电压持续时间很短，具有脉冲特性，雷电冲击电流和冲击电压的幅值都很大，所以破坏性大。

1）雷电。雷闪是自然界中的大气火花放电现象。当带电的雷云之间或雷云与大地之间出现很高的电位差时，就会发生放电，放电会产生强烈的光和热，通道温度高达 15000～20000°C，使空气急剧膨胀、振动，发出隆隆声响，形成雷闪（雷击）。

2）直击雷过电压。直击雷是指直接击中电气设备上的雷电，被击电气设备上产生很大的过电压或通过很大的电流，损坏电气设备或送电线路的绝缘。为防止直击雷，变电所和送电线路常采用避雷针或避雷线作为直击雷保护。

　　3）感应过电压。在电气设备附近发生对地雷击时，电气设备上有可能感应出很高的电压，其幅值可达 500～600kV，它对电气设备绝缘的破坏性很大。所以感应过电压对 35kV 以下的送电线路和电气设备威胁是很大的，常因感应雷而引起事故。

　　防止雷电事故的设备及方法有哪些？

2. 防雷设备

（1）避雷针和避雷线

　　避雷针与避雷线是防止直接雷击的设备，其主要是将雷吸引到自身，使雷电流导入地中，保护了电气设备及建筑物免遭雷击。

　　1）单支避雷针。其保护范围如图 6-1 所示。

　　2）双支等高避雷针。其保护范围如图 6-2 所示。

　　3）避雷线。单根避雷线的保护范围如图 6-3 所示；两根平行的等高避雷线，其保护范围如图 6-4 所示。

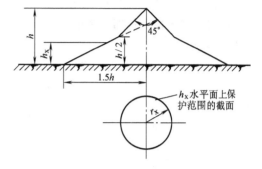

图 6-1　单支避雷针保护范围

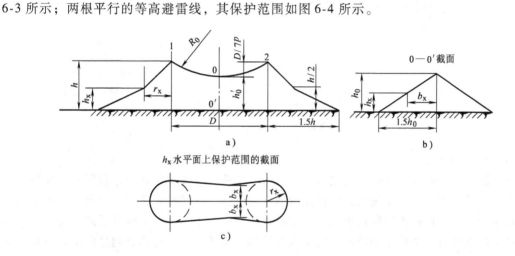

图 6-2　双支等高避雷针保护范围

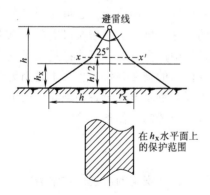

图 6-3　单根避雷线保护范围

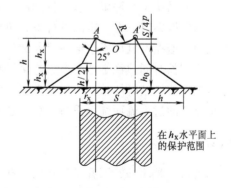

图 6-4　两根平行等高避雷线保护范围

（2）保护间隙和避雷器

电力系统内，通常采用保护间隙或避雷器等防雷保设备与被保护的电气设备并联连接，用来保护电气设备免遭入侵雷电波损坏。

1）保护间隙，如图6-5所示。

2）管型避雷器，如图6-6所示。

3）阀型避雷器，如图6-7所示。

3. 内部过电压

什么是内部过电压？内部过电压可以分为操作过电压和谐振过电压。

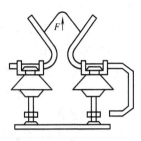

图6-5 保护间隙

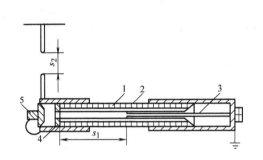

图6-6 管型避雷器

1—产气管 2—胶木管 3—棒形电极

4—环形电极片 5—动作指示器

s_1—内间隙 s_2—外间隙

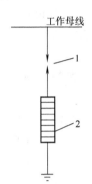

图6-7 阀型避雷器

1—间隙 2—电阻阀

（1）操作过电压

当系统内开关操作、故障或其他原因，电力系统将由一种稳定状态过渡到另一种稳定状态，在暂态过程中，由于系统内部电磁能量的转换振荡，在某些设备上，其至在整个系统中出现很高的电压，这称为操作过电压。操作过电压是决定电力系统绝缘水平的依据之一。常见的操作过电压有：中性点不接地系统中电弧接地过电压、空载线路合闸过电压、切除空载线路过电压以及切除空载变压器过电压等。

（2）谐振过电压

电力系统中有许多电感元件和电容元件，这些电感和电容均为储能元件，可能形成各种不同的谐振回路，在一定的条件下，可能产生不同类型的谐振现象，引起谐振过电压。电力系统中的谐振过电压不仅会在操作或发生故障时的过渡过程中产生，而且可能在过渡过程结束以后较长时间内稳定地存在，直至进行新的操作破坏原回路的谐振条件为止。正是因为谐振过电压的持续时间长，所以其危害也大。谐振过电压不仅会危及电气设备的绝缘，还可能产生持续的过电流而烧毁设备，而且还可能影响过电压保护装置的工作条件。

6.1.3 接地

电网能接地吗？回答是肯定的，在电力系统中，为了工作和安全的需要，常常需将电力系统及其电气设备的某些部分与大地相连接，这就是接地。

1. 接地方式

根据接地的具体目的可分为如下 3 种接地：

1）工作接地。为了保证电力系统正常运行或事故情况下能够可靠地工作，有利于快速切除故障而采用的接地，称为工作接地。例如，发电机、变压器及电压互感器的中性点接地等。

2）防雷接地。为了导泄雷电流，避免雷电危害的接地，如避雷针、避雷线和避雷器等防雷设备的接地装置。防雷接地还兼有防止操作过电压的作用。

3）保护接地。为确保人身安全，将一切正常不带电而由于绝缘损坏有可能带电的金属部分

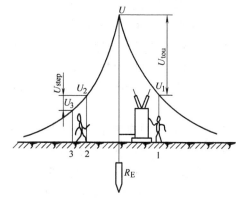

图 6-8　地中电位的分布曲线

（电气设备金属外壳、配电装置的金属构架等）接地，降低人体的接触电压，称为保护接地。

2. 保护接地

图 6-8 所示为地中电位的分布曲线。当人在这个区域内行走时，两脚之间的电位差称为跨步电压。如果电气设备绝缘损坏，当人体接触电气设备时，手脚之间形成接触电压。当跨步电压或接触电压超过人体的安全电压时，将造成人身伤亡事故。

6.2　继电保护

6.2.1　继电保护概述

1. 继电保护的作用及构成

电力系统继电保护的基本作用是，在全系统范围内，按指定分区实时地检测各种故障和不正常运行状态，快速及时地采取故障隔离或告警等措施，以求最大限度地维持系统的稳定、保持供电的连续性、保障人身的安全、防止或减轻设备的损坏。

保护装置输入所需的模拟量和设备状态量值，根据判断条件（与整定值比较大小、各量之间的逻辑关系等），确定是否输出一个控制断路器打开的控制信号。具有这种继电工作形态的装置称为继电保护装置或继电保护系统。该保护装置的基本任务是：

1）自动、迅速、有选择性地将故障元件从电力系统中切除，使故障元件免于继续受到破坏，保证其他无故障部分迅速恢复正常运行。

2）反映电气元件的不正常运行状态，发出信号。此时一般不要求保护迅速动作，而是根据对电力系统及其元件的危害程度规定一定的延时，以免不必要的动作和由于干扰而引起的误动作。

继电保护的基本构成是什么？如图 6-9 所示。

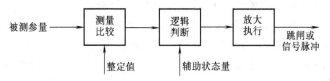

图 6-9　继电保护的基本构成

2. 继电保护装置的基本要求

对继电保护装置的基本要求是什么？为了使继电保护装置完成其特定的功能，必须在技术上满足动作的选择性、速动性、灵敏性、可靠性等基本要求。

1）选择性。继电保护的选择性是指保护装置具有判断故障发生的位置的能力，动作时仅将故障元件从电力系统中切除，使停电范围尽量缩小，以保证系统中的无故障部分仍能继续安全运行。

2）速动性。快速切除发生故障的设备元件，可以减轻设备的损坏程度，防止故障的扩散，提高电力系统并列运行的稳定性，减少电压降低对用户工作的影响。

3）灵敏性。继电保护的灵敏性，是指对于其保护范围内发生故障或不正常运行状态的反应能力。满足灵敏性要求的保护装置应该是在事先规定的保护范围内部故障时，不论短路点的位置、短路的类型如何，以及短路点是否有过渡电阻，都能够敏锐且正确反应。

4）可靠性。保护装置的可靠性是指在该保护装置规定的保护范围内发生了各种故障或不正常运行状态而应该动作时，它不应该拒绝动作，而在任何其他该保护不应该动作的情况下，则不应该误动作。

6.2.2 线路的继电保护

1. 单侧电源网络相间短路的电流保护

什么是单侧电源网络？就是仅仅在线路一端接电源的网络。

单侧电源网络相间短路的电流保护形式有哪些？

（1）电流速断保护

根据对继电保护速动性的要求，保护动作切除故障时间必须满足系统稳定和保证重要用户供电可靠性，因此在保证选择性的前提下，原则上越快越好。可见要力求装设快速动作的继电保护。

仅反应于短路电流幅值增大而瞬时动作的电流保护，称为电流速断保护，是理想的快速保护。电流速断保护的网络接线和动作特性的分析如图6-10所示，当线路上某一点发生短路时，短路点与电源之间的线路中就有短路电流流过。该短路电流大小与短路点与电源之间的距离有关，离电源越近，两点之间的阻抗越小，则短路电流越大。以图6-10所示的网络接线为

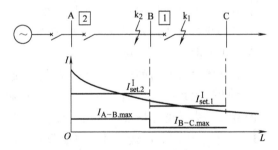

图6-10　电流速断保护的网络接线和动作特性的分析

例，假定在每条线路上都装有电流速断保护，则当线路A—B上发生故障时，希望保护2能瞬时动作，而当线路B—C上故障时，希望保护1能瞬时动作，它们的保护范围最好能达到本线路的全长，但是否能真的做到，还需要作具体的分析。

以保护2为例，当本线路末端k_2点短路时，希望速断保护2能够瞬时动作切除故障，而当相邻线路B—C的始端k_1点短路时，按照选择性的要求，速断保护2就不应该动作，因为该处的故障应由速断保护1动作切除。但实际上，k_1和k_2点短路时，流经保护2的短路电流数值几乎是一样的。因此，希望k_2短路时保护2能动作，而k_1点短路时又不动作的

要求就不可能同时得到满足。为解决这个矛盾，通常是优先保证动作的选择性，即从保护装置起动参数的整定上保证下一条线路出口处短路时不起动，这又称为按躲开下一条线路出口处短路的条件整定。

通过保护装置的短路电流 I_k 的最大方式，称为系统最大运行方式；通过保护装置的短路电流 I_k 的最小方式，称为系统最小运行方式。如图 6-11 所示，Ⅰ 为最大运行方式（机组最多，短路容量最大），Ⅱ 为最小运行方式（机组最小，短路容量最小）。

要保证选择性，对保护 2，其动作电流 $I_{set.2}^{I}$，必须整定得大于 k_1 点可能出现的最大短路电流 $I_{k.l.max}$，即：$I_{set.2}^{I} > I_{k.l.max}$。为了保证可靠性，留有一定的裕量，引入可靠系数

$$I_{set.2}^{I} = K_{rel}^{I} I_{k.l.max} \tag{6-1}$$

式中，K_{rel}^{I} 为可靠系数，$K_{rel}^{I} = 1.2 \sim 1.3$。

同样，$I_{set.1}^{I} = K_{rel}^{I} I_{k.c.max}$。

这种保证选择性的整定方法无法保护线路全长。为了校验该保护反应于本线路故障的能力，要看 I_{set}^{I} 与 I_{kmin} 的交点的范围。如图 6-11 中，实际真正可保护的范围为 $l_{2\%}$，不得小于线路全长的 15% ~ 20%，一般均采用最小运行方式下的两相短路时的速断保护范围（为最小）来校验。

（2）限时电流速断保护

由于有选择性的电流速断保护不能保护本线路的全长，因此可考虑增加一段带时限动作的保护，用来切除本线路上速断保护范围以外的故障，同时也能作为速断保护的后备，这就是限时电流速断保护。

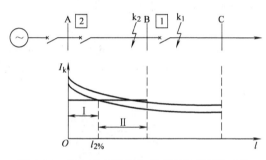

图 6-11　最大最小运行方式下保护范围的变化

对这个保护的要求，首先是在任何情况下能保护本线路的全长，并且具有足够的灵敏性；其次是在满足上述要求的前提下，力求具有最小的动作时限；在下级线路短路时，保证下级保护优先切除故障，满足选择性要求。

如保护 2，原来已经有第一段（Ⅰ段）保护，整定 2 的第二段（Ⅱ段）保护为

$$I_{set.2}^{II} = K_{rel}^{II} I_{set.1}^{I} \tag{6-2}$$

式中，$K_{rel}^{II} = 1.1 \sim 1.2$，即以保护 1 的第一段电流保护区末端短路时不动为整定原则。

因此二段保护的范围延伸到了保护 1 的保护区。为了防止在 k_1 短路时，保护 2 的二段保护与 1 的一段保护同时动作，从而导致停电范围增大即为保证选择性，所以保护 2 的二段保护的动作时间 t_2^{II} 要比保护 1 的第一段要晚一个时间级差 Δt。$\Delta t = 0.3 \sim 0.6s$，通常取 $\Delta t = 0.5s$。

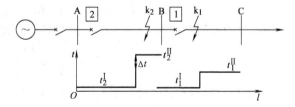

图 6-12　限时电流速断保护与电流速断保护的配合

这样，在 k_1 短路时，保护 1 的第一段先动作，切除故障，线路电流立即变小，保护 2 的第二段保护就不会动作了。当故障发生在保护 2 电流速断的范围以内时，则将以 t_2^{I} 的时间被切除，而当故障发生在速断的范围以外同时又在线路 A—B 以内时，则将以 t_2^{II} 的时间

被切除，如图 6-12 所示。

为了保证第二段保护能保护线路全长，用二段灵敏度系数衡量，即

$$K_{\text{sen}}^{\text{II}} = \frac{I_{\text{k. B. min}}}{I_{\text{set. 2}}^{\text{II}}} \geqslant 1.3 \sim 1.5 \tag{6-3}$$

式中，$I_{\text{k. B. min}}$ 为母线 B 两相短路的最小短路电流（最小方式的两相短路电流）；$K_{\text{sen}}^{\text{II}} \geqslant 1.3 \sim 1.5$，为合格，即能保护线路全长；如 $K_{\text{sen}}^{\text{II}}$ 不满足要求时，可减小动作电流，同时延长动作延时（即与下一级第二段配合），达到提高灵敏度的目的。

（3）定时限过电流保护

如果出现最恶劣的情况，如开关（断路器）拒动（如有机械故障等）或第一、二段保护拒动，要清除故障，保护 2 还应该装设第三段（Ⅲ段）保护（保护 1 开关拒动，保护 2 作为远后备），应对 l_1 线路末端最小短路电流有足够的灵敏度。即保护 2 的第三段保护不仅能保护本线路 l_2 全长，而且也能保护相邻下一线路 l_1 的全长，起到后备保护的作用——近后备和远后备。第三段保护的整定原则：按躲开最大负荷电流来整定，即动作电流应该大于该线路的最大负载电流 $I_{l.\,\text{max}}$，即

$$I_{\text{set}}^{\text{III}} > I_{l.\,\text{max}} \rightarrow I_{\text{set}}^{\text{III}} = K_{\text{rel}}^{\text{III}} I_{l.\,\text{max}} \tag{6-4}$$

由于电动机负荷在起动时电流比最大负载电流大，因此上述整定原则对于有电动机负荷的情况可能出现误动，特别是短路切除后电动机负载的自起动电流大，容易导致误动。如图 6-13 所示。

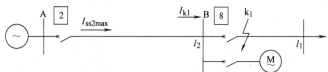

图 6-13 定时限过电流保护原理—应躲开电动机最大起动电流

现在分析 k_1 短路时，保护 2 的三段动作情况：

在 k_1 短路时 $U_1 \downarrow$，电动机 M 减速，短路电流 I_{k1} 流过 1 和 2。保护 1 一段动作，断开开关 1 切除故障。当然保护 2 的三段也起动了，但时刻未到，因此保护 2 不动作跳闸。但是，故障去掉后，$U_1 \uparrow$，电动机会自起动，自起动电流 $I_{\text{ss. max}}$ 流过 2，由于 $I_{\text{ss. max}} > I_{l.\,\text{max}}$，引入自起动系数 K_{ss}，即 $I_{\text{ss. max}} = K_{\text{ss}} I_{l.\,\text{max}}$。从选择性来看，保护 2 的三段不应该跳闸，应该返回静止状态，因此要求保护 2 的三段电流继电器的返回电流

$$I_{\text{re. 2}} > I_{\text{ss. 2. max}} \rightarrow I_{\text{re. 2}} = K_{\text{rel}}^{\text{III}} I_{\text{ss. 2. max}} = K_{\text{rel}}^{\text{III}} K_{\text{ss}} I_{l.\,2.\,\text{max}} \tag{6-5}$$

引入继电器的返回系数 K_{re}——返回电流与起动电流的比值，$K_{\text{re}} = I_{\text{re}} / I_{\text{set}}$。因此

$$I_{\text{set. 2}}^{\text{III}} = \frac{I_{\text{re}}}{K_{\text{re}}} = \frac{K_{\text{rel}}^{\text{III}} K_{\text{ss}}}{K_{\text{re}}} I_{l.\,2.\,\text{max}} \tag{6-6}$$

式中，$K_{\text{rel}}^{\text{III}}$ 为可靠系数，一般采用 $1.15 \sim 1.25$；K_{re} 一般取 0.85；K_{ss} 数值大于 1，由网络接线和负荷性质决定，如 1.3，1.5 等。

从上述公式可以看出，一般来说有

$$I_{\text{set}}^{\text{III}} < I_{\text{set}}^{\text{II}} < I_{\text{set}}^{\text{I}} \tag{6-7}$$

从电流保护来看，有三段保护好，但并不是每一个开关都要装三段保护，如果开关为最末一级，则可以不装三段保护，只需一段保护即可，这时一段保护的动作电流按第三段原则

整定，时限为 0s，这样可以做到灵敏度高，动作快。

讲到这里，对线路三段式电流保护做一下评论。

（4）对三段式电流保护的评论

电流速断保护、限时电流速断保护和过电流保护总称为三段式电流保护。它们的共同点都是反应于电流升高而动作的保护；不同点主要在于按照不同的原则来选择起动电流和动作时限。速断是按照躲开本线路末端的最大短路电流来整定；限时速断是按照躲开下级各相邻元件电流速断保护的最大动作范围来整定；而过电流保护则是按照躲开本元件最大负荷电流来整定。

由于电流速断不能保护线路全长，限时电流速断又不能作为相邻元件的后备保护，因此为保证迅速而有选择性地切除故障，常常将电流速断保护、限时电流速断保护和过电流保护组合在一起，构成三段式电流保护，也称阶段式电流保护。其特点是：

1）Ⅰ、Ⅱ 段保护是根据短路电流整定的，Ⅲ 段是根据负荷电流整定的，所以Ⅲ与Ⅰ、Ⅱ有本质不同。

2）Ⅰ、Ⅱ 段，$t^{\mathrm{I}} = 0''$，$t^{\mathrm{II}} = 0.5''$ 或 $1''$。但Ⅲ段时限不定，可能为 0，也可能很长。所以Ⅰ、Ⅱ 段电流保护之间有时限配合关系，也有整定关系，但Ⅰ、Ⅱ与Ⅲ之间关系不大。

3）故障越靠近电源，$I_{\mathrm{k}} \uparrow \uparrow$，但第Ⅲ段的时限越长，这是第Ⅲ段的大缺点，所以设计电流速断和限时电流速断为本线路主保护以快速切除故障，用过电流保护作为本线路和相邻线路的后备保护。

4）K_{sen} 的配合：对于同一个故障，要求越靠近故障点，K_{sen} 越大，这是自然就满足的。例如，k_1 点短路，$K_{\mathrm{sen}.1} > K_{\mathrm{sen}.2} > K_{\mathrm{sen}.3} > \cdots$（因为越靠近电源，短路电流越大）。

2. 双侧电源网络相间短路的方向性电流保护

事实上，单侧电源网络相间短路的方式并不多见。如果遇到双侧电源网络相间短路怎么办？下面详细讨论这个问题。

（1）双侧电源网络和方向性电流保护

在高压复杂电网中，由若干条线路组成的输电线路两侧都有电源，这就是双侧电源网络。若采用前面所述的简单电流保护将在保护的选择性上产生问题。例如在图 6-14 所示的功率方向过电流保护接线中，由于两侧均有电源，每段线路两侧的断路器上均需装保护装置。按时间阶梯原则设定的定时限过电流时间延迟要求有：$t_1 > t_3 > t_5$ 和 $t_6 > t_4 > t_2$。

当在 k_1 点发生故障时，选择性要求 $t_4 > t_5$。而在 k_2 点发生故障时，选择性要求 $t_5 > t_4$。这显然是矛盾的，同样对 t_2、t_3 也有这样的问题，说明普通的过电流保护不能适应两侧有电源的线路。

图 6-14　功率方向过电流保护接线

现在来分析一下短路电流（短路功率）的特点。由图 6-14 可见：当 k_1 点和 k_2 点分别发生短路时，流经 QF_4 和 QF_5 的短路电流方向是不一样的。由于母线电压相同，即由短路电流方向可确定短路功率方向。当 k_1 点发生短路时，流经 QF_4 的功率方向是从线路流向母线；流经 QF_5 的功率方向是从母线流向线路。而当 k_2 点发生短路时，流经 QF_4 的功率方向是从母线流向线路；流经 QF_5 的功率方向是从线路流向母线，短路功率方向正好与 k_1 点发生短路相反。

定义一个短路功率的正方向，以短路功率从母线流向线路为正，反之为负。由此，可以在电流保护可能发生失去选择性的线路保护上，再附加一个元件（或保护判别功能），使在判别功率方向为正时，开放电流保护，使保护在检测到故障发生时正确动作；而在判别功率方向为负时，闭锁电流保护，使电流保护虽然检测到故障发生，但被闭锁而不动作。

（2）方向性电流保护的应用特点

在具有两个以上电源的网络中，在线路两侧的保护中必须加装功率方向元件，组成方向性保护才有可能保证各保护之间动作的选择性。但当继电保护中应用方向元件以后将使接线复杂、投资增加，同时保护安装地点附近正方向发生三相短路时，由于母线电压降低至零，方向元件将失去判别的依据，从而导致整套保护装置拒动，方向保护存在动作的"死区"。在方向性电流保护应用时，如果能用电流整定值保证选择性，就不加方向元件。什么情况下可以取消方向元件，需要根据具体电力系统的整定计算决定。另外，由于有多个电源存在，短路点到电源之间的线路上流过的短路电流大小可能不同，上下级保护的整定值配合会出现新的问题。

1）电流速断保护可以取消方向元件的情况。在电流速断保护中，本来其保护范围就短，若在系统最小运行方式下发生三相短路，再除去方向继电器的动作死区，速断保护能够切除故障的范围就更小，甚至没有保护范围。因此，在电流速断保护中，能用电流整定值保证选择性的，尽量不加方向元件；线路两端的保护，能在一端保护中加方向元件后满足选择性要求的，不在两端保护中加方向元件。

双侧电源线路上电流速断保护的整定如图6-15所示。在图6-15所示的双侧电源网络中线路上各点短路时两侧电源供给短路点短路电流的分布

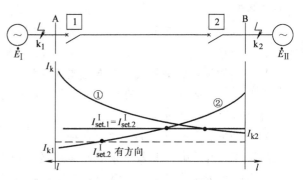

图6-15 双侧电源线路上电流速断保护的整定

曲线中，曲线①为由电源 $\dot{E}_{\mathrm{I}}$ 流过线路供给短路点的电流，曲线②为由 $\dot{E}_{\mathrm{II}}$ 流过线路供给短路点的电流，由于两侧电源容量不同，因此电流的大小也不同。对应用于双侧电源线路上的电流速断保护，当任一侧区外相邻线路出口处，如图6-15中的 k_1 点和 k_2 点短路时，短路电流 I_{k1} 和 I_{k2} 要同时流过两侧的保护1、2，此时按照选择性的要求，两个保护均不应动作，因而两个保护的起动电流都应按躲开较大的一个短路电流进行整定，例如当 $I_{k2.\,max} > I_{k1.\,max}$ 时，则应取

$$I_{\mathrm{set.\,1}}^{\mathrm{I}} = I_{\mathrm{set.\,2}}^{\mathrm{I}} = K_{\mathrm{rel}}^{\mathrm{I}} I_{\mathrm{k2.\,max}} \qquad (6\text{-}8)$$

这样整定的结果，虽然保证了选择性，但使位于小电源侧保护2的保护范围缩小。当两端电源容量的差别越大时，对保护2的这种影响就越大。

为了增大小电源侧保护的保护范围，就需要在保护2处装设方向元件，使其只当电流从母线流向被保护线路时才动作，这样保护2的起动电流就可以按照躲开正方向 k_1 点短路来整定，应取

$$I_{\text{set.2}}^{\text{I}} = K_{\text{rel}}^{\text{I}} I_{\text{k1. max}} \tag{6-9}$$

如图 6-15 中的虚线所示，其保护范围较前增加了很多。

需要说明，在上述情况下，保护 1 处无需装设方向元件，因为它从定值上已经可靠地躲开了反方向短路时流过保护的最大短路电流 $I_{\text{k1. max}}$。

2）限时电流速断保护整定时分支电路的影响。对应用于双侧网络中的限时电流速断保护，其基本的整定原则仍应与下一级保护的电流速断保护相配合，但需要考虑保护安装地点与短路点之间有电源或线路（通称为分支电路）的影响，可归纳为如下两种典型情况进行分析：

① 助增电流的影响。有助增电流时，限时电流速断保护的整定如图 6-16 所示。当在 k 点短路时，故障线路中的短路电流 $\dot{I}_{\text{B-C}}$ 由两个电源供给，其值为 $\dot{I}_{\text{B-C}} = \dot{I}_{\text{A-B}} + \dot{I}_{\text{AB}}'$ 将大于 $\dot{I}_{\text{A-B}}$。

通常称 A' 为分支电源，这种分支电源使故障线路电流增大的现象，称为助增。有助增以后的短路电流分布曲线亦示于图 6-16 中。

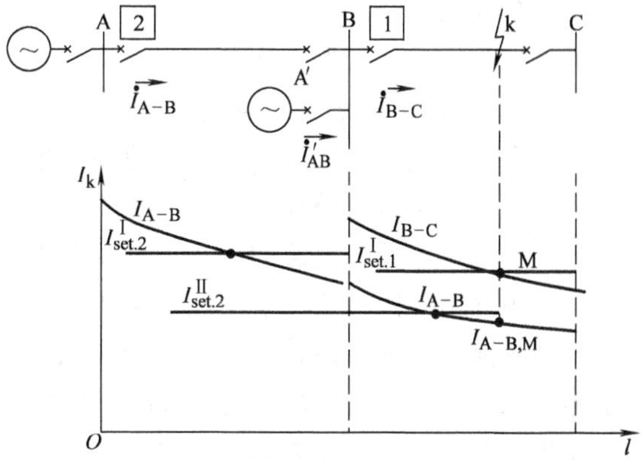

此时保护 1 电流速断的整定值仍按躲开相邻线路出口短路整定为 $I_{\text{set.1}}^{\text{I}}$，其保护范围末端位于 M 点，该点为保护的配合点，保护 2 限时速断的动作电流应大于在 M 点短路时流过保护 2 的短路电流 $I_{\text{A-B. M}}$，因此保护 2 限时电流速断的整定值应为

$$I_{\text{set.2}}^{\text{II}} = K_{\text{rel}}^{\text{II}} I_{\text{A-B. M}} \tag{6-10}$$

图 6-16　有助增电流时，限时电流速断保护的整定

流过保护 2 的短路电流 $I_{\text{A-B. M}}$ 值小于流过保护 1 电流速断的动作电流 $I_{\text{set.1}}^{\text{I}} = I_{\text{B-C. M}}$。为了在已知下级电流速断的整定值时，求得上级限时电流速断的整定值，引入分支系数 K_{b}，定义为

$$K_{\text{b}} = \frac{\text{故障线路流过的短路电流}}{\text{前一级保护所在线路上流过的短路电流}} \tag{6-11}$$

在图 6-16 中，整定配合点 M 处的分支系数为

$$K_{\text{b}} = \frac{I_{\text{B-C. M}}}{I_{\text{A-B. M}}} = \frac{I_{\text{set.1}}^{\text{I}}}{I_{\text{A-B. M}}} \tag{6-12}$$

代入式（6-10），则得

$$I_{\text{set.2}}^{\text{II}} = \frac{K_{\text{rel}}^{\text{II}}}{K_{\text{b}}} I_{\text{set.1}}^{\text{I}} \tag{6-13}$$

与单侧电源线路的整定式（6-2）相比，分母上多了一个大于 1 的分支系数。

② 外汲电流的影响。有外汲电流时，限时电流速断保护的整定如图 6-17 所示。分支电路为一并联的线路，此时故障线路中的电流 $\dot{I}_{\text{B-C}}'$ 将小于 $\dot{I}_{\text{A-B}}$，其关系为 $\dot{I}_{\text{A-B}} = \dot{I}_{\text{B-C}}' + \dot{I}_{\text{B-C}}''$，这种使故障线路中电流减小的现象，称为外汲。此时分支系数 $K_{\text{b}} < 1$，短路电流的分布曲线亦画于图 6-17 中。有外汲电流影响时的分析方法同于有助增电流的情况，限时电流速断的起动电流仍应按式（6-13）整定。

当变电所 B 母线上既有电源又有并联的线路时，其分支系数可能大于 1，也可能小于 1，此时应根据实际可能的运行方式，确保选择性，选取分支系数的最小值进行整定计算。对单侧电源供电的单回线路 $K_b = 1$，是一种特殊情况。

3. 输电线纵联电流差动保护

（1）纵联电流差动保护原理

反映线路两侧的电气量，可以快速、可靠地区分本线路内部任意点短路与外部短路，达到有选择、快速地切除全线路任意点短路的目的，为此需要将线路一侧电气量信息传到另一侧去，两侧的电气量同时比较、联合工作，也就是说，在线路两侧之间发生

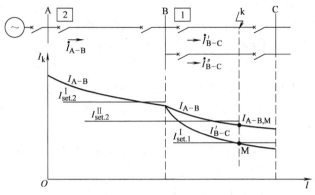

图 6-17　有外汲电流时，限时电流速断保护的整定

纵向的联系，以这种方式构成的保护称为输电线路的纵联保护。这个原理十分重要，本课程涉及的变压器、发电机差动保护及涉及不到的高频、母线保护，都来源于这一原理。

电流相量不但反映电流的大小而且反映电流的方向。根据基尔霍夫电流定律（KCL）可知：对于图 6-18b 所示的一个中间既无电源（电流注入）又无负荷（电流流出）的正常运行或外部故障的输电线路，在不考虑分布电容和电导的影响时，任何时刻其两端电流相量和等于零，数学表达式为 $\sum \dot{I} = 0$。当线路发生内部故障时，如图 6-18a 所示，在故障点有短路电流流出，若规定电流正方向为由母线流向线路，不考虑分布电容影响，两端电流相量和等于流入故障点的电流 $\dot{I}_{k1}$。区内、外短路及正常运行时线路两端电流相量和见表 6-1。

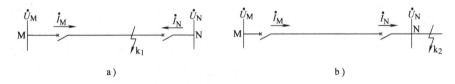

图 6-18　双端电源线路区内、外故障示意

a）内部故障　b）外部故障

表 6-1　两端电流相量和

区 内 故 障	区 外 故 障
$\sum \dot{I} = \dot{I}_M + \dot{I}_N = \dot{I}_{k1}$	$\sum \dot{I} = \dot{I}_M + \dot{I}_N = 0$

利用输电线路两端电流波形和电流相量和的特征可以构成纵联电流差动保护。发生区内短路时，如图 6-18a 所示，$\sum \dot{I} = \dot{I}_M + \dot{I}_N = \dot{I}_{k1}$；在正常运行和外部短路时，$\sum \dot{I} = \dot{I}_M + \dot{I}_N = 0$，但由于受电流互感器误差、线路分布电容等因素的影响，实际上其值不为零。此时电流差动保护的动作判据实际上为

$$| \dot{I}_M + \dot{I}_N | \geqslant I_{set} \tag{6-14}$$

式中，$| \dot{I}_M + \dot{I}_N |$ 为线路两端电流的相量和；I_{set} 为门限值。

（2）影响纵联电流差动保护正确动作的因素

1）电流互感器的误差和不平衡电流。由纵联电流差动保护的原理可知，在外部短路情况下，输电线两侧一次电流虽然大小相等，方向相反，其和为零，但由于电流互感器传变的幅值误差和相位误差，使其二次电流之和不再等于零（此电流也就是不平衡电流），保护可能进入动作区，误将线路断开。不平衡电流是由于两侧电流互感器的磁化特性不一致，励磁电流不等造成的。为了保证纵联电流差动保护的选择性，差动继电器的起动电流必须躲开最大的不平衡电流。因此，一切差动保护的中心问题就是如何减少不平衡电流。为减少不平衡电流，输电线路两端应采用型号相同、磁化特性一致、铁心截面积较大的高精度的电流互感器，在必要时，还可采用铁心磁路中有小气隙的电流互感器。

2）输电线路的分布电容电流及其补偿措施。由于线路分布电容的影响，正常运行和外部短路时线路两端电流之和不为零，而为线路电容电流。对于较短的高压架空线路，电容电流不大，线路两侧电流之和不大，纵联电流差动保护可用不平衡电流的门限值躲开它。但对于高压长距离架空输电线路或电缆线路，充电电容电流很大，若还用门限值躲开它，将极大地降低灵敏度，所以通常采用电压测量来补偿电容电流。

3）负荷电流对纵联电流差动保护的影响。传统的纵联电流差动保护比较的是线路两侧的全电流，而全电流是非故障状态下负荷电流和故障电流分量的叠加，在一般的内部短路情况下可以满足灵敏度的要求。但是当区内发生经大过渡电阻短路时，因为故障电流分量与负荷电流相差不是很大，负荷电流为穿越性电流，对两侧全电流的大小及相位有影响，降低了保护的动作灵敏度，使得纵联电流差动保护允许过渡电阻的能力有限。

4. 线路的距离保护

（1）距离保护的概念

电流、电压保护的主要优点是简单、经济、可靠，在 35kV 及以下电压等级的电网中得到了广泛的应用。但是由于它们的定值选择、保护范围以及灵敏度等受系统运行方式变化的影响较大，难以应用于更高电压等级的复杂网络中。为满足更高电压等级复杂网络快速、有选择性地切除故障元件的要求，必须采用性能更加完善的继电保护装置，距离保护就是其中的一种。距离保护是利用短路时电压、电流同时变化的特征，测量电压与电流的比值，反映故障点到保护安装处的距离而工作的保护。其基本工作原理可以用图 6-19 来说明。

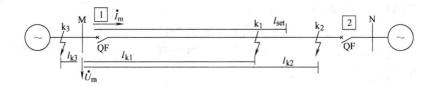

图 6-19　距离保护基本工作原理

按照继电保护选择性的要求，安装在线路两端的距离保护仅在线路 MN 内部故障时，保护装置才应该立即动作，将相应的断路器跳开，而在保护区的反方向或本线路之外正方短路时，保护装置不应动作。与电流速断保护一样，为了保证在下级线路的出口处短路时保护不误动作，在保护区的正方向（对于线路 MN 的 M 侧保护来说，正方向就是由 M 指向 N 的方向）上设定一个小于本线路全长的保护范围，用整定距离 l_{set} 来表示。当系统发生短路故障时，首先判断故障的方向，若故障位于保护区的正方向上，则设法测出故障点到保护安装处

的距离 l_k，并将 l_k 与 l_{set} 相比较，若 l_k 小于 l_{set}，说明故障发生在保护范围之内，这时保护应立即动作，跳开对应的断路器；若 l_k 大于 l_{set}，说明故障发生在保护范围之外，保护不应动作，对应的断路器不会跳开。若故障位于保护区的反方向上，则无需进行比较和测量，直接判为区外故障而不动作。

通过判断故障方向，测量并比较故障距离，判断出故障位于保护区内还是位于保护区外，从而决定是否需要跳闸，实现保护。在一般情况下，距离保护可以通过测量短路阻抗的方法来间接地测量和判断故障距离。

（2）测量阻抗与故障距离的关系

在距离保护中，通常用 Z_m 来表示测量阻抗，它定义为保护安装处测量电压 $\dot{U}_m$ 与测量电流 $\dot{I}_m$ 之比，即

$$Z_m = \frac{\dot{U}_m}{\dot{I}_m} \tag{6-15}$$

式中，Z_m 为一复数，可以表示为

$$Z_m = \mid Z_m \mid \underline{/\varphi_m} = R_m + jX_m \tag{6-16}$$

式中，$\mid Z_m \mid$ 为测量阻抗的阻抗值；φ_m 为测量阻抗的阻抗角；R_m 为测量阻抗的实部，称为测量电阻；X_m 为测量阻抗的虚部，称为测量电抗。

电力系统在正常运行时，$\dot{U}_m$ 近似为额定电压，$\dot{I}_m$ 为负荷电流，Z_m 为负荷阻抗。负荷阻抗的量值较大，其阻抗角为数值较小的功率因数角（一般功率因数为不低于 0.9，对应的阻抗角不大于 25.8°），阻抗性质以电阻性为主，如图 5-20 中的 Z_L 所示。

当电力系统发生金属性短路时，$\dot{U}_m$ 降低，$\dot{I}_m$ 增大，Z_m 变为短路点与保护安装处之间的线路阻抗 Z_k。对于具有均匀参数的输电线路来说，如果忽略影响较小的分布电容和电导，要求 Z_k 与短路距离 l_k 成线性正比关系，即

$$Z_m = Z_k = z_1 l_k = (r_1 + jx_1) l_k \tag{6-17}$$

式中，z_1 为单位长度线路的复阻抗；r_1、x_1 分别为单位长度线路的正序电阻和电抗（Ω/km）。

短路阻抗的阻抗角就等于输电线路的阻抗角，数值较大（对于 220kV 及以上电压等级的线路，阻抗角一般不低于 75°），阻抗性质以电感性为主。当短路点分别位于图 6-19 中的 k_1、k_2 和 k_3 点时，对应的短路阻抗分别如图 6-20 中的 Z_{k1}、Z_{k2} 和 Z_{k3} 所示。

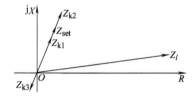

图 6-20　负荷阻抗与短路阻抗

根据在上述不同情况下测量阻抗 Z_m 的幅值和相位"差异"，保护就能够"区分"出系统是否出现故障、故障发生在区内还是区外。与图 6-19 中整定长度 l_{set} 相对应的阻抗为

$$Z_{set} = z_1 l_{set} \tag{6-18}$$

式中，Z_{set} 为整定阻抗。

在线路阻抗的方向上，比较 Z_m 和 Z_{set} 的大小，就可以实现 l_k 与 l_{set} 的比较。Z_m 大于 Z_{set} 时，说明 l_k 大于 l_{set}，故障在保护区之外；反之，Z_m 小于 Z_{set} 时，说明 l_k 小于 l_{set}，故障在保护区内。

（3）距离保护中的问题分析

距离保护中要注意哪些问题呢？

1）短路点过渡电阻对距离保护的影响。在实际情况下，电力系统的短路一般都不是金属性的，而是在短路点存在过渡电阻。过渡电阻的存在，将使距离保护的测量阻抗、测量电压等发生变化，有可能造成距离保护的不正确工作。

什么是过渡电阻？短路点的过渡电阻 R_g 是指当接地短路或相间短路时，短路点电流经由相导线流入大地后流回中性点或由一相流到另一相的路径中所通过物质的电阻，包括电弧电阻、中间物质的电阻、相导线与大地之间的接触电阻、金属杆塔的接地电阻等。

单侧电源线路上过渡电阻对距离保护的影响是什么？在没有助增和外汲的单侧电源线路上，如图 6-21a 所示，过渡电阻中的短路电流与保护安装处的电流为同一电流，这时保护安装处测量电压和测量电流的关系可以表示为

$$\dot{U}_m = \dot{I}_m Z_m = \dot{I}_m (Z_k + R_g) \tag{6-19}$$

式中，$Z_m = Z_k + R_g$，R_g 的存在总是使继电器的测量阻抗值增大，阻抗角变小，保护范围缩小。

当 B 与 C 之间的线路始端 B 经过渡电阻 R_g 短路时，B 处保护的测量阻抗为 $Z_{m.2} = R_g$，而 A 处保护的测量阻抗为 $Z_{m.1} = Z_{AB} + R_g$，当 R_g 的数值较大，如图 6-21b 所示，就可能出现 $Z_{m.2}$ 超出其 I 段范围，而 $Z_{m.1}$ 仍位于其 II 段范围内的情况。此时 A 处的 II 段保护动作切除故障，从而失去了选择性，同时也降低了动作的速度。

由图 6-21b 可见，保护装置距短路点越近时，受过渡电阻影响越大；同时，保护装置的整定阻抗越小（相当于被保护线路越短），受过渡电阻的影响越大。

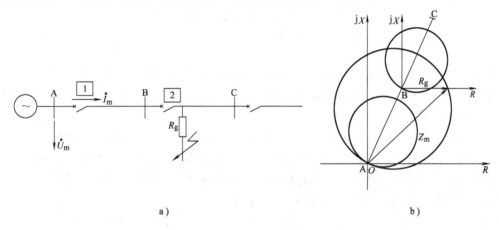

a）　　　　　　　　　　　　　　　　　　b）

图 6-21　单侧电源线路过渡电阻的影响

a）系统示意　b）对不同安装地点的距离保护的影响

双侧电源线路上过渡电阻的影响是什么？在没有助增和外汲的双侧电源线路上，分析过渡电阻对距离保护的影响，如图 6-22a 所示。在两侧电源的情况下，过渡电阻中的短路电流不再是保护安装处的电流，这时保护安装处测量电压和测量电流的关系可以表示为

$$\dot{U}_m = \dot{I}_k' Z_k + (\dot{I}_k' + \dot{I}_k'') R_g = \dot{I}_k' (Z_k + R_g) + \dot{I}_k'' R_g \tag{6-20}$$

令 $\dot{I}_m = \dot{I}_k'$，则继电器的测量阻抗可以表示为

$$Z_m = \frac{\dot{U}_m}{\dot{I}_m} = (Z_k + R_g) + \frac{\dot{I}_k''}{\dot{I}_k'} R_g \tag{6-21}$$

过渡电阻对测量阻抗的影响，取决于对侧电源提供的短路电流大小及 $\dot{I}_k'$、$\dot{I}_k''$ 之间的相位关系，有可能使测量阻抗的实部增大，也有可能减小。若在故障前 M 端为送端，N 侧为受端，则 M 侧电源电动势的相位超前 N 侧。这样，在两端系统阻抗的阻抗角相同的情况下，$\dot{I}_k'$ 的相位将超前 $\dot{I}_k''$，式（6-21）中的 $(\dot{I}_k''/\dot{I}_k')R_g$ 将具有负的阻抗角，即表现为容性的阻抗，它的存在有可能使总的测量阻抗变小。反之，若 M 侧为受端，N 侧为送端，则 $(\dot{I}_k''/\dot{I}_k')R_g$ 将具有正的阻抗角，即表现为感性的阻抗，它的存在总是使测量阻抗变大。在系统振荡加故障的情况下，$\dot{I}_k'$ 与 $\dot{I}_k''$ 之间的相位差可能在 0°～360° 的范围内变化，此时 A 处的测量阻抗落在以 $Z_k + R_g$ 的末端为圆心、以 $|(\dot{I}_k''/\dot{I}_k')R_g|$ 为半径的虚线圆周上。

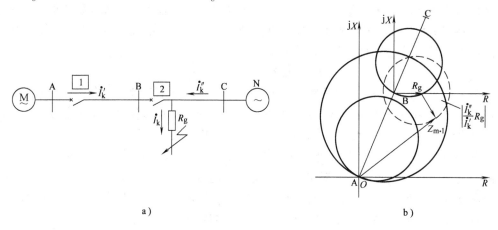

图 6-22 双侧电源线路过渡电阻的影响

a）系统示意 b）对不同安装地点的距离保护的影响

在上述情况下，A 处的总测量阻抗可能会因过渡电阻的影响而减小，严重情况下，可能使测量阻抗落入其距离 I 段保护范围内，造成距离保护其 I 段误动作。也可能造成测量阻抗的增大，使 II 段保护拒动。

2）线路串联补偿电容器对距离保护的影响。在远距离的高压或超高压输电系统中，为了增大线路的传输能力和提高系统的稳定性，可以采用线路串联补偿电容的方法来减小系统间的联络阻抗。串联补偿电容后，短路阻抗与短路距离之间不再成线性正比关系，在串联补偿电容前和串联补偿电容后发生短路时，短路阻抗将会发生突变，如图 6-23 所示。

短路阻抗与短路距离线性关系的被破坏，将使距离保护无法正确测量故障距离，对其正确工作将产生不利的影响。由图 6-23 可见，串联补偿电容对阻抗继电器测量阻抗的影响，与串联补偿电容的安装位置和容抗的大小有密切的关系。串联补偿电容一般可安装在线路的中部、线路的两端或中间变电所两母线之间。而串联补偿电容容抗的大小，通常用补偿度来描述。补偿度的定义为

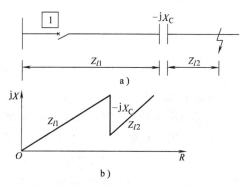

图 6-23 串联补偿电容对短路阻抗的影响

a）系统示意图 b）短路阻抗的变比

$$K_{com} = \frac{X_C}{X_L} \tag{6-22}$$

式中，X_C 为串联补偿电容器的容抗（Ω）；X_L 为被补偿线路补偿前的线路电抗（Ω）。

以串联补偿电容安装于线路一侧的情况为例，来说明它对距离保护的影响。在图 6-24 所示的示例中，串联补偿电容安装在线路 B—C 的始端。假定在图示系统的 k 点发生短路、各阻抗继电器采用方向特性。保护 3 感受到的测量阻抗就等于补偿电容的容抗，则测量阻抗将落在其动作区之外，保护 3 拒动；保护 2 的阻抗继电器感受到的测量阻抗为反向补偿电容的容抗值，呈正向纯电感性质，落在其动作区域之内，所以保护 2 可能误动作；保护 1 感受到的测量阻抗将是线路 A—B 的阻抗与电容容抗之和，总阻抗值减小，也可能会落入其动作区，导致保护 1 误动作；而保护 4 的测量阻抗不受串联补偿电容的影响，所以保护 4 的动作不会受到影响，但如果故障发生在串联补偿电容的左侧保护 4 也有可能误动。

图 6-24　串联电容对距离保护影响的示例

3）短路电压、电流中的非工频分量对距离保护影响。电力系统短路的电磁暂态过程，是指系统从故障前的正常运行状态向短路后的故障状态过渡的过程，一般这个过程从几十毫秒到上百毫秒。在这个过渡过程中，系统中的电压和电流不仅会有工频量幅值和相位的变化，而且还会含有大量的非工频暂态分量，包括：其大小与短路发生的瞬间密切相关、衰减常数取决于系统 R、L、C 参数的衰减直流分量；由电路元件参数的非线性引起的谐波分量；由于电压的变化引起分布电容、电感中的电荷将重新分配，会出现充放电以及行波及其折、反射过程中的非周期高频分量等；此外，在这个过渡过程中，电压、电流互感器本身也有一个过渡过程，也会产生一定的非工频分量。

前面介绍的距离保护，其原理是以工频正弦量为基础设计的，即假定保护测量到的电流和电压都是工频正弦量。然而实际上对距离保护来说，不会等到暂态过程结束后只有工频分量时才动作，而是使用暂态过程中的电压、电流进行计算，并要做出是否动作的判断，因而必须分析暂态过程中的各种分量对基于工频量保护的动作影响，并采取措施消除这些影响。

还有如衰减直流分量对距离保护的影响，谐波及高频分量对距离保护的影响等，这些也都有可能导致出现错误的比相结果，造成距离保护的不正确工作。

※5. 零序电流保护

（1）中性点直接接地系统中接地短路的零序电流及方向保护

1）接地短路时零序电压、电流分布。在中性点直接接地系统中，发生一点接地就构成接地短路回路，故障相中流过很大短路电流，故又称为大电流接地系统。中性点不接地或经消弧线圈接地的电网发生单相接地故障时，由于不能构成回路，或短路回路中阻抗很大，因而故障电流很小，故又称为小电流接地系统。

统计资料表明，在中性点直接接地电网中，接地故障占故障总次数的 90% 以上。因此，接地短路保护是高压电网中的重要保护之一。当中性点直接接地的电网（又称大接地电流系统）中发生接地短路时，将出现很大的零序电流，而在正常运行情况下它们是不存在的，因此利用零序电流来构成接地短路的保护，就具有显著的优点。

在电力系统中发生接地短路时，可以利用对称分量法将电流和电压分解为正序、负序和零序分量，并利用复合序网来表示它们之间的关系。接地短路计算的零序等效网络如图 6-25 所示，零序电流可以看成是在故障点出现一个零序电压 U_{k0} 而产生的，它必须经过变压器接地的中性点构成回路。

① 零序电流。由于零序电流是由零序电压 $\dot{U}_{k0}$ 产生的，当忽略回路的电阻时，按照规定的正方向画出零序电流和电压的相量图，如图 6-25d 所示，$\dot{I}_0'$ 和 $\dot{I}_0''$ 将超前 $\dot{U}_{k0}$ 90°，而当计及回路电阻时，例如取零序阻抗角为 $\varphi_{k0} = 80°$，如图 6-25e 所示，$\dot{I}_0'$ 和 $\dot{I}_0''$ 将超前 $\dot{U}_{k0}$ 100°。零序电流的分布，主要决定于送电线路的零序阻抗和中性点接地变压器的零序阻抗，而与电源的数目和位置无关，如图 6-25a 中，当变压器 T_2 的中性点不接地时，则 $I_0'' = 0$。

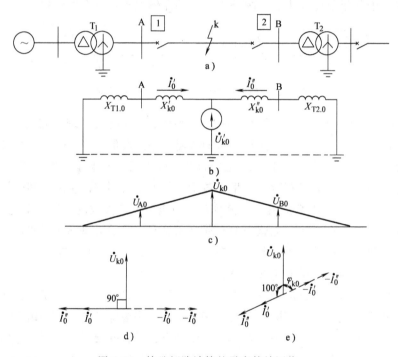

图 6-25 接地短路计算的零序等效网络

a) 系统接线　b) 零序网络　c) 零序电压分布　d) 忽略电阻的相量图　e) 计及电阻的相量图

② 零序电压。零序电源在故障点且故障点的零序电压最高，系统中距离故障点越远则零序电压越低，该零序电压取决于测量点到大地间阻抗的大小。零序电压的分布如图 6-25c 所示。在电力系统运行方式变化时，如果送电线路和中性点接地变压器位置、数目不变，则零序阻抗和零序等效网络就是不变的。但此时，系统的正序阻抗和负序阻抗要随着运行方式而变化，这将引起故障点正、负、零序三序电压之间分配的改变，因而间接影响零序分量的大小。

③ 零序电压和电流的关系。从任一保护（如保护 1）安装处的零序电压与零序电流之间的关系看，由于 A 母线上的零序电压 $\dot{U}_{A0}$ 实际上是从该点到零序网络中性点之间零序阻抗上的电压降，因此可以表示为

$$\dot{U}_{A0} = (-I_0')Z_{T1.0} \tag{6-23}$$

式中，$Z_{T1.0}$ 为变压器 T_1 的零序阻抗。

2）零序电流保护。零序电流保护与相间电流保护一样，也可以构成三段式保护。第 I 段为零序电流速断，第 II 段为零序限时电流速断，第 III 段为零序过电流保护。

① 零序电流 I 段（速断）保护。在发生单相或两相接地短路时，可以求出零序电流 $3\dot{I}_0$ 随线路长度 l 变化的关系曲线，然后相似于相间短路电流保护的原则进行整定计算。其工作原理，与反映相间短路故障的电流速断保护相似。

② 零序电流 II 段保护。零序 II 段保护的工作原理与相间短路限时电流速断保护一样，应与相邻线路零序 I 段保护范围的末端 M 点相配合整定，并带有高出一个 Δt 的时限，以保证动作的选择性。

③ 零序电流 III 段保护。零序 III 段保护的作用相当于相间短路的过电流保护，在一般情况下是作为后备保护使用的，但在中性点直接接地系统中的终端线路上，它也可以作为主保护使用。

④ 方向性零序电流保护。与双电源电网反应于相间短路的电流保护相似，常常也需要加装方向元件，构成零序电流方向保护。加装方向元件后，利用正方向和反方向故障时，零序功率方向的差别，来闭锁可能误动的保护，才能保证动作的选择性。

（2）中性点非直接接地系统中单相接地故障的零序电压、电流及保护

中性点非直接接地系统中发生单相接地时也会出现零序电流和电压，因此也可以构成零序保护。由于中性点不接地系统发生单相接地时故障点电流很小，而且三相之间的相间电压仍然对称，不影响对负荷的正常供电，故通常不要求线路的零序保护动作于跳闸。但是在单相接地后，非故障相对地电压要升高，为防止故障进一步发展，应使运行人员及时知道系统有接地故障发生，为此，对中性点不直接接地电网仍需装设零序保护，一般动作于信号。但当单相接地对人身或设备的安全有危害时，零序保护应动作于跳闸。

1）中性点不接地系统单相接地故障的特点。在图 6-26 所示的简单网络接线中，电源和负荷的中性点均不接地。在正常运行情况下，三相对地有相同的电容 C_0，在相电压 U_ϕ 的作用下，每相都有一超前于相电压 $90°$ 的电容电流 $U_\phi \omega C_0$ 流入地中，而三相电容电流之和等于零。即

$$\dot{I}_A + \dot{I}_B + \dot{I}_C = 0 \qquad \dot{I}_A = \dot{I}_B = \dot{I}_C = \dot{U}_\phi \omega C_0 \qquad (6\text{-}24)$$

假设 A 相发生单相接地短路（见图 6-27），各相对地的电压为

$$\left. \begin{aligned} \dot{U}_{Ak} &= 0 \\ \dot{U}_{Bk} &= \dot{E}_B - \dot{E}_A = \sqrt{3}\dot{E}_A \mathrm{e}^{-\mathrm{j}150°} \\ \dot{U}_{Ck} &= \dot{E}_C - \dot{E}_A = \sqrt{3}\dot{E}_A \mathrm{e}^{\mathrm{j}150°} \end{aligned} \right\} \qquad (6\text{-}25)$$

可见，故障相电压为零，非故障相对地电压升高为原来的 $\sqrt{3}$ 倍。因此，故障点 k 的零序电压为

$$\dot{U}_{k0} = \frac{1}{3}(\dot{U}_{Ak} + \dot{U}_{Bk} + \dot{U}_{Ck}) = -\dot{E}_A \qquad (6\text{-}26)$$

各相对地电容电流为

$$\dot{I}_A = 0 \qquad \dot{I}_B = \dot{U}_{Bk}\mathrm{j}\omega C_0 \qquad \dot{I}_C = \dot{U}_{Ck}\mathrm{j}\omega C_0 \qquad (6\text{-}27)$$

其有效值为 $I_B = I_C = \sqrt{3}U_\phi \omega C_0$，其中 U_ϕ 为相电压的有效值。

从接地点流回的电流 $\dot{I}_k = 0$ 为

$$\dot{I}_k = \dot{I}_A + \dot{I}_B + \dot{I}_C = \dot{I}_B + \dot{I}_C = j\omega C_0 (\dot{U}_{Bk} + \dot{U}_{Ck})$$
$$= -3j\omega C_0 E_A = 3j\omega C_0 U_\phi \tag{6-28}$$

其有效值为 $I_k = 3U_\phi \omega C_0$，是正常运行时单相电容电流的 3 倍。

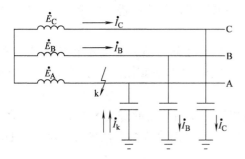

图 6-26 简单网络接线

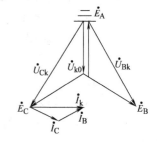

图 6-27 A 相接地时的相量图

什么是消弧线圈？消弧线圈就是一个电感线圈，把它加装在电源中性点，单相接地时用它产生的感性电流，去补偿全部或部分电容电流。这样就可以减少流经故障点的电流，避免在接地点燃起电弧。

假定在图 6-28 所示电网中，在电源中性点接入一消弧线圈。在线路 Ⅱ 上 A 相接地以后，电容电流的大小和分布与不接消弧线圈时是一样的，不同之处是在接地点又增加了一个电感分量的电流 $\dot{I}_L$，因此，从接地点流回的总电流为

$$\dot{I}_k = \dot{I}_L + \dot{I}_{C\Sigma} \tag{6-29}$$

式中，$\dot{I}_{C\Sigma}$ 为全系统的对地电容电流；$\dot{I}_L$ 为消弧线圈的电流，设用 L 表示它的电感，则 $\dot{I}_L = -\dot{E}_A / (j\omega L)$。

由于 $\dot{I}_{C\Sigma}$ 和 $\dot{I}_L$ 相位大约相差 $180°$，因此 $\dot{I}_k$ 将因消弧线圈的补偿而减小。

根据对电容电流的补偿程度不同，消弧线圈可以有完全补偿、欠补偿及过补偿 3 种补偿方式。

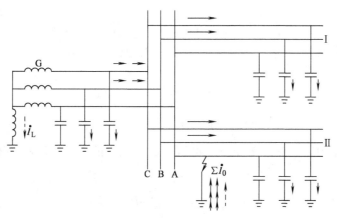

图 6-28 消弧线圈接地电网中，单相接地时的电流分布

2）中性点非直接接地系统中单相接地故障的保护方式。

① 零序电压保护。利用单相接地故障时出现的零序电压，使接于电压互感器开口三角

形上的过电压继电器动作，带延时动作于信号。因装置给出的信号没有选择性，运行人员只能根据信号和 3 个电压表的指示情况判别故障相，而找不出故障线路。

② 零序电流保护。这种保护利用故障线路的零序电流大的特点，来实现有选择性地发出信号或动作于跳闸。该保护一般在有条件安装零序电流互感器的线路上，或在电缆线路或经电缆引出的架空线路上使用。

③ 零序功率方向保护。该保护利用故障线路与非故障线路零序功率方向不同的特点来实现，动作于信号或跳闸。它适用于零序电流保护灵敏度不满足的场合和接线复杂的网络中。

6.2.3　电力变压器保护

1. 电力变压器的纵差动保护

电力变压器的纵差动保护的工作原理相似于输电线路的纵联保护的工作原理。变压器差动保护如图 6-29 所示。变压器在正常运行时，负荷电流总是从一侧流入而从另一侧流出，以电流流入为正、流出为负，则两侧的电流相差 180°，如图 6-29a 所示。在其他设备发生故障而短路电流流过变压器时（称为外部故障），穿越性短路电流仍然与正常运行时一样从一侧流入而从另一侧流出，两侧的电流相位也相差 180°。当变压器内部短路时，自两侧向变压器内部短路点流入短路电流，两侧电流的相位接近同相，如图 6-29b 所示。

2. 电力变压器的瓦斯保护

电力变压器通常是利用变压器油作为绝缘和冷却介质。当变压器油箱内故障时，在故障电流和故障点电弧的作用下，变压器油和其他绝缘材料会受热而分解，产生大量气体。气体排出的多少以及排出速度，与变压器故障的严重程度有关。利用这种气体来实现保护的装置，称为瓦斯保护。反映故障时大的油气流的保护称为重瓦斯保护，重瓦斯保护动作于断路器跳闸。反映线圈匝间短路的较小油气量和变压器漏油的保护称为轻瓦斯保护，轻瓦斯保护仅发信号。

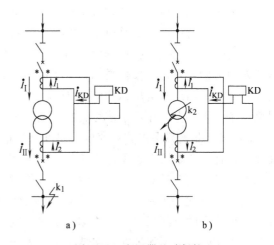

图 6-29　变压器差动保护
a）正常运行及外部故障　b）内部故障

3. 电力变压器的电流、电压保护

为防止变压器差动保护拒动或者对按规定不需要设置差动保护的变压器，可以设置和线路电流保护原理相同的电流保护。对已设置了差动保护的变压器，再安装定时限过电流保护（原理与线路保护Ⅲ段相同），作为变压器的后备保护。对不设置差动保护的变压器，则配置电流速断保护为变压器的主保护，配置定时限过电流保护作为后备保护。

在有些情况下，单纯的电流保护的灵敏性不能满足要求，依照短路时电压下降的特点，增加一个以电压下降为附加判别条件的欠电压闭锁过电流保护。此时，过电流的动作电流整定值可以取得小一点（正常运行时的电动机起动在设计上保证电压不会下降到很低），保护的灵敏度可以提高。检测电流超过动作整定值和欠电压两条件同时满足时，可以判断出有故障发生。

4. 电力变压器保护配置原则

对于变压器内部的某些轻微故障, 灵敏性可能不能满足要求, 因此变压器通常还装设反映油箱内部油、气、温度等特征的非电量保护。此外, 对于某些不正常运行状态, 如果有损伤变压器的可能, 也需要装设专门的保护。根据规程规定, 变压器一般应装设下列保护:

1) 瓦斯保护。瓦斯保护能够保护变压器油箱内的各种轻微故障 (如绕组轻微的匝间短路、铁心烧损等), 但像变压器绝缘子闪络等油箱外面的故障, 瓦斯保护不能反应。规程规定对于容量为 800kV·A 及以上的油浸式变压器和 400kV·A 及以上的车间内油浸式变压器, 应装设瓦斯保护。

2) 纵差动保护或电流速断保护。对于容量为 6300kV·A 及以上的变压器, 以及发电厂厂用变压器和并列运行的变压器, 10000kV·A 及以上的发电厂厂用备用变压器和单独运行的变压器, 应装设纵差动保护。电流速断保护用于对于容量为 10000kV·A 以下的变压器, 当后备保护的动作时限大于 0.5s 时, 应装设电流速断保护。对 2000kV·A 以上的变压器, 当电流速断保护的灵敏性不能满足要求时, 也应装设纵差动保护。

3) 过负荷保护。变压器长期过负荷运行时, 绕组会因发热而受到损伤。对 400kV·A 以上的变压器, 当数台并列运行, 或单独运行并作为其他负荷的备用电源时, 应根据可能过负荷的情况, 装设过负荷保护。过负荷保护接于一相电流上, 并延时作用于信号。对于无经常值班人员的变电所, 必要时过负荷保护可动作于自动减负荷跳闸。对自耦变压器和多绕组变压器, 过负荷保护应能反应于公共绕组及各侧过负荷的情况。

4) 过励磁保护。对频率降低和电压升高而引起变压器过励磁时, 励磁电流急剧增加, 铁心及附近的金属构件损耗增加, 引起高温。长时间或多次反复过励磁, 将因过热而使绝缘老化。因此, 高压侧电压为 500kV 及以上的变压器, 应装设过励磁保护, 在变压器允许的过励磁范围内, 保护作用于信号, 当过励磁超过允许值时, 可动作于跳闸。

5) 其他非电量保护。对变压器温度及油箱内压力升高和冷却系统故障, 应按现行有关变压器的标准要求, 专设可作用于信号或动作于跳闸的非电量保护。为了满足电力系统稳定方面的要求, 当变压器发生故障时, 要求保护装置快速切除故障。通常变压器的瓦斯保护和纵差动保护 (对小容量变压器则为电流速断保护) 已构成了双重化快速保护, 但对变压器外部引出线上的故障只有一套快速保护。当变压器故障而纵差动保护拒动时, 将由带延时的后备保护切除。为了保证在任何情况下都能快速切除故障, 对于大型变压器, 应装设双重纵差动保护。

※6.2.4 发电机保护

1. 发电机定子绕组短路故障的纵、横差动保护

发电机的纵差动保护原理与变压器的差动保护相同, 一组电流互感器安装于发电机的出口侧, 另一组电流互感器安装于发电机的中性点侧, 将两侧电流互感器二次电流接入差动保护装置, 构成发电机的纵差动保护, 并作为发电机的主保护。

发电机的横差动保护反应于发电机的定子线圈匝间短路。在大型发电机中, 因为正常工作时电流很大, 绕组往往由两个相同的线圈并联组成, 如图 6-30 所示。在正常工作时, 流过两个线圈的电流相等。当其中一个线圈发生匝间短路时, 两个线圈的感应电动势不相等, 出现一个电动势差, 由此产生环流, 即流过两个线圈的电流也不相等。利用两个并联线圈间

的电流不相等，可以构成发电机的横差动保护。横差动保护回路是交叉连接的，正常时两者抵消为零。某线圈发生匝间短路，短路匝数为 α，造成故障线圈和非故障线圈的电动势不相等，产生一个环流 I_d 反映到二次侧，大于横差动保护动作电流时，驱动发电机出口断路器跳闸，并使发电机紧急停机。短路匝数 α 越大，环流 I_d 就越大，保护动作越灵敏。而当短路匝数 α 较小时，环流 I_d 就小，保护可能不动作，因此采用这种方法构成的横差动保护有一定的死区。

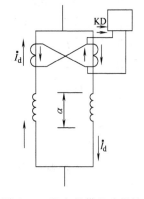

图 6-30　发电机横差动保护

2. 发电机定子绕组单相接地保护

发电机的定子绕组中性点在正常情况下是不接地或经消弧线圈接地的。当发生定子绕组的单相接地时，会造成另外的两相绕组对地电压升高，对发电机的对地绝缘造成危害。

发电机单相接地保护依据的原理有多种：利用单相接地时出现的电容电流（又称零序电流）构成定子接地保护；利用接地前和接地后发电机 3 次谐波在发电机中性点与出口之间的分布不同而构成的发电机 100% 定子接地保护。

3. 发电机其他常用保护简介

1）发电机失磁保护。发电机的失磁是指发电机的转子绕组的励磁电流突然消失或非调节地大量减少，原因可能是转子绕组发生短路、励磁功率单元故障、自动灭磁装置误动作等。当发电机失磁后，励磁电流将很快衰减，随之而来的是发电机定子绕组感应电动势因铁心磁通减少而逐步降低，由此引起发电机输出电磁转矩小于输入的机械转矩，因而发电机将加速，导致发电机与电网失去同步，逐步过渡到异步运行状态。由于失磁后发电机电动势低于电网电压，发电机将从系统中汲取无功功率，以供给励磁电流，维持发电机的磁场。发电机是电力系统中最主要的无功功率源，由于某个发电机失磁而造成系统的无功功率缺乏，使系统的电压下降，从而影响系统电压的运行稳定性，甚至可能引起系统的电压崩溃使系统瓦解。发电机失磁保护采用检测发电机运行状态，进行逻辑判断构成。判断条件有无功功率反向、发电机失去同步、机端电压下降、励磁电压下降等。

2）发电机的失步保护。对于中、小机组，通常都不装设失步保护。当系统发生振动时，由运行人员判断，利用人工增加励磁电流、增加或减少原动机输出、局部解列等方法来处理。对于大机组，这样处理将不能保证机组的安全，通常需要装设专门用于反应于振荡过程的失步保护。

3）发电机励磁回路接地保护。发电机励磁回路（包括转子绕组）绝缘破坏会引起转子绕组匝间短路和励磁回路一点接地故障以及两点接地故障。发电机励磁回路一点接地故障很常见，而两点接地故障也时有发生。励磁回路一点接地故障，对发电机并未造成危害，如果发生两点接地故障，则严重威胁发电机的安全。当发电机励磁回路发生两点接地故障时，由于故障点流过相当大的故障电流将烧伤转子本体；由于部分绕组被短接，励磁电流增加，可能因过热而烧伤励磁绕组；同时，部分绕组被短接后，使得气隙磁通失去平衡，从而引起振动，特别是多极发电机会引起严重的振动，甚至会造成灾难性的后果。

4）发电机定子绕组单相接地保护。当中性点不接地的发电机内部发生单相接地故障时，接地电容电流应在规定的允许值之内。大型发电机由于造价昂贵、结构复杂、检修困难，且容量的增大使得其接地故障电流也随之增大，为了防止故障电流烧坏铁心，大型发电机有的装设了消弧线圈，通过消弧线圈的电感电流与接地电容电流的相互抵消，把定子绕组单相接地电容电流限制在规定的允许值之内。发电机中性点采用高阻接地方式（即中性点经配电变压器接地，配电变压器的二次侧接小电阻）的主要目的是限制发电机单相接地时的暂态过电压，防止暂态过电压破坏定子绕组绝缘，但另一方面也人为地增大了故障电流。因此采用这种接地方式的发电机定子绕组接地保护应选择尽快跳闸。

6.3 电力系统控制

电力系统控制是指利用合适的控制措施，保障电力系统安全经济运行。大规模电力系统具有许多优越性，但其运行控制非常复杂。美国的 Dy Liacco 教授是电力系统控制的开山鼻祖，他于 20 世纪 60 年代开始，提出了电力系统分层控制体系、电力系统状态概念和电力系统安全控制策略等，为电力系统控制奠定了基础。后来，国内外学者从理论上和框架上进行了一系列发展。

6.3.1 电力系统控制体系

电力系统采用什么样的调度控制体系？我国电力系统调度控制体系是"统一调度，分级管理"，目前共分为 5 级，即国家电网（或者南方电网）调度控制中心、大区电网调度控制中心、省级电网调度控制中心、地区（市）电网调度控制中心、县级电网调度控制中心，如图 6-31 所示。电网调度控制实行分级管理的体系，奠定了电网分层控制的模式，调度自动化系统的配置也与之相适应，信息分层采集，逐级传送，命令也按层次逐级下达。国外电网虽然在具体实现上有所不同，但分层控制模式在总体上是一致的。

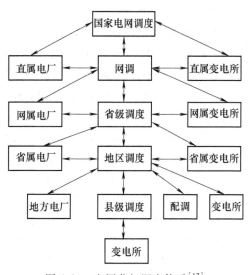

图 6-31　电网分级调度体系[17]

电力系统分层控制有什么优点？与集中控制方式相比，分层控制有如下优点：

1）从电力系统调度控制的角度来看，信息可以分层采集，只需把一些必要的信息转发给上一级调度部门。控制指令也同样，上一级调度向下一级调度和直调厂站发出，由下一级调度进行控制。这种模式减轻了上级调度负担、加速了控制过程、降低了信息流量、减少对通信系统的投资。

2）在分层控制的电力系统中，若局部的控制系统发生故障，一般不会严重影响电力系统的其他控制部分，并且各分层间可以部分地互为备用，从而提高电力系统运行的可靠性。在电力系统中，即使在紧急状态下部分电网与系统解列，也可以分别地独立运行，因为局部地区也有相应的调度自动化系统，可以对电网实现监控。

3）分层控制的自动化系统，结构灵活，可适应电力系统变更或扩大的需要。

总之，分层控制方式可以使电力系统更可靠、更有效，不仅是可能的，而且是必要的。

6.3.2　电力系统控制组成

电力系统运行的可靠性及其电能的质量，与自动控制系统的水平有着密切的关系。电力系统是一个大系统，电能的生产、输送及分配是在一个辽阔的区域内进行的，加上电磁过程本身的快速性，对电力系统运行控制的自动化系统提出了非常高的要求。

电力调度控制是如何组成的？随着计算机技术、通信技术和自动控制技术的飞速发展，电力调度控制的内涵不断发展，也不尽

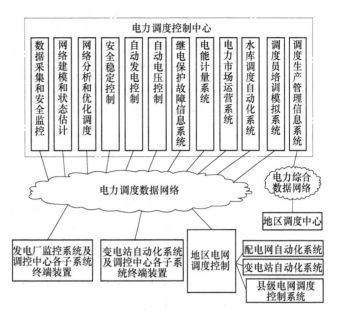

图 6-32　电力调度控制结构

统一，图 6-32 所示只是基本结构。下面是其中几个常用的重要术语：

① 能量管理系统（Energy Management System，EMS）；

② 数据采集和安全监控系统（Supervisory Control and Data Acquisition，SCADA）；

③ 远方终端装置（Remote Terminal Unit，RTU）；

④ 广域测量系统（Wide Area Measurement System，WAMS）；

⑤ 相量测量装置（Phase Measurement Unit，PMU）；

⑥ 自动安全稳定控制（Automatic Security-stability Control，ASC）；

⑦ 自动发电控制（Automatic Generation Control，AGC）；

⑧ 自动电压控制（Automatic Voltage Control，AVC）。

能量管理系统（EMS）是电力调度控制的核心部分。如果将电力系统比作人体，电流就像是人的血液，发电机就像是人的心脏，输配电网络就像是人的血管，电力负荷就像是人的手脚，那么 EMS 就像是人的大脑。在 1970 年以前，EMS 只有 SCADA 功能，缺少实时分析和控制功能，需凭调度员的经验利用离线计算工具进行分析和控制，调度模式属于人工经验型。1970 年以后，EMS 逐步具有实时分析和控制功能，出现了一系列 EMS 应用软件，将电网调度从经验型上升为分析型，相比较于以往的人工调度，经常采用"调度自动化"这个名词。近年来，随着电力系统和 WAMS 技术的发展，EMS 逐步从以往的稳态水平向动态水平发展，更多地采用"调度控制"这个名词。EMS 的发展从相关部门的名称上也可见一斑，早期经常称为"电力通讯调度中心"，后来称为"电力调度通信中心"，近年来称为"电力调度控制中心"。目前，EMS 的基本功能通常包括数据采集和安全监控、网络建模和状态估计、网络分析和优化调度、自动稳定控制、自动发电控制、自动电压控制等，如图 6-33 所示。

EMS 的基本流程是：利用 RTU 和 PMU 这些底层测量装置进行数据采集，测量信息通过

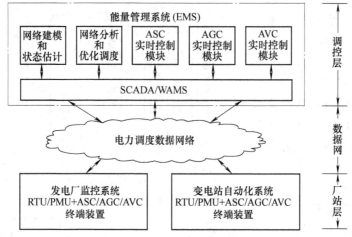

图 6-33 EMS 的结构

数据网络逐级上传，SCADA 和 WAMS 对上传数据进行汇集和初步处理，然后送给优化调度、ASC、AGC、AVC 等子系统进行控制决策，形成的控制命令再通过数据网络下传，然后由厂站终端装置加以执行，如此周而复始地循环。所以，从广义来讲 EMS 是包括中间层和底层构成的一个大的闭环系统，而从窄义来讲 EMS 只包括位于调度控制中心的调控层的功能。

下面简要介绍 EMS 的重要控制系统 ASC、AGC、AVC 的基本概念。

6.3.3 电力系统自动安全稳定控制

保障电力系统安全稳定地运行，是电力系统控制的首要任务，是自动安全稳定控制（ASC）的根本目标。

什么是电力系统安全性？所谓安全性是指电力系统在运行中承受故障扰动的能力，通过两个方面来表征：①动态安全，即电力系统能承受故障扰动引起的暂态过程并过渡到一个可接受的运行工况，通常指稳定性；②静态安全，即在新的运行工况下各种约束条件得到满足。系统安全性主要采用"$N-1$"原则进行检验，即正常运行方式下的电力系统中任一元器件（如线路、发电机、变压器等）因故障断开，电力系统应能保持稳定运行和正常供电，其他元器件不过负荷，电压和频率均在允许范围内。随着连锁事故的不断发生，有时还要校核 $N-X$ 情况下各种约束条件是否得到满足。

电力系统安全分为哪些状态？电力系统运行时受到两个约束：一个是等式约束，即功率平衡；另一个是不等式约束，即有关运行变量在允许的范围内。根据对上述约束条件的满足程度，电力系统的运行状态可分为以下几种：

1）正常状态。在此状态下，负荷约束条件和运行约束条件同时得到满足。正常状态又分为 2 种情况：如承受一个合理的预想事故扰动后，仍不违反上述两组约束条件，称该系统处于安全状态；如果在一个合理的预想事故扰动后，不能完全满足上述两组约束条件，则称该系统处于警戒状态。

2）紧急状态。在此状态下，运行约束条件不能完全满足。紧急状态可以是静态的，此时系统某些参数超过允许范围，如某些设备过负荷、某些节点电压过低等，但这些参数仍能暂时维持不变，电力网一般仍能保持其完整性。紧急状态也可以是暂态的，此时系统某些参数不仅超出允许范围，而且在不断发展变化，如功角不断增大、频率或电压不断下降等，电力网结构也难以保持完整性。

3）恢复状态。在此状态下，系统参数一般尚能符合运行约束条件，但可能已损失部分负荷或电网某些部分已解列。通过紧急处理后，系统运行状态虽不再继续恶化，但正常状态尚未确立。

电力系统 ASC 有哪些控制？自动安全稳定控制（ASC）是指以保持电力系统安全稳定运行为目标，同时考虑电能质量和经济代价而采取的控制，可以简称为稳定控制。ASC 的目标是使电力系统状态保持在或者恢复到安全状态，作用是驱使电力系统从一种状态过渡到另一种更加安全的状态。ASC 的基本内容包括故障发生前的预防控制、故障发生后的紧急控制，以及在系统完整性受到破坏后的恢复控制，如图 6-34 所示（图中虚线箭头指由扰动引起的状态变化，实线箭头指由控制引起的状态变化）。

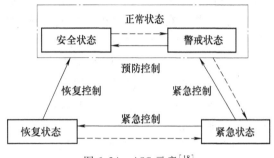

图 6-34　ASC 示意[18]

处于安全状态的电力系统受到某种扰动时，可能转为警戒状态。通过一些必要的控制使系统转为安全状态，称为预防控制，如调整发电机电压或出力、切换线路等，一般由 EMS 进行实施。

处于正常状态的电力系统中发生故障后，可能转为紧急状态。针对将会使系统失去稳定的特定故障所采取的控制，称为紧急控制。在紧急控制之后，如果检测到系统失步或系统频率或母线电压的动态行为越限而进一步采取的控制措施，称为校正控制。紧急控制是由故障事件驱动的，而校正控制则是由状态变量响应曲线的特征违限驱动的。由于校正控制的实施时刻迟于紧急控制，可以采用多轮次切负荷等剧烈的离散控制措施。

处于恢复状态的系统完整性一般受到破坏，如系统某些部分被解列、某些发电机或者负荷被切除，这时需要采取措施尽快恢复供电、恢复系统完整性并且最终使系统重新恢复到正常状态，称为恢复控制，包括黑起动、使停电设备重新联网、起动备用设备等。其中，黑起动是指在停电区域内通过机组的自起动来恢复局部供电，以带动其他停运机组起动，不断扩大恢复供电范围。黑起动是恢复控制中的重要环节，在没有未停电电源或利用未停电源不可行的情况下特别需要黑起动。黑起动包括在线动态划分停电区域、增加并行恢复的规模、电源自动快速起动和并列、动态优化恢复供电方案、在线的风险管理等。

如果将运行状态用身体状态做不完全恰当的比喻：安全状态就好比茁壮，警戒状态就好比亚健康，紧急状态就好比生病，恢复状态就好比病后康复。类似地，如果将安全性控制用身体治疗做比喻：预防控制就好比度假疗养，紧急控制就好比手术治疗，恢复控制就好比康复治疗。

6.3.4　电力系统自动发电控制

在保障安全运行的前提下，按照计划进行经济运行是电力系统的一项重要任务，也是自动发电控制（AGC）的基本任务。

电力系统 AGC 是如何发展而来的？电力系统 AGC 在本质上是一种有功功率-频率的控制，是由发电机组调频控制发展而来的。本书 8.3 节将会介绍，当电力系统中频率发生波动时，各台调频发电机组的一次调频由调速系统自动完成，二次调频传统上由人工调节发电机的有功功率参考值 P_{ref} 来进行。而 AGC 则是由控制中心调节各台调频发电机组有功功率参考值 P_{ref} 进行协调的、自动的功率控制。

电力系统 AGC 的目标是什么？AGC 的目标是满足规定下的经济性。满足规定是指：保持电网发电出力与负荷平衡，保持电网频率为额定值，保持区域间联络线潮流与计划值相等。经济性是指：在本区域发电厂之间分配发电出力，使区域运行成本最小，实际上 AGC 在 EMS 中是实时最优潮流与安全约束下经济调度的执行环节。

电力系统 AGC 有哪些控制环节？AGC 的结构是包含 3 个控制环节的闭环控制系统，如图 6-35 所示（图中 *ACE* 表示区域控制误差）。

计划跟踪环位于省调 EMS，其功能是：根据上级调度中心（一般指网调）下达的联络线功率交换计划和本省电网的负荷预测、机组状态、水电计划等，制订发电计划，并且周期性地进行刷新。发电计划刷新的周期目前一般分为日、半小时和数分钟：日计划就是根据日负荷预测来安排日发电计划，半小时

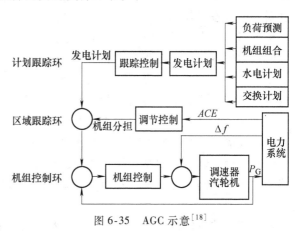

图 6-35　AGC 示意[18]

计划就是根据当前网络结构、机组起停状态（调度员随时输入变化）及预测的半小时后负荷来计算当天剩余时段的发电计划，数分钟计划就是根据预测的数分钟（比如 5min）后负荷来计算半小时剩余时段的 AGC 的发电计划。

区域控制环位于省调 EMS，其功能是：根据实测联络线功率偏差和系统频率偏差构成的区域控制误差 ACE，分配发电机组功率计划，并且进行周期性地刷新。刷新周期一般为秒级。

机组控制环位于电厂，其功能是：根据 EMS 下达的指令，通过自动调节 P_{ref} 来控制发电机调速器，达到调节发电机功率的效果。目前大部分机组的动作时间可以达到 10ms 级。

上述 3 个环节是循环的，SCADA 从发电厂、变电站获取实时测量数据，EMS 计算出各电厂或机组的控制命令，再通过 SCADA 发送到各电厂或者直控机组的控制器，最终由控制器调节机组功率。

6.3.5　电力系统自动电压控制

电力系统自动电压控制（AVC）是如何发展而来的？电力系统 AVC 在本质上是一种无功功率-电压的控制，是由变电站电压质量控制发展而来的。早期的电压控制，是在变电站通过调节电容器组、变压器分接头等手段来进行，有 5 区图、9 区图甚至 16 区图。中期的电压控制，扩展到地区电网范围内协调调度无功和电压控制措施，实现了地区性的 AVC。

近期的电压控制，进一步扩展到省网范围内协调调度无功和电压控制措施，实现了省网的 AVC。其发展过程在范围上由节点扩展到系统，在目标上由单一的电压扩展到电压和网损等经济性。

电力系统 AVC 的目标有哪些？AVC 的目标依次是：①保障供电，即电压维持在稳定范围内（运行极限）；②保证质量，即电压符合《电力系统电压质量和无功电力管理规定》、《电力系统电压和无功电力技术导则》的要求；③考虑经济，即使网损最小或者使经济指标最佳。

电力系统 AVC 的基本原理是什么？从电压损耗公式：

$$U = E - \Delta U, \quad \Delta U = \frac{PR + QX}{E} \tag{6-30}$$

可以看出，由于输配电网络的电阻一般来说远小于电抗，所以通过调节发电机电压（E）、无功（Q）、网络参数（X），可以控制节点的电压（U），这就是 AVC 的基本原理。

电力系统 AVC 的控制体系是什么？相比较 AGC，AVC 要困难和复杂得多，见表 6-2。为此，无功-电压控制的基本原则依然是尽量就地平衡，在就地平衡无法解决问题时，再分布、分级地实施地区或者系统控制，目前实现的 3 级 AVC 控制体系如图 6-36 及表 6-3 所示。

表 6-2　AVC 与 AGC 比较

控制系统	AGC	AVC
控制量	f-P	U-Q
同异性	频率稳态时相同	电压各点不同
多样性	有功电源种类少	无功电源种类多
分布性	有功电源较集中	无功电源较分散

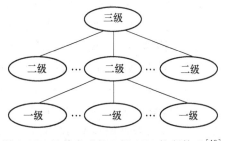

图 6-36　目前实现的 3 级 AVC 控制体系[18]

表 6-3　AVC 的 3 级控制

层级	一级	二级	三级
空间	就地；发电厂、用户或供电点	系统的区域性枢纽点或地区调度	全网的调度中心
时间	秒级	分钟级	十到几十分钟
目标	控制快速电压波动(负荷波动、故障或网络改变等引起)	协调区域内各一级控制	发现电压稳定劣化,协调二级控制
手段	同步发电机 SVC 或 SVG 新型静补 变压器有载切换	设置定值 投切电容或电抗	预防性控制潮流 按照安全与经济准则优化运行

6.4　互感器

互感器分为电流互感器和电压互感器。它们将一次侧的高电压、大电流变成二次侧标准的低电压和小电流，分别用以向测量仪表、继电器的电压线圈和电流线圈等供电，供测量、监视、控制及继电保护使用，使二次电路正确反映一次系统的正常运行和故障情况。它们既是电力系统中一次系统与二次系统间的联络器件，同时也是隔离器件。

目前，互感器常采用电磁式和电容式，随着电力系统容量的增大和电压等级的提高，光电式、无线电式互感器应运而生，将应用于电力生产中。本节主要分析互感器的工作特点、结构参数、常用接线方式和使用范围及运行中的安全问题。

6.4.1 互感器概述

互感器在电力系统中有哪些用途呢？

1）将一次电路的高电压和大电流变为二次电路的标准值，使测量仪表和继电器标准化和小型化，从而结构轻巧，价格便宜；使二次设备的绝缘水平可按低电压设计，从而降低造价。通常电压互感器二次绕组的额定电压为 $100V$ 或（$100\sqrt{3}V$），一次绕组电压与各级电网的额定值相同。电流互感器二次绕组额定电流一般为 $5A$ 或 $1A$。

2）使低电压的二次系统与高电压的一次系统实施电气隔离，且互感器二次侧接地，保证了人身和设备的安全。

由于互感器一、二次绕组除了接地点外无其他电路上的联系，因此二次系统的对地电位与一次系统无关，只决定于接地点与二次绕组其他各点的电位差，在正常运行情况下处于低压（小于 $100V$）的状态，便于维护、检修与调试。

互感器二次绕组接地，其目的在于当发生一、二次绕组击穿时降低二次系统的对地电位，接地电阻越小，对地电位越低，从而可保证人身安全，因此将其称为保护接地。

三相电压互感器一次绕组接成星形后中性点接地，其目的在于使一、二次绕组的每一相均反映电网各相的对地电压，从而能反映接地短路故障，因此将该接地称为工作接地。

3）取得零序电流、零序电压分量，供反映接地故障的继电保护装置使用，将三相电流互感器二次绕组并联，使其输出总电流为三相电流之和即可得到一次电网的零序电流。如将一次电路（如电缆电路）的三相穿过一个铁心，则绕于该铁心上的二次绕组便输出零序电流。

6.4.2 电流互感器

1. 电流互感器的工作原理与工作特性

电力系统中常采用电磁式电流互感器（通常用 TA 表示），其原理接线如图 6-37 所示，它包括一次绕组，二次绕组及铁心。一次绕组线径较粗而匝数 N_1 很少；二次绕组线径较细而匝数 N_2 较多。

（1）电流互感器的工作原理

电流互感器的工作原理是怎样的呢？电流互感器的原理与变压器类似，但工作特性与变压器有明显区别。电流互感器的一次绕组串联接入一次电路，二次绕组与负载（电流表、功率表的电流线圈等）串联。当一次绕组中通过一次电流 $\dot{I}_1$ 时，产生磁动势

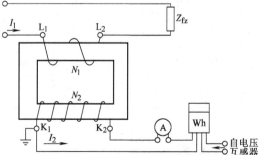

图 6-37 电磁式电流互感器的原理接线

$F_1 = N_1 \dot{I}_1$，大部分被二次电流所产生的磁动势 $F_2 = N_2 \dot{I}_2$ 所平衡，只有很小部分磁动势 $F_m = N_1 \dot{I}_0$（叫励磁磁动势或总磁动势）产生的磁通在二次绕组内产生感应电动势，以负担阻抗

很小的二次电路内的有功和无功损耗。在理想的电流互感器中，如果假定空载电流 $I_0 = 0$，则总磁动势 $F_m = N_1 \dot{I}_0 = 0$，根据磁动势平衡关系，一次绕组磁动势等于二次绕组磁动势，即

$$N_1 \dot{I}_1 + N_2 \dot{I}_2 = N_1 \dot{I}_0 \approx 0 \tag{6-31}$$

也可写为

$$I_1 / I_2 \approx N_2 / N_1 = K_i \tag{6-32}$$

即电流互感器的电流与匝数成反比。一次电流对二次电流的比值称为电流互感器的电流比（用 K_i 表示）。当知道二次电流时，乘上电流比就可以求出一次电流。

（2）电流互感器的工作特性

电流互感器的工作特性是怎样的呢？

1）一次电流的大小决定于一次侧负载。通过一次绕组的电流 I_1，只取决一次电路负载的多少与性质，而与二次侧负载无关（被视作定电流源）；而其二次电流 I_2 在理想情况下仅取决于一次电流 I_1。

2）正常运行时，二次绕组近似于短路工作状态。由于二次绕组的负载是测量仪表和继电器等的电流线圈，阻抗很小，因此相当于短路运行。

3）二次电路不允许开路。运行中的电流互感器二次电路不允许开路，否则会在开路的两端产生高电压危及人身设备安全，或使电流互感器严重发热。

4）一次电流的变化范围很大。因为一次绕组串接在被测回路中，所以一次电流可在零至额定电流之间大范围内变动。在短路情况下电流互感器还需变换比额定电流大数倍甚至数十倍的短路电流。一次电流在很大范围变化时，互感器应仍保持测量所需要的准确级。

5）结构应满足热稳定和动稳定的要求。由于电流互感器是串联在一次系统的电路中，当电网发生短路时，短路电流要通过相应电流互感器的一次绕组，因此，电流互感器的结构应能满足热稳定和动稳定的要求。

2. 电流互感器的分类、型号及结构

（1）电流互感器的分类

电流互感器主要分哪些类？电流互感器根据需要可从不同的方面进行分类。

1）按安装地点可分为户内和户外式。20kV 及以下制成户内式；35kV 及以上多制成户外式。

2）按安装方式可分为穿墙式、支持式和装入式。穿墙式装在墙壁或金属结构的孔洞中，可节约穿墙套管；支持式安装在平台或支柱上；装入式是套装在 35kV 及以上的变压器或断路器的套管上，故也称为套管式。

3）按绝缘可分为干式、浇注式、油浸式等。干式用绝缘胶浸渍，多用于户内低压电流互感器；浇注式以环氧树脂作绝缘介质；油浸式多为户外式。

4）按一次绕组匝数可分为单匝式和多匝式。

5）按电流互感器的工作原理，可分为电磁式、电容式、光电式和无线电式。

（2）电流互感器的型号

电流互感器的型号是怎样定义的？与类型之间有什么关系？电流互感器的种类很多，型号中的字母符号代表了其类型，其含义如图 6-38 所示。

3. 电流互感器测量误差

电流互感器测量误差是怎样引起的？实际上电流互感器与变压器一样，工作时要消耗一定能量（铁心励磁、铁心涡流和磁滞损耗），虽然在设计和制造电流互感器时采取了一些减少有功功率、无功功率损耗的措施，使 $\dot{I}_0$ 大大减小，结果使得导出的理想电流互感器的关系式（6-32）具有实际意义，但空载电流 $\dot{I}_0$ 仍不能完全忽略：

$$N_1 \dot{I}_1 = (-N_2 \dot{I}_2) + N_1 \dot{I}_0 \tag{6-33}$$

这就使电流互感器出现了误差，降低了准确级。电流互感器的等效电路和相量图如图 6-39 所示。

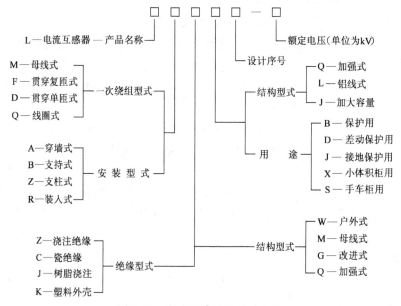

图 6-38 电流互感器的型号含义

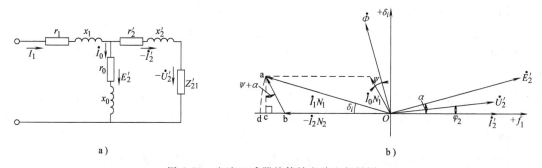

图 6-39 电流互感器的等效电路和相量图

a）等效电路 b）相量图

由式（6-31）和相量图可以看出：一次电流 $\dot{I}_1$ 与 $-K_i \dot{I}_2$ 在数值和相位上都有差异，即测量结果有误差。通常用比差和角误差来表示。这两种误差的定义如下：

（1）比差 f_i

什么是电流互感器的比差（电流误差）？电流互感器测量出来的电流 $K_i I_2$ 与实际一次电

流 I_1 之差，占 I_1 的百分数，即

$$f_i = \frac{K_i I_2 - I_1}{I_1} \times 100\% \tag{6-34}$$

（2）角误差（角差）δ_i

什么是电流互感器的角差？二次电流旋转 180° 与一次电流之间的相位角称为电流互感器的角差。规定 $-\dot{I}_2$ 超前于 $\dot{I}_1$ 时，角差为正，反之为负。

由于电流互感器的电流比与匝数比近似相等，即 $K_i \approx K_N = N_2/N_1$，则式（6-34）可写成

$$f_i = \frac{N_2 I_2 - N_1 I_1}{N_1 I_1} \times 100\% \tag{6-35}$$

式（6-35）中 $N_2 I_2$ 及 $N_1 I_1$ 只表示其绝对值大小，当 $N_2 I_2 > N_1 I_1$ 时，误差为正；$N_2 I_2 < N_1 I_1$，则误差为负。

电流互感器的误差可用励磁磁动势 $I_0 N_1$ 来表示。$I_0 N_1$ 为电流互感器的绝对误差，$I_0 N_1/I_1 N_1$ 表示的是相对误差。当将相量图中 $I_0 N_1$ 用 $I_0 N_1/I_1 N_1$ 表示时，$I_0 N_1/I_1 N_1$ 在横轴上的投影就是电流误差（比差），$I_0 N_1/I_1 N_1$ 在纵轴上的投影就是角误差。

电流误差和角误差的正负号，可由图 6-39b 中以 O 点为原点所选的直角坐标来确定。

4. 电流互感器运行工况对误差的影响

（1）一次电流 I_1 的影响

电流互感器的一次电流大小对电流互感器误差有什么影响？电流互感器的一次电流 I_1（铁心中磁感应强度 B 正比于 I_1）对铁心磁导率 μ 有很大影响，铁心的磁场强度 H（H 正比于励磁电流 I_0）和磁感应强度 B 之间为非线性关系，磁化曲线如图 6-40 所示。在设计电流互感器时，通常使铁心在额定条件下工作时的磁感应强度较低（约为 0.4T），此时 μ 值较高，故励磁电流 $\dot{I}_0$ 较小，因而误差也较小。当互感器一次侧电流减小，磁导率减小，误差增大。电流互感器正常工作范围的误差特性曲线如图 6-41 所示；但当一次电流数倍于其额定值（如一次电路出现短路）时，由于铁心开始饱和，μ 值下降，误差也会增大。

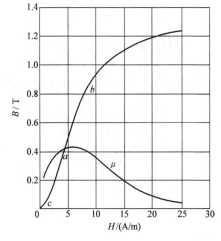

图 6-40　磁化曲线

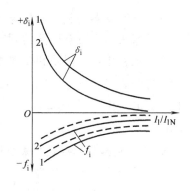

图 6-41　电流互感器正常工作
范围的误差特性曲线

1—额定负荷　2—25% 额定负荷

（2）二次负荷阻抗对误差的影响

二次负荷阻抗变化对电流互感器误差有什么影响？在理想情况下，I_1 不变时 I_2 亦不变，但实际上，当 I_1 不变时，I_2 随二次负荷阻抗的增大而减小，因而使励磁电流 I_0 增大，误差也随之增大。这也是为什么电流互感器正常工作时最好接近于短路状态的原因。当二次侧阻抗超过其允许值时，互感器的准确级就降低了。

怎样减小因二次负荷阻抗变化对电流互感器误差的影响？为了减小因二次负荷阻抗变化引起的误差，除了铁心采用高磁导率材料外，更多的是采用经济而有效的人工补偿法。人工补偿法分为无源补偿和有源补偿两类。无源补偿法中常见的有匝数补偿（即二次绕组减少若干匝）和并联电容法（提高二次侧功率因数），在精度要求不高的场合下，这种方法简单易行；而有源补偿法可分为磁动势补偿和电动势补偿，这种补偿又称为跟踪补偿，使电流互感器可达到很高的精度，但二次侧承载能力差（允许的欧姆值更小）。

（3）电流互感器二次绕组开路

为什么运行中的电流互感器二次侧不能开路呢？正常运行时，由于二次绕组的阻抗很小，一次电流所产生的磁动势大部分被二次电流产生的磁动势所补偿，总磁通密度不大，二次绕组感应的电动势也不大，一般不会超过几十伏。当二次回路开路时，二次电流变为零，而一次绕组电流又不随二次开路而变小，一次磁动势又很大，合成磁通突然增大很多很多倍，使铁心磁路高度饱和，此时一次电流全部变成了励磁电流，在二次绕组中产生很高的电动势，其峰值可达几千伏甚至上万伏，威胁人身安全或造成仪表、保护装置、互感器二次绝缘损坏。另外，由于磁路的高度饱和，使磁感应强度骤然增大，铁心中磁滞和涡流损耗急剧上升，会引起铁心过热甚至烧毁电流互感器。所以运行中当需要检修、校验二次仪表时，必须先将电流互感器二次绕组或回路短接，再进行拆卸操作，二次设备修好后，应先将所接仪表接入，而后再拆二次绕组的短接导线。

5. 电流互感器的额定容量

电流互感器的额定容量是怎样定义的？电流互感器的额定容量为 $S_{2N} = I_{2N}^2 Z_{2N}$，如果二次额定电流已规定为 5A，也可写成

$$S_{2N} = 25Z_{2N} \tag{6-36}$$

即电流互感器的额定容量与二次侧额定阻抗 Z_{2N} 成比例，所以有时就用二次侧额定阻抗的欧姆值来表示电流互感器的额定容量。

因电流互感器的误差和二次负荷有关，故同一台电流互感器使用在不同准确级时，会有不同的额定容量。例如，LMZ1—10—3000/5 型电流互感器在 0.5 级下工作时，$Z_{2N} = 1.6\Omega$（40V·A），在 1 级工作时 $Z_{2N} = 2.4\Omega$（60V·A）。

6. 电流互感器的接线方式及注意事项

（1）电流互感器的极性

电流互感器的极性是怎样规定的呢？在电流互感器接线时，要注意其端子的极性，按照规定，我国互感器和变压器的绕组端子，均采用"减极性"标号法。

所谓"减极性"标号法就是互感器按图 6-42 所示接线

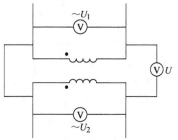

图 6-42 互感器的减极性判别法
U_1—输入电压　U_2—输出电压

时，如果在一次绕组接上电压 U_1，二次绕组感应出电压 U_2。这时将一对同标志端短接，则在另一对同标志端之间测出的电压 $U = |U_1 - U_2|$。用"减极性"法所确定的"同名端"，实际上就是"同极性端"，即在同一瞬间，两个同名端同为高电位或同为低电位。按规定，电流互感器的一次绕组端子标以 L_1、L_2，二次绕组端子标以 K_1、K_2，L_1 与 K_1 为同名端，L_2 与 K_2 亦为同名端。如果某一瞬时一次电流 I_1 从 L_1 流向 L_2，则该瞬时二次电流 I_2，应从 K_2 经互感器二次绕组流向 K_1，如图 6-37 所示。

在安装和使用电流互感器时，一定要注意端子的极性，否则其二次仪表、继电器中流过的电流就不是预想的电流，甚至可能引起误测。

（2）电流互感器的接线方式

图 6-37 给出的单相电路中电流互感器的接线相对来说比较简单。实际三相电路中，电流互感器的接线方式有多种。

那么，三相电路中，电流互感器的接线方式是怎样的呢？三相电路中，电流互感器常用的接线方式如图 6-43 所示，图中电流表计的位置，亦可接继电器，但应注意测量表计与继电器对电流互感器的准确级要求是不一样的。

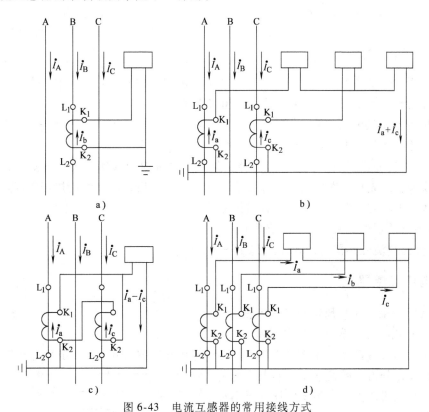

图 6-43　电流互感器的常用接线方式

a）一相式　b）两相 V 形　c）两相电流差　d）三相星形

1）一相式接线。一相式接线也称单式接线，电流线圈通过的电流，反映一次电路相应相的电流。这种接线仅反映三相电流平衡系统的运行状态，可作为一般测量和过负荷保护等。如低压动力线路中，供测量电流或接过负荷保护装置之用。

2）两相 V 形接线。这种接线也称为两相不完全星形接线。在继电保护装置中，这种接线称为两相两继电器接线或两相的相电流接线。在中性点不接地的三相三线制电路中（如6～10kV高压电路中），广泛用于测量三相电流、电能及作过电流继电保护之用。仅取 A 相电流和 C 相电流，它们的公用回线中流通的电流 $\dot{I}_a + \dot{I}_c$ 即为 b 相电流，如图 6-44 所示。这种接线节省了一台电流互感器。

　　3）两相电流差接线。这种接线也称为两相交叉接线、两相一继电器接线。由图 6-45 所示的相量图可知，二次侧公共线上电流为 $\dot{I}_a - \dot{I}_c$，其量值为相电流的 $\sqrt{3}$ 倍。这种接线适用于中性点不接地的三相三线制电路中（如6～10kV高压电路中）供过电流保护之用。

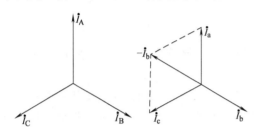

图 6-44　两相 V 形接线电流互感器
一、二次侧电流相量图

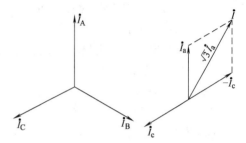

图 6-45　两相电流差接线电流互感器
一、二次侧电流相量图

　　4）三相星形接线。这种接线中的三个电流线圈，正好反映各相的电流，广泛用在负荷不平衡的三相四线制系统中，也用在负荷可能不平衡的三相三线制系统中，作三相电流、电能测量及过电流保护之用，也可用于监测三相不平衡。

　　（3）电流互感器使用注意点

　　电流互感器在使用中要注意哪些问题呢？

　　1）首先，前面已提到，在电流互感器工作时，要特别注意其二次侧不得开路。如果需检修二次仪表，应先将二次侧用导线短接。二次设备修好后，应先将所接仪表接入，而后再拆短接导线。电流互感器二次侧不允许接熔断器。

　　2）电流互感器的二次侧有一端必须接地。

　　3）在连接电流互感器时，要注意其端子的极性。

6.4.3　电压互感器

1. 电压互感器的工作原理与工作特性

（1）电磁式电压互感器的工作原理

　　电磁式电压互感器的工作原理是怎样的呢？电压互感器（用 TV 表示）是将高电压变成低电压的设备，分为电磁式电压互感器和电容分压式电压互感器两种。电磁式电压互感器原理与变压器相同，其接线如图 6-46 所示。实际上，电磁式电压互感器就是一台小容量的降压变压器，一次绕组匝数 N_1 很多，而二次绕组匝数 N_2 较少。二次侧所接负载的阻抗较大，正常运行时，电压互感器近似空载状态。

　　电压互感器的一次电压 U_1 与二次电压 U_2

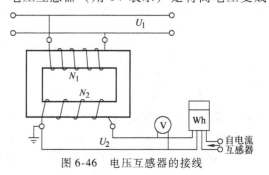

图 6-46　电压互感器的接线

之间的关系是

$$U_1 \approx \frac{N_1}{N_2} U_2 = K_\mathrm{u} U_2 \tag{6-37}$$

式中，N_1、N_2 为电压互感器一次和二次绕组匝数；K_u 为电压互感器的电压比，一般表示为其额定一、二次电压之比。

（2）电压互感器的工作特性

电压互感器的工作特性是怎样的呢？

1）与电路并联连接。电压互感器一次绕组并接于一次系统，二次侧各仪表亦为并联关系。

2）一次侧电压不受电压互感器二次负载的影响。电压互感器一次侧电压决定于一次侧电力网的电压，不受二次负载的影响。

3）二次绕组近似工作在开路状态。正常运行时，电压互感器二次绕组近似工作在开路状态，这是由于二次绕组的负载是测量仪表和继电器的电压线圈，阻抗很大，通过的电流很小，因此二次绕组接近空载运行。

4）二次侧绕组不允许短路。电压互感器二次侧所通过的电流由二次回路阻抗的大小来决定，当二次侧短路时，将产生很大的短路电流，会损坏电压互感器，因此，运行中的电压互感器二次绕组不允许短路。为了保护电压互感器，一般在二次侧出口处安装有熔断器或快速断路器，用于过载和短路保护。在可能的情况下，一次侧也应装设熔断器以保护高压电网使其不因互感器高压绕组或引线故障危及一次系统的安全。

（3）电压互感器的型号

电压互感器的型号如图 6-47 所示，从型号可以反映其类型。

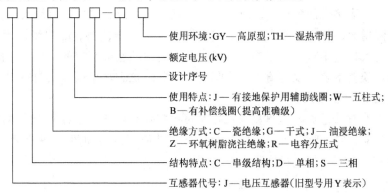

使用环境：GY—高原型；TH—湿热带用

额定电压（kV）

设计序号

使用特点：J—有接地保护用辅助线圈；W—五柱式；B—有补偿线圈（提高准确级）

绝缘方式：C—瓷绝缘；G—干式；J—油浸绝缘；Z—环氧树脂浇注绝缘；R—电容分压式

结构特点：C—串级结构；D—单相；S—三相

互感器代号：J—电压互感器（旧型号用Y表示）

图 6-47　电压互感器的型号

2. 电磁式电压互感器的测量误差及影响误差的运行因素

（1）电磁式电压互感器的误差

电压互感器的等效电路及相量图如图 6-48 所示，（相量图形式与《电机学》中不同，但本质一样）。由于电压互感器存在励磁电流和内阻抗，使二次电压折算到一次侧的值 $\dot{U}_2'$ 与一次电压 $\dot{U}_1$ 大小不等，相位差也不等于180°，即电压互感器测量结果会存在误差。通常用电压误差（又称比差）和角差（又称相角差）表示。

1）电压误差（比差）。电压误差指二次电压折算到一次侧的值（$K_\mathrm{u} U_2$）与实际一次电

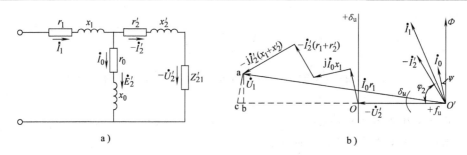

图 6-48 电压互感器的等效电路及相量图

a) 等效电路 b) 相量图（夸张画法）

压 U_1 之差，以百分数表示，即

$$f_u = \frac{K_u U_2 - U_1}{U_1} \times 100\% \tag{6-38}$$

2）角差（相角差）。角差为二次电压相量旋转 180° 后与一次电压相量之间的夹角 δ_u。$-\dot{U}_2'$ 超前于 $\dot{U}_1$ 时，角差为正值；反之，则为负值。

（2）电压互感器运行工况对误差的影响

电压互感器运行工况对误差有什么影响？

1）一次电压的影响。电压互感器一次额定电压已标准化，将一台互感器用于高或低的电压等级中，或运行电压偏离额定电压太远，励磁电流和铁耗角 ψ 都会随之发生变化，电压互感器的误差就会增大。故正确地使用互感器，应使一次额定电压与电网的额定电压相适应。

2）二次负荷及功率因数的影响。如果一次电压不变，则二次负载阻抗及功率因数直接影响误差的大小。当接带的负荷过多时，二次负载阻抗下降，二次电流增大，在电压互感器绕组上的电压降增大，使误差增大（当负荷从零增加到额定值时，f_u 按线性增大）；二次负载的功率因数过大或过小时，除影响电压误差外，角误差也会相应的增大。因此，要保证电压互感器的测量误差不超过规定值，应将其二次负载阻抗和功率因数限制在相应的范围内。

3. 电容分压式电压互感器

电容分压式电压互感器的工作原理是怎样的？有什么特点？电容分压式电压互感器简称电容式电压互感器，它实际上是一个电容分压器，其原理接线如图 6-49 所示。若忽略流经小型电磁式电压互感器一次绕组的电流，则电压 U_1 经电容 C_1、C_2 分压后得到的电压 U_2 为

$$U_2 = \frac{C_1}{C_1 + C_2} U_1 \tag{6-39}$$

但这仅是理想状况，当电磁式电压互感器一次绕组有电流时 U_2 会比上述值小，故在该回路中又加了补偿电抗器，尽量减小误差。阻尼电阻 r_d 是为了防止铁磁谐振引起过电压。放电间隙是防止过电压对一次绕组及补偿电抗器绝缘的威胁。开关闭合或断开仅仅影响通信设备的工作状态（K 闭合通信不能工作），不影响互

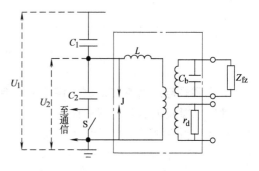

图 6-49 电容分压式电压互感器原理接线

C_1、C_2—分压电容 S—开关 J—放电间隙

L—补偿电抗器 r_d—阻尼电阻 C_b—补偿电容

感器本身的运行。

电容式电压互感器结构简单、重量轻、体积小、占地少、成本低，且电压越高效果越显著。此外，分压电容还可兼作载波通信的耦合电容。电容式电压互感器的缺点是：输出容量越小误差越大，暂态特性不如电磁式电压互感器。

4. 电压互感器接线

电压互感器怎样接线呢？在三相电力系统中，通常需要测量的电压有线电压、相对地的电压和发生单相接地故障时的零序电压。为了测量这些电压，图 6-50 示出了几种常见的电压互感器接线方式。

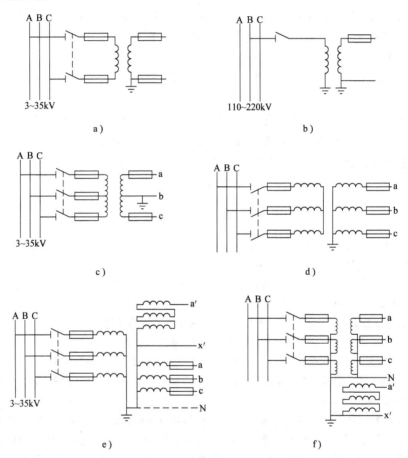

图 6-50　几种常见的电压互感器接线方式

a) 单相电压互感器接线（测线电压）　b) 单相电压互感器接线（测相电压）　c) 两台单相电压互感器接线
d) 三相三柱电压互感器接线　e) 一台三相五柱电压互感器接线　f) 3 台单相三绕组电压互感器接线

图 6-50a 为一台单相电压互感器的接线。该接线仅用于小接地电流系统（35kV 及以下），只能测得线电压。图 6-50b 也是一台单相电压互感器的接线。该接线只能用于大接地电流系统（110kV 及以上），只能测量相电压。图 6-50c 是由两台单相电压互感器组成的 V-V 联结（二次侧 b 相接地），可用来测量线电压，但不能测量相电压，广泛用于 35kV 及以下的电网中。图 6-50d 为一台三相三柱式电压互感器接成 Yyn 联结，只能用来测量线电压，不许用来测量相对地电压，因为它的一次绕组中性点不能引出，故不能用来监视电网对地绝

缘。图 6-50e 为一台三相五柱式电压互感器接成的 Yy△ 联结。其一次绕组、基本二次绕组接成星形，且中性点均接地。既可测量线电压，又可测量相电压。附加二次绕组每相的额定电压按 100V/3 设计，接成开口三角形，亦要求一点接地。正常工作时，开口三角形绕组两端电压为零，如果系统中发生一相完全接地，开口三角形绕组两端出现 100V 电压，供给绝缘监视继电器，使之发出一个故障信号（但不跳开断路器）。这种接线在 3～35kV 电网中得到广泛应用（因辅助铁心柱的磁阻小，零序励磁电流也小，因而当系统发生单相接地时，不会出现烧毁电压互感器的情况）。

图 6-50f 所示为由 3 台单相三绕组电压互感器构成的 Y0Y0△ 联结，其既可用于小接地电流系统，又可用于大接地电流系统。但应注意两者附加二次绕组的额定电压不同。用在小接地电流系统中应为 100V/3；而在大接地电流系统中则为 100V（一次系统中一相完全接地时，两种情况下开口三角形绕组两端的电压均为 100V）。

3～35kV 电压互感器高压侧一般经隔离开关和高压熔断器接入高压电网，低压侧也应装低压熔断器。

110kV 及以上的电压互感器可直接经由隔离开关接入电网，不装高压熔断器（低压则仍要装）。380V 的电压互感器可经熔断器直接入电网而不用隔离开关。

无论是电流互感器还是电压互感器，都要求二次侧有一点可靠接地，以防止互感器绝缘损坏，高电压会窜入二次电路危及二次设备和人身的安全。

思考题与习题

6-1 请自行收集资料，总结电力系统 EMS 的构成。

6-2 请自行收集资料，分析采用 WAMS 的优点。

6-3 请自行搜集材料，分析电流互感器、电压互感器的准确级与哪些因素有关，怎样提高互感器的准确级？

6-4 请自行搜集材料分析，如果电流互感器线性度不高，会产生怎样的误差？从电流互感器本身怎样提高线性度？从互感器之外，怎样减小互感器非线性误差对测量准确级的影响？

6-5 避雷（针、线、器）的作用是什么？其保护范围指的是什么？

6-6 为什么定时限过电流保护的灵敏度、动作时间需要同时逐级配合，而电流速断的灵敏度不需要逐级配合？

6-7 说明电流速断、限时电流速断联合工作时，依靠什么环节保证保护动作的选择性，依靠什么环节保证保护动作的灵敏性和速动性。

6-8 图 6-51 所示的网络中，流过保护 1、2、3 的最大负荷电流分别为 400、500、550A，$K_{ss} = 1.3$、$K_{re} = 0.85$，$K_{rel}^{III} = 1.15$，$t_1^{III} = t_2^{III} = 0.5s$、$t_3^{III} = 1.0s$ 试计算：（1）保护 4 的过电流定值；（2）保护 4 的过电流定值不变，保护 1 所在元件故障被切除，当返回系数 K_{re} 低于何值时会造成保护 4 误动？（3）$K_{re} = 0.85$ 时，保护 4 的灵敏系数为 $K_{sen} = 3.2$，当 $K_{re} = 0.7$ 时，保护 4 的灵敏系数降低到多少？

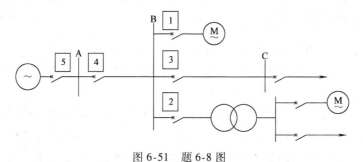

图 6-51 题 6-8 图

6-9　在双侧电源供电的网络中，方向性电流保护利用了短路时电气量什么特征解决了仅利用电流幅值特征不能解决的问题？

6-10　纵联保护的最基本原理的实质性内容是什么？

6-11　电力变压器有哪几种保护方式是不可缺少的？

6-12　变压器纵差动保护或电流速断保护的配置原则是什么？

6-13　距离保护是利用正常运行与短路状态间的哪些电气量的差异构成的？

6-14　在单侧电源线路上，过渡电阻对距离保护的影响是什么？

6-15　在双侧电源的线路上，保护测量到的过渡电阻为什么会呈现容性或感性？

6-16　中性点非直接接地电网中，接地短路的特点及保护方式是什么？

6-17　中性点经消弧线圈接地电网中，单相接地短路的特点及补偿方式是什么？

6-18　发电机失磁对系统和发电机本身有什么影响？

6-19　发电机励磁回路为什么要装设一点接地和两点接地保护？

6-20　电网有几种运行状态？各状态分别具有什么特点？

6-21　什么是互感器？互感器与一、二次系统如何连接？

6-22　电流互感器的作用有哪些？电压互感器的作用有哪些？

6-23　电流互感器和电压互感器的工作原理是怎样的？

6-24　运行中电流互感器二次侧为什么不允许开路？如何防止运行中的电流互感器二次侧开路？

6-25　电流互感器的接线方式有哪些？什么是电流互感器的极性？什么是加极性和减极性？

6-26　电压互感器的接线方式有哪些？

6-27　运行中的电压互感器二次侧为什么不允许短路？互感器的二次侧为什么必须接地？

参 考 文 献

[1]　姚春球. 发电厂电气部分 [M]. 北京：中国电力出版社，2006.

[2]　贺家李，等. 电力系统继电保护原理 [M]. 3 版. 北京：中国电力出版社，1994.

[3]　张宝会，等. 电力系统继电保护原理 [M]. 北京：中国电力出版社，2005.

[4]　韦钢，等. 电力工程概论 [M]. 北京：中国电力出版社，2005.

[5]　龚强，等. 地区电网调度自动化技术与应用 [M]. 北京：中国电力出版社，2005.

[6]　王士政. 电网调度自动化与配网自动化技术 [M]. 北京：中国水利水电出版社，2003.

[7]　T E Dy Liacco. The adaptive reliability control system [J]. IEEE Trans on PAS, 1967, 86 (5)：517-531.

[8]　T E Dy Liacco. Real-time computer control of power systems [J]. Proc of the IEEE, 1974, 62 (7)：884-891.

[9]　T E Dy Liacco. Modern control centers and computer networking [J]. IEEE Computer Applications in Power, 1994, 17-22.

[10]　卢强，王仲鸿，韩英铎. 输电系统最优控制 [M]. 北京：科学出版社，1983.

[11]　卢强，梅生伟，孙元章. 电力系统非线性控制 [M]. 2 版. 北京：清华大学出版社，2008.

[12]　韩英铎，王仲鸿，陈淮金. 电力系统最优分散协调控制 [M]. 北京：清华大学出版社，1997.

[13]　C C Liu, J Jung, G T Heydt, V Vittal, A G Phadke. The Strategic Power Infrastructure Defense (SPID) System. A Conceptual Design [J]. IEEE Control Syst Mag, 2000, 20 (4)：40-52.

[14]　Felix F Wu, Khosrow Moslehi, Anjan Bose. Power System Control Centers：Past，Present，and Future [J]. Proc of the IEEE, 2005, 93 (11)：1890-1908.

[15]　Anjan Bose. Smart Transmission Grid Applications and Their Supporting Infrastructure [J]. IEEE Trans on Smart Grid, 2010, 1 (1)：11-19.

[16] 张伯明，孙宏斌，吴文传. 三维协调的新一代电网能量管理系统 [J]. 电力系统自动化，2007，31 (13)：1-6.

[17] 周全仁，张海. 现代电网自动控制系统 [M]. 北京：中国电力出版社，2004.

[18] 袁季修. 电力系统安全稳定控制 [M]. 北京：中国电力出版社，1996.

[19] 丁晓群，等. 电网自动电压控制（AVC）技术及案例分析 [M]. 北京：机械工业出版社，2011.

[20] 丁晓群，等. 智能电网 AVC [M]. 北京：机械工业出版社，2012.

[21] 刘笙. 电气工程基础（上）[M]. 北京：科学出版社，2003.

[22] 王士政. 发电厂电气部分 [M]. 北京：中国水利水电出版社，2013.

[23] 刘增良. 电气设备及运行维护 [M]. 北京：中国电力出版社，2007.

第2篇 电力系统稳态分析

严格意义上的稳态是指电力系统的各个状态变量恒定不变。实际电力系统运行时，不可能绝对不变，但可以相对不变。电力系统稳态分析计算是电力系统分析计算的基础，所以本篇内容是电力工程的基本内容，也是重点内容。稳态分析的内容非常丰富，本篇只能介绍其最主要的内容，包括电力系统的潮流分析与计算、有功功率与频率调整、无功功率及电压调整。

第7章 电力系统的潮流

7.1 电力系统潮流概述

什么是电力系统潮流？电力系统潮流是描述电力系统运行状态的一般术语。它可以分为电力系统的静态潮流、动态潮流等。本书仅介绍电力系统静态潮流的分析与计算。所谓静态潮流是指电力系统的运行状态是稳态的，在一个时间断面上，计算过程中所有状态变量是不随时间而变化的常量。为方便起见，本章以后提到的电力系统潮流都是静态潮流而略去"静态"两字。

电力系统潮流是指系统中所有运行变量或参数的总体，它包括各个节点（母线）电压的大小和相位、各个发电机和负荷的功率及电流以及各个线路和变压器等元件所通过的功率、电流和其中的损耗。电力系统潮流计算是电力系统规划、设计和运行中最基本和最经常的计算，其任务是根据给定的有功负荷、无功负荷，发电机发出的有功功率及发电机节点电压有效值，计算出系统中其他节点的电压、各条支路中的功率以及功率损耗等。

因为电力系统可以用等效电路模拟，所以潮流计算的基础是电路计算。不同的是，在电路计算中，给定的量是电压和电流，而在潮流计算中，给定的量是电压和功率，而不是电流。因此必须以电流为桥梁建立起电压和功率之间的关系，并直接应用电压和功率进行潮流计算。

那么，为什么要进行潮流计算呢？潮流计算的主要目的如下：

1）判断系统中所有的母线（或节点）电压是否在允许的范围内。

2）判断系统中所有元件（如线路、变压器等）有没有出现过负荷。甚至当系统结线发生改变（如因为元件检修等原因）时，有无过负荷现象。

3）作为电力系统其他计算的基础，如后面介绍的电力系统稳定计算。

本书第1篇中已经说明了本书所采用的复功率、电压相量和电流相量之间的关系。此外，在本章中如无特殊说明，各物理量均用标幺值表示。

本章主要介绍：电力线路和变压器的电压降落、功率损耗和电能损耗；简单辐射形网络和复杂网络的潮流计算；最后扼要介绍电力系统优化潮流的概念。

7.2 输电线路运行特性及简单电力系统潮流计算

7.2.1 电力线路上的电压降落、功率损耗和电能损耗

电压降落有哪两个分量？电压降落与电压损耗有什么区别？

1. 电力线路上的电压降落

电压是电能质量的重要指标，电力系统运行部门必须将各母线（节点）电压保持在额定电压附近的允许范围内。但当电流（功率）流过线路和变压器时，会产生电压降落。因此必须对电压降落进行分析计算。

为简单起见，先不考虑线路 Π 形等效电路中的两端并联支路，则电力线路的单相等效电路如图 7-1 所示。图中 R 和 X 分别为等效电路中的电阻和电抗，$\dot{U}_1$ 和 $\dot{U}_2$ 分别为线路始端和末端的电压，$\dot{I}$ 为支路通过的电流，$\tilde{S}_1$ 和 $\tilde{S}_2$ 分别为线路始端和末端的功率。

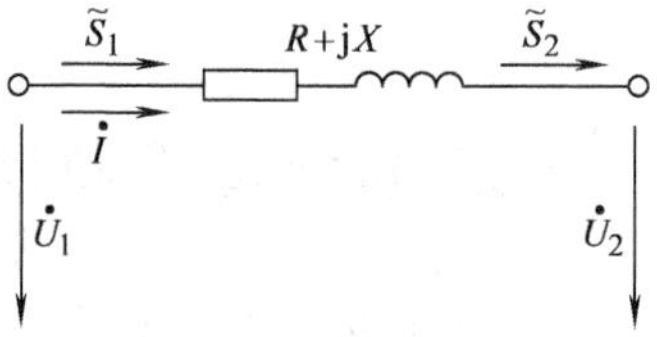

由图 7-1，可以得到支路始末两端电压降落（简称电压降）为

图 7-1 电力线路的单相等效电路

$$d\dot{U} = \dot{U}_1 - \dot{U}_2 = \dot{I}(R + jX) \tag{7-1}$$

由于串联支路始端和末端流过的电流相同，所以电压降落表达式简单。但是在工程实际中通常给定的是节点上的功率而不是支路电流，因为在串联支路中存在功率损耗，使两端功率不相等，所以必须区分是用始端功率还是用末端功率。为此，下面分两种情况介绍：一是已知末端电压和末端功率，求线路电压降落；二是已知始端电压和始端功率，求线路电压降落。

（1）已知末端电压和末端功率的情况

当已知末端电压 $\dot{U}_2$ 和末端功率 $\tilde{S}_2 = P_2 + jQ_2$ 时，电流 $\dot{I}$ 与末端电压和末端功率之间的关系为

$$\dot{I} = \frac{S_2^*}{U_2^*} \tag{7-2}$$

式中，上标"＊"表示共轭。

将式（7-2）代入式（7-1）得

$$d\dot{U} = \dot{U}_1 - \dot{U}_2 = \frac{S_2^*}{U_2^*}(R + jX) \tag{7-3}$$

为简单起见，一般取 $\dot{U}_2$ 为参考相量，即设 $\dot{U}_2 = U_2 \angle 0°$，则式（7-3）可写成

$$d\dot{U}_2 = \frac{S_2^*}{U_2^*}(R + jX) = \frac{P_2 - jQ_2}{U_2}(R + jX) = \frac{P_2 R + Q_2 X}{U_2} + j\frac{P_2 X - Q_2 R}{U_2} \tag{7-4}$$

令

$$\frac{P_2 R + Q_2 X}{U_2} = \Delta U_2\; ; \quad \frac{P_2 X - Q_2 R}{U_2} = \delta U_2 \tag{7-5}$$

式中，ΔU_2 与 U_2^* 同相，称为电压降落的纵分量；δU_2 与 U_2^* 的相位相差 $90°$，称为电压降落的横分量。

图 7-2 所示为对应的电压相量图，显然有

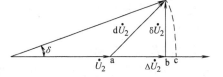

$$\dot{U}_1 = \dot{U}_2 + \mathrm{d}\dot{U}_2 = (U_2 + \Delta U_2) + \mathrm{j}\delta U_2 = U_1 \underline{/\delta} \tag{7-6}$$

则始端电压大小和相位分别为

图 7-2　电力线路电压相量图

$$U_1 = \sqrt{(U_2 + \Delta U_2)^2 + (\delta U_2)^2} \tag{7-7}$$

$$\delta = \arctan \frac{\delta U_2}{U_2 + \Delta U_2} \tag{7-8}$$

由于一般情况下，$U_2 + \Delta U_2 \gg \delta U_2$，所以在作电压降落的近似计算时，可以忽略电压降落的横分量，即

$$U_1 \approx U_2 + \Delta U_2 = U_2 + \frac{P_2 R + Q_2 X}{U_2} \tag{7-9}$$

（2）已知始端电压和始端功率的情况

当已知始端电压 $\dot{U}_1$ 和始端功率 $\tilde{S}_1 = P_1 + \mathrm{j}Q_1$ 时，可以得到与式（7-3）相对应的关系

$$\mathrm{d}\dot{U} = \dot{U}_1 - \dot{U}_2 = \frac{S_1^*}{U_1^*}(R + \mathrm{j}X) \tag{7-10}$$

为方便起见，取 $\dot{U}_1$ 为参考相量，即设 $\dot{U}_1 = U_1 \underline{/0°}$，则相应的电压降表达式可写成

$$\mathrm{d}\dot{U}_1 = \frac{P_1 R + Q_1 X}{U_1} + \mathrm{j}\frac{P_1 X - Q_1 R}{U_1} = \Delta U_1 + \mathrm{j}\delta U_1 \tag{7-11}$$

式中，ΔU_1 也称为电压降落的纵分量；δU_1 也称为电压降落的横分量。

需要注意的是，式（7-11）中的电压降 $\mathrm{d}\dot{U}_1$ 与式（7-4）中的电压降 $\mathrm{d}\dot{U}_2$ 大小相同，但相位不同，这是因为它们所取的参考相量不同。

同样，末端电压为

$$\dot{U}_2 = \dot{U}_1 - \mathrm{d}\dot{U}_1 = (U_1 - \Delta U_1) - \mathrm{j}\delta U_1 = U_2 \underline{/-\delta} \tag{7-12}$$

$$U_2 = \sqrt{(U_1 - \Delta U_1)^2 + (\delta U_1)^2} \tag{7-13}$$

$$\delta = \arctan \frac{\delta U_1}{U_1 - \Delta U_1} \tag{7-14}$$

若忽略电压降的横分量，则可近似得

$$U_2 \approx U_1 - \Delta U_1 = U_1 - \frac{P_1 R + Q_1 X}{U_1} \tag{7-15}$$

实际上，ΔU_1、δU_1 和 ΔU_2、δU_2 是电压降 $\mathrm{d}\dot{U}$ 的两种不同分解，如图 7-3 所示。显然 $\Delta U_1 \neq \Delta U_2$，$\delta U_1 \neq \delta U_2$。

需要指出的是，电力系统中无功负荷一般属于感性无功负荷，上面推导均是按感性无功负荷进行的。若是容性无功负荷时，上述各式中 Q 前应改变符号，这时电压降落的纵分量可能为负值，即线路末端电压可能高于始端。这种情况出现在高压输电线路空载或轻载时，为防止末端电压升高太多，通常在变电所投入并联电抗器，以抑制无功功率在线路中流动。

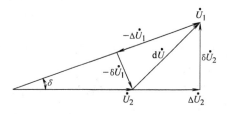

图 7-3　电压降的分解

电压降落纵分量和横分量的计算公式十分有用，运用它可以分析许多实际工程问题。如在高压电网中，为什么线路两端电压数值差主要取决于所输送的无功功率？而两端电压的相位差为什么又主要取决于所输送的有功功率？

（3）电压质量的指标

线路电压降落是电压质量的重要指标，此外，电压质量的其他重要指标有电压损耗、电压偏移和电压调整等。

所谓电压损耗是指线路两端电压的数值差，在有名制中，用百分数表示为

$$电压损耗\% = \frac{U_1 - U_2}{U_N} \times 100 \tag{7-16}$$

式中，U_N 为线路的额定电压，它与 U_1 及 U_2 都是同一单位的有名值。

在近似计算中，常常用电压降落的纵分量来代替电压损耗。

电压偏移是指线路始端电压或末端电压与线路额定电压的数值差，在有名制中，用百分数表示为

$$始端电压偏移\% = \frac{U_1 - U_N}{U_N} \times 100 \tag{7-17}$$

$$末端电压偏移\% = \frac{U_2 - U_N}{U_N} \times 100 \tag{7-18}$$

电压偏移表示两端电压偏离额定电压的程度。

电压调整是指线路末端空载与负载时电压的数值差。在有名制中，用百分数表示为

$$电压调整\% = \frac{U_{20} - U_2}{U_{20}} \times 100 \tag{7-19}$$

式中，U_{20} 为线路末端空载电压。

2. 电力线路上的功率损耗

当线路流过电流或功率时，在线路的电阻中将产生有功功率损耗，在线路的电抗中将产生无功功率损耗，其大小与流过线路中的电流或功率有关。此外，在线路电容中将产生无功功率，其大小与线路电压有关。线路的功率损耗由上述几部分共同产生，常用其 Π 形等效电路进行分析计算，线路电压与功率的参考方向如图7-4所示。

（1）已知末端电压和末端功率，求线路功率损耗与始端功率

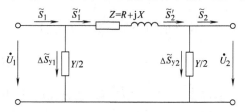

图 7-4　计算线路功率损耗的 Π 形等效电路

已知末端电压 $\dot{U}_2$ 和末端功率 $\tilde{S}_2 = P_2 + jQ_2$，线路功率损耗的计算可以从末端开始，逐步向始端进行。

先计算末端并联导纳支路中的功率损耗

$$\Delta \tilde{S}_{y2} = \Delta P_{y2} - j\Delta Q_{y2} = \dot{U}_2 \left(\frac{Y}{2} \dot{U}_2 \right)^* = \frac{Y^*}{2} U_2^2 = \frac{G}{2} U_2^2 - j \frac{B}{2} U_2^2 \tag{7-20}$$

串联支路末端的功率为

$$\tilde{S}_2' = P_2' + jQ_2' = \tilde{S}_2 + \Delta \tilde{S}_{y2} = \left(P_2 + \frac{G}{2} U_2^2 \right) + j \left(Q_2 - \frac{B}{2} U_2^2 \right) \tag{7-21}$$

串联支路中的功率损耗为

$$\Delta \tilde{S}_z = \Delta P_z + j\Delta Q_z = \left(\frac{S_2'}{U_2} \right)^2 Z = \frac{P_2'^2 + Q_2'^2}{U_2^2} (R + jX)$$

$$= \frac{P_2'^2 + Q_2'^2}{U_2^2} R + j \frac{P_2'^2 + Q_2'^2}{U_2^2} X \tag{7-22}$$

串联支路始端的功率为

$$\tilde{S}_1' = P_1' + jQ_1' = \tilde{S}_2' + \Delta \tilde{S}_z = (P_2' + \Delta P_z) + j(Q_2' + \Delta Q_z) \tag{7-23}$$

计算始端电压 $\dot{U}_1$，应用式（7-5）和式（7-6），得

$$\dot{U}_1 = U_2 + \frac{P_2'R + Q_2'X}{U_2} + j \frac{P_2'X - Q_2'R}{U_2} \tag{7-24}$$

始端并联导纳支路中的功率损耗为

$$\Delta \tilde{S}_{y1} = \Delta P_{y1} - j\Delta Q_{y1} = \dot{U}_1 \left(\frac{Y}{2} \dot{U}_1 \right)^* = \frac{Y^*}{2} U_1^2 = \frac{G}{2} U_1^2 - j \frac{B}{2} U_1^2 \tag{7-25}$$

始端功率为

$$\tilde{S}_1 = P_1 + jQ_1 = \tilde{S}_1' + \Delta \tilde{S}_{y1} = \left(P_1' + \frac{G}{2} U_1^2 \right) + j \left(Q_1' - \frac{B}{2} U_1^2 \right) \tag{7-26}$$

因此，线路总功率损耗为

$$\Delta \tilde{S} = \tilde{S}_1 - \tilde{S}_2 = \Delta \tilde{S}_{y2} + \Delta \tilde{S}_z + \Delta \tilde{S}_{y1} = (\Delta P_{y2} + \Delta P_z + \Delta P_{y1}) + j(-\Delta Q_{y2} + \Delta Q_z - \Delta Q_{y1})$$

因为线路串联支路中的电阻和并联支路中的电导（常常忽略）都消耗有功功率，所以线路末端输出的有功功率 P_2 总是小于线路始端输入的有功功率 P_1。称 P_2 与 P_1 之比的百分数为线路的输电效率：

$$输电效率\% = \frac{P_2}{P_1} \times 100$$

而线路始端输入的无功功率 Q_1 却未必大于末端输出的无功功率 Q_2，因为线路对地电容吸取容性无功功率，即发出感性无功功率。线路轻载时，电容中发出的感性无功功率可能大于电抗中消耗的无功功率，以致从端点看，Q_2 可能大于 Q_1，并引起末端电压升高。必要时在线路末端并联电抗器，以吸收网络中多余的感性无功功率，这时常发生在超高压系统中。

（2）已知始端电压和始端功率，求线路功率损耗和末端功率

如果已知始端电压 $\dot{U}_1$ 和始端功率 $\tilde{S}_1 = P_1 + jQ_1$，线路功率损耗的计算可以从始端开始，逐步向末端进行。当然以始端电压 U_1 为参考相量，具体计算公式与已知末端电压和末端功率类似。

3. 电力线路上的电能损耗

什么是最大负荷利用小时数？什么是最大负荷损耗时间？功率损耗由某一时间流过的功率引起，而供电部门更关心电能损耗。电力线路上的电能损耗是指一定时间段内线路的功率损耗所引起的电能消耗。因为负荷（功率）不断变化，所以实际上功率损耗是时间的函数。一般而言，线路上的电能损耗可以表示为

$$\Delta A_l = \int_0^T \Delta P_l(t)\,dt \tag{7-27}$$

式中，ΔA_l 为时间 T（通常为一年 8760h）内线路的电能损耗（kW·h）；$\Delta P_l(t)$ 为时间 t 时线路的功率损耗（kW）。

式（7-27）虽然严格，但计算十分复杂，工程上常常采用简化的方法。特别是在进行网络规划设计时，往往根据统计资料和曲线计算电能损耗。下面介绍其中一种方法，即电能损耗的最大负荷损耗时间法。

最大负荷损耗时间法计算电能损耗的公式为

$$\Delta A = \Delta P_{max} \tau_{max} \tag{7-28}$$

式中，ΔP_{max} 为最大负荷时的功率损耗；τ_{max} 为最大负荷损耗时间。

ΔP_{max} 可以通过计算流过最大负荷时相应的功率损耗求得。所谓最大负荷损耗时间 τ_{max}，是指时间一年内电能损耗 ΔA 除以最大负荷时的功率损耗 ΔP_{max}。

由式（7-28）知，计算电能损耗的关键是求最大负荷损耗时间 τ_{max}，通常根据最大负荷利用小时数 T_{max} 和功率因数 $\cos\varphi$ 查表求得。

最大负荷利用小时数 T_{max} 指一年内负荷消耗的电能 A 除以最大负荷 P_{max}，即

$$T_{max} = \frac{A}{P_{max}} \tag{7-29}$$

不同行业有不同的最大负荷利用小时数，可以从有关手册查到。

通过对一些典型负荷曲线的分析，得到不同功率因数 $\cos\varphi$ 时 τ_{max} 与 T_{max} 的关系，见表7-1所示。

表 7-1 不同功率因数 $\cos\varphi$ 时 τ_{max} 与 T_{max} 的关系

T_{max}/h	τ/h				
	$\cos\varphi = 0.80$	$\cos\varphi = 0.85$	$\cos\varphi = 0.90$	$\cos\varphi = 0.95$	$\cos\varphi = 1.00$
2000	1500	1200	1000	800	700
2500	1700	1500	1250	1100	950
3000	2000	1800	1600	1400	1250
3500	2350	2150	2000	1800	1600
4000	2750	2600	2400	2200	2000
4500	3150	3000	2900	2700	2500
5000	3600	3500	3400	3200	3000
5500	4100	4000	3950	3750	3600

（续）

T_{max}/h	τ/h				
	$\cos\varphi = 0.80$	$\cos\varphi = 0.85$	$\cos\varphi = 0.90$	$\cos\varphi = 0.95$	$\cos\varphi = 1.00$
6000	4650	4600	4500	4350	4200
6500	5250	5200	5100	5000	4850
7000	5950	5900	5800	5700	5600
7500	6650	6600	6550	6500	6400
8000	7400		7350		7250

　　根据最大负荷利用小时数 T_{max} 和功率因数 $\cos\varphi$，即可从表 7-1 中找到 τ_{max} 的值，用于计算全年的电能损耗。如果一条线路线路上有几个负荷，可以用加权平均法计算电能损耗。

　　需要指出，上述电能公式中均没有包括线路电晕损耗，这是因为 330kV 以下线路电晕损耗一般很小。

　　求得电能损耗后，就可以计算系统中一个重要的经济指标，即线损率

$$线损率\% = \frac{\Delta A}{A_1} \times 100 = \frac{\Delta A}{A_2 + \Delta A} \times 100 \tag{7-30}$$

式中，A_1 为线路始端输入的电能；A_2 为线路末端输出的电能。

7.2.2　变压器上的电压降落、功率损耗和电能损耗

1. 变压器上的电压降落和功率损耗

　　在得到线路上的电压降落计算和功率损耗计算公式后，就可将它们用于变压器上的电压降落计算和功率损耗计算。下面以双绕组变压器为例来说明变压器上的电压降落计算和功率损耗计算。在人工计算时，一般采用变压器 Γ 形等效电路，设各节点电压和支路流过的功率如图 7-5 所示。

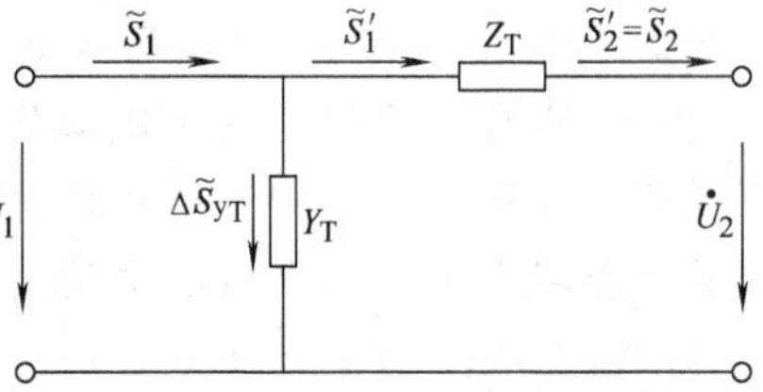

　　在已知末端电压 $\dot{U}_2$ 和末端功率 $\tilde{S}_2 = P_2 + jQ_2$ 的情况下，计算步骤如下：

图 7-5　变压器的 Γ 形等效电路

　　计算变压器串联支路的功率损耗

$$\Delta \tilde{S}_{zT} = \Delta P_{zT} + jQ_{zT} = \left(\frac{S_2}{U_2}\right)^2 Z_T = \frac{P_2^2 + Q_2^2}{U_2^2} R_T + j\frac{P_2^2 + Q_2^2}{U_2^2} X_T \tag{7-31}$$

　　变压器串联支路始端的功率

$$\tilde{S}_1' = P_1' + jQ_1' = \tilde{S}_2 + \Delta \tilde{S}_{zT} = (P_2 + \Delta P_{zT}) + j(Q_2 + \Delta Q_{zT}) \tag{7-32}$$

　　计算变压器始端的电压 $\dot{U}_1$（以 $\dot{U}_2$ 为参考相量）

$$\dot{U}_1 = U_2 + \frac{P_2 R_T + Q_2 X_T}{U_2} + j\frac{P_2 X_T - Q_2 R_T}{U_2} \tag{7-33}$$

　　变压器阻抗中电压降落的纵分量、横分量分别为

$$\Delta U_T = \frac{P_2 R_T + Q_2 X_T}{U_2}; \quad \delta U_T = \frac{P_2 X_T - Q_2 R_T}{U_2} \tag{7-34}$$

变压器并联支路中的功率损耗

$$\Delta \tilde{S}_{yT} = \Delta P_{yT} + jQ_{yT} = \dot{U}_1 (Y_T \dot{U}_1)^* = (G_T - jB_T)^* U_1^2 = G_T U_1^2 + jB_T U_1^2 \qquad (7\text{-}35)$$

变压器始端的功率

$$\tilde{S}_1 = P_1 + jQ_1 = \tilde{S}_2 + \Delta \tilde{S}_{zT} + \Delta \tilde{S}_{yT} \qquad (7\text{-}36)$$

必须注意的是，变压器并联支路消耗感性无功功率，而线路并联支路消耗容性无功功率，两者符号相反。

上述变压器对应变电所的情况，即变电所负荷侧电压和功率已知。对于已知始端电压和始端功率的情况，即发电厂变压器，其计算公式与上述相似。有时可以直接应用变压器空载试验和短路试验所得的数据来计算功率损耗，具体公式这里不再推导。

2. 变压器中的电能损耗

变压器中的电能损耗包括两部分：负载电能损耗和空载电能损耗。在给定的时间 T 内，变压器电能损耗可表示为

$$\Delta A_T = \Delta P_0 T + \int_0^T \Delta P_T(t) \, dt \qquad (7\text{-}37)$$

式中，ΔP_0 为空载功率损耗；$\Delta P_T(t)$ 为负载功率损耗。

其中空载电能损耗等于空载功率损耗 ΔP_0 与变压器运行小时数 T 的乘积。变压器运行小时数 T 等于一年 8760h 减去由于检修等而停运的小时数。变压器负载电能损耗的计算与线路电能损耗完全相同。

7.2.3 简单辐射型网络的潮流计算

什么是简单辐射型网络？什么是复杂网络？这里所说的辐射型网络，是指在网络中不含环形电路，所有负荷仅由一个电源供电的网络。虽然用计算机进行潮流计算已无任何问题，然而学习人工计算潮流的方法仍然有其必要性。因为人工方法计算潮流有助于直观地理解电力系统运行方面的一些基本概念，而且可以估算局部系统的功率和电压。

为简单起见，以图7-6所示的网络为例来说明简单辐射型网络的潮流计算方法。已知线路及变压器的参数，网络接线如图7-6a所示。线路以 Π 形等效电路表示，变压器以 Γ 形等效电路表示，得到网络的等效电路如图7-6b所示。

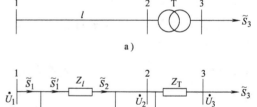

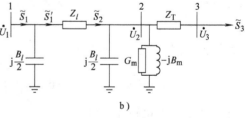

图 7-6 简单辐射型网络
a) 网络接线 b) 等效电路

根据电力系统的实际情况，可以分两种情况来讨论：一种是已知同一端功率和电压，求潮流分布（功率和电压）；另一种是已知一端功率和另一端电压，求潮流分布。上述共有4种组合，但有两种情况是相同的，所以分如下两种情况来介绍。

1. 已知末端电压和末端功率，求潮流分布

设图7-6b所示等效电路，变压器的参数已折算到高压侧。已知末端电压 $\dot{U}_3$ 和末端功率

$\tilde{S}_3$，求始端电压 $\dot{U}_1$ 和始端功率 $\tilde{S}_1$。

下面由末端向始端逐段计算电压降落和功率损耗。由末端电压 $\dot{U}_3$ 和末端功率 $\tilde{S}_3$，根据式（7-34）和式（7-31）计算变压器串联阻抗 Z_T 上的电压降落和功率损耗，进而求得节点 2 的电压 $\dot{U}_2$。由 $\dot{U}_2$ 求得变压器励磁支路的功率损耗和线路节点 2 侧的充电功率，从而求得线路串联阻抗后的功率 $\tilde{S}_2$。进一步由 $\dot{U}_2$ 及 $\tilde{S}_2$ 求得线路串联阻抗 Z_L 上的电压损耗、始端电压 $\dot{U}_1$ 和线路串联阻抗前的功率 $\tilde{S}_1'$。由 $\dot{U}_1$ 求得线路节点 1 侧的充电功率，最后求得始端功率 $\tilde{S}_1$。

【例 7-1】 如图 7-7 所示，电力线路长为 80km，额定电压为 110kV，末端接一容量为 20MV·A、电压比为 110kV/38.5kV 的降压变压器。变压器低压侧负荷为（15 + j11.25）MV·A 正常运行时要求电压达 36kV。试求电源处母线应有的电压和功率。线路采用 LGJ—120 型导线，其单位长度参数为：$r_1 = 0.27\Omega/\text{km}$，$x_1 = 0.412\Omega/\text{km}$，$g_1 = 0$，$b = 2.76 \times 10^{-6}\text{S/km}$。折算至 110kV 侧的变压器参数为：$R_T = 4.93\Omega$，$X_T = 63.5\Omega$，$G_T = 4.95 \times 10^{-6}\text{S}$，$B_T = 49.5 \times 10^{-6}\text{S}$。

图 7-7　例 7-1 的辐射型网络接线

【解】 先根据已知条件，计算网络参数如下：

线路用 Π 形等效电路表示，参数为

$$R_l = r_1 l = 0.27 \times 80\Omega = 21.6\Omega$$

$$X_l = x_1 l = 0.412 \times 80\Omega = 33.0\Omega$$

$$\frac{1}{2}B_l = \frac{1}{2}b_1 l = \frac{1}{2} \times 2.76 \times 10^{-6} \times 80\text{S} = 1.1 \times 10^{-4}\text{S}$$

变压器用 Γ 形等效电路表示，参数为

$$R_T = 4.93\Omega,\ X_T = 63.5\Omega$$

$$G_T = 4.95 \times 10^{-6},\ B_T = 49.5 \times 10^{-6}$$

根据网络参数可绘制等效电路如图 7-8 所示。

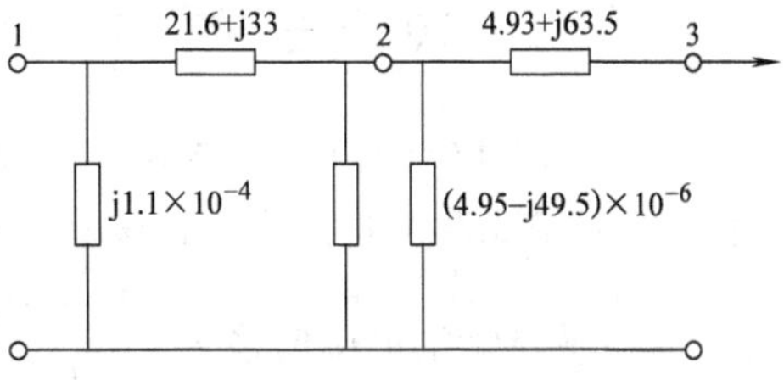

根据等效电路，从末端向始端计算电压降落和功率损耗如下：

图 7-8　例 7-1 的等效电路

$$U_3 = 36 \times 110/38.5\text{kV} = 102.85\text{kV}$$

$$\Delta P_{zT} = \frac{P_3^2 + Q_3^2}{U_3^2}R_T = \frac{15^2 + 11.25^2}{102.85^2} \times 4.93\text{MW} = 0.16\text{MW}$$

$$\Delta Q_{zT} = \frac{P_3^2 + Q_3^2}{U_3^2}X_T = \frac{15^2 + 11.25^2}{102.85^2} \times 63.5\text{Mvar} = 2.11\text{Mvar}$$

$$\Delta U_T = \frac{P_3 R_T + Q_3 X_T}{U_3} = \frac{15 \times 4.93 + 11.25 \times 63.5}{102.85}\text{kV} = 7.67\text{kV}$$

$$\delta U_T = \frac{P_3 X_T - Q_3 R_T}{U_3} = \frac{15 \times 63.5 - 11.25 \times 4.93}{102.85}\text{kV} = 8.71\text{kV}$$

$$U_2 = \sqrt{(U_3 + \Delta U_T)^2 + (\delta U_T)^2} = \sqrt{(102.85 + 7.67)^2 + 8.71^2}\text{kV} = 110.86\text{kV}$$

忽略 δU_T 时，$U_2 = U_3 + \Delta U_T = (102.85 + 7.67)\mathrm{kV} = 110.52\mathrm{kV}$

$$\delta_T = \arctan \frac{\delta U_T}{U_3 + \Delta U_T} = \arctan \frac{8.71}{110.52} = 4.51°$$

$$\Delta P_{yT} = G_T U_2^2 = 4.95 \times 10^{-6} \times 110.52^2 \mathrm{MW} = 0.06\mathrm{MW}$$

$$\Delta Q_{yT} = B_T U_2^2 = 49.5 \times 10^{-6} \times 110.52^2 \mathrm{Mvar} = 0.6\mathrm{Mvar}$$

$$\tilde{S}_2 = [(15 + 0.16 + 0.06) + j(11.25 + 2.11 + 0.6)]\mathrm{MV \cdot A} = (15.22 + j13.96)\mathrm{MV \cdot A}$$

$$\Delta Q_{yl2} = \frac{1}{2} B_l U_2^2 = 1.1 \times 10^{-4} \times 110.52^2 \mathrm{Mvar} = 1.34\mathrm{Mvar}$$

$$\tilde{S}_2' = P_2 + j(Q_2 - \Delta Q_{yl2}) = [15.22 + j(13.96 - 1.34)]\mathrm{MV \cdot A} = (15.22 + j12.62)\mathrm{MV \cdot A}$$

$$\Delta P_{zl} = \frac{P_2'^2 + Q_2'^2}{U_2^2} R_l = \frac{15.22^2 + 12.62^2}{110.52^2} \times 21.6\mathrm{MW} = 0.691\mathrm{MW}$$

$$\Delta Q_{zl} = \frac{P_2'^2 + Q_2'^2}{U_2^2} X_l = \frac{15.22^2 + 12.62^2}{110.52^2} \times 33.0\mathrm{Mvar} = 1.056\mathrm{Mvar}$$

$$\Delta U_l = \frac{P_2' R_l + Q_2' X_l}{U_2} = \frac{15.22 \times 21.6 + 12.62 \times 33.0}{110.52}\mathrm{kV} = 6.74\mathrm{kV}$$

$$\delta U_l = \frac{P_2' X_l - Q_2' R_l}{U_2} = \frac{15.22 \times 33.0 - 12.62 \times 21.6}{110.52}\mathrm{kV} = 2.08\mathrm{kV}$$

忽略 δU_l 时，$U_1 = U_2 + \Delta U_l = (110.52 + 6.74)\mathrm{kV} = 117.26\mathrm{kV}$

$$\delta_l = \arctan \frac{\delta U_l}{U_2 + \Delta U_l} = \arctan \frac{2.08}{117.26} = 1°$$

$$\Delta Q_{yl1} = \frac{1}{2} B_l U_1^2 = 1.1 \times 10^{-4} \times 117.26^2 \mathrm{Mvar} = 1.512\mathrm{Mvar}$$

$$\tilde{S}_1 = [(15.22 + 0.691) + j(12.62 + 1.056 - 1.512)]\mathrm{MV \cdot A} = (15.91 + j12.16)\mathrm{MV \cdot A}$$

由上述计算结果，进一步可得该输电系统有关技术经济指标如下：

$$\text{始端电压偏移}\% = \frac{U_1 - U_N}{U_N} \times 100 = \frac{117.26 - 110}{110} \times 100 = 6.6$$

$$\text{末端电压偏移}\% = \frac{U_3 - U_N}{U_N} \times 100 = \frac{36 - 35}{35} \times 100 = 2.86$$

$$\text{电压损耗}\% = \frac{U_1 - U_3}{U_N} \times 100 = \frac{117.26 - 102.85}{110} \times 100\% = 13.1$$

$$\text{输电效率}\% = \frac{P_3}{P_1} \times 100 = \frac{15}{15.91} \times 100\% = 94.3$$

由上述计算结果还可以得到一些具有普遍意义的结论：

1）仅计算电压数值时，忽略电压降落的横分量不会产生很大误差。本例中忽略 δU_T，误差仅为 0.3%。

2）变压器电压降落的纵分量 ΔU_T 主要取决于变压器的电抗。

3）变压器中无功功率损耗远远大于有功功率损耗。

4）线路负荷较轻时，线路电纳中吸收的容性无功功率大于电抗中消耗的感性无功功率，这时的线路元件成为一个感性无功功率电源。

2. 已知始端电压和末端功率，求潮流分布

如图 7-6b 所示，变压器的参数已折算到高压侧。已知始端电压 $\dot{U}_1$ 和末端功率 $\tilde{S}_3$，求末端电压 $\dot{U}_3$ 和始端功率 $\tilde{S}_1$。

对于这种情况，给定的电压和功率不在同一个节点，无法直接应用上述公式计算电压降落和功率损耗，必须采用反复迭代的思想求解。迭代求解是计算机擅长的，人工计算不太适合，必须采用近似的方法计算。一种工程上经常采用的近似方法是先设全网各节点电压为额定电压，结合末端功率 $\tilde{S}_3$，从末端向始端计算各元件的功率损耗和网络的功率分布，而不计算各节点电压。在求得始端功率后，结合始端电压 $\dot{U}_1$，从始端向末端计算各元件电压降落和各节点的电压，不再重新计算网络的功率分布。实践表明，该近似方法的计算精度能满足工程要求。

【例 7-2】　网络和参数完全与例 7-1 相同，将已知末端电压改变成已知始端电压 $\dot{U}_1 = 117.26\text{kV}$。求末端电压 $\dot{U}_3$ 和始端功率 $\tilde{S}_1$。

【解】　第一步：设全网各节点电压为额定电压 110kV，与 $\tilde{S}_3$ 一起，从末端向始端求功率损耗和功率分布：

$$\Delta P_{zT} = \frac{P_3^2 + Q_3^2}{U_N^2} R_T = \frac{15^2 + 11.25^2}{110^2} \times 4.93\text{MW} = 0.14\text{MW}$$

$$\Delta Q_{zT} = \frac{P_3^2 + Q_3^2}{U_N^2} X_T = \frac{15^2 + 11.25^2}{110^2} \times 63.5\text{Mvar} = 1.85\text{Mvar}$$

$$\Delta P_{yT} = G_T U_N^2 = 4.95 \times 10^{-6} \times 110^2\text{MW} = 0.06\text{MW}$$

$$\Delta Q_{yT} = B_T U_N^2 = 49.5 \times 10^{-6} \times 110^2\text{Mvar} = 0.6\text{Mvar}$$

$$\Delta Q_{yl2} = \frac{1}{2} B_l U_2^2 = 1.1 \times 10^{-4} \times 110^2\text{Mvar} = 1.33\text{Mvar}$$

$$\tilde{S}_2' = [(15 + 0.14 + 0.06) + j(11.25 + 1.85 + 0.6 - 1.33)]\text{MV} \cdot \text{A} = (15.20 + j12.37)\text{MV} \cdot \text{A}$$

$$\Delta P_{zl} = \frac{P_2'^2 + Q_2'^2}{U_2^2} R_l = \frac{15.2^2 + 12.37^2}{110^2} \times 21.6\text{MW} = 0.690\text{MW}$$

$$\Delta Q_{zl} = \frac{P_2'^2 + Q_2'^2}{U_2^2} X_l = \frac{15.20^2 + 12.37^2}{110^2} \times 33.0\text{Mvar} = 1.056\text{Mvar}$$

$$\Delta Q_{yl1} = \frac{1}{2} B_l U_1^2 = 1.1 \times 10^{-4} \times 110^2\text{Mvar} = 1.33\text{Mvar}$$

$$\tilde{S}_1 = [(15.20 + 0.690) + j(12.37 + 1.056 - 1.33)]\text{MV} \cdot \text{A} = (15.89 + j12.10)\text{MV} \cdot \text{A}$$

第二步：由已知的始端电压 $\dot{U}_1 = 117.26\text{kV}$ 和求得的始端功率 $\tilde{S}_1 = (15.89 + j12.10)\text{MV} \cdot \text{A}$，从始端向末端计算电压降落和各节点电压：

$$\Delta U_l = \frac{P_1 R_l + (Q_1 + 1.33) X_l}{U_1} = \frac{15.89 \times 21.6 + 13.43 \times 33.0}{117.26} \, \text{kV} = 6.71 \, \text{kV}$$

$$U_2 = U_1 - \Delta U_l = (117.26 - 6.71) \, \text{kV} = 110.55 \, \text{kV}$$

$$\Delta U_T = \frac{(P_2 - \Delta P_{yT}) R_T + (Q_2 - \Delta Q_{yT}) X_T}{U_2} = \frac{15.14 \times 4.93 + 13.10 \times 63.5}{110.55} \, \text{kV} = 8.20 \, \text{kV}$$

$$U_3 = (110.55 - 8.20) \, \text{kV} = 102.35 \, \text{kV}$$

$$U'_3 = 102.35 \times \frac{38.5}{110} \, \text{kV} = 35.82 \, \text{kV}$$

7.3 复杂电力系统的潮流计算

电力系统是一个复杂大系统，实际系统的变量成百上千，显然上一节介绍的人工计算方法已无法胜任。本节重点介绍复杂电力系统潮流的计算机算法。应用计算机计算潮流，通常需要完成如下几个步骤：建立合理的数学模型、选择高效的计算方法和编制通用的计算程序。本节将重点介绍前两部分内容。

7.3.1 潮流计算方法概述

潮流计算问题在数学上属于多元非线性代数方程组的求解问题，必须采用迭代计算方法。

自 20 世纪 50 年代中期开始利用电子计算机计算潮流以来，潮流计算一直是电力系统研究的热点，工程师们为了提高计算性能先后提出了各种算法。潮流算法主要围绕如下几方面进行：①算法的计算速度；②算法的收敛可靠性；③计算机内存占有量；④程序设计的方便性以及可移植性。

目前，常规的电力系统潮流计算方法有：高斯-赛德尔法、牛顿-拉夫逊法、快速解耦法（P-Q 分解法）。其中高斯-赛德尔法计算速度慢、收敛性差，常用于为牛顿-拉夫逊法求初值；牛顿-拉夫逊法收敛性好、迭代次数少，但初值要求高；P-Q 分解法收敛速度快，但对不满足简化条件的网络可能发散，需做一些改进，如 R/X 大的网络（低压电网）应采用补偿方法或对算法进行改进。其中牛顿-拉夫逊法是最基本的、也是最重要的方法，本书将重点介绍。

7.3.2 电力网络方程

采用节点方程有什么优点？表示系统中电流与电压之间关系的数学方程称为网络方程，它可以采用已经学习过的电路课程中的节点电压方程或回路电流方程来描述。节点电压方程以节点电压作为待求量，节点电压能唯一确定电力网络的运行状态。

那么为什么人们喜欢采用节点电压方程，而不采用回路电流方程呢？首先因为知道了节点电压，很容易算出节点功率、支路功率和电流；同时实际系统中节点电压方程数少于回路电流方程数；而且当系统运行方式（如网络结构等）发生变化时，可以方便地对方程式进行修改。所以电力系统潮流计算中一般采用节点电压方程。本书中也只介绍节点电压方程。

1. 节点电压方程

下面先以图 7-9 所示的简单电力系统为例来说明建立节点电压方程的方法，然后推广到

一般的 n 节点系统。系统图如图 7-9a 所示，对应的等效电路如图 7-9b 所示，进一步可以得到简化等效电路如图 7-9c 所示。为了方便讨论，首先作如下约定：

1）发电机、电容器等电源向母线（节点）注入功率（电流）；负荷用恒定功率表示，从节点吸取功率（电流），即注入负功率（电流）。进行潮流计算时，流入节点的功率为正，流出节点的功率为负。如图 7-9 中节点功率为

$$\widetilde{S}_1 = P_1 + jQ_1 = \widetilde{S}_{G1} - \widetilde{S}_{L1}$$

$$\widetilde{S}_2 = P_2 + jQ_2 = \widetilde{S}_{G2}$$

$$\widetilde{S}_3 = P_3 + jQ_3 = 0$$

$$\widetilde{S}_4 = P_4 + jQ_4 = jQ_C - \widetilde{S}_{L4}$$

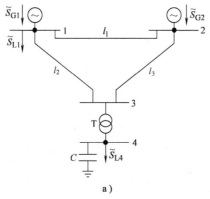

a）

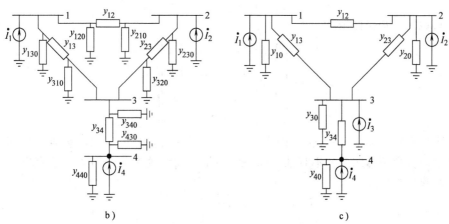

b）　　　　　　　　　　　c）

图 7-9　简单电力系统

a）系统图　b）等效电路　c）简化等效电路

节点注入功率对应的电流称为节点注入电流，它的规定正方向与注入功率正方向一致，当然其大小与节点的电压有关。

2）输电线、变压器均用 Π 形等效电路表示。需要指出，上一节人工计算潮流时，变压器用 Γ 形等效电路表示。

对图 7-9c 所示的简化等效电路，根据基尔霍夫电流定理，可以写出节点电压方程如下：

$$\left.\begin{aligned}
\dot{I}_1 &= y_{10}\dot{U}_1 + y_{12}(\dot{U}_1 - \dot{U}_2) + y_{13}(\dot{U}_1 - \dot{U}_3) \\
\dot{I}_2 &= y_{20}\dot{U}_2 + y_{12}(\dot{U}_2 - \dot{U}_1) + y_{23}(\dot{U}_2 - \dot{U}_3) \\
\dot{I}_3 &= y_{30}\dot{U}_3 + y_{13}(\dot{U}_3 - \dot{U}_1) + y_{23}(\dot{U}_3 - \dot{U}_2) + y_{34}(\dot{U}_3 - \dot{U}_4) \\
\dot{I}_4 &= y_{40}\dot{U}_4 + y_{34}(\dot{U}_4 - \dot{U}_3)
\end{aligned}\right\} \tag{7-38}$$

经整理得

$$\left.\begin{aligned}
\dot{I}_1 &= (y_{10} + y_{12} + y_{13})\dot{U}_1 - y_{12}\dot{U}_2 - y_{13}\dot{U}_3 \\
\dot{I}_2 &= -y_{12}\dot{U}_1 + (y_{20} + y_{12} + y_{23})\dot{U}_2 - y_{23}\dot{U}_3 \\
\dot{I}_3 &= -y_{13}\dot{U}_1 - y_{23}\dot{U}_2 + (y_{30} + y_{13} + y_{23} + y_{34})\dot{U}_3 - y_{34}\dot{U}_4 \\
\dot{I}_4 &= -y_{34}\dot{U}_3 + (y_{40} + y_{34})\dot{U}_4
\end{aligned}\right\} \tag{7-39}$$

令

$$Y_{11} = y_{10} + y_{12} + y_{13}, Y_{12} = Y_{21} = -y_{12}, Y_{13} = Y_{31} = -y_{13}, Y_{14} = Y_{41} = 0$$

$$Y_{22} = y_{20} + y_{12} + y_{23}, Y_{23} = Y_{32} = -y_{23}, Y_{24} = Y_{42} = 0$$

$$Y_{33} = y_{30} + y_{13} + y_{23} + y_{34}, Y_{34} = Y_{43} = -y_{34}$$

$$Y_{44} = y_{40} + y_{34}$$

则式(7-39)可以改写成

$$\left.\begin{aligned}
\dot{I}_1 &= Y_{11}\dot{U}_1 + Y_{12}\dot{U}_2 + Y_{13}\dot{U}_3 + Y_{14}\dot{U}_4 \\
\dot{I}_2 &= Y_{21}\dot{U}_1 + Y_{22}\dot{U}_2 + Y_{23}\dot{U}_3 + Y_{24}\dot{U}_4 \\
\dot{I}_3 &= Y_{31}\dot{U}_1 + Y_{32}\dot{U}_2 + Y_{33}\dot{U}_3 + Y_{34}\dot{U}_4 \\
\dot{I}_4 &= Y_{41}\dot{U}_1 + Y_{42}\dot{U}_2 + Y_{43}\dot{U}_3 + Y_{44}\dot{U}_4
\end{aligned}\right\} \tag{7-40}$$

式(7-40)可以改写成矩阵形式

$$\begin{bmatrix} \dot{I}_1 \\ \dot{I}_2 \\ \dot{I}_3 \\ \dot{I}_4 \end{bmatrix} = \begin{bmatrix} Y_{11} & Y_{12} & Y_{13} & Y_{14} \\ Y_{21} & Y_{22} & Y_{23} & Y_{24} \\ Y_{31} & Y_{32} & Y_{33} & Y_{34} \\ Y_{41} & Y_{42} & Y_{43} & Y_{44} \end{bmatrix} \begin{bmatrix} \dot{U}_1 \\ \dot{U}_2 \\ \dot{U}_3 \\ \dot{U}_4 \end{bmatrix} \tag{7-41}$$

这是图7-9所示系统用节点导纳矩阵、节点电流列向量和电压列向量表示的网络方程。由上述简单系统得到的结果，不难推广到一般系统。设系统有 n 个节点，节点电流列向量、电压列向量和导纳矩阵为

$$\boldsymbol{I}_n = (\dot{I}_1, \cdots, \dot{I}_i, \cdots, \dot{I}_j, \cdots, \dot{I}_n)^{\mathrm{T}} \tag{7-42}$$

$$\boldsymbol{U}_n = (\dot{U}_1, \cdots, \dot{U}_i, \cdots, \dot{U}_j, \cdots, \dot{U}_n)^{\mathrm{T}} \tag{7-43}$$

$$\boldsymbol{Y}_n = \begin{bmatrix}
Y_{11} & \cdots & Y_{1i} & \cdots & Y_{1j} & \cdots & Y_{1n} \\
\vdots & \ddots & \vdots & \ddots & \vdots & \ddots & \vdots \\
Y_{i1} & \cdots & Y_{ii} & \cdots & Y_{ij} & \cdots & Y_{in} \\
\vdots & \ddots & \vdots & \ddots & \vdots & \ddots & \vdots \\
Y_{j1} & \cdots & Y_{ji} & \cdots & Y_{jj} & \cdots & Y_{jn} \\
\vdots & \ddots & \vdots & \ddots & \vdots & \ddots & \vdots \\
Y_{n1} & \cdots & Y_{ni} & \cdots & Y_{nj} & \cdots & Y_{nn}
\end{bmatrix} \tag{7-44}$$

则 n 个节点系统的节点电压方程为

$$I_n = Y_n U_n \qquad (7\text{-}45)$$

式(7-45)为线性方程组,显然 n 个节点有 n 个独立的线性方程式。

2. 多电压级网络中的变压器模型

前面说过,一般采用 Π 形等效电路。那么为什么采用 Π 形等效电路呢?因为变压器电压比发生变化时,它可以方便地考虑导纳矩阵元素的变化,只需改变输入数据变压器电压比,而不需要改变源程序。多级电压系统及变压器等效电路如图 7-10 所示。系统图如图 7-10a 所示,网络由升压变压器 T_1、线路 l 和降压变压器 T_2 组成,是多电压级网络。采用标幺制中的扩散式制定等效电路时,首先选择系统的基准功率及线路的基准电压 U_{B2},根据变压器 T_1 和 T_2 的电压比,求得其他两级电压的基准电压分别为 U_{B1} 和 U_{B3};然后根据基准电压和基准功率,求得各元件参数的标幺值,形成等效电路。但实际系统中,变压器电压比经常发生变化,为了考虑这一影响,必须对电压比进行修正,采用所谓的变压器非标准电压比 K。这样系统的等效电路如图 7-10b 所示,它忽略了变压器的励磁回路。图中 K_1、K_2 分别表示变压器 T_1、T_2 的非标准电压比,它等于实际电压比与电压基准值之比的比值。

设变压器 T_1 和 T_2 的实际电压比分别为 U_{t2}/U_{t1} 和 U_{t3}/U_{t4},则 K_1、K_2 分别为

$$K_1 = (U_{t2}/U_{t1})/(U_{B2}/U_{B1}) = (U_{t2}/U_{B2})/(U_{t1}/U_{B1})$$

$$K_2 = (U_{t3}/U_{t4})/(U_{B2}/U_{B3}) = (U_{t3}/U_{B2})/(U_{t4}/U_{B3})$$

由上式知,非标准电压比实际上就是电压比标幺值。

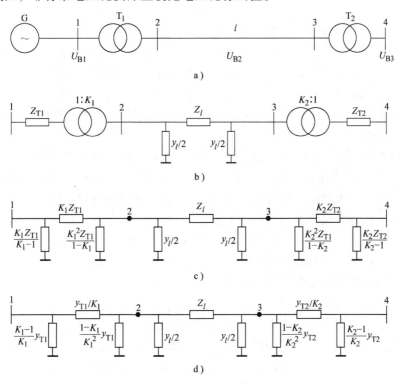

图 7-10　多电压级系统及变压器等效电路

a) 系统图　b) 等效电路　c) 变压器 Π 形等效电路(用阻抗表示)

d) 变压器 Π 形等效电路(用导纳表示)

进一步将图 7-10b 中的变压器和线路采用第 4 章的 Π 形等效电路表示，可以得到等效电路如图 7-10c 和图 7-10d 所示。显然，由图 7-10d 可以容易地求得节点导纳矩阵，进而建立网络的节点电压方程。

3. 节点导纳矩阵的形成和修改

节点导纳矩阵的形成和修改可以根据其物理意义进行。由式（7-45）可以看出，在节点 i 上加一单位电压（$\dot{U}_i = 1 + j0$），而其他节点电压都等于零（$\dot{U}_j = 0$，$j = 1$，$\cdots$，n，$j \neq i$）时，节点 i 和节点 j 的注入电流分别为

$$\left.\begin{array}{l} \dot{I}_i = Y_{ii} \\ \dot{I}_j = Y_{ji}(j = 1, 2, \cdots, n, j \neq i) \end{array}\right\}$$

因此，节点 i 的自导纳实际上是其他节点的电压都等于零（相当于将节点直接接地）时，节点 i 的注入电流与其电压之比。换句话说，自导纳 Y_{ii} 是节点 i 以外的所有节点都接地时节点 i 对地的总导纳。显然，Y_{ii} 应等于与节点 i 相连的各支路导纳之和，即

$$Y_{ii} = y_{i0} + \sum_{\substack{j=1 \\ j \neq i}}^{n} y_{ij} \tag{7-46}$$

式中，y_{i0} 为节点 i 对地的导纳；y_{ij} 为节点 i 与节点 j 之间的支路导纳。

而节点 i 与节点 j 之间的互导纳为当节点 i 上加一单位电压，而其他节点都接地时，节点 j 的注入电流。显然，Y_{ji} 应等于节点 i 与节点 j 之间的支路导纳 y_{ij} 的负值，即

$$Y_{ji} = -y_{ij} \tag{7-47}$$

由此可见，节点导纳矩阵的主要特点有：

1）节点导纳矩阵为一个复数方阵，其阶数等于网络的独立节点数。其对角元（自导纳）Y_{ii} 等于与节点 i 相连的各支路导纳之和，其非对角元（互导纳）Y_{ji} 等于节点 i 与节点 j 之间的支路导纳 y_{ij} 的负值。

2）节点导纳矩阵是对称矩阵，$Y_{ij} = Y_{ji}$。在应用计算机计算时，通常只存储其上三角（或下三角）部分的元素。

3）节点导纳矩阵是稀疏矩阵，其各行非零非对角元个数就等于与该行相对应节点所连的不接地支路数。在实际电力系统中，每一个节点平均只与 3～4 个线路（或变压器）连接。因此，导纳矩阵中大量的非对角元素为零，这样的矩阵称为稀疏矩阵。

因此，根据上述特点直接求导纳矩阵十分方便。

在实际电力系统中，系统的运行方式经常发生变化，如电力线路或变压器的投入（或退出）。运行方式改变后，导纳矩阵不需重新形成，而只需少量修改即可。下面介绍几种典型的修改方法，网络结线的改变如图 7-11 所示。

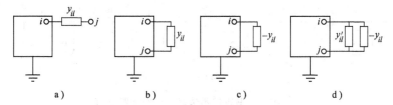

图 7-11　网络结线的改变

a）增加支路和节点　b）增加支路　c）切除支路　d）改变支路参数

1) 从原有网络引出一条支路，同时增加一个节点，如图 7-11a 所示。设 i 为原有网络中节点，j 为新增加节点，新增支路导纳为 y_{ij}。则因新增一节点，节点导纳矩阵将增加一阶。

新增对角元 Y_{jj}，由于节点 j 只有一条支路 y_{ij}，所以 $Y_{jj} = y_{ij}$；新增的非对角元 $Y_{ij} = Y_{ji} = -y_{ij}$；原有矩阵中的对角元 Y_{ii} 将增加 $\Delta Y_{ii} = y_{ij}$。

2) 在原有网络的节点 i、j 之间增加一条支路，如图 7-11b 所示。节点导纳矩阵阶数不变，与节点 i、j 有关的元素应修改为

$$\Delta Y_{ii} = y_{ij}; \quad \Delta Y_{jj} = y_{ij}; \quad \Delta Y_{ij} = \Delta Y_{ji} = -y_{ij}$$

3) 在原有网络的节点 i、j 之间切除一条支路，如图 7-11c 所示。切除一条支路 y_{ij}，相当于增加一条支路 $-y_{ij}$，因此与节点 i、j 有关的元素应修改为

$$\Delta Y_{ii} = -y_{ij}; \quad \Delta Y_{jj} = -y_{ij}; \quad \Delta Y_{ij} = \Delta Y_{ji} = y_{ij}$$

4) 在原有网络节点 i、j 之间的支路导纳由 y_{ij} 改变为 y'_{ij}，如图 7-11d 所示。相当于增加一条支路 $-y_{ij}$ 并增加一条支路 y'_{ij}，与节点 i、j 有关的元素应修改为

$$\Delta Y_{ii} = y'_{ij} - y_{ij}; \quad \Delta Y_{jj} = y'_{ij} - y_{ij}; \quad \Delta Y_{ij} = \Delta Y_{ji} = y_{ij} - y'_{ij}$$

5) 原有网络节点 i、j 之间变压器的电压比由 K 改变为 K'，如图 7-12 所示，注意其中电压比在节点 j 一侧。相当于切除一电压比为 K 的变压器并增加一电压比为 K' 的变压器，与节点 i、j 有关的元素应修改为

$$\Delta Y_{ii} = 0; \quad \Delta Y_{jj} = \left(\frac{1}{K'^2} - \frac{1}{K^2}\right) y_{\text{T}}; \quad \Delta Y_{ij} = \Delta Y_{ji} = -\left(\frac{1}{K'} - \frac{1}{K}\right) y_{\text{T}}$$

【**例 7-3**】 图 7-9 所示系统中，线路额定电压为 110kV，导线均采用 LGJ—120 型，其参数 $r_1 = 0.21\Omega/\text{km}$，$x_1 = 0.4\Omega/\text{km}$，$b_1 = 2.85 \times 10^{-6}\text{S/km}$，线路长度分别为 $l_1 = 150\text{km}$，$l_2 = 100\text{km}$，$l_3 = 75\text{km}$。变压器容量为 63000kV·A，额定电压为 110kV/38.5kV，短路电压百分数 $U_k\% = 10.5$，在 -2.5% 分接头上运行。电容器额定容量为 5Mvar，若取 $S_B = 100\text{MV·A}$，$U_B = U_N$，试求系统的节点导纳矩阵。

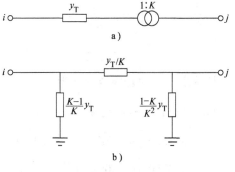

图 7-12 变压器等效电路

【**解**】 $Z_B = \dfrac{U_B^2}{S_B} = \dfrac{110^2}{100}\Omega = 121\Omega$，　　　$Y_B = \dfrac{1}{Z_B} = 8.264 \times 10^{-3}\text{S}$

线路参数的标幺值为

$$z_{l1} = \frac{r_1 l_1 + jx_1 l_1}{Z_B} = \frac{0.21 \times 150 + j0.4 \times 150}{121} = 0.2603 + j0.4959$$

$$y_{l1}/2 = \frac{jb_1 l_1/2}{Y_B} = \frac{j2.85 \times 10^{-6} \times 150/2}{8.264 \times 10^{-3}} = j0.0259$$

$$z_{l2} = \frac{r_1 l_2 + jx_1 l_2}{Z_B} = 0.1736 + j0.3306, \quad y_{l2}/2 = \frac{jb_1 l_2/2}{Y_B} = j0.0172$$

$$z_{l3} = \frac{r_1 l_3 + jx_1 l_3}{Z_B} = 0.1302 + j0.2479, \quad y_{l3}/2 = \frac{jb_1 l_3/2}{Y_B} = j0.0129$$

变压器参数的标幺值为（在高压侧求标幺值，电抗在高压侧，忽略 R_T）

$$X_T = \frac{U_k\% U_N^2}{100S_N} \Big/ \frac{U_B^2}{S_B} = \frac{10.5 \times 110^2}{100 \times 63} \Big/ \frac{110^2}{100} = 0.1667$$

$$K = \frac{110 \times (1 - 0.025)/38.5}{110/35} = 0.8864$$

$$Z_{34} = \frac{Z_T}{K} = \frac{jX_T}{K} = \frac{j0.1667}{0.8864} = j0.1880$$

$$y_{T3} = \frac{1 - K}{Z_T} = \frac{1 - 0.8864}{j0.1667} = -j0.6815$$

$$y_{T4} = \frac{K(K - 1)}{Z_T} = j0.6040$$

电容器电纳的标幺值为

$$y_{440} = \frac{y_{440}}{Y_B} = \frac{S_C}{S_B} = \frac{j5}{100} = j0.05$$

网络的等效电路如图 7-13 所示。

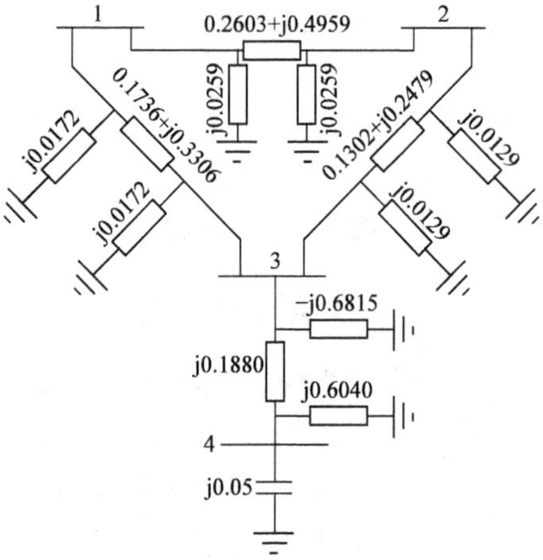

各串联支路的导纳为

$$y_{12} = \frac{1}{z_{l1}} = \frac{1}{0.2603 + j0.4959} = 0.8300 - j1.5809$$

$$y_{23} = \frac{1}{z_{l3}} = \frac{1}{0.1302 + j0.2479} = 1.6600 - j3.1619$$

$$y_{13} = \frac{1}{z_{l2}} = \frac{1}{0.1736 + j0.3306} = 1.2450 - j2.3714$$

$$y_{34} = \frac{1}{z_{34}} = \frac{1}{j0.1880} = -j5.3191$$

导纳矩阵中的自导纳元素为

图 7-13　例 7-3 等效电路

$Y_{11} = y_{l1}/2 + y_{l2}/2 + y_{12} + y_{13}$

$\quad = j0.0259 + j0.0172 + 0.8300 - j1.5809 + 1.2450 - j2.3714$

$\quad = 2.0750 - j3.9092$

$Y_{22} = y_{l1}/2 + y_{l3}/2 + y_{12} + y_{23}$

$\quad = j0.0259 + j0.0129 + 0.8300 - j1.5809 + 1.6600 - j3.1619$

$\quad = 2.4900 - j4.7040$

$Y_{33} = y_{l2}/2 + y_{l3}/2 + y_{T3} + y_{13} + y_{23} + y_{34}$

$\quad = j0.0172 + j0.0129 - j0.6815 + 1.2450 - j2.3714 + 1.6600 - j3.1619 - j5.3191$

$\quad = 2.9050 - j11.5038$

$Y_{44} = y_{34} + y_{T4} + y_{440} = -j5.3191 + j0.6040 + j0.05 = -j4.6651$

互导纳为

$\quad Y_{12} = Y_{21} = -y_{12} = 0.8300 + j1.5809, \quad Y_{13} = Y_{31} = -y_{13} = -1.2450 + j2.3714$

$$Y_{14} = Y_{41} = 0 , \quad Y_{23} = Y_{32} = -y_{23} = -1.6600 + j3.1619$$

$$Y_{24} = Y_{42} = 0 , \quad Y_{34} = Y_{43} = -y_{34} = j5.3191$$

所以节点导纳矩阵为

$$Y = \begin{bmatrix} 2.0750 - j3.9092 & -0.8300 + j1.5809 & -1.2450 + j2.3174 & 0 \\ -0.8300 + j1.5809 & 2.4900 - j4.7040 & -1.6600 + j3.1619 & 0 \\ -1.2450 + j2.3714 & -1.6600 + j3.1619 & 2.9050 - j11.5038 & j5.3191 \\ 0 & 0 & j5.3191 & -j4.6651 \end{bmatrix}$$

7.3.3　节点功率方程与节点的分类

节点功率方程有哪两种形式？它是线性方程还是非线性方程？为什么？前面已经提到，电力系统的负荷和发电机的输出习惯用功率表示，而不是电流。这样就不能直接用 7.3.2 介绍的网络方程来进行潮流计算，而必须在网络方程的基础上，将节点注入电流用节点注入功率来代替，建立潮流计算用的功率方程，再解方程求出各节点的电压，并进而求出系统的潮流分布。

1. 节点功率方程

对 n 个节点的电力系统，节点 i 的注入功率 $\tilde{S}_i$、注入电流 $\dot{I}_i$ 及节点电压 $\dot{U}_i$ 之间的关系为

$$\tilde{S}_i = P_i + jQ_i = \dot{U}_i \overset{*}{I_i} \qquad (i = 1, 2, \cdots, n) \tag{7-48}$$

式中，注入电流的共轭 $\overset{*}{I_i}$ 由式（7-45）取共轭而得，然而将它代入式（7-48），得

$$P_i + jQ_i = \dot{U}_i \sum_{j=1}^{n} \overset{*}{Y}_{ij} \overset{*}{U}_j \qquad (i = 1, 2, \cdots, n) \tag{7-49}$$

式（7-49）通常被称为功率方程。视方程中的节点电压相量表示形式的不同，可以得到不同形式的功率方程。

若节点电压相量以直角坐标表示：

$$\dot{U}_i = e_i + j f_i \qquad (i = 1, 2, \cdots, n)$$

导纳矩阵中的元素用相应的电导和电纳表示为

$$Y_{ij} = G_{ij} + j B_{ij} \qquad (i, j = 1, 2, \cdots, n)$$

将这两个关系代入到式（7-49）中，展开后再将功率的实部和虚部分别写成两个式子，即得有功、无功功率分离的方程：

$$\left. \begin{aligned} P_i &= e_i \sum_{j=1}^{n} (G_{ij} e_j - B_{ij} f_j) + f_i \sum_{j=1}^{n} (G_{ij} f_j + B_{ij} e_j) \\ Q_i &= f_i \sum_{j=1}^{n} (G_{ij} e_j - B_{ij} f_j) - e_i \sum_{j=1}^{n} (G_{ij} f_j + B_{ij} e_j) \end{aligned} \right\} \qquad (i = 1, 2, \cdots, n) \tag{7-50}$$

如果节点电压以极坐标表示

$$\dot{U}_i = U_i e^{j\delta_i} \qquad (i = 1, 2, \cdots, n)$$

将其与导纳一起代入式（7-49）的功率方程中，经整理后可得有功、无功功率分离的方程：

$$\left. \begin{aligned} P_i &= U_i \sum_{j=1}^{n} U_j [(G_{ij} \cos(\delta_i - \delta_j) + B_{ij} \sin(\delta_i - \delta_j)] \\ Q_i &= - U_i \sum_{j=1}^{n} U_j [(B_{ij} \cos(\delta_i - \delta_j) - G_{ij} \sin(\delta_i - \delta_j)] \end{aligned} \right\} \qquad (i = 1, 2, \cdots, n) \tag{7-51}$$

显然，节点注入有功功率 P_i、无功功率 Q_i 可以用发电功率和负荷功率表示：

$$P_i = P_{Gi} - P_{Li}, \quad Q_i = Q_{Gi} - Q_{Li}$$

式（7-50）、式（7-51）给出的功率方程表示方法避免了复数运算，所以在潮流计算中被普遍采用。

2. 节点的分类

为什么要进行节点分类？可分成哪几类节点？它们各有什么特点？为什么必须设一个平衡节点？功率方程式（7-50）、式（7-51）表明，对 n 个节点的系统有功及无功功率方程的总数为 $2n$ 个。每个节点有 4 个变量。对直角坐标表示的方程，这 4 个变量是 e_i、f_i、P_i 和 Q_i；对极坐标表示的方程，这 4 个变量是 U_i、δ_i、P_i 和 Q_i。全系统变量总数为 $4n$ 个，而功率方程只有 $2n$ 个，只能求解 $2n$ 个变量，所以其中 $2n$ 个变量必须已知才能求解功率方程。

那么究竟哪 $2n$ 个变量是给定的呢？而哪 $2n$ 个变量是待求的呢？这需要对系统中的节点进行分析才能确定。

一个实际的电力系统，有许多节点，根据性质它们可以分为发电厂节点、负荷节点等。在潮流计算中，给定的应该是负荷吸收的功率、发电机发出的功率或者发电机机端的电压。按电源运行的方式以及计算的要求，可将节点分成以下 3 类：

1）PQ 节点。给定节点的注入有功功率 P_i 和注入无功功率 Q_i，而节点电压相量 $\dot{U}_i$ 是待求的。这类节点对应于实际系统中的纯负荷节点（如降压变电所节点）、有功和无功输出都给定的发电机节点（包括节点上带有负荷），以及联络节点（注入有功和无功都等于零）。因为系统中降压变电所众多，因此这类节点的数量最多。

2）PV 节点。给定节点的注入有功功率 P_i，同时又规定节点电压的数值 U_i，待求的是节点注入无功功率 Q_i 和节点电压的相位 δ_i。为了维持节点电压的数值在规定的水平，这类节点设有可以调节的无功电源，所以通常为发电机节点。有时将安装无功补偿设备的变电所母线作为 PV 节点。一般这类节点的数目较 PQ 节点的数目少得多。

3）平衡节点。平衡节点是根据潮流计算的需要人为确定的一个节点。在潮流计算未得出结果之前，网络中的功率损耗不能确定，因而网络中至少有一个含有电源的节点的功率不能确定，这个节点最后要担当功率平衡的任务，所以称为平衡节点。此外，为了计算的需要必须设定一个节点的电压相位角为零，作为其他节点电压的参考，称为电压基准点。实际潮流计算时，总是把平衡节点与电压基准点选成同一个节点。平衡节点的电压数值和相位角给定，常设 $U_i = 1$，$\delta_i = 0$，而功率 P_i 和 Q_i 待求。一般选择电力系统中的主调频电厂的母线作为平衡节点。

上述介绍的节点分类保证了每个节点有两个变量是已知的，两个变量是待求的，从而满足了 $2n$ 个方程能求 $2n$ 个变量的条件。

从数学的观点看，电力系统的功率方程是一个代数方程组，只要它有解，就可以求出，不论其解的数值如何对方程都有意义。另外从工程角度考虑，方程的解是：PQ 节点的电压有效值和相位角；PV 节点的无功功率和电压相位角；平衡节点的有功功率和无功功率。它们不能是任意值，必须符合工程实际，所以要对方程的解进行检查。根据系统的技术经济条件确定的检查条件，称为约束条件。常用的约束条件有：

1）电压数值约束。为了保证电压质量符合标准，系统中各节点的电压应该在上限值

$U_{i\max}$ 和下限值 $U_{i\min}$ 之间运行，即

$$U_{i\min} \leqslant U_i \leqslant U_{i\max} \qquad (i = 1, 2, \cdots, n) \tag{7-52}$$

2）发电机输出约束。发电设备都有额定功率和最小运行功率的限制，运行中其发出有功功率和无功功率应保持在这一范围内，即

$$\left.\begin{array}{l} P_{i\min} \leqslant P_i \leqslant P_{i\max} \\ Q_{i\min} \leqslant Q_i \leqslant Q_{i\max} \end{array}\right\} \qquad (i = 1, 2, \cdots, n) \tag{7-53}$$

3）电压相位角约束。为了保证系统稳定运行，系统中两个节点之间的电压相位角应小于某一个值，即

$$|\delta_{ij}| = |\delta_i - \delta_j| \leqslant |\delta_i - \delta_j|_{\max} \qquad (i = 1, 2, \cdots, n) \tag{7-54}$$

7.3.4　牛顿-拉夫逊法

牛顿-拉夫逊法求解非线性代数方程的实质是什么？从前面的介绍可以看出，电力系统的潮流计算需要求解一组非线性代数方程组。目前求解非线性代数方程一般采用迭代方法，而应用计算机进行迭代计算可以得到非常精确的结果。非线性方程组的迭代算法有高斯-塞德尔法、牛顿-拉夫逊法等。其中牛顿-拉夫逊法更为有效、应用更加普遍。本节先介绍牛顿-拉夫逊法的基本原理，然后介绍在电力系统潮流计算中应用牛顿-拉夫逊法的具体过程。

1. 牛顿-拉夫逊法原理

牛顿-拉夫逊（Newton-Raphson）法，简称牛顿法，是求解非线性代数方程的一种有效且收敛速度快的迭代计算方法。下面先从一维非线性方程式的求解来阐明它的原理和计算过程，然而将其推广到 n 维的情况。

设已知一维非线性代数方程

$$f(x) = 0 \tag{7-55}$$

假设 $x^{(0)}$ 是该方程的初始近似解，即初值；它与真实解 x 的偏差为 $\Delta x^{(0)}$，以后称它为修正量。真实解可表示成

$$x = x^{(0)} + \Delta x^{(0)} \tag{7-56}$$

则将它代入式（7-55），有

$$f(x^{(0)} + \Delta x^{(0)}) = 0 \tag{7-57}$$

在初值 $x^{(0)}$ 处将式(7-57)展开成泰勒级数，得

$$f(x^{(0)} + \Delta x^{(0)}) = f(x^{(0)}) + f'(x^{(0)}) \Delta x^{(0)} + f''(x^{(0)}) \frac{(\Delta x^{(0)})^2}{2!}$$

$$+ \cdots + f^{(n)}(x^{(0)}) \frac{(\Delta x^{(0)})^n}{n!} + \cdots = 0 \tag{7-58}$$

式中，$f'(x^{(0)})$，$f''(x^{(0)})$，$\cdots$，$f^n(x^{(0)})$ 分别是函数 $f(x)$ 在 $x^{(0)}$ 处的一阶、二阶、$\cdots$、n 阶导数。

当选择的初值 $x^{(0)}$ 非常接近真实解时，修正量 $\Delta x^{(0)}$ 将很小，因此式(7-58)中包含 $\Delta x^{(0)}$ 的二次项以及更高次项均可忽略，从而方程就简化成

$$f(x^{(0)} + \Delta x^{(0)}) = f(x^{(0)}) + f'(x^{(0)}) \Delta x^{(0)} = 0 \tag{7-59}$$

这是一个以修正量 $\Delta x^{(0)}$ 为变量的线性方程，通常称为修正方程。当 $f(x^{(0)})$、$f'(x^{(0)})$ 已知后，可用这个方程求修正量：

$$\Delta x^{(0)} = -\frac{f(x^{(0)})}{f'(x^{(0)})} \tag{7-60}$$

应当注意的是：这个修正量是方程式（7-58）中略去了所包含的 $\Delta x^{(0)}$ 的二次项及更高次项后，用近似方式求出的，已不再是式（7-58）所指的修正量了，而是一个近似修正量。故用它去修正初值 $x^{(0)}$ 得到的不是真实解 x，而是一个比 $x^{(0)}$ 更接近真实解的新的近似解：

$$x^{(1)} = x^{(0)} + \Delta x^{(0)} = x^{(0)} - \frac{f(x^{(0)})}{f'(x^{(0)})} \tag{7-61}$$

新的近似解称为一次近似解，它比初值更接近真实解 x，但仍与真实解有差别，偏差为 $\Delta x^{(1)}$。真实解 x 又可以写成

$$x = x^{(1)} + \Delta x^{(1)}$$

重复式（7-57）~式（7-61）的求解过程，可以得到更新的、更接近真实解的二次近似解 $x^{(2)}$，当然它与真实解之间又有偏差 $\Delta x^{(2)}$。不断重复上述迭代，至第 k 次时修正方程的一般形式为

$$f(x^{(k)}) + f'(x^{(k)})\Delta x^{(k)} = 0 \tag{7-62}$$

修正量为

$$\Delta x^{(k)} = -\frac{f(x^{(k)})}{f'(x^{(k)})} \tag{7-63}$$

近似解为

$$x^{(k+1)} = x^{(k)} - \frac{f(x^{(k)})}{f'(x^{(k)})} \tag{7-64}$$

对每次迭代计算出的近似解或修正量，都用下述不等式进行收敛判据：

$$|f(x^{(k)})| \leqslant \varepsilon_1 \tag{7-65}$$

或

$$|\Delta x^{(k)}| \leqslant \varepsilon_2 \tag{7-66}$$

式中，ε_1、ε_2 均为预先给定的小正数。

若任一不等式满足，表明计算已经收敛，就可用得到的近似解 $x^{(k+1)}$ 作为方程的解。

从上述求解过程知道，牛顿法解非线性方程的实质是将方程逐次线性化。为便于理解，用图 7-14 解释牛顿法的几何意义。

图 7-14 中的曲线表示非线性函数 $y = f(x)$ 的轨迹，曲线与 x 轴的交点就是方程 $f(x) = 0$ 的解。设已经得到第 k 次迭代的近似解 $x^{(k)}$，从 $x^{(k)}$ 点作 x 轴的垂线，该垂线与曲线交点的纵坐标为 $f(x^{(k)})$，经 $[x^{(k)}, f(x^{(k)})]$ 点作曲线的切线，该切线与横坐标的交点 $x^{(k+1)}$ 就是第 $k+1$ 次迭代得到的近似解，修正量 $\Delta x^{(k)} = -f(x^{(k)})/f'$

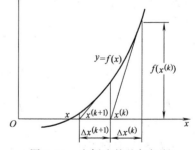

图 7-14 牛顿法的几何解释

$(x^{(k)})$。重复这一步骤就可找到方程的解，牛顿法就是用作切线的方法逐步逼近真实解，故牛顿法又叫切线法。

下面将牛顿法推广到多变量非线性代数方程组的情况。设 n 维非线性代数方程组：

$$
\left.\begin{array}{r}
f_1(x_1,x_2,\cdots,x_n)=0 \\
f_2(x_1,x_2,\cdots,x_n)=0 \\
\vdots \\
f_n(x_1,x_2,\cdots,x_n)=0
\end{array}\right\} \tag{7-67}
$$

设变量的初值为 $x_1^{(0)}$，$x_2^{(0)}$，$\cdots$，$x_n^{(0)}$，并令 $\Delta x_1^{(0)}$，$\Delta x_2^{(0)}$，$\cdots$，$\Delta x_n^{(0)}$ 为对应各变量的修正量，则有

$$
\left.\begin{array}{r}
f_1(x_1^{(0)}+\Delta x_1^{(0)},\ x_2^{(0)}+\Delta x_2^{(0)},\ \cdots,\ x_n^{(0)}+\Delta x_n^{(0)})=0 \\
f_2(x_1^{(0)}+\Delta x_1^{(0)},\ x_2^{(0)}+\Delta x_2^{(0)},\ \cdots,\ x_n^{(0)}+\Delta x_n^{(0)})=0 \\
\vdots \\
f_n(x_1^{(0)}+\Delta x_1^{(0)},\ x_2^{(0)}+\Delta x_2^{(0)},\ \cdots,\ x_n^{(0)}+\Delta x_n^{(0)})=0
\end{array}\right\} \tag{7-68}
$$

将式 （7-68） 在初值附近展开成泰勒级数，并略去含有修正量的二次方及以上的高次方项，得

$$
\left.\begin{array}{l}
f_1(x_1^{(0)},\ x_2^{(0)},\ \cdots,\ x_n^{(0)})+\left[\dfrac{\partial f_1}{\partial x_1}\bigg|_0\Delta x_1^{(0)}+\dfrac{\partial f_1}{\partial x_2}\bigg|_0\Delta x_2^{(0)}+\cdots+\dfrac{\partial f_1}{\partial x_n}\bigg|_0\Delta x_n^{(0)}\right]=0 \\[3mm]
f_2(x_1^{(0)},\ x_2^{(0)},\ \cdots,\ x_n^{(0)})+\left[\dfrac{\partial f_2}{\partial x_1}\bigg|_0\Delta x_1^{(0)}+\dfrac{\partial f_2}{\partial x_2}\bigg|_0\Delta x_2^{(0)}+\cdots+\dfrac{\partial f_2}{\partial x_n}\bigg|_0\Delta x_n^{(0)}\right]=0 \\[3mm]
\vdots \\[2mm]
f_n(x_1^{(0)},\ x_2^{(0)},\ \cdots,\ x_n^{(0)})+\left[\dfrac{\partial f_n}{\partial x_1}\bigg|_0\Delta x_1^{(0)}+\dfrac{\partial f_n}{\partial x_2}\bigg|_0\Delta x_2^{(0)}+\cdots+\dfrac{\partial f_n}{\partial x_n}\bigg|_0\Delta x_n^{(0)}\right]=0
\end{array}\right\}
$$

$$\tag{7-69}$$

式中，$\dfrac{\partial f_i}{\partial x_j}\bigg|_0$ 为函数 $f_i(x_1,\ x_2,\ \cdots,\ x_n)$ 对自变量 x_j 的偏导数在初值处的值。

将式 （7-69） 写成矩阵形式，得

$$
\begin{bmatrix}
f_1(x_1^{(0)},\ x_2^{(0)},\ \cdots,\ x_n^{(0)}) \\
f_2(x_1^{(0)},\ x_2^{(0)},\ \cdots,\ x_n^{(0)}) \\
\vdots \\
f_n(x_1^{(0)},\ x_2^{(0)},\ \cdots,\ x_n^{(0)})
\end{bmatrix}
=-
\begin{bmatrix}
\dfrac{\partial f_1}{\partial x_1}\bigg|_0 & \dfrac{\partial f_1}{\partial x_2}\bigg|_0 & \cdots & \dfrac{\partial f_1}{\partial x_n}\bigg|_0 \\[3mm]
\dfrac{\partial f_2}{\partial x_1}\bigg|_0 & \dfrac{\partial f_2}{\partial x_2}\bigg|_0 & \cdots & \dfrac{\partial f_2}{\partial x_n}\bigg|_0 \\[2mm]
\vdots & \vdots & \ddots & \vdots \\[2mm]
\dfrac{\partial f_n}{\partial x_1}\bigg|_0 & \dfrac{\partial f_n}{\partial x_2}\bigg|_0 & \cdots & \dfrac{\partial f_n}{\partial x_n}\bigg|_0
\end{bmatrix}
\begin{bmatrix}
\Delta x_1^{(0)} \\
\Delta x_2^{(0)} \\
\vdots \\
\Delta x_n^{(0)}
\end{bmatrix} \tag{7-70a}
$$

并用向量 $\boldsymbol{x}$、$\boldsymbol{x}^{(0)}$、$\Delta \boldsymbol{x}^{(0)}$ 分别表示由变量、变量的初值和修正量组成的向量，则式 （7-70a） 可以写成向量、矩阵形式

$$
\boldsymbol{f}(\boldsymbol{x}^{(0)})=-\boldsymbol{J}^{(0)}\Delta \boldsymbol{x}^{(0)} \tag{7-70b}
$$

式 （7-70） 称为修正方程式，式中的矩阵 $\boldsymbol{J}$ 为向量 $\boldsymbol{f}(\boldsymbol{x})$ 对变量 $\boldsymbol{x}$ 的一阶导数，称它为非线性方程式 （7-67） 的雅可比矩阵。显然，修正方程为一线性方程组，从中可以解出 $\Delta x_1^{(0)}$，$\Delta x_2^{(0)}$，$\cdots$，$\Delta x_n^{(0)}$ 的值，进一步可以求得修正后的 $\boldsymbol{x}$ 值：

$$\left.\begin{aligned}
x_1^{(1)} &= x_1^{(0)} + \Delta x_1^{(0)} \\
x_2^{(1)} &= x_2^{(0)} + \Delta x_2^{(0)} \\
&\vdots \\
x_n^{(1)} &= x_n^{(0)} + \Delta x_n^{(0)}
\end{aligned}\right\} \tag{7-71}$$

然后，以 $x_1^{(1)}$，$x_2^{(1)}$，$\cdots$，$x_n^{(1)}$ 作为新的初值，重新形成并求解新的修正方程式，便可以得到新的修正量 $\Delta x_1^{(1)}$，$\Delta x_2^{(1)}$，$\cdots$，$\Delta x_n^{(1)}$，依此类推。

最后，可以得到多元非线性代数方程组牛顿法迭代格式为

$$\left.\begin{aligned}
\Delta \boldsymbol{x}^{(k)} &= -[\boldsymbol{J}^{(k)}]^{-1} f(\boldsymbol{x}^{(k)}) \\
\boldsymbol{x}^{(k+1)} &= \boldsymbol{x}^{(k)} + \Delta \boldsymbol{x}^{(k)}
\end{aligned}\right\} \quad (k = 0, 1, 2, \cdots) \tag{7-72}$$

迭代的收敛判据为

$$\max_i |f_i(\boldsymbol{x}^{(k)})| \leqslant \varepsilon_1 \tag{7-73a}$$

$$\max_i |\Delta x_i^{(k)}| \leqslant \varepsilon_2 \tag{7-73b}$$

式中，ε_1、ε_2 是根据计算精度要求，预先给定的小正数。

2. 牛顿-拉夫逊法潮流计算（直角坐标形式）

修正方程的阶数与节点个数有何关系？雅可比矩阵有何特点？在结构上它与导纳矩阵有何异同？用牛顿法计算潮流，需要对上一小节推导出的功率方程进行修改。对式（7-50）表示的方程进行修改，在直角坐标内进行计算，称为直角坐标法。对式（7-51）表示的方程进行修改，在极坐标内进行计算，称为极坐标法。

从 PQ 节点功率方程式（7-50）可知，节点 i 的注入功率是电压的函数。若节点电压的解已知，由式（7-50）可以求出节点 i 的有功功率和无功功率 P_i、Q_i，它们与已知（给定）的 PQ 节点的注入功率 P_{is}、Q_{is} 的差应满足如下方程：

$$\left.\begin{aligned}
\Delta P_i &= P_{is} - P_i = P_{is} - e_i \sum_{j=1}^n (G_{ij}e_j - B_{ij}f_j) - f_i \sum_{j=1}^n (G_{ij}f_j + B_{ij}e_j) = 0 \\
\Delta Q_i &= Q_{is} - Q_i = Q_{is} - f_i \sum_{j=1}^n (G_{ij}e_j - B_{ij}f_j) + e_i \sum_{j=1}^n (G_{ij}f_j + B_{ij}e_j) = 0
\end{aligned}\right\} \tag{7-74}$$

对 PV 节点，已给定节点的注入有功功率 P_{is}，其节点有功应满足如下平衡方程：

$$\Delta P_i = P_{is} - P_i = P_{is} - e_i \sum_{j=1}^n (G_{ij}e_j - B_{ij}f_j) - f_i \sum_{j=1}^n (G_{ij}f_j + B_{ij}e_j) = 0 \tag{7-75a}$$

PV 节点给定的电压数值为 U_{is}，计算得到的电压 $\dot{U}_i = e_i + jf_i$ 的数值二次方值为

$$U_i^2 = e_i^2 + f_i^2$$

计算值与给定值应满足如下平衡方程：

$$\Delta U_i^2 = U_{is}^2 - U_i^2 = U_{is}^2 - (e_i^2 + f_i^2) = 0 \tag{7-75b}$$

上述式（7-74）与式（7-75）是针对 PQ 节点和 PV 节点的功率平衡方程及电压平衡方程。对 n 个节点的系统，设有 m 个 PQ 节点，$n-(m+1)$ 个 PV 节点，因此总的有功平衡方程数为 $n-1$ 个，无功平衡方程数为 m 个，电压平衡方程数应有 $n-(m+1)$ 个。总的方程

数为 $2(n-1)$，因为平衡节点电压已知，平衡节点不必参加迭代计算。

　　将上述 $2(n-1)$ 个方程在初值附近展开成泰勒级数，并略去 Δe_i、Δf_i 的二次方项和更高次方项后，可得修正方程如式（7-76）所示。该修正方程中雅可比矩阵的各元素可将式（7-74）、式（7-75）对电压实部 e_i 和虚部 f_i 求偏导数而得：

$$
\begin{bmatrix} \Delta P_1 \\ \Delta Q_1 \\ \vdots \\ \Delta P_m \\ \Delta Q_m \\ \Delta P_{m+1} \\ \Delta U_{m+1}^2 \\ \vdots \\ \Delta P_{n-1} \\ \Delta U_{n-1}^2 \end{bmatrix}
= -
\begin{bmatrix}
\dfrac{\partial \Delta P_1}{\partial f_1} & \dfrac{\partial \Delta P_1}{\partial e_1} & \cdots & \dfrac{\partial \Delta P_1}{\partial f_m} & \dfrac{\partial \Delta P_1}{\partial e_m} & \dfrac{\partial \Delta P_1}{\partial f_{m+1}} & \dfrac{\partial \Delta P_1}{\partial e_{m+1}} & \cdots & \dfrac{\partial \Delta P_1}{\partial f_{n-1}} & \dfrac{\partial \Delta P_1}{\partial e_{n-1}} \\[2mm]
\dfrac{\partial \Delta Q_1}{\partial f_1} & \dfrac{\partial \Delta Q_1}{\partial e_1} & \cdots & \dfrac{\partial \Delta Q_1}{\partial f_m} & \dfrac{\partial \Delta Q_1}{\partial e_m} & \dfrac{\partial \Delta Q_1}{\partial f_{m+1}} & \dfrac{\partial \Delta Q_1}{\partial e_{m+1}} & \cdots & \dfrac{\partial \Delta Q_1}{\partial f_{n-1}} & \dfrac{\partial \Delta Q_1}{\partial e_{n-1}} \\[1mm]
\vdots & \vdots & \cdots & \vdots & \vdots & \vdots & \vdots & \cdots & \vdots & \\[2mm]
\dfrac{\partial \Delta P_m}{\partial f_1} & \dfrac{\partial \Delta P_m}{\partial e_1} & \cdots & \dfrac{\partial \Delta P_m}{\partial f_m} & \dfrac{\partial \Delta P_m}{\partial e_m} & \dfrac{\partial \Delta P_m}{\partial f_{m+1}} & \dfrac{\partial \Delta P_m}{\partial e_{m+1}} & \cdots & \dfrac{\partial \Delta P_m}{\partial f_{n-1}} & \dfrac{\partial \Delta P_m}{\partial e_{n-1}} \\[2mm]
\dfrac{\partial \Delta Q_m}{\partial f_1} & \dfrac{\partial \Delta Q_m}{\partial e_1} & \cdots & \dfrac{\partial \Delta Q_m}{\partial f_m} & \dfrac{\partial \Delta Q_m}{\partial e_m} & \dfrac{\partial \Delta Q_m}{\partial f_{m+1}} & \dfrac{\partial \Delta Q_m}{\partial e_{m+1}} & \cdots & \dfrac{\partial \Delta Q_m}{\partial f_{n-1}} & \dfrac{\partial \Delta Q_m}{\partial e_{n-1}} \\[2mm]
\dfrac{\partial \Delta P_{m+1}}{\partial f_1} & \dfrac{\partial \Delta P_{m+1}}{\partial e_1} & \cdots & \dfrac{\partial \Delta P_{m+1}}{\partial f_m} & \dfrac{\partial \Delta P_{m+1}}{\partial e_m} & \dfrac{\partial \Delta P_{m+1}}{\partial f_{m+1}} & \dfrac{\partial \Delta P_{m+1}}{\partial e_{m+1}} & \cdots & \dfrac{\partial \Delta P_{m+1}}{\partial f_{n-1}} & \dfrac{\partial \Delta P_{m+1}}{\partial e_{n-1}} \\[2mm]
0 & 0 & \cdots & 0 & 0 & \dfrac{\partial \Delta U_{m+1}^2}{\partial f_{m+1}} & \dfrac{\partial \Delta U_{m+1}^2}{\partial e_{m+1}} & \cdots & 0 & 0 \\[2mm]
\vdots & \vdots & \cdots & \vdots & \vdots & \vdots & \vdots & \cdots & \vdots & \vdots \\[2mm]
\dfrac{\partial \Delta P_{n-1}}{\partial f_1} & \dfrac{\partial \Delta P_{n-1}}{\partial e_1} & \cdots & \dfrac{\partial \Delta P_{n-1}}{\partial f_m} & \dfrac{\partial \Delta P_{n-1}}{\partial e_m} & \dfrac{\partial \Delta P_{n-1}}{\partial f_{m+1}} & \dfrac{\partial \Delta P_{n-1}}{\partial e_{m+1}} & \cdots & \dfrac{\partial \Delta P_{n-1}}{\partial f_{n-1}} & \dfrac{\partial \Delta P_{n-1}}{\partial e_{n-1}} \\[2mm]
0 & 0 & \cdots & 0 & 0 & 0 & 0 & \cdots & \dfrac{\partial \Delta U_{n-1}^2}{\partial f_{n-1}} & \dfrac{\partial \Delta U_{n-1}^2}{\partial e_{n-1}}
\end{bmatrix}
$$

$$
\times
\begin{bmatrix} \Delta f_1 \\ \Delta e_1 \\ \vdots \\ \Delta f_m \\ \Delta e_m \\ \Delta f_{m+1} \\ \Delta e_{m+1} \\ \vdots \\ \Delta f_{n-1} \\ \Delta e_{n-1} \end{bmatrix}
\tag{7-76}
$$

　　非对角元素（$i \neq j$）：

$$
\left.
\begin{aligned}
\frac{\partial \Delta P_i}{\partial f_j} &= \frac{\partial \Delta Q_i}{\partial e_j} = B_{ij} e_i - G_{ij} f_i \\[2mm]
\frac{\partial \Delta P_i}{\partial e_j} &= -\frac{\partial \Delta Q_i}{\partial f_j} = -\left(G_{ij} e_i + B_{ij} f_i \right) \\[2mm]
\frac{\partial \Delta U_i^2}{\partial f_j} &= \frac{\partial \Delta U_i^2}{\partial e_j} = 0
\end{aligned}
\right\}
\tag{7-77}
$$

对角元素 $(i=j)$：

$$
\left.
\begin{aligned}
\frac{\partial \Delta P_i}{\partial f_i} &= -\sum_{j=1}^{n}(G_{ij}f_j + B_{ij}e_j) + B_{ii}e_i - G_{ii}f_i \\[2mm]
\frac{\partial \Delta P_i}{\partial e_i} &= -\sum_{j=1}^{n}(G_{ij}e_j - B_{ij}f_j) - G_{ii}e_i - B_{ii}f_i \\[2mm]
\frac{\partial \Delta Q_i}{\partial f_i} &= -\sum_{j=1}^{n}(G_{ij}e_j - B_{ij}f_j) + G_{ii}e_i + B_{ii}f_i \\[2mm]
\frac{\partial \Delta Q_i}{\partial e_i} &= \sum_{j=1}^{n}(G_{ij}f_j + B_{ij}e_j) + B_{ii}e_i - G_{ii}f_i \\[2mm]
\frac{\partial \Delta U_i^2}{\partial f_i} &= -2f_i \\[2mm]
\frac{\partial \Delta U_i^2}{\partial e_i} &= -2e_i
\end{aligned}
\right\}
\tag{7-78}
$$

分析上述表达式可以发现，雅可比矩阵具有以下特点：

1）各元素是节点电压的函数，因此迭代过程中雅可比矩阵随节点电压的变化而变化。

2）是不对称矩阵。

3）当 $Y_{ij}=0$ 时，与之对应的非对角元素也为零，此外因非对角元素 $\dfrac{\partial \Delta U_i^2}{\partial f_j}=\dfrac{\partial \Delta U_i^2}{\partial e_j}=0$，

所以雅可比矩阵是非常稀疏的。

牛顿法潮流计算的主要步骤如下：

1）形成导纳矩阵。

2）设置各节点电压初值 $e_i^{(0)}$、$f_i^{(0)}$。

3）将各节点电压初值代入式（7-74）、式（7-75）计算各节点功率及电压不平衡量 $\Delta P_i^{(0)}$、$\Delta Q_i^{(0)}$ 及 $\Delta U_i^{(0)2}$。

4）应用式（7-77）、式（7-78）求雅可比矩阵各元素。

5）解修正方程式，求各节点电压的修正量 $\Delta e_i^{(0)}$、$\Delta f_i^{(0)}$。

6）求新的电压初值：

$$
\left.
\begin{aligned}
e_i^{(1)} &= e_i^{(0)} + \Delta e_i^{(0)} \\
f_i^{(1)} &= f_i^{(0)} + \Delta f_i^{(0)}
\end{aligned}
\right\}
$$

7）用新的电压初值代入式（7-74）、式（7-75），计算新的各节点功率及电压不平衡量 $\Delta P_i^{(1)}$、$\Delta Q_i^{(1)}$ 及 $\Delta U_i^{(1)2}$。

8）判断计算是否收敛。可用如下公式进行：

$$
|f_i(x^{(k)})|_{\max} = |\Delta P^{(k)}, \Delta Q^{(k)}, \Delta U^{2(k)}|_{\max} \leqslant \varepsilon
$$

式中，ε 是预先给定的小数。若不收敛返回到 4）重新迭代，若收敛转下一步。

9）计算平衡节点的功率和线路功率，最后打印输出计算结果。

其中，平衡节点功率为

$$
\tilde{S}_n = \dot{U}_n \sum_{j=1}^{n} Y_{nj}^* U_j^* = P_n + \mathrm{j}Q_n
\tag{7-79}
$$

如图 7-15 所示，节点 i，j 之间的线路功率为

$$\tilde{S}_{ij} = \dot{U}_i \dot{I}_{ij}^* = \dot{U}_i [\, U_i^* y_{i0}^* + (U_i^* - U_j^*) y_{ij}^* \,] = P_{ij} + jQ_{ij} \qquad (7\text{-}80\text{a})$$

$$\tilde{S}_{ji} = \dot{U}_j \dot{I}_{ji}^* = \dot{U}_j [\, U_j^* y_{j0}^* + (U_j^* - U_i^*) y_{ij}^* \,] = P_{ji} + jQ_{ji} \qquad (7\text{-}80\text{b})$$

则线路上损耗的功率为

$$\Delta \tilde{S}_{ij} = \tilde{S}_{ij} + \tilde{S}_{ji} = \Delta P_{ij} + j\Delta Q_{ij} \qquad (7\text{-}81)$$

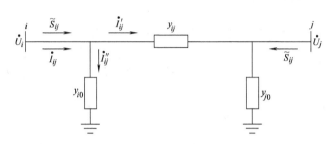

图 7-15　线路功率计算

【课堂讨论】

讨论 1. 牛顿-拉夫逊法求解潮流方程的本质是什么？它是否会影响潮流计算结果的精度？

提示：潮流方程本身是一组非线性方程组，而求解非线性方程组的一般方法是迭代求解。牛顿-拉夫逊法是求解非线性方程组最成功的方法之一，其本质是将潮流方程逐次线性化，即使修正方程组成为线性方程组。显然，线性方程组的求解比较容易。这种逐次线性化的方法不会影响潮流计算结果的精度，因为潮流计算的收敛判据是功率（有功或无功）不平衡量小于等于预先给定的小正数，而这个判据是不变的。

讨论 2. 用计算机进行潮流计算时，是否一定要设 PV 节点？当 PV 节点无功功率越限时，节点类型会发生什么变化吗？

提示：进行潮流计算时，不一定设 PV 节点。PV 节点必须使节点的电压保持恒定，为此该节点必须具有充足的无功功率电源，当系统中无节点能满足此要求时，可以不设 PV 节点。PV 节点无功功率越限时，表示该节点的无功功率电源已无法满足节点电压恒定。为了保持该节点电压不变，必须增加（或减少）该节点无功电源的容量。

【例 7-4】　图 7-16 所示系统中各元件参数与例 7-3 相同（但节点按照 PQ 节点、PV 节点、平衡节点的次序进行编号，以便于与公式相对应，故节点的编号与例 7-3 不同）。取节点 1 为 PQ 节点（联络节点），节点 2 为 PQ 节点，节点 3 为 PV 节点，节点 4 为平衡节点。试用直角坐标形式的牛顿-拉夫逊法计算系统的潮流分布。

【解】　（1）计算导纳矩阵。对应于图 7-16 中的节点编号，导纳矩阵为

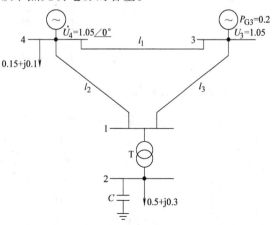

图 7-16　例 7-4 的系统接线图及节点编号

$$Y = \begin{bmatrix} 2.9050 - j11.5038 & j5.3191 & -1.6600 + j3.1619 & -1.2450 + j2.3174 \\ j5.3191 & -j4.6651 & 0 & 0 \\ -1.6600 + j3.1619 & 0 & 2.4900 - j4.7040 & -0.8300 + j1.5809 \\ -1.2450 + j2.3714 & 0 & -0.8300 + j1.5809 & 2.0750 - j3.9092 \end{bmatrix}$$

（2）给定节点电压初值：

$$\dot{U}_1 = 1.0 + j0.0, \quad \dot{U}_2 = 1.0 + j0.0, \quad \dot{U}_3 = 1.05 + j0.0, \quad \dot{U}_4 = 1.05 + j0.0$$

（3）置 $k = 0$，计算功率不平衡量：

$$\Delta P_1^{(0)} = P_{1s} - P_1 = 0 - e_1 \sum_{j=1}^{4} (G_{1j}e_j - B_{1j}f_j) - f_1 \sum_{j=1}^{4} (G_{1j}f_j + B_{1j}e_j) = 0.1453$$

$$\Delta Q_1^{(0)} = Q_{1s} - Q_1 = 0 - f_1 \sum_{j=1}^{4} (G_{1j}e_j - B_{1j}f_j) + e_1 \sum_{j=1}^{4} (G_{1j}f_j + B_{1j}e_j) = -0.3748$$

$$\Delta P_2^{(0)} = P_{2s} - P_2 = -0.5 - e_2 \sum_{j=1}^{4} (G_{2j}e_j - B_{2j}f_j) - f_2 \sum_{j=1}^{4} (G_{2j}f_j + B_{2j}e_j) = -0.5000$$

$$\Delta Q_2^{(0)} = Q_{2s} - Q_2 = -0.3 - f_2 \sum_{j=1}^{4} (G_{2j}e_j - B_{2j}f_j) + e_2 \sum_{j=1}^{4} (G_{2j}f_j + B_{2j}e_j) = 0.3544$$

$$\Delta P_3^{(0)} = P_{3s} - P_3 = 0.2 - e_3 \sum_{j=1}^{4} (G_{3j}e_j - B_{3j}f_j) - f_3 \sum_{j=1}^{4} (G_{3j}f_j + B_{3j}e_j) = 0.1128$$

$$\Delta U_3^{(0)2} = U_{3s}^2 - U_3^2 = 1.05^2 - 1.05^2 = 0.0000$$

（4）形成修正方程式。雅可比矩阵的形式为

$$J = \begin{bmatrix} \dfrac{\partial \Delta P_1}{\partial f_1} & \dfrac{\partial \Delta P_1}{\partial e_1} & \dfrac{\partial \Delta P_1}{\partial f_2} & \dfrac{\partial \Delta P_1}{\partial e_2} & \dfrac{\partial \Delta P_1}{\partial f_3} & \dfrac{\partial \Delta P_1}{\partial e_3} \\[2mm] \dfrac{\partial \Delta Q_1}{\partial f_1} & \dfrac{\partial \Delta Q_1}{\partial e_1} & \dfrac{\partial \Delta Q_1}{\partial f_2} & \dfrac{\partial \Delta Q_1}{\partial e_2} & \dfrac{\partial \Delta Q_1}{\partial f_3} & \dfrac{\partial \Delta Q_1}{\partial e_3} \\[2mm] \dfrac{\partial \Delta P_2}{\partial f_1} & \dfrac{\partial \Delta P_2}{\partial e_1} & \dfrac{\partial \Delta P_2}{\partial f_2} & \dfrac{\partial \Delta P_2}{\partial e_2} & \dfrac{\partial \Delta P_2}{\partial f_3} & \dfrac{\partial \Delta P_2}{\partial e_3} \\[2mm] \dfrac{\partial \Delta Q_2}{\partial f_1} & \dfrac{\partial \Delta Q_2}{\partial e_1} & \dfrac{\partial \Delta Q_2}{\partial f_2} & \dfrac{\partial \Delta Q_2}{\partial e_2} & \dfrac{\partial \Delta Q_2}{\partial f_3} & \dfrac{\partial \Delta Q_2}{\partial e_3} \\[2mm] \dfrac{\partial \Delta P_3}{\partial f_1} & \dfrac{\partial \Delta P_3}{\partial e_1} & \dfrac{\partial \Delta P_3}{\partial f_2} & \dfrac{\partial \Delta P_3}{\partial e_2} & \dfrac{\partial \Delta P_3}{\partial f_3} & \dfrac{\partial \Delta P_3}{\partial e_3} \\[2mm] 0 & 0 & 0 & 0 & \dfrac{\partial \Delta U_3^2}{\partial f_3} & \dfrac{\partial \Delta U_3^2}{\partial e_3} \end{bmatrix}$$

经计算得修正方程式为

$$\begin{bmatrix} 0.1453 \\ -0.3748 \\ -0.5000 \\ 0.3544 \\ 0.1128 \\ 0.0000 \end{bmatrix} = - \begin{bmatrix} -11.1281 & -2.7597 & 5.3182 & 0.0000 & 3.1618 & 1.6600 \\ 3.0502 & -11.8780 & 0.0000 & 5.3182 & -1.6600 & 3.1618 \\ 5.3182 & 0.0000 & -5.3182 & 0.0000 & 0.0000 & 0.0000 \\ 0.0000 & 5.3182 & 0.0000 & -4.0094 & 0.0000 & 0.0000 \\ 3.3199 & 1.7430 & 0.0000 & 0.0000 & -4.8218 & -2.6975 \\ 0.0000 & 0.0000 & 0.0000 & 0.0000 & 0.0000 & -2.1000 \end{bmatrix} \begin{bmatrix} \Delta f_1^{(0)} \\ \Delta e_1^{(0)} \\ \Delta f_2^{(0)} \\ \Delta e_2^{(0)} \\ \Delta f_3^{(0)} \\ \Delta e_3^{(0)} \end{bmatrix}$$

（5）求解修正方程，得

$$
\begin{bmatrix}
\Delta f_1^{(0)} \\
\Delta e_1^{(0)} \\
\Delta f_2^{(0)} \\
\Delta e_2^{(0)} \\
\Delta f_3^{(0)} \\
\Delta e_3^{(0)}
\end{bmatrix}
=
\begin{bmatrix}
-0.0708 \\
-0.0145 \\
-0.1648 \\
0.0691 \\
-0.0306 \\
0.0000
\end{bmatrix}
$$

（6）进行修正，得

$$f_1^{(1)} = f_1^{(0)} + \Delta f_1^{(0)} = -0.0708$$
$$e_1^{(1)} = e_1^{(0)} + \Delta e_1^{(0)} = 0.9855$$
$$f_2^{(1)} = f_2^{(0)} + \Delta f_2^{(0)} = -0.1648$$
$$e_2^{(1)} = e_2^{(0)} + \Delta e_2^{(0)} = 1.0691$$
$$f_3^{(1)} = f_3^{(0)} + \Delta f_3^{(0)} = -0.0306$$
$$e_3^{(1)} = e_3^{(0)} + \Delta e_3^{(0)} = 1.0500$$

（7）置 $k=1$，用 $f_1^{(1)}$、$e_1^{(1)}$、$f_2^{(1)}$、$e_2^{(1)}$、$f_3^{(1)}$、$e_3^{(1)}$ 代替 $f_1^{(0)}$、$e_1^{(0)}$、$f_2^{(0)}$、$e_2^{(0)}$、$f_3^{(0)}$、$e_3^{(0)}$ 进行迭代，得修正方程式：

$$
\begin{bmatrix}
0.0287 \\
0.0029 \\
-0.0388 \\
-0.0922 \\
-0.0051 \\
-0.0009
\end{bmatrix}
= -
\begin{bmatrix}
-11.1350 & -3.6484 & 5.2409 & 0.3766 & 2.9984 & 1.8598 \\
3.7059 & -11.1250 & -0.37658 & 5.2409 & -1.8598 & 2.9984 \\
5.6856 & 0.8766 & -5.2409 & -0.3766 & 0.0000 & 0.0000 \\
-0.8766 & 5.6856 & 1.1609 & -4.7312 & 0.0000 & 0.0000 \\
3.2692 & 1.8398 & -0.0508 & 0.0000 & -4.7410 & -2.9455 \\
0.0000 & 0.0000 & 0.0000 & 0.0000 & 0.0612 & -2.1000
\end{bmatrix}
\begin{bmatrix}
\Delta f_1^{(1)} \\
\Delta e_1^{(1)} \\
\Delta f_2^{(1)} \\
\Delta e_2^{(1)} \\
\Delta f_3^{(1)} \\
\Delta e_3^{(1)}
\end{bmatrix}
$$

对修正方程进行求解并修正后，得

$$
\begin{bmatrix}
\Delta f_1^{(1)} \\
\Delta e_1^{(1)} \\
\Delta f_2^{(1)} \\
\Delta e_2^{(1)} \\
\Delta f_3^{(1)} \\
\Delta e_3^{(1)}
\end{bmatrix}
=
\begin{bmatrix}
0.0043 \\
-0.0173 \\
-0.0026 \\
-0.0417 \\
-0.0044 \\
-0.0006
\end{bmatrix},
\quad
\begin{bmatrix}
f_1^{(2)} \\
e_1^{(2)} \\
f_2^{(2)} \\
e_2^{(2)} \\
f_3^{(2)} \\
e_3^{(2)}
\end{bmatrix}
=
\begin{bmatrix}
-0.0665 \\
0.9682 \\
-0.1674 \\
1.0274 \\
-0.0350 \\
1.0494
\end{bmatrix}
$$

（8）继续迭代。经 4 次迭代后收敛，允许偏差为 10^{-5}。

电压最终结果转化为极坐标形式，最终潮流分布如图 7-17 所示。

【例 7-5】 有一个二节点的电力系统如图 7-18 所示，已知节点 1 电压为 $\dot U_1 = 1 + j0$，节点 2 上发电机输出功率 $\dot S_G = 0.8 + j0.6$，负荷功率 $\dot S_L = 1 + j0.8$，输电线路导纳 $y = 1 - j4$。试用潮流计算的牛顿-拉夫逊法写出第一次迭代时的直角坐标修正方程式（电压迭代初值取 $1 + j0$）。

【解】 节点 2 的注入功率

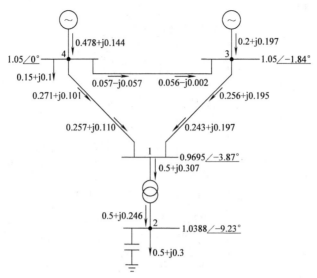

图 7-17　例 7-4 的最终潮流分布

$$\dot{S}_2 = \dot{S}_G - \dot{S}_L = 0.8 + j0.6 - (1 + j0.8) = -0.2 - j0.2$$

节点导纳矩阵为

图 7-18　例 7-5 图

$$\boldsymbol{Y}_B = \begin{bmatrix} Y_{11} & Y_{12} \\ Y_{21} & Y_{22} \end{bmatrix} = \begin{bmatrix} 1 - j4 & -1 + j4 \\ -1 + j4 & 1 - j4 \end{bmatrix}$$

取初始电压

$$\dot{U}_1 = 1 + j0, \quad \dot{U}_2^{(0)} = 1 + j0 = e_2^{(0)} + jf_2^{(0)}$$

（1）计算节点 2 的注入功率：

$$P_i^{(0)} = \sum_{j=1}^{n} \left[e_i^{(0)} (G_{ij} e_j^{(0)} - B_{ij} f_j^{(0)}) + f_i^{(0)} (G_{ij} f_j^{(0)} + B_{ij} e_j^{(0)}) \right]$$

$$Q_i^{(0)} = \sum_{j=1}^{n} \left[f_i^{(0)} (G_{ij} e_j^{(0)} - B_{ij} f_j^{(0)}) - e_i^{(0)} (G_{ij} f_j^{(0)} + B_{ij} e_j^{(0)}) \right]$$

则
$$\begin{aligned}
P_2^{(0)} &= e_2^{(0)} (G_{21} e_1^{(0)} - B_{21} f_1^{(0)}) + f_2^{(0)} (G_{21} f_1^{(0)} + B_{21} e_1^{(0)}) \\
&\quad + e_2^{(0)} (G_{22} e_2^{(0)} - B_{22} f_2^{(0)}) + f_2^{(0)} (G_{22} f_2^{(0)} + B_{22} e_2^{(0)}) \\
&= 1 \times (-1 \times 1 - 4 \times 0) + 0 \times (4 \times 0 + 4 \times 1) \\
&\quad + 1 \times (1 \times 1 - 1 \times 0) + 0 \times (1 \times 0 - 4 \times 1) = -1 + 1 = 0 \\
Q_2^{(0)} &= f_2^{(0)} (G_{21} e_1^{(0)} - B_{21} f_1^{(0)}) - e_2^{(0)} (G_{21} f_1^{(0)} + B_{21} e_1^{(0)}) \\
&\quad + f_2^{(0)} (G_{22} e_2^{(0)} - B_{22} f_2^{(0)}) - e_2^{(0)} (G_{22} f_2^{(0)} + B_{22} e_2^{(0)}) \\
&= 0 \times (-1 \times 1 - 4 \times 0) - 1 \times (4 \times 0 + 4 \times 1) \\
&\quad + 0 \times (1 \times 1 - 1 \times 0) - 1 \times (1 \times 0 - 4 \times 1) = -4 + 4 = 0
\end{aligned}$$

于是
$$\Delta P_2^{(0)} = P_2 - P_2^{(0)} = -0.2 - 0 = -0.2$$

$$\Delta Q_2^{(0)} = Q_2 - Q_2^{(0)} = -0.2 - 0 = -0.2$$

（2）计算雅可比矩阵中各元素。

计算节点 2 注入电流：

$$\dot{I}_i^{(0)} = \frac{P_i^{(0)} - jQ_i^{(0)}}{\dot{U}_i^{(0)}} = a_{ii}^{(0)} + jb_{ii}^{(0)}$$

$$\dot{I}_2^{(0)} = \frac{P_2^{(0)} - jQ_2^{(0)}}{\dot{U}_2^{(0)}} = 0 = a_{22}^{(0)} + jb_{22}^{(0)}$$

$$H_{ii} = \frac{\partial \Delta P_i}{\partial f_i} = B_{ii}e_i - G_{ii}f_i - b_{ii}$$

$$H_{22}^{(0)} = B_{22}e_2^{(0)} - G_{22}f_2^{(0)} - b_{22}^{(0)} = -4 \times 1 - 1 \times 0 - 0 = -4$$

$$N_{ii} = \frac{\partial \Delta P_i}{\partial e_i} = -G_{ii}e_i - B_{ii}f_i - a_{ii}$$

$$N_{22}^{(0)} = -G_{22}e_2^{(0)} - B_{22}f_2^{(0)} - a_{22}^{(0)}$$

$$J_{ii} = \frac{\partial \Delta Q_i}{\partial f_i} = G_{ii}e_i + B_{ii}f_i - a_{ii}$$

$$J_{22}^{(0)} = G_{22}e_2^{(0)} + B_{22}f_2^{(0)} - a_{22}^{(0)} = 1 \times 1 - (-4) \times 0 - 0 = 1$$

$$L_{ii} = \frac{\partial \Delta Q_i}{\partial e_i} = B_{ii}e_i - G_{ii}f_i + b_{ii}$$

$$L_{22}^{(0)} = B_{22}e_2^{(0)} - G_{22}f_2^{(0)} + b_{22}^{(0)} = -4 \times 1 - 1 \times 0 + 0 = -4$$

$$J_2^{(0)} = \begin{bmatrix} H_{22}^{(0)} & N_{22}^{(0)} \\ J_{22}^{(0)} & L_{22}^{(0)} \end{bmatrix} = \begin{bmatrix} -4 & -1 \\ 1 & -4 \end{bmatrix}$$

$$[J_2^{(0)}]^{-1} = \frac{1}{\begin{vmatrix} -4 & -1 \\ 1 & -4 \end{vmatrix}} \begin{bmatrix} -4 & 1 \\ -1 & -4 \end{bmatrix} = \frac{1}{17} \begin{bmatrix} -4 & 1 \\ -1 & -4 \end{bmatrix}$$

$$\begin{bmatrix} \Delta f_2^{(0)} \\ \Delta e_2^{(0)} \end{bmatrix} = -[J_2^{(0)}]^{-1} \begin{bmatrix} \Delta P_2^{(0)} \\ \Delta Q_2^{(0)} \end{bmatrix} = \frac{-1}{17} \begin{bmatrix} -4 & 1 \\ -1 & -4 \end{bmatrix} \begin{bmatrix} -0.2 \\ -0.2 \end{bmatrix} = \begin{bmatrix} -0.035 \\ -0.059 \end{bmatrix}$$

$$\begin{bmatrix} f_2^{(1)} \\ e_2^{(1)} \end{bmatrix} = \begin{bmatrix} f_2^{(0)} \\ e_2^{(0)} \end{bmatrix} + \begin{bmatrix} \Delta f_2^{(0)} \\ \Delta e_2^{(0)} \end{bmatrix} = \begin{bmatrix} 0 \\ 1 \end{bmatrix} + \begin{bmatrix} -0.035 \\ -0.059 \end{bmatrix} = \begin{bmatrix} -0.035 \\ 0.941 \end{bmatrix}$$

$$\dot{U}_2^{(1)} = 0.941 - j0.035$$

修正方程：

$$\begin{bmatrix} \Delta P_i \\ \Delta Q_i \end{bmatrix} = - \begin{bmatrix} H & N \\ J & L \end{bmatrix} \begin{bmatrix} \Delta f_i \\ \Delta e_i \end{bmatrix}$$

$$\begin{bmatrix} \Delta P_2^{(0)} \\ \Delta Q_2^{(0)} \end{bmatrix} = - \begin{bmatrix} H_{22}^{(0)} & N_{22}^{(0)} \\ J_{22}^{(0)} & L_{22}^{(0)} \end{bmatrix} \begin{bmatrix} \Delta f_2^{(0)} \\ \Delta e_2^{(0)} \end{bmatrix} = - \begin{bmatrix} -4 & -1 \\ 1 & -4 \end{bmatrix} \begin{bmatrix} -0.035 \\ -0.059 \end{bmatrix}$$

3. 牛顿-拉夫逊法潮流计算（极坐标形式）

节点电压不仅可以直角坐标表示，还可以极坐标表示，因此，利用牛顿-拉夫逊法进行潮流计算时的修正方程还有另外一种形式。为建立这种修正方程，仍可令 $Y_{ij} = G_{ij} + jB_{ij}$，但令 $\dot U_j = U_i e^{j\delta_i} = U_i(\cos\delta_i + j\sin\delta_i)$，而将式（7-48）改写为

$$U_i e^{j\delta_i} \sum_{j=1}^{j=n} (G_{ij} - jB_{ij}) U_{ji} e^{-j\delta_j} = P_i + jQ_i \tag{7-82}$$

将实数部分与虚数部分分列，可得

$$U_i \sum_{j=1}^{j=n} U_j (G_{ij}\cos\delta_{ij} + B_{ij}\sin\delta_{ij}) = P_i \tag{7-83a}$$

$$U_i \sum_{j=1}^{j=n} U_j (G_{ij}\sin\delta_{ij} - B_{ij}\cos\delta_{ij}) = Q_i \tag{7-83b}$$

对一个具有 n 个节点，其中有 $n - m - 1$ 个 PV 节点的网络，式（7-83a）、式（7-83b）组成的方程组中共有 $(n-1) + m = n + m - 1$ 个方程式。如仍按前述的节点编号划分方法，则式（7-83a）类型的有 $n-1$ 个，包括除平衡节点外所有节点的有功功率 P_i 的表达式，即 $i = 1，2，\cdots，n-1$。采用极坐标表示时，较采用直角坐标表示时少 $n - m - 1$ 个 PV 节点电压大小二次方值的表达式。因对 PV 节点，采用极坐标表示时，待求的有只有电压的相位角 δ_i 和注入无功功率 Q_i，而采用直角坐标表示时，待求的有电压的实数部分 e_i、虚数部分 f_i 和注入无功功率 Q_i。前者的未知变量少 $n - m - 1$ 个，方程式数也应相应减少 $n - m - 1$ 个。

这样，就可建立类似式（7-76）的修正方程式如下：

$$\begin{bmatrix} \Delta P_1 \\ \Delta Q_1 \\ \vdots \\ \Delta P_m \\ \Delta Q_m \\ \Delta P_{m+1} \\ \vdots \\ \Delta P_{n-1} \end{bmatrix} = - \begin{bmatrix} \dfrac{\partial\Delta P_1}{\partial\delta_1} & \dfrac{\partial\Delta P_1}{\partial U_1}U_1 & \cdots & \dfrac{\partial\Delta P_1}{\partial\delta_m} & \dfrac{\partial\Delta P_1}{\partial U_m}U_m & \dfrac{\partial\Delta P_1}{\partial\delta_{m+1}} & \cdots & \dfrac{\partial\Delta P_1}{\partial\delta_{n-1}} \\ \dfrac{\partial\Delta Q_1}{\partial\delta_1} & \dfrac{\partial\Delta Q_1}{\partial U_1}U_1 & \cdots & \dfrac{\partial\Delta Q_1}{\partial\delta_m} & \dfrac{\partial\Delta Q_1}{\partial U_m}U_m & \dfrac{\partial\Delta Q_1}{\partial\delta_{m+1}} & \cdots & \dfrac{\partial\Delta Q_1}{\partial\delta_{n-1}} \\ \vdots & \vdots & \cdots & \vdots & \vdots & \vdots & \cdots & \vdots \\ \dfrac{\partial\Delta P_m}{\partial\delta_1} & \dfrac{\partial\Delta P_m}{\partial U_1}U_1 & \cdots & \dfrac{\partial\Delta P_m}{\partial\delta_m} & \dfrac{\partial\Delta P_m}{\partial U_m}U_m & \dfrac{\partial\Delta P_m}{\partial\delta_{m+1}} & \cdots & \dfrac{\partial\Delta P_m}{\partial\delta_{n-1}} \\ \dfrac{\partial\Delta Q_m}{\partial\delta_1} & \dfrac{\partial\Delta Q_m}{\partial U_1}U_1 & \cdots & \dfrac{\partial\Delta Q_m}{\partial\delta_m} & \dfrac{\partial\Delta Q_m}{\partial U_m}U_m & \dfrac{\partial\Delta Q_m}{\partial\delta_{m+1}} & \cdots & \dfrac{\partial\Delta Q_m}{\partial\delta_{n-1}} \\ \dfrac{\partial P_{m+1}}{\partial\delta_1} & \dfrac{\partial\Delta P_{m+1}}{\partial U_1}U_1 & \cdots & \dfrac{\partial\Delta P_{m+1}}{\partial\delta_m} & \dfrac{\partial\Delta P_{m+1}}{\partial U_m}U_m & \dfrac{\partial\Delta P_{m+1}}{\partial\delta_{m+1}} & \cdots & \dfrac{\partial\Delta P_{m+1}}{\partial\delta_{n-1}} \\ \vdots & \vdots & \cdots & \vdots & \vdots & \vdots & \cdots & \vdots \\ \dfrac{\partial P_{n-1}}{\partial\delta_1} & \dfrac{\partial\Delta P_{n-1}}{\partial U_1}U_1 & \cdots & \dfrac{\partial\Delta P_{n-1}}{\partial\delta_m} & \dfrac{\partial\Delta P_{n-1}}{\partial U_m}U_m & \dfrac{\partial\Delta P_{n-1}}{\partial\delta_{m+1}} & \cdots & \dfrac{\partial\Delta P_{n-1}}{\partial\delta_{n-1}} \end{bmatrix} \begin{bmatrix} \Delta\delta_1 \\ \Delta U_1/U_1 \\ \vdots \\ \Delta\delta_m \\ \Delta U_m/U_m \\ \Delta\delta_{m+1} \\ \vdots \\ \Delta\delta_{n-1} \end{bmatrix}$$

$$\tag{7-84}$$

式中的有功、无功功率不平衡量分别由式（7-83a）、式（7-83b）可得

$$\Delta P_i = P_i - U_i \sum_{\substack{j=1}}^{j=n} U_j (G_{ij}\cos\delta_{ij} + B_{ij}\sin\delta_{ij}) \qquad (7\text{-}85\text{a})$$

$$\Delta Q_i = Q_i - U_i \sum_{\substack{j=1}}^{j=n} U_j (G_{ij}\sin\delta_{ij} - B_{ij}\cos\delta_{ij}) \qquad (7\text{-}85\text{b})$$

为求取这些偏导数，可将 P_i、Q_i 分别展示如下：

$$P_i = U_i^2 G_{ii} + U_i \sum_{\substack{j=1 \\ j\neq i}}^{j=n} U_j (G_{ij}\cos\delta_{ij} + B_{ij}\sin\delta_{ij}) \qquad (7\text{-}86\text{a})$$

$$Q_i = - U_i^2 B_{ii} + U_i \sum_{\substack{j=1 \\ j\neq i}}^{j=n} (G_{ij}\sin\delta_{ij} - B_{ij}\cos\delta_{ij}) \qquad (7\text{-}86\text{b})$$

计及

$$\left.\begin{array}{l} \dfrac{\partial\cos\delta_{ij}}{\partial\delta_j} = \dfrac{\partial\cos(\delta_i - \delta_j)}{-\partial(\delta_i - \delta_j)} = \sin(\delta_i - \delta_j) = \sin\delta_{ij} \\[2ex] \dfrac{\partial\sin\delta_{ij}}{\partial\delta_j} = \dfrac{\partial\sin(\delta_i - \delta_j)}{-\partial(\delta_i - \delta_j)} = -\cos(\delta_i - \delta_j) = -\cos\delta_{ij} \\[2ex] \dfrac{\partial\cos\delta_{ij}}{\partial\delta_i} = \dfrac{\partial\cos(\delta_i - \delta_j)}{\partial(\delta_i - \delta_j)} = -\sin(\delta_i - \delta_j) = -\sin\delta_{ij} \\[2ex] \dfrac{\partial\sin\delta_{ij}}{\partial\delta_i} = \dfrac{\partial\sin(\delta_i - \delta_j)}{\partial(\delta_i - \delta_j)} = \cos(\delta_i - \delta_j) = \cos\delta_{ij} \end{array}\right\} \qquad (7\text{-}87)$$

则 $j\neq i$ 时，对于特定的 j，只有该特定节点的 δ_j 是变量，从而特定的 $\delta_{ij} = \delta_i - \delta_j$ 是变量，由式（7-85）~式（7-87）可得

$$\left.\begin{array}{l} \dfrac{\partial\Delta P_i}{\partial\delta_j} = - U_i U_j (G_{ij}\sin\delta_{ij} - B_{ij}\cos\delta_{ij}) \\[2ex] \dfrac{\partial\Delta Q_i}{\partial\delta_j} = U_i U_j (G_{ij}\cos\delta_{ij} + B_{ij}\sin\delta_{ij}) \end{array}\right\} \qquad (7\text{-}88\text{a})$$

相似地，对于特定的 j，只有该特定节点的 U_j 是变量，可得

$$\left.\begin{array}{l} \dfrac{\partial\Delta P_i}{\partial U_j} = - U_i (G_{ij}\cos\delta_{ij} + B_{ij}\sin\delta_{ij}) \\[2ex] \dfrac{\partial\Delta Q_i}{\partial U_j} = - U_i (G_{ij}\sin\delta_{ij} - B_{ij}\cos\delta_{ij}) \end{array}\right\} \qquad (7\text{-}88\text{b})$$

$j = i$ 时，由于 δ_i 是变量，所有 $\delta_{ij} = \delta_i - \delta_j$ 都是变量，可得

$$\left.\begin{array}{l} \dfrac{\partial\Delta P_i}{\partial\delta_i} = U_i \sum_{\substack{j=1 \\ j\neq i}}^{j=n} U_j (G_{ij}\sin\delta_{ij} - B_{ij}\cos\delta_{ij}) \\[2ex] \dfrac{\partial\Delta Q_i}{\partial\delta_j} = - U_i \sum_{\substack{j=1 \\ j\neq i}}^{j=n} U_j (G_{ij}\cos\delta_{ij} + B_{ij}\sin\delta_{ij}) \end{array}\right\} \qquad (7\text{-}88\text{c})$$

相似地，由于 U_i 是变量，可得

$$\left.\begin{array}{l} \dfrac{\partial\Delta P_i}{\partial U_i} = - \sum_{\substack{j=1 \\ j\neq i}}^{j=n} U_j (G_{ij}\cos\delta_{ij} + B_{ij}\sin\delta_{ij}) - 2 U_i G_{ii} \\[2ex] \dfrac{\partial\Delta Q_i}{\partial U_i} = - \sum_{\substack{j=1 \\ j\neq i}}^{j=n} U_j (G_{ij}\sin\delta_{ij} - B_{ij}\cos\delta_{ij}) + 2 U_i B_{ii} \end{array}\right\} \qquad (7\text{-}88\text{d})$$

由式（7-88a）、式（7-88b）可见，如果 $Y_{ij} = G_{ij} + jB_{ij} = 0$，则这些元素都等于零。而将

每个 2×2 阶子阵 $\begin{bmatrix} \dfrac{\partial \Delta P_i}{\partial \delta_j} & \dfrac{\partial \Delta P_i}{\partial U_j} \\ \dfrac{\partial \Delta Q_i}{\partial \delta_j} & \dfrac{\partial \Delta Q_i}{\partial U_j} \end{bmatrix}$、$\begin{bmatrix} \dfrac{\partial \Delta P_i}{\partial \delta_j} & 0 \\ \dfrac{\partial \Delta Q_i}{\partial \delta_j} & 0 \end{bmatrix}$、$\begin{bmatrix} \dfrac{\partial \Delta P_i}{\partial \delta_j} & \dfrac{\partial \Delta P_i}{\partial U_j} \\ 0 & 0 \end{bmatrix}$、$\begin{bmatrix} \dfrac{\partial \Delta P_i}{\partial \delta_j} & 0 \\ 0 & 0 \end{bmatrix}$ 看作分块矩阵的

元素时，分块雅可比矩阵和节点导纳矩阵 $\mathbf{Y}_B$ 仍有相同的结构。但前者因 $\dfrac{\partial \Delta P_i}{\partial \delta_j} \neq \dfrac{\partial \Delta P_j}{\partial \delta_i}$、

$\dfrac{\partial \Delta P_i}{\partial U_j} \neq \dfrac{\partial \Delta P_j}{\partial U_i}$、$\dfrac{\partial \Delta Q_i}{\partial \delta_j} \neq \dfrac{\partial \Delta Q_j}{\partial \delta_i}$、$\dfrac{\partial \Delta Q_i}{\partial U_j} \neq \dfrac{\partial \Delta Q_j}{\partial U_i}$，不是对称矩阵。

7.3.5 PQ分解法

电力系统中常用的 PQ 分解法派生于以极坐标表示的牛顿-拉夫逊法，其基本思想是把节点功率表示为电压向量的极坐标形式，以有功功率误差作为修正电压向量角度的依据，以无功功率误差作为修正电压幅值的依据，把有功和无功分开进行迭代，其主要特点是以一个 $n-1$ 阶和一个 m 阶不变的、对称的系数矩阵 $\mathbf{B}'$、$\mathbf{B}''$ 代替原来的 $n+m-1$ 阶变化的、不对称的系数矩阵 $\mathbf{J}$，以此提高计算速度，降低对计算机存储容量的要求。PQ 分解法在计算速度方面有显著的提高，迅速得到了推广。

1. PQ分解法原理

重新排列后，极坐标表示的牛顿-拉夫逊法修正方程可写成：

$$\begin{bmatrix} \Delta P \\ \Delta Q \end{bmatrix} = -\begin{bmatrix} \mathbf{H} & \mathbf{N} \\ \mathbf{K} & \mathbf{L} \end{bmatrix} \begin{bmatrix} \Delta \delta \\ \Delta U / U \end{bmatrix} \tag{7-89}$$

雅可比矩阵元素的表达如下：

1）当 $j \neq i$ 时，有

$$\left. \begin{aligned} H_{ij} &= -U_i U_j (G_{ij} \sin\delta_{ij} - B_{ij} \cos\delta_{ij}) \\ N_{ij} &= -U_i U_j (G_{ij} \cos\delta_{ij} + B_{ij} \sin\delta_{ij}) \\ K_{ij} &= U_i U_j (G_{ij} \cos\delta_{ij} + B_{ij} \sin\delta_{ij}) \\ L_{ij} &= -U_i U_j (G_{ij} \sin\delta_{ij} - B_{ij} \cos\delta_{ij}) \end{aligned} \right\} \tag{7-90}$$

2）当 $j = i$ 时，有

$$\left. \begin{aligned} H_{ii} &= U_i \sum_{\substack{j=1 \\ j \neq i}}^{j=n} U_j (G_{ij} \sin\delta_{ij} - B_{ij} \cos\delta_{ij}) \\ N_{ii} &= -U_i \sum_{\substack{j=1 \\ j \neq i}}^{j=n} U_j (G_{ij} \cos\delta_{ij} + B_{ij} \sin\delta_{ij}) - 2U_i^2 G_{ii} \\ K_{ii} &= -U_i \sum_{\substack{j=1 \\ j \neq i}}^{j=n} U_j (G_{ij} \cos\delta_{ij} + B_{ij} \sin\delta_{ij}) \\ L_{ii} &= -U_i \sum_{\substack{j=1 \\ j \neq i}}^{j=n} U_j (G_{ij} \sin\delta_{ij} - B_{ij} \cos\delta_{ij}) + 2U_i^2 B_{ii} \end{aligned} \right\} \tag{7-91}$$

对修正方程的第一个简化是：一般电力网络中各元件的电抗远大于电阻，可将式（7-89）中的 $\mathbf{N}$、$\mathbf{K}$ 略去，而将修正方程式简化为

$$\begin{bmatrix} \Delta P \\ \Delta Q \end{bmatrix} = -\begin{bmatrix} \mathbf{H} & 0 \\ 0 & \mathbf{L} \end{bmatrix} \begin{bmatrix} \Delta \delta \\ \Delta U / U \end{bmatrix} \tag{7-92}$$

对修正方程式的第二个简化是基于在一般情况下，线路两端电压的相角差是不大的（不超过 $10° \sim 20°$），再计及 $G_{ij} \ll B_{ij}$，因此可以认为

$$\cos\delta_{ij} \approx 1, \quad G_{ij}\sin\delta_{ij} \ll B_{ij}$$

于是，式（7-90）中的 H_{ij}、L_{ij} 可简化为

$$H_{ij} = U_i U_j B_{ij}, \quad L_{ij} = U_i U_j B_{ij} \tag{7-93a}$$

式（7-91）中的 H_{ii}、L_{ii} 可简化为

$$H_{ii} = -U_i \sum_{\substack{j=1 \\ j \neq i}}^{j=n} U_j B_{ij} = -U_i \sum_{j=1}^{j=n} U_j B_{ij} + U_i^2 B_{ii}$$

$$L_{ii} = U_i \sum_{\substack{j=1 \\ j \neq i}}^{j=n} U_j B_{ij} + 2U_i^2 B_{ii} = U_i \sum_{j=1}^{j=n} U_j B_{ij} + U_i^2 B_{ii}$$

而由于这时 Q_i 可简化为

$$Q_i = -U_i \sum_{j=1}^{j=n} U_j B_{ij}$$

所以

$$H_{ii} = Q_i + U_i^2 B_{ii}, \quad L_{ii} = -Q_i + U_i^2 B_{ii}$$

再按自导纳的定义，上两式中的 $U_i^2 B_{ii}$ 项应为各元件电抗远大于电阻的前提下，除节点 i 外其他节点都接地时，由节点 i 注入的无功功率。该功率必远大于正常运行时节点 i 的注入无功功率，亦即 $U_i^2 B_{ii} \gg Q_i$，上两式又可简化为

$$H_{ii} = U_i^2 B_{ii}, \quad L_{ii} = U_i^2 B_{ii} \tag{7-93b}$$

这样，雅可比矩阵中的两个子矩阵 **H**、**L** 的元素将具有相同的表达式，但是它们的阶数不同，前者为 $n-1$ 阶，后者为 m 阶。

这两个子矩阵都可展开为下式：

$$
\begin{bmatrix}
U_1 B_{11} U_1 & U_1 B_{12} U_2 & U_1 B_{13} U_3 & \cdots \\
U_2 B_{21} U_1 & U_2 B_{22} U_2 & U_2 B_{23} U_3 & \cdots \\
U_3 B_{31} U_1 & U_3 B_{32} U_2 & U_3 B_{33} U_3 & \cdots \\
\vdots & \vdots & \vdots &
\end{bmatrix}
=
\begin{bmatrix}
U_1 & & & \\
& U_2 & & 0 \\
& & U_3 & \\
0 & & & \ddots
\end{bmatrix}
\begin{bmatrix}
B_{11} & B_{12} & B_{13} & \cdots \\
B_{21} & B_{22} & B_{23} & \cdots \\
B_{31} & B_{32} & B_{33} & \cdots \\
\vdots & \vdots & \vdots &
\end{bmatrix}
\begin{bmatrix}
U_1 & & & \\
& U_2 & & 0 \\
& & U_3 & \\
0 & & & \ddots
\end{bmatrix}
\tag{7-94}
$$

将其代入式（7-92），展开得（为一般起见，后面下标以 n 代替 $n-1$ 表示）

$$
\begin{bmatrix}
\Delta P_1 \\
\Delta P_2 \\
\Delta P_3 \\
\vdots \\
\Delta P_n
\end{bmatrix}
= -
\begin{bmatrix}
U_1 & & & & \\
& U_2 & & & 0 \\
& & U_3 & & \\
& 0 & & \ddots & \\
& & & & U_n
\end{bmatrix}
\begin{bmatrix}
B_{11} & B_{12} & B_{13} & \cdots & B_{1n} \\
B_{21} & B_{22} & B_{23} & \cdots & B_{2n} \\
B_{31} & B_{32} & B_{33} & \cdots & B_{3n} \\
\vdots & \vdots & \vdots & & \vdots \\
B_{n1} & B_{n2} & B_{n3} & \cdots & B_{nn}
\end{bmatrix}
\begin{bmatrix}
U_1 \Delta\delta_1 \\
U_2 \Delta\delta_2 \\
U_3 \Delta\delta_3 \\
\vdots \\
U_n \Delta\delta_n
\end{bmatrix}
\tag{7-95a}
$$

$$
\begin{bmatrix}
\Delta Q_1 \\
\Delta Q_2 \\
\Delta Q_3 \\
\vdots \\
\Delta Q_m
\end{bmatrix}
= -
\begin{bmatrix}
U_1 & & & & \\
& U_2 & & & 0 \\
& & U_3 & & \\
& 0 & & \ddots & \\
& & & & U_m
\end{bmatrix}
\begin{bmatrix}
B_{11} & B_{12} & B_{13} & \cdots & B_{1m} \\
B_{21} & B_{22} & B_{23} & \cdots & B_{2m} \\
B_{31} & B_{32} & B_{33} & \cdots & B_{3m} \\
\vdots & \vdots & \vdots & & \vdots \\
B_{m1} & B_{m2} & B_{m3} & \cdots & B_{mm}
\end{bmatrix}
\begin{bmatrix}
\Delta U_1 \\
\Delta U_2 \\
\Delta U_3 \\
\vdots \\
\Delta U_m
\end{bmatrix}
\tag{7-95b}
$$

将上两式等号左右都前乘以

$$
\begin{bmatrix} U_1 & & & \\ & U_2 & & 0 \\ & & U_3 & \\ 0 & & & \ddots \end{bmatrix}^{-1} = \begin{bmatrix} \dfrac{1}{U_1} & & & \\ & \dfrac{1}{U_2} & & 0 \\ & & \dfrac{1}{U_3} & \\ 0 & & & \ddots \end{bmatrix}
$$

可得

$$
\begin{bmatrix} \Delta P_1/U_1 \\ \Delta P_2/U_2 \\ \Delta P_3/U_3 \\ \vdots \\ \Delta P_n/U_n \end{bmatrix} = - \begin{bmatrix} B_{11} & B_{12} & B_{13} & \cdots & B_{1n} \\ B_{21} & B_{22} & B_{23} & \cdots & B_{2n} \\ B_{31} & B_{32} & B_{33} & \cdots & B_{3n} \\ & & & \vdots & \\ B_{n1} & B_{n2} & B_{n3} & \cdots & B_{nn} \end{bmatrix} \begin{bmatrix} U_1 \Delta \delta_1 \\ U_2 \Delta \delta_2 \\ U_3 \Delta \delta_3 \\ \vdots \\ U_n \Delta \delta_n \end{bmatrix} \tag{7-96a}
$$

$$
\begin{bmatrix} \Delta Q_1/U_1 \\ \Delta Q_2/U_2 \\ \Delta Q_3/U_3 \\ \vdots \\ \Delta Q_m/U_m \end{bmatrix} = - \begin{bmatrix} B_{11} & B_{12} & B_{13} & \cdots & B_{1m} \\ B_{21} & B_{22} & B_{23} & \cdots & B_{2m} \\ B_{31} & B_{32} & B_{33} & \cdots & B_{3m} \\ & & & \vdots & \\ B_{m1} & B_{m2} & B_{m3} & \cdots & B_{mm} \end{bmatrix} \begin{bmatrix} \Delta U_1 \\ \Delta U_2 \\ \Delta U_3 \\ \vdots \\ \Delta U_m \end{bmatrix} \tag{7-96b}
$$

它们可简写为

$$
\frac{\Delta P}{U} = - B' U \Delta \delta \tag{7-97a}
$$

$$
\frac{\Delta Q}{U} = - B'' \Delta U \tag{7-97b}
$$

与牛顿-拉夫逊法相比，PQ 分解法的修正方程式有如下特点：

1）以一个 $n-1$ 阶和一个 m 阶系数矩阵 B'、B'' 替代原有的 $n-m-1$ 阶系数矩阵 J，提高了计算速度，降低了对存储容量的要求。

2）以迭代过程中保持不变的系数矩阵 B'、B'' 替代变化的系数矩阵 J，显著地提高了计算速度。

3）以对称的系数矩阵 B'、B'' 替代不对称的系数矩阵 J，使求逆等运算量和所需的存储容量都大为减少。

2. PQ 分解法潮流计算步骤

PQ 分解法潮流计算的主要步骤如下：

1）形成系数矩阵 B'、B''，并求其逆阵。

2）设各节点电压的初值 $\delta_i^{(0)}$（$i=1, 2, \cdots, n$，$i \neq s$）和 $U_i^{(0)}$（$i=1, 2, \cdots, m$）。

3）计算有功功率的不平衡量 $\Delta P_i^{(0)}$，从而求出 $\Delta P_i^{(0)}/U_i^{(0)}$（$i=1, 2, \cdots, n$，$i \neq s$）。

4）解修正方程式（7-97a），求各节点电压相位角的变量 $\Delta \delta_i^{(0)}$（$i=1, 2, \cdots, n$，$i \neq s$）。

5）求各节点电压相位角的新值 $\delta_i^{(1)} = \delta_i^{(0)} + \Delta \delta_i^{(0)}$（$i=1, 2, \cdots, n$，$i \neq s$）。

6）计算无功功率的不平衡量 $\Delta Q_i^{(0)}$，从而求出 $\Delta Q_i^{(0)}/U_i^{(0)}$（$i=1$，$2$，$\cdots$，$m$）。

7）解修正方程式（7-97b），求各节点电压幅值的变量 $\Delta U_i^{(0)}$（$i=1$，2，$\cdots$，m）。

8）求各节点电压大小的新值 $U_i^{(1)}=U_i^{(0)}+\Delta U_i^{(0)}$（$i=1$，$2$，$\cdots$，$m$）。

9）运用各节点电压的新值自 3）开始进入下一步迭代，直到满足 $\Delta P_i/U_i\leqslant\varepsilon$ 和 $\Delta Q_i/U_i\leqslant\varepsilon$。

10）计算平衡节点功率和线路功率。

PQ 分解法的流程如图 7-19 所示。需要说明的是，PQ 分解法的种种简化只涉及解题过

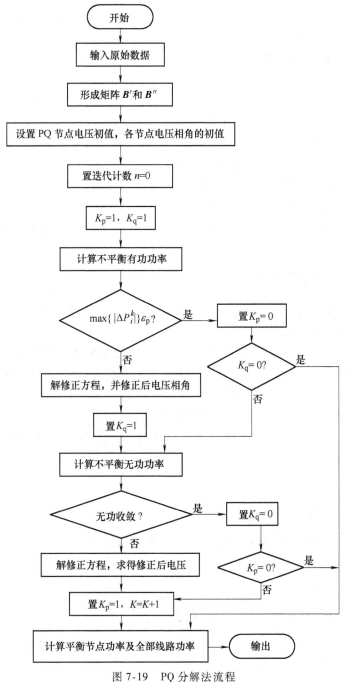

图 7-19 PQ 分解法流程

程，而收敛条件的校验仍然是以精确模型为依据，所以计算结果的精度是不受影响的。但要注意，在各种简化条件中，关键是输电线路的 r/x 比值的大小。110kV 及以上电压等级的架空线的 r/x 比值较小，一般都符合 PQ 分解法的简化条件。在 35kV 及以下电压等级的电力网中，线路的 r/x 比值较大，在迭代计算中可能出现不收敛的情况。

牛顿-拉夫逊法和 PQ 分解法主要适用于输电网，对配电网进行潮流计算需要结合配电网的特点。配电网的主要特点有：①大多数配电网为辐射网络，节点数大于支路数；②低压配电网线路电阻较大，一般 r/x 较大，不满足 PQ 分解法的条件。

前面简单网络的潮流计算可以用于配电网的潮流计算，具体在此不再赘述。

7.4 电力系统优化潮流简介

优化潮流与常规潮流有何区别？上一节介绍的潮流计算，可以归纳为针对已知电力系统参数，根据给定的控制变量（如发电机有功输出、无功输出或节点电压大小等），求出相应的状态变量（如节点电压），这样通过一次潮流计算得到的潮流解确定了电力系统的一个运行状态。这种潮流计算可以称为常规潮流计算。

电力系统优化潮流（Optimal Power Flow，OPF）是法国学者 Carpentier[9] 在 20 世纪 60 年代提出的。OPF 问题是一个复杂的非线性规划问题，它要求当系统的结构参数及负荷情况给定时，通过调整控制变量，找到能满足所有指定约束条件，并使系统的某个性能指标或目标函数达到最优时的潮流分布。

7.4.1 优化潮流的数学模型

针对不同的要求，优化潮流具有不同的模型。虽然优化潮流有各式各样的目标函数，但最常用的形式有以下两种：

1）系统运行成本最小。该目标函数一般表示为火电机组燃料费用最小。其中机组成本费用曲线是模型的关键。它不仅影响解的最优性，而且决定求解方法的选取。

2）系统有功功率损耗最小。无功优化潮流问题通常以有功功率损耗最小为目标函数，它在减少系统有功损耗的同时，还能改善电压质量。

电力系统调度运行中，常用的优化潮流目标函数为系统运行成本最小，其数学模型如下：

目标函数

$$\min f = \min \sum_{i=1}^{n_g} F_i(P_{Gi}) = \sum_{i=1}^{n_g} (a_{0i} + a_{1i}P_{Gi} + a_{2i}P_{Gi}^2) \tag{7-98}$$

式中，P_{Gi} 为第 i 台发电机的有功输出；n_g 为发电机台数；a_{0i}、a_{1i}、a_{2i} 为其成本特性曲线的系数。

等式约束条件：

$$\left. \begin{aligned} P_{Gi} - P_{Li} - e_i \sum_{j=1}^{n} (G_{ij}e_j - B_{ij}f_j) - f_i \sum_{j=1}^{n} (G_{ij}f_j + B_{ij}e_j) = 0 \\ Q_{Gi} - Q_{Li} - f_i \sum_{j=1}^{n} (G_{ij}e_j - B_{ij}f_j) + e_i \sum_{j=1}^{n} (G_{ij}f_j + B_{ij}e_j) = 0 \end{aligned} \right\} \quad (i = 1, 2, \cdots, n) \tag{7-99}$$

式中，Q_{Gi}、P_{Li}、Q_{Li} 分别为节点 i 的无功输出、有功负荷和无功负荷。

不等式约束条件：发电机输出约束、节点电压约束和支路功率约束分别为

$$P_{Gimin} \leqslant P_{Gi} \leqslant P_{Gimax} \qquad (i = 1, 2, \cdots, n_g) \qquad (7\text{-}100)$$

$$Q_{Gimin} \leqslant Q_{Gi} \leqslant Q_{Gimax} \qquad (i = 1, 2, \cdots, n_g) \qquad (7\text{-}101)$$

$$U_{imin} \leqslant U_i \leqslant U_{imax} \qquad (i = 1, 2, \cdots, n) \qquad (7\text{-}102)$$

$$S_{ij}^2 = P_{ij}^2 + Q_{ij}^2 \leqslant S_{ijmax}^2 \qquad (i, j = 1, 2, \cdots, n) \qquad (7\text{-}103)$$

上述不等式约束中，P_{Gimax}、P_{Gimin} 分别为第 i 台发电机有功输出上、下限；Q_{Gimax}、Q_{Gimin} 分别为第 i 台发电机无功输出上、下限；S_{ij}、S_{ijmax}、P_{ij}、Q_{ij} 分别为支路 ij 的视在功率、视在功率上限、有功功率和无功功率。

综上所述，将目标函数、等式约束、不等式约束合在一起，可以写成如下用向量表示的一般形式：

$$\left. \begin{aligned} &\min f(\boldsymbol{u}, \boldsymbol{x}) \\ \text{s. t. } &\boldsymbol{g}(\boldsymbol{u}, \boldsymbol{x}) = 0 \\ &\boldsymbol{h}(\boldsymbol{u}, \boldsymbol{x}) \leqslant 0 \end{aligned} \right\} \qquad (7\text{-}104)$$

式中，$\boldsymbol{u}$、$\boldsymbol{x}$ 分别为控制变量向量和状态变量向量。

由以上分析知，目标函数 $f(\boldsymbol{u}, \boldsymbol{x})$、等式约束函数 $g(\boldsymbol{u}, \boldsymbol{x})$ 和不等式约束函数 $h(\boldsymbol{u}, \boldsymbol{x})$ 均是变量的非线性函数，且变量是连续变量。但如果考虑带负荷调压变压器的分接头位置、并联电容器的投切，则变量中还包含离散变量。

7.4.2　优化潮流的算法

从以上分析知，优化潮流的数学模型属于典型的非线性规划问题，目前已提出的求解优化潮流的算法很多，包括各种非线性规划法、二次规划法、线性规划法、内点法以及基于人工智能的算法等。考虑到篇幅，有关具体算法在此不再介绍。

思考题与习题

7-1　什么是电力系统潮流？为什么要进行潮流计算？

7-2　在高压电网中，为什么电压降落的纵分量取决于无功功率？而电压降落的横分量取决于有功功率？

7-3　电力系统的节点导纳矩阵有何特点？

7-4　求解潮流方程的常用方法有哪些？牛顿-拉夫逊法求解潮流方程的本质是什么？

7-5　求解潮流方程时为什么要将系统的节点进行分类？一般分成哪几类？PV 节点有何特点？

7-6　平衡节点有何特点？哪些节点可以作为平衡节点？为什么潮流计算时系统中必须设一个平衡节点？

7-7　优化潮流与常规潮流有何区别？

7-8　常规的电力系统潮流计算方法有哪些？各个方法的优缺点是什么？

7-9　请针对 IEEE 算例，编制牛顿-拉夫逊潮流计算程序。

7-10　请针对 IEEE 算例，编制 PQ 分解法计算程序，并与牛顿-拉夫逊法计算结果和计算时间进行分析。

7-11　已知图 7-20 所示输电线路始端、末端电压分别为 248kV、220kV，末端有功功率负荷为 220MW，无功功率负荷为 165Mvar。试求始端功率因数。

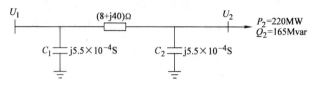

图 7-20 题 7-11 图

7-12 如图 7-21 所示，单回 220kV 架空输电线路长 200km，线路每千米参数为 $r_1 = 0.108\Omega/\text{km}$，$x_1 = 0.426\Omega/\text{km}$，$b_1 = 2.66 \times 10^{-6}\text{S/km}$，线路空载运行，末端电压 U_2 为 205kV，求线路始端电压 U_1。

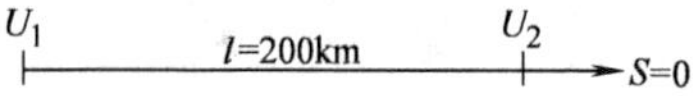

图 7-21 题 7-12 图

7-13 图 7-22 所示为一 110kV 输电线路，由 A 向 B 输送功率。试求：

（1）当受端 B 的电压保持在 110kV 时，送端 A 的电压应为多少？并绘出相量图。

（2）如果输电线路多输送 5MW 的有功功率，则 A 点电压如何变化？

（3）如果输电线路多输送 5Mvar 的无功功率，则 A 点电压又如何变化？

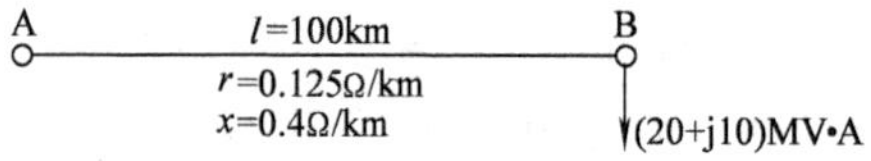

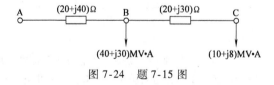

图 7-22 题 7-13 图

7-14 图 7-23 所示为一额定电压为 110kV 的输电线路，采用 LGJ—150 型导线架设，线间几何平均距离为 5m，线路长度为 100km。已知线路末端负荷为 $(40 + j30)\text{MV·A}$，线路首端电压为 115kV。试求正常运行时线路末端的电压。

$$\underset{\text{LGJ}-150}{\overline{110\text{kV} \quad\quad 100\text{km}}} \longrightarrow (40+j30)\text{MV·A}$$

图 7-23 题 7-14 图

7-15 额定电压为 110kV 的辐射形电网各段阻抗及负荷如图 7-24 所示。已知电源 A 的电压为 121kV，求网络的功率分布和各母线电压。

```
A    (20+j40)Ω    B    (20+j30)Ω    C
●━━━━━━━━━━━━━━●━━━━━━━━━━━━━●
              ↓                  ↓
      (40+j30)MV·A        (10+j8)MV·A
```

图 7-24 题 7-15 图

7-16 有一 110kV、100km 的双回线路，向区域变电所供电，线路导线型号为 LGJ—185，水平排列，线间距离为 4m，变电所中装有两台 31500kV·A、额定电压 110kV/11kV 的三相变压器，并列运行，负荷 $P_L = 40\text{MW}$，$\cos\varphi = 0.8$，$T_{\max} = 4500\text{h}$，$\tau = 3200\text{h}$，变电所二次侧正常运行电压为 10.5kV。试求：（1）输电线路的始端功率；（2）线路及变压器中全年电能损耗。（注：变压器实验数据 $P_k = 190\text{kW}$，$U_k\% = 10.5$，$P_0 = 31.05\text{kW}$，$I_0\% = 0.7$。）

7-17 试形成如图 7-25 所示网络的节点导纳矩阵（各支路阻抗的标幺值已在图中给出）。

7-18 图 7-26 所示各支路参数为标幺值，试写出该网络的节点导纳矩阵。

7-19 已知理想变压器的电压比 k_* 及阻抗 Z_T，试分析图 7-27 中 4 种情况的 π 形等效电路。

7-20 试将具有图 7-28 所示的分接头电压比的变压器网络用 π 形等效电路表示。

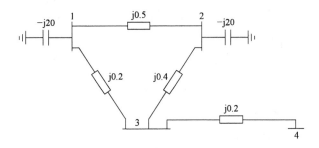

图 7-25　题 7-17 图

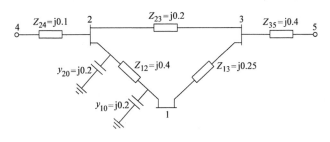

图 7-26　题 7-18 图

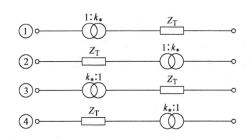

图 7-27　题 7-19 图

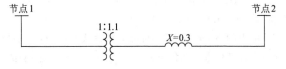

图 7-28　题 7-20 图

7-21　简单电力系统如图 7-29 所示，试用牛顿-拉夫逊法计算该系统的潮流。

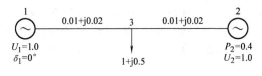

图 7-29　题 7-21 图

7-22　图 7-30 所示为简化系统，标幺阻抗参数均标于图中，节点 1 为平衡节点 $U_1 = 1.0$，$\delta_1 = 0°$；节点 2 为 PV 节点，$P_2 = 0.8$，$U_2 = 1.0$，最大无功功率为 $Q_{2max} = 2$；节点 3 为 PQ 节点，$P_3 + jQ_3 = 2 + j1$。试用牛顿-拉夫逊法计算该系统的潮流。

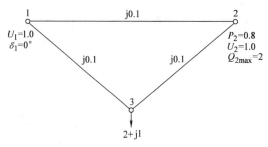

图 7-30 题 7-22 图

7-23 直流网络接线如图 7-31 所示。试用牛顿-拉夫逊法迭代一次确定图中 2、3 两节点的电压。

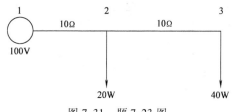

图 7-31 题 7-23 图

参 考 文 献

[1] 陈珩. 电力系统稳态分析 [M]. 北京：中国电力出版社，1995.

[2] 刘笙. 电气工程基础 [M]. 北京：科学出版社，2002.

[3] 何仰赞，等. 电力系统分析 [M]. 武汉：华中理工大学出版社，1985.

[4] 夏道止. 电力系统分析 [M]. 北京：中国电力出版社，2004.

[5] 东北电业管理局调度通信中心. 电力系统运行操作和计算 [M]. 沈阳：辽宁科学技术出版社，1996.

[6] 陈怡，蒋平，万秋兰，等. 电力系统分析 [M]. 北京：中国电力出版社，2005.

[7] Bergen A R. Power System Analysis [M]. London：Prentice-Hall Inc.，1986.

[8] Elgerd O I. Electric Energy Systems Theory：An Introduction [M]. 2nd ed. McGraw-Hill Book Co.，1982.

[9] 诸骏伟. 电力系统分析（上）[M]. 北京：水利电力出版社，1995.

[10] 张伯明，陈寿孙. 高等电力网络分析 [M]. 北京：清华大学出版社，1996.

[11] 王锡凡，方万良，杜正春. 现代电力系统分析 [M]. 北京：科学出版社，2003.

[12] 杨淑英. 电力系统分析复习与习题精解 [M]. 北京：中国电力出版社，2002.

[13] John Grainger，William D Stevenson Jr. Power System Analysis [M]. New York：McGraw Hill Higher Education，1994.

[14] Arthur R Bergen，Vijay Vittal . Power Systems Analysis [M]. New Jersey：Pearson Education，1999.

[15] Kothari D P，Nagrath I J. 现代电力系统分析 [M]. 3 版. 北京：清华大学出版社，2009.

[16] 杨耿杰，郭谋发. 电力系统分析 [M]. 2 版. 北京：中国电力出版社，2013.

第8章 电力系统的频率

衡量电能质量的指标有频率、电压和波形，分别以频率偏移、电压偏移和波形畸变率表示。这些技术经济指标中，除波形指标外，均直接与系统中有功、无功功率的分配以及频率、电压的调整有关。本章主要阐述电力系统在稳态运行情况下有功功率和频率的调整。

8.1 电力系统频率概述

8.1.1 电力系统频率的概念

电力系统为何存在频率偏移？允许的频率偏移量？频率是电力系统电能质量的一个重要指标。在稳态运行情况下，全系统各点的频率都相等，所有发电机都保持同步运行。由电机学课程知，电力系统的频率 f 是由发电机的转速 n 决定的，即 $f = np/60$（p 为发电机极对数）。因此，系统频率与发电机转速成正比。而发电机的转速则取决于作用在机组转轴上的转矩（或功率）的大小。当带动发电机旋转的原动机输入的功率与发电机输出的电磁功率相平衡时，则发电机的转速就恒定不变，系统的频率也就保持不变。实际情况中电力系统的负荷是时刻变化的，功率平衡并不能随时维持，系统负荷的任何变化都会影响发电机的电磁功率，从而影响转速（频率）。由于调节原动机输入功率的调节系统相对迟缓和发电机转子的惯性，原动机输入功率和发电机输出功率之间的绝对平衡是不存在的，也就是说，严格地维持发电机转速不变或频率不变是不可能的。因此，在电能生产中必须根据负荷的变化，采取相应的措施将频率限制在规定的范围内。我国《电力工业技术管理法规》中规定额定频率为50Hz，规定频率偏移范围为 $\pm(0.2 \sim 0.5)$ Hz。

负荷的变化规律及相应的频率控制方式？实际系统中的负荷无时无刻不在变动，它的实际变动规律例如图8-1所示的有功功率负荷的变化曲线。深入分析这种不规则的负荷变动规律可见，它其实是几种负荷变动规律的综合。反而言之，可将这种不规则负荷变动规律分解为3种有规律可循的负荷变动：

第一种变动幅度很小，变化周期较短（一般为10s以内），这种负荷变动有很大的偶然性（见图8-1中的 P_1）。

第二种变动幅度较大，周期也较长（一般为10s～3min），属于这类的负荷主要有电炉、压延机械、电气机车等带有冲击性的负荷（见图8-1中的 P_2）。

第三种变动幅度最大，周期也最长，这一种是由于生产、生活、气象等变化引起的负荷变动。这种负荷变动基本上可以预计（见图8-1中 P_3）。

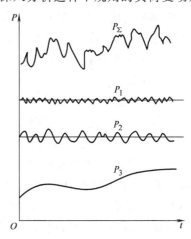

图8-1 有功功率负荷的变化曲线

据此，电力系统的有功功率和频率调整大体可以分一次、二次、三次调频3种。

第一种变化负荷引起的频率偏移可由所有发电机组调速器自动进行调整，通常称为频率的一次调整，简称一次调频。

第二种变化负荷引起的频率偏移仅靠调速器的作用往往不能将频率偏移限制在允许的范围之内，此时需要由调频电厂的发电机调频器（又称同步器）参与频率调整，称为频率的二次调整，简称二次调频。

三次调频的名词不常用，它其实就是指按等耗量微增率准则分配第三种有规律变动的负荷，即责成各发电厂按事先给定的发电负荷曲线发电。本书在此不作详细介绍。

8.1.2 电力系统频率的测量

电力系统频率如何测量？电力系统频率测量的实质是信号观测模型的动态参数辨识问题，即利用真实系统物理信号输入，通过一定的信号处理和数值分析过程，实现对预定模型参数的较好估计。从操作对象来看，主要是数字信号处理问题；从测量目标来看，是灰箱辨识问题；而从实现测量所借助的工具来看，是数值算法（软件）和它借以实现的各种模拟、数字装置（硬件）的设计问题。由于对频率的理解和应用的实际要求不同，频率测量在上述各个方面存在较大差异，虽然其实现策略不一样，但仍有一些共同的基本要求：

1）反映电力系统的物理真实性和实施控制的有效性。即不会由于模型和算法的差异而导致脱离电力系统真实物理本质的测量结果，且基于实时频率估计的控制作用应是正确而可靠的。

2）精度要求。即达到减少误差、精确测量的目的，这取决于观测模型与真实信号的符合程度、数值算法及硬件实现等多方面因素，一般以对抗噪声、谐波、衰减直流等非特征信号分量的能力来衡量。

3）速度要求。要求具有较快的动态跟踪能力，测量时滞小。

4）鲁棒性。在电力系统的正常、异常运行乃至故障条件下，均能可靠响应。

5）实现代价小。这一要求往往与上述要求相冲突，在实践中应酌情考虑，在达到应用要求的前提下，力求较高的性能价格比。

测频算法设计是频率测量的核心环节，也是各文献着重论述和相互区别之所在。一般而言，频率测量包括3个步骤：信号预处理；频率偏移测量；结果再处理。其中信号预处理和结果再处理是辅助算法，为频率偏移测量服务，以优化测量性能，达至实际应用的目的。目前电力系统测频算法主要有：

1）周期法。

2）解析法。

3）误差最小化原理类算法。

4）正交去调制法。

实际的测频装置因应用的时期、场合和要求不同，形式各异。从早期的模拟、数字电路模块，到目前广泛使用单片机、工控机的内置程序信号处理，发展为通用或专用数字信号处理（DSP）应用于电力系统的状态估计。实用的测频装置，一般经历了算法理论设计分析、仿真调试（稳态、动态和暂态）、程序固化和动模或实地实验等过程。随着技术不断进步，电力系统频率测量发展的趋势如下：

1）对电力系统频率本质认识的深入。

2）测频算法所基于的信号观测模型不断复杂化，以接近系统真实物理信号；求解方法从直观的函数解析，进入复杂的数值分析和数字信号处理领域。

3）硬件设备的精度、速度和可靠性的快速发展，为实现高性能算法和实时控制奠定了基础。

4）确定性、慢变频率偏移测量，转变为随机条件下快速、暂态频率跟踪，这是电力系统安全稳定控制深入发展的需要。

5）频率估计与实时分析、控制目标相结合。

8.2 电力系统的频率特性

电力系统的频率变动对用户、发电厂和电力系统本身都会产生影响，所以必须保持频率在额定值 50Hz 上下，且偏移不超过一定范围。

在生产实际中，用户使用的异步电动机的转速都与系统频率有关。频率变化将引起电动机转速的变化，从而影响产品质量。例如，纺织工业、造纸工业等都将因频率变化而出现残次品；近代工业、国防和科学技术都已广泛使用电子设备，系统频率的不稳定将会影响电子设备的工作。

频率变动对电力系统本身也有影响。火力发电厂的主要厂用机械——风机和泵，当频率降低时，所能供应的风量和水量将迅速减少，从而影响锅炉的正常运行。低频率运行还将增加汽轮机叶片所受的应力，引起叶片的共振，缩短叶片的寿命，甚至使叶片断裂。低频率运行时，发电机的冷却通风量将减少，而为了维持正常电压，又要求增加励磁电流，以致使发电机定子和转子的温升都将增加。为了避免超越温升限额，不得不降低发电机所发功率。同时低频率运行时，由于磁通密度的增大，变压器的铁心损耗和励磁电流都将增大。同样为了避免超越温升限额，不得不降低变压器的负荷。

因此，重点研究电力系统中各个元件的频率特性是电力系统中频率调整的依据。这里所谓频率特性，是指有功功率与频率的静态特性，其中包括系统发电机组的频率特性、电力负荷的频率特性以及包括以上两者的电力系统频率特性。

8.2.1 发电机组的频率特性

电力系统的负荷功率是靠发电机组供给的，当有功负荷变化时，发电机组输出的有功功率随之发生变化，以保证频率偏移不超出允许范围。发电机组输出的有功功率与频率之间的关系称为发电机组的有功功率-频率静态特性，简称发电机组的频率特性。发电机组频率调整的主要手段是原动机自动调速系统，其主要组成部分是调速器和调频器。因此发电机组的频率特性取决于其调速系统的特性。以下分别叙述调速器和调频器的工作原理及频率特性。

1. 调速器的工作原理

发电机组的有功功率输出是靠原动机（如汽轮机、水轮机等）的调速系统自动控制进汽（水）量来实现的。调速系统大致可分为机械液压和电气液压两大类，主要由测速、放大传动、反馈和调节对象（进汽门或进水阀）等 4 部分组成。测速组件的任务就是测量发电机转子相对额定转速的偏差量。放大组件的任务：一方面将测得的转速偏差量放大后传递给调节对象，另一方面作用于反馈组件，使此过程中止。调节对象的任务就是在放大组件的作用下，开大或关小进汽门（或进水阀），使进入原动机（汽轮机或水轮机）的进汽量（或进水量）增加或减小，以调节其转子的转速，适应负荷变化。图 8-2 所示为汽轮机离心飞摆式机械液压调速装置。图中的测速组件由飞摆、弹簧和套筒组成，它与原动机转轴相连；放大传动组件由错油门和油动机组成；反馈组件由 ACB 杠杆组成；调节对象为进汽门。上述调速系统为机械液压调速系统，但其调节原理与电气液压调速系统、微机调速系统区别不大。

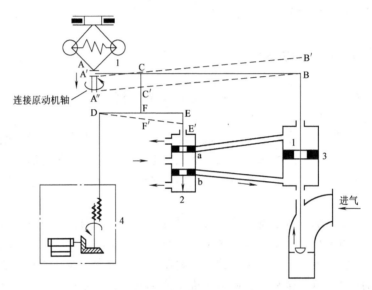

图 8-2 汽轮机离心飞摆式机械液压调速装置
1—飞摆 2—错油门 3—油动机 4—调频器

正常运行时，发电机的输出功率与原动机的输出平衡，发电机转速恒定，离心飞摆克服弹簧的作用力和其自重而处于某一位置。此时，杠杆 ACB 相应处于水平位置，错油门活塞使 a、b 孔堵塞，油动机将进汽门固定在一定的开度，对应的频率为 f_A，在频率偏移的允许范围内保持恒定。

当系统有功负荷功率增加时，由于原动机的输入功率未变，致使原动机转轴上出现不平衡转矩，使得原动机转速下降，飞摆由于离心力的减小，在弹簧的作用下向转轴靠拢，使 A 点向下移动到 A″。此时，油动机活塞两边油压相等，B 点不动，结果使杠杆 ACB 绕 B 点逆时针转动到 A″C′B。在调频器不动作的情况下，D 点也不动，因此在 A 点向下移动到 A″时，杠杆 DFE 绕 D 点顺时针转动到 DF′E′位置，错油门活塞被迫向下移动，使 a、b 孔开启。压力油经油管 b 进入油动机活塞下部，而活塞上部的油则经油管 a 经错油门上部小孔溢出。在油压作用下，油动机活塞向上移动，使汽轮机的调节汽门开度增大，进汽量增加，原动机的转速便开始回升。随着转速的回升，A 点从 A″点回升到 A′点，同时，油动机活塞上升的同时使 B 点也随之上升。这样杠杆 ACB 就平行上移，并带动杠杆 DFE 以 D 点为支点逆时针转动。当 C 点及杠杆 DFE 回复到原来位置时，错油门活塞重新堵住 a、b 孔，油动机活塞上移停止，调节过程结束。这时杠杆 ACB 的位置处于 A′CB′。分析杠杆 ACB 的位置可见，杠杆上 C 点的位置和原来相同，因机组转速稳定后错油门活塞的位置恢复原状；B 点上移到 B′

点，相应的进汽量较原来多；A 点从 A″点回升到 A′点，但是不能回复到 A 点，因此机组转速较原来略低。这就是频率的一次调整作用。负荷减小时的调节过程可类似进行分析。

以上分析说明，当有功负荷功率增加时，通过调速器调整原动机的输出，使其输出功率增加，可使系统频率回升，但仍低于初始值 f_N；当有功负荷功率减少时，通过调速器调整原动机的输出，使其输出功率减小，频率下降，但仍高于初始值。也就是说，这种频率调整是有差的。此时，发电机组的频率特性曲线近似表示为图8-3所示的直线 1，它是上述调节过程的反映。

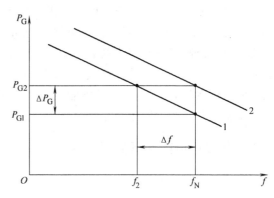

图 8-3　发电机组的频率特性曲线

发电机组输出有功功率的大小随频率变化的关系可由直线 1 的斜率来确定。即

$$K_G = -\frac{\Delta P_G}{\Delta f} \tag{8-1}$$

式中，K_G 为发电机的单位调节功率（MW/Hz）；ΔP_G 为发电机输出有功功率的变化量（MW）；Δf 为频率变化量（Hz）。

它的标幺值则是

$$K_{G*} = -\frac{\Delta P_G/P_{GN}}{\Delta f/f_N} = -\frac{\Delta P_G f_N}{P_{GN}\Delta f} = -\frac{\Delta P_{G*}}{\Delta f_*} \tag{8-2}$$

或

$$K_G = K_{G*}\frac{P_{GN}}{f_N} \tag{8-3}$$

式中，P_{GN}、f_N 分别表示 P_G、f 的额定值。

发电机的单位调节功率代表了随频率升降发电机发出功率减少或增加的多寡。单位调节功率和机组的调差系数 σ 互为倒数关系。机组的调差系数 σ 为

$$\sigma = \frac{1}{K_G} = -\frac{\Delta f}{\Delta P_G} \tag{8-4}$$

$$\sigma_* = \frac{1}{K_{G*}} = -\frac{\Delta f_*}{\Delta P_{G*}} \tag{8-5}$$

或

$$\sigma = \sigma_*\frac{f_N}{P_{GN}} \tag{8-6}$$

对于汽轮发电机组，一般有 $\sigma_* = 0.03 \sim 0.05$，$K_{G*} = 20 \sim 33.3$；对于水轮发电机组，一般有 $\sigma_* = 0.02 \sim 0.04$，$K_{G*} = 25 \sim 50$。$K_G$ 值越大，表示同样的功率变化对应的频率偏移越小。

2. 调频器的工作原理

由一次调频的过程可见，依靠发电机组的调速器只能实现有差调节，若频率偏移超出允许范围，就必须采取附加措施，对频率进行二次调整。这一任务通常由发电机组的调频器来完成（见图8-2）。调频器由伺服电动机、蜗轮、蜗杆等装置组成。系统在完成一次调频后，在人工操作或自动装置控制下，伺服电动机既可正转也可反转，通过蜗轮、蜗杆将 D 点抬

高或降低。如频率偏低，就应手动或电动使 D 点上移，此时 F 点固定不动，E 点下移，迫使错油门活塞下移，使 a、b 孔重新开启。压力油进入油动机，推动活塞上移，开大进汽门，增加进汽量，使原动机功率输出增加，机组转速随之上升，同时提升 C、F 点，错油门活塞又将 a、b 口堵住，适当控制 D 点的移动，总可以使转速恢复到频率偏移的允许范围或初始值。这种通过控制调频器调节发电机输出功率来调整频率的方法，称为二次调频。二次调频的效果就是平行移动频率特性曲线，如将图 8-3 所示的频率特性曲线 1 平行移到直线 2，就可以使发电机在负荷增加 ΔP_G 后仍能运行在额定频率下。所以，通过二次调频，可以实现频率的无差调节。二次调频是在一次调频的基础上，由一个或数个发电厂来承担的。

8.2.2 电力负荷的频率特性

描述电力系统负荷的有功功率随频率变化的关系曲线，称为电力系统负荷的有功功率—频率静态特性，简称为负荷频率特性。由于负荷的种类不同，与频率间的相互关系也不相同。通常可分为以下几类：

1）与频率变化无关的负荷：如照明、电弧炉、电阻炉。

2）与频率的一次方成正比的负荷：如球磨机、切削机床、往复式水泵、压缩机等。

3）与频率的二次方成正比的负荷：如网损等。

4）与频率的三次方成正比的负荷：如通风机、静水头阻力不大的循环水泵等。

虽然负荷与频率间呈现非线性关系，但考虑到实际运行中频率偏移的允许值很小，而且与频率高次方成比例的负荷所占的比重很小，因而可以认为在额定频率 f_N 附近，电力系统负荷的有功功率与频率变化之间的关系近似于一直线，负荷频率特性曲线如图 8-4 所示。

当系统的频率由 f_N 升高到 f_1 时，负荷有功功率就自动由 P_{LN} 增加到 P_{L1}；反之，负荷有功功率就自动减少。负荷有功功率随频率变化的大小，可由图 8-4 中直线的斜率确定，该直线的斜率为

$$K_L = \frac{\Delta P}{\Delta f} \qquad (8-7)$$

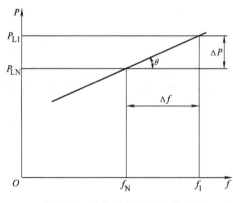

图 8-4 负荷频率特性曲线

式中，K_L 称为负荷的单位调节功率（MW/Hz）；ΔP 为负荷有功功率的变化量（MW）；Δf 为频率变化量（Hz）。它的标幺值则是

$$K_{L*} = \frac{\Delta P/P_{LN}}{\Delta f/f_N} = \frac{\Delta P_{L*}}{\Delta f_*} \qquad (8-8)$$

或

$$K_L = K_{L*} \frac{P_{LN}}{f_N} \qquad (8-9)$$

式中，K_{L*} 为负荷的频率调节效应；P_{LN}、f_N 分别表示 P_L、f 的额定值。

负荷的单位调节功率与发电机的单位调节功率不同之处是什么？负荷的单位调节功率表示了随频率的升降负荷消耗有功功率增加或减少的多寡。与 K_{G*} 不同的是，K_{L*} 不能人为整定，它的大小取决于全系统各类负荷的比重和性质。不同系统或同一系统的不同时刻，K_{L*} 值都有可能不同。实际系统中的 $K_{L*}=1\sim3$，它表明频率变化 1% 时，有功功率就相应变化 1%～3%。K_{L*} 的具体数值通常由试验或计算求得，是电力系统调度部门运行人员必须掌握

的一个重要资料。

8.2.3 电力系统的有功功率-频率特性

上述两小节分别介绍了发电机组的频率特性与负荷的频率特性，我们知道，电力系统是由发电机组与负荷组合而成的，因此电力系统的有功功率-频率特性曲线如图 8-5 所示，它是由发电机组的频率特性曲线 $P_G(f)$ 与负荷的频率特性曲线 $P_L(f)$ 组合而成的。

两条频率特性曲线的交点有何含义？由图 8-5 可知，两条曲线的交点 a，表明系统在频率 f_a 下发电机组输出的有功功率与负荷之间达到了平衡，则系统频率可以保持不变。

对于多机系统，系统功率特性曲线类似于图 8-5，但需要用全系统的等效功率特性。假设系统有 n 台发电机均装设有调速器，当系统频率变化量为 Δf 时，各机组将有 ΔP_{Gi} 的功率变化量，于是有

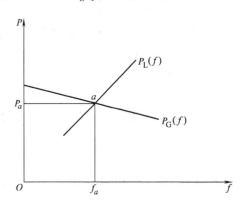

图 8-5 电力系统有功功率-频率特性曲线

$$\Delta P_{Gi} = -K_{Gi}\Delta f \qquad (i=1,2,\cdots,n)$$
$$(8\text{-}10)$$

式中，K_{Gi} 为第 i 台机组的单位调节功率。

请注意，若第 i 台机组已经满载，则在系统有功负荷增加时，该机组已经无调整能力，其 $K_{Gi}=0$。

将式（8-10）中的 n 个式子求和，可得

$$\Delta P_G = \sum_{i=1}^{n} \Delta P_{Gi} = -\sum_{i=1}^{n} K_{Gi}\Delta f \qquad (8\text{-}11)$$

式中，ΔP_G 为系统中 n 台机组的总有功功率变化。

假设 K_{GE} 为系统中 n 台机组的等效单位调节功率，则

$$K_{GE} = \sum_{i=1}^{n} K_{Gi} \qquad (8\text{-}12)$$

将式（8-12）代入式（8-11），可得

$$\Delta P_G = -K_{GE}\Delta f \qquad (8\text{-}13)$$

8.3 电力系统的频率调整

实际系统中的负荷无时无刻不在变动，导致系统的频率也随之相应变化。欲使频率变化不超出允许范围，就应进行频率调整。本书主要介绍电力系统的一次频率调整、电力系统的二次频率调整和互联系统的频率调整。

8.3.1 电力系统频率的一次调整

电力系统一次调频如图 8-6 所示。进行电力系统一次调频时，仅发电机的调速器动作。假设系统中仅有一台发电机组和一个综合负荷，它们的频率特性曲线分别为图 8-6 中的 P_G、

P_L，两条曲线的交点 o 为系统的初始运行状态，对应的频率为 f_o，也就是说此时发电机输出有功功率与负荷功率达到平衡。

若有功负荷突然增加 ΔP_{Lo}，系统频率如何变化？若有功负荷突然增加 ΔP_{Lo}，即将负荷特性曲线 P_L 平行移至 P'_L，而发电机组仍维持原来的频率特性曲线 P_G，因此电力系统经过调速器的调频作用后，将会在 P'_L 与 P_G 的交点 o' 达到新的平衡，此时对应的系统频率为 f'_o。所以系统频率变化量为 $\Delta f = f'_o - f_o$。由于负荷本身的频率特性，负荷有功功率的变化量为 $\Delta P_L = K_L \Delta f$，因此负荷的有功功率实际变化量为 $\Delta P_{LE} = \Delta P_{Lo} + \Delta P_L$；同样，考虑到发电机组的频率特性，发电机组的有功功率变化量为 $\Delta P_G = -K_G \Delta f$。根据系统有功平衡特性，$\Delta P_G = \Delta P_{LE}$，即 $-K_G \Delta f = \Delta P_{Lo} + K_L \Delta f$，进一步可得，$\Delta P_{Lo} = -K_L \Delta f - K_G \Delta f = -(K_L + K_G)\Delta f$，令 $K_S = K_L + K_G$，则

$$\Delta P_{Lo} = -K_S \Delta f \tag{8-14}$$

式（8-14）中 K_S 称为系统的单位调节功率，系统的单位调节功率标志了系统有功负荷增加或减少时，在原动机调速器和负荷本身的调节效应共同作用下系统频率下降或上升的多寡。因此根据 K_S 值的大小，可以确定频率偏移允许范围内系统能承受的负荷变化量。由于公式 $K_S = K_L + K_G$ 中 K_L 不可调节，因此要控制、调节系统的单位调节功率 K_S，只有从调节发电机组的单位调节功率 K_G 入手。对于多机系统，仅需要用 K_{GE} 代替上述 K_G 进行分析即可。

另外，通过图 8-6 分析可知，ΔP_{Lo} 对应图 8-6 中的 $\overline{ao}$ 段，ΔP_L 对应图 8-6 中的 $\overline{ab}$ 段，ΔP_G 对应图 8-6 中的 $\overline{ob}$ 段，图中可以看出 $\overline{ao} = \overline{ab} + \overline{ob}$。表明系统有功负荷增加，系统频率下降，发电机输出有功功率增加，同时负荷本身具有的频率特性使吸收的有功功率减少，从而达到新的平衡。换而言之，系统的有功负荷增量由两部分组成：一部分为发电机增发的有功功率，另一部分为负荷本身由于频率特性所相应产生的负荷变化量。同样，系统有功频率减少时，可以进行类似分析。

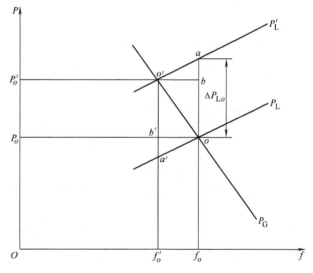

图 8-6 电力系统一次调频

【例 8-1】 某电力系统的发电机组总容量为 3600MW，各类发电机组的容量和调差系数如下：

水轮机组	100MW	5 台	$\sigma_* = 0.025$
	75MW	6 台	$\sigma_* = 0.03$
汽轮机组	200MW	5 台	$\sigma_* = 0.04$
	100MW	6 台	$\sigma_* = 0.035$
	50MW	21 台	$\sigma_* = 0.04$

系统总负荷为 3000MW，负荷的频率调节效应系数为 $K_{L*} = 1.5$。设原来运行时 $f =$

50Hz，现负荷突然增加 300MW。试完成：（1）设所有机组都具有调节能力，求频率偏差和各类发电机组承担的功率增量；（2）如仅水轮机组具有调节能力，频率偏差为多少？

【解】　先利用 $K_G = \dfrac{1}{\sigma_*} \dfrac{P_{GN}}{f_N}$ 求各类发电机组的单位调节功率。

水轮机组　　　　100MW　　　　$K_G = \dfrac{1}{0.025} \times \dfrac{100}{50}\text{MW/Hz} = 80\text{MW/Hz}$

　　　　　　　　75MW　　　　　$K_G = \dfrac{1}{0.03} \times \dfrac{75}{50}\text{MW/Hz} = 50\text{MW/Hz}$

汽轮机组　　　　200MW　　　　$K_G = \dfrac{1}{0.04} \times \dfrac{200}{50}\text{MW/Hz} = 100\text{MW/Hz}$

　　　　　　　　100MW　　　　$K_G = \dfrac{1}{0.035} \times \dfrac{100}{50}\text{MW/Hz} = 57.1429\text{MW/Hz}$

　　　　　　　　50MW　　　　　$K_G = \dfrac{1}{0.04} \times \dfrac{50}{50}\text{MW/Hz} = 25\text{MW/Hz}$

负荷频率调节效应系数的有名值为

$$K_L = K_{L*} P_{LN}/f_N = 1.5 \times 3000/50\text{MW/Hz} = 90\text{MW/Hz}$$

（1）所有机组均具有调节能力时，系统的总单位调节功率为

$$K_S = \sum K_{Gi} + K_L = (80 \times 5 + 50 \times 6 + 100 \times 5 + 57.1429 \times 6 + 25 \times 21 + 90)\text{MW/Hz}$$
$$= 2157.8574\text{MW/Hz}$$

频率偏差为

$$\Delta f = -\frac{\Delta P_{Lo}}{K_S} = -\frac{300}{2157.8574}\text{Hz} = -0.1390\text{Hz}$$

各发电机组承担的功率增量如下：

水轮机组　　　　100MW　　　　$\Delta P_G = -K_G \Delta f = 11.1221\text{MW}$
　　　　　　　　75MW　　　　　$\Delta P_G = 6.9513\text{MW}$
汽轮机组　　　　200MW　　　　$\Delta P_G = 13.9027\text{MW}$
　　　　　　　　100MW　　　　$\Delta P_G = 7.9444\text{MW}$
　　　　　　　　50MW　　　　　$\Delta P_G = 3.4757\text{MW}$

所有机组的总功率增量为

$$\sum \Delta P_{Gi} = (11.1221 \times 5 + 6.9513 \times 6 + 13.9027 \times 5 + 7.9444 \times 6 + 3.4757 \times 21)\text{MW}$$
$$= 287.4873\text{MW}$$

负荷由于自身的频率调节效应少取用的功率为

$$\Delta P_L = -K_L \Delta f = 12.5124\text{MW}$$

两者之和为 $\sum \Delta P_{Gi} + \Delta P_L = 300\text{MW}$，可见计算无误。另从各类机组承担的功率增量来看，调差系数同为 0.04 的 200MW 汽轮机组和 50MW 的水轮机组，其承担的功率之比与其容量之比相同，即 $13.9027/3.4757 = 200/50 = 4$。容量同为 100MW 的水轮机组和汽轮机组，因其调差系数不同所承担的功率增量不同，且与调差系数成反比，即 $11.1221/7.9444 = 0.035/0.025 = 1.4$。

（2）仅水轮机组具有调节能力时，系统的单位调节功率为

$$K_S = (80 \times 5 + 50 \times 6 + 90)\,\text{MW/Hz} = 790\,\text{MW/Hz}$$

从而产生的偏差为

$$\Delta f = -300/790\,\text{Hz} = -0.3797\,\text{Hz}$$

可见，由于汽轮机组满载，致使系统的单位调节功率下降，从而频率偏差增大，如规定的频率允许偏差为 $\pm 0.2\,\text{Hz}$，则已超出标准，应采取二次调频，以减小偏差。

8.3.2　电力系统频率的二次调整

电力系统二次调频如图8-7所示。由于所有发电机组的调速系统均为有差调节特性，因此一次调频只能改善系统的频率。当一次调频不能将频率调整到允许偏移范围内时，就需要在一次调频的基础上进行二次调频。同样，假设系统中仅有一台发电机组和一个综合负荷，它们的频率特性曲线分别为图8-7中的 P_G、P_L，两条曲线的交点 o 为系统的初始运行状态，对应的频率为 f_o，也就是说此时发电机输出有功功率与负荷功率达到平衡。若有功负荷突然增加 ΔP_{Lo}，即将负荷特性曲线 P_L 平行移至 P_L'，而发电机组仍维持原来的频率特性曲线 P_G，因此，电力系统经过调速器的调频作用后，将会在 P_L' 与 P_G 的交点 o' 达到新的平衡，此时对应的系统频率为 f_o'，此过程为一次调频。在一次调频的基础上进行二次调频就是在负荷变动引起的频率下降超出允许范围时，操作调频器，增加发电机组发出的功率，即可以将原来的频率特性曲线 P_G

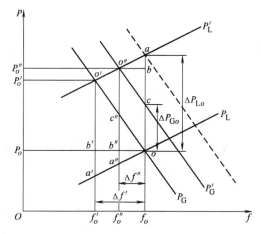

图8-7　电力系统二次调频

平行上移到 P_G'，它与 P_L' 的交点为 o''，此时对应的系统频率由 f_o' 上升为 f_o''。所以系统频率变化量为 $\Delta f = f_o'' - f_o$。由于负荷本身的频率特性，负荷有功功率的变化量为 $\Delta P_L = K_L \Delta f$，因此负荷的有功功率实际变化量为 $\Delta P_{LE} = \Delta P_{Lo} + \Delta P_L$；同样，考虑到发电机组的一次频率特性，发电机组的有功功率变化量为 $\Delta P_G = -K_G \Delta f$，$\Delta P_{Go}$ 为发电机组二次调整而增加的功率增量。根据系统有功平衡特性，$\Delta P_G + \Delta P_{Go} = \Delta P_{LE}$，即 $-K_G \Delta f + \Delta P_{Go} = \Delta P_{Lo} + K_L \Delta f$，进一步可得，$\Delta P_{Lo} = \Delta P_{Go} - K_L \Delta f - K_G \Delta f = \Delta P_{Go} - K_S \Delta f$，则

$$\Delta f = -\frac{\Delta P_{Lo} - \Delta P_{Go}}{K_S} \tag{8-15}$$

电力系统一次调频与二次调频的异同？与一次调频相比，二次调频中系统的有功负荷增量由3部分组成：一部分仍为发电机组增发的有功功率 ΔP_G；另一部分仍为负荷本身由于频率特性所产生的负荷变化量 ΔP_L；第三部分为由于调频器作用而增大的发电机功率 ΔP_{Go}。因此，有二次调频时，除增加一项因操作调频器而增发的功率 ΔP_{Go} 以外，其他和仅有一次调频时没有不同。而正是因为发电机组增发了这一部分功率，系统频率的下降才有所减少，负荷所获得的功率才有所增加。同样，系统有功功率减少时，可以进行类似分析。

如果 $\Delta P_{Lo} = \Delta P_{Go}$，即发电机组如数增发了负荷功率的增量 ΔP_{Lo}，则 $\Delta f = 0$，即实现了所谓的无差调节。无差调节中频率特性曲线 P_G 如图8-7中虚线所示。

同时，电力系统中各发电机均装有调速器，所以每台运行机组都参与一次调频（除了机组已经满载）。二次调频则不同，一般只是选定系统中极少的电厂的发电机担任二次调频，而且也不是连续进行，而是每隔一段时间进行一次，周期一般为 5 ~ 10s。负有二次调频任务的电厂称为调频厂。调频厂分为主调频厂和辅助调频厂。只有在主调频厂调节后，而系统频率仍不能恢复正常时，辅助调频厂才作用。选择调频厂要考虑以下条件：

1）机组要有足够的调节能力及范围。

2）要有较快的调节速度。

3）运行经济。

水轮发电机调节范围大，一般可以达到调节容量的 50%，而且调节速度快，在枯水期可充分利用限定的水量，所以如不是距负荷中心很远，可选作为调频厂。水电厂容量不足，或丰水期时，需要选火电厂为调频厂；根据以上条件，一般选靠近负荷中心的装有中温、中压机组的火电厂为调频厂。

【例 8-2】 对例 8-1 给出的系统，仅水轮机组具有调节能力时，频率偏差超出了允许范围，为将频率偏差控制在 ±0.1Hz，求需要采用二次调频而增发的功率。

【解】 由式（8-15）得

$$\Delta P_{Go} = \Delta P_{Lo} + K_S \Delta f = [300 + 790 \times (-0.1)] MW = 221 MW$$

8.3.3 互联系统的频率调整

进行二次调整时，系统中负荷的增减基本上要由调频机组或调频厂承担。虽可适当增大其他机组或电厂的单位调节功率以减少调频机组或调频厂的负担，但数值毕竟有限，这就使调频厂的功率变动幅度远大于其他电厂。若调频厂不位于负荷中心，而是通过联络线向负荷中心输送功率，这时在联络线上流通的功率有可能超过允许值，这样就出现了在调整系统频率的同时要求控制联络线上流通功率的问题。

为了讨论方便，将一个系统分为两部分或看成两个系统联合，互联系统的频率调整如图 8-8 所示。为使讨论更具普遍意义，设两系统 A、B 均有二次调整的电厂。假设 K_A、K_B 分别为联合前 A、B 系统的单位调节功率，ΔP_{LA}、ΔP_{LB} 分别为 A、B 系统的负荷变化量，ΔP_{GA}、ΔP_{GB} 分别 A、B 调频厂的功率变化量。设联络线上的交换功率 ΔP_{ab} 由 A 向 B 流动时为正值。

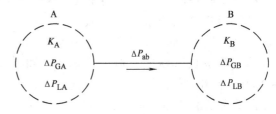

图 8-8 互联系统的频率调整

于是，在联合前，对 A 系统：

$$\Delta P_{LA} - \Delta P_{GA} = -K_A \Delta f_A \qquad (8-16)$$

同样，对于 B 系统：

$$\Delta P_{LB} - \Delta P_{GB} = -K_B \Delta f_B \qquad (8-17)$$

联合后，通过联络线由 A 向 B 输送的交换功率，对 A 系统，也可看作是一个负荷，从而有

$$\Delta P_{LA} + \Delta P_{ab} - \Delta P_{GA} = -K_A \Delta f_A \qquad (8-18)$$

对 B 系统：

$$\Delta P_{LB} - \Delta P_{ab} - \Delta P_{GB} = -K_B \Delta f_B \tag{8-19}$$

联合后，两系统的频率应该相等，也就是 $\Delta f_A = \Delta f_B = \Delta f$，将式（8-18）与式（8-19）相加可得

$$(\Delta P_{LA} - \Delta P_{GA}) + (\Delta P_{LB} - \Delta P_{GB}) = -(K_A + K_B)\Delta f \tag{8-20}$$

即

$$\Delta f = -\frac{(\Delta P_{LA} - \Delta P_{GA}) + (\Delta P_{LB} - \Delta P_{GB})}{K_A + K_B} \tag{8-21}$$

将式（8-21）代入式（8-18）或式（8-19），可得

$$\Delta P_{ab} = \frac{K_A(\Delta P_{LB} - \Delta P_{GB}) - K_B(\Delta P_{LA} - \Delta P_{GA})}{K_A + K_B} \tag{8-22}$$

令 $\Delta P_{LA} - \Delta P_{GA} = \Delta P_A$，$\Delta P_{LB} - \Delta P_{GB} = \Delta P_B$，$\Delta P_A$、$\Delta P_B$ 分别为 A、B 系统的功率缺额，则式（8-16）~式（8-22）可写为

$$\left.\begin{aligned}
\Delta P_A + \Delta P_{ab} &= -K_A \Delta f \\
\Delta P_B - \Delta P_{ab} &= -K_B \Delta f \\
\Delta f &= -\frac{\Delta P_A + \Delta P_B}{K_A + K_B} \\
\Delta P_{ab} &= \frac{K_A \Delta P_B - K_B \Delta P_A}{K_A + K_B}
\end{aligned}\right\} \tag{8-23}$$

由式（8-23）可见，联合系统的频率变化取决于全系统总功率缺额与全系统的单位调节功率，这是因为两子系统已连成一个系统。若子系统 A 无功率缺额，即 $\Delta P_A = 0$，则联络线上由 A 流向 B 的功率要增大；如 B 系统无功率缺额，即 $\Delta P_B = 0$，则联络线上由 A 流向 B 的功率减少。如 B 系统的功率缺额完全由 A 系统增发的功率所补偿，即 $\Delta P_B = -\Delta P_A$，则 $\Delta f = 0$，$\Delta P_{ab} = \Delta P_B = -\Delta P_A$。这时系统频率可维持不变，但 B 系统的功率缺额却要经联络线由 A 向 B 传输。当 ΔP_{ab} 超过联络线允许范围时，即使 A 系统具有足够的频率二次调整能力，联合系统的频率也不能保持不变。因此分区功率平衡可以减少联络线负担。

【例 8-3】 两系统由联络线连接为一联合系统。正常运行时，联络线上没有交换功率流通。两系统的容量分别为 1500MW 和 1000MW；各自的单位调节功率（分别以两系统容量为基准的标幺值）如图 8-9 所示。设 A 系统负荷增加 100MW，试计算下列情况

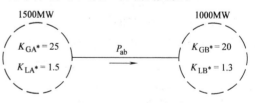

图 8-9 例 8-3 的图

下的频率变化量和联络线上流过的交换功率：（1）A、B 两系统机组都参加一次调频；（2）A、B 两系统机组都不参加一次调频；（3）B 系统机组不参加一次调频；（4）A、B 两系统的机组都参加一、二次调频，A、B 两系统都增发 50MW；（5）A、B 两系统的机组都参加一次调频，A 系统并有机组参加二次调频，增发 60MW；（6）A、B 两系统的机组都参加一次调频，B 系统并有机组参加二次调频，增发 60MW。

【解】 将以标幺值表示的单位调节功率折算为有名值：

$$K_{GA} = K_{GA*} P_{GAN}/f_N = 25 \times 1500/50 \, \text{MW/Hz} = 750 \, \text{MW/Hz}$$

$$K_{GB} = K_{GB*} P_{GBN}/f_N = 20 \times 1000/50 \, \text{MW/Hz} = 400 \, \text{MW/Hz}$$

$$K_{\mathrm{LA}} = K_{\mathrm{LA}*} P_{\mathrm{GAN}}/f_{\mathrm{N}} = 1.5 \times 1500/50\,\mathrm{MW/Hz} = 45\,\mathrm{MW/Hz}$$

$$K_{\mathrm{LB}} = K_{\mathrm{LB}*} P_{\mathrm{GBN}}/f_{\mathrm{N}} = 1.3 \times 1000/50\,\mathrm{MW/Hz} = 26\,\mathrm{MW/Hz}$$

（1）两系统机组都参加一次调频

$$\Delta P_{\mathrm{GA}} = \Delta P_{\mathrm{GB}} = \Delta P_{\mathrm{LB}} = 0, \qquad \Delta P_{\mathrm{LA}} = 100\,\mathrm{MW}$$

$$K_{\mathrm{A}} = K_{\mathrm{GA}} + K_{\mathrm{LA}} = 795\,\mathrm{MW/Hz}, \quad K_{\mathrm{B}} = K_{\mathrm{GB}} + K_{\mathrm{LB}} = 426\,\mathrm{MW/Hz}$$

$$\Delta P_{\mathrm{A}} = 100\,\mathrm{MW}, \quad \Delta P_{\mathrm{B}} = 0$$

$$\Delta f = -\frac{\Delta P_{\mathrm{A}} + \Delta P_{\mathrm{B}}}{K_{\mathrm{A}} + K_{\mathrm{B}}} = -\frac{100}{795 + 426}\,\mathrm{Hz} = -0.082\,\mathrm{Hz}$$

$$\Delta P_{\mathrm{ab}} = \frac{K_{\mathrm{A}}\Delta P_{\mathrm{B}} - K_{\mathrm{B}}\Delta P_{\mathrm{A}}}{K_{\mathrm{A}} + K_{\mathrm{B}}} = \frac{-426 \times 100}{795 + 426}\,\mathrm{MW} = -34.9\,\mathrm{MW}$$

这种情况正常，频率下降不多，通过联络线由 B 向 A 输送的功率也不大。

（2）两系统机组都不参加一次调频

$$\Delta P_{\mathrm{GA}} = \Delta P_{\mathrm{GB}} = \Delta P_{\mathrm{LB}} = 0, \qquad \Delta P_{\mathrm{LA}} = 100\,\mathrm{MW}$$

$$K_{\mathrm{GA}} = K_{\mathrm{GB}} = 0; \quad K_{\mathrm{A}} = K_{\mathrm{LA}} = 45\,\mathrm{MW/Hz}, \quad K_{\mathrm{B}} = K_{\mathrm{LB}} = 26\,\mathrm{MW/Hz}$$

$$\Delta P_{\mathrm{A}} = 100\,\mathrm{MW}, \quad \Delta P_{\mathrm{B}} = 0$$

$$\Delta f = -\frac{\Delta P_{\mathrm{A}} + \Delta P_{\mathrm{B}}}{K_{\mathrm{A}} + K_{\mathrm{B}}} = -\frac{100}{45 + 26}\,\mathrm{Hz} = -1.41\,\mathrm{Hz}$$

$$\Delta P_{\mathrm{ab}} = \frac{K_{\mathrm{A}}\Delta P_{\mathrm{B}} - K_{\mathrm{B}}\Delta P_{\mathrm{A}}}{K_{\mathrm{A}} + K_{\mathrm{B}}} = \frac{-26 \times 100}{45 + 26}\,\mathrm{MW} = -36.6\,\mathrm{MW}$$

这种情况最严重，发生在 A、B 两系统的机组都已满载，调速器受负荷限制器的限制已无法调整，只能依靠负荷本身的调节效应。这时，系统频率质量无法保证。

（3）B 系统机组不参加一次调频

$$\Delta P_{\mathrm{GA}} = \Delta P_{\mathrm{GB}} = \Delta P_{\mathrm{LB}} = 0, \qquad \Delta P_{\mathrm{LA}} = 100\,\mathrm{MW}$$

$$K_{\mathrm{GA}} = 750\,\mathrm{MW/Hz}, \quad K_{\mathrm{GB}} = 0$$

$$K_{\mathrm{A}} = K_{\mathrm{GA}} + K_{\mathrm{LA}} = 795\,\mathrm{MW/Hz}, \quad K_{\mathrm{B}} = K_{\mathrm{LB}} = 26\,\mathrm{MW/Hz}$$

$$\Delta P_{\mathrm{A}} = 100\,\mathrm{MW}, \quad \Delta P_{\mathrm{B}} = 0$$

$$\Delta f = -\frac{\Delta P_{\mathrm{A}} + \Delta P_{\mathrm{B}}}{K_{\mathrm{A}} + K_{\mathrm{B}}} = -\frac{100}{795 + 26}\,\mathrm{Hz} = -0.122\,\mathrm{Hz}$$

$$\Delta P_{\mathrm{ab}} = \frac{K_{\mathrm{A}}\Delta P_{\mathrm{B}} - K_{\mathrm{B}}\Delta P_{\mathrm{A}}}{K_{\mathrm{A}} + K_{\mathrm{B}}} = \frac{-26 \times 100}{795 + 26}\,\mathrm{MW} = -3.17\,\mathrm{MW}$$

这种情况说明，由于 B 系统机组不参加调频，A 系统的功率缺额主要由该系统本身机组的调速器进行一次调频加以补充。B 系统所能供应的，实际上只是由于联合系统频率略有下降，它的负荷略有减少，而使该系统略有富裕的 3.17MW。其实，A 系统增加的 100MW 负荷，是被 3 方面分担了。其中，A 系统发电机组一次调频增发 $0.122 \times 750\,\mathrm{MW} = 91.35\,\mathrm{MW}$；A 系统负荷因频率下降减少 $0.122 \times 45\,\mathrm{MW} = 5.48\,\mathrm{MW}$；B 系统负荷因频率下降减少 $0.122 \times 26\,\mathrm{MW} = 3.17\,\mathrm{MW}$。

（4）A、B 两系统机组都参加一、二次调频，且都增发 50MW

$$\Delta P_{\mathrm{GA}} = \Delta P_{\mathrm{GB}} = 50\,\mathrm{MW}; \quad \Delta P_{\mathrm{LA}} = 100\,\mathrm{MW}, \quad \Delta P_{\mathrm{LB}} = 0$$

$$K_A = K_{GA} + K_{LA} = 795\,\text{MW/Hz}, \quad K_B = K_{GB} + K_{LB} = 426\,\text{MW/Hz}$$

$$\Delta P_A = (100 - 50)\,\text{MW} = 50\,\text{MW}, \quad \Delta P_B = -50\,\text{MW}$$

$$\Delta f = -\frac{\Delta P_A + \Delta P_B}{K_A + K_B} = 0$$

$$\Delta P_{ab} = \frac{K_A \Delta P_B - K_B \Delta P_A}{K_A + K_B} = \frac{795 \times (-50) - 426 \times 50}{795 + 426}\,\text{MW} = -50\,\text{MW}$$

这种情况说明，由于进行了二次调频，发电机增发功率的总和与负荷增量平衡，系统频率无偏移，B 系统增发的功率全部通过联络线输往 A 系统。

（5）A、B 两系统机组都参加一次调频，且 A 系统有部分机组参加二次调频，增发 60MW

$$\Delta P_{GA} = 60\,\text{MW}, \quad \Delta P_{GB} = 0; \quad \Delta P_{LA} = 100\,\text{MW}, \quad \Delta P_{LB} = 0$$

$$K_A = K_{GA} + K_{LA} = 795\,\text{MW/Hz}, \quad K_B = K_{GB} + K_{LB} = 426\,\text{MW/Hz}$$

$$\Delta P_A = (100 - 60)\,\text{MW} = 40\,\text{MW}, \quad \Delta P_B = 0$$

$$\Delta f = -\frac{\Delta P_A + \Delta P_B}{K_A + K_B} = -\frac{40}{795 + 426}\,\text{Hz} = -0.0328\,\text{Hz}$$

$$\Delta P_{ab} = \frac{K_A \Delta P_B - K_B \Delta P_A}{K_A + K_B} = \frac{-426 \times 40}{795 + 426}\,\text{MW} = -14\,\text{MW}$$

这种情况较理想，频率偏移很小，通过联络线由 B 系统输往 A 系统的交换功率也较小。

（6）A、B 两系统机组都参加一次调频，且 B 系统有部分机组参加二次调频，增发 60MW

$$\Delta P_{GA} = 0, \quad \Delta P_{GB} = 60\,\text{MW}; \quad \Delta P_{LA} = 100\,\text{MW}, \quad \Delta P_{LB} = 0$$

$$K_A = K_{GA} + K_{LA} = 795\,\text{MW/Hz}, \quad K_B = K_{GB} + K_{LB} = 426\,\text{MW/Hz}$$

$$\Delta P_A = 100\,\text{MW}, \quad \Delta P_B = -60\,\text{MW}$$

$$\Delta f = -\frac{\Delta P_A + \Delta P_B}{K_A + K_B} = -\frac{100 - 60}{795 + 426}\,\text{Hz} = -0.0328\,\text{Hz}$$

$$\Delta P_{ab} = \frac{K_A \Delta P_B - K_B \Delta P_A}{K_A + K_B} = \frac{795 \times (-60) - 426 \times 100}{795 + 426}\,\text{MW} = -74\,\text{MW}$$

这种情况和上一种相比，频率偏移相同，因联合系统的功率缺额都是 40MW。联络线上流过的交换功率中增加了 B 系统由于有部分机组进行二次调频而增发的 60MW。联络线上传输大量交换功率是不希望发生的。

思考题与习题

8-1 请收集实际系统的发电机和负荷的单位调节功率，估算负荷增加和切除时频率的偏移量。

8-2 请调查某实际系统的调频电厂，并分析设置其为调频厂的理由。

8-3 请收集资料，分析自动发电控制（AGC）的考核标准。

8-4 为何电力系统存在频率偏差？电力系统是如何实现频率调整的？

8-5　何谓电力系统的一次调频？何谓电力系统的二次调频？

8-6　何谓调频电厂？调频电厂是如何选择的？

8-7　什么是发电机组的单位调节功率？其物理含义是什么？

8-8　什么是电力系统的单位调节功率？其大小对电力系统频率有何影响？

8-9　3 个电力系统联合运行如图 8-10 所示。已知它们的单位调节功率分别为 $K_A = 200\text{MW/Hz}$，$K_B = 80\text{MW/Hz}$，$K_C = 100\text{MW/Hz}$，当系统 B 负荷增加 200MW 时，3 个系统都参加一次调频，且 C 系统部分机组参加二次调频增发 70MW 功率。求联合电力系统的频率的偏移 Δf。

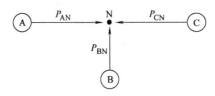

图 8-10　题 8-9 图

8-10　A、B 两系统并列运行，A 系统负荷增大 500MW 时，B 系统向 A 系统输送的交换功率为 300MW，若这时将联络线切除，切除后 A 系统的频率为 49Hz，B 系统的频率为 50Hz，试求：（1）A、B 两系统的单位调节功率 K_A、K_B；（2）A 系统负荷增大 750MW，联合系统的频率变化量。

8-11　在如图 8-11 所示的 A、B 两机系统中，负荷为 800MW 时，系统频率为 50Hz，若切除 50MW 负荷后，则系统的频率和发电机的出力各为多少？

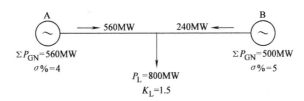

图 8-11　题 8-11 图

8-12　某系统有 3 台额定容量为 100MW 的发电机并列运行，其调差系数 $\sigma_{1*} = 0.02$，$\sigma_{2*} = 0.06$，$\sigma_{3*} = 0.05$，其运行情况为：$P_{G1} = 60\text{MW}$，$P_{G2} = 80\text{MW}$，$P_{G3} = 100\text{MW}$，取 $K_{L*} = 1.5$，$P_{LN} = 240\text{MW}$，$P_{GN} = 100\text{MW}$。问：（1）当系统负荷增加 50MW 时，系统的频率下降多少？（2）若系统的负荷增加 60MW，则系统的频率下降多少？（均不计频率调整器的作用）

8-13　某电力系统各机组的调差系数 $\sigma_* = 0.05$，系统中最大容量的机组的额定容量为系统额定负荷的 10%，该机组运行有 15% 的热备用容量，而负荷在额定值上的最大波动达 5% 时，系统的频率下降 0.1Hz（设负荷的增量与频率无关），当系统中的最大机组因故障而解列时，系统的频率下降最多为多少？

8-14　系统 A，当负荷增加 250MW 时，频率下降 0.1Hz。系统 B，当负荷增加 400MW 时，频率下降 0.1Hz。系统 A 运行于 49.85Hz，系统 B 运行于 50Hz。如果用可不计损耗的联络线将两系统连接，问联络线传递的功率为多少？

8-15　两台 100MW 的发电机组并列运行，发电机的调差系数分别为 4% 和 5%，负荷为 150MW。问：（1）两台机组如何分配负荷？（2）若两台机组平均带负荷，应如何处理？（3）哪台机组进行二次调频较合适（设两台机组空载时并车）？

参 考 文 献

[1]　陈珩. 电力系统稳态分析 [M]. 北京：中国电力出版社，1995.

[2]　刘笙. 电气工程基础 [M]. 北京：科学出版社，2002.

[3]　倪以信，陈寿孙，张宝霖. 动态电力系统的理论和分析 [M]. 北京：清华大学出版社，2002.

[4] PRABHA KUNDUR. 电力系统稳定与控制 [M]. 北京：中国电力出版社，2002.

[5] 东北电业管理局调度通信中心. 电力系统运行操作和计算 [M]. 沈阳：辽宁科学技术出版社，1996.

[6] 夏道止. 电力系统分析 [M]. 北京：中国电力出版社，2004.

[7] 陈怡，蒋平，万秋兰，等. 电力系统分析 [M]. 北京：中国电力出版社，2005.

[8] 杨淑英. 电力系统分析复习与习题精解 [M]. 北京：中国电力出版社，2002.

[9] 蔡邠. 电力系统频率 [M]. 北京：中国电力出版社，1998.

[10] 王葵，孙莹. 电力系统自动化 [M]. 3 版. 北京：中国电力出版社，2012.

[11] 韩富春. 电力系统自动化技术 [M]. 北京：中国水利水电出版社，2003.

[12] 李庚银. 电力系统分析基础 [M]. 北京：机械工业出版社，2011.

第9章　电力系统的电压

电压是衡量电能质量的一个重要指标。合格的电压质量应该使供电电压偏移、电压波动、电压闪变、电网谐波和三相不对称程度等方面均能满足国家规定标准。本章主要阐述电力系统中无功功率的平衡、电力系统中的电压管理与调压方法，最后介绍电力系统中谐波的基本概念。

9.1　电力系统电压概述

9.1.1　无功功率负荷与电压的关系

无功功率平衡与有功功率平衡有何异同？前面说过，系统电压降落的纵分量主要由无功功率引起，电压降落的横分量主要取决于有功功率；而电压降落的纵分量决定电压幅值的变化，电压降落的横分量决定节点电压间的相位角的变化。那么这是什么原因呢？其理论根据又是什么呢？下面，说明电压的大小主要由无功功率决定。

电力系统中的负荷需要消耗大量的无功功率，同时功率流过电力网络时也会引起无功功率损耗。电力系统中的电源必须发出足够的无功功率以满足用户与网络损耗的需要，这就是无功功率平衡。由上一章知，电力系统中有功功率平衡是指在一定频率下的平衡。本章将说明电力系统中的无功功率平衡则是指在一定节点电压下的平衡，无功功率电源不足将导致节点电压下降。与无功功率平衡不同的是，有功功率平衡是全系统的平衡，且全系统只有一个频率；而无功功率平衡要满足众多的节点电压的要求，除了对全系统需要平衡以外，地区系统也需要平衡。为了减少网络中无功功率损耗，应避免长距离输送无功功率，而要就地平衡。

网络节点电压是如何确定的？节点电压变动又是什么原因引起的？

这要从负荷的无功功率-电压特性、电源的无功功率-电压特性以及两者的特性相交来说明。设简单电力系统如图9-1所示，其中，图9-1b所标参数均为标幺值并假设发电机的自动电压调整器能够维持其端电压 U_G 恒定，忽略电压降落的横分量后有

$$U_G - U \approx \frac{Pr + Qx}{U}$$

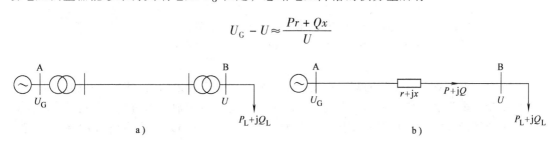

图9-1　简单电力系统

a）系统图　b）等效电路

化简得

$$U_G U - U^2 = Pr + Qx \tag{9-1}$$

将式（9-1）对有功功率、无功功率求偏导数可得

$$\left. \begin{array}{r} (U_G - 2U)\dfrac{\partial U}{\partial P} = r \\[2mm] (U_G - 2U)\dfrac{\partial U}{\partial Q} = x \end{array} \right\} \tag{9-2}$$

进一步有

$$\left. \begin{array}{l} \dfrac{\partial U}{\partial P} = -\dfrac{r}{2U - U_G} \approx -\dfrac{r}{U_N} \\[3mm] \dfrac{\partial U}{\partial Q} = -\dfrac{x}{2U - U_G} \approx -\dfrac{x}{U_N} \end{array} \right\} \tag{9-3}$$

式中，U_N 为额定电压的标幺值，则电压大小的全微分为

$$dU = \frac{\partial U}{\partial P}dP + \frac{\partial U}{\partial Q}dQ = dU_P + dU_Q \tag{9-4}$$

式中，$\partial U/\partial P$、$\partial U/\partial Q$ 分别称为系统的电压-有功功率特性系数和系统的电压-无功功率特性系数，它们分别表示节点注入的有功功率的变化所引起的节点电压的变化和节点注入的无功功率的变化所引起的节点电压的变化。

对于高压电网有

$$r \ll x, |dU_P| \ll |dU_Q|$$

故

$$dU \approx dU_Q \tag{9-5}$$

式（9-5）表示系统节点电压的变动主要由无功功率变动所引起。电力系统的节点电压-功率特性曲线如图 9-2 所示。由图 9-2a、图 9-2b 可见，U-P 特性曲线较平，而 U-Q 特性曲线较陡，图 9-2c 所示的 U-Q 特性曲线表示发电机端电压无功功率输出特性曲线。

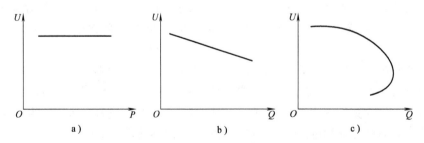

图 9-2　电力系统的节点电压-功率特性曲线

a）U-P 特性　b）U-Q 特性　c）发电机无功功率输出特性

在图 9-1 中，对变电所 B 的综合负荷而言，异步电动机为无功负荷的主要成分，它决定了无功负荷的电压静态特性。异步电动机消耗的无功功率包括励磁无功功率与定子、转子绕组漏抗中消耗的无功功率两部分，其 Q-U 特性曲线如图 9-3a 所示。变电所 B 的综合负荷电压静态特性如图 9-3b 所示，该图假设负荷成分比例：异步电动机为 82.5%，同步电动机为 1.3%，电热电炉为 15%，整流设备为 1.2%。

对负荷的电压静态特性求导可得 dP/dU、dQ/dU，它们分别称为有功负荷-电压特性系数与无功负荷-电压特性系数。据统计，对于大型电力系统 dP/dU 值一般在 0.55 ~ 0.9 之间，而 dQ/dU 则在 2.5 ~ 7.5 之间，可见无功功率负荷与电压的相关性要比有功功率负荷与电压的相关性强得多。

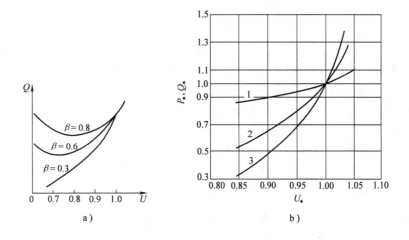

图 9-3　无功负荷电压静态特性曲线

a）异步电动机（β 为负荷系数）　b）综合负荷

1—$P_* = f(U_*)$ 特性　2—$Q_* = f(U_*)$ 特性（无电容器补偿）

3—$Q_* = f(U_*)$ 特性（电容器补偿51%）

把图 9-2b 与图 9-3b 叠加在一起，就成为图 9-4a。图中曲线 L 为负载特性曲线，S 为系统特性曲线，两者的交点 A 确定了负荷节点的电压值 U_A，它表明系统在这一电压水平下达到了无功功率平衡。如图 9-4b 所示，若该节点的无功负荷增加，曲线 L 上移到了 L'，系统的无功功率电源不能随之增加，曲线 S 维持不变，曲线 L' 与曲线 S 的交点为 A'，表明负荷从系统汲取的无功功率增加，而节点电压水平下降至 U_A'。这意味着系统在较低的电压水平下达到无功功率平衡。此时如能相应地增加系统的无功功率供给（如增加发电机励磁电流），则曲线 S 移至 S'。曲线 S' 与曲线 L' 的交点为 A''，若调节得合适，则节点电压仍

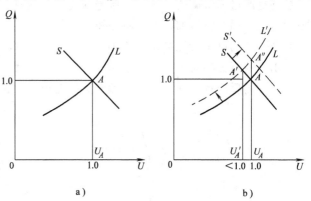

图 9-4　无功功率平衡

a）Q-U 特性曲线相交　b）负荷增长和电源增发后的功率平衡

可能维持原先值 U_A。无功功率电源与无功功率负荷平衡的标志是系统中各个节点的电压水平均在允许范围内。若部分节点电压水平不满足要求（偏离允许范围），说明局部地区内无功功率不平衡，需要采用相应的无功补偿措施。

9.1.2 电压偏移的危害

电力系统为何存在电压偏移？电压偏移有什么危害？发电机和用电设备都是按照额定电压下运行的条件制造的，当其端电压与额定电压不同时，发电机和用电设备的性能就要受到影响。下面从电源和用电设备两方面说明电压偏移的危害。

系统电压降低时，发电机的定子电流将因其功率角的增大而增大。若这电流原已达额定值，则电压降低后，将使其超过额定值。为使发电机定子绕组不致过热，不得不减少发电机所发功率。相似地，系统电压降低后，也不得不减少变压器的负荷。

异步电动机的电压特性如图 9-5 所示。当系统电压降低时（功率一定时），各类负荷中占比例最大的异步电动机的转差率增大，从而，电动机各绕组中的电流将增大，温升将增加，效率将降低，寿命将缩短。而且，某些电动机驱动的生产机械的机械转矩与转速的高次方成正比，转差增大、转速下降时，其功率将迅速减少。而发电厂厂用电动机组功率的减少又将反过来影响锅炉、汽轮机的工作，影响发电厂所发功率。更为严重的是，系统电压降低后，电动机的起动过程将大为增长，电动机可能在起动过程中因温度过高而烧毁。

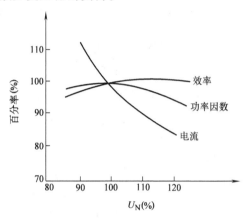

图 9-5 异步电动机的电压特性

电炉的有功功率是与电压的二次方成正比的，炼钢厂中的电炉将因电压过低而影响冶炼时间，从而影响产量。

系统电压过高将使所有电气设备绝缘受损。而且，变压器、电动机等的铁心要饱和，铁心损耗增大，温升将增加，寿命将缩短。

照明负荷的电压特性如图 9-6 所示。其中，白炽灯对电压变化的反应最灵敏，电压过高，白炽灯的寿命将大为缩短，电压过低，亮度和发光效率又要大幅度下降，如图 9-6a 所示；荧光灯的反应较迟钝，但电压偏离其额定值时，也将缩短其寿命，如图 9-6b 所示。

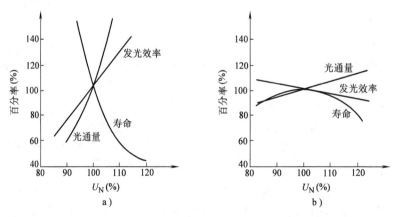

图 9-6 照明负荷的电压特性

a）白炽灯 b）荧光灯

因系统中局部地区无功存在严重短缺，电压水平低下，某些变电所母线电压在负荷微小扰动下可能在瞬间大幅度下降，即出现"电压崩溃"现象（参见第 12 章）。

9.1.3　电压偏移的标准

不同电压级允许的电压偏移是多少？为了保证各种用电设备都能在正常情况下运行，应使网络各节点电压为额定值。可是，在电力系统的正常运行中，随着负荷的变化和系统运行方式的改变，网络中的损耗也将变化，要使所有节点在任何时刻电压都严格保持在额定值是不可能的。

实际上一般的用电设备在运行中都允许其端电压出现一些偏移，只要这些偏移不超过规定的限度，就不会明显影响用电设备的正常工作。因此，电力系统在运行过程中要经常调整节点电压，使其偏移在允许范围之内。

我国规定电压允许偏移值如下：

1）500（330）kV 母线正常运行时，最高运行电压不得超过系统额定电压的 10%；最低运行电压不应影响电力系统功角稳定、电压稳定、厂用电的正常使用及下一级电压的调节。

2）发电厂和 500kV 变电所的 220kV 母线，正常运行方式时，电压允许偏移为系统额定电压的 0~10%；事故运行方式时为系统额定电压的 −5%~10%。

3）发电厂和 220（330）kV 变电所的 110~35kV 母线，正常运行方式时，电压允许偏移为相应额定电压的 −3%~7%；事故运行方式时为系统额定电压的 ±10%。

4）用户受电端的电压允许偏移值如下：35kV 及以上用户的电压偏移不大于 10%；10kV 用户为系统额定电压的 ±7%；0.38kV 用户为系统额定电压的 ±7%；0.22kV 用户为系统额定电压的 −10%~5%。

5）发电厂和变电所的 10（6）kV 母线应使用户电压符合 4）中用户电压的规定值。

当然，随着科学技术的发展，电压质量的标准也会有所改变。

9.2　电力系统中无功功率的平衡与补偿

保证用户的电压在允许范围内是电力系统运行的基本任务之一。由上一节知，电力系统的运行电压水平取决于无功功率的平衡。系统中各种无功电源的无功输出应能满足系统负荷和网络损耗在额定电压下对无功功率的需求，否则电压就会偏离额定值。为此，下面对无功功率负荷、网络无功损耗和各种无功电源的特点作一说明。

9.2.1　电力系统中无功功率负荷与无功功率损耗

1. 无功功率负荷

异步电动机在电力系统无功负荷中占很大的比重，因此系统无功负荷的电压特性主要由异步电动机决定。异步电动机的简化等效电路如图 9-7 所示，它消耗的无功功率为

$$Q_{\mathrm{M}} = Q_{\mathrm{m}} + Q_{\sigma} = \frac{U^2}{X_{\mathrm{m}}} + I^2 X_{\sigma} \tag{9-6}$$

式中，Q_{m} 为励磁功率，它与电压二次方成正比，实际上，当电压较高时，由于受饱和的影响，励磁电抗 X_{m} 的数值还有所下降，因此，Q_{m} 随电压变化的曲线稍高于二次曲线；Q_{σ} 为

漏抗 X_σ 中的无功损耗，与负载电流的二次方成正比。

综合异步电动机这两部分无功功率的变化特点，可得无功电压特性曲线如图 9-3a 所示。由图可见，在额定电压附近，电动机的无功功率随电压的升降而增减。当电压明显低于额定值时，无功功率主要由 Q_σ 决定，因此，随电压下降反而具有上升的性质。综合负荷的自然功率因数为 0.6 ~ 0.9，其无功电压特性曲线如图 9-3b 所示。

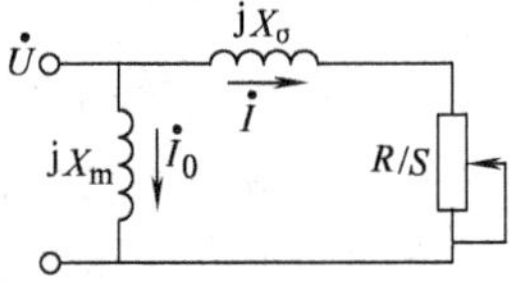

图 9-7 异步电动机的
简化等效电路

2. 变压器中的无功功率损耗

变压器中的无功损耗 ΔQ_T 包括励磁损耗 ΔQ_{yT} 和漏抗中的损耗 ΔQ_{zT}。可表示成

$$\Delta Q_T = \Delta Q_{yT} + \Delta Q_{zT} = U^2 B_T + \left(\frac{S}{U}\right)^2 X_T \approx \frac{I_0\%}{100}S_N + \frac{U_k\% S^2}{100 S_N} \tag{9-7}$$

式中，ΔQ_{yT} 与电压二次方成正比，ΔQ_{zT} 与电压二次方成反比（S 不变时）；S 为通过变压器的视在功率（MV·A）；S_N 为变压器的额定容量（MV·A）；$I_0\%$ 为变压器的空载电流百分数；$U_k\%$ 为变压器的短路电压百分数。

变压器的无功功率损耗在系统无功需求中占有相当的比重。假设一台变压器的空载电流 $I_0\% = 1.5$，短路电压 $U_k\% = 10.5$，由式（9-7）知，在额定满载下运行时，无功功率的损耗将达额定容量的 12%。如果从电源到用户需经过好几级变压，则变压器中无功功率损耗的数值相当可观。

3. 输电线路的无功功率损耗

电力线路的无功功率损耗也分两部分，即并联电纳和串联电抗中的无功功率损耗。并联电纳中的损耗又称充电功率，与线路电压的二次方成正比，呈容性。串联电抗中的损耗与负荷电流的二次方成正比，呈感性。因此，线路作为电力系统的一个元件究竟消耗容性或感性无功功率就不能确定。

35kV 及以下的架空线路的充电功率较小，一般这种线路都是消耗无功功率的。110kV 及以上架空线路，当输送的功率较大时，电抗中消耗的无功功率将大于电纳中产生的无功功率，线路消耗无功功率；当输送的功率较小（小于自然功率）时，电纳中产生的无功功率大于电抗中消耗的无功功率，线路成为无功电源。

9.2.2 电力系统中的无功电源

电力系统的无功电源有哪些？它们有什么特点？电力系统中无功功率电源，除了发电机外，还有同步调相机、静电电容器、静止补偿器和静止无功发生器。这 4 种装置又称为无功补偿装置，除静电电容器只能发出无功功率外，其余装置既能发出无功功率，也能吸收无功功率。

1. 发电机

同步发电机既是唯一的有功功率电源，又是最基本的无功功率电源。它在额定情况下，可发出的无功功率为

$$Q_{GN} = S_{GN}\sin\varphi_N = P_{GN}\tan\varphi_N \tag{9-8}$$

式中，S_{GN}、P_{GN}、φ_N 分别为发电机的额定视在功率、额定有功功率和额定功率因数角。

发电机可能发出的无功功率一般为有功功率的 40% ~ 60%。

发电机正常运行时以滞后功率因数为主，必要时也可以减小励磁电流在超前功率因数下

运行，即所谓进相运行，以吸收系统中多余的无功功率。当系统低负荷运行时，输电线路电抗中的无功功率损耗明显减少，线路并联电容产生的无功功率将有大量剩余，引起系统电压升高。在这种情况下，有选择性地安排部分发电机进相运行将有助于缓解系统电压调整的困难。对具体的发电机，一般要通过现场试验来确定其进相运行的容许范围。

2. 调相机

调相机实质上是只能发无功功率的发电机。它在过励运行时向系统提供感性无功功率，起无功电源的作用；在欠励运行时从系统吸收感性无功功率，起无功负荷的作用。欠励运行时的容量约为过励运行时容量的 50%。调相机能根据装设地点的电压的数值平滑改变输出（或吸收）的无功功率，进行电压调节。但它的有功功率损耗较大，在满负荷时为额定容量的 1.5% ~ 5%，容量越小，百分值越大。小容量的调相机每单位容量的投资费用也较大，所以调相机宜大容量集中使用。此外，调相机的响应速度较慢，难以适应动态无功控制的要求。目前，调相机已逐渐被静止无功补偿装置所取代。

3. 静电电容器

并联电容器只能向系统供应感性无功功率，它所供应的感性无功功率与其端电压的二次方成正比。

并联电容器单位投资小、损耗小（额定容量的 0.3% ~ 0.5%）、运行灵活，便于分散安装。但其调节性能较差，当节点电压下降时，它供给系统的无功功率反而减少，从而导致系统电压继续下降。

4. 静止无功补偿器

静止无功补偿器（Static Var Compensator，SVC）简称静止补偿器，是灵活交流输电系统（Flexible of AC Transmission Systems，FACTS）家族中的一员，它由静电电容器和电抗器并联组成。电容器可发出无功功率，电抗器可吸收无功功率，两者结合起来，再配以适当的调节装置，就成为能够平滑地改变发出（或吸收）无功功率的静止补偿器。

组成静止补偿器的元件主要有饱和电抗器、固定电容器、晶闸管控制电抗器和晶闸管开关电容器。实际上应用的静止补偿器大多是由上述元器件组成的混合型静止补偿器。目前常用的有晶闸管控制电抗器型（TCR 型）、晶闸管开关电容器型（TSC 型）和饱和电抗器型（SR 型）3 种静止补偿器，分别如图 9-8a、b、c 所示。它们的静态伏安特性，分别如图 9-9a、b、c 所示。

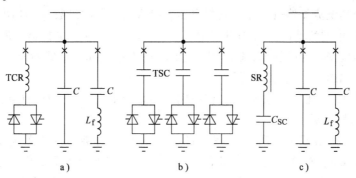

图 9-8　静止补偿器
a）TCR 型　b）TSC 型　c）SR 型

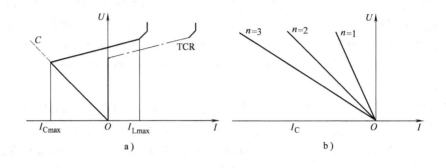

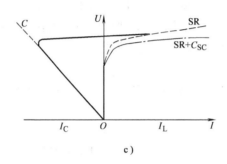

图 9-9　静止补偿器的伏安特性

a）TCR 型　b）TSC 型　c）SR 型

TCR 型补偿器由 TCR 和若干组不可控电容器组成。与电容 C 串联的电感 L_f 则与其构成串联谐振回路，兼作高次谐波的滤波器，滤去由 TCR 产生的 5、7、11、…等次谐波电流。仅有 TCR 时，补偿器的基波电流如图 9-9a 中点画线所示，其值取决于晶闸管的触发延迟角，而后者又取决于设定的控制规律和系统的运行状况等。仅有电容器 C 时，补偿器的电流如图 9-9a 中虚线所示，即随其端电压的增大而增大。TCR 与电容器同时投入时，补偿器的电流如图中实线所示。这是补偿器的正常运行方式。因此，这种补偿器的运行范围就在图 9-9a 中 I_{Cmax} 与 I_{Lmax} 之间。

TSC 型补偿器的工作原理最简单，它其实只是以晶闸管开关取代了常规电容器所配置的机械式开关。而其电流显然就正比于其端电压和投入电容器的组数 n，如图 9-9b 所示。

SR 型补偿器中的滤波回路与 TCR 型补偿器的相似。与饱和电抗器串联的电容 C_{SC} 用以校正饱和电抗器伏安特性的斜率，其作用如图 9-9c 中虚线和点画线所示。而这种补偿器整体的伏安特性则如图 9-9c 中实线所示。

静止补偿器在国外已被大量使用，在我国电力系统中也将得到日益广泛的应用。

5. 静止无功发生器

20 世纪 80 年代出现了一种更为先进的静止无功补偿装置，它就是静止无功发生器（Static Var Generator，SVG）。它的主体部分是一个电压源型逆变器，其工作原理如图 9-10 所示。逆变器中 6 个门极关断（GTO）晶闸管（一般简称为 GTO）分别与 6 个二极管反向并联，适当控制 GTO 的通断，可以把电容 C 上的直流电压转换成与电力系统电压同步的三相交流电压，逆变器的交流侧通过变压器并联接入系统。适当控制逆变器的输出电压，就可

以灵活地改变 SVG 的运行工况，使其处于容性负荷、感性负荷或零负荷状态。静止无功发

生器也被称为静止同步补偿器
（STATCOM）或静止调相机（STAT-
CON）。

　　与静止无功补偿器相比，静止
无功发生器具有如下优点：响应速
度更快、运行范围更宽、谐波电流
含量更少，尤其重要的是，当电压
较低时仍然可向系统注入较大的无
功电流，它的储能元件（如电容器）
的容量远比它所提供的无功容量
要小。

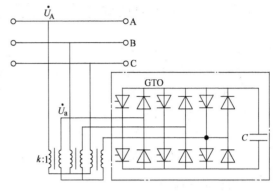

图 9-10　静止无功发生器工作原理

9.2.3　电力系统的无功功率平衡与补偿

　　电力系统无功功率平衡的基本要求是：系统中的无功电源可能发出的无功功率应该大于
或至少等于负荷所需的无功功率和网络中的无功损耗之和。为了保证运行可靠性和适应无功
负荷的增长，系统还必须配置一定的无功备用容量。因此，系统中无功功率平衡的关系
式为

$$Q_{GC} - Q_L - \Delta Q_L = Q_{res} \tag{9-9}$$

式中，Q_{GC} 为电源供应的无功功率之和；Q_L 为无功负荷之和；ΔQ_L 为网络无功损耗之和；
Q_{res} 为无功备用，$Q_{res} > 0$ 表示系统中无功可以平衡，并有一定的备用，$Q_{res} < 0$ 表示系统中
无功不足，需加设无功补偿装置。无功负荷备用容量，一般取最大无功负荷的 7% ~ 8%。

　　Q_{GC} 包括发电机的无功功率 $Q_{G\Sigma}$ 和各种无功功率补偿设备的无功功率 $Q_{C\Sigma}$，即

$$Q_{GC} = Q_{G\Sigma} + Q_{C\Sigma}$$

发电机所发的无功功率可以按额定功率因数计算。无功补偿装置按额定容量计算其无功
功率。

　　总无功负荷 Q_L 按负荷的有功功率和功率因数计算。为了减少输送无功功率引起的网
损，导则规定 35kV 及以上电压等级直接供电的负荷，功率因数要达到 0.9 以上，对其他负
荷，功率因数不低于 0.85。

　　网络无功损耗 ΔQ_L 包括线路和变压器的无功功率损耗。

　　电力系统需要的无功功率比有功功率大许多。若综合最高有功负荷为 100%，则无功功
率总需求为 120% ~ 140%。发电机的额定功率因数一般大于 0.8，负荷的自然功率因数一般
小于 0.8。因此，发电机的无功输出不能平衡负荷所需的无功功率，也不允许长距离输送无
功功率，这就产生了无功功率的补偿问题。

　　无功补偿容量的配置应按分区平衡、分层补偿原则。在系统规划中注意改善电网结构、
减少变压级数和避免长距离输送无功功率。

　　根据无功平衡的需要，增设必要的无功补偿容量，并按无功功率就地平衡的原则进行补
偿容量的分配。一般来说，小容量的、分散的无功补偿可采用静电电容器；大容量的、配置
在系统中枢点的无功补偿则宜采用同步调相机或静止补偿器。

9.3　电力系统中的电压管理与调压方法

何谓电压中枢点？什么样的节点可以作为电压中枢点？电力系统调压的目的是保证系统中各负荷点的电压在允许范围内。但由于电力系统结构复杂，负荷点数目众多又很分散，不可能也无必要对每个用电设备的电压都进行监视和调整。系统中的负荷点总是通过一些主要的供电点供应电力的，如能控制住这些点的电压偏移，也就控制住了系统中大部分负荷的电压偏移。这些主要的供电点称为中枢点，通常由如下一些节点担任：①区域性水、火电厂的母线；②枢纽变电所的二次母线；③有大量地方负荷的发电厂母线。

9.3.1　中枢点电压管理

系统中各个负荷点都允许有一定的电压偏移，计及中枢点到负荷点馈线上的电压损耗，就可确定每个负荷点对中枢点电压的要求，如图 9-11 所示。

如图 9-11a 所示，中枢点 i 向负荷点 j 和负荷点 k 供电，两个负荷点对电压的要求相同，电压变化的范围均为 $(0.95 \sim 1.05)U_N$。两个负荷点的日负荷曲线如图 9-11b 所示，相应地，两段线路的电压损耗曲线如图 9-11c 所示。因此，负荷点 j 对中枢点 i 的电压要求为

$0 \sim 8$ 时，$U_{i(j)} = U_j + \Delta U_{ij} = (0.95 \sim 1.05)U_N + 0.04U_N = (0.99 \sim 1.09)U_N$

$8 \sim 24$ 时，$U_{i(j)} = U_j + \Delta U_{ij} = (0.95 \sim 1.05)U_N + 0.1U_N = (1.05 \sim 1.15)U_N$

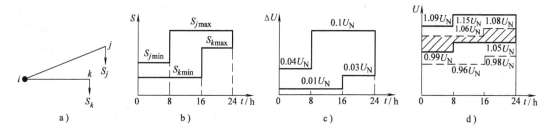

图 9-11　中枢点电压允许变化范围的确定

a）简单网络　b）日负荷曲线　c）电压损耗　d）电压允许变化范围

同理，可以得到负荷点 k 对中枢点 i 的电压要求为

$0 \sim 16$ 时，$U_{i(k)} = U_k + \Delta U_{ik} = (0.96 \sim 1.06)U_N$

$16 \sim 24$ 时，$U_{i(k)} = U_k + \Delta U_{ik} = (0.98 \sim 1.08)U_N$

两个负荷点对中枢点 i 的电压要求如图 9-11d 所示。图中的阴影部分就是中枢点 i 的电压允许变化范围。显然，只要控制中枢点 i 的电压在上述范围变化，负荷点 j 和负荷点 k 的电压即可得到保证。需要指出的是，为了同时满足两个负荷点电压质量的要求，中枢点 i 电压的允许变化范围就大大地缩小了，最大为 7%，最小为 1%。

对于向多个负荷点供电的中枢点，其电压允许变化的范围可按两种极端情况确定：在地区负荷最大时，电压最低负荷点的允许电压下限加上到中枢点的电压损耗等于中枢点的最低电压；在地区负荷最小时，电压最高负荷点的允许电压上限加上到中枢点的电压损耗等于中

枢点的最高电压。即

$$
\left.\begin{aligned}
U_{i\,\min} &= \min(U_{j\,\min}, U_{k\,\min}, \cdots)\,\big|_{P_{\max}} + \Delta U_{ix}\,\big|_{P_{\max}} \\
U_{i\,\max} &= \max(U_{j\,\max}, U_{k\,\max}, \cdots)\,\big|_{P_{\min}} + \Delta U_{iy}\,\big|_{P_{\min}}
\end{aligned}\right\}
\tag{9-10}
$$

式中，x、y 分别为电压最低负荷点和电压最高负荷点。

　　一般来讲，当中枢点的电压能满足这两个负荷点的电压要求时，其他各负荷点的电压基本上也能满足要求。如果在任何时候，各负荷点所要求的中枢点电压都有公共部分（见图 9-11d），那么只要调整中枢点的电压使其在公共部分范围内变化，就可满足负荷点的调压要求，而不必在各负荷点安装调压设备。

　　但也有可能出现在某些时间段内，中枢点电压无论取何值都不能满足各负荷点的电压要求，即各负荷点所要求的中枢点电压没有公共部分。在这种情况下必须采取其他措施，如在负荷点安装调压设备。

　　在电力系统规划设计时（或者由于其他原因），实际电网许多数据及要求不能准确地确定，这就无法按上述方法编制中枢点的电压曲线。为了进行调压计算，可根据电力网的性质对中枢点的调压方式提出原则性的要求。为此，一般将中枢点的调压方式分为 3 类：逆调压、顺调压、常调压。

　　逆调压：在高峰负荷时升高电压，低谷负荷降低电压的中枢点调压方式称为逆调压。逆调压是根据如下考虑的：在高峰负荷时，线路上电压损耗大，如果提高中枢点的电压，就可以抵偿部分电压损耗，使负荷点的电压不至过低；反之，低谷负荷时，线路上电压损耗小，适当降低中枢点电压就可使负荷点的电压不至过高。高峰负荷中枢点电压保持 $105\% U_N$；低谷负荷中枢点电压保持 U_N。逆调压一般适用于供电线路较长、负荷变动较大的中枢点调压。

　　顺调压：在高峰负荷时允许中枢点电压低一些，但不低于 $102.5\% U_N$；低谷负荷时，允许中枢点电压高一些，但不高于 $107.5\% U_N$。

　　介于上述两种调压方式之间的中枢点，可采取"常调压"。常调压：在任何负荷下，中枢点电压保持一基本数值不变，一般取 $(102\% \sim 105\%) U_N$。

　　上述是针对系统正常情况时的调压要求。系统中发生故障时，对电压质量的要求可放宽，通常故障时电压的偏移较正常时再增大 5%。

9.3.2　电压调整的方法

　　电压调整的方法有哪些？它们各有什么特点？如前所述，拥有充足的无功功率电源是保证电力系统具有良好的电压水平的必要条件，但要使所有用户的电压质量都符合要求，还必须采用各种调压手段。本小节先从简单系统入手，说明电压调整的原理和手段，然后介绍各种电压调整的方法。简单系统的电压调整原理如图 9-12 所示。发电机经升压变压器、线路、降压变压器向负荷供电，变压器的参数已经折算到高压侧。为简单起见，忽略并联支路和功率损耗，负荷点的电压 U_L 为

$$
U_L = (U_G k_1 - \Delta U)/k_2 = \left(U_G k_1 - \frac{PR + QX}{U_G k_1}\right)/k_2
\tag{9-11}
$$

式中，k_1、k_2 分别为升压变压器和降压变压器的电压比；R、X 分别为变压器和线路的总电阻和总电抗。

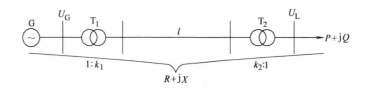

图 9-12 简单系统的电压调整原理

由式（9-11）可见，为了调整负荷点的电压 U_L，可采取如下措施：

1）通过调节励磁电流改变发电机端电压 U_G，即发电机调压。

2）选择变压器的电压比 k_1、k_2，称为变压器调压。

3）改变线路参数 X，如在线路中串联电容，所谓的串联补偿调压。

4）改变无功功率 Q 的分布，如在负荷端并联无功补偿装置，减少线路中流动的无功功率，称为并联补偿调压。

1. 发电机调压

当然，在各种调压手段中，首先应考虑发电机调压，因为它不需要花费额外的投资。现代大、中型同步发电机都装有自动调节励磁装置，可根据运行情况调节励磁电流来改变发电机端电压。

孤立发电厂不经升压直接供电的小型电力网，因供电线路不长，线路上电压损耗小，故可改变发电机母线电压，实行逆调压以满足负荷对电压质量的要求。现在这种情况已不常见，仅出现在孤立小水电供电的系统。

大多数情况下，发电机经升压变压器与大系统相联，此时发电机调压只能作为一种辅助性的调压措施。

2. 变压器调压

无载调压变压器和有载调压变压器有何区别？它们各自适用什么场合？

（1）变压器分接头的选择

改变变压器的电压比可以升高或降低二次绕组的电压。为了实现调压，双绕组变压器的高压绕组上设有若干个分接头以供选择，其中对应额定电压 U_N 的分接头常称为"主接头"或"主抽头"。对于普通变压器，6300kV·A 及以下的变压器有 3 个分接头为 $U_N \pm 5\%$；8000 kV·A 及以上的变压器有 5 个分接头为 $U_N \pm 2 \times 2.5\%$。考虑到低压侧电流大，变压器低压侧不设分接头。对三绕组变压器，一般在高、中压绕组设分接头。改变变压器的分接头就可改变变压器的电压比，从而可以调整二次绕组的电压。

下面先讨论双绕组变压器分接头的选择，分降压、升压来讨论。

如图 9-13 所示为一降压变压器分接头选择，变压器高压侧实际电压为 U_1，通过功率为 $P + jQ$，变压器电压比为 k、折算到高压侧的阻抗为 $R_T + jX_T$、折算到高压侧的电压损耗为 ΔU_T，变压器低压侧的电压为 U_2，则

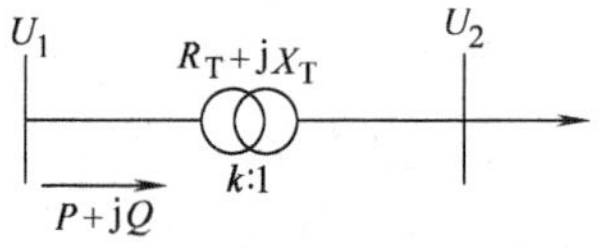

图 9-13 降压变压器
分接头选择

$$U_2 = (U_1 - \Delta U_T)/k \tag{9-12}$$

式中，$\Delta U_T = (PR_T + QX_T)/U_1$；变压器的电压比 k 由分接头电压 U_{1t} 和低压绕组额定电压 U_{2N} 确定，即 $k = U_{1t}/U_{2N}$。

将 k 代入式 (9-12) 得到分接头电压 U_{1t} 为

$$U_{1t} = (U_1 - \Delta U_T) U_{2N} / U_2 \qquad (9-13)$$

式 (9-13) 中，当变压器通过不同的功率时，除 U_{2N} 外都要发生变化。通过计算可求出在不同的负荷下为满足低压侧调压要求所应选择的高压侧分接头电压。

但普通的双绕组变压器的分接头只能在停电的情况下改变，在正常的运行中无论负荷怎样变化只能有一个固定的分接头。因此，工程上通常的做法是分别求出最大负荷和最小负荷下所要求的分接头电压，然后取它们的平均值，最后选择一个与平均值最接近的分接头。即

$$\left.\begin{array}{l} U_{1t\max} = (U_{1\max} - \Delta U_{T\max}) U_{2N} / U_{2\max} \\ U_{1t\min} = (U_{1\min} - \Delta U_{T\min}) U_{2N} / U_{2\min} \end{array}\right\} \qquad (9-14)$$

及

$$U_{1t} = (U_{1\max} + U_{1\min}) / 2 \qquad (9-15)$$

需要指出的是，最后还需对所选分接头分别用最大负荷和最小负荷校验低压母线实际电压是否满足要求。

【例 9-1】　降压变压器如图 9-14 所示，折算到高压侧的阻抗为 $Z_T = (2.44 + j40)\,\Omega$。已知：最大负荷和最小负荷时流过变压器的功率分别为 $\tilde{S}_{\max} = (28 + j14)\,\mathrm{MV \cdot A}$ 和 $\tilde{S}_{\min} = (10 + j6)\,\mathrm{MV \cdot A}$，最大负荷和最小负荷时高压侧

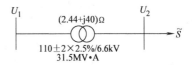

图 9-14　例 9-1 的图

的电压分别为 110kV 和 114kV。要求低压母线的电压不超过 6.0～6.6kV 的范围，试选择分接头。

【解】　先计算最大负荷和最小负荷时变压器的电压损耗,忽略变压器的功率损耗，则

$$\Delta U_{T\max} = (P_{\max} R_T + Q_{\max} X_T) / U_{1\max} = (28 \times 2.44 + 14 \times 40) / 110\mathrm{kV} = 5.71\mathrm{kV}$$

$$\Delta U_{T\min} = (P_{\min} R_T + Q_{\min} X_T) / U_{1\min} = (10 \times 2.44 + 6 \times 40) / 114\mathrm{kV} = 2.32\mathrm{kV}$$

设最大负荷和最小负荷时变压器低压侧的电压分别取 6kV 和 6.6kV，那么由式 (9-14) 可得

$$U_{1t\max} = (U_{1\max} - \Delta U_{T\max}) U_{2N} / U_{2\max} = (110 - 5.71) \times 6.6 / 6\mathrm{kV} = 114.72\mathrm{kV}$$

$$U_{1t\min} = (U_{1\min} - \Delta U_{T\min}) U_{2N} / U_{2\min} = (114 - 2.32) \times 6.6 / 6.6\mathrm{kV} = 111.68\mathrm{kV}$$

进一步

$$U_{1t} = (U_{1t\max} + U_{1t\min}) / 2 = 113.20\mathrm{kV}$$

选最接近的分接头电压 $U_{1t} = (110 + 2.5\% \times 110)\mathrm{kV} = 112.75\mathrm{kV}$。按最大负荷和最小负荷校验低压母线实际电压：

$$U_{2\max} = (110 - 5.71) \times 6.6 / 112.75\mathrm{kV} = 6.10\mathrm{kV}$$

$$U_{2\min} = (114 - 2.32) \times 6.6 / 112.75\mathrm{kV} = 6.54\mathrm{kV}$$

可见所选分接头符合低压母线调压要求 (6.0～6.6kV)。

升压变压器分接头选择方法与降压变压器分接头选择方法基本相同，仅仅功率流向不同。图 9-15 为升压变压器，其参数如图所示。电压损耗为 ΔU_T，变压器低压侧的电压为 U_2，则

$$U_2 = (U_1 + \Delta U_T) / k \qquad (9-16)$$

同理，可得变压器分接头电压 U_{1t} 为

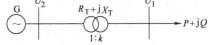

图 9-15　升压变压器分接头选择

$$U_{1t} = (U_1 + \Delta U_T) U_{2N}/U_2 \tag{9-17}$$

式中，U_2 为变压器低压侧的实际电压或给定电压；U_{2N} 为低压绕组额定电压，与降压变压器略有不同；U_1 为变压器高压侧要求的电压。

【例 9-2】 已知与发电机相连的升压变压器额定容量为 31.5MV·A，电压比为 121 ± 2 × 2.5%/6.3kV，折算到高压侧的阻抗为 $Z_T = (3 + j48)\Omega$，最大负荷 $\tilde{S}_{max} = (25 + j18)MV·A$ 时高压母线电压 $U_{1max} = 120kV$，最小负荷 $\tilde{S}_{min} = (14 + j10)MV·A$ 时高压母线电压 $U_{1min} = 114kV$。发电机端电压的调节范围为 6.0~6.6kV，试选择变压器分接头。

【解】 先计算变压器的电压损耗：

$$\Delta U_{T\,max} = (P_{max}R_T + Q_{max}X_T)/U_{1max} = (25 \times 3 + 18 \times 48)/120kV = 7.825kV$$

$$\Delta U_{T\,min} = (P_{min}R_T + Q_{min}X_T)/U_{1min} = (14 \times 3 + 10 \times 48)/114kV = 4.579kV$$

设最大负荷和最小负荷时变压器低压侧的电压分别取 6.6kV 和 6.0kV，则

$$U_{1tmax} = (U_{1max} + \Delta U_{T\,max}) U_{2N}/U_{2max} = (120 + 7.825) \times 6.3/6.6kV = 122.015kV$$

$$U_{1tmin} = (U_{1min} + \Delta U_{T\,min}) U_{2N}/U_{2min} = (114 + 4.579) \times 6.3/6.0kV = 124.508kV$$

因此

$$U_{1t} = (U_{1tmax} + U_{1tmin})/2 = 123.262kV$$

选最接近的分接头电压 $U_{1t} = (121 + 2.5\% \times 121)kV = 124.025kV$。按最大负荷和最小负荷校验低压母线实际电压：

$$U_{2max} = (120 + 7.825) \times 6.3/124.025kV = 6.493kV < 6.6kV$$

$$U_{2min} = (114 + 4.579) \times 6.3/124.025kV = 6.023kV > 6.0kV$$

可见所选分接头符合发电机母线调压要求。

上述选择双绕组变压器分接头的计算公式也适用于三绕组变压器的分接头选择，但需要根据变压器的运行方式分别地逐个进行。

通过以上例题可以看到，采用固定分接头的变压器进行调压，不可能改变电压损耗的数值，也不能改变负荷变化时二次电压变化幅度；通过对电压比的适当选择，只能把这一电压变化幅度对二次侧额定电压的相对位置进行适当的调整（升高或降低）。

当普通变压器无法满足调压要求时，可采用装设带负荷调压的变压器或采用其他调压措施。

（2）有载调压变压器

有载调压变压器可以在带负荷条件下切换变压器分接头，而且调节范围大，一般在 15% 以上。目前我国规定：110kV 的有载调压变压器有 7 个分接头，即 $U_N \pm 3 \times 2.5\%$；220kV 的有载调压变压器有 9 个分接头，即 $U_N \pm 4 \times 2\%$。

采用有载调压变压器时，可以根据最大负荷、最小负荷分别选择变压器分接头。通常如系统中无功功率充足，凡采用普通变压器不能满足调压要求的场合，采用有载调压变压器后都能满足调压要求。但有载调压变压器价格较贵，且有载调压要注意安全。

3. 并联补偿调压

对于无功功率较充足的系统，通过发电机和变压器调压基本上可使各负荷点的电压保持在允许范围内，但当系统中无功电源不够充足时，就必须采用无功功率补偿调压。前者无需附加设备，而后者必须借助于无功电源。无功功率的产生基本上不消耗能源，但是无功功率

沿电力网传送却要引起有功功率损耗和电压损耗。合理地配置无功功率补偿容量，以改变电力网的无功潮流分布，可以减少网络中的有功功率损耗和电压损耗，从而改善用户的电压质量。这里主要从调压要求的角度来讨论无功功率补偿容量的选择问题。并联补偿设备有静电电容器、调相机和静止补偿器。

图 9-16 所示为简单电力网络无功补偿调压，为了调整负荷点的电压，拟在负荷点并联无功补偿设备。设供电点电压 U_1 和负荷功率 $P + jQ$ 给定，参数已折算到高压侧，线路和变压器并联支路忽略不计，并忽略电压降落的横分量。

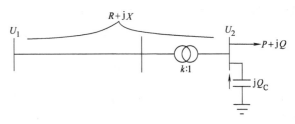

图 9-16　简单电力网络无功补偿调压

未安装并联补偿设备时，应有如下电压关系：

$$U_1 = U_2' + \frac{PR + QX}{U_2'} \tag{9-18}$$

式中，U_2' 为折算到高压侧的负荷端的电压。

并联补偿容量 Q_C 后，电压关系为

$$U_1 = U_{2C}' + \frac{PR + (Q - Q_C)X}{U_{2C}'} \tag{9-19}$$

式中，U_{2C}' 为并联补偿容量 Q_C 后，折算到高压侧的负荷端的电压。

设补偿前后，供电点电压 U_1 不变，则

$$U_2' + \frac{PR + QX}{U_2'} = U_{2C}' + \frac{PR + (Q - Q_C)X}{U_{2C}'} \tag{9-20}$$

由式（9-20）可解得 Q_C 为

$$Q_C = \frac{U_{2C}'}{X}\Big[(U_{2C}' - U_2') + \Big(\frac{PR + QX}{U_{2C}'} - \frac{PR + QX}{U_2'} \Big) \Big] \tag{9-21}$$

式（9-21）第二项为投入并联补偿设备前后电压损耗之差，可忽略不计，于是有

$$Q_C = \frac{U_{2C}'}{X}(U_{2C}' - U_2') \tag{9-22}$$

设变压器的电压比为 k，则 $k = U_{2C}'/U_{2C}$，将电压比代入式（9-22）得

$$Q_C = \frac{kU_{2C}}{X}(kU_{2C} - U_2') = \frac{k^2 U_{2C}}{X}(U_{2C} - U_2'/k) \tag{9-23}$$

式中，U_{2C} 为补偿后变电所低压母线希望保持的电压。

由式（9-23）可见，补偿容量 Q_C 不仅取决于调压要求，也取决于变压器电压比。电压比 k 的选择原则为：既满足调压要求，又使无功补偿容量最小。因为无功补偿设备的性能不同，下面分别介绍。

（1）静电电容器补偿

对电容器，最大负荷时电容器全部投入，最小负荷时全部退出。先按最小负荷时，没有补偿的情况确定变压器的分接头。

$$k = \frac{U_{2\min}'}{U_{2\min}} = \frac{U_t}{U_{2N}}$$

式中，$U'_{2\min}$、$U_{2\min}$ 分别为最小负荷时低压母线折算到高压侧的电压、低压母线的电压。

由上式求得 U_t 为

$$U_t = \frac{U'_{2\min}}{U_{2\min}} U_{2N}$$

选择接近的分接头电压 U_{1t}，则变压器电压比为 $k = U_{1t}/U_{2N}$。

然后，按最大负荷的调压要求计算电容器的补偿容量，即

$$Q_C = \frac{k^2 U_{2C\max}}{X} \left(U_{2C\max} - \frac{U'_{2\max}}{k} \right) \tag{9-24}$$

式中，$U'_{2\max}$、$U_{2C\max}$ 分别为补偿前低压母线折算到高压侧的电压、补偿后低压母线要求的实际电压。

（2）调相机补偿

同步调相机既能过励运行，发出感性无功功率使电压升高，又能欠励运行吸收感性无功功率使电压降低。若最大负荷时，调相机按额定容量过励运行，在最小负荷时按 α 倍（$0.5 \sim 0.65$）额定容量欠励运行，则调相机的容量将得到充分利用。

最大负荷、最小负荷时，同步调相机的容量分别为

$$\left. \begin{aligned} Q_C &= \frac{k^2 U_{2C\max}}{X} \left(U_{2C\max} - \frac{U'_{2\max}}{k} \right) \\ -\alpha Q_C &= \frac{k^2 U_{2C\min}}{X} \left(U_{2C\min} - \frac{U'_{2\min}}{k} \right) \end{aligned} \right\} \tag{9-25}$$

由式（9-25）可得

$$k = \frac{U_{2C\min} U'_{2\min} + \alpha U_{2C\max} U'_{2\max}}{U_{2C\min}^2 + \alpha U_{2C\max}^2} \tag{9-26}$$

按上式求出的电压比 k 选择一个最接近的分接头电压 U_{1t}，然后确定实际电压比 $k = U_{1t}/U_{2N}$，将此 k 代入式（9-25）可求出需要的调相机容量。根据手册选择容量最接近的调相机，并校验电压。

静止补偿器的容量选择同调相机，只是 α 值不同，这里不再赘述。

【例 9-3】　如图 9-17 所示为简单系统及等效电路。发电机母线 1 折算到高压侧的电压 120kV 维持不变，负荷端低压母线要求常调压，电压值为 10.5kV。变压器 T_2 为 $S_N = 31.5 \text{MV·A}$，$110 \pm 2 \times 2.5\%/11\text{kV}$，不计变压器、线路的并联支路以及电压降落的横分量。试确定负荷端分别装设静电电容器、调相机时的补偿容量。

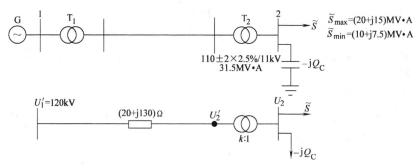

图 9-17　例 9-3 图

【解】 （1）先按最大负荷、最小负荷，求补偿前负荷端折算到高压侧的电压。

已知末端功率、始端电压，按近似方法计算功率损耗和电压降落，则功率损耗为

$$\Delta \tilde{S}_{max} = \frac{S_{2max}^2}{U_N^2} Z = \frac{20^2 + 15^2}{110^2} \times (20 + j130) MV \cdot A = (1.033 + j6.715) MV \cdot A$$

$$\Delta \tilde{S}_{min} = \frac{S_{2min}^2}{U_N^2} Z = \frac{10^2 + 7.5^2}{110^2} \times (20 + j130) MV \cdot A = (0.258 + j1.679) MV \cdot A$$

则始端功率为

$$\tilde{S}_{1max} = \tilde{S}_{max} + \Delta \tilde{S}_{max} = (21.033 + j21.715) MV \cdot A$$

$$\tilde{S}_{1min} = \tilde{S}_{min} + \Delta \tilde{S}_{min} = (10.258 + j9.179) MV \cdot A$$

故负荷端折算到高压侧的电压为

$$U_{2max}' = U_1' - \frac{P_{1max}R + Q_{1max}X}{U_1'} = \left(120 - \frac{21.033 \times 20 + 21.715 \times 130}{120}\right) kV = 92.970 kV$$

$$U_{2min}' = U_1' - \frac{P_{1min}R + Q_{1min}X}{U_1'} = \left(120 - \frac{10.258 \times 20 + 9.179 \times 130}{120}\right) kV = 108.346 kV$$

（2）选择静电电容器的容量。先按最小负荷无补偿设备确定变压器电压比，变压器分接头电压为

$$U_t = \frac{U_{2min}'}{U_{2min}} U_N = \frac{108.346 \times 11}{10.5} kV = 113.505 kV$$

选最接近的分接头电压为 $U_{1t} = (110 + 2.5\% \times 110) kV = 112.75 kV$，则变压器的电压比 $k = 112.75/11 = 10.25$。

按公式计算电容器补偿容量：

$$Q_C = \frac{k^2 U_{2Cmax}}{X} \left(U_{2Cmax} - \frac{U_{2max}'}{k}\right) = \frac{10.25^2 \times 10.5}{130} \left(10.5 - \frac{92.970}{10.25}\right) Mvar$$

$$= 12.133 Mvar$$

取补偿容量 $Q_C = 12 Mvar$，验算低压侧实际电压：

最大负荷为

$$\Delta \tilde{S}_{max} = \frac{20^2 + (15 - 12)^2}{110^2} \times (20 + j130) MV \cdot A = (0.676 + j4.349) MV \cdot A$$

$$\tilde{S}_{1max} = \tilde{S}_{max} - jQ_C + \Delta \tilde{S}_{max} = (21.676 + j7.349) MV \cdot A$$

$$U_{2Cmax}' = U_1' - \frac{p_{1max}R + Q_{1max}X}{U_1'} = \left(120 - \frac{20.676 \times 20 + 7.349 \times 130}{120}\right) kV = 108.593 kV$$

$$U_{2Cmax} = U_{2Cmax}'/k = 108.593/10.25 kV = 10.594 kV$$

最小负荷为

$$U_{2min} = U_{2min}'/k = 108.346/10.25 kV = 10.570 kV$$

实际电压略高于要求的电压（10.5kV）。

（3）选择调相机的容量。α 取 0.5，按式（9-26）计算变压器电压比

$$k = \frac{U_{2Cmin}U_{2min}' + \alpha U_{2Cmax}U_{2max}'}{U_{2Cmin}^2 + \alpha U_{2Cmax}^2} = \frac{10.5 \times 108.346 + 0.5 \times 10.5 \times 92.970}{10.5^2 + 0.5 \times 10.5^2} = 9.831$$

取最接近的电压比 $k = 9.75$。

按式（9-24）计算调相机的补偿容量

$$Q_C = \frac{k^2 U_{2Cmax}}{X}\left(U_{2Cmax} - \frac{U'_{2max}}{k}\right) = \frac{9.75^2 \times 10.5}{130}\left(10.5 - \frac{92.97}{9.75}\right)\text{Mvar} = 7.406\text{Mvar}$$

就近按标准选额定容量为 7.5Mvar 的调相机。

验算负荷端的实际电压：

最大负荷为

$$\Delta\tilde{S}_{max} = \frac{20^2 + (15 - 7.5)^2}{110^2} \times (20 + j130)\text{MV}\cdot\text{A} = (0.754 + j4.902)\text{MV}\cdot\text{A}$$

$$\tilde{S}_{1max} = \tilde{S}_{max} - jQ_C + \Delta\tilde{S}_{max} = (20.754 + j12.402)\text{MV}\cdot\text{A}$$

$$U'_{2max} = U'_1 - \frac{P_{1max}R + Q_{1max}X}{U'_1} = \left(120 - \frac{20.754 \times 20 + 12.402 \times 130}{120}\right)\text{kV} = 103.106\text{kV}$$

$$U_{2Cmax} = U'_{2Cmax}/k = 103.106/9.75\text{kV} = 10.575\text{kV}$$

最小负荷为

$$\Delta\tilde{S}_{min} = \frac{10^2 + (7.5 + 0.5 \times 7.5)^2}{110^2} \times (20 + j130)\text{MV}\cdot\text{A} = (0.374 + j2.434)\text{MV}\cdot\text{A}$$

$$\tilde{S}_{1min} = \tilde{S}_{min} + j0.5Q_C + \Delta\tilde{S}_{max} = (10.374 + j13.684)\text{MV}\cdot\text{A}$$

$$U'_{2min} = U'_1 - \frac{P_{1min}R + Q_{1min}X}{U'_1} = \left(120 - \frac{10.374 \times 20 + 13.684 \times 130}{120}\right)\text{kV} = 103.447\text{kV}$$

$$U_{2Cmin} = U'_{2Cmin}/k = 103.447/9.75\text{kV} = 10.610\text{kV}$$

实际电压略高于要求电压(10.5kV)。

4. 串联补偿调压

串联补偿调压与并联补偿调压有何异同？在线路中串联电容器补偿线路的感抗可以起到调压作用。串联电容补偿调压如图 9-18 所示，图中为架空线路，补偿前电压损耗为

$$\Delta U = \frac{P_1R + Q_1X}{U_1}$$

补偿后（串联了容抗 X_C）电压损耗变为

$$\Delta U_C = \frac{P_1R + Q_1(X - X_C)}{U_1}$$

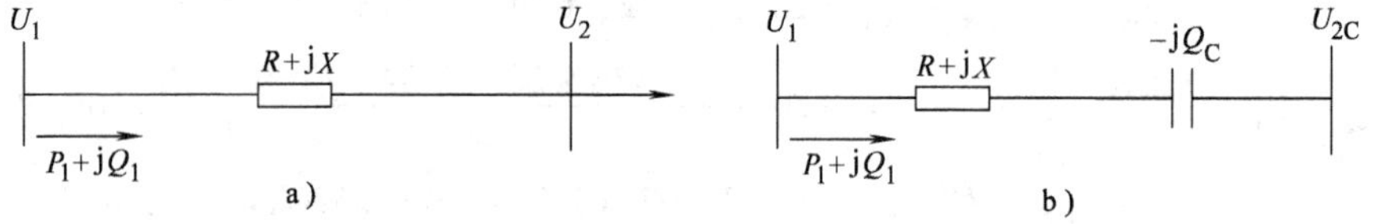

图 9-18　串联电容补偿调压

a）补偿前　b）补偿后

设线路始端电压恒定，则末端电压大小取决于电压损耗。补偿前后线路末端电压提高的数值为

$$\Delta U - \Delta U_{\mathrm{C}} = \frac{Q_1 X_{\mathrm{C}}}{U_1}$$

故所需容抗为

$$X_{\mathrm{C}} = \frac{U_1 (\Delta U - \Delta U_{\mathrm{C}})}{Q_1} \tag{9-27}$$

工程实际中，线路上接入的电容器是由许多个电容器串联、并联组成，如图 9-19 所示。设单个电容器的额定电压为 U_{NC}，额定电流为 I_{NC}，额定容量为 $Q_{\mathrm{NC}} = U_{\mathrm{NC}} I_{\mathrm{NC}}$，$n$、$m$ 为电容器组的串并联数，则可以根据计算得到的容抗 X_{C} 和通过的最大负荷电流 I_{Cmax}，分别确定 n、m 和三相电容器的总容量 Q_{C}：

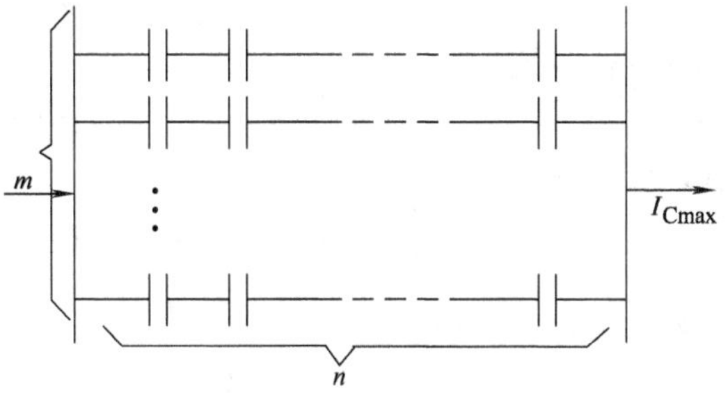

图 9-19　串、并联电容器组

$$\left.\begin{array}{l} m \geqslant I_{\mathrm{Cmax}} / I_{\mathrm{NC}} \\ n \geqslant I_{\mathrm{Cmax}} X_{\mathrm{C}} / U_{\mathrm{NC}} \\ Q_{\mathrm{C}} = 3mn Q_{\mathrm{NC}} \geqslant 3 I_{\mathrm{Cmax}}^2 X_{\mathrm{C}} \end{array}\right\} \tag{9-28}$$

通常串联电容补偿适合应用在线路负荷功率因数比较低、无功功率负荷大的场合。系统中称容抗 X_{C} 与线路原来感抗 X 的比值为补偿度，即

$$k_{\mathrm{C}} = X_{\mathrm{C}} / X$$

以调压为目的的串联补偿，一般补偿度取 1 或大于 1。此外，为了便于维护，电容器通常集中安装在一个平台上。

【例 9-4】　一 35kV 的线路阻抗为 $Z = (10 + \mathrm{j}10)\,\Omega$，输送的功率为 $(7 + \mathrm{j}6)\,\mathrm{MV \cdot A}$，线路始端电压为 38kV。要求线路末端电压不低于 36kV，试确定串联补偿容量。

【解】　补偿前线路的电压损耗为

$$\Delta U = \frac{P_1 R + Q_1 X}{U_1} = \frac{7 \times 10 + 6 \times 10}{38}\,\mathrm{kV} = 3.421\,\mathrm{kV}$$

补偿后线路要求的电压损耗为

$$\Delta U_{\mathrm{C}} = (38 - 36)\,\mathrm{kV} = 2\,\mathrm{kV}$$

根据式 (9-27)，可得所需的补偿容抗为

$$X_{\mathrm{C}} = \frac{U_1 (\Delta U - \Delta U_{\mathrm{C}})}{Q_1} = \frac{38 \times (3.421 - 2)}{6}\,\Omega = 9.000\,\Omega$$

线路通过的最大负荷电流为

$$I_{\mathrm{Cmax}} = \frac{S_{\max}}{\sqrt{3}\,U_{\max}} = \frac{\sqrt{7^2 + 6^2}}{\sqrt{3} \times 38}\,\mathrm{kA} = 0.140081\,\mathrm{kA} = 140.081\,\mathrm{A}$$

选用额定电压为 $U_{\mathrm{NC}} = 0.6\,\mathrm{kV}$，容量 $Q_{\mathrm{NC}} = 20\,\mathrm{kvar}$ 的单相油浸纸质串联电容器，其额定电流为

$$I_{\mathrm{NC}} = Q_{\mathrm{NC}} / U_{\mathrm{NC}} = 20 / 0.6\,\mathrm{A} = 33.333\,\mathrm{A}$$

每个电容器的容抗为

$$X_{\mathrm{NC}} = U_{\mathrm{NC}} / I_{\mathrm{NC}} = 600 / 33.333\,\Omega = 18\,\Omega$$

则需要的电容器串联个数为

$$n \geq I_{Cmax} X_C / U_{NC} = 140.081 \times 9/600 = 2.101$$

取 $n = 3$，并联个数为

$$m \geq I_{Cmax} / I_{NC} = 140.081/33.333 = 4.202$$

取 $m = 5$。因此串联补偿容量为

$$Q_C = 3mnQ_{NC} = 3 \times 5 \times 3 \times 20 \text{kvar} = 900 \text{kvar}$$

实际的补偿容抗

$$X_C = 3X_{NC}/5 = 3 \times 18/5 \Omega = 10.8\Omega$$

校验末端实际电压

$$U_{2C} = 38 - \frac{7 \times 10 + 6 \times (10 - 10.8)}{38} \text{kV} = 36.284 \text{kV}$$

基本符合要求。补偿度为

$$k_C = X_C / X = 10.8/10 = 1.08$$

最后指出，以上调压措施可以单独采用，也可以配合采用。实际运行中往往几种调压方法配合使用，称为组合调压。有关组合调压的具体内容本书不再介绍。

【课堂讨论】

讨论 1. 为什么说系统中的电压主要由无功功率决定？

提示：严格地讲，系统中的电压与无功功率和有功功率都有关系，频率与有功功率和无功功率也都有关系。当无功功率和有功功率在支路（线路或变压器）上流动时，会引起电压降落。计算电压降落的纵分量公式为 $\Delta U = (PR + QX)/U$，式中的物理意义同第 7 章。由于在高压以上的系统中，线路的电阻远远小于电抗，因此，式中由无功功率引起的那部分 QX/U 远远大于由有功功率引起的那部分 PR/U，而通常系统电压的大小由电压的纵分量决定，因此一般讲电压主要由无功功率决定。

讨论 2. 并联补偿调压与改变变压器电压比调压有何差别？

提示：从本质上讲，电力系统电压高低与系统中无功功率平衡有关。无功功率电源大于无功功率负荷时，电压升高；反之电压下降。并联补偿调压的原理是通过平衡系统中无功电源与无功负荷的关系，从而使系统电压在额定电压附近运行。改变变压器电压比调压的原理是改变无功功率的分布，从而提高或降低系统局部的电压。当系统中无功功率电源缺乏时，若通过改变变压器电压比升高电压，会使系统其他地方无功功率电源更加缺乏，从而使其电压下降，严重时会引起系统电压大面积下降，甚至导致系统电压不稳定。因此，当系统中无功功率电源缺乏时，首选并联补偿调压，只有当无功功率电源充足时，采用改变变压器电压比调压才可以达到很好的效果。

※9.4　电力系统中的谐波

自人们采用交流电输送电能起，就已经知道电力系统中的谐波问题。但是，近年来随着非线性负荷的大量出现，使这一问题日益突出。所谓非线性负荷指在正弦供电电压下产生非正弦电流或在正弦供电电流下产生非正弦电压的负荷。

9.4.1　谐波及其产生

何谓电力系统中的谐波？它是如何产生的？何谓奇次谐波？何谓偶次谐波？"谐波"这

一名词起源于声学，在声学中谐波表示一根弦或一个空气柱以基本循环（或基波）频率的倍数频率振动。对电气信号也与此相仿，谐波被定义为一个信号量，该信号量的频率是实际系统频率（即发电机所产生的频率）的整数倍。实际系统频率称为基频（工频），我国工频为 50Hz。若电气信号的频率是基频的奇数倍（大于 1），则称为奇次谐波；信号的频率是基频的偶数倍（大于 0），则称为偶次谐波。电力系统中的谐波可分为暂态谐波和稳态谐波两种。前者是由电力开关操作或系统故障引起的。例如，投切大容量电气设备所引起的浪涌电流，接地故障的不稳定瞬间放电等。后者是由非线性负荷造成的。就电网的发展来看，非线性负荷的惊人发展则是造成谐波污染的主要根源。作为谐波源，可以划分成如下几类：

1）发电机。由于其本身结构，磁动势不是严格按正弦分布的，使得在发出基波电动势的同时也有谐波电动势产生，一般此谐波分量可以忽略不计。

2）电力变压器。由于变压器铁心的饱和，磁化曲线的非线性，加上设计时考虑经济性，使得变压器的励磁电流呈尖顶波，其 3 次谐波分量对电网的影响较大。另外变压器空载合闸时出现的涌流也含有很大的谐波分量。

3）整流装置。整流装置是电力系统中最主要的谐波源。近年来，高压直流输电技术、大容量无功补偿技术等在电力系统的应用，以及工业生产中广泛应用大容量晶闸管、可控硅整流器、逆变器、变流器等电子设备（如电力机车、高频炉、大型轧钢机、电视机、电池充电器等），这些谐波源将向电网注入大量的高次谐波。这些负荷的共同特点是使用了大功率电力半导体器件，如晶体管、晶闸管等，它们的伏安特性是非线性的。

4）家用电器。如电视机、录像机、电子荧光灯等，因具有调压整流装置，会产生奇次谐波；在洗衣机、电风扇、空调器等有绕组的设备中，因不平衡电流的变化也能使波形改变。

5）电力系统的不对称运行和不对称故障，以及电弧的非线性特性，也会引起高次谐波。

9.4.2　谐波的危害

谐波有什么危害？非线性设备的大量应用使得电力系统的波形畸变问题日益严重，从而对电力系统本身和用户造成了严重的危害。

谐波使旋转电机的附加损耗增加、机轴振动、输出降低，加速绝缘老化。高次谐波会使无功补偿装置的电力电容器、电抗器产生谐波放大，甚至产生谐波谐振，使设备发出异声、产生振动，严重时不能投入工作。产生谐振还会使电容器的寿命缩短、绝缘击穿或烧毁。谐波激发系统局部产生谐波振荡，损坏电力设备，谐波会对自动控制装置产生扰乱，影响计算机和其他精密电子控制设备的正常工作。谐波干扰使电气参数瞬时值相位发生变化，造成电力系统保护装置误动作，危及电网运行的安全。高次谐波电流的干扰使通信线路不能正常工作，甚至造成通信设备的损坏。谐波引起电气计量装置的误差，降低其准确性。谐波作用会使谐波源用户少付电费，受谐波影响的用户反而多付电费。

9.4.3　谐波的抑制

为了保证供电质量，防止谐波对电网及电力设备的危害，除对电力系统加强管理外，还必须采取必要的措施抑制谐波。治理原则就是限制谐波源注入谐波电流、限制谐波电压在允许的范围内。

首先要掌握系统中的谐波源及分布，限制谐波负荷必须在允许的范围内方可入网，未达标的则必须采取治理措施，以防止谐波扩散。

我国结合电网实际水平，同时借鉴其他国家标准，制定了各级公用电网的谐波电压限值，见表 9-1。

其中电网电压总谐波畸变率由下式计算：

$$电压总谐波畸变率 = \frac{\sqrt{\sum_{n=2}^{\infty} U_n^2}}{U_1} \times 100\% \tag{9-29}$$

式中，U_1 为额定基波电压；U_n 为 n 次谐波电压有效值。

表 9-1 公用电网谐波电压限制值

供电电压/kV	电网电压总谐波畸变率(%)	各次谐波电压含有率(%)	
		奇次	偶次
0.38	5	4	2
6、10	4	3.2	1.6
35、66	3	2.4	1.2
110	2	1.6	0.8

为了使系统中谐波达到要求，必须采用相应的措施。抑制谐波的方法如下：

（1）采用串联电抗器抑制谐波电流的放大

并联电容器是目前国内采用最普遍的无功补偿设施，它是减少线路上因大量无功传输而引起的电能损失、解决地区无功电源容量不足、提高功率因数、保证电力系统安全经济运行的重要措施。但是，随着电力系统的发展和电力电子技术的广泛应用，用电负荷的结构发生了重大的变化，大量的非线性负荷由于其非线性、冲击性以及不平衡性的用电特性，向电力系统注入大量谐波电流，电网的电压波形发生畸变，严重地影响了电能质量，致使一些变电所并联电容器谐波电流大而不能正常运行。为解决谐波电流放大，采用串联电抗器的方法，对抑制高次谐波放大很有成效。

（2）采用滤波器消谐

为了减少谐波电流由负荷经线路流向电源，经常采用滤波器对特定谐波进行过滤，消除谐波。滤波器可分无源滤波和有源滤波两种，其选用取决于具体运行状况。

1）无源滤波器。所谓无源滤波器即应用无源元件（如 R、L、C）进行组合，形成对谐波电流进行抑制的电路以达到消除谐波的目的。其本质是频域处理方法，即将非正弦周期电流分解成傅里叶级数，对某些谐波进行吸收以达到治理的目的。该方法有不少缺点。例如，滤波效果不够理想，只能对某几次谐波有效果，且滤波效果受元件或系统参数以及电网频率的影响；在某些条件下可能和系统发生谐振，引发事故等。

2）有源滤波器。有源滤波器是一种新的技术设备。有源滤波与无源滤波两者的主要区别在于，有源滤波器能向电网注入补偿谐波电流，以抵消负荷所产生的有害谐波电流，使系统的电流或电压波形始终保持正弦，而且有源滤波器能消除无源滤波器的某些消极影响。与无源滤波器相比，有源滤波器具有如下优点：①对各次谐波均能有效地抑制，且可提高功率因数；②不会产生谐振现象，且能抑制由于外电路的谐振产生的谐波电流的大小；③可以连续、快速、灵活地调节无功功率，稳定电压，改善功率因数；④具有高度可控性，快速响应性和补偿消谐效果好的特点，而且装备本身体积小，维修容易；⑤能显示电压、电流波形，计算畸变频谱，然后产生并注入一个预定波形和相位移的电流到电力系统中以消除谐波。有源滤波器按其与补偿对象的连接方式，可分为串联型和并联型两种。并联型适合补偿电流型谐波源负载（直流侧电感滤波的整流电路），而串联型适合补偿电压型谐波源负载（直流侧电容滤波的整流电路）。

（3）通过电能计量促进谐波的治理

电表所计量的电能为电网提供的基波电能减去回馈电网的谐波电能，从而造成供电企业线损增加，电力营运企业非经营性成本增加。如果分别计量基波电能和谐波电能，并且记录谐波电能方向，综合考虑这两种计量方式是比较合理的。此外，根据计量结果，对吸收谐波电能的客户在电力价格或用电量上适当给予谐波分量补偿；对向电网注入谐波电能的客户要给予电力成本合理分担，按谐波分量的比例对其用电价格进行调整或处罚，是很有必要的。

（4）采用静止无功功率补偿装置（SVC）消除高次谐波

电弧炉的负荷特性具有很明显的随机性和非线性，SVC 静止型动态无功功率补偿装置，可随负荷的状况随机、适时地进行无功功率的补偿，并可消除高次谐波，减少系统电压波形畸变。

（5）电动机的变频起动

电动机采用变频起动可以降低谐波电流，减少功率消耗和变压器铁心发热。加扼流圈变频起动，扼流圈抑制了高次谐波，使峰值电流变低；加电抗器变频起动，三相输入电抗器能消除高频噪声，增强对涌流效应的保护及减少谐波。

（6）其他消谐方法

考虑减少谐波源的谐波含量，如增加整流、换流装置的相数和脉冲数，以减少谐波电流的产生。增大谐波源母线处（谐波源负荷接入点）的短路容量，即将谐波源由较大容量的供电点或由高一级电压的电网供电，以增加系统承受谐波的能力。

近年来，我国电力工业飞速发展，电力负荷的成分越来越复杂，有关部门正在进一步制订标准以规定单个谐波和谐波畸变系数的限制值，从而将谐波限制在无危害的水平。

思考题与习题

9-1 请自行收集资料，分别针对某实际输电网和某实际配电网的无功补偿方法进行分析和比较。

9-2 请自行收集资料，分别针对某实际输电网的电压中枢点配置及其调压方式进行分析。

9-3 请自行收集资料，了解自动电压控制系统（AVC）的功能。

9-4 为什么电力系统中存在电压偏移？我国目前规定的允许值是多少？

9-5 为什么电力系统中无功功率对电压的影响较有功功率对电压的影响大？

9-6 电力系统的无功电源有哪些？它们有什么特点？

9-7 何谓电压中枢点？什么样的节点可以作为电压中枢点？

9-8 电压调整的方法有哪些？它们各自有什么优缺点？

9-9 无载调压变压器和有载调压变压器有何区别？它们各自适用什么场合？

9-10 电力系统运行时，如何保证电力系统各点电压的偏移在允许范围内？

9-11 何谓电力系统中的谐波？它是如何产生的？

9-12 何谓奇次谐波？何谓偶次谐波？

9-13 谐波对电力系统有何危害？

9-14 抑制电力系统谐波的方法有哪些？它们各自有什么特点？

9-15 如图 9-20 所示，某降压变电所装设一台容量为 20MV·A、电压为 110kV/11kV 的变压器，要求变压器低压侧的电压偏移在最大负荷、最小负荷时分别不超过额定值的 2.5% 和 7.5%，最大负荷为 18MV·A，最小负荷为 7MV·A，$\cos\varphi = 0.8$，在任何情况下，变压器高压侧的电压保持 107.5kV 不变，变压器参数 $U_k\% = 10.5$，$P_k = 163$kW，不计励磁影响。试选择变压器的分接头。

图 9-20 题 9-15 图

9-16 如图 9-21 所示，某水电厂通过升压变压器与系统连接，最大负荷与最小负荷时高压母线的电压分别为 112.09kV 及 115.45kV，要求最大负荷时低压母线的电压不低于 10kV，最小负荷时低压母线的电压不高于 11kV，试选择变压器分接头。

9-17 某变电所装有两台并联工作的降压变压器，电压为 110 ± 5 × 2.5%/11kV，每台变压器容量为 31.5MV·A，保证变电所二次母线电压偏移不超过额定电压 ±5% 的逆调压，变压器能带负荷调分接头，试选择分接头。已知变电所二次母线的最大负荷为 42MV·A，$\cos\varphi = 0.8$，最小负荷为 18MV·A，$\cos\varphi = 0.7$。变电所的高压母线电压最大负荷时为 103kV，最小负荷时为 108.5kV，变压器短路电压为 10.5%，短路功率为 200kW。

9-18 某变电所装有一台带负荷调压变压器，型号为 SFSEL—8000，抽头为 110 ± 3 × 2.5%/38.5 ± 5%/10.5kV。如图 9-22 所示，图 9-22a 中分数表示潮流，分子为最大负荷。已知最大、最小负荷时高压母线电压分别为 112.15kV 和 115.73kV。图 9-22b 表示变压器等效电路，阻抗单位为 Ω，若 10kV 母线及 35kV 母线分别满足逆调压要求，试选择变压器的分接头。

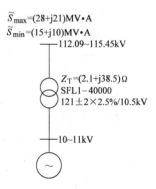

$\tilde{S}_{max} = (28+j21)$MV·A
$\tilde{S}_{min} = (15+j10)$MV·A

112.09~115.45kV

$Z_T = (2.1+j38.5)\Omega$
SFL1—40000
121±2×2.5%/10.5kV

10~11kV

图 9-21 题 9-16 图

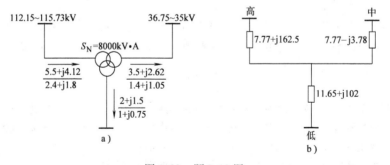

112.15~115.73kV   36.75~35kV

$S_N = 8000$kV·A

$\dfrac{5.5+j4.12}{2.4+j1.8}$ $\dfrac{3.5+j2.62}{1.4+j1.05}$

$\dfrac{2+j1.5}{1+j0.75}$

a)

高   中

7.77+j162.5   7.77−j3.78

11.65+j102

低

b)

图 9-22 题 9-18 图

9-19 如图 9-23 所示，一个地区变电所由双回 110kV 输电线供电，变电所安装两台容量均为 31.5MV·A 的分接头为 110 ± 4 × 2.5%/11kV 的变压器。已知双回线电抗 $X_1 = 14.6\Omega$，两台主变压器的电抗 $X_T = 20.2\Omega$（已折算至 110kV 侧），变电所低压侧母线上的电压折算至高压侧时，在最大负荷

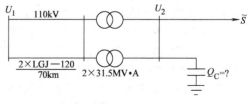

U_1 110kV U_2

$\tilde{S}$

2×LGJ—120
70km   2×31.5MV·A $Q_C = ?$

图 9-23 题 9-19 图

$U_{2max} = 100.5$kV，最小负荷时 $U_{2min} = 107.5$kV。试求：（1）并联电容时，容量和电压比的选择怎样配合？并联调相机时，容量和电压比的选择怎样配合？（2）当变电所低压侧母线要求为最大负荷时 $U'_{2max} = 10.5$kV，最小负荷时 $U'_{2min} = 10$kV，求保证调压要求所需的最小同步调相机容量 Q_C。（3）为达到同样的调压目的，需选择多大容量的静电电容器？

9-20　容量为 10000kV·A 的变电所，现有负荷恰为 10000kV·A，其功率因数为 0.8，若由该变电所再增功率因数为 0.6、功率为 1000kW 的负荷，为使变电所不过负荷，最小需要装设多少千乏的并联电容器？此时负荷（包括并联电容器）的功率因数是多少？（注：负荷所需要的无功都是感性的）

9-21　设由电源 1 向用户 2 供电，线路如图 9-24 所示，已知 $U_1 = 10.5$kV，$P_L = 1000$kW，$\cos\varphi = 0.8$，若将功率因数提高到 0.85，则应装设多少容量的并联电容器，此时用户处的电压 U_2 为多大？

9-22　如图 9-25 所示，有一区域变电所 i，通过一条 35kV 郊区供电线向末端变电所 j 供电，35kV 线路导线采用 LGJ—50 型，线间几何均距 $D_m = 2.5$m，$l =$ 70km，末端变电所负荷为 $(6.4 + j4.8)$MV·A，若区域变电所线电压为 38.5kV，末端变电所母线电压要求维持在 31kV，当采用串联电容器进行调压，试计算：（1）未装串联电容器时，末端变电所的电压是多少？（2）若要求末端变电所电压不小于 31kV 时，要装多大容量的串联电容器？当每个电容器 $U_{NC} = 0.6$kV，$Q_{NC} = 50$kvar 时，电容器应如何连接？（3）能否采用并联电容器达到同样的调压要求，你认为应装在哪里？

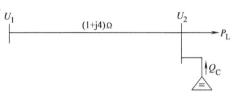

图 9-24　题 9-21 图

图 9-25　题 9-22 图

9-23　某 220kV 输电线路长 500km，包含变压器在内的线路各通用常数 $A = 0.7$，$B = j800$，$C = j1.7 \times 10^{-3}$，$D = 0.7$（不考虑电阻，按长线路修正等效电路计算），试求：（1）当线路空载时，如送端电压为 220kV，求受端电压和送端电流。（2）当线路空载时，如送端、受端的电压都维持 220kV，试求线路末端应装设的并联电抗器的容量。

参 考 文 献

[1]　陈珩. 电力系统稳态分析 [M]. 北京：中国电力出版社，1995.

[2]　刘笙. 电气工程基础 [M]. 北京：科学出版社，2002.

[3]　何仰赞，等. 电力系统分析 [M]. 武汉：华中理工大学出版社，1985.

[4]　夏道止. 电力系统分析 [M]. 北京：中国电力出版社，2004.

[5]　东北电业管理局调度通信中心. 电力系统运行操作和计算 [M]. 沈阳：辽宁科学技术出版社，1996.

[6]　陈怡，蒋平，万秋兰，等. 电力系统分析 [M]. 北京：中国电力出版社，2005.

[7]　Bergen A R. Power System Analysis [M]. London：Prentice-Hall Inc.，1986.

[8]　Elgerd O I. Electric Energy Systems Theory：An Introduction [M]. 2nd ed. McGraw-Hill Book Co.，1982.

[9]　吴竞昌. 供电系统谐波 [M]. 北京：中国电力出版社，1998.

[10]　Wakileh G J. 电力系统谐波-基本原理、分析方法和滤波器设计 [M]. 徐政译. 北京：机械工业出版社，2003.

[11] 杨淑英. 电力系统分析复习与习题精解 [M]. 北京：中国电力出版社，2002.

[12] 刘天琪，邱晓燕. 电力系统分析理论 [M]. 2版. 北京：科学出版社，2011.

[13] 丁毓山，徐义斌，王向臣. 电网无功补偿实用技术 [M]. 北京：中国水利水电出版社，2009.

[14] 姜宁，赵剑锋，王春宁，等. 电压无功控制及优化技术 [M]. 北京：中国电力出版社，2011.

[15] 何晓英，苗竹梅. 电力系统无功电压管理及设备运行维护 [M]. 北京：中国电力出版社，2011.

[16] 程浩忠，吕干云，周荔丹. 电能质量监测与分析 [M]. 北京：科学出版社，2012.

第3篇 电力系统暂态分析

电力系统中不可避免地会发生各种各样的扰动，扰动包括电力系统结构上的变化，也包括电力系统状态上的变化等。如果电力系统能够承受扰动，会从扰动前的稳态过渡到扰动后新的稳态或者恢复到原来的稳态，期间经过的过渡过程在电路课程中称为动态，在电机学课程中称为瞬态，在电力系习惯上称为暂态。

实际上，在电路课程中，就已经接触到稳态与暂态的概念了。对于一个连接到电源的 RLC 串联电路，开关一开始处于打开状态，电路处于稳态，其中的电流为零。当开关突然合上之后，该电路由于电感中电流不能突变，所以电路中电流逐渐升高，最终达到新的稳态。电力系统中的情况大同小异，正常时电力系统处于稳态，当电力系统中发生故障或者变化时，电力系统进入暂态，经过一段时间的波动之后，最终达到新的稳态。因此，暂态是电力系统从一种稳态过渡到新的稳态之间所经历的过程。

电力系统暂态过程的时间框架大约如下：

$1\mu s \sim 100ms$——雷电和操作过电压；

$10\mu s \sim 1s$——工频过电压；

$1ms \sim 10s$——短路及清除；

$10ms \sim 10^2 s$——暂态和振荡稳定；

$1 \sim 10^3 s$——电压稳定；

$1 \sim 10^4 s$——频率波动及稳定；

$10^2 \sim 10^5 s$——电及热功率波动。

按照时间顺序来看，最初的微秒级的过程是波过程，毫秒级的过程是电磁暂态过程，秒级的过程是机电暂态过程，分钟级的过程是机械动态过程。微秒级的波过程属于高电压课程的范畴，分钟级的机械动态过程属于发电厂（动力部分）课程的范畴。毫秒至秒级的动态过程，则属于本门课程需要研讨的范畴。电磁暂态部分先易后难，首先介绍无穷大电源供电系统的电磁暂态，然后介绍同步发电机供电系统的电磁暂态；其后，介绍故障后的稳态即故障分析，其中先介绍对称故障（三相短路），再介绍不对称故障，而这些故障分析主要是为了进行短路电流校核和电气设备的选择。机电暂态过程实际上是电力系统在扰动后能否从一种稳态过渡到新的稳态，重点介绍功角稳定性，简要介绍电压稳定等。

第10章 电力系统的对称故障

10.1 电力系统故障概述

电力系统故障有哪些类型呢？电力系统故障是指电力系统发生结构性的变化，是一种大的扰动。故障类型包括：①短路故障，亦称横向故障，比如某相导线接地；②断线故障，亦称纵向故障，比如某相导线断开；③复杂故障，比如在不同地点同时发生故障。在电力系统故障中，短路故障占大多数。我国某个电网短路故障的类型和统计结果见表10-1，可见短路故障中以单相短路居多，其中瞬时性故障是指故障经过一小段时间后自行消失，而永久性故障是指故障永久存在。

表 10-1 短路故障的类型和统计结果

短路种类	示意图	符号	比例(%)
三相短路		$f_{3\phi}^{(3)}$	3.1
两相短路		$f_{2\phi}^{(2)}$	0.5
两相短路接地		$f_{2\phi G}^{(1,1)}$	7.8
单相短路接地		$f_{1\phi G}^{(1)}$	瞬时性：53.4 永久性：35.2

产生故障的主要原因有哪些呢？主要的原因有绝缘介质损坏、自然因素（如雷击造成短路）、人为因素（如操作后忘记取下接地线）。

故障引起的主要后果有哪些呢？

1）短路电流值大大增加，所以设备要有足够的热稳定度和动稳定度。

2）引起电网中电压降低，使部分用户的供电受到破坏。

3）引起不平衡磁通，对通信等产生干扰。

4）可能引发系统性事故，造成大面积停电。

其中，大面积停电是损失最大的极其严重的后果，是人们最不希望发生的。但由于种种原因，电力系统发生过比较严重的大面积停电，表 10-2 给出了近年发生的大停电事故。其中，最有代表性的是美加"8.14"大停电，大停电发生在 2003 年 8 月 14 日下午 4 时 11 分，停电范围波及美国的 8 个州和加拿大的 2 个省，扰乱了 5000 多万人的工作和生活，停电长达 29h，直接经济损失初估达 300 亿美元，是电力系统有史以来全球最大的一次停电，具体情况可以参见本章参考文献 [7]。

表 10-2　近年大停电事故

序号	名称	发生时间（持续时间）	地点（范围）	停电容量（用户数）	起因
1	印度中西部大停电	2002 年 7 月 30 日晚 8 时至 31 日上午	印度中西部地区	印度近 1/3 地区停电	超指标用电导致电网电压迅速下降
2	智利大停电	2002 年 9 月 23 日中午停电约 1h	智利全国绝大部分地区		电厂技术故障
3	印度西北部大停电	2002 年 12 月 23 日上午停电约 2h	首都新德里及邻近地区		大雾和污染造成的两条输电线短路
4	美国德州大停电	2003 年 5 月 15 日停电约 2h	德州中部和中北部	约 30 多万人生活受影响	雷电袭击
5	美、加大停电	2003 年 8 月 14 日 16 时至次日 9 时	美国东北部和加拿大东部地区	美、加两国约 5000 万人	多种，详见本章文献 [7]
6	伦敦大停电	2003 年 8 月 28 日傍晚停电 34min	伦敦和英格兰东南部部分地区	40 多万人受影响	熔丝安装错误
7	马来西亚大停电	2003 年 9 月 1 日 10 时至 15 时	马来西亚 5 个州		
8	悉尼大停电	2003 年 9 月 1 日下午至次日 9 时	包括悉尼中央商务区在内的大多数街区		电缆沟着火导致一个主要变电站故障
9	丹麦、瑞典大停电	2003 年 9 月 23 日，停电持续 3h	丹麦首都哥本哈根及瑞典南部地区	380 万人受到影响	输电线路故障，两座大型核电站中断供电
10	意大利大停电	2003 年 9 月 28 日凌晨 4 点至早晨 8 点	意大利全境		法国向意大利供电的输电线路断裂
11	莫斯科停电	2005 年 5 月 25 日上午 10 点	莫斯科及周边 4 个地区	200 万人受到影响	变压器因过负荷爆炸
12	欧盟停电	2006 年 11 月 4 日晚上 10 点左右，停电 38min	德国等		详见本章文献[8]
13	河南停电事故	2006 年 7 月 1 日晚上	河南、华中、华北		一条 500kV 的线路跳开，振荡连锁故障
14	巴西大停电	2009 年 11 月 10 日 22:13	巴西、巴拉圭	巴西 18 个州，巴拉圭全国	线路故障
14	巴西大停电	2011 年 2 月 4 日 0:29	巴西东北部	8883MW	继电保护故障
15	深圳停电事故	2012 年 4 月 10 日 20:30	深圳电网		开关故障
16	印度停电	2012 年 7 月 30 日 2:30	印度		电力调度

10.2 无穷大电源供电系统的三相短路

作为电磁暂态分析的入门内容，本节先从最简单的情况开始。

什么是"无穷大电源"呢？在电力系统中，"无穷大电源"又称为"无限大电源"、"无穷大功率电源"、"无穷大系统"、"无穷大母线"。实际上，它就是一种"理想电源"，即能够维持电压、频率恒定，要做到这一点就必须有无穷大的功率，而且电源的内部阻抗为零。当然，实际电力系统是不可能做到的，但如果满足下列条件就可以近似地认为是无穷大电源了：①电源的功率很大，大于系统其他部分功率的10倍以上；②电源的内阻抗很小，小于系统其他部分阻抗的1/10。如果这些条件不能满足，一般电源（或者系统）的稳态特性可近似地认为是无穷大电源串联一个内阻抗。

10.2.1 定性分析

图10-1所示为无穷大电源供电系统的三相电路短路。其中，U_a、U_b、U_c 是三相对称的电压源，短路前正常运行时外部阻抗为 $Z_{|0|} = (R + R') + j\omega(L + L')$。短路后系统电路分为两个部分，其中短路点左侧用 R、L 电路表示，是有电源支撑的，而短路点右侧用 R'、L' 电路表示，其中没有电源。

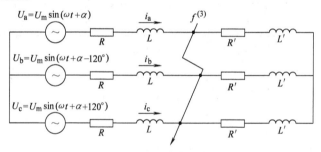

图10-1　无穷大电源供电系统的三相电路短路

三相短路发生后线路电流中会出现哪些分量呢？短路前的系统处于稳态，其电流采用交流电路稳态分析方法，可得

$$\dot{I}_{m|0|} = \dot{U}_m / Z_{|0|} = I_{m|0|} \underline{/\alpha - \varphi_{|0|}}, i_a = I_{m|0|} \sin(\omega t + \alpha - \varphi_{|0|}), \omega = 2\pi f \qquad (10\text{-}1)$$

式中，α 为电压源的初始相角；$\varphi_{|0|}$ 为 Z 的阻抗角；f 为电压源的频率。

假设在 $t = 0(\text{s})$ 时发生三相短路，以 a 相为例，其电路方程为

左侧：
$$L\frac{di_a}{dt} + Ri_a = U_m \sin(\omega t + \alpha) \qquad (10\text{-}2a)$$

右侧：
$$L'\frac{di'_a}{dt} + R'i'_a = 0 \qquad (10\text{-}2b)$$

由于右侧电路是无源的，其产生的短路电流较小并很快衰减，可以忽略。所以，下面重点分析左侧电路的解，根据微分方程知识，其解分为两部分：

1) 特解。特解是一种有交流电源支撑的强制分量，实际上就是该电路（短路后）的稳态解，所以是周期分量，用下标 p 表示，即

$$\dot{I}_m = \dot{U}_m / Z = I_m \underline{/\alpha - \varphi}, i_p = I_m \sin(\omega t + \alpha - \varphi) \qquad (10\text{-}3)$$

2）齐次方程的通解。通解是一种没有电源支撑的自由分量，所以是直流分量，用下标 α 表示，即

$$L\frac{\mathrm{d}i_{\alpha}}{\mathrm{d}t} + Ri_{\alpha} = 0$$

或者

$$T\frac{\mathrm{d}i_{\alpha}}{\mathrm{d}t} + i_{\alpha} = 0, T = \frac{L}{R}$$

则

$$i_{\alpha} = Ce^{-t/T} \tag{10-4a}$$

因此

$$i_{a} = I_{m}\sin(\omega t + \alpha - \varphi) + Ce^{-t/T}$$

根据楞次定理，电感中电流不能突变，所以

$$i_{a|0|} = I_{m|0|}\sin(\alpha - \varphi_{|0|}) = i_{a}(0) = I_{m}\sin(\alpha - \varphi) + C$$

则

$$C = I_{m|0|}\sin(\alpha - \varphi_{|0|}) - I_{m}\sin(\alpha - \varphi) \tag{10-4b}$$

因此

$$i_{a} = I_{m}\sin(\omega t + \alpha - \varphi) + [I_{m|0|}\sin(\alpha - \varphi_{|0|}) - I_{m}\sin(\alpha - \varphi)]e^{-t/T} \tag{10-5a}$$

将式（10-5a）中电压相角分别超前或者滞后 120° 即可获得 b、c 两相的电流

$$i_{b} = I_{m}\sin(\omega t + \alpha - 120° - \varphi) + [I_{m|0|}\sin(\alpha - 120° - \varphi_{|0|}) - I_{m}\sin(\alpha - 120° - \varphi)]e^{-t/T}$$

$$\tag{10-5b}$$

$$i_{c} = I_{m}\sin(\omega t + \alpha + 120° - \varphi) + [I_{m|0|}\sin(\alpha + 120° - \varphi_{|0|}) - I_{m}\sin(\alpha + 120° - \varphi)]e^{-t/T}$$

$$\tag{10-5c}$$

三相短路电流波形如图 10-2 所示，由此可见：

1）稳态短路电流三相幅值恒定且相等，相位相差 120°。

2）直流分量最终衰减至零，三相不相等，且和为零。

3）直流分量为全电流的对称轴。

10.2.2　冲击电流和最大有效值电流

在电力系统设计和分析中，经常会涉及冲击电流 i_{M} 和最大有效值电流 I_{M}。i_{M} 实际上就是暂态过程中电流的最大瞬时值，主要用于校验电气设备的动稳定度，即能否承受由此而产生的冲击力。I_{M} 实际上就是暂态过程中电流有效值的最大值，主要用于校验电气设备的热稳定度，即能否承受由此而产生的发热。

由式（10-3）可见，周期分量与短路之后的电路情况有关，而与短路之前的状态无关。而由式（10-4）、式（10-5）可见，直流分量与短路之前和之后的电路状态均有关。所以，电流总量的大小变化主要取决于直流分量。

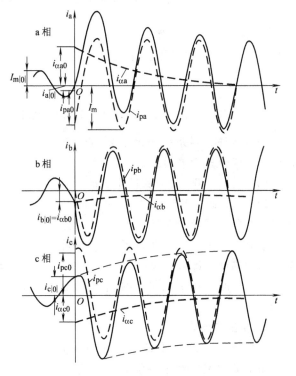

图 10-2　三相短路电流波形

1. 最大直流分量

直流分量什么时候最大？最大值是多少呢？图 10-3 所示为短路前有载时 a 相的初始状态电流相量图，图中显示了短路前、后各个相量之间的关系，各个相量在时间轴上的投影就是短路瞬间的值。图中，$i_{\alpha a0}$ 就是直流分量初值 C，它是短路前后电流相量之差 $\dot{I}_{ma|0|} - \dot{I}_{ma}$ 在时间轴上的投影。显然，当相量 $\dot{I}_{ma|0|} - \dot{I}_{ma}$ 与时间轴并行时，投影最长。此时

$$|\alpha - \varphi| = 90° \qquad (10-6)$$

而且，当短路前后短路性质一致（比如都是感性电路）时，$\dot{I}_{ma|0|}$ 与 $\dot{I}_{ma}$ 之间的夹角是锐角，所以当 $\dot{I}_{ma|0|}$ 为 0 时，相量 $\dot{I}_{ma|0|} - \dot{I}_{ma}$ 最长，这实际上就是短路前空载，如图 10-4 所示。

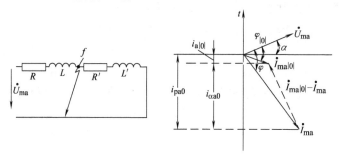

图 10-3 短路前有载时初始状态电流相量图

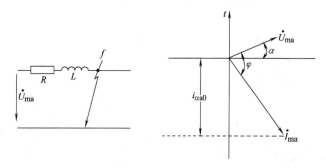

图 10-4 短路前空载时初始状态电流相量图

综上所述，当系统满足下列两个条件时，直流分量为最大：

1）$\dot{I}_{m|0|} = 0$，即短路前空载。

2）$|\alpha - \varphi| = 90°$，即短路瞬间的电压初始相角 α 满足此关系。

这时，最大直流分量就是短路后周期分量的幅值，即 $C_{max} = I_m$。

短路瞬时三相电流相量图如图 10-5 所示。

2. 冲击电流 i_M

电流瞬时值在什么时候达到最大？最大值是多少呢？对于一般高压电力线路，均满足 $\omega L \gg R$，故 $\varphi \approx 90°$，由式

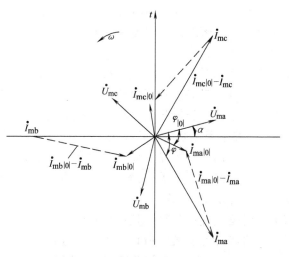

图 10-5 短路瞬时三相电流相量图

（10-6）可知，当 $\alpha = 0°$ 或 180° 时，C 最大。为了方便起见，忽略下标 a，当 $\alpha = 0°$ 时，电流如下式：

$$i = -I_{\mathrm{m}}\cos\omega t + I_{\mathrm{m}}\mathrm{e}^{-t/T} \qquad (10\text{-}7)$$

直流分量最大时短路电流波形如图 10-6 所示。

由图 10-6 可见，近似地在半个周期处即 $t = T_{\mathrm{s}}/2 = 0.01\mathrm{s}$ 时，i 最大，即

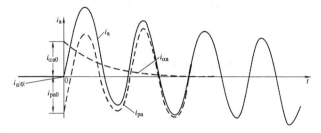

图 10-6　直流分量最大时短路电流波形

$$i_{\mathrm{M}} \approx I_{\mathrm{m}} + I_{\mathrm{m}}\mathrm{e}^{-0.01/T} = (1 + \mathrm{e}^{-0.01/T})I_{\mathrm{m}} = K_{\mathrm{M}}I_{\mathrm{m}} = K_{\mathrm{M}}\sqrt{2}I_{\mathrm{p}}, \quad K_{\mathrm{M}} = 1 + \mathrm{e}^{-0.01/T} \qquad (10\text{-}8)$$

式中，K_{M} 称为冲击系数，在 1 ~ 2 之间，工程上一般取 1.8 或 1.9。

3. 最大有效值电流

电流有效值在什么时候达到最大？最大值是多少呢？在一个周期内的电流有效值定义为

$$I_t = \sqrt{\frac{1}{T_{\mathrm{s}}}\int_{t-T_{\mathrm{s}}/2}^{t+T_{\mathrm{s}}/2} i^2 \mathrm{d}t} \qquad (10\text{-}9)$$

如果要根据式（10-9）来计算则比较复杂，技术人员经常采用一些合理简化，这里近似认为直流分量 $i_\alpha(t)$ 在该周期不变，等于半个周期处的值。显然，最大值出现在第一个周期，直流分量取 $t = 0.01\mathrm{s}$ 的值，即 $i_\alpha \approx I_{\mathrm{m}}\mathrm{e}^{-0.01/T} = i_{\mathrm{M}} - I_{\mathrm{m}}$，则

$$I_{\mathrm{M}} = \sqrt{I_{\mathrm{p}}^2 + (i_{\mathrm{M}} - I_{\mathrm{m}})^2} = \sqrt{I_{\mathrm{p}}^2 + (K_{\mathrm{M}} - 1)^2 I_{\mathrm{m}}^2} = \sqrt{1 + 2(K_{\mathrm{M}} - 1)^2}\, I_{\mathrm{p}} = K_{\mathrm{p}}I_{\mathrm{p}} \qquad (10\text{-}10)$$

式中，$K_{\mathrm{p}} = \begin{cases} 1.51, & K_{\mathrm{M}} = 1.8 \\ 1.62, & K_{\mathrm{M}} = 1.9 \end{cases}$

由式（10-8）和式（10-10）可见：i_{M} 和 I_{M} 均正比于 I_{p}——短路后新的稳态时的周期分量，公式中为有名值，这个分量可由短路后的稳态交流电路来求解，后面章节将详细介绍。

【例 10-1】 对于图 1-21 所示的系统，比较电抗器左侧、右侧分别发生三相短路时的 i_{M} 及 I_{M}，取 $K_{\mathrm{M}} = 1.8$。

【解】（1）电抗器左侧发生三相短路时：

$$X_{\Sigma *} = 0.87 + 0.33 + 0.24 + 0.7 = 2.14$$

$$I_{\mathrm{p}} = \frac{E_*}{X_{\Sigma *}}I_{\mathrm{B}} = \frac{1.05}{2.14} \times 9.2\mathrm{kA} = 4.51\mathrm{kA}$$

$$i_{\mathrm{M}} = 1.8 \times \sqrt{2} \times 4.51\mathrm{kA} = 11.48\mathrm{kA}$$

$$I_{\mathrm{M}} = 1.51 \times 4.51\mathrm{kA} = 6.81\mathrm{kA}$$

（2）电抗器右侧发生三相短路时，总电抗中要加上电抗器的电抗：

$$X_{\Sigma *} = 3.6$$
$$I_{\mathrm{p}} = 2.68\mathrm{kA}$$
$$i_{\mathrm{M}} = 6.82\mathrm{kA}$$
$$I_{\mathrm{M}} = 4.05\mathrm{kA}$$

由此可见，电抗器右侧发生三相短路时的短路电流明显小于左侧短路时的短路电流，所以电抗器能够限制短路电流。

10.3 同步发电机的突然三相短路

10.3.1 定性分析

同步发电机端口突然发生三相短路时，类似于前面无穷大电源供电系统，根据楞次定律知电感中的电流不能突变，定子绕组中会出现三相对称的直流分量。该直流分量将在定子绕组中产生在空间不动的磁场，转子切割该磁场将会在转子绕组中产生基频交流分量。由于转子不对称，所以转子中的基频电流分量将会产生相对于转子正向和反向旋转的磁场。反向旋转的磁场相对于定子是静止的，与定子直流分量产生的静止磁场相对应。而正向旋转的磁场相对于定子的速度是2倍同步速，所以在定子绕组中会产生倍频电流分量。由于定子侧虽然三相短路但依然是对称的，所以该电流分量只产生2倍同步速正向旋转的磁场，与转子2倍同步速旋转磁场相对静止。发电机三相短路时的电流及其对应关系如图10-7所示。

在上述分量中，实际上分为两组：一组分量由转子中直流分量产生，包括转子中直流分量 $i_{r\alpha}$ 和定子中基频分量 $i_{s\omega}$，这组分量由于有转子直流励磁电源支撑，所以称为有源分量，虽然会变化但最终不会变成零；另外一组分量由定子中直流分量产生，包括定子中直流分量 $i_{s\alpha}$、转子中基频分量 $i_{r\omega}$ 以及定子中倍频分量 $i_{s2\omega}$，这组分量由于没有电源支撑，所以称为无源分量或者自由分量，最终会衰减为零。

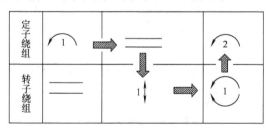

图10-7 发电机三相短路电流及其对应关系

下面将定量分析定子和转子中的电流，基本步骤是：求初瞬值、求终值、各量时间常数、全量合成、转换。

10.3.2 各分量的初瞬值

1. i_{dq}中的直流分量

对于 i_{dq} 中的直流分量来说，$\dfrac{\mathrm{d}\psi_d}{\mathrm{d}t} = \dfrac{\mathrm{d}\psi_q}{\mathrm{d}t} = 0$，并设 $\omega \approx 1$，$r \approx 0$。又因为三相短路，$u_d = u_q = 0$。采用次暂态条件下的电压方程式（4-52），则有

$$\left. \begin{aligned} 0 = u_d = x_q'' i_{q\alpha} + E_d'' \\ 0 = u_q = -x_d'' i_{d\alpha} + E_q'' \end{aligned} \right\} \quad 因此 \quad \left. \begin{aligned} i_{q\alpha} = -\frac{E_d''}{x_q''} = I_q'' \\ i_{d\alpha} = \frac{E_q''}{x_d''} = I_d'' \end{aligned} \right\} \tag{10-11}$$

2. i_{dq}中的交流分量

因为转子侧 i_{dq} 中交流分量对应于定子中三相对称直流，滞后电压90°，而短路瞬间功角

不突变，仍然为 δ_0。所以设

$$i_{d\omega} = I_{md}\cos(\omega t + \delta_0)，i_{q\omega} = I_{mq}\sin(\omega t + \delta_0) \tag{10-12}$$

又因为 i_{dq} 总量不突变，所以

$$i_{d0} = i_{d(0^-)} = i_{d(0^+)} = i_{d\alpha} + i_{d\omega(0^+)} = I''_d + I_{md}\cos\delta_0 \tag{10-13}$$

故

$$I_{md}\cos\delta_0 = i_{d0} - I''_d = i_{d0} - \frac{E''_q}{x''_d} = \frac{-(E''_q - x''_d i_{d0})}{x''_d} = -\frac{u_{q0}}{x''_d} = -\frac{U_0}{x''_d}\cos\delta_0 \tag{10-14}$$

因此

$$I_{md} = -\frac{U_0}{x''_d}，i_{d\omega} = -\frac{U_0}{x''_d}\cos(\omega t + \delta_0) \tag{10-15}$$

同理可得

$$i_{q\omega} = \frac{U_0}{x''_q}\sin(\omega t + \delta_0) \tag{10-16}$$

10.3.3　各分量的终值

短路进入稳态后，可用稳态方程式（4-54）；且 $u_{d\infty} = u_{q\infty} = 0$，令 $r \approx 0$；因励磁不变，即 $E_{q\infty} = E_{q0}$。所以

$$\left.\begin{array}{l} 0 = x_q i_{q\infty} \\ 0 = -x_d i_{d\infty} + E_{q\infty} \end{array}\right\} \quad 因此 \quad \left.\begin{array}{l} i_{q\infty} = 0 \\ i_{d\infty} = \dfrac{E_{q0}}{x_d} = I_\infty \end{array}\right\} \tag{10-17}$$

10.3.4　各分量的时间常数

由上述结果可见，$i_{d\omega}$、$i_{q\omega}$、$i_{q\alpha}$ 这 3 个分量都会由各自的初瞬值最终衰减到零，而 $i_{d\alpha}$ 则会由初瞬值 I''_d 最终变化为 I_∞。

那么，这些分量各自以什么时间常数变化呢？定子与转子中的交直流互相对应，应该以直流分量来确定该系列分量的时间常数。一般来说，阻尼绕组的时间常数比励磁绕组的时间常数小得多。所以，将同步发电机的电磁暂态过程分为两个阶段：

1）次暂态阶段，指短路最初的毫秒级的暂态过程。在这个阶段，励磁绕组 f 对应的变量几乎不变，近似地视为超导（即短路），暂态过程主要取决于阻尼绕组 D、Q 的动态时间常数。

2）暂态阶段，指次暂态阶段结束后的暂态过程。在这个阶段，阻尼绕组 D、Q 的电流已经衰减到几乎为零，近似地认为开路，暂态过程主要取决于励磁绕组 f 的动态时间常数。

而且，不管是什么阶段，定子绕组处于短路状态，其电阻近似地忽略不计。

1. d 轴直流分量的时间常数

d 轴直流分量衰减时间常数等效电路如图 10-8 所示。d 轴直流分量的时间常数是由直轴阻尼绕组 D 决定的，如前所述，在次暂态阶段，励磁绕组近似地视为超导（即处于短路）而且电阻为零，将图 10-8 中励磁绕组短路后，可得直轴阻尼绕组的时间常数为

$$T''_d = \left(x'_D - \frac{x'^2_{fD}}{x'_f}\right)\bigg/ r_D \tag{10-18}$$

而在暂态阶段，阻尼绕组近似地认为开路，则励磁绕组的时间常数为

$$T'_d = x'_f / r_f \tag{10-19}$$

式中，电抗上标一撇是指从该绕组看进去但考虑到 d 绕组短路所对应的电抗。

2. q 轴直流分量的时间常数

q 轴直流分量的时间常数是由交轴阻尼绕组决定的，如图 10-9 所示，故

$$T''_q = x'_Q / r_Q \tag{10-20}$$

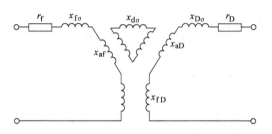

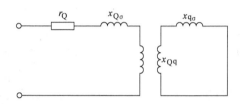

图 10-8　d 轴直流分量衰减时间常数等效电路　　　图 10-9　q 轴直流分量衰减时间常数等效电路

3. 定子直流分量的时间常数

定子直流产生空间固定的磁场，转子旋转切割之，所以电纳在 $1/x''_d$、$1/x''_q$ 之间变化，近似地取平均值，所以有

$$T_a = \frac{2x''_d x''_q}{x''_d + x''_q} \Big/ r \tag{10-21}$$

10.3.5　合成转换

根据前面的分析可见，$i_{d\alpha}$ 在次暂态阶段以时间常数 T''_d 从 I''_d 衰减到 I'_d，然后再以时间常数 T'_d 从 I'_d 衰减到 I_∞，如图 10-10 所示。

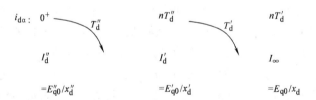

图 10-10　直轴直流分量变化

图 10-10 中，I'_d 是指次暂态结束即阻尼绕组电流为零时的直流电流，按照此时的电压方程式（4-53）并注意到电压和电阻为零，可得

$$0 = -x'_d i_d + E'_q, \quad I'_d = \frac{E'_{q0}}{x'_d} \tag{10-22}$$

根据图 10-10 可得

$$i_{d\alpha} = \left(\frac{E''_{q0}}{x''_d} - \frac{E'_{q0}}{x'_d} \right) e^{-t/T''_d} + \left(\frac{E'_{q0}}{x'_d} - \frac{E_{q0}}{x_d} \right) e^{-t/T'_d} + \frac{E_{q0}}{x_d} \tag{10-23}$$

再根据短路之前的稳态电压方程，忽略定子电阻时有

$$\left. \begin{array}{l} u_{d0} = x''_q i_{q0} + E''_{d0} \\ u_{q0} = -x''_d i_{d0} + E''_{q0} \end{array} \right\} \quad \left. \begin{array}{l} u_{d0} = x_q i_{q0} \\ u_{q0} = -x'_d i_{d0} + E'_{q0} \end{array} \right\} \quad \left. \begin{array}{l} u_{d0} = x_q i_{q0} \\ u_{q0} = -x_d i_{d0} + E_{q0} \end{array} \right\} \tag{10-24}$$

不难证明式（10-23）变为

$$i_{d\alpha} = u_{q0} \left[\left(\frac{1}{x_d''} - \frac{1}{x_d'} \right) e^{-t/T_d''} + \left(\frac{1}{x_d'} - \frac{1}{x_d} \right) e^{-t/T_d'} \right] + \frac{E_{q0}}{x_d} \tag{10-25}$$

$i_{q\alpha}$ 以时间常数 T_q'' 从 I_q'' 衰减到零，所以

$$i_{q\alpha} = -\frac{E_{d0}''}{x_q''} e^{-t/T_q''} = -u_{d0} \left(\frac{1}{x_q''} - \frac{1}{x_q} \right) e^{-t/T_q''} \tag{10-26}$$

$i_{d\omega}$、$i_{q\omega}$ 均以时间常数 T_a 从初瞬电流衰减到零，所以

$$i_{d\omega} = -\frac{U_0}{x_d''} \cos(t + \delta_0) e^{-t/T_a} \tag{10-27}$$

$$i_{q\omega} = \frac{U_0}{x_q''} \sin(t + \delta_0) e^{-t/T_a} \tag{10-28}$$

将直流分量和交流分量相加得

$$\left. \begin{array}{l} i_d = i_{d\alpha} + i_{d\omega} \\ i_q = i_{q\alpha} + i_{q\omega} \end{array} \right\} \tag{10-29}$$

再将 dq0 分量转换到 abc 坐标系，由 $i_a = i_d \cos\theta - i_q \sin\theta$，且注意到 $u_{d0} = U_0 \sin\delta_0$，$u_{q0} = U_0 \cos\delta_0$，经过推导可得

$$i_a = \left\{ \frac{E_{q0}}{x_d} + U_0 \cos\delta_0 \left[\left(\frac{1}{x_d''} - \frac{1}{x_d'} \right) e^{-t/T_d''} + \left(\frac{1}{x_d'} - \frac{1}{x_d} \right) e^{-t/T_d'} \right] \right\} \cos(t + \theta_0)$$

$$+ U_0 \sin\delta_0 \left(\frac{1}{x_q''} - \frac{1}{x_q} \right) e^{-t/T_q''} \sin(t + \theta_0) - \frac{U_0}{2} \left(\frac{1}{x_d''} + \frac{1}{x_q''} \right) \cos(\theta_0 - \delta_0) e^{-t/T_a}$$

$$- \frac{U_0}{2} \left(\frac{1}{x_d''} - \frac{1}{x_q''} \right) \cos(2t + \theta_0 + \delta_0) e^{-t/T_a} \tag{10-30}$$

由此可见，定子绕组电流中包括基频分量、直流分量和倍频分量，这与前面的定性分析完全一致。电流各分量及其合成后的波形如图 10-11 所示，短路电流过程分解如图 10-12 所示。

对于 b 相和 c 相的电流，只要将 a 相电流中的 θ_0 分别用 $\theta_0 - 120°$ 和 $\theta_0 + 120°$ 代替即可，这里不再赘述。所以，各分量均三相对称，总和为零，如图 10-13 和图 10-14 所示。

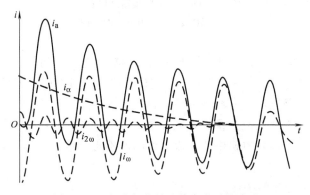

图 10-11　电流各分量及其合成后的波形

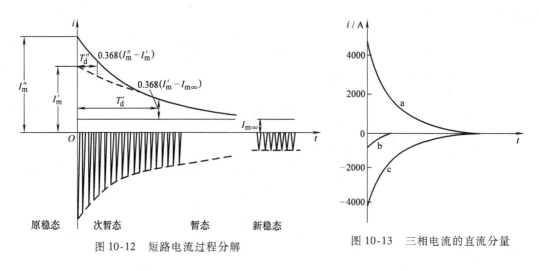

图 10-12 短路电流过程分解

图 10-13 三相电流的直流分量

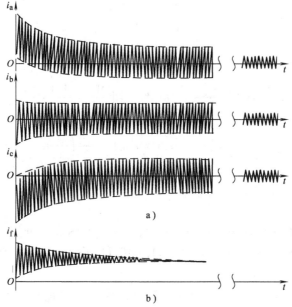

图 10-14 同步发电机短路后电流波形

a) 三相电流波形　b) 励磁绕组电流波形

【课堂讨论】

讨论 1. 同步发电机与无穷大电源供电时的三相短路电流有何异同。

对比观察式（10-5）和式（10-30），以及图 10-2 和图 10-12，可见同步发电机与无穷大电源供电时的三相短路电流既有相同之处，也有不同之处。

相同之处在于：①都有交流分量、直流分量；②都是先大后小；③都是三相对称。

不同之处在于：①同步发电机中的交流分量幅值不再恒定，而是衰减的；②同步发电机中多了倍频分量。

讨论 2. 关于几个分量的条件。

首先，倍频分量 $i_{2\omega}$ 何时为零呢？由式（10-30）易见，当 $1/x''_d - 1/x''_q = 0$，即 $x''_d = x''_q$

时，倍频分量为零。在实际工程中，x''_d 与 x''_q 并不严格相等但比较接近，所以倍频分量不为零但相当小。

其次，直流分量 i_α 何时为零呢？由式（10-30）易见，当 $\cos(\theta_0 - \delta_0) = 0$，即 $|\theta_0 - \delta_0| = 90°$ 时，直流分量为零。由图 10-15 可见

$$\delta + (\alpha - \theta) = 90°$$

故

$$\alpha_0 = 90° + (\theta_0 - \delta_0) = 0° \text{或} 180°$$

注意到图 10-1 中电压和电流是正弦表达的，而在图 10-15 中是余弦表达的，相差 90°，所以上式对应于式（10-1）中的 $\alpha_u = |90°|$，因此

$$i_a(0_-) = I_{m|0|}\sin(\alpha_u - 90°) = 0, \ i_a(0_+) = I_m\sin(\alpha_u - 90°) = 0 \tag{10-31}$$

这意味着，当短路瞬间电流恰好过零时，不会产生直流分量。

讨论 3．冲击电流与最大有效值电流。

直流分量 i_α 何时最大呢？显然，初瞬时各个电流分量最大。由前面分析可知初瞬时

$$i_{q\alpha} = I''_q = -\frac{E''_d}{x''_q}, \ i_{d\alpha} = I''_d = \frac{E''_q}{x''_d}$$

近似认为 $x'' = x''_d \approx x''_q$，则周期分量有效值为

$$I''_p = \sqrt{I''^2_q + I''^2_d} = \frac{\sqrt{E''^2_d + E''^2_q}}{x''} = \frac{E''}{x''} \tag{10-32}$$

由此可得短路初瞬时的发电机等效电路如图 10-16 所示，该等效电路在下一章将会用到。

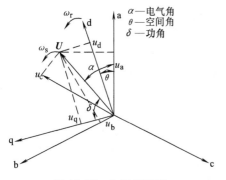
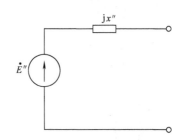

图 10-15　空间相量图　　　　　　　　图 10-16　短路初瞬时的等效电路

类似于式（10-8）和式（10-10），i_M 和 I_M 均正比于 I''，即

$$i_M = K_M\sqrt{2}I'' \tag{10-33}$$

$$I_M = K_p I'' \tag{10-34}$$

思考题与习题

10-1　请自行收集资料，分析同步发电机发生突然三相短路后的次暂态阶段、暂态阶段、最终稳态阶段，定子绕组电压方程分别应该采用第 4 章中式（4-51）~ 式（4-54）中哪一种？

10-2　试确定图 10-1 右侧电路的解。对总的电路电流有何影响？

*10-3　在图 10-5 中，C 是否三相同时最大？C 是否可能更大？

10-4　对于图 1-21 所示系统，计算变压器 T_1 低压侧发生三相短路时的 i_M 及 I_M，计算时取 $K_M = 1.8$。

10-5 对于图1-21所示系统，要求电抗器右侧发生三相短路时 $i_M \leqslant 6kA$，试确定电抗器的电抗值。其余元件参数不变，计算时取 $K_M = 1.8$。

10-6 已知同步发电机参数如下：$x_d = 1.15$，$x_q = 0.75$，$x'_d = 0.37$，$x''_d = 0.24$，$x''_q = 0.34$，$T_a = 0.15s$，$T'_d = 1.8s$，$T''_d = 0.035s$，$U_0 = 1.0$。发电机空载、端口三相短路，$\theta_0 = 0$。求：$t = 0.01s$ 和 $t = 0.1s$ 时的a相短路电流。

*10-7 同步发电机端口突然发生不对称短路时，分析定子绕组和转子绕组中各有哪些电流分量。

*10-8 在图10-1中，若右侧电路中包含电动机负荷，试分析其对短路点总的短路电流的影响是大于还是小于恒定阻抗。

参 考 文 献

[1] 韩水，苑舜，张近珠. 国外典型电网事故分析 [M]. 北京：中国电力出版社，2005.

[2] 刘宇，等. 从巴西电网"2.4"大停电事故看继电保护技术应用原则 [J]. 电力系统自动化，2011，35 (8).

[3] 林伟芳，等. 巴西"11.10"大停电事故分析及启示 [J]. 电力系统自动化，2010，34 (7).

[4] 李光琦. 电力系统暂态分析 [M].3版. 北京：中国电力出版社，2007.

[5] 何仰赞，等. 电力系统分析（下册）[M]. 武汉：华中理工大学出版社，1985.

[6] 蔡元宇. 电力系统故障分析 [M]. 北京：水利电力出版社，1992.

[7] 马大强. 电力系统机电暂态过程 [M]. 北京：水利电力出版社，1988.

[8] Kundur P. Power system stability and control（Chapter 7）[M]. New York：McGraw-Hill，1994.

[9] B M Weedy，B J Cory. Electric Power Systems [M].4th ed. Newyork：John Wiley & Sons，1999.

[10] U. S. -Canada Power System Outage Task Force. Final Report on the August 14,2003 Blackout in the USA and Canada, April 2004.

[11] UCTE. Interim Report—System Disturbance on 4 November, 2006.

第11章 电力系统的不对称故障

前面一章详细讨论了电力系统对称故障的物理过程分析和计算方法推导。实际电力系统中的故障大多数是不对称的，包含不对称短路和不对称断线两类，下面对各种不对称故障进行分析计算。本章主要介绍不对称故障分析的基本原理和基本方法。

11.1 对称分量法

不对称故障采用什么方法分析呢？分析三相短路时，在系统结构对称的情况下，短路电流的周期性分量也是对称的，因此只需要分析其中的一相。当系统发生不对称故障时，由于系统的对称性受到破坏，网络中出现了不对称的电流和电压。对于这种不对称电路，采用对称分量法来分析。

11.1.1 对称分量法的基本原理

什么是对称分量法？对称分量法是将不对称的 3 相电流和电压各自分解为 3 组分别对称的分量，对这 3 组对称分量分别按对称三相电路进行求解，然后再利用线性电路的叠加原理，将其结果进行叠加。

据此有以下结论：在三相系统中，任意一组不对称的 3 个相量，总可以分解成如下的 3 组对称分量。

1）正序分量：各相量的绝对值相等，相互之间有 120° 的相位角，且与系统在正常对称运行方式下的相序一致。

2）负序分量：各相量的绝对值相等，相互之间有 120° 的相位角，相序与正序相反。

3）零序分量：各相量的绝对值相等，相位一致。

三相的相量与对称分量之间是什么关系呢？若用下标 a、b 和 c 表示 3 个相分量，用下标 1、2、0 分别表示正序、负序和零序分量。设 $\dot{F}_a$、$\dot{F}_b$、$\dot{F}_c$ 分别表示三相不对称电压或电流相量；$\dot{F}_{a1}$、$\dot{F}_{a2}$、$\dot{F}_{a0}$ 分别表示 a 相的正序、负序和零序分量；$\dot{F}_{b1}$、$\dot{F}_{b2}$、$\dot{F}_{b0}$ 和 $\dot{F}_{c1}$、$\dot{F}_{c2}$、$\dot{F}_{c0}$ 分别表示 b 相和 c 相的正序、负序和零序分量。则 b 相和 c 相的正序、负序和零序分量与 a 相的正序、负序和零序分量之间的关系为

$$\left.\begin{array}{l} \dot{F}_{b1} = a^2 \dot{F}_{a1}, \quad \dot{F}_{c1} = a \dot{F}_{a1} \\[2mm] \dot{F}_{b2} = a \dot{F}_{a2}, \quad \dot{F}_{c2} = a^2 \dot{F}_{a2} \\[2mm] \dot{F}_{b0} = \dot{F}_{c0} = \dot{F}_{a0} \end{array}\right\} \tag{11-1}$$

式中，$a = \mathrm{e}^{\mathrm{j}120°} = -\dfrac{1}{2} + \mathrm{j}\dfrac{\sqrt{3}}{2}$；$a^2 = \mathrm{e}^{\mathrm{j}240°} = -\dfrac{1}{2} - \mathrm{j}\dfrac{\sqrt{3}}{2}$。

在对称分量法中，通常取 a 相作为基准相，即取 a 相的正、负、零序分量作为代表，并记

$$\dot{F}_1 = \dot{F}_{a1}, \quad \dot{F}_2 = \dot{F}_{a2}, \quad \dot{F}_0 = \dot{F}_{a0}$$

可以得出三相的相量与对称分量之间的关系为

$$\begin{bmatrix} \dot{F}_a \\ \dot{F}_b \\ \dot{F}_c \end{bmatrix} = \begin{bmatrix} 1 & 1 & 1 \\ a^2 & a & 1 \\ a & a^2 & 1 \end{bmatrix} \begin{bmatrix} \dot{F}_{a1} \\ \dot{F}_{a2} \\ \dot{F}_{a0} \end{bmatrix} = \begin{bmatrix} 1 & 1 & 1 \\ a^2 & a & 1 \\ a & a^2 & 1 \end{bmatrix} \begin{bmatrix} \dot{F}_1 \\ \dot{F}_2 \\ \dot{F}_0 \end{bmatrix} \tag{11-2}$$

或简写为

$$\boldsymbol{F}_{abc} = \boldsymbol{T} \boldsymbol{F}_{120} \tag{11-3}$$

式中，矩阵 $\boldsymbol{T}$ 为变换矩阵，显然，它是可逆矩阵。于是得出式（11-2）的逆关系为

$$\begin{bmatrix} \dot{F}_1 \\ \dot{F}_2 \\ \dot{F}_0 \end{bmatrix} = \begin{bmatrix} \dot{F}_{a1} \\ \dot{F}_{a2} \\ \dot{F}_{a0} \end{bmatrix} = \frac{1}{3} \begin{bmatrix} 1 & a & a^2 \\ 1 & a^2 & a \\ 1 & 1 & 1 \end{bmatrix} \begin{bmatrix} \dot{F}_a \\ \dot{F}_b \\ \dot{F}_c \end{bmatrix} \tag{11-4}$$

或简写为

$$\boldsymbol{F}_{120} = \boldsymbol{T}^{-1} \boldsymbol{F}_{abc}$$

式（11-4）说明，3 个不对称的相量可以唯一地分解成 3 组对称的相量；而式（11-2）说明，由 3 组对称分量可以进行合成而得到唯一的 3 个不对称相量。以上两式即为三相的相量与对称分量之间的关系。

注意：

1）上述变换是一对一的线性变换，独立总变量数不变。

2）这样的转换并非纯数学的，各序电压、电流是客观存在的，可以测出。

3）变换是对相量进行的，不像 dq0 是对瞬时量进行的。因此，零序看似相同，但实际不同。

关于零序分量有哪些结论呢？由式（11-4）中的零序分量关系式可以看出，在三相系统中，若三相相量之和为零，则其对称分量中将不含零序分量。由此可以推出：在线电压中不含零序电压分量；在三角形联结中，由于线电流是两个相电流之差，因此，如果相电流中有零序分量，则它们将在闭合的三角形中形成环流，而在线电流中则不存在零序电流分量；在星形联结中，零序电流的通路必须以大地（或中性线）为回路，否则线电流中也不存在零序分量，而通过大地中的零序电流将等于一相零序电流的 3 倍，即由式（11-4）得

$$\dot{I}_N = \dot{I}_a + \dot{I}_b + \dot{I}_c = 3\dot{I}_0$$

11.1.2 对称分量法在不对称故障分析中的应用

当对称电力系统中的某一点发生不对称故障时，除了故障点出现不对称以外，电力系统的其余部分仍然是对称的。已知，对于三相对称的元件，各序分量是独立的，即各序电压只与各序电流有关。

求解不对称故障问题的思路是什么呢？将不对称计算转化为对称计算，使由故障造成的不对称电路转化为三相对称电路，进而转化为单相电路来求解。

下面以一简单系统中发生 a 相短路接地的情况为例，介绍用对称分量法分析其短路电流及其短路点电压的方法，如图 11-1 所示。

如图 11-1a 所示网络，当线路在 f 点发生 a 相接地故障时，从阻抗、电压、电流 3 个角度，可以得到计算 a 相接地故障时的边界条件，即

$$\left.\begin{array}{l} \dot{U}_{\mathrm{fa}} = 0 \\[4pt] \dot{I}_{\mathrm{fb}} = \dot{I}_{\mathrm{fc}} = 0 \end{array}\right\} \tag{11-5}$$

　　对系统作如下处理：在短路点人为地接入一组不对称电动势源，这组电动势源与上述不对称的各相电压大小相等、方向相反，如图 11-1d 所示。然后利用对称分量法将这一组不对称的电动势源分解成正序、负序、零序 3 组对称的电动势源，如图 11-1e 所示。

　　由以上分析可得，电路的其余部分是对称的，电路的参数又假设为恒定，所以各序具有独立性。这时将短路点的正序、负序、零序 3 组对称的电动势源加上网络的其余相同的相序部分，就可以绘制出三序网络，即正序网、负序网、零序网。由于在各序网中，a、b、c 三相对称，所以可用单相电路表示，如图 11-1f 所示（以 a 相为基准），将其作进一步简化可得图 11-1g。

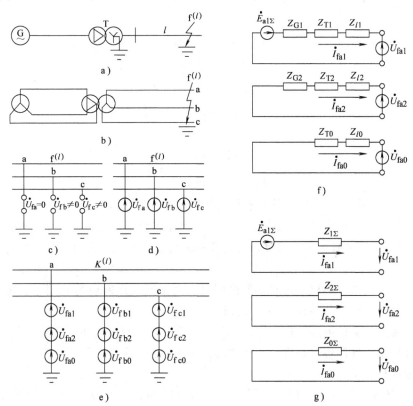

图 11-1　利用对称分量法分析不对称短路故障

a) 简单系统单相接地　b) 三相系统图　c) 短路点 a 相接地　d) 短路点接入

三相电压　e) 短路点接入三相序电压　f) 三序网络图　g) 简化三序网络图

　　由图 11-1f 可见，正序、负序、零序综合阻抗分别为

$$\left.\begin{array}{l} Z_{1\Sigma} = Z_{\mathrm{G1}} + Z_{\mathrm{T1}} + Z_{l1} \\[4pt] Z_{2\Sigma} = Z_{\mathrm{G2}} + Z_{\mathrm{T2}} + Z_{l2} \\[4pt] Z_{0\Sigma} = Z_{\mathrm{T0}} + Z_{l0} \end{array}\right\} \tag{11-6}$$

　　式（11-6）中，由于变压器 T 的左侧为三角形联结，零序电流无法流入发电机，因此 $Z_{0\Sigma}$

中不含发电机的零序阻抗。对于图 11-1g 所示的三序网络可以分别列出各序的电压平衡方程：

$$\left.\begin{array}{l} \dot{E}_{a1\Sigma} - \dot{I}_{fa1} Z_{1\Sigma} = \dot{U}_{fa1} \\ -\dot{I}_{fa2} Z_{2\Sigma} = \dot{U}_{fa2} \\ -\dot{I}_{fa0} Z_{0\Sigma} = \dot{U}_{fa0} \end{array}\right\} \tag{11-7}$$

式中，$\dot{U}_{fa1}$、$\dot{U}_{fa2}$、$\dot{U}_{fa0}$ 分别为短路点的正序电压、负序电压和零序电压；$\dot{E}_{a1\Sigma}$ 为综合的电源电动势。

式（11-7）对于各种不对称短路故障都适用，该式说明了当发生各种不对称短路故障时各序电流和电压之间的相互关系，总结了不对称故障的共性，称它为短路计算的 3 个基本电压方程。该方程组含有 6 个未知数（故障点的三序电压和三序电流分量），但是方程总数只有 3 个，不足以求解出故障点处的各序电压和电流分量。此时就需要加入针对该短路故障的边界条件。

由前面的边界条件式（11-5），将其用 a 相的对称分量表示，可得到

$$\left.\begin{array}{l} \dot{U}_{fa1} + \dot{U}_{fa2} + \dot{U}_{fa0} = 0 \\ a^2 \dot{I}_{fa1} + a \dot{I}_{fa2} + \dot{I}_{fa0} = 0 \\ a \dot{I}_{fa1} + a^2 \dot{I}_{fa2} + \dot{I}_{fa0} = 0 \end{array}\right\} \tag{11-8}$$

整理可得

$$\left.\begin{array}{l} \dot{U}_{fa1} + \dot{U}_{fa2} + \dot{U}_{fa0} = 0 \\ \dot{I}_{fa1} = \dot{I}_{fa2} = \dot{I}_{fa0} \end{array}\right\} \tag{11-9}$$

由式（11-7）和式（11-9），即可求出故障点的三序电压和三序电流（$\dot{U}_{fa1}$、$\dot{U}_{fa2}$、$\dot{U}_{fa0}$ 以及 $\dot{I}_{fa1}$、$\dot{I}_{fa2}$、$\dot{I}_{fa0}$），再利用变换关系式（11-3）即可求得故障点处的三相电压和电流分量。

应用对称分量法进行不对称故障计算的步骤如何？由上例，可以归结出求解此类问题的步骤：

1）将不对称网络分解成 3 个对称的序网络。由于同一序网中的 a、b、c 这 3 个分量是对称的，所以可以用单相图表示 3 个序网络。

2）列出各序分量的电压平衡方程，求得各序分量对故障点处的等值序阻抗。

3）结合故障点处的边界条件，求得故障处 a 相的各序分量。

4）求得各相分量。

复合序网概念的提出：实际上，联立式（11-7）和式（11-9），可以用图 11-2 所示的等效电路来进行求解。该等效电路称为复合序网，它满足式（11-7）的 3 个序分量表达式，在故障点处按照式（11-9）的边界条件连接起来。经过比较可知：按照复合序网计算的结果与联立求解式（11-7）和式（11-9）的计算结果完全一致。

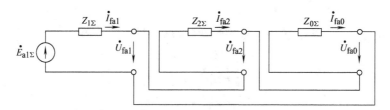

图 11-2　a 相短路接地的复合序网

11.2　电力系统各序网络的形成及序网方程

11.2.1　序阻抗

什么是序阻抗？所谓元件的序阻抗，即为该元件中流过某序电流时，其产生的相应序电压与电流之比值。

在一个三相对称的元件中，如果流过某一序电流，则在元件上只产生该序分量的电压降。反之，当施加某一序分量的电压时，电路中也只产生该序分量的电流。这样就可以对正序、负序和零序分量分别进行计算。下面以三相对称线路为例加以说明。

设三相电路每相自感阻抗为 z_s，相间的互感阻抗为 z_m，则三相电压降与三相电流有如下关系：

$$\begin{bmatrix} \Delta \dot{U}_a \\ \Delta \dot{U}_b \\ \Delta \dot{U}_c \end{bmatrix} = \begin{bmatrix} z_s & z_m & z_m \\ z_m & z_s & z_m \\ z_m & z_m & z_s \end{bmatrix} \begin{bmatrix} \dot{I}_a \\ \dot{I}_b \\ \dot{I}_c \end{bmatrix} \tag{11-10}$$

或简写为

$$\Delta U_{abc} = Z_{abc} I_{abc} \tag{11-11}$$

将上式中的三相电压降和三相电流变换为对称分量，得

$$T \Delta U_{120} = Z_{abc} T I_{120} \tag{11-12}$$

两边左乘 T^{-1}，得

$$\Delta U_{120} = T^{-1} Z_{abc} T I_{120} = Z_{120} I_{120} \tag{11-13}$$

式中

$$Z_{120} = T^{-1} Z_{abc} T = \begin{bmatrix} z_s - z_m & 0 & 0 \\ 0 & z_s - z_m & 0 \\ 0 & 0 & z_s + 2z_m \end{bmatrix} = \begin{bmatrix} z_1 & 0 & 0 \\ 0 & z_2 & 0 \\ 0 & 0 & z_0 \end{bmatrix} \tag{11-14}$$

Z_{120} 反映了电压降的对称分量和电流的对称分量之间的阻抗。显然，各序分量是相互独立的，即

$$\left. \begin{aligned} \Delta \dot{U}_{a1} &= (z_s - z_m) \dot{I}_{a1} = z_1 \dot{I}_{a1} \\ \Delta \dot{U}_{a2} &= (z_s - z_m) \dot{I}_{a2} = z_2 \dot{I}_{a2} \\ \Delta \dot{U}_{a0} &= (z_s + 2z_m) \dot{I}_{a0} = z_0 \dot{I}_{a0} \end{aligned} \right\} \tag{11-15}$$

式 (11-15) 中，z_1、z_2、z_0 分别称为此电路的正序、负序、零序阻抗。由于当流过正序电流和负序电流时，任意两相对第三相的电磁感应关系相同，所以三相对称的静止元件（架空线路、变压器、电抗器等）的正序阻抗与负序阻抗相等。与此相反，旋转元件（电机等）的正序阻抗与负序阻抗通常不相等。

常用的电力系统元件的序阻抗是怎样的呢？下面将详细讨论电力系统中几种元件的序阻抗。

1. 同步发电机的序电抗

同步发电机的正序、负序、零序阻抗相等吗？同步发电机是旋转元件，其正序、负序、零序

阻抗不相同。

（1）正序电抗

同步发电机对称运行时，只有正序电流存在，相应的电机参数就是正序参数。稳态时的同步电抗 x_d、x_q，暂态过程中的 x_d'、x_d'' 和 x_q''，都属于正序电抗。

（2）负序电抗

在同步发电机中，定子绕组流过正序电流所产生的旋转磁场方向与转子旋转方向相同，因此对转子绕组是相对静止的。当定子绕组中流过负序电流时，产生的旋转磁场方向与转子旋转方向相反，因此其相对转子绕组的相对速度为两倍同步速度。该旋转磁场将在转子绕组中引起感应电动势和感应电流，从而使定子绕组负序电抗不同于正序电抗。

伴随着同步发电机定子的负序基频分量，定子绕组中包含有许多高频分量。通常将同步发电机负序电抗定义为：发电机端点的负序电压基频分量与流入定子绕组的负序电流基频分量的比值。在不同的不对称情况下，同步发电机的负序电抗有不同的值，见表11-1。

表11-1 同步发电机的负序电抗

不对称状态	负序电抗	不对称状态	负序电抗
绕组中流过基频负序正弦电流	$\dfrac{x_d'' + x_q''}{2}$	两相短路（不接地）	$\sqrt{x_d'' x_q''}$
端点施加基频负序正弦电压	$\dfrac{2x_d'' x_q''}{x_d'' + x_q''}$	单相接地短路	$\sqrt{\left(x_d'' + \dfrac{x_{(0)}}{2}\right)\left(x_q'' + \dfrac{x_{(0)}}{2}\right)} - \dfrac{x_{(0)}}{2}$

注：两相短路接地时的负序电抗表示较繁复，未列出。

表11-1中 $x_{(0)}$ 为同步发电机的零序电抗。在需要计及外电路电抗 x 时，表中所有的 x_d''、x_q''、$x_{(0)}$ 都应该写成 $(x_d'' + x)$、$(x_q'' + x)$、$(x_{(0)} + x)$。在求得包含外电路电抗的负序电抗后，从中减去 x 即得到这种情况下发电机的负序电抗。

实际上，表11-1中4种不同情况下的负序电抗相差并不大。而且这种差别会随着外电路电抗的增大而减小，并趋近于 $(x_d'' + x_q'')/2$。因此，实用计算通常取负序电抗为

$$x_{(2)} = \frac{x_d'' + x_q''}{2} \tag{11-16}$$

（3）零序电抗

同步发电机零序电抗定义为：施加在发电机端点的零序电压基频分量与流入定子绕组的零序电流基频分量的比值。定子绕组的零序电流只产生定子绕组漏磁通，与此漏磁通相对应的电抗就是零序电抗。这一漏磁通与正弦电流产生的漏磁通不同，因为漏磁通与相邻绕组中的电流有关。实际上，零序电流产生的漏磁通比正序的小，其减小程度与绕组形式有关。零序电抗的变化范围为

$$x_{(0)} = (0.15 \sim 0.6) x_d''$$

注意，发电机中性点通常不接地，即零序电流不能通过发电机，此时发电机的等效零序电抗为无穷大。

2. 变压器的序阻抗

变压器的零序电抗与什么有关呢？稳态运行时的变压器的等效阻抗就是它的正序或负序电抗。变压器的零序电抗和正序、负序电抗不同。当在变压器端点施加零序电压时，其绕组

中有无零序电流，以及零序电流的大小与变压器三相绕组的接线方式和变压器的结构密切相关。下面就各类变压器分别加以讨论。

（1）双绕组变压器

零序电压施加在变压器绕组的三角形侧或不接地星形侧时，无论另一侧绕组的接地方式如何，变压器中都没有零序电流流通。此时零序电抗为无穷大。

零序电压施加在绕组连接成接地星形侧时，大小相等、相位相同的零序电流将通过三相绕组经中性点流入大地，构成回路。另一侧，零序电流流通的情况则随该侧的接线方式而异。

1）YNd 联结方式。变压器星形侧流过零序电流时，在三角形侧各相绕组中将感应零序电动势，接成三角形的三相绕组为零序电流提供了通路。但因为零序电流三相大小相等、相位相同，它只在三角形绕组中形成环流，而流不到绕组以外的线路上去，如图 11-3 所示。

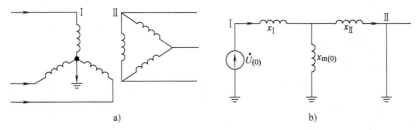

图 11-3　YNd 联结变压器的零序等效电路

零序系统是对称三相系统，其等值电路也可以用一相为代表。三角形侧感应的电动势以电压降的形式完全降落在该侧的漏电抗中，相当于该侧绕组短接。故变压器的零序等效电路如图 11-3b 所示。其零序电抗为

$$x_{(0)} = x_{\mathrm{I}} + \frac{x_{\mathrm{II}} x_{\mathrm{m}(0)}}{x_{\mathrm{II}} + x_{\mathrm{m}(0)}}$$

式中，x_{I}、x_{II} 分别为两侧绕组的漏抗；$x_{\mathrm{m}(0)}$ 为零序励磁电抗。

2）YNy 联结方式。变压器一次星形侧流过零序电流，二次星形侧各相绕组中将感应零序电动势。如果二次星形侧中性点不接地，零序电流没有通路，二次星形侧没有零序电流，如图 11-4a 所示。

此时，变压器相当于空载，零序等效电路如图 11-4b 所示，其零序电抗为

$$x_{(0)} = x_{\mathrm{I}} + x_{\mathrm{m}(0)}$$

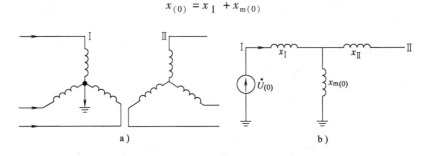

图 11-4　YNy 联结变压器的零序等效电路

3）YNyn 联结方式。变压器一次星形侧流过零序电流，二次星形侧各绕组中将感应零序电动势。如果与二次星形侧相连的电路中还有另一个接地中性点，则二次绕组中将有零序电流流通，如图 11-5a 所示，其等效电路如图 11-5b 所示。如果二次绕组回路中没有其他接地中性点，则二次绕组中没有零序电流流通，变压器的零序电抗与 YNy 联结变压器相同。

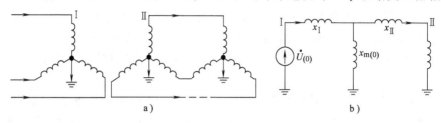

图 11-5　YNyn 联结变压器的零序等效电路

在上述 3 种变压器的零序等效电路中，零序励磁电抗对等效零序电抗影响很大。正序的励磁电流都很大。这是由于正序励磁磁通均在铁心内部，磁阻较小。零序的励磁电抗与正序不同，它与变压器的结构有很大关系。

（2）三绕组变压器

在三绕组变压器中，为了消除 3 次谐波磁通的影响，使变压器的电动势接近正弦波，一般总有一个绕组是三角形联结，以提供 3 次谐波电流的通路。因为三绕组变压器有一个绕组是三角形联结，可以不计入 $x_{m(0)}$。

图 11-6a 显示了 YNdy 联结的变压器。绕组Ⅲ中没有零序电流通过，因此变压器零序电抗为

$$x_{(0)} = x_{\text{I}} + x_{\text{II}}$$

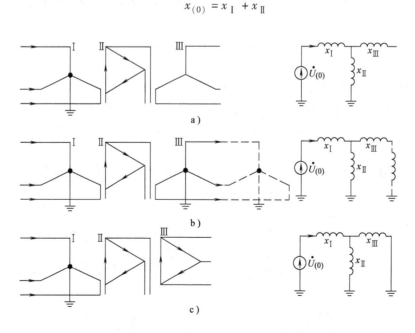

图 11-6　三绕组变压器的零序等效电路
a) YNdy 联结　b) YNdyn 联结　c) YNdd 联结

图 11-6b 显示了 YNdyn 联结的变压器，绕组 Ⅱ、Ⅲ 都可以通过零序电流，Ⅲ 绕组中能否有零序电流取决于外电路中有无接地点。

图 11-6c 显示了 YNdd 联结的变压器，Ⅱ 侧和 Ⅲ 侧绕组各自成为零序电流的闭合回路。Ⅱ 侧和 Ⅲ 侧绕组中的电压降相等，并等于变压器的感应电动势，因而在等效电路中 $x_\text{Ⅱ}$ 和 $x_\text{Ⅲ}$ 并联。此时变压器的零序电抗为

$$x_{(0)} = x_\text{Ⅰ} + \frac{x_\text{Ⅱ} \, x_\text{Ⅲ}}{x_\text{Ⅱ} + x_\text{Ⅲ}}$$

三绕组变压器零序等效电路中的电抗 $x_\text{Ⅰ}$、$x_\text{Ⅱ}$ 和 $x_\text{Ⅲ}$ 与正序的情况一样，不是各绕组的漏电抗，而是等效电抗。

关于自耦变压器的零序电抗问题，此处不再讨论。

此外，输电线路的序阻抗问题，这里也略去，若需要请参考相关教材。

11.2.2　正序和负序网络

1. 正序网络

不对称故障时的正序等效网络与潮流计算时所用的等效网络相同吗？正序等效网络中各元件所用参数为正序参数，正序网络与潮流计算时所用的等效网络基本相同，但也有不同的地方。

1）在潮流分析所用的等效网络中一般不包括发电机和负荷。但在不对称故障分析时，正序网络应该包含发电机，并应根据要求决定是否计及负荷。

在正序等效网络中发电机元件可用电动势及电抗来表示，并根据所研究的问题不同而采用不同的电动势及电抗。例如，在计算短路瞬时的次暂态的问题时应采用发电机的次暂态电动势和次暂态电抗来表示；在计算稳态短路电流时应采用发电机的空载电动势和同步电抗来表示；负载可以用恒定阻抗表示。

2）在不对称故障点应加入正序电压。若为不对称短路故障，则应加在故障点与地之间；若为不对称断线故障，则应加在故障断口两端点之间。

3）在不对称故障的近似计算中，一般只计及元件的电抗。

当发电机用 x_d'' 和 E'' 模拟时，不对称故障分析的正序网络如图 11-7 所示，图中各个发电机的电动势和负荷的等效阻抗可以由故障前的潮流计算结果得到。

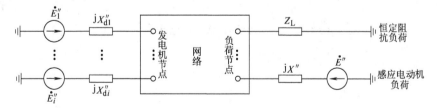

图 11-7　不对称故障分析的正序网络

2. 负序网络

负序等效网络与正序等效网络相同吗？基本相同。其差异在于：在负序网络中发电机电动势等于零，因为发电机电动势是对称的，故发电机端的节点处经负序阻抗接地；各负荷节

点的接地阻抗应采用负荷的负序等效阻抗。

在近似计算时，通常认为发电机的负序阻抗与正序等效阻抗相等，且不计负荷的影响或认为负荷的负序阻抗与正序阻抗相等。这样一来，除了发电机外，负序网络的结构和参数与正序网络相同。

11.2.3　零序网络

零序等效网络与正序或负序等效网络相同吗？有很大的不同。因为零序电流在三相中的相位相同，一般需要经过大地、接地避雷线或电缆包皮形成回路，所以它所流过的路径与正序或负序的电流不同。

在零序等效网络中发电机电动势等于零；在故障点应加入零序电压；各元件的阻抗应为零序阻抗。在作零序网络时，应从故障点出发，在故障点加上零序电压，分析在此零序电压下零序电流可能流通的路径，然后对有零序电流通过的各个元件，按照其零序参数形成相应的等效电路。零序网络的形成如图 11-8 所示。

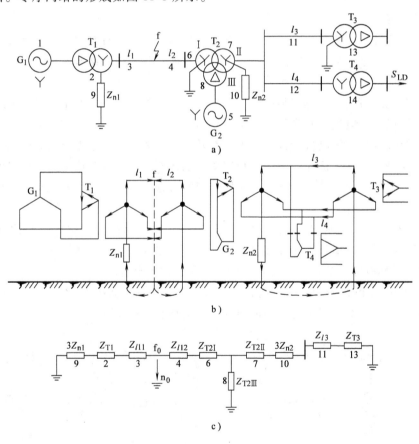

图 11-8　零序网络的形成
a）系统接线图　b）零序电流通路　c）零序网络

以图 11-8a 所示系统为例，对故障点 f，零序电流的通路为：在 f 点的左边，由于线路 l_1 与变压器 T_1 的 YN 侧绕组相连且其中性点经阻抗接地，所以线路 l_1 中可以流过零序电流，其通路为：线路 l_1—变压器 T_1 的 YN 侧绕组—接地阻抗；变压器 T_1 的 d 侧绕组中，无论发电机中性点是否接地，零序电流将形成环流，在线电流中都不存在零序电流。在 f 点的右边，线路 l_2 与变压器 T_2 的 I 侧 YN 绕组相连且其中性点直接接地，故线路 l_2 中可以流过零序电流；变压器 T_2 的 II 侧 YN 绕组中性点经阻抗接地，其中也可以通过零序电流，并以线路 l_3 和变压器 T_3 的接地 YN 侧绕组为回路，变压器 T_3 的 d 侧绕组中零序电流则形成环流；对于变压器 T_2 的 III 侧为 d 绕组，零序电流也在其中形成环流而在线电流中无零序电流；此外，由于线路 l_4 与变压器 T_4 的 Y 绕组相连，因此该部分无零序电流通路。零序电流的通路如图 11-8b 中的箭头所指。

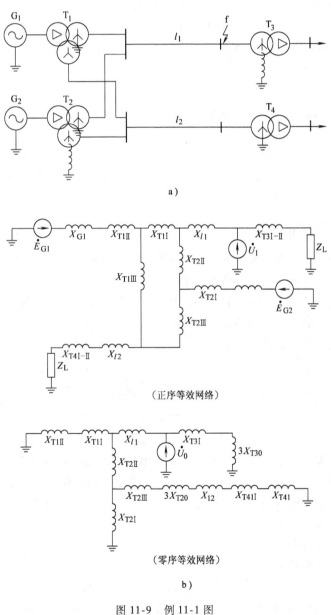

a)

（正序等效网络）

（零序等效网络）

b)

图 11-9　例 11-1 图

a）系统　b）等效网络

找出零序电流的通路之后，就可以用线路和变压器的零序参数和零序等效电路来形成零序网络，如图11-8c所示。值得注意的是，由于变压器 T_1 的 YN 侧绕组的中性点经阻抗 Z_{n1} 接地，因此要以3倍的接地阻抗 $3Z_{n1}$ 接入零序网络；同理，对于变压器 T_2 的中性点接地阻抗 Z_{n2} 也要以3倍接入零序网络。

【课堂讨论】 试分析不对称故障发生在线路 l_4 上与发生在发电机 G_2 的母线上，零序网络有何不同。

对于图11-8a所示系统，当线路 l_4 发生不对称接地故障时，系统中流过零序电流的元件与在 l_1 和 l_2 之间发生故障时的情况相同，零序等效网络的结果与图11-8c一致，只是零序网络中故障点的位置不同。然而，如果不对称故障发生在发电机 G_2 的母线上，则系统的所有元件都不存在零序电流，此时零序网络的等效阻抗为无穷大。

【例11-1】 绘制图11-9a所示系统的正序和零序等效网络。

【解】 绘制结果如图11-9b所示。

11.3 不对称故障的分析计算

当发生不对称故障时，如何求取故障点和非故障点的电流和电压呢？11.1节已结合一个简单系统，介绍了用对称分量法分析不对称故障的基本原理。本节将在此基础上，对各种不对称故障作进一步的分析。

11.3.1 不对称故障时故障点的电流和电压计算

特殊相的概念：在简单故障分析中，为了使得用对称分量表示的故障条件更为简单和便于计算，通常取 a 相作为特殊相，即对于单相接地短路，将认为发生在 a 相，对于两相（接地）短路，均认为发生在 b 相和 c 相之间。如果不对称故障发生在其他相，则不难由发生在特殊相时所得出的计算结果简单地推得。

前面已经得出短路计算的3个基本电压方程，即式（11-7），这里将其写成如下的一般形式：

$$\left.\begin{array}{l} \dot{U}_{f(0)} - \dot{U}_{f1} = Z_{1\Sigma}\dot{I}_{f1} \\ 0 - \dot{U}_{f2} = Z_{2\Sigma}\dot{I}_{f2} \\ 0 - \dot{U}_{f0} = Z_{0\Sigma}\dot{I}_{f0} \end{array}\right\} \tag{11-17}$$

对于各种不对称短路故障，只要列出反映故障类型的边界条件（3个方程），联立求解此6个方程组成的方程组，就可以求出短路点电压和电流的各序分量，进而求出各相相量。

下面结合各种不对称短路故障处的边界条件，分析短路电流和电压。

1. 单相接地短路

（1）短路点直接接地

前述得出的用序分量表示的边界条件为

$$\dot{U}_{f1} + \dot{U}_{f2} + \dot{U}_{f0} = 0, \dot{I}_{f1} = \dot{I}_{f2} = \dot{I}_{f0} \tag{11-18}$$

解联立方程式(11-17)和式(11-18)，或者直接由图11-2所示的复合序网均可解得故障处的各序电流分量：

$$\dot{I}_{f1} = \dot{I}_{f2} = \dot{I}_{f0} = \frac{\dot{U}_{f(0)}}{Z_{1\Sigma} + Z_{2\Sigma} + Z_{0\Sigma}} \tag{11-19}$$

故障相（a 相）的短路电流为

$$\dot{I}_f = \dot{I}_{f1} + \dot{I}_{f2} + \dot{I}_{f0} = \frac{3\dot{U}_{f(0)}}{Z_{\Sigma 1} + Z_{\Sigma 2} + Z_{\Sigma 0}}$$

【课堂讨论】　单相短路电流和同一地点的三相短路电流的大小关系如何？

故障处 b、c 相的电流显然为零。故障处各序电压由式（11-17）或从复合序网可以求得，即

$$\left.\begin{aligned}
\dot{U}_{f1} &= \dot{U}_{f(0)} - Z_{1\Sigma}\dot{I}_{f1} = (Z_{2\Sigma} + Z_{0\Sigma})\dot{I}_{f1} \\
\dot{U}_{f2} &= 0 - Z_{2\Sigma}\dot{I}_{f2} = -Z_{2\Sigma}\dot{I}_{f1} \\
\dot{U}_{f0} &= 0 - Z_{0\Sigma}\dot{I}_{f0} = -Z_{0\Sigma}\dot{I}_{f1}
\end{aligned}\right\} \tag{11-20}$$

故障处三相电压为

$$\left.\begin{aligned}
\dot{U}_{fa} &= \dot{U}_{f1} + \dot{U}_{f2} + \dot{U}_{f0} = 0 \\
\dot{U}_{fb} &= a^2\dot{U}_{f1} + a\dot{U}_{f2} + \dot{U}_{f0} = [(a^2 - a)Z_{2\Sigma} + (a^2 - 1)Z_{0\Sigma}]\dot{I}_{f1} \\
\dot{U}_{fc} &= a\dot{U}_{f1} + a^2\dot{U}_{f2} + \dot{U}_{f0} = [(a - a^2)Z_{2\Sigma} + (a - 1)Z_{0\Sigma}]\dot{I}_{f1}
\end{aligned}\right\} \tag{11-21}$$

对于非故障相的电压，可以近似分析如下。忽略系统中各元件的电阻，则

$$\dot{U}_{fb} = a^2\dot{U}_{f1} + a\dot{U}_{f2} + \dot{U}_{f0} = a^2(\dot{U}_{f(0)} - jX_{1\Sigma}\dot{I}_{f1}) + a(-jX_{2\Sigma}\dot{I}_{f2}) + (-jX_{0\Sigma}\dot{I}_{f0})$$

在 $X_{1\Sigma} = X_{2\Sigma}$ 的情况下，有

$$\dot{U}_{fb} = a^2\dot{U}_{f(0)} - j(a^2 + a)X_{1\Sigma}\dot{I}_{f1} - jX_{0\Sigma}\dot{I}_{f1} = \dot{U}_{fb(0)} + j\dot{I}_{f1}(X_{1\Sigma} - X_{0\Sigma})$$

$$= \dot{U}_{fb(0)} + \frac{\dot{U}_{fa(0)}}{(2X_{1\Sigma} + X_{0\Sigma})}(X_{1\Sigma} - X_{0\Sigma}) = \dot{U}_{fb(0)} - \dot{U}_{fa(0)}\frac{k_0 - 1}{2 + k_0}$$

式中

$$k_0 = X_{0\Sigma}/X_{1\Sigma}$$

同理可得

$$\dot{U}_{fc} = \dot{U}_{fc(0)} - \dot{U}_{fa(0)}\frac{k_0 - 1}{2 + k_0}$$

1）当 $k_0 < 1$，即 $X_{0\Sigma} < X_{1\Sigma}$ 时，非故障相的电压较故障前有所降低。在 $k_0 = 0$ 的极端情况下，有

$$\dot{U}_{fb} = \dot{U}_{fb(0)} + \frac{1}{2}\dot{U}_{fa(0)} = \frac{\sqrt{3}}{2}\dot{U}_{fb(0)}\underline{/\pi/6}, \quad \dot{U}_{fc} = \frac{\sqrt{3}}{2}\dot{U}_{fc(0)}\underline{/-\pi/6}$$

2）当 $k_0 = 1$，即 $X_{0\Sigma} = X_{1\Sigma}$ 时，有 $\dot{U}_{fb} = \dot{U}_{fb(0)}$ 和 $\dot{U}_{fc} = \dot{U}_{fc(0)}$，即短路点处的非故障相电压不变。

3）当 $k_0 > 1$，即 $X_{0\Sigma} > X_{1\Sigma}$ 时，短路点的非故障相电压较故障前升高，最严重的情况为 $X_{0\Sigma} = \infty$，这时有

$$\dot{U}_{fb} = \dot{U}_{fb(0)} - \dot{U}_{fa(0)} = \sqrt{3}\dot{U}_{fb(0)}\underline{/-\pi/6}$$

$$\dot{U}_{fc} = \dot{U}_{fc(0)} - \dot{U}_{fa(0)} = \sqrt{3}\dot{U}_{fc(0)}\underline{/\pi/6}$$

这相当于在中性点不接地的电力系统中发生单相接地短路时,中性点电压升高到相电压,而非故障相电压升高到线电压。

图 11-10a、b 分别画出了 a 相接地短路时,在 $X_{0\Sigma} > X_{1\Sigma}$ 的情况下,短路点电流和电压的各序分量,以及由各序分量合成的三相相量。图 11-10c 给出了不同 k_0 下非故障相电压的变化轨迹。

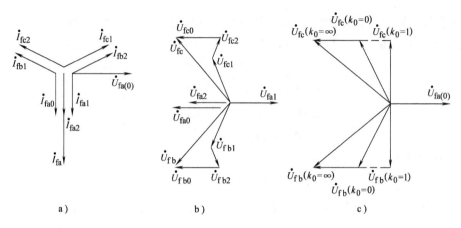

图 11-10 a 相接地短路点的相量图

a)电流相量图 b)电压相量图 c)非故障相电压变化轨迹

(2)短路点经过阻抗接地

如图 11-11a 所示,此时短路点的边界条件为

$$\dot{U}_{fa} = \dot{I}_{fa} Z_f, \quad \dot{I}_{fb} = \dot{I}_{fc} = 0$$

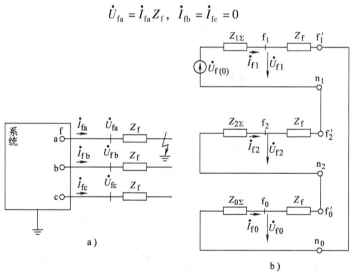

图 11-11 a 相经阻抗接地

a)故障情况 b)复合序网

将它转换成序分量,有

$$\dot{U}_{f1} + \dot{U}_{f2} + \dot{U}_{f0} = (\dot{I}_{f1} + \dot{I}_{f2} + \dot{I}_{f0}) Z_f, \quad \dot{I}_{f1} = \dot{I}_{f2} = \dot{I}_{f0} \tag{11-22}$$

显然，满足这一边界条件的复合序网如图 11-11b 所示。

由复合序网，可以求出短路点的各序电流分量为

$$\dot{I}_{f1} = \dot{I}_{f2} = \dot{I}_{f0} = \frac{\dot{U}_{f(0)}}{Z_{1\Sigma} + Z_{2\Sigma} + Z_{0\Sigma} + 3Z_f} \tag{11-23}$$

注意，由于通过电弧中的零序电流为一相零序电流的 3 倍，因此，在式 (11-23) 分母中，将零序网络的等效阻抗增加了 3 倍的接地阻抗。电压序分量的计算与式 (11-20) 相同。

2. 两相短路

（1）两相直接短路

当系统中 f 点发生两相（b、c 相）直接短路时，短路点处的电流和电压可以用图 11-12a 表示，并由此可以列出短路点的边界条件为

$$\dot{I}_{fa} = 0, \; \dot{I}_{fb} = -\dot{I}_{fc}, \; \dot{U}_{fb} = \dot{U}_{fc} \tag{11-24}$$

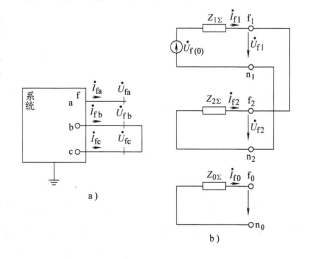

图 11-12　b、c 两相直接短路故障
a）短路点电流和电压　b）复合序网

应用序分量与相分量之间的关系，可以得出边界条件中序电流的关系为

$$\begin{bmatrix} \dot{I}_{f1} \\ \dot{I}_{f2} \\ \dot{I}_{f0} \end{bmatrix} = \frac{1}{3} \begin{bmatrix} 1 & a & a^2 \\ 1 & a^2 & a \\ 1 & 1 & 1 \end{bmatrix} \begin{bmatrix} 0 \\ \dot{I}_{fb} \\ -\dot{I}_{fb} \end{bmatrix} = j \frac{1}{\sqrt{3}} \begin{bmatrix} \dot{I}_{fb} \\ -\dot{I}_{fb} \\ 0 \end{bmatrix}$$

并由此式可以得出用电流序分量表示的边界条件为

$$\dot{I}_{f0} = 0, \; \dot{I}_{f1} = -\dot{I}_{f2} \tag{11-25}$$

对于边界条件中的电压关系，同理有

$$\begin{bmatrix} \dot{U}_{f1} \\ \dot{U}_{f2} \\ \dot{U}_{f0} \end{bmatrix} = \frac{1}{3} \begin{bmatrix} 1 & a & a^2 \\ 1 & a^2 & a \\ 1 & 1 & 1 \end{bmatrix} \begin{bmatrix} \dot{U}_{fa} \\ \dot{U}_{fb} \\ \dot{U}_{fb} \end{bmatrix} = \frac{1}{3} \begin{bmatrix} \dot{U}_{fa} + a\dot{U}_{fb} + a^2\dot{U}_{fb} \\ \dot{U}_{fa} + a^2\dot{U}_{fb} + a\dot{U}_{fb} \\ \dot{U}_{fa} + \dot{U}_{fb} + \dot{U}_{fb} \end{bmatrix}$$

从而可以得出用电压序分量表示的边界条件为

$$\dot{U}_{f1} = \dot{U}_{f2} \tag{11-26}$$

式 (11-25) 和式 (11-26) 即为两相短路的 3 个边界条件。根据此边界条件，可以得出两相短路时复合序网如图 11-12b 所示，即正序网络和负序网络在故障点并联，零序网络断开，两相短路时没有零序分量。

由复合序网可以直接解出短路点处的各序电流分量为

$$\dot{I}_{f1} = -\dot{I}_{f2} = \frac{\dot{U}_{f(0)}}{Z_{1\Sigma} + Z_{2\Sigma}}, \; \dot{I}_{f0} = 0 \tag{11-27}$$

短路点的各序电压分量为

$$\dot{U}_{f1} = \dot{U}_{f2} = \dot{U}_{f(0)} - Z_{1\Sigma}\dot{I}_{f1} = Z_{2\Sigma}\dot{I}_{f2} = \frac{\dot{U}_{f(0)}}{Z_{1\Sigma} + Z_{2\Sigma}}Z_{2\Sigma} \tag{11-28}$$

由此得出故障相的短路电流和各相电压

$$\left.\begin{array}{l} \dot{I}_{fb} = a^2\dot{I}_{f1} + a\dot{I}_{f2} = (a^2 - a)\dot{I}_{f1} = -j\sqrt{3}\dot{I}_{f1} = \dfrac{-j\sqrt{3}\dot{U}_{f(0)}}{Z_{1\Sigma} + Z_{2\Sigma}} \\[3mm] \dot{I}_{fc} = a\dot{I}_{f1} + a^2\dot{I}_{f2} = (a - a^2)\dot{I}_{f1} = j\sqrt{3}\dot{I}_{f1} = \dfrac{j\sqrt{3}\dot{U}_{f(0)}}{Z_{1\Sigma} + Z_{2\Sigma}} \end{array}\right\} \tag{11-29}$$

$$\left.\begin{array}{l} \dot{U}_{fa} = \dot{U}_{f1} + \dot{U}_{f2} = 2\dot{U}_{f1} = \dfrac{2\dot{U}_{f(0)}}{Z_{1\Sigma} + Z_{2\Sigma}}Z_{2\Sigma} \\[3mm] \dot{U}_{fb} = \dot{U}_{fc} = (a^2 + a)\dot{U}_{f1} = -\dot{U}_{f1} = -\dfrac{\dot{U}_{f(0)}}{Z_{1\Sigma} + Z_{2\Sigma}}Z_{2\Sigma} \end{array}\right\} \tag{11-30}$$

如果令 $Z_{1\Sigma} = Z_{2\Sigma}$，则由式（11-29）和式（11-30）可见，两相短路电流大约是三相短路电流的 $\sqrt{3}/2$ 倍。因此，一般来说，电力系统中的两相短路电流小于三相短路电流；而对于电压来说，故障相的电压幅值约降低一半，非故障相的电压约等于故障前的电压。

图 11-13 给出了 b、c 两相短路时，短路点处的各序电流和电压相量以及经合成而得出的各相电流和电压，其中假定各序阻抗为纯电抗，且 $X_{1\Sigma} = X_{2\Sigma}$。

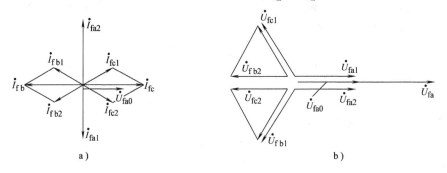

图 11-13　b、c 两相短路故障点相量图

a）电流相量图　b）电压相量图

（2）两相经阻抗短路

如果两相经阻抗 Z_f 短路，如图 11-14a 所示，则边界条件为

$$\dot{I}_{fa} = 0 \qquad \dot{I}_{fb} = -\dot{I}_{fc} \qquad \dot{U}_{fb} - \dot{U}_{fc} = Z_f\dot{I}_{fb} \tag{11-31}$$

转换成序分量为

$$\dot{I}_{f0} = 0 \qquad \dot{I}_{f1} = -\dot{I}_{f2} \qquad \dot{U}_{f1} - \dot{U}_{f2} = Z_f\dot{I}_{f1} \tag{11-32}$$

将边界条件式（11-32）与三序电压平衡方程式（11-17）联立求解，便可得出短路点电流和电压的序分量。实际上，可以将经阻抗 Z_f 短路的情况，看成是在 f 点串联阻抗 $Z_f/2$ 后的 f 点发生两相直接短路的情况。于是便可以直接得出图 11-14b 所示的复合序网图，从而有

$$\dot{I}_{f1} = -\dot{I}_{f2} = \frac{\dot{U}_{f(0)}}{Z_{1\Sigma} + Z_{2\Sigma} + Z_f} \tag{11-33}$$

$$\dot{I}_{\mathrm{fb}} = -\dot{I}_{\mathrm{fc}} = \frac{-\mathrm{j}\sqrt{3}\dot{U}_{\mathrm{f(0)}}}{Z_{1\Sigma} + Z_{2\Sigma} + Z_{\mathrm{f}}} \tag{11-34}$$

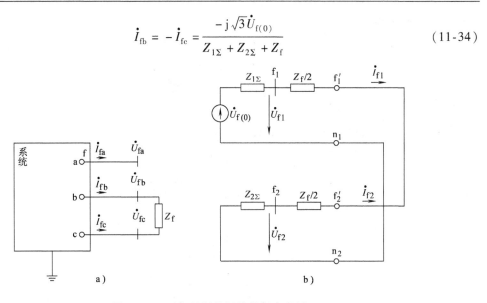

图 11-14　两相经阻抗短路的复合序网

a）故障情况　b）复合序网

3. 两相短路接地

（1）两相直接短路接地

当系统中发生 b、c 两相直接短路接地时，短路点处的电压电流可以用图 11-15a 表示，从而可以列出相分量边界条件为

$$\dot{I}_{\mathrm{fa}} = 0, \quad \dot{U}_{\mathrm{fb}} = \dot{U}_{\mathrm{fc}} = 0 \tag{11-35}$$

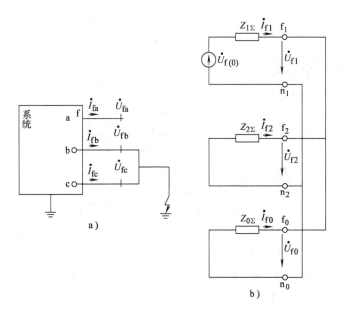

图 11-15　b、c 两相短路接地

a）短路点的电流和电压　b）复合序网

相应的序分量边界条件为

$$\left.\begin{aligned} \dot{U}_{f1} &= \dot{U}_{f2} = \dot{U}_{f0} \\ \dot{I}_{f1} + \dot{I}_{f2} + \dot{I}_{f0} &= 0 \end{aligned}\right\} \tag{11-36}$$

显然,满足边界条件的复合序网为正序、负序、零序3个序网在短路点处并联,如图 11-15b 所示。

直接由复合序网可以求出短路点各序电流分量

$$\left.\begin{aligned} \dot{I}_{f1} &= \frac{\dot{U}_{f(0)}}{Z_{1\Sigma} + \dfrac{Z_{2\Sigma} Z_{0\Sigma}}{Z_{2\Sigma} + Z_{0\Sigma}}} \\ \dot{I}_{f2} &= -\dot{I}_{f1} \frac{Z_{0\Sigma}}{Z_{2\Sigma} + Z_{0\Sigma}} \\ \dot{I}_{f0} &= -\dot{I}_{f1} \frac{Z_{2\Sigma}}{Z_{2\Sigma} + Z_{0\Sigma}} \end{aligned}\right\} \tag{11-37}$$

故障点各序电压分量为

$$\dot{U}_{f1} = \dot{U}_{f2} = \dot{U}_{f0} = \dot{I}_{f1} \frac{Z_{2\Sigma} Z_{0\Sigma}}{Z_{2\Sigma} + Z_{0\Sigma}} = \dot{U}_{f(0)} \frac{Z_{2\Sigma} Z_{0\Sigma}}{Z_{1\Sigma} Z_{2\Sigma} + Z_{1\Sigma} Z_{0\Sigma} + Z_{2\Sigma} Z_{0\Sigma}} \tag{11-38}$$

故障相的短路电流为

$$\left.\begin{aligned} \dot{I}_{fb} &= a^2 \dot{I}_{f1} + a \dot{I}_{f2} + \dot{I}_{f0} = \dot{I}_{f1} \left(a^2 - \frac{Z_{2\Sigma} + a Z_{0\Sigma}}{Z_{2\Sigma} + Z_{0\Sigma}} \right) \\ \dot{I}_{fc} &= a \dot{I}_{f1} + a^2 \dot{I}_{f2} + \dot{I}_{f0} = \dot{I}_{f1} \left(a - \frac{Z_{2\Sigma} + a^2 Z_{0\Sigma}}{Z_{2\Sigma} + Z_{0\Sigma}} \right) \end{aligned}\right\} \tag{11-39}$$

若忽略各序阻抗中的电阻分量,即认为它们为纯电抗,则故障相短路电流的有效值为

$$I_{fb} = I_{fc} = \sqrt{3} \sqrt{1 - \frac{X_{2\Sigma} X_{0\Sigma}}{(X_{2\Sigma} + X_{0\Sigma})^2}} I_{f1} \tag{11-40}$$

在 $X_{1\Sigma} = X_{2\Sigma}$ 的情况下, 令 $k_0 = X_{0\Sigma}/X_{1\Sigma}$, 有

$$I_{fb} = I_{fc} = \sqrt{3} \sqrt{1 - \frac{k_0}{(1 + k_0)^2}} \frac{1 + k_0}{1 + 2 k_0} I_f^{(3)} \tag{11-41}$$

式中, $I_f^{(3)}$ 为 f 点三相短路时的短路电流。

由式 (11-41) 可见, 故障相的短路电流将随着 k_0 增大而减小, 如:

当 $k_0 = 0$ 时, $I_{fb} = I_{fc} = \sqrt{3} I_f^{(3)}$;

当 $k_0 = 1$ 时, $I_{fb} = I_{fc} = I_f^{(3)}$;

当 $k_0 = \infty$ 时, $I_{fb} = I_{fc} = \sqrt{3} I_f^{(3)}/2$。

另外，两相短路接地时，流入大地的电流为

$$\dot{I}_{g} = \dot{I}_{fb} + \dot{I}_{fc} = 3\dot{I}_{f0} = -3\dot{I}_{f1}\frac{Z_{2\Sigma}}{Z_{2\Sigma} + Z_{0\Sigma}} \tag{11-42}$$

在短路点处，非故障相的电压为

$$\dot{U}_{fa} = \dot{U}_{f1} + \dot{U}_{f2} + \dot{U}_{f0} = 3\dot{U}_{f1} \tag{11-43}$$

若略去网络中的电阻，且 $Z_{1\Sigma} = Z_{2\Sigma}$ 的情况下，有

$$\dot{U}_{fa} = 3\dot{U}_{f(0)}\frac{k_0}{1 + 2k_0} \tag{11-44}$$

显然，当 $k_0 = 0$ 时，$\dot{U}_{fa} = 0$；$k_0 = 1$ 时，$\dot{U}_{fa} = \dot{U}_{fa(0)}$；$k_0 = \infty$ 时，$\dot{U}_{fa} = 1.5\dot{U}_{fa(0)}$。注意，$k_0 = \infty$ 相当于中性点不接地系统（或零序电流不能形成通路）。在此情况下，当发生两相短路接地时，非故障相的电压可能升高到正常电压的 1.5 倍，但仍小于单相接地短路情况下可能的电压升高。

图 11-16 所示为两相短路接地故障时，短路点短路电流及电压的相量图。

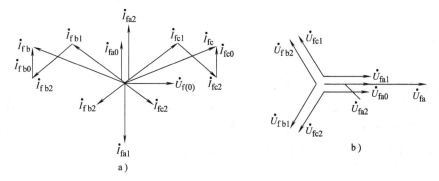

图 11-16　两相短路接地短路点电流及电压相量图
a）电流相量图　b）电压相量图

（2）两相短路经阻抗接地

如果 b、c 两相经阻抗接地，如图 11-17a 所示，故障点的边界条件为

$$\dot{U}_{fb} = \dot{U}_{fc} = (\dot{I}_{fb} + \dot{I}_{fc})Z_f, \quad \dot{I}_{fa} = 0 \tag{11-45}$$

由 $\dot{I}_{fa} = 0$ 及 $\dot{U}_{fb} = \dot{U}_{fc}$，可得各序分量关系

$$\dot{I}_{f1} + \dot{I}_{f2} + \dot{I}_{f0} = 0, \quad \dot{U}_{f1} = \dot{U}_{f2}$$

由 $\dot{U}_{fb} = (\dot{I}_{fb} + \dot{I}_{fc})Z_f$ 可得

$$\dot{U}_{fb} = a^2\dot{U}_{f1} + a\dot{U}_{f2} + \dot{U}_{f0} = (a^2 + a)\dot{U}_{f1} + \dot{U}_{f0} = -\dot{U}_{f1} + \dot{U}_{f0} = 3\dot{I}_{f0}Z_f$$

相应的序分量边界条件为

$$\dot{U}_{f1} = \dot{U}_{f2} = \dot{U}_{f0} - 3Z_f\dot{I}_{f0}, \quad \dot{I}_{f1} + \dot{I}_{f2} + \dot{I}_{f0} = 0 \tag{11-46}$$

其复合序网如图 11-17b 所示，即零序网络串联 $3Z_f$ 后在短路点与正序网络和负序网络相并联。零序网络中串联 $3Z_f$ 的原因与单相经过阻抗接地的情况相同。

　　显然，b、c 两相短路经阻抗接地情况下的电流和电压计算可利用式（11-37）、式（11-38）和式（11-42），只需将式中的 $Z_{0\Sigma}$ 换成 $Z_{0\Sigma}+3Z_f$。

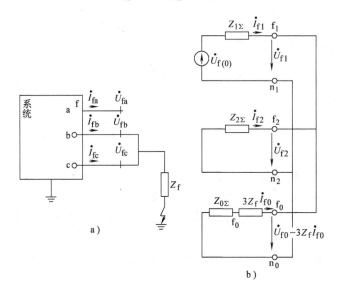

图 11-17　b、c 两相短路经阻抗接地
a）故障情况　b）复合序网

4. 正序等效定则（正序增广网络）

　　各种简单不对称故障能否用一个统一的表达式表示呢？从以上 3 种不对称短路的分析结果可以看出，3 种情况下短路电流正序分量的计算式（11-19）、式（11-27）和式（11-37）与三相短路电流 $\dot{U}_{f(0)}/Z_{\Sigma 1}$ 在形式上相似，可以综合表示为

$$\dot{I}_{f1}^{(n)} = \frac{\dot{U}_{f(0)}}{Z_{1\Sigma}+Z_{\Delta}^{(n)}} \tag{11-47}$$

式中，$Z_{\Delta}^{(n)}$ 称为附加阻抗，上标 (n) 表示短路类型，即分别为 (3)、(1)、(2) 和 (1.1)。

　　将式（11-47）与式（11-19）、式（11-27）和式（11-37）进行对比，或直接由复合序网可见，三相短路时，附加阻抗为零；单相短路接地时，附加阻抗为 $Z_{2\Sigma}+Z_{0\Sigma}$（或 $Z_{2\Sigma}+Z_{0\Sigma}+3Z_f$）。

　　正序等效定则：式（11-47）表明，就简单不对称短路时的正序电流分量来说，它与在短路点串联一个附加阻抗并在其后发生三相短路时的短路电流相等。这一关系常称为正序等效定则，并可以用图 11-18 所示的正序增广网络表示。

　　注意：正序等效定则从表面上来看似乎比较简单，但它却是复杂电力系统不对称短路分析和计算的重要依据。

　　由前面的分析还可以看出，故障相的短路电流与其中的正序分量之间的关系可以归结为

$$I_f^{(n)} = M^{(n)}I_{f1}^{(n)} \tag{11-48}$$

式中，$M^{(n)}$ 为故障相短路电流对正序分量的倍数。

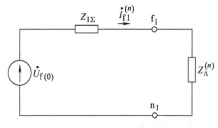

图 11-18　正序增广网络

表11-2 列出了各种短路情况下的 $Z_\Delta^{(n)}$ 和 $M^{(n)}$，其中对于两相短路接地，$M^{(n)}$ 只适用于纯电抗的情况。

表11-2　各种短路情况下的附加阻抗 $Z_\Delta^{(n)}$ 和故障相短路电流对正序分量的倍数 $M^{(n)}$

短路种类	$Z_\Delta^{(n)}$	$M^{(n)}$	短路种类	$Z_\Delta^{(n)}$	$M^{(n)}$
三相短路	0	1	两相短路	$Z_{2\Sigma} + Z_\mathrm{f}$	$\sqrt{3}$
单相短路	$Z_{2\Sigma} + (Z_{0\Sigma} + 3Z_\mathrm{f})$	3	两相短路接地	$\dfrac{Z_{2\Sigma} \times (Z_{0\Sigma} + 3Z_\mathrm{f})}{Z_{2\Sigma} + Z_{0\Sigma} + 3Z_\mathrm{f}}$	$\sqrt{3}\sqrt{1 - \dfrac{x_{2\Sigma}(x_{0\Sigma} + 3x_\mathrm{f})}{(x_{2\Sigma} + x_{0\Sigma} + 3x_\mathrm{f})^2}}$

【例 11-2】　在图 11-19a 所示电力系统中，已知各元件的接线和参数的标幺值为：发电机 G_1 和 G_2 的中性点均不接地，它们的次暂态电抗分别为 0.1 和 0.05，负序电抗近似等于次暂态电抗；变压器 T_1 和 T_2 均为 YNd11 联结（发电机侧为三角形），它们的电抗分别为 0.05 和 0.025；3 条线路完全相同，其正序电抗为 0.1，零序电抗为 0.2，忽略线路电阻和电容。

假定短路前系统为空载，计算当节点 3 分别发生单相短路接地、两相短路和两相短路接地时，短路点电流和电压的起始值。

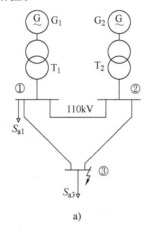

a)

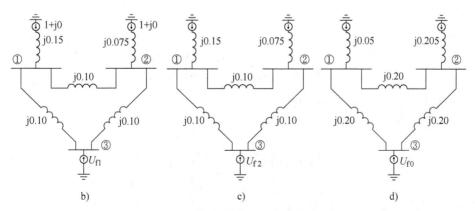

b)　　　　　　　　　c)　　　　　　　　　d)

图 11-19　系统的接线图及各序等效网络

a) 系统接线　b) 正序等效网络　c) 负序等效网络　d) 零序等效网络

【**解**】 （1）形成系统的正序、负序和零序等效网络，如图 11-19b、c、d 所示。注意，由于发电机的中性点不接地，且变压器在发电侧为三角形联结，因此，在零序网络中，变压器的等效阻抗在发电机侧接地。

（2）短路前的系统运行状态。由于假定短路前为空载，因此，在短路前所有节点的电压都相等（假定电压标幺值为1），电流均为0，即 $\dot{E}''_{G1} = \dot{E}''_{G2} = 1 + j0$，而且 $\dot{U}_{f(0)} = 1 + j0$。

（3）计算3个序网对故障端口的等效阻抗。将正序网络中各电源短路，并逐步消去除短路点以外的所有其他节点，其过程如图 11-20a 所示，得到正序网络等效阻抗 $Z_{1\Sigma} = j0.1015$，负序等效阻抗与正序相等，零序等效阻抗如图 11-20b 所示，$Z_{0\Sigma} = j0.1179$。

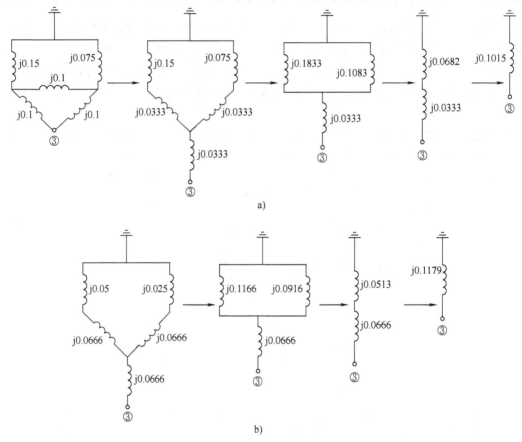

图 11-20　正序（负序）零序等效电抗的计算示意图

a）正序（负序）等效电抗　b）零序等效电抗

（4）计算短路点各序和各相电流。

1）a 相短路接地：

$$\dot{I}_{f1} = \dot{I}_{f2} = \dot{I}_{f0} = \frac{1}{j(0.1015 + 0.1015 + 0.1179)} = -j3.12$$

$$\dot{I}_{fa} = 3\dot{I}_{f1} = 3 \times (-j3.12) = -j9.36, \quad \dot{I}_{fb} = \dot{I}_{fc} = 0$$

2）b、c 两相短路时，各序电流为

$$\dot{I}_{f1} = -\dot{I}_{f2} = \frac{1}{j(0.1015 + 0.1015)} = -j4.93, \quad \dot{I}_{f0} = 0$$

$$\dot{I}_{fa} = 0, \dot{I}_{fb} = -j\sqrt{3}\dot{I}_{f1} = -8.54, \quad \dot{I}_{fc} = 8.54$$

3）b、c 两相短路接地时，各序电流为

$$\dot{I}_{f1} = \frac{1}{j0.1015 + \dfrac{j0.1015 \times j0.1179}{j0.1015 + j0.1179}} = -j6.41$$

$$\dot{I}_{f2} = j6.41 \times \frac{j0.1179}{j0.1015 + j0.1179} = j3.44$$

$$\dot{I}_{f0} = j6.41 \times j0.1015 + \frac{j0.1015}{j0.1015 + j0.1179} = j2.97$$

$$\dot{I}_{fa} = 0$$

$$\dot{I}_{fb} = (a^2\dot{I}_{f1} + a\dot{I}_{f2} + \dot{I}_{f0}) = -8.53 + j4.45$$

$$\dot{I}_{fc} = (a\dot{I}_{f1} + a^2\dot{I}_{f2} + \dot{I}_{f0}) = 8.53 + j4.45$$

（5）计算短路点处非故障相的相电压。

1）a 相短路接地：

$$\dot{U}_{f1} = \dot{U}_{f(0)} - j\dot{I}_{f1}Z_{1\Sigma} = 1 - j0.1015(-j3.12) = 1 - 0.316 = 0.684$$

$$\dot{U}_{f2} = -j\dot{I}_{f2}Z_{2\Sigma} = -j0.1015(-j3.12) = -0.316$$

$$\dot{U}_{f0} = -j\dot{I}_{f0}Z_{0\Sigma} = -j0.1179(-j3.12) = -0.368$$

$$\dot{U}_{fb} = a^2\dot{U}_{f1} + a\dot{U}_{f2} + \dot{U}_{f0} = -0.551 - j0.866$$

$$\dot{U}_{fc} = -0.551 + j0.866$$

2）b、c 两相短路：

$$\dot{U}_{f1} = \dot{U}_{f2} = -j4.93 \times j0.1015 = 0.5$$

$$\dot{U}_{fa} = \dot{U}_{f1} + \dot{U}_{f2} = 1$$

$$\dot{U}_{fb} = (a^2 + a)\dot{U}_{f1} = -0.5$$

$$\dot{U}_{fc} = -0.5$$

3）b、c 两相短路接地：

$$\dot{U}_{f1} = \dot{U}_{f2} = \dot{U}_{f0} = -j3.44 \times j0.1015 = 0.35$$

$$\dot{U}_{fa} = 3\dot{U}_{f1} = 3 \times 0.35 = 1.05$$

11.3.2　非故障点的电流和电压计算

前面的分析只解决了不对称故障时故障点处短路电流和电压的计算。但是在实际电力系统的设计和运行中，还需要知道系统中某些其他支路中的电流和节点的电压。

如何求取支路电流和节点电压？步骤如下：

1）求出故障点处的各序短路电流和电压分量。

2）分别由各序网络求出相应支路的各序电流分量和相应节点的各序电压分量。

3）合成得到支路的三相电流和节点的三相电压。

【课堂讨论】　非故障处电流、电压满足边界条件吗？

1. 各序网络中的电流和电压分布计算

通过复合序网求得从故障点处流出的 $\dot{I}_{f1}$、$\dot{I}_{f2}$、$\dot{I}_{f0}$ 后，进而计算各序网中任一处的各序电流、电压。

（1）正序网络

由于故障点 $\dot{I}_{f1}$ 已知,根据叠加原理可将正序网络分解成正常情况和故障分量两部分,如图 11-21a、b 所示。在近似计算中,正常运行情况作为空载运行,故障分量的计算比较简单,因为网络中只有节点电流 $\dot{I}_{f1}$,由它可以求得网络中各节点电压以及电流分布。

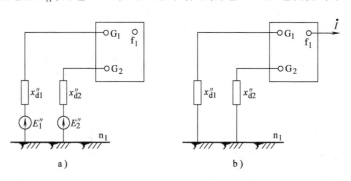

图 11-21　正序网络的分解

a)正常运行情况　b)故障分量网络

（2）负序和零序网络

因为没有电源,故只有故障分量,即在网络中只有故障点有节点电流,与正序故障分量一样,可以求得网络中任一节点电压和任一支路电流。

这样,任意节点 i 的各序电压分量为

$$\left.\begin{aligned}
\dot{U}_{i1} &= \dot{U}_{i(0)} - Z_{if1}\dot{I}_{f1}\\
\dot{U}_{i2} &= -Z_{if2}\dot{I}_{f2}\\
\dot{U}_{i0} &= -Z_{if0}\dot{I}_{f0}
\end{aligned}\right\}\qquad(11\text{-}49)$$

式中,$\dot{U}_{i(0)}$ 为短路前正常运行情况下节点 i 的电压。

求得各节点的各序电压后,便可以进一步求出支路电流的各序分量为

$$\left.\begin{aligned}
\dot{I}_{ij1} &= \frac{\dot{U}_{i1} - \dot{U}_{j1}}{Z_{ij1}}\\
\dot{I}_{ij2} &= \frac{\dot{U}_{i2} - \dot{U}_{j2}}{Z_{ij2}}\\
\dot{I}_{ij0} &= \frac{\dot{U}_{i0} - \dot{U}_{j0}}{Z_{ij0}}
\end{aligned}\right\}\qquad(11\text{-}50)$$

式中,Z_{ij1}、Z_{ij2} 和 Z_{ij0} 分别为节点 i、j 间支路的正序、负序和零序阻抗。

【课堂讨论】　各序电压在系统中的分布有怎样的规律?

2. 支路三相电流和节点三相电压的计算

由于在各个序网中是将三相电路等效成星形联结的电路,再用其中的 a 相来计算,没有考虑到变压器两侧 a 相电压和电流相位之间由于绕组接线方式的不同而产生的差异。而在实际电力系统中,变压器各侧的三相绕组是根据实际运行需要采用不同的接线方式,在经过不同绕组接法的变压器后,相位将发生改变。因此,在求得支路电流和节点电压的序分量后,对于与

短路点之间存在变压器的那些支路和节点,则由各个序网求得的支路三序电流和节点三序电压,必须按变压器绕组的接线方式,将它们转换成实际的三序电流和电压,然后才能将 3 个序分量进行合成,得出支路中的三相电流和节点的三相电压。

3. 举例说明对称分量经变压器后的相位变化

下面以两种常见的变压器绕组接线方式 Yy12 和 YNd11 为例来分析两侧序分量的相位关系。

（1）Yy12（或 Yyn12）联结变压器两侧序分量的相位关系

如图 11-22 所示,若待求电流（或电压）的某支路（或节点）与短路点之间的变压器均为 Yy0（或 Yy12）联结,则从各序网求得的该支路（或节点）的正、负序和零序电流或电压,就是该支路（或节点）的实际的各序电流（或电压）,而不必转相位。应用这些序分量即可合成得到各相电流和电压。

图 11-22 表明了 Yy0 联结变压器在正序和负序情况下两侧电压均为同相位。显然,两侧电流相量也是同相位的。

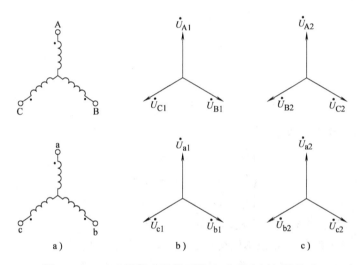

图 11-22　Yy12 联结变压器两侧正、负序电压相量关系
a)接线方式　b)正序电压相量　c)负序电压相量

（2）YNd11（或 Yd11）联结变压器两侧序分量的相位关系

图 11-23 所示为 YNd11 联结变压器的接线,其两侧正、负序电流相位关系如图 11-24 所

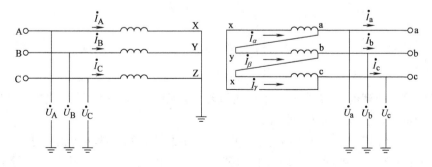

图 11-23　YNd11 联结变压器的接线

示。可用如下的关系式表达：

$$\begin{cases} \dot{U}_{a1} = \dot{U}_{A1}\, e^{j\pi/6} = \dot{U}_{A1}\, e^{-j11\pi/6} \\ \dot{U}_{a2} = \dot{U}_{A2}\, e^{-j\pi/6} = \dot{U}_{A2}\, e^{j11\pi/6} \\ \dot{U}_{a0} = 0 \end{cases} \tag{11-51}$$

即正序分量三角形侧电压较星形侧超前 30°（即 11 点钟）或滞后 330°；对于负序分量则正好相反，即滞后 30°或超前 330°。

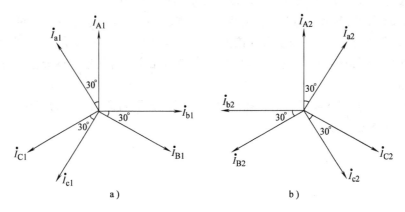

图 11-24　YNd11 联结变压器两侧电流序分量之间的相位关系

a）正序分量　b）负序分量

显然，电流也有相同的关系，即

$$\begin{cases} \dot{I}_{a1} = \dot{I}_{A1}\, e^{j\pi/6} = \dot{I}_{A1}\, e^{-j11\pi/6} \\ \dot{I}_{a2} = \dot{I}_{A2}\, e^{-j\pi/6} = \dot{I}_{A2}\, e^{j11\pi/6} \\ \dot{I}_{a0} = 0 \end{cases} \tag{11-52}$$

【课堂讨论】　为什么电流和电压转相同的相位？

对于星形/三角形联结的其他不同接线方式，若表示为 Ydk（丫/△-k，k 为正序时三角形侧电压相量作为短时针所代表的钟点数），则式（11-51）可以推广为

$$\begin{cases} \dot{U}_{a1} = \dot{U}_{A1}\, e^{-jk(\pi/6)} \\ \dot{U}_{a2} = \dot{U}_{A2}\, e^{jk(\pi/6)} \\ \dot{U}_{a0} = 0 \end{cases}$$

电流关系为

$$\begin{cases} \dot{I}_{a1} = \dot{I}_{A1}\, e^{-jk(\pi/6)} \\ \dot{I}_{a2} = \dot{I}_{A2}\, e^{jk(\pi/6)} \\ \dot{I}_{a0} = 0 \end{cases}$$

【例 11-3】　计算例 11-2 中节点 3 单相短路接地瞬间的以下各量：节点 1 和 2 的电压；线路 1—3 中的电流；发电机 G₁ 的端电压。

【解】　（1）计算节点 1 和 2 的电压。由例 11-2 的结果知，故障点的正序、负序、零序短路电流均为 - j3.12。按图 11-25a 中的故障分量正序网络（负序网络与其相同），计算两台发电机的正序和负序故障电流为

$$\Delta \dot{I}_{G11} = \Delta \dot{I}_{G12} = -j3.12 \frac{j0.1083}{j0.1833 + j0.1083} = -j1.159$$

$$\Delta \dot{I}_{G21} = \Delta \dot{I}_{G22} = -j3.12 \frac{j0.1833}{j0.1833 + j0.1083} = -j1.961$$

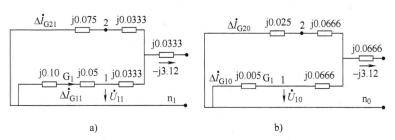

图 11-25　各序网络中的电流分布

a）正、负序网络　b）零序网络

并计算节点 1 和 2 的正序电压故障分量为

$$\Delta \dot{U}_{11} = 0 - (-j1.159) \times j0.15 = -0.174$$

$$\Delta \dot{U}_{21} = 0 - (-j1.961) \times j0.075 = -0.147$$

从而得出节点 1 和 2 的正序电压为

$$\dot{U}_{11} = \dot{U}_{1(0)} + \Delta \dot{U}_{11} = 1 + \Delta \dot{U}_{11} = 0.826$$

$$\dot{U}_{21} = \dot{U}_{2(0)} + \Delta \dot{U}_{21} = 1 + \Delta \dot{U}_{21} = 0.853$$

两节点的负序电压为

$$\dot{U}_{12} = \Delta \dot{U}_{12} = \Delta \dot{U}_{11} = -0.174$$

$$\dot{U}_{22} = \Delta \dot{U}_{22} = \Delta \dot{U}_{21} = -0.147$$

由图 11-25b 所示的零序网络，计算两节点的零序电压为

$$\dot{U}_{10} = -\left(-j3.12 \times \frac{j0.0916}{j0.0916 + j0.1166} \right) \times j0.05 = -0.069$$

$$\dot{U}_{20} = -\left(-j3.12 \times \frac{j0.1166}{j0.0916 + j0.1166} \right) \times j0.025 = -0.044$$

于是，两个节点的三相电压分别为

$$\begin{bmatrix} \dot{U}_{1a} \\ \dot{U}_{1b} \\ \dot{U}_{1c} \end{bmatrix} = \begin{bmatrix} 1 & 1 & 1 \\ a^2 & a & 1 \\ a & a^2 & 1 \end{bmatrix} \begin{bmatrix} 0.826 \\ -0.174 \\ -0.069 \end{bmatrix} = \begin{bmatrix} 0.583 \\ -0.395 - j0.866 \\ -0.395 + j0.866 \end{bmatrix}$$

$$\begin{bmatrix} \dot{U}_{2a} \\ \dot{U}_{2b} \\ \dot{U}_{2c} \end{bmatrix} = \begin{bmatrix} 1 & 1 & 1 \\ a^2 & a & 1 \\ a & a^2 & 1 \end{bmatrix} \begin{bmatrix} 0.853 \\ -0.147 \\ -0.044 \end{bmatrix} = \begin{bmatrix} 0.662 \\ -0.40 - j0.866 \\ -0.40 + j0.866 \end{bmatrix}$$

其有效值分别为

$$\begin{bmatrix} U_{1a} \\ U_{1b} \\ U_{1c} \end{bmatrix} = \begin{bmatrix} 0.583 \\ 0.952 \\ 0.952 \end{bmatrix}, \quad \begin{bmatrix} U_{2a} \\ U_{2b} \\ U_{2c} \end{bmatrix} = \begin{bmatrix} 0.662 \\ 0.954 \\ 0.954 \end{bmatrix}$$

由这一结果可见，非故障点 a 相电压并不等于零，而 b、c 相电压较故障点低。

（2）线路 1—3 中的电流。应用式（11-50），求出各序分量为

$$\dot{I}_{1-3,1} = \frac{\dot{U}_{11} - \dot{U}_{31}}{Z_{1-3,1}} = \frac{0.826 - 0.683}{j0.10} = -j1.43$$

$$\dot{I}_{1-3,2} = \frac{\dot{U}_{12} - \dot{U}_{32}}{Z_{1-3,2}} = \frac{-0.174 + 0.316}{j0.10} = -j1.43$$

$$\dot{I}_{1-3,0} = \frac{\dot{U}_{10} - \dot{U}_{30}}{Z_{1-3,0}} = \frac{-0.069 + 0.368}{j0.20} = -j1.50$$

于是，线路 1—3 中的三相电流为

$$\begin{bmatrix} \dot{I}_{1-3a} \\ \dot{I}_{1-3b} \\ \dot{I}_{1-3c} \end{bmatrix} = \begin{bmatrix} 1 & 1 & 1 \\ a^2 & a & 1 \\ a & a^2 & 1 \end{bmatrix} \begin{bmatrix} -j1.43 \\ -j1.43 \\ -j1.50 \end{bmatrix} = \begin{bmatrix} -j4.36 \\ -j0.07 \\ -j0.07 \end{bmatrix}$$

（3）由图 11-25a 求出发电机 1 端电压的正序故障分量和负序分量

$$\Delta \dot{U}_{G1} = \dot{U}_{G12} = -(-j1.159) \times (j0.10) = -0.116$$

从而得

$$\dot{U}_{G1} = 1 + \Delta \dot{U}_{G1} = 1 - 0.116 = 0.884$$

由于发电机侧的变压器为三角形联结，发电机端电压的零序电压分量为零。另外，从短路点到发电机母线之间经过 YNd11 变压器，因此，发电机母线处正序和负序电压的相位需要按式（11-51）的关系加以改变，即正序电压的相位应增加 $-11\pi/6$，负序电压的相位增加 $11\pi/6$，从而得

$$\begin{bmatrix} \dot{U}_a \\ \dot{U}_b \\ \dot{U}_c \end{bmatrix} = \begin{bmatrix} 1 & 1 & 1 \\ a^2 & a & 1 \\ a & a^2 & 1 \end{bmatrix} \begin{bmatrix} 0.884 e^{-j11\pi/6} \\ -0.116 e^{j11\pi/6} \\ 0 \end{bmatrix} = \begin{bmatrix} 0.665 + j0.5 \\ -j1 \\ -0.665 + j0.5 \end{bmatrix}$$

其有效值为

$$\begin{bmatrix} U_a \\ U_b \\ U_c \end{bmatrix} = \begin{bmatrix} 0.831 \\ 1 \\ 0.831 \end{bmatrix}$$

11.3.3 非全相运行的分析和计算

什么叫非全相运行？非全相运行是指一相或两相断开的运行状态。

纵向故障和横向故障的概念：发生断线后，将引起三相线路在断口处的结构不对称，而系统的其余部分仍然是对称的。一般将引起纵向（断口）电气量不对称的非全相运行称为纵向故障，而将短路故障称为横向故障。

1. 故障点电流和电压的计算

断线情况的分析也以 a 相作为特殊相，即考虑 a 相断线和 b、c 两相断线的情况，如图 11-26 所示。

与分析不对称短路时类似，将故障处电流、电压分解成 3 个序分量。由于系统其他地方参数是三相对称的，因此三序电压方程互为独立。可以与不对称短路时一样作出 3 个序的等

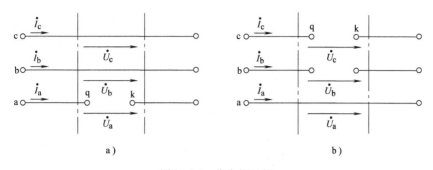

图 11-26 非全相运行

a) a 相单相断线 b) b、c 两相断线

效网络。图 11-27 画出了一任意复杂系统的非全相运行时的三序网络。

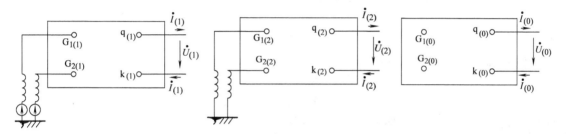

图 11-27 非全相运行时的三序网络

【课堂讨论】 这 3 个序网图与短路故障的 3 个序网图有何不同?

对于这 3 个序网,可以写出其对故障点的电压平衡方程式如下:

$$\begin{cases} \dot{U}_{qk|0|} - \dot{I}_{(1)} z_{(1)} = \dot{U}_{(1)} \\ 0 - \dot{I}_{(2)} z_{(2)} = \dot{U}_{(2)} \\ 0 - \dot{I}_{(0)} z_{(0)} = \dot{U}_{(0)} \end{cases} \tag{11-53}$$

式中,$\dot{U}_{qk|0|}$ 为 q、k 两点间的开路电压;$z_{(1)}$、$z_{(2)}$、$z_{(0)}$ 分别为正、负、零序网络从断口 q、k 看进去的等效阻抗。

式 (11-53) 即为各序对断口的电压平衡方程式,还必须结合断口处的边界条件,才能计算出断口处电压、电流各序分量。下面分别讨论一相断线和两相断线的情况。

(1) 一相断线

对于 a 相断线,可以从图 11-26a 直接看出故障处的边界条件为

$$\left.\begin{array}{l} \dot{I}_a = 0 \\ \dot{U}_b = \dot{U}_c = 0 \end{array}\right\}$$

其相应的各序分量边界条件为

$$\left.\begin{array}{l} \dot{I}_{(1)} + \dot{I}_{(2)} + \dot{I}_{(0)} = 0 \\ \dot{U}_{(1)} = \dot{U}_{(2)} = \dot{U}_{(0)} \end{array}\right\}$$

可以看出,它与两相短路接地时的边界条件形式上完全一样。(注意:此处的故障处电流是流过断线线路上的电流,故障处的电压是断口间的电压)

一相断线时的复合序网如图 11-28a 所示,即在故障点并联。可以得出断线线路上各序

电流为

$$\left.\begin{array}{l} \dot{I}_{(1)} = \dfrac{\dot{U}_{qk|0|}}{z_{(1)} + \dfrac{z_{(2)}z_{(0)}}{z_{(2)} + z_{(0)}}} \\[3em] \dot{I}_{(2)} = -\dot{I}_{(1)}\dfrac{z_{(0)}}{z_{(2)} + z_{(0)}} \\[2em] \dot{I}_{(0)} = -\dot{I}_{(1)}\dfrac{z_{(2)}}{z_{(2)} + z_{(0)}} \end{array}\right\}$$

断口处的各序电压可由式（11-53）求出。

（2）两相断线

由图11-26b可得b、c相断线处的边界条件为

$$\left.\begin{array}{l} \dot{U}_a = 0 \\[0.5em] \dot{I}_b = \dot{I}_c = 0 \end{array}\right\}$$

可以得出相应的序分量边界条件为

$$\left.\begin{array}{l} \dot{U}_{(1)} + \dot{U}_{(2)} + \dot{U}_{(0)} = 0 \\[0.5em] \dot{I}_{(1)} = \dot{I}_{(2)} = \dot{I}_{(0)} \end{array}\right\}$$

与单相短路接地时的边界条件形式上完全一样。

两相断线复合序网如图11-28b所示，断线线路上各序电流为

$$\dot{I}_{(1)} = \dot{I}_{(2)} = \dot{I}_{(0)} = \dfrac{\dot{U}_{qk|0|}}{z_{(1)} + z_{(2)} + z_{(0)}}$$

2. 非故障点的电流和电压计算

以上求出了各序分量，要计算非故障点的电压和非故障支路的电流，所采用的方法与不对称故障的方法相似。不同之处有：

1）断线情况下形成正序、负序和零序网络的阻抗矩阵时，断口处的q和k应分别为两个节点，而在短路情况下，短路点为一个节点。

2）在短路情况下用阻抗矩阵求各个节点电压时，应令短路点流出相应的序分量电流，而在断线情况下用阻抗矩阵求各个节点电压时，应令断口的q节点流出相应的故障序分量电流，并同时令断口的k节点注入相同的电流。

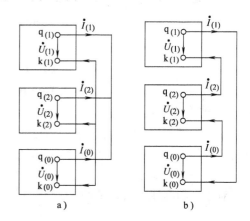

图11-28　断线故障的复合序网

a）一相断线　b）两相断线

除此以外，在计算电流和电压的相分量时，也需要考虑因经过变压器而使正序和负序分量分别引起相位的改变。

同样，也可以用正序增广网络计算正序分量。正序增广网络为在正序网的断口处串联一个z_Δ。一相断线时$z_\Delta = z_{(2)}z_{(0)}/(z_{(2)} + z_{(0)})$；两相断线时$z_\Delta = z_{(2)} + z_{(0)}$。

将简单不对称短路故障的分析和简单不对称断线故障的分析进行比较，可以发现它们之间存在一些"对偶关系"，建议读者自己加以整理以利于记忆。

【例 11-4】　对于图 11-29 所示的系统，为简便计算，设负荷为纯电抗，且 $x_1 = x_2 = x_0$，试计算线路末端 a 相断线时 b、c 两相的电流，a 相断口电压以及发电机母线三相电压。

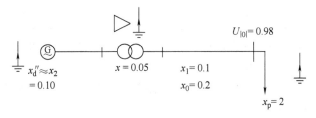

图 11-29　例 11-4 图一

【解】　（1）断线前正常运行方式计算：

$$\dot{I}_D = 0.98/j2 = -j0.49$$

$$\dot{E}'' = 0.98 + (-j0.49) \times j0.25 = 1.1$$

（2）做出各序网图并连成复合序网，如图 11-30 所示。

（3）由正序网计算出断口电压 $\dot{U}_{qk|0|}$，即

$$\dot{U}_{qk|0|} = \dot{E}'' = 1.1$$

由三序网得断口各序等效阻抗为

$$z_{(1)} = z_{(2)} = j(0.1 + 0.05 + 0.1 + 2) = j2.25$$

$$z_{(0)} = j(0.05 + 0.2 + 2) = j2.25$$

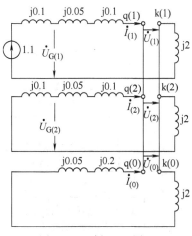

（4）故障处三序电流为

$$\dot{I}_{(1)} = \frac{1.1}{j\left(2.25 + \dfrac{2.25 \times 2.25}{2.25 + 2.25}\right)} = -j0.326$$

$$\dot{I}_{(2)} = \dot{I}_{(0)} = -(-j0.326) \times \frac{1}{2} = j0.163$$

线路 b、c 相电流为

$$\dot{I}_b = a^2(-j0.326) + a(j0.163) + j0.163 = -ja^2 \times 0.489$$

$$\dot{I}_c = a(-j0.326) + a^2(j0.163) + j0.163 = -ja \times 0.489$$

图 11-30　例 11-4 图二

（5）断口三序电压为

$$\dot{U}_{(1)} = \dot{U}_{(2)} = \dot{U}_{(0)} = -(j0.163) \times j2.25 = 0.367$$

a 相断口电压为

$$\dot{U}_a = \dot{U}_{(1)} + \dot{U}_{(2)} + \dot{U}_{(0)} = 3 \times 0.367 = 1.1$$

（6）发电机母线三序电压：

$$\dot{U}_{G(1)} = 1.1 - j0.1 \times (-j0.326) = 1.1 - 0.0326 = 1.067$$

$$\dot{U}_{G(2)} = j0.1 \times (-j0.163) = 0.016$$

$$\dot{U}_{G(0)} = 0$$

若变压器为 11 点钟连接方式，母线三相电压为

$$\begin{bmatrix} \dot{U}_{Ga} \\ \dot{U}_{Gb} \\ \dot{U}_{Gc} \end{bmatrix} = \begin{bmatrix} 1 & 1 & 1 \\ a^2 & a & 1 \\ a & a^2 & 1 \end{bmatrix} \begin{bmatrix} 1.067e^{j30°} \\ 0.016e^{-j30°} \\ 0 \end{bmatrix} = \begin{bmatrix} 0.938 + j0.526 \\ -j1.051 \\ -0.938 + j0.526 \end{bmatrix} = \begin{bmatrix} 1.075\underline{/29.28°} \\ 1.051\underline{/-90°} \\ 1.075\underline{/150.72°} \end{bmatrix}$$

11.4 电力系统不对称故障的计算机算法简介

在电力系统规划、设计和运行过程中，需要进行大量的仿真计算，以得到当系统发生故障时，运行在各种不同状态下的参数值。目前已开发出了许多专门的计算机应用程序，虽然它们只能计算故障开始瞬间电压和电流的同步角频率周期性分量，但却带来了极大的方便。

下面就来学习一下简单不对称故障的计算机程序主要计算步骤。程序框图如图 11-31 所示。

图 11-31 中各步骤说明如下：

1) 输入电力系统的原始参数数据。

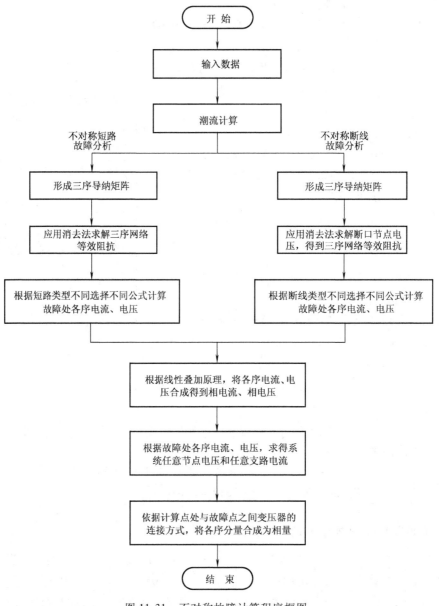

图 11-31 不对称故障计算程序框图

2）对故障前的系统进行潮流计算，得到各个节点的电压和各个支路的电流以及短路点的初始电压 $\dot{U}_{f(0)}$ 或断线支路的电流 $\dot{I}_{(0)}$（倘若仅作近似计算，可省去潮流计算，令 $\dot{U}_{f(0)} = 1$，$\dot{I}_{(0)} = 1$）。

3）对于不对称短路，按照给定的短路点分别形成 3 个序网的节点导纳矩阵；对于不对称断线，按照给定的断口分别形成 3 个序网的节点导纳矩阵。

4）对于不对称短路，应用消去法分别求出短路点的正序网络等效阻抗 $Z_{1\Sigma}$、负序网络等效阻抗 $Z_{2\Sigma}$ 和零序网络等效阻抗 $Z_{0\Sigma}$；对于不对称断线，在断口的两个节点处分别注入和吸收单位电流，应用消去法求解得到这两个节点的电压，由其差值得到该序网对于断口的等效阻抗，从而得到正序网络等效阻抗 $Z'_{1\Sigma}$、负序网络等效阻抗 $Z'_{2\Sigma}$ 和零序网络等效阻抗 $Z'_{0\Sigma}$。

5）对于不对称短路，根据已得到的 $\dot{U}_{f(0)}$、$Z_{1\Sigma}$、$Z_{2\Sigma}$ 和 $Z_{0\Sigma}$，按照短路类型计算短路点的三序电流和电压的故障分量 $\Delta\dot{U}_{f1}$、$\Delta\dot{U}_{f2}$、$\Delta\dot{U}_{f0}$ 和 $\dot{I}_{f1}$、$\dot{I}_{f2}$、$\dot{I}_{f0}$；对于不对称断线，由已解出的 $\dot{I}_{(0)}$、$Z'_{1\Sigma}$、$Z'_{2\Sigma}$ 和 $Z'_{0\Sigma}$，按照给定的断线类型计算断口的三序电流和电压故障分量 $\Delta\dot{U}'_{f1}$、$\Delta\dot{U}'_{f2}$、$\Delta\dot{U}'_{f0}$ 和 $\dot{I}'_{f1}$、$\dot{I}'_{f2}$、$\dot{I}'_{f0}$。

6）依据线性叠加原理，将上一步的三序电流电压的故障分量进行叠加，得到每相的相电压和相电流。

7）利用步骤 3）得到的 3 个序网的节点导纳矩阵和步骤 5）得到的故障点三序电压，求得其余节点的三序电压故障分量，支路上的电流分量等于两端节点的三序电压之差除以支路序阻抗。

8）考虑变压器两侧相位关系式,对正序和负序分量改变其相位,将各序分量合成为相量。

9）结束。

最后，需要加以说明的是，也可以应用暂态稳定计算程序来仿真故障后某一时刻的电压和电流。

【课堂讨论】

讨论 1. 如何根据短路电流计算冲击电流与最大有效值电流。

根据本章介绍方法所得短路电流，除了特别说明以外，实际上就是短路电流周期分量有效值的初瞬值 I''。类似于式（10-8）和式（10-10），冲击电流 i_M 和最大有效值电流 I_M 均正比于 I''，即 $i_M = K_M\sqrt{2}I''$，$I_M = K_p I''$。

讨论 2. 对称分量法的适用范围。

对于三相对称电路，各序分量是独立的，可以分序求解，而三相不对称时不行。因此，对称分量法只适用于：①线性；②三相对称元件组成系统的不对称故障分析。若电路参数三相不对称则不能用，此时可直接求解三相方程。

讨论 3. 零序网络有何特点。

应用对称分量法分析不对称故障时，如何构成零序网络是一个难点，需要掌握零序网络的特点：①零序网络无零序电动势源，只有故障点的零序电压可看作零序分量的来源；②零序网络的结构与正、负序不同，零序电流流通的路径与网络结构、变压器接线方式及中性点接地方式、故障点位置有关；③对于有零序电流流通的元件，零序阻抗与正、负序也不相同。

讨论 4. 试分析各序电压在系统中的分布规律。

1）电源点的正序电压最高，而越靠近短路点，正序电压数值越低，短路点的正序电压最低。三相短路时，短路点的正序电压为零；两相短路接地时，正序电压降低的情形次于三相短路；单相短路接地时电压值降低最少。

2）负序和零序网络中没有电源，短路点的负序和零序电压分量相当于电源，因此短路点的负序和零序电压值最高，离短路点越远，负序和零序电压越低。

讨论5. 断线与短路的类比。

1）单相断线的边界条件类似于两相接地短路，故三序网络并联；两相断线的边界条件类似于单相短路，故三序网络串联。

2）区别：①电压电流意义不同（断线时电压是沿线方向电压差，电流是线电流；短路时电压及电流均为对地而言）；②正、负序网络不同；③零序网络结构及零序电流路径不同。

思考题与习题

11-1 某三相系统一处发生短路故障，短路点电压为 $\dot{U}_a = 100\underline{/90°}\text{V}$，$\dot{U}_b = 116\underline{/0°}\text{V}$，$\dot{U}_c = 71\underline{/225°}\text{V}$，试将该不对称电压分解成对称分量。

11-2 系统接线及参数如图11-32所示，当k点发生b相短路接地时，求短路点的各序电流、电压及各相电流、电压，并绘制短路点的电流、电压相量图。求出两非故障相电压之间的夹角，并分析此夹角的大小与系统电抗的关系。

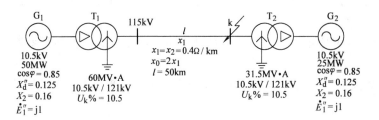

G_1 T_1 115kV l x_1 k T_2 G_2

10.5kV
50MW
$\cos\varphi = 0.85$
$X_d'' = 0.125$
$X_2 = 0.16$
$\dot{E}_1'' = j1$

60MV·A
10.5kV / 121kV
$U_k\% = 10.5$

$x_1 = x_2 = 0.4\Omega/\text{km}$
$x_0 = 2x_1$
$l = 50\text{km}$

31.5MV·A
10.5kV / 121kV
$U_k\% = 10.5$

10.5kV
25MW
$\cos\varphi = 0.85$
$X_d'' = 0.125$
$X_2 = 0.16$
$\dot{E}_1'' = j1$

图 11-32 题 11-2 图

11-3 系统接线及参数与题11-2一样，当k点发生ac两相短路接地时，求短路点的各序电流、电压及各相电流、电压，并绘制短路点的电流、电压相量图。

11-4 在图11-33所示供电系统中，q、k处发生a相断线，求断开处的负序、零序电压、电流和非故障相的电流。各元件的序电抗已按 $S_B = 100\text{MV·A}$，$U_B = U_{av}$ 折算，见序网图11-33b所标。折算后的电源电动势为 $\dot{E}_a = \dot{E}_a' = j1.4$。

11-5 某系统如图11-34所示，图中标出了标幺值参数，如在F处发生bc两相断线，试求非故障相a相的电流（标幺值）。

11-6 图11-35所示系统中，当在FF'点发生b相断线时：

（1）列出断线时的边界条件，并组成复合序网；

（2）写出复合序网中 E_Σ、$Z_{1\Sigma}$、$Z_{2\Sigma}$ 及

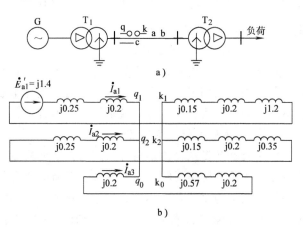

$\dot{E}_{a1}' = j1.4$ $\dot{I}_{a1}$ q_1 k_1

j0.25 j0.2 | j0.15 j0.2 j1.2

$\dot{I}_{a2}$ q_2 k_2

j0.25 j0.2 | j0.15 j0.2 j0.35

$\dot{I}_{a3}$

j0.2 q_0 k_0 j0.57 j0.2

b)

图 11-33 题 11-4 图

a）供电系统 b）复合序网

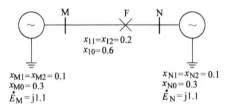

图 11-34 题 11-5 图

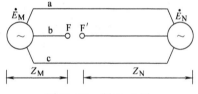

图 11-35 题 11-6 图

$Z_{0\Sigma}$ 表达式。

11-7 如图 11-36 所示网络，当线路上发生单相接地短路时，试用对称分量法证明 3 个电流互感器中性线中电流表的电流为 $3I_0$，电压互感器开口三角形上电压表的电压为 $3U_0$。

11-8 如图 11-37 所示，由 3 台 10MV·A、110kV/6kV 的单相变压器组成的三相变压器，高压侧接成三角形，低压侧接成星形，每台单相变压器的短路电压为 10%，试求下列情况的零序等效电路：

（1）中性点不接地；

（2）中性点直接接地；

（3）中性点经过 5Ω 电阻接地。

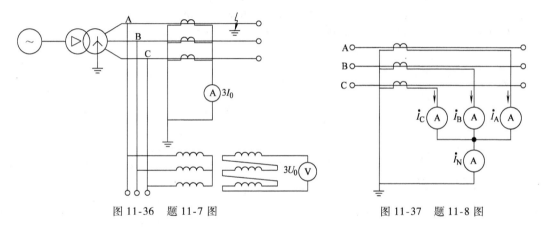

图 11-36 题 11-7 图

图 11-37 题 11-8 图

11-9 图 11-38 中，k 点发生接地短路，试组成它的零序网络。各元件电抗用 X 加下标分别表示。

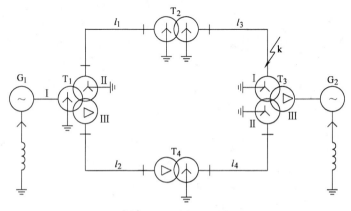

图 11-38 题 11-9 图

11-10 试计算图 11-39 中 k 点单相接地短路时发电机母线 A 的线电压，并绘出相量图。变压器 T：$S_N = 120MV·A$，242kV/121kV/10.5kV，$U_{k(1-2)}\% = 24$，$U_{k(2-3)}\% = 9$，$U_{k(1-3)}\% = 15$。

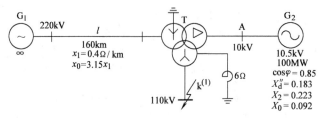

图 11-39 题 11-10 图

参 考 文 献

［1］ 李光琦. 电力系统暂态分析 ［M］. 3 版. 北京：中国电力出版社，2007.

［2］ 夏道止. 电力系统分析 ［M］. 2 版. 北京：中国电力出版社，2011.

［3］ 刘宗歧. 电力系统分析学习指导 ［M］. 北京：中国电力出版社，2005.

［4］ 陈怡，等. 电力系统分析 ［M］. 北京：中国电力出版社，2005.

［5］ 杨淑英. 电力系统概论 ［M］. 北京：中国电力出版社，2003.

［6］ 刘笙. 电气工程基础（上/下册）［M］. 北京：科学出版社，2002.

［7］ 陈立新，等. 电力系统分析 ［M］. 北京：中国电力出版社，2005.

［8］ 杨淑英. 电力系统分析复习与习题精解 ［M］. 北京：中国电力出版社，2002.

第12章　电力系统的稳定

电力系统是一个用常微分方程描述的复杂动力学系统。电力系统的理想运行情况是，在任何时刻系统都能以恒定的电压和频率连续不断地向负荷供电。实际上，负荷的规律性和随机性变化以及相应的发电机组的调节时刻存在，一些大的变化也时有发生，例如网络中的短路故障，大容量发电机和重要输变电设备的投入或切除等。一般将上述各种变化因素统称为干扰或者扰动。处于稳态运行下的电力系统在遭受干扰后，原来的平衡状态被打破，从而使系统经历一个动态过程。电力系统的稳定性问题就是研究这些动态过程的结局如何，是否会危及系统的正常运行。

本章首先介绍稳定的定义和分类，然后着重对几种类别的稳定问题进行分析，最后给出提高稳定性的一些措施。

12.1　电力系统稳定概述

12.1.1　电力系统稳定的定义与分类

何谓电力系统稳定性？电力系统稳定性是指电力系统受到事故扰动后保持稳定运行的能力。

电力系统稳定性如何分类呢？对于电力系统稳定性的分类，国际上并没有统一的标准，大体上可以从物理特征、扰动大小、失稳方式、时间跨度几个角度来考虑。

按物理特征可分为：①功角稳定性，即部分发电机之间的功角先失去稳定；②频率稳定性，即系统频率先失去稳定；③电压稳定性，即部分节点的电压先失去稳定。需要指出的是，当某个物理特征先失去稳定之后，其他物理特征最终也会随之失去稳定；而且在动态过程的初期，几种物理特征往往是交织在一起的。

按扰动大小可分为：①小扰动稳定性，当电力系统受到微小的扰动时，其动态特性方程可以进行线性化，以此分析稳定性；②大扰动稳定性，当电力系统受到大的扰动时，其动态特性方程需用非线性微分方程，才能分析稳定性。需要指出的是，扰动的大与小之间并没有严格的区分，一般来说线路等设备发生故障引起的扰动被认为是大扰动。

按失稳方式可分为：①非周期失稳或称单调失稳，即系统的主要物理特征以单调地上升或者下滑形式失稳，主要由于同步转矩不足而引起；②振荡失稳，即系统的主要物理特征发生增幅振荡导致失稳，主要由于阻尼转矩不足而引起。需要指出的是，如果先是增幅振荡，到一定程度后也会出现单调失稳。

按时间跨度可分为：①短期稳定性，指在几秒内系统的稳定性；②中期稳定性，一般指几秒至几十秒范围内系统的稳定性；③长期稳定性，一般指几十秒至几十分钟范围内系统的稳定性。需要指出的是，长期稳定性和中期稳定性之间并没有很明确的界限，所以有时候统称为中长期稳定性。

我国 2001 年颁布的《电力系统安全稳定导则》（DL 755—2001）中，将稳定性划分为静态稳定、暂态稳定、动态稳定、电压稳定，如图 12-1 所示。

1）静态稳定是指电力系统受到小扰动后，不发生非周期性失步，自动恢复到初始运行状态的能力。

2）暂态稳定是指电力系统受到大扰动后，各同步电机保持同步运行并过渡到新的或恢复到原来稳态运行方式的能力。通常指保持第一或第二个振荡周期不失步的功角稳定。

3）动态稳定是指电力系统受到小的或大的扰动后，在自动调节和控制装置的作用下，保持长过程的运行稳定性的能力。动态稳定的过程可能持续数十秒至几分钟。

4）电压稳定是指电力系统受到小的或大的扰动后，系统电压能够保持或恢复到允许的范围内，不发生电压崩溃的能力。

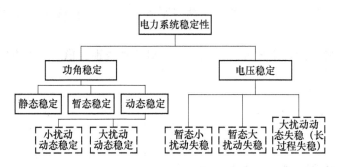

图 12-1 我国目前的稳定性分类

我国《电力系统安全稳定导则》已经完成修订，其中拟采用的稳定性分类如图 12-2 所示。但由于新的安全稳定导则还没有正式颁布，所以本章仍然以 2001 年颁布的导则为准。

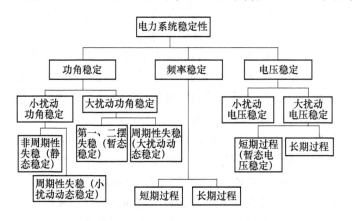

图 12-2 我国拟采用的稳定性分类

12.1.2 电力系统稳定分析的模型

要进行电力系统的稳定分析，首先要建立系统的数学模型。电力系统作为一个非常复杂的大系统，包括的元件很多，各元件特性各不相同，相互间关联十分紧密。在分析电力系统稳定性时，各元件所采用的数学模型，不仅与分析结果的稳定性直接相关，而且对分析的复杂性有很大的影响。如果元件的数学模型采用适当，稳定性分析的计算将会比较简单，而且结果比较可信。下面以功角稳定性分析的数学模型为例，简要介绍电力系统稳定分析的模型。

1. 网络方程

采用两个简化：①忽略电磁暂态过程；②线路和变压器等元件的参数采用额定频率下的数值。所导出的网络方程式如下：

$$YU = I \tag{12-1}$$

式中，Y 为系统节点的对称复数导纳矩阵（$Y_{ii} = G_{ii} + jB_{ii}$，$Y_{ij} = Y_{ji} = G_{ij} + jB_{ij}$），它由网络的结构和元件参数所决定；$U$、$I$ 分别为节点电压和节点注入电流组成的列向量。

在稳定性分析计算中，常将网络方程写成如下实数形式：

$$\begin{bmatrix} \begin{bmatrix} G_{11} & -B_{11} \\ B_{11} & G_{11} \end{bmatrix} & \cdots & \begin{bmatrix} G_{1i} & -B_{1i} \\ B_{1i} & G_{1i} \end{bmatrix} & \cdots & \begin{bmatrix} G_{1n} & -B_{1n} \\ B_{1n} & G_{1n} \end{bmatrix} \\ \vdots & & \vdots & & \vdots \\ \begin{bmatrix} G_{i1} & -B_{i1} \\ B_{i1} & G_{i1} \end{bmatrix} & \cdots & \begin{bmatrix} G_{ii} & -B_{ii} \\ B_{ii} & G_{ii} \end{bmatrix} & \cdots & \begin{bmatrix} G_{in} & -B_{in} \\ B_{in} & G_{in} \end{bmatrix} \\ \vdots & & \vdots & & \vdots \\ \begin{bmatrix} G_{n1} & -B_{n1} \\ B_{n1} & G_{n1} \end{bmatrix} & \cdots & \begin{bmatrix} G_{ni} & -B_{ni} \\ B_{ni} & G_{ni} \end{bmatrix} & \cdots & \begin{bmatrix} G_{nn} & -B_{nn} \\ B_{nn} & G_{nn} \end{bmatrix} \end{bmatrix} \begin{bmatrix} \begin{bmatrix} U_{1x} \\ U_{1y} \end{bmatrix} \\ \vdots \\ \begin{bmatrix} U_{ix} \\ U_{iy} \end{bmatrix} \\ \vdots \\ \begin{bmatrix} U_{nx} \\ U_{ny} \end{bmatrix} \end{bmatrix} = \begin{bmatrix} \begin{bmatrix} I_{1x} \\ I_{1y} \end{bmatrix} \\ \vdots \\ \begin{bmatrix} I_{ix} \\ I_{iy} \end{bmatrix} \\ \vdots \\ \begin{bmatrix} I_{nx} \\ I_{ny} \end{bmatrix} \end{bmatrix} \tag{12-2}$$

式中，下标 x 和 y 分别表示电压和电流的实部和虚部。

2. 发电机组模型

发电机组的模型包括同步发电机本体、励磁系统以及原动机及其调速系统的模型。

（1）同步发电机的数学模型

在第 4 章中重点介绍了描述同步发电机电磁动态过程的派克方程，这是同步发电机的基本方程。在第 4 章中，还定义了次暂态电动势与电抗、暂态电动势与电抗，这些都是在工程中经常采用的实用电动势和参数。实际上，实用电动势都是以发电机绕组的磁链来定义的，也可以认为是将派克方程中的状态变量磁链转换为实用电动势。由式（4-30）可见，派克方程是六阶动态方程，其中考虑了所有绕组的动态过程。在进行电力系统稳定分析计算时，主要面对的是秒级的暂态过程，所以一些非常快速的动态过程可以忽略。实际上，前面网络方程中已经忽略了线路的电磁暂态过程。所以，与之相连的定子绕组的电磁暂态过程也可以忽略。这样，六阶动态方程就降为三阶动态方程。如果考虑到阻尼绕组的电磁暂态过程非常快速也可忽略，则动态方程就降为一阶，即描述励磁绕组的电磁暂态过程方程：

$$T'_{d0} \frac{dE'_q}{dt} = E_{fq} - E'_q - (x_d - x'_d) i_d \tag{12-3}$$

式中，T'_{d0} 为励磁绕组时间常数。

此外，描述转子运动的方程为

$$\left. \begin{array}{l} \dfrac{d\delta}{dt} = \omega_0 (\omega - 1) \\[2mm] T_J \dfrac{d\omega}{dt} = P_T - D(\omega - 1) - P_E \end{array} \right\} \tag{12-4a}$$

通常也称之为摇摆方程

$$T_J \frac{d^2\delta}{dt^2} + D \frac{d\delta}{dt} = \omega_0 (P_T - P_E) \tag{12-4b}$$

式中，T_J 为惯性时间常数；D 为阻尼系数；P_T 为机械功率；P_E 为电磁功率。

发电机电磁功率表达式为

$$P_E = P + |\dot{I}|^2 r_a = U_x I_x + U_y I_y + (I_x^2 + I_y^2) r_a \tag{12-5}$$

式中，P 为发电机端口有功功率。

在大多数情况下，可以忽略定子铜损，则不再区分 P_E 和 P

$$P_E \approx P \tag{12-6}$$

在早期的电力系统稳定计算中，由于计算条件限制，采用 E' 恒定模型，由第 4 章公式可得

$$\dot{E}' = \dot{U} + jx_d'\dot{I} \tag{12-7}$$

后来为了提高精度，采用 E_q' 恒定模型，则不需要发电机暂态电动势微分方程式（12-3）。需要说明的是，这两种模型目前在暂态稳定计算中已经不常使用，但在静态稳定、定性分析、规划设计等场合依然采用。

（2）励磁系统模型

以自并励静止励磁系统为例，其基本结构如图 12-3a 所示，发电机端电压 U 与参考电压 U_{ref} 比较后得出电压偏差，经放大器放大后供给发电机励磁绕组。其简化传递函数框图如图 12-3b 所示。其中，K_A 为放大器放大倍数，T_A 为放大器的时间常数，E_{fqmax} 和 E_{fqmin} 分别为励磁系统的输出控制。

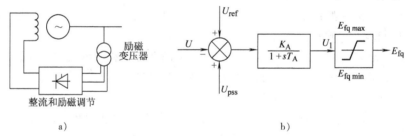

图 12-3　自并励静止励磁系统

a）结构示意图　b）简化传递函数框图

由图 12-3 所示的传递函数框图可以列出以下方程：

$$\left. \begin{aligned} E_{fq} &= E_{fqmax} \qquad U_1 \geqslant E_{fqmax} \\ \frac{dE_{fq}}{dt} &= \frac{1}{T_A}[-E_{fq} + K_A(U_{ref} - U)] \quad E_{fqmin} \leqslant U_1 < E_{fqmax} \\ E_{fq} &= E_{fqmin} \qquad U_1 < E_{fqmin} \end{aligned} \right\} \tag{12-8}$$

发电机组的原动机及其调速系统的数学模型，以及其他动态元件的数学模型在第 4 章有所介绍，这里不再赘述。

3. 电力负荷模型

负荷模型对于电力系统稳定计算也具有重要影响，在第 3 章中已经介绍了几种主要的电力负荷模型。在电力系统实际计算中，有必要对其进行选择。模型的选择主要取决于模型的应用目的及对精度的要求，同时还要考虑模型处理的简单性和参数获取的方便性。模型的精确性和简单性之间往往存在着矛盾，因而有必要在两者之间进行权衡。

在我国电力系统稳定计算中，采用最多的电力负荷模型是如图 3-9 所示的综合负荷模型，综合负荷由等效静态负荷和等效电动机并联组成。静态负荷采用 3.3.2 节中的静态模型描述，电动机采用 3.3.3 节中的三阶机电暂态模型描述。这是因为这种模型能够描述大多数负荷，而且精度比较高。

4. 全系统的数学模型

暂态稳定分析中系统元件间的相互关系如图 12-4 所示。

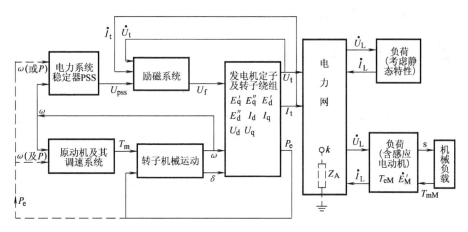

图 12-4　暂态稳定分析中系统元件间的相互关系

图 12-4 给出了用于电力系统稳定分析的全系统数学模型的构架。其中电力系统稳定器本书未做介绍，可参看其他文献。由图可以看出全部电力系统的表达式，包括描述同步发电机及与同步发电机相关的励磁系统和原动机及其调速系统、负荷、其他动态装置等动态元件的数学模型及电力网络的数学模型。很明显，系统中的所有动态元件是相互独立的，是电力网络将它们联系在一起。

整个系统的模型在数学上可以统一描述成如下一般形式的微分-代数方程组：

$$\frac{\mathrm{d}\boldsymbol{x}}{\mathrm{d}t} = f(\boldsymbol{x},\boldsymbol{y}) \tag{12-9}$$

$$0 = g(\boldsymbol{x},\boldsymbol{y}) \tag{12-10}$$

式中，$\boldsymbol{x}$ 表示微分方程组中描述系统动态特性的状态变量组成的向量；$\boldsymbol{y}$ 表示代数方程组中系统的运行参量组成的向量。

微分方程式（12-9）主要包括：

1）描述各同步发电机暂态和次暂态电动势变化规律的微分方程。

2）描述各同步发电机转子运动的摇摆方程。

3）描述同步发电机组中励磁调节系统动态特性的微分方程。

4）描述同步发电机组中原动机及其调速系统动态特性的微分方程。

5）描述各感应电动机和同步电动机负荷动态特性的微分方程。

6）描述直流系统整流器和逆变器控制行为的微分方程。

7）描述其他动态装置（如 SVC、TCSC 等 FACTS 元件）动态特性的微分方程。

而代数方程式（12-10）主要包括：

1）电力网络方程，即描述在公共参考坐标系 x-y 下节点电压与节点注入电流之间的关系。

2）各同步发电机定子电压方程（建立在各自的 dq 坐标系下）及 dq 坐标系与 x-y 坐标系间联系的坐标变换方程。

3）各直流线路的电压方程。

4）负荷的电压静态特性方程等。

根据对计算结果精度要求的不同，可依据所研究问题的性质，本着抓住重点、忽略次要因素的原则使用相应复杂程度的元件数学模型。

12.2 简单电力系统的静态稳定

什么是简单电力系统？为了由浅入深地介绍电力系统稳定，往往先以简单电力系统为背景。所谓简单电力系统一般指单个发电机或者电源的情况。最常见的是单机无穷大系统，如图 12-5 所示，其中右侧无穷大电源的电压 U 恒定不变。

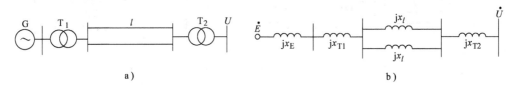

图 12-5 单机无穷大系统

a）系统接线图 b）等效电路

如前所述，静态稳定是指电力系统受到小干扰后，不发生非周期性失步，自动恢复到起始运行状态的能力。如果电力系统不能够保持静态稳定，则意味着没有静态运行点，所以保持静态稳定是电力系统运行的最基本要求。

电力系统静态稳定分析的目的是什么呢？电力系统静态稳定计算分析的目的是：应用相应的判据，确定电力系统的稳定性和输电线的输送功率极限，检验在给定方式下的稳定储备。

哪些情况下要进行静态稳定分析呢？一般对于大电源送出线、跨大区或省网间联络线、网络中薄弱断面等，需要进行静态稳定分析。

什么是功-角特性呢？电力系统中经常用到功-角特性和功-角曲线，这是描述发电机有功功率与功角之间关系的方程和曲线。对于简单电力系统，假设某种（后面会具体讨论哪一种）发电机内电动势 E 恒定，功-角特性方程一般写为

$$P = P_E(\delta) \qquad (12\text{-}11)$$

对应的功-角特性如图 12-6 所示。若不计原动机调速器作用，则原动机的机械功率 P_T 不变。忽略损耗，则发电机输送功率等于原动机机械功率，即 $P_0 = P_T$。由图 12-6 可见，当发电机输送功率为 P_0 时，可能有两个运行点 a 和 b。

两点中究竟哪个点才是系统的稳定运行点呢？

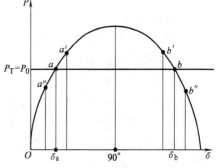

图 12-6 简单电力系统的功-角特性

这就需要对两个点的运行状况分别进行摄动分析。

a 点的运行情况分析：若系统遭受一个小干扰，使 δ 有微小增量 $\Delta\delta$，则发电机的电磁功率达到图 12-6 中 a' 点所对应的值。此时 $P > P_T$，转子开始减速，使得 δ 减小而趋于回到原来的平衡点。若小干扰使得 δ 有微小的减小，同样分析可知，系统也趋于回到原来的平衡点。

【课堂提问】　这种情况应如何分析？

分析可知，在运行点 a，当系统受到小扰动时能够自行恢复到原先的平衡状态，因此是静态稳定的。

b 点的运行情况分析：若遭受到一个小干扰使得 δ 有微小增量 $\Delta\delta$，则发电机的电磁功率达到图 12-6 中 b'' 点所对应值。此时 $P < P_T$，转子加速，δ 上升，P 下降，使得发电机加速功率更大，如此继续下去，δ 将不断增大，以致逐渐远离 δ_b 而不再回到 b 点，结果造成发电机与无穷大系统之间非周期性地失去同步。

【课堂提问】　若扰动使得 δ 有微小的减小，如何分析？

分析可知，在 b 点，受到小扰动后，不是转移到运行点 a，就是与系统失去同步，故 b 点是不稳定的。

那么，可以得出什么样的静态稳定判据呢？从对图 12-6 的分析可以看出，在 a 点和 b 点对应的电磁功率都是 P_0，但是在 a 点 $dP/d\delta > 0$，而在 b 点 $dP/d\delta < 0$，这是它们的不同之处。因此，对于简单电力系统，其静态稳定判据为

$$S_E = \frac{dP}{d\delta} > 0 \tag{12-12}$$

式中，S_E 称为整步功率因数，其大小可以说明发电机维持同步运行的能力，即静态稳定程度。

当 $dP/d\delta < 0$ 时，系统不稳定。当 $dP/d\delta = 0$ 时，是稳定与不稳定的分界点，称为静态稳定极限点，对应的功角称之为静态稳定极限功角 δ_M，对应的功率称之为静态稳定极限功率 P_M。

什么是静态稳定储备系数？电力系统运行时不应经常接近静态稳定极限的情况，而应该保持一定的储备，其静态稳定储备系数为

$$K_p = \frac{P_M - P_0}{P_0} \times 100\% \tag{12-13}$$

式中，P_M 为极限功率；P_0 为某一运行情况下的输送功率。

我国现行的《电力系统安全稳定导则》中规定了电力系统的静态稳定储备标准：

1）在正常运行方式下，对不同的电力系统，按功角判据计算的静态稳定储备系数（K_p）应为 15% ~ 20%。

2）在事故后运行方式或特殊运行方式下，K_p 不得低于 10%。

需要特别指出的是静态稳定定义中有两个关键词：

1）小干扰。静态稳定是指电力系统在小干扰之下的稳定性，但并不等于小干扰稳定的全部内容。或者说小干扰稳定包含静态稳定。

2）非周期性失步。即静态稳定并不包含周期性（振荡）稳定问题，实际上小干扰之下的振荡稳定问题属于后面介绍的动态稳定的范畴。

【课堂讨论】 发电机采用何种功-角特性？

讨论1. 假设 E_q 恒定。在有的文献中假设 E_q 恒定，由式（4-32）可知 E_q 正比于励磁电流，所以这相当于假设励磁电流恒定或者说励磁调节器不作用，显然这不符合实际。对于隐极发电机，功-角特性关系为

$$P = \frac{E_q U}{x_{d\Sigma}} \sin\delta \tag{12-14}$$

式中，$x_{d\Sigma} = x_d + x_{T1} + \dfrac{x_l}{2} + x_{T2}$。

对应的 S_E 为

$$S_E = \frac{E_q U}{x_{d\Sigma}} \cos\delta \tag{12-15}$$

由式（12-15）可以看出，极限功角 δ_M 等于 $\pi/2$，极限功率就是最大功率 $P_M = E_q U/x_{d\Sigma}$。对于凸极发电机，功-角特性关系为

$$P = \frac{E_q U}{x_{d\Sigma}} \sin\delta + \frac{U^2}{2} \left(\frac{1}{x_{q\Sigma}} - \frac{1}{x_{d\Sigma}} \right) \sin2\delta \tag{12-16}$$

式中，$x_{q\Sigma} = x_q + x_{T1} + \dfrac{x_l}{2} + x_{T2}$。

对应的 S_E 为

$$S_E = \frac{E_q U}{x_{d\Sigma}} \cos\delta + U^2 \left(\frac{1}{x_{q\Sigma}} - \frac{1}{x_{d\Sigma}} \right) \cos2\delta \tag{12-17}$$

由式（12-17）可以看出，功-角特性中也包含了功角的二次项。一般来说 $x_d > x_q$，所以二次项的最大功率为正，则极限功角 δ_M 小于 $\pi/2$。

讨论2. 假设 E'_q 恒定。上述假设中忽略了发电机励磁调节器的作用，如果考虑到发电机励磁调节器，可以假设 E'_q 恒定，这在励磁调节器的有效作用下可以近似成立。则功-角特性关系为

$$P = \frac{E'_q U}{x'_{d\Sigma}} \sin\delta + \frac{U^2}{2} \left(\frac{1}{x_{q\Sigma}} - \frac{1}{x'_{d\Sigma}} \right) \sin2\delta \tag{12-18}$$

式中，$x'_{d\Sigma} = x'_d + x_{T1} + \dfrac{x_l}{2} + x_{T2}$。

对应的 S_E 为

$$S_E = \frac{E'_q U}{x'_{d\Sigma}} \cos\delta + U^2 \left(\frac{1}{x_{q\Sigma}} - \frac{1}{x'_{d\Sigma}} \right) \cos2\delta \tag{12-19}$$

由式（12-19）可以看出，功-角特性中包含了功角的二次项。一般来说 $x'_d < x_q$，所以二次项的最大功率为负，则极限功角 δ_M 大于 $\pi/2$。

讨论3. 假设 E' 恒定。为了简化分析，可以忽略发电机的暂态凸效应，假设 E' 恒定。这在电力系统定性分析中经常采用，但在定量计算中已经不用，则功-角特性关系为

$$P = \frac{E' U}{x'_{d\Sigma}} \sin\delta' \tag{12-20}$$

式中，$x'_{d\Sigma} = x'_d + x_{T1} + \dfrac{x_l}{2} + x_{T2}$；$\delta'$ 为 $\dot{E}'$ 和 $\dot{U}$ 之间的夹角（参见图 4-23）。

可以证明（题 4-3），δ' 与 δ 之间满足关系式：

$$\delta' = \delta - \arcsin\left[\frac{U}{E'}\left(1 - \frac{x'_{d\Sigma}}{x_{q\Sigma}}\right)\sin\delta\right]$$

在近似计算中往往以 δ' 代替 δ。

对应的 S_E 为

$$S_E = \frac{E'U}{x'_{d\Sigma}}\cos\delta' \tag{12-21}$$

由式（12-21）可以看出，$\delta' = \pi/2$ 时极限功率就是最大功率 $P_M = E'U/x'_{d\Sigma}$，此时极限功角 δ_M 大于 $\pi/2$。

发电机的几种功-角特性如图 12-7 所示，下面采用算例进一步加以对比。

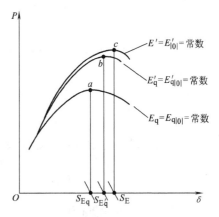

图 12-7　发电机的几种功-角特性

【**例 12-1**】　图 12-3 所示的简单系统中各元件参数如下：

发电机 G：$S_N = 300\text{MW}$，$U_N = 18\text{kV}$，$\cos\varphi_N = 0.85$，$x_d = x_q = 2.36$，$x'_d = 0.32$；

变压器 T_1：$S_N = 360$ MV·A，18kV/242kV，$U_S\% = 14$；

变压器 T_2：$S_N = 360$ MV·A，220kV/121kV，$U_S\% = 14$；

输电线路 l：$U_N = 220\text{kV}$，$l = 200\text{km}$，$x_1 = 0.41\Omega/\text{km}$。

运行情况：无限大系统母线吸收的功率为 $P_0 = 250\text{MW}$，$\cos\varphi_0 = 0.98$；无限大系统母线电压 $U = 115\text{kV}$。

试计算当发电机分别保持 E_q、E'_q、E' 为常数时的极限功角和极限功率（用标幺值计算）。

【**解**】　（1）求各元件电抗

取 $S_B = 250\text{MV·A}$，$U_{B(110)} = 115\text{kV}$，$U_{B(220)} = 115 \times 220/121\text{kV} = 209\text{kV}$，则

$$x_d = 2.36 \times \frac{250 \times 0.85}{300} \times \left(\frac{242}{209}\right)^2 = 2.241$$

$$x'_d = 0.32 \times \frac{250 \times 0.85}{300} \times \left(\frac{242}{209}\right)^2 = 0.304$$

$$x_{T1} = 0.14 \times \frac{250}{360} \times \left(\frac{242}{209}\right)^2 = 0.130$$

$$x_{T2} = 0.14 \times \frac{250}{360} \times \left(\frac{220}{209}\right)^2 = 0.108$$

$$x_l = \frac{1}{2} \times 0.41 \times 200 \times \frac{250}{209^2} = 0.235$$

系统综合阻抗为

$$x_{d\Sigma} = x_{q\Sigma} = x_d + x_{T1} + x_l + x_{T2} = 2.241 + 0.130 + 0.235 + 0.108 = 2.714$$

$$x'_{d\Sigma} = x'_d + x_{T1} + x_l + x_{T2} = 0.304 + 0.130 + 0.235 + 0.108 = 0.777$$

（2）求正常运行时的 $E_{q|0|}$、$E'_{q|0|}$、$E'_{|0|}$

$$P_0 = \frac{250}{250} = 1, Q_0 = 1 \times \tan(\arccos 0.98) = 0.2, U = \frac{115}{115} = 1$$

$$E'_{|0|} = \sqrt{(1 + 0.2 \times 0.777)^2 + 0.777^2} = 1.392$$

$$E_{q|0|} = \sqrt{(1 + 0.2 \times 2.714)^2 + 2.714^2} = 3.122$$

$$\delta_{|0|} = \arctan \frac{2.714}{1 + 0.2 \times 2.714} = 60.39°$$

$$E'_{q|0|} = U_{q|0|} + I_{d|0|}x'_{d\Sigma} = U_{q|0|} + \frac{E_{q|0|} - U_{q|0|}}{x_{d\Sigma}}x'_{d\Sigma}$$

$$= 1 \times \cos 60.39° + \frac{3.122 - \cos 60.39°}{2.714} \times 0.777$$

$$= 1.25$$

（3）求各电动势分别保持常数时发电机的功-角特性

$$P_{Eq} = \frac{E_{q|0|}U}{x_{d\Sigma}}\sin\delta = \frac{3.122}{2.714}\sin\delta = 1.15\sin\delta$$

$$P_{E'_q} = \frac{E'_{q|0|}U}{x'_{d\Sigma}}\sin\delta + \frac{U^2}{2}\left(\frac{1}{x_{q\Sigma}} - \frac{1}{x'_{d\Sigma}}\right)\sin 2\delta = 1.609\sin\delta - 0.459\sin 2\delta$$

$$P_{E'} = \frac{E'_{|0|}U}{x'_{d\Sigma}}\sin\delta' = 1.79\sin\delta'$$

$$= 1.79\sin\left\{\delta - \arcsin\left[\frac{U}{E'_{|0|}}\left(1 - \frac{x'_{d\Sigma}}{x_{q\Sigma}}\right)\sin\delta\right]\right\}$$

$$= 1.79\sin[\delta - \arcsin(0.512\sin\delta)]$$

（4）求极限功角和极限功率

1）E_q 恒定。$\delta = 90°$时功率最大，即

$$\delta_{E_qM} = \pi/2, \quad P_{E_qM} = 1.15$$

2）E'_q 恒定。最大功率时的功角为

$$\frac{\mathrm{d}P_{E'_q}}{\mathrm{d}\delta} = 1.609\cos\delta - 2 \times 0.459\cos 2\delta = 0$$

$$\delta_{E'_qM} = 113.2°$$

$$P_{E'_qM} = 1.609\sin 113.2° - 0.459\sin 2 \times 113.2° = 1.81$$

3）E' 恒定。最大功率时 $\delta' = 90°$，则有

$$90° = \delta - \sin^{-1}(0.512\sin\delta), \quad \delta_{E'M} = 117.15°$$

$$P_{E'M} = 1.79$$

综上所述，E'恒定、E'_q恒定所得极限功角和极限功率相近，均大于 E_q 恒定所得极限功角和极限功率。这实际上也表明，采用有效的励磁调节器可以提高静态稳定极限。

12.3　简单电力系统的暂态稳定

12.3.1　概述

暂态稳定是指电力系统在某个运行情况下突然受到大的扰动后，能否经过暂态过程达到新的稳态运行状态或者恢复到原来的状态。通常所考虑的大扰动包括各种短路故障、切除大容量发电机或输电设备以及某些负荷的突然变化等。

为什么要进行暂态稳定分析呢？暂态稳定计算分析的目的是：在规定运行方式和故障形态下，对系统稳定性进行校验，并对继电保护和自动装置以及各种措施提出相应的要求。为了保证电力系统运行的安全性，在系统规划、设计和运行过程中都需要进行暂态稳定分析。当稳定性不满足规定要求，或者需要进一步提高系统的传输能力时，还需要研究和采取相应的提高稳定的措施。另外，在系统发生稳定性破坏事故以后，往往需要进行事故分析，找出破坏稳定的原因，并研究相应的对策。

如何判别系统是否暂态稳定呢？暂态稳定的判据是电网遭受每一次大扰动后，引起电力系统各机组之间功角相对增大，再经过第一和第二个振荡周期不失步，作同步的衰减振荡，系统中枢点电压逐渐恢复。

影响暂态稳定的因素有哪些？

1）扰动的性质。

2）扰动发生的地点。

3）扰动前系统的运行情况。

暂态稳定计算的条件有哪些？我国《电力系统安全稳定导则》中规定的暂态稳定计算的条件如下：

1）应考虑在最不利的地点发生金属性短路故障。

2）发电机模型在可能的条件下，应考虑采用暂态电动势变化，甚至次暂态电动势变化的详细模型（在规划阶段允许采用暂态电动势恒定的模型）。

3）继电保护、重合闸和有关自动装置的动作状态和时间，应结合实际情况考虑。

4）考虑负荷特性。

下面仍然以简单系统为示例，介绍暂态稳定判据。

12.3.2　定性分析

图 12-8a 所示为一简单电力系统及其等效电路，正常运行时发电机经过变压器和双回线路向无穷大系统送电。

忽略所有的电阻，发电机采用暂态电抗 x'_d 后电动势 $\dot{E}'$ 恒定的经典模型，不考虑阻尼的作用并忽略调速器的影响，即假设机械功率 P_T 恒定。

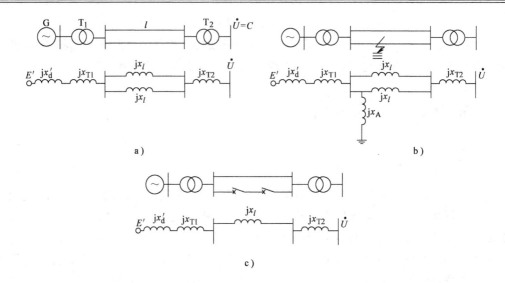

图 12-8 简单电力系统及其等效电路

a) 正常运行方式 b) 故障情况 c) 故障切除后

1. 正常运行时功-角特性

电动势 $\dot{E}'$ 与无限大系统间的联系电抗为

$$x_{\text{I}} = x_{\text{d}}' + x_{\text{T1}} + \frac{x_l}{2} + x_{\text{T2}} \tag{12-22}$$

发电机发出的电磁功率为

$$P_{\text{I}} = \frac{E'U}{x_{\text{I}}}\sin\delta = P_{\text{I M}}\sin\delta \tag{12-23}$$

2. 故障期间功-角特性

如果突然在一回线路始端发生不对称短路，如图 12-8b 所示，则故障期间发电机电动势和无限大系统之间的联系电抗为

$$x_{\text{II}} = (x_{\text{d}}' + x_{\text{T1}}) + \left(\frac{x_l}{2} + x_{\text{T2}}\right) + \frac{(x_{\text{d}}' + x_{\text{T1}})\left(\frac{x_l}{2} + x_{\text{T2}}\right)}{x_{\Delta}} \tag{12-24}$$

发电机输出功率为

$$P_{\text{II}} = \frac{E'U}{x_{\text{II}}}\sin\delta = P_{\text{II M}}\sin\delta \tag{12-25}$$

3. 故障后功-角特性

故障发生后，线路继电保护装置将迅速断开故障线路两端的断路器，这时发电机电动势与无限大系统间的联系电抗如图 12-8c 所示，为

$$x_{\text{III}} = x_{\text{d}}' + x_{\text{T1}} + x_l + x_{\text{T2}} \tag{12-26}$$

发电机输出的功率为

$$P_{\text{III}} = \frac{E'U}{x_{\text{III}}}\sin\delta = P_{\text{III M}}\sin\delta \tag{12-27}$$

　　下面分析系统受到这一系列大扰动后发电机转子的运动情况。图 12-9 给出了发电机在正常运行（Ⅰ）、故障（Ⅱ）和故障切除后（Ⅲ）3 种状态下的功-角特性曲线。

　　1）正常运行方式。设正常时发电机向无限大系统输送的有功功率为 P_0，则原动机输出的机械功率 P_T 等于 P_0。假定不计故障后几秒之内调速器的作用，即认为机械功率始终保持 P_0。图 12-9 中的 a 点即为正常运行时发电机的运行点，此时功角为 δ_0。

　　2）故障阶段。发生短路后，功率特性曲线立即降为 $P_Ⅱ$。转子的惯性使得转子角度不会立即变化，则 δ_0 仍保持不变，发电机的运行点由 a 点突然变至 b 点。$a \sim b$：P_e 下降，P_T 不变，ΔP 上升，$\omega > \omega_0$，δ 上升，运行点由 b 点沿着 $P_Ⅱ$ 向 c 点移动。

　　3）故障切除阶段。假设在 c 点时将故障切除，则发电机的功率特性变为 $P_Ⅲ$，发电机的运行点从 c 点变至 e 点（同样由于 δ 不能突变）。在 e 点，$P_e > P_T$，减速运动，因 $\omega > \omega_0$，所以 δ 上升。沿 $P_Ⅲ$ 运行，假设在 f 点，$\omega = \omega_0$，δ 不再增大。但在此点：$P_e > P_T$，继续减速，δ 下降，运行点将沿 $P_Ⅲ$ 由 f 点向 e、k 点转移。k

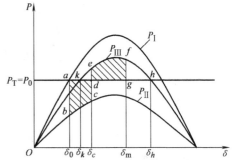

图 12-9　简单系统正常运行、故障和故障切除后的功-角特性曲线

点：$P_e = P_T$，$\omega < \omega_0$，δ 下降。越过 k 点以后，$P_e < P_T$，加速运动，δ 上升。此后运行点沿着 $P_Ⅲ$ 开始第二次振荡。

　　如果振荡过程中没有任何能量损耗，则第二次 δ 又将增大至 f 点的对应角度 δ_m，此后就一直沿着 $P_Ⅲ$ 往复不断地振荡。实际上，振荡过程中总有能量损耗，或者说总存在着阻尼作用，因而振荡逐渐衰减，发电机最后停留在一个新的运行点 k 上持续运行。k 点即故障切除后功率特性 $P_Ⅲ$ 与 P_T 的交点。

　　4）故障切除过晚。如果故障线路切除比较晚，如图 12-10 所示。这时在故障线路切除前转子加速已比较严重，因此当故障线路切除后，在到达与图 12-9 中相应的 f 点时转子转速仍大于同步转速。甚至在到达 h 点时转速还未降至同步转速，因此 δ 就将越过 h 点对应的角度 δ_h。而当运行点越过 h 点后，转子又立即承受加速转矩，转速又开始升高，而且加速度越来越大，δ 将不断增大，发电机和无限大系统之间最终失去同步。

　　由上可见，快速切除故障是保证暂态稳定的有效措施。

　　以上定性分析了简单系统发生短路故障后，

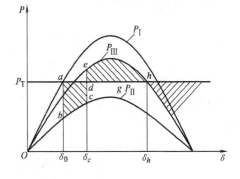

图 12-10　故障切除时间过晚的情形

两种暂态过程的结局，前者显然是暂态稳定的，后者是不稳定的。由两者的 δ 变化曲线可见，前者的 δ 第一次逐渐增大至 δ_m（小于 180°）后开始减小，以后振荡逐渐衰减；后者的 δ 在 δ_h（接近 180°）时仍继续增大。因此，在第一个振荡周期即可判断系统稳定与否。

　　为了确切判断系统在某个运行方式下、受到某种扰动后能否保持暂态稳定，必须通过定量的分析计算。这方面内容将在后面讨论。

12.3.3 稳定判据——等面积定则

简单电力系统的暂态稳定性可以从能量的角度来进行解释和判断。

故障后转子运动方程为

$$\frac{T_{\mathrm{J}}}{\omega_{\mathrm{n}}}\frac{\mathrm{d}^2\delta}{\mathrm{d}t^2} = P_{\mathrm{T}} - P_{\mathrm{II}}$$

由于

$$\frac{\mathrm{d}^2\delta}{\mathrm{d}t^2} = \frac{\mathrm{d}}{\mathrm{d}t}\left(\frac{\mathrm{d}\delta}{\mathrm{d}t}\right) = \frac{\mathrm{d}\dot{\delta}}{\mathrm{d}t} = \frac{\mathrm{d}\delta\,\mathrm{d}\dot{\delta}}{\mathrm{d}t\,\mathrm{d}\delta} = \dot{\delta}\frac{\mathrm{d}\dot{\delta}}{\mathrm{d}\delta}$$

代入转子运动方程得

$$\frac{T_{\mathrm{J}}}{\omega_{\mathrm{n}}}\dot{\delta}\mathrm{d}\dot{\delta} = (P_{\mathrm{T}} - P_{\mathrm{II}})\mathrm{d}\delta$$

将上式两边积分可得

$$\int_{\dot{\delta}_0}^{\dot{\delta}_c}\frac{T_{\mathrm{J}}}{\omega_{\mathrm{n}}}\dot{\delta}\mathrm{d}\dot{\delta} = \int_{\delta_0}^{\delta_c}(P_{\mathrm{T}} - P_{\mathrm{II}})\mathrm{d}\delta$$

得

$$\frac{1}{2}\frac{T_{\mathrm{J}}}{\omega_{\mathrm{n}}}[\dot{\delta}_c^2 - \dot{\delta}_0^2] = \frac{1}{2}\frac{T_{\mathrm{J}}}{\omega_{\mathrm{n}}}\dot{\delta}_c^2 = \int_{\delta_0}^{\delta_c}(P_{\mathrm{T}} - P_{\mathrm{II}})\mathrm{d}\delta \tag{12-28}$$

式中，$\dot{\delta}_c$ 为角度为 δ_c 时转子的相对角速度；$\dot{\delta}_0$ 为角度为 δ_0 时转子的相对角速度，总是零。

式（12-28）左端表示转子在相对运动中动能的增加，右端对应于过剩转矩对相对角位移所作的功，即为图 12-9 中 *abcd* 所包围的面积，故称为加速面积。

类似可以推得故障切除后，转子在制动过程总动能的减少就等于制动转矩所做的功，即

$$\frac{1}{2}\frac{T_{\mathrm{J}}}{\omega_{\mathrm{n}}}[\dot{\delta}^2 - \dot{\delta}_c^2] = \int_{\delta_c}^{\delta}(P_{\mathrm{T}} - P_{\mathrm{III}})\mathrm{d}\delta \tag{12-29}$$

式中，δ 为减速过程中任意的角度；$\dot{\delta}$ 为对应于 δ 角的相对角速度。

由图 12-9 可见，当 δ 等于 δ_{m} 时角速度又恢复到同步角速度，即 $\dot{\delta}_{\mathrm{m}} = 0$。式（12-29）变为

$$\frac{1}{2}\frac{T_{\mathrm{J}}}{\omega_{\mathrm{n}}}[-\dot{\delta}_c^2] = \int_{\delta_c}^{\delta_{\mathrm{m}}}(P_{\mathrm{T}} - P_{\mathrm{III}})\mathrm{d}\delta$$

或为

$$\frac{1}{2}\frac{T_{\mathrm{J}}}{\omega_{\mathrm{n}}}\dot{\delta}_c^2 = \int_{\delta_c}^{\delta_{\mathrm{m}}}(P_{\mathrm{III}} - P_{\mathrm{T}})\mathrm{d}\delta \tag{12-30}$$

式（12-30）左端表示转子减速到 δ_{m} 时动能的减少，右端表示制动转矩所做的功，它对应于图 12-9 中 *defg* 所包围的面积，称为减速面积。

比较式（12-28）和式（12-30）可以看出，转子在减速过程中动能的减少正好等于加速时动能的增加，并可推得

$$\int_{\delta_0}^{\delta_c} (P_T - P_{\mathrm{II}}) \mathrm{d}\delta = \int_{\delta_c}^{\delta_m} (P_{\mathrm{III}} - P_T) \mathrm{d}\delta \tag{12-31}$$

式（12-31）即为等面积定则，即当减速面积等于加速面积时，转子角速度恢复到同步速度，δ 达到 δ_m 并开始减小。

利用上述等面积定则，可以决定极限切除角度，即最大可能的 δ_c。根据前面的分析可知，为了保持系统的稳定，必须在到达 h 点以前使转子恢复同步速度。极限的情况是正好达到 h 点时转子恢复同步速度，这时的切除角称为极限切除角 δ_{cm}。根据等面积定则有以下关系：

$$\int_{\delta_0}^{\delta_{cm}} (P_T - P_{\mathrm{II}}) \mathrm{d}\delta = \int_{\delta_{cm}}^{\delta_h} (P_{\mathrm{III}} - P_T) \mathrm{d}\delta$$

即

$$\int_{\delta_0}^{\delta_{cm}} (P_T - P_{\mathrm{II M}} \sin\delta) \mathrm{d}\delta = \int_{\delta_{cm}}^{\delta_h} (P_{\mathrm{III M}} \sin\delta - P_T) \mathrm{d}\delta$$

可推得极限切除角为

$$\cos\delta_{cm} = \frac{P_T(\delta_h - \delta_0) + P_{\mathrm{III M}}\cos\delta_h - P_{\mathrm{II M}}\cos\delta_0}{P_{\mathrm{III M}} - P_{\mathrm{II M}}} \tag{12-32}$$

式中，角度用弧度表示，$\delta_h = \pi - \arcsin(P_0/P_{\mathrm{III M}})$。

在极限切除角时切除故障线路，已利用了最大可能的减速面积。如果切除角大于极限切除角，就会造成加速面积大于减速面积，暂态过程中运行点就会越过 h 点而使系统失去同步。相反，只要切除角小于极限切除角，系统总是稳定的。

求得极限切除角后，还没有完全解决问题。因为实际计算时，只知道线路切除时间，并不知道切除角。这就需要求解转子运动方程，以求得切除时间所对应的切除角，这将在12.6 节介绍。

【**例 12-2**】 有一简单电力系统如图 12-8 所示，当在一回线路上发生三相突然短路时，试计算其保持系统暂态稳定的短路极限切除角 δ_{cm}。基本数据为

$$P_0 = 1.0, \quad E' = 1.41, \quad \delta_0 = 34.53°, \quad \dot{U} = 1.0\underline{/0°}, \quad X_{\mathrm{I}} = 0.79, \quad X_{\mathrm{III}} = 1.043$$

【**解**】 正常时

$$P_{\mathrm{I}} = \frac{E'U}{X_{\mathrm{I}}}\sin\delta = \frac{1.41 \times 1}{0.79}\sin\delta = 1.785\sin\delta$$

故障时

$$P_{\mathrm{II}} = 0$$

切除故障后

$$P_{\mathrm{III}} = \frac{E'U}{X_{\mathrm{III}}}\sin\delta = \frac{1.41 \times 1}{1.043}\sin\delta = 1.352\sin\delta$$

$$\delta_k' = \pi - \delta_k = 180° - \arcsin\frac{P_0}{P_{\mathrm{III M}}} = 180° - \arcsin\frac{1.0}{1.352}$$

$$= 180° - 47.7° = 132.3°$$

$$\cos\delta_{cm} = \frac{P_{\text{T}}(\delta_k' - \delta_0) + P_{\text{ⅢM}}\cos\delta_k' - P_{\text{ⅡM}}\cos\delta_0}{P_{\text{ⅢM}} - P_{\text{ⅡM}}}$$

$$= \frac{1.0(132.3° - 34.53°)\dfrac{\pi}{180°} + 1.352\cos132.3°}{1.352} = \frac{0.796}{1.352} = 0.58875$$

$$\delta_{cm} = 53.93°$$

※12.4　简单电力系统的电压稳定

12.4.1　概述

电力系统电压稳定性问题最早在 20 世纪 40 年代由马尔柯维奇提出，随着电网规模的扩大，系统的电压稳定问题日趋严重，20 世纪 70 年代后世界上许多国家发生了电压崩溃事故，造成了巨大的经济损失和社会影响之后才引起了人们的注意。

我国《电力系统安全稳定导则》对电压稳定的定义为：电压稳定是指电力系统受到小的或大的扰动后，系统电压能够保持或恢复到允许的范围内，不发生电压崩溃的能力。导则指出，系统无功功率的分层分区供需平衡是电压稳定的基础。同时，与将稳定性的研究划分为静态稳定、暂态稳定、动态稳定相一致，导则中将电压失稳分为静态小扰动失稳、暂态大扰动失稳、大扰动动态失稳或长过程失稳。

为什么要进行电压稳定分析呢？电力系统电压稳定计算分析的目的是为了确定系统的电压稳定水平，分析和研究提高系统电压稳定的措施。尤其是在电力系统中经较弱联系向受端系统供电或受端系统无功电源不足时，应进行电压稳定性校验。

静态电压稳定分析：一般来讲，进行静态电压稳定分析是用逐渐增加负荷（根据情况可按照保持恒定功率因数、恒定功率或恒定电流的方法按比例增加负荷）的方法求解电压失稳的临界点（由 $dP/dU = 0$ 或 $dQ/dU = 0$ 表示），从而估计当前运行点的电压稳定裕度。同时，经常会采用二维平面中的曲线来分析静态电压稳定问题。

鉴于静态电压稳定是人们研究最多的，对其机理已有比较清楚的认识，本节中将主要讲述电力系统静态电压稳定的分析。下面将介绍一种静态电压稳定的直观分析方法，这种方法强调静态电压稳定是由输电侧特性与负荷侧特性共同决定的，并且将各种二维平面分析统一到三维空间中。

暂态和动态电压稳定分析：类似于对功角稳定性的分析，可以用暂态稳定和动态稳定计算程序计算暂态和动态电压稳定性。电压失稳的判据可为母线电压下降，平均值持续低于限定值。

详细研究电压动态失稳时，模型中应包括负荷特性、无功补偿装置动态特性、有载自动调压变压器的分接头动作特性、发电机定子和转子过电流和低励限制、发电机强励动作特性等。这些内容比较复杂，超出了本书的范围，感兴趣的读者可参考相关文献。

12.4.2　定性分析

1. 静态电压稳定的模型

假设负荷以外的外部系统可以通过戴维南等效方法简化为一个电源串联一个阻抗，则可以用一个电源—阻抗—负荷组成的简单电力系统来分析静态电压稳定问题。简单电力系统接线如图 12-11 所示，其中电源电动势假设恒定。

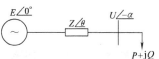

图 12-11　简单电力系统接线

将负荷母线左侧称之为输电侧，右侧称之为负荷侧。根据潮流方程可得输电侧方程：

$$\left.\begin{array}{l} P = \dfrac{EU}{z}\cos(\theta - \alpha) - \dfrac{U^2}{z}\cos\theta \\[2mm] Q = \dfrac{EU}{z}\sin(\theta - \alpha) - \dfrac{U^2}{z}\sin\theta \end{array}\right\} \tag{12-33}$$

为便于表达，定义

$$u = U/E,\ \ p = P/S,\ \ q = Q/S,\ \ S = E^2/z$$

这实际上类似于标幺化，电压的基准值为 E，功率的基准值为 S。则式（12-33）变为

$$\left.\begin{array}{l} p = u\cos(\theta - \alpha) - u^2\cos\theta \\[1mm] q = u\sin(\theta - \alpha) - u^2\sin\theta \end{array}\right\} \tag{12-34}$$

上述两个方程中有 4 个变量，消去其中人们不太感兴趣的角度变量 α，可得 3 个变量之间的一个方程：

$$(p + u^2\cos\theta)^2 + (q + u^2\sin\theta)^2 - u^2 = 0 \tag{12-35}$$

进一步假设

$$r \approx 0,\ \ \theta = 90°$$

则可以获得输电侧方程：

$$p^2 + (q + u^2)^2 - u^2 = 0 \tag{12-36}$$

对于电力负荷，如 3.3.2 小节所介绍的那样，其静态特性可以采用 ZIP 模型式（3-4）描述

$$\left.\begin{array}{l} P/P_0 = P_Z(U/U_0)^2 + P_I(U/U_0) + P_P \\[1mm] Q/Q_0 = Q_Z(U/U_0)^2 + Q_I(U/U_0) + Q_P \end{array}\right\} \tag{12-37}$$

类似于输电侧特性,两边进行标幺化处理可得

$$\left.\begin{array}{l} p = A_Z u^2 + A_I u + A_P \\[1mm] q = B_Z u^2 + B_I u + B_P \end{array}\right\} \tag{12-38}$$

式中,有功功率系数如下,无功功率系数类似：

$$\left.\begin{array}{l} A_Z = P_Z(P_0/S)/(U_0/E)^2 = P_Z P_0 z/U_0^2 \\[1mm] A_I = P_I(P_0/S)/(U_0/E) = P_I P_0 z/EU_0 \\[1mm] A_P = P_P(P_0/S) = P_P P_0 z/E^2 \end{array}\right\}$$

联列求解方程式(12-36)、式(12-38),3 个方程可以求解 3 个变量。如果有解的话,则称之为平衡点。

在下面的分析中取

$$E = 1.20, \quad U_0 = 1.00, \quad P_0 = 0.90, \quad Q_0 = 0.44, \quad z = 0.50$$

$$P_Z = Q_Z = 0.4, \quad P_I = Q_I = 0.0, \quad P_P = Q_P = 0.6$$

则整理后的式(12-38)为

$$\left.\begin{array}{l} p = 0.18u^2 + 0.19 \\ q = 0.09u^2 + 0.09 \end{array}\right\} \tag{12-39}$$

2. 静态电压稳定的图形

为了便于对静态电压稳定问题的直观理解,下面以图形的方式加以介绍。

1)在三维空间画出式(12-36)表示的输电侧特性,这是一个曲面,图12-12所示为不同坐标情况下的三维曲面,颇像悉尼歌剧院。

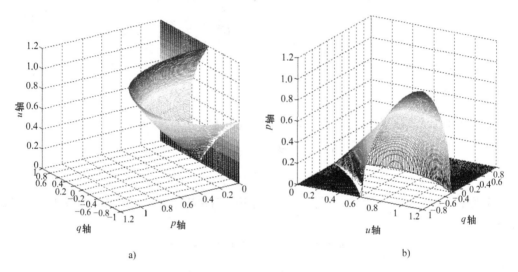

a)   b)

图 12-12   输电系统方程的三维图

a) u 轴向上   b) p 轴向上

2)对这个三维曲面,采用不同的平面去切割,就获得三维空间的曲线,然后再投影到不同的二维平面。图12-13是用无功功率恒定的平面切割后投影到 p-u 二维平面,图12-14是用有功功率恒定的平面切割后投影到 q-u 二维平面。这通常称为"鼻形曲线"。

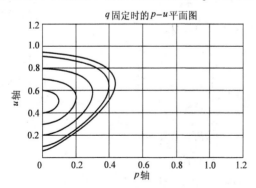

图 12-13   输电系统方程的二维图(p-u)

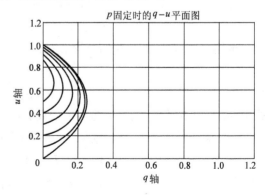

图 12-14   输电系统方程的二维图(q-u)

3）再在三维空间画出式（12-38）表示的负荷侧特性，由于是两个方程，所以是曲线，如图 12-15 所示。

4）负荷特性曲线穿越输电特性曲面，其交点也就是平衡点，如图 12-14 所示，有两个平衡点。

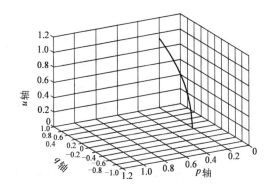

图 12-15　负荷特性曲线

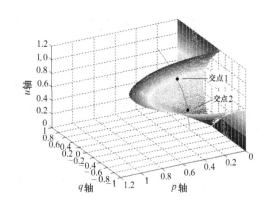

图 12-16　负荷曲线与输电曲面相交

12.4.3　稳定判据

下面分析图 12-16 中两个平衡点的静态稳定性。对于图中的两个交点，类似于功角静态稳定那样进行摄动分析，可以得知电压较高的平衡点（交点 1）是稳定的，而电压较低的平衡点（交点 2）是不稳定的。所以，相应的稳定判据为

$$\frac{\mathrm{d}(q_\mathrm{g}-q_1)}{\mathrm{d}u}<0\,,\quad \frac{\mathrm{d}(p_\mathrm{g}-p_1)}{\mathrm{d}u}<0$$

即

$$\frac{\mathrm{d}(Q_\mathrm{g}-Q_1)}{\mathrm{d}U}<0\,,\quad \frac{\mathrm{d}(P_\mathrm{g}-P_1)}{\mathrm{d}U}<0 \tag{12-40}$$

如果不断提高负荷功率，则图 12-16 中的负荷曲线逐渐往左下方向移动，临界时与输电曲面相切，只要一个交点，此时有

$$\frac{\mathrm{d}(Q_\mathrm{g}-Q_1)}{\mathrm{d}U}=0\,,\quad \frac{\mathrm{d}(P_\mathrm{g}-P_1)}{\mathrm{d}U}=0 \tag{12-41}$$

对应的电压为临界电压 U_M。如果再提高负荷功率，则负荷曲线与输电曲面就没有交点，也就不能保持静态电压稳定了。

需要特别强调的是，电压稳定性是由输电特性和负荷特性共同决定的，这从式（12-40）以及图 12-16 可以明显地看出来。临界电压 U_M 是由式（12-41）确定的，并不一定是图 12-13 和图 12-14 中的"鼻形曲线"的顶点所对应的电压。

什么是电压静态稳定储备系数？在本章前面的分析中，以有功-功角的关系定义了功角静态稳定判据和功角静态稳定储备系数。类似地，可以定义电压静态稳定储备系数为

$$K_\mathrm{U}=\frac{U_0-U_\mathrm{M}}{U_0}\times 100\% \tag{12-42}$$

式中，U_0 为母线的正常电压；U_M 为母线的临界电压。

《电力系统安全稳定导则》中规定：

1）在正常运行方式下，对不同的电力系统，K_U 应为 10% ~ 15%。

2）在事故后运行方式或特殊运行方式下，K_U 不得低于 8%。

※12.5　简单电力系统的动态稳定

前面提到，动态稳定是指电力系统受到小的或大的干扰后，在自动调节和控制装置的作用下，保持长过程的运行稳定性的能力。动态稳定的过程可能持续数十秒至几分钟。在进行动态稳定计算时，需要考虑励磁调节系统、调速系统等各种动态特性。动态稳定的判据是，在动态摇摆过程中发电机相对功角和输电线路功率呈衰减振荡状态，电压和频率能恢复到允许的范围内。

动态稳定的范围和时间跨度较广，所以不作全面介绍，其中特别重要的一个问题就是低频振荡。

什么是低频振荡？电力系统中发电机经输电线并列运行时，在扰动下会发生发电机转子间的相对摇摆，并在缺乏阻尼时引起持续振荡。此时输电线上功率也会发生相应振荡。由于其振荡频率很低，一般为 0.2 ~ 2.5Hz，故称为低频振荡。

电力系统低频振荡在国内外均有发生，这种低频振荡或功率振荡常出现在长距离、重负荷输电线上，在采用现代快速、高放大倍数励磁系统的条件下更容易发生。

低频振荡有什么表征？一是振荡的阻尼，这决定着振荡是否平息；二是振荡频率，这决定着振荡的快慢。在后面 12.6.2 节的例 12-3 中将讨论这个问题。

12.6　多机电力系统的稳定分析方法

上面介绍了电力系统稳定的基本概念、原理和判据，都是以简单电力系统为背景的。对于多机电力系统，稳定的基本概念和原理与简单电力系统是一致的，但稳定分析将十分复杂，本书不作详细介绍，仅介绍其基本分析方法。

电力系统稳定分析有哪些方法？一类是直接法（Direct Method），一类是小干扰方法（Small Disturbance Method），另外一类是数值分析方法（Simulation Method）。

12.6.1　直接法

什么是直接法？所谓直接法，就是指按照某种解析判据，直接判断电力系统的稳定性。实际上，前面介绍的等面积判据，就属于直接法。

这些判据直接、明确，具有明显的优势，人们乐于采用。比如，简单电力系统的等面积判据经过我国学者薛禹胜院士的发展，获得了多机电力系统的扩展等面积判据（EEAC）。当然，对于大规模电力系统要发展解析判据，是十分困难的。所以，对于多机电力系统，并不是所有情况都能够采用直接法。

12.6.2　小干扰法

什么是小干扰法？所谓小干扰法，就是首先列出描述系统运动的、通常是非线性的微分方程组，然后将它们线性化，得出近似的线性微分方程组，再根据其特征方程式根的性质判断系统的稳定性。

小干扰法有哪些具体步骤？

1）建立描述电力系统动态过程的数学模型。

2）计算给定稳态运行情况下各变量的取值，即求出稳态平衡点。

3）将微分方程和代数方程在稳态平衡点附近线性化，得出一组线性微分方程和代数方程，然后消去其中的代数变量，从而得出一组纯微分方程，它的一般形式为

$$\frac{\mathrm{d}\Delta \boldsymbol{X}}{\mathrm{d}t} = A \Delta \boldsymbol{X} \tag{12-43}$$

式中，A 为状态方程组的系数矩阵；$\Delta \boldsymbol{X}$ 为状态变量偏移量组成的向量；$\frac{\mathrm{d}\Delta \dot{\boldsymbol{X}}}{\mathrm{d}t}$ 为状态变量偏移量的导数所组成的向量。

4）计算系数矩阵 A 的特征值。

5）判别系统的稳定性，如果所有特征值的实部都为负则系统稳定，只要有一个或多个特征值实部为正，则系统不稳定。

对于多机电力系统，小干扰法的具体实现过程是相当复杂的，不仅包括电力系统中各元件的数学模型问题，而且涉及一系列数学知识，这里将不作详细介绍，感兴趣的读者可以参考相关文献。下面还是以简单电力系统作为示例。

【例 12-3】　以简单电力系统的含有阻尼系数 D 的二阶摇摆方程为背景，采用小干扰法分析其稳定性：（1）$D=0$ 时；（2）D 为正时；（3）D 为负时；（4）T_J 对振荡频率的影响。

【解】　首先列出系统状态变量偏移量的线性状态方程：

发电机采用含有阻尼系数 D 的二阶摇摆方程；假设某种发电机内电动势恒定，机械功率 P_T 恒定。

在简单系统中只有一个发电机元件需要列出其状态方程，即转子运动方程式（12-4）：

$$\left. \begin{array}{l} \dfrac{\mathrm{d}\delta}{\mathrm{d}t} = (\omega - 1)\omega_0 \\[3mm] T_\mathrm{J}\dfrac{\mathrm{d}\omega}{\mathrm{d}t} = P_\mathrm{T} - P_\mathrm{E} - D(\omega - 1) \end{array} \right\}$$

式中，$P_\mathrm{E} = \dfrac{EU}{x_\Sigma}\sin\delta$。

注意，上式中除了 t、T_J 和 ω_0 为有名值外，其余均为标幺值。

这是一组非线性的状态方程。由于研究系统在某一运行方式下受到小的干扰后的运行状况，故可以把系统的状态变量的变化看作在原来的运行情况上叠加了一个小的偏移。对于此简单系统，其状态变量可以表示为

$$\left. \begin{array}{l} \delta = \delta_0 + \Delta\delta \\[2mm] \omega = 1 + \Delta\omega \end{array} \right\} \tag{12-44}$$

式（12-44）代入式（12-4），可得

$$\left.\begin{array}{l} \dfrac{d(\delta_0 + \Delta\delta)}{dt} = \dfrac{d\Delta\delta}{dt} = \omega_0 \Delta\omega \\[3mm] \dfrac{d(1 + \Delta\omega)}{dt} = \dfrac{d\Delta\omega}{dt} = \dfrac{1}{T_J}\left[P_T - \dfrac{EU}{x_\Sigma}\sin(\delta_0 + \Delta\delta) - D\Delta\omega \right] \end{array}\right\} \quad (12\text{-}45)$$

式（12-45）中含有非线性函数 $P_E(\delta)$，由于假定偏移量 $\Delta\delta$ 很小，可以将 P_E 在 δ_0 附近按泰勒级数展开，然后略去偏移量的二次及以上的高次项，可近似得 P_E 与 $\Delta\delta$ 的线性关系，代上式（12-45）后可得

$$\left.\begin{array}{l} \dfrac{d\Delta\delta}{dt} = \omega_0 \Delta\omega \\[3mm] \dfrac{d\Delta\omega}{dt} = \dfrac{1}{T_J}\left[-\dfrac{EU}{x_\Sigma}\cos\delta_0 \Delta\delta - D\Delta\omega \right] \end{array}\right\} \quad (12\text{-}46)$$

设 $K = \dfrac{EU}{x_\Sigma}\cos\delta_0$ 表示同步力矩系数。式（12-46）可简写为

$$T_J \Delta\ddot{\delta} + D\Delta\dot{\delta} + K'\Delta\delta = 0 \quad (12\text{-}47)$$

式中，$K' = K\omega_0$。进而可得特征方程：

$$T_J p^2 + Dp + K' = 0 \quad (12\text{-}48)$$

方程式（12-48）的特征根为

$$p_{1,2} = \frac{-D \pm \sqrt{D^2 - 4T_J K'}}{2T_J}$$

1）当 $D = 0$ 时，特征根为 $p_{1,2} = \pm j\sqrt{K'/T_J} \triangleq \pm j\omega_n$。该特征根反映了机组转子角增量 $\Delta\delta$ 在扰动后的过渡过程中将相对无穷大系统作角频率为 ω_n 的等幅振荡。

2）当 D 取正值时，由于 $D > 0$，故特征根含有负实部，所以系统将作减幅振荡，直至稳定下来。

3）当 D 取负值时，由于 $D < 0$，故特征根含有正实部，所以系统将作增幅振荡，系统不稳定。

由式（12-48）可见，系统振荡的频率与 T_J 成反比。因此，系统越大，T_J 就越大，从而振荡的频率也就越低。

需要特别强调的是，小干扰法稳定判据从理论上是严格的，但由于电力系统稳定分析中模型一般都是非线性的，只有在小干扰情况才能对其进行线性化处理。所以，小干扰法只适合于电力系统经受小干扰的情况，在大干扰情况下不再适合。这时，需要采用下面介绍的数值计算方法。

12.6.3 数值计算法

什么是数值计算法？在大干扰情况下，多机电力系统的暂态稳定分析计算可以归结为微分—代数方程组的初值问题。数值计算法通过计算遭受大扰动后电力系统的动态轨迹，分析电力系统是否稳定。

数值计算法的基本流程如图 12-17 所示。图中，x 为状态变量 y 为表示系统运行参数的代数变量。其中主要问题是微分方程的求解。考虑常微分方程

$$\frac{\mathrm{d}x}{\mathrm{d}t} = f(x,t) \tag{12-49}$$

求在已知初值 $x(t_0) = x_0$ 下的解。

解常微分方程有多种数值积分方法，这里只介绍其中最简单的欧拉法和改进欧拉法。

1. 欧拉法

对于微分方程式（12-49），由已知初值 $x(t_0) = x_0$ 计算导数：

$$\frac{\mathrm{d}x}{\mathrm{d}t}\bigg|_{t_0} = f[t_0, x(t_0)]$$

并用差商 $[x(t_1) - x(t_0)]/h$ 近似地代替 $x(t)$ 在 t_0 时刻的导数，即令

$$\frac{\mathrm{d}x}{\mathrm{d}t}\bigg|_{t_0} \approx \frac{x(t_1) - x(t_0)}{h}$$

从而得出

$$x(t_1) \approx x(t_0) + hf[t_0, x(t_0)]$$

然后取

$$x_1 = x_0 + hf(t_0, x_0)$$

为 $x(t_1)$ 的近似值，从而完成第一个步长的数值积分计算。对于第二个步长，应用 x_1 和 t_1 计算导数 $f(t_1, x_1)$，并取

$$x_2 = x_1 + hf(t_1, x_1)$$

作为 $x(t_2)$ 的近似值，依次类推。对于一般步长，取

$$x_{n+1} = x_n + hf(t_n, x_n) \qquad (n = 0, 1, 2, \cdots) \tag{12-50}$$

作为 $x(t_{n+1})$ 的近似值。上式便是求解微分方程式（12-49）的欧拉法。

可以证明，欧拉法每一步的计算误差与 h^2 成正比，因此它的计算精度较低。为了减小欧拉法的计算误差，需要适当选择较小的步长 h。

2. 改进欧拉法

在欧拉法中，实际上是将各个时段由起始点计算出的导数值用于整个步长。显然，如果能求出终点处导数的近似值，并将该时段起始点导数与终点导数的平均值用于整个时段，便可望得到较精确的计算结果。这就

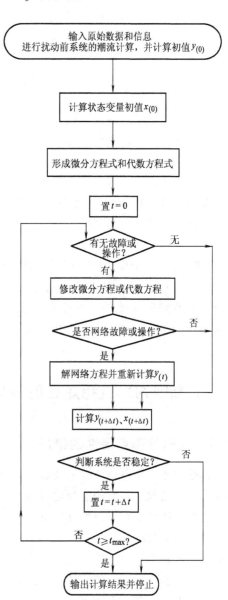

图 12-17 暂态稳定分析数值
计算法的基本流程

是改进欧拉法的基本思想。

对于微分方程式（12-49），为了求得 x_1，首先用欧拉法求 x_1 的近似值

$$x_1^{(0)} = x_0 + hf(t_0, x_0) \tag{12-51}$$

然后用 $x_1^{(0)}$ 求出 t_1 时刻导数的近似值 $f(t_1, x_1^{(0)})$，最后用 $f(t_0, x_0)$ 和 $f(t_1, x_1^{(0)})$ 的平均值来求 x_1 的改进值：

$$x_1 = x_0 + \frac{h}{2}[f(t_0, x_0) + f(t_1, x_1^{(0)})] \tag{12-52}$$

此处求得的 x_1 比单纯用欧拉法求得的 $x_1^{(0)}$ 更接近微分方程的准确解 $x(t_1)$。

对于一般步长，由 (t_n, x_n) 计算 (t_{n+1}, x_{n+1}) 一步中，改进欧拉法的计算公式为

$$\left. \begin{array}{l} x_{n+1}^{(0)} = x_n + hf(t_n, x_n) \\[2mm] x_{n+1} = x_n + \dfrac{h}{2}[f(t_n, x_n) + f(t_{n+1}, x_{n+1}^{(0)})] \end{array} \right\} \tag{12-53}$$

可以证明，改进欧拉法的计算误差与 h^3 成正比。

此外，求解常微分方程的方法还有龙格-库塔法、隐式梯形积分法、预测-校正法、隐式多步法等，限于篇幅，此处不一一介绍。

需要说明的是，数值计算法适用面广，可以用于暂态稳定、电压稳定、动态稳定等各种稳定问题的计算，只是不同稳定问题的数学模型不同而已。但是，数值计算法不像其他两种方法那样具有明确的稳定判据，计算获得电力系统的动态轨迹后，大都是根据主观经验来判断稳定。

【思考题】 对于图 12-8a 所示的简单电力系统进行暂态稳定性分析，只需应用以上介绍的常微分方程的解法求解发电机的转子运动方程就可以得出 $\delta\text{-}t$ 和 $\omega\text{-}t$ 的关系曲线，从而进行稳定性判断。此外，当计算出故障期间的 $\delta\text{-}t$ 曲线后，就可由曲线找到与极限切除角相应的极限切除时间。试画出用改进欧拉法求解上述简单系统转子运动方程的计算框图。

12.7 提高电力系统稳定性的措施

12.7.1 提高静态稳定性的措施

提高电力系统静态稳定性的关键是什么呢？电力系统静态稳定性的性质说明，发电机可能输送的功率极限越高则静态稳定性越高。以单机对无限大系统的情形来看，减少发电机与系统之间的联系电抗就可以增加发电机的功率极限。从物理意义上讲，这就是加强发电机与无限大系统的电气联系。

加强电气联系，即缩短"电气距离"，也就是减小各元件的阻抗，主要是电抗。以下介绍的几种提高静态稳定性的措施，都是直接或间接地减小电抗的措施。

1. 采用自动调节励磁装置

这种措施相当于缩短了发电机与系统间的电气距离，在总投资中所占比例小，应优先考虑。

2. 减小元件的电抗

发电机之间的联系电抗是由发电机组、变压器和线路的电抗所组成。这里有实际意义的是减少线路电抗，具体做法有下列几种：

1）采用分裂导线。

2）提高线路额定电压等级。

3）采用串联电容补偿。

3. 改善系统的结构和采用中间补偿设备

1）改善系统的结构。

2）采用中间补偿设备。

上述提高静态稳定性的措施均是从减小电抗这一点着手，在正常运行中提高发电机的电动势和电网的运行电压也可以提高功率极限。为使电网具有较高的电压水平，必须在系统中设置足够的无功功率电源。

12.7.2　提高暂态稳定性的措施

提高电力系统暂态稳定性的关键是什么呢？前面介绍的提高电力系统静态稳定性的措施，对于提高暂态稳定性也是有效的。但是，提高暂态稳定性的措施，一般首先考虑的是减少扰动后功率差额的临时措施，因为在大扰动后发电机机械功率和电磁功率的差额是导致暂态稳定破坏的主要原因。主要有下列措施：

1. 快速切除故障和自动重合闸

快速切除故障可以减小故障期间发电机转子动能的增加量，从而减少故障切除瞬间发电机转子角度和角速度的变化量。另外，也能使负荷端的电压迅速回升，从而可以提高发电机的输出功率，并减小了电动机失速和停顿的危险。但是，切除故障的速度受到继电保护装置的反应速度和开关动作速度的制约而不能无限制的提高。

电力系统的短路故障特别是输电线路上所发生的短路故障大多是瞬时性的。因此，在发生故障后，可以先切除故障线路，经过一定的时间后再将线路重新投入，如果故障消失则重合闸成功。

2. 发电机强行励磁

在故障发生后，发电机端电压降低，电磁功率减小。如果在此期间能快速、大幅度地增加励磁，则可以提高发电机电动势，从而增加发电机的电磁功率，达到提高系统暂态稳定性的目的。这便是发电机的强行励磁。

3. 电气制动

所谓电气制动，就是当系统中发生故障后迅速地投入已安装好的电气负荷，增大发电机的电磁功率，从而缓解发电机的加速。

4. 快速汽门控制

快速汽门控制是用于火力发电机组的一种控制措施。它包括快速关闭和打开汽门，从而调节原动机的机械功率，减小发电机组的不平衡功率。

5. 切机、切负荷

在暂态过程中，可以有选择地切除一些发电机组，或者切除一部分负荷以减少一些关键输电线路上传送的功率，从而提高系统的暂态稳定性。

6. 系统解列

在失去稳定后将联合运行的大规模电力系统人为地分割成若干个独立的子系统，以保全一些子系统继续稳定运行，避免系统由于失去稳定而全部崩溃或瓦解。

电力系统有哪些"防线"呢？上述措施并非每次故障都要全部采用，而是分层次相继采用的。就像打仗中的防御体系一样，为了避免失稳导致大停电的发生，电力系统有"三道防线"："第一道防线"主要是继电保护快速切除故障；"第二道防线"主要是发电机控制以及切机、切负荷等；"第三道防线"主要是系统解列。只有当前面一道"防线"不能阻止失稳时，才启动进入下一道"防线"。

12.7.3 提高电压稳定性的措施

提高电力系统电压稳定的关键是什么呢？提高电压稳定性的根本在于两个方面：

1）在现有的规划基础上考虑电压稳定的因素，主要是对负荷节点无功的分配要求更严一些。

2）要深入研究运行预防措施和对策。从各国发生电压崩溃的事故来看，电压崩溃并不是单一故障的产物，而是由单一故障演变为多重故障时，极有可能发展为失去控制的电压稳定破坏和因恶性连锁反应而扩大事故，如果没有采取及时有效的措施，就有可能扩展而导致大停电事故。

解决这个问题需要从网络结构规划、无功规划、系统建设、设备制造、系统运行等几方面着手。

1. 在网络结构规划方面

电网结构要合理。网络结构上要考虑采用多回路和环状系统，以改善受端电压和潮流特性。

2. 在无功规划方面

1）保证无功功率紧急备用，装设足够的调相设备，包括合理地配置并联电抗器和电容器。

2）在受端配置同步调相机或静止无功补偿器（SVC），提高维持受端电压的能力。

3）合理地采用带负载调节分接头的变压器。

4）按照国际大电网会议（CIGRE）的建议，在系统无功规划中采用"$N-2$"的安全准则。

3. 在系统建设方面

加强电源建设。系统建设应及时跟上，不要由于发电、输电、变电设施不足或工期延长，造成电网结构不合理或不健全。

4. 在设备制造方面

应考虑扩大发电机调相和进相运行的能力。

5. 在系统运行方面

1）采用合理的运行方式，及时投切电压和无功功率调整设备。

2）采用对负荷的紧急控制，当电压低到一定程度时，立即切除部分负荷，此时调度运行人员应在指导思想上分清主次。在事故发生后，要确保主要地区的供电，而不是保证所有地区都能供电。

3）为大型同步发电机进相运行创造条件。

4）保持负荷母线电压变化曲线远在临界值以上。

5）如果无功功率电源不足则采取限制传输功率、起动备用发电机组等措施。

6）使发电机运行在适中的或较低的励磁状态以提供足够的"旋转"无功备用。

7）在极端情况下闭锁掉自动调压变压器的自动调节功能（在无功紧缺、电压很低的情况下，自动调压变压器的自动调节可能造成电压崩溃）。

8）采用性能优良的继电保护和安全自动装置，增加低压减载、低频减载、解列等安全自动装置，以加强稳定的三道防线。

电压稳定性并不是电网中一个个孤立的技术问题，而是电力系统中各层、各区、各方面之间互有关联的问题，需要从整个电力系统的角度来观察、研究和处理。

12.7.4 抑制低频振荡的措施

为抑制低频振荡，可以采取两方面的对策，即一次系统方面的对策和二次系统方面的对策。

1. 一次系统的对策

1）减轻重载输电线的负荷，从而减少送、受端之间的转子角差。

2）增强网架，采用串联补偿电容，减少送、受端的电气距离。

3）采用直流输电方案，避免送、受端间发生功率振荡。

4）在长距离输电线中部装设静止无功补偿器（SVC）作电压支撑，并通过其控制系统改善系统动态性能。

2. 二次系统的对策

1）采用电力系统稳定器（PSS）作励磁附加控制，适当整定 PSS 参数可提供抑制低频振荡的附加阻尼力矩。

2）利用 SVC 装置的附加控制及直流输电附加控制或直流功率调制提供抑制低频振荡的附加阻尼。

3）用线性最优励磁装置或非线性励磁控制装置改善系统动态特性，抑制低频振荡。

利用二次系统来抑制低频振荡的方法具有价格低、易实现、易维修以及性能良好、经济效益显著等明显优点，是抑制低频振荡的重要方法。

【课堂讨论】

讨论 1. 什么是电力系统的安全性。

安全稳定运行是对电力系统的基本要求。稳定性和安全性是两个相关的概念，在本章的第一节已经对电力系统稳定性作了明确的定义，而电力系统的安全性是指电力系统在运行中承受故障扰动（如突然失去电力系统的元件，或短路故障等）的能力。

电力系统的安全性通过两个特性表征：①电力系统能承受住故障扰动引起的暂态过程并过渡到一个可接受的运行工况；②在新的运行工况下，各种约束条件得到满足。

安全分析分为静态安全分析和动态安全分析。静态安全分析假设电力系统从事故前的静态直接转移到事故后的另一个静态，不考虑中间的暂态过程，用于检验事故后各种约束条件是否得到满足。动态安全分析研究电力系统在从事故前的静态过渡到事故后的另一个静态的暂态过程中保持稳定的能力。

讨论 2. 什么是"$N-1$"原则。

在分析电力系统的安全性时，常常要用到"$N-1$"原则。《电力系统安全稳定导则》中"$N-1$"原则是指，正常方式下的电力系统中任一元件（如线路、发电机、变压器等）无故障或因故障断开，电力系统应能保持稳定运行和正常供电，其他元件不过负荷，电压和频率均在允许范围内。

思考题与习题

12-1　请自行收集资料，对比分析 IEEE、CIGRE 等国际学术组织的稳定分类与我国 2001 年颁布的《电力系统安全稳定导则》中稳定分类的异同。

12-2　请自行收集近年来国际上发生的典型功角稳定破坏事故的资料，分析事故的原因、造成的损失、从中应吸取的教训等。

12-3　请自行收集近年来国际上发生的典型电压稳定破坏事故的资料，分析事故的原因、造成的损失、从中应吸取的教训等。

12-4　电力系统小扰动稳定是指受到微小扰动下的稳定性，而暂态稳定性指系统受到大扰动下的稳定性。是否能承受大扰动就一定能承受小扰动？请解释原因。

12-5　在单机无穷大系统中，按照等面积法则，发电机转子相对无穷大系统的最大角度不能超过图 12-9 中的 h 点，显然该点的角度在 180° 以内。然而，在多机系统中，有时发电机转子之间的角度在暂态过程中甚至超过 200° 仍然不失去暂态稳定，如何解释？

12-6　如图 12-18 所示电力系统，各元件参数已标于图中。正常运行情况下，输送到受端的功率为 200MW，功率因数为 0.99，受端母线电压为 115kV。试分别计算当 E_q、E' 及 U_G 为恒定时，系统的功率极限和稳定储备系数。

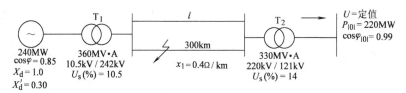

图 12-18　题 12-6 图

12-7　判定下列几种特种方程情况下系统是否稳定？

（1）$p^2 + 3p + 5 = 0$

（2）$-p^2 + 3p + 5 = 0$

（3）$p^3 + 5p^2 + 3p + 12 = 0$

（4）$p^3 + 2p^2 + 2p + 6 = 0$

12-8　如图 12-19 所示，判断电力系统在下列几种运行情况下的稳定性（列出微分方程、特征方程、利用稳定判据）。运行情况：（1）当 $\delta = 60°$ 时；（2）当 $\delta = 90°$ 时；（3）当 $\delta = 120°$ 时。

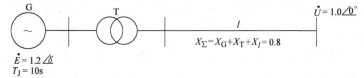

图 12-19　题 12-8 图

12-9　有一简单电力系统如图 12-20 所示，已知：发电机参数 $X'_d = 0.2$，$E' = 1.2$，原动机机械功率 $P_T = 1.5$，线路参数如图所示，无限大电源电压 $\dot{U}_C = 1.0\underline{/0°}$。如果在线路始端突然发生三相短路，当在突然三相短路后，转子角度再增加 30° 时才切除故障线路，问此系统是否暂态稳定？

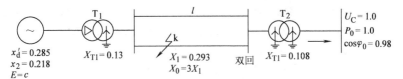

图 12-20　题 12-9 图

12-10　一简单电力系统的接线如图 12-21 所示。设输电线路某一回线的始端发生两相短路接地，试计算为保持暂态稳态而要求的极限切除角度。

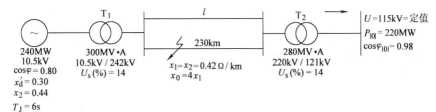

图 12-21　题 12-10 图

12-11　简单系统的参数和等效网络如图 12-22 所示。要求：

（1）试计算当串联电容器突然退出工作时，在 $t = 0 \sim 0.1s$ 期间内转子摇摆过程。

（2）利用等面积定则判定系统是否能维持稳定。

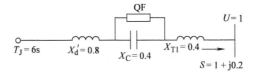

图 12-22　题 12-11 图

12-12　某输电系统如图 12-23 所示，当线路突然切除，然后经过一段时间后又重复合闸，若合闸后系统还没有失去稳定，试求最大允许的切除时间为多少？

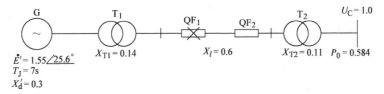

图 12-23　题 12-12 图

*12-13　将图 12-5 中的无穷大母线改为发电机，其容量与左边发电机相近，则成为 2 机互联系统，试推导该系统的静态（功角）稳定判据。

参 考 文 献

［1］ 赵遵廉.《电力系统安全稳定导则》学习与辅导［M］. 北京：中国电力出版社，2001.

［2］ 倪以信，陈寿孙，张宝霖. 动态电力系统的理论和分析［M］. 北京：清华大学出版社，2002.

［3］ 李光琦. 电力系统暂态分析［M］. 3 版. 北京：中国电力出版社，2007.

［4］ 夏道止. 电力系统分析［M］. 2 版. 北京：中国电力出版社，2011.

［5］ 刘笙. 电气工程基础（上／下册）［M］. 北京：科学出版社，2002.

［6］ 陈怡，等. 电力系统分析［M］. 北京：中国电力出版社，2005.

［7］ 陈立新，等. 电力系统分析［M］. 北京：中国电力出版社，2005.

［8］ Kunder. 电力系统稳定与控制［M］. 北京：中国电力出版社，2003.

［9］ 程浩忠. 电力系统无功电压稳定性［M］. 北京：中国电力出版社，2004.

［10］ 余贻鑫. 电力系统稳定性理论与方法［M］. 科学出版社，1999.

［11］ 王锡凡. 现代电力系统分析［M］. 北京：科学出版社，2003.

［12］ 袁季修. 电力系统安全稳定控制［M］. 北京：中国电力出版社，1996.

［13］ C W Taylor. 电力系统电压稳定［M］. 北京：中国电力出版社，2002.

第4篇 电力工程的设计与管理

电力工程设计涉及总图、土建、水工、道路、电气、经济等各方面，其中电气部分的设计包括一次和二次部分。但电力工程设计需要综合应用前面各章介绍的内容，所以放在最后加以介绍。本篇电力工程设计主要讲述两个问题：第一，在输配电工程电气一次部分设计中如何选择输配电网的接线形式；第二，根据确定的输配电网的接线或发电厂（变电所）的电气主接线，如何选择线路、变压器、断路器等电气设备的型号参数。

本篇电力工程管理部分讲述了电力市场、电源侧管理与负荷需求侧管理的基础知识。

第13章 电气主接线

在发电厂和变电所中，发电机、变压器、断路器、隔离开关、电抗器、电容器、互感器、避雷器等高压电气设备，以及将它们连接在一起的高压电缆和母线，按其功能要求组成了接收和分配电能的主回路。这个电气主回路被称为电气一次系统，又称为电气主接线。

用规定的设备图形和文字符号，按照各电气设备实际的连接顺序绘成的能够全面表示电气主接线的电路图，称为电气主接线图。主接线图中还标注出各主要设备的型号、规格和数量。电气主接线图不仅能表明电能输送和分配的关系，也可据此制成主接线模拟图屏，以表示电气部分的运行方式，可供运行操作人员进行模拟操作。

本章首先分析电气主接线的基本形式、特点及适用范围，然后对几种典型的电气主接线实例进行分析。

13.1 电气主接线概述

13.1.1 对电气主接线的基本要求

电气主接线的正确与否对电力系统的安全、经济运行，对电力系统的稳定和调度的灵活性，以及对电气设备的选择、配电装置的布置、继电保护及控制方式的拟定等都有重大的影响。在选择电气主接线时，应注意发电厂或变电所在电力系统中的地位、进出线回路数、电压等级、设备特点及负荷性质等条件，并应满足一些基本要求。

电气主接线有哪些基本要求呢？

1. 可靠性要求

保证必要的供电可靠性和电能的质量，是电气主接线应满足的最基本要求。这里所说主接线的可靠性，主要是指当主回路发生故障或电气设备检修时，主接线在结构上能够将故障或检修所带来的不利影响限制在一定范围内，以提高供电的能力和电能的质量。目前，对主接线的可靠性评估不仅可以定性分析，而且可以进行定量的可靠性计算。例如，供电可靠性为 99.80%，即表示一年中用户中断供电的时间累计不得超过 17.52h。

一般从以下方面对主接线的可靠性进行定性分析：

1）断路器检修时是否影响供电。

2）设备或线路故障或检修时，停电线路数量的多少和停电时间的长短，以及能否保证对重要用户的供电。

3）有没有使发电厂或变电所全部停止工作的可能性等。

2. 灵活性要求

1）满足调度时的灵活性要求。在正常情况下，应能根据调度要求，灵活地改变运行方式，实现安全、可靠、经济地供电；而在发生事故时，则能迅速方便地转移负荷、尽快地切除故障，使停电时间最短，影响范围最小，在故障消除后应能方便地恢复供电。

2）满足检修时的灵活性要求。在某一设备需要检修时，应能方便地将其退出运行，并使该设备与带电运行部分有可靠的安全隔离，保证检修人员检修时方便和安全。

3）满足扩建时的灵活性要求。大的电力工程往往要分期建设。从初期的主接线过渡到最终的主接线，每次过渡都应比较方便，对已运行的部分影响应尽可能小，改建的工作量不大。

3. 经济性要求与先进性要求

在确定主接线时，应采用先进的技术和新型的设备。同时，在保证安全可靠、运行灵活、操作方便的基础上，还应使投资和年运行费用最小、占地面积最少，应尽量做到经济合理。

13.1.2 电气主接线的基本类型

电气主接线有哪些基本类型？电气主接线的主体是电源（进线）回路和线路（出线）回路，分为有汇流母线和无汇流母线两大类。电气主接线的基本形式如图 13-1 所示。

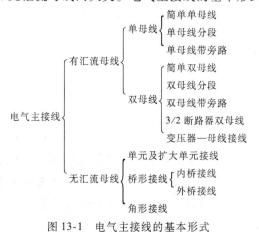

图 13-1 电气主接线的基本形式

13.1.3 电气主回路中开关的配置原则

电气主回路中的开关电器主要是指断路器和隔离开关（断路器和隔离开关的详细内容已在第5章讨论）。

怎样配置电气主回路中的开关呢？

1）由于断路器具有很强的灭弧能力，因此，在各电气回路中（除电压互感器回路外）均配置了断路器，用来作为接通或分断电路的控制电器和在故障情况下切除短路故障的保护电器。

2）当线路或高压配电装置检修时，需要有明显可见的断口，以保证检修人员及设备的安全，故在电气回路中，在断路器可能出现电源的一侧或两侧均应配置隔离开关。

3）若馈线的用户侧没有电源时，断路器通往用户的那一侧，可以不装设隔离开关。但如费用不高，为了阻止过电压的侵入，也可以装设。若电源是发电机，则发电机与出口断路器之间可以不装隔离开关。但有时为了便于对发电机单独进行调整和试验，也可以装设隔离开关或设置可拆卸点。

4）为了安全、可靠及方便地接地，可安装接地隔离开关（又称接地刀闸）替代接地线。当电压在 110kV 及以上时，断路器两侧的隔离开关和线路隔离开关的线路侧均应配置接地隔离开关。对 35kV 及以上的母线，在每段母线上亦应设置 1、2 组接地隔离开关，以保证电器和母线检修时的安全。

13.2　电气主接线的基本形式

13.2.1　单母线接线

什么是单母线接线？单母线接线是怎样工作的？图 13-2 所示为单母线接线，各电源和出线都接在同一条公共母线 W 上。母线既可以保证电源并列工作，又能使任一条出线都可以从任一电源获得电能。每条回路中都装有断路器（一种具有很强灭弧能力的开关设备，是一次电力系统中控制和保护电路的关键设备，见 5.2 节）和隔离开关（一种没有灭弧装置的开关设备，见 5.3 节），紧靠母线侧的隔离开关（如 QS_2）称为母线隔离开关，靠近线路侧的隔离开关（如 QS_3）称为线路隔离开关。

使用断路器和隔离开关可以方便地将电路接入母线或从母线上断开。例如，当检修断路器 QF_2 时，可先断开 QF_2，再依次拉开其两侧的隔离开关 QS_3、QS_2（当 QF 恢复送电时，应先合上 QS_2、QS_3，后合 QF_2，并注意 QS_2 和 QS_3 的操作顺序）。然后，在 QF_2 两侧挂上接地线，以保证检修人员的安全。要避免带负荷拉合隔离开关的误操作事故。

图 13-2 中，QS_E 是接地隔离开关，其作用同接地线。

单母线接线有什么优缺点呢？其适用范围有哪些？

（1）优点

接线简单清晰、设备少、投资低、操作方便、便于扩建，也便于采用成套配电装置。

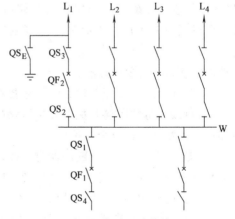

图 13-2　单母线接线

QF—断路器　QS—隔离开关　QS_E—接地隔离开关

W—母线　L—出线

另外，隔离开关仅仅用于检修，不作为操作电器，不易发生误操作。

（2）缺点

可靠性不高，不够灵活。具体讲，单母线接线的主要缺点有：

1）母线或母线隔离开关检修时，连接在母线上的所有回路都需停止工作。

2）当母线或母线隔离开关上发生短路故障或断路器靠母线侧绝缘套管损坏时，所有断路器都将自动断开，造成全部停电。

3）检修任一电源或出线断路器时，该回路必须停电。

（3）适用范围

单母线接线不能作为唯一电源承担一类负荷，在此前提下可用于以下情形：

1）6～10kV配电装置的出线不超过5回时。

2）35～60kV配电装置的出线不超过3回时。

3）110～220kV配电装置的出线不超过2回时。

13.2.2　单母线分段接线

与一般单母线接线相比，单母线分段接线增加了一台母线分段断路器QF以及两侧的隔离开关QS_1、QS_2。当负荷量较大且出线回路很多时，还可以用几台分段断路器将单母线分段接线，如图13-3所示。

单母线分段接线有什么优缺点呢？单母线分段接线能提高供电的可靠性。当任一段母线或某一台母线隔离开关故障及检修时，自动或手动跳开分段断路器QF，仅有一半线路停电，另一段母线上的各回路仍可正常运行。重要负荷分别从两段母线上各引出一条供电线路，就保证了足够的供电可靠性。两段母线同时故障的概率很小，可以不予考虑。当可靠性要求不高时，也可用隔离开关QS将母线分段，故障时将会短时全厂停电，待拉开分段隔离开关后，无故障段即可恢复运行。

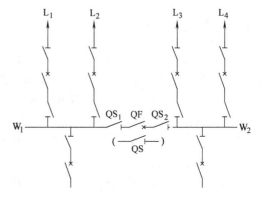

图13-3　单母线分段接线

QS—分段隔离开关　QF—分段断路器

单母线接线的主要缺点有：

1）母线或母线隔离开关检修时，连接在母线上的所有回路都需停止工作。

2）当母线或母线隔离开关上发生短路故障或断路器靠母线侧绝缘套管损坏时，所有断路器都将自动断开，造成全部停电。

3）检修任一电源或出线断路器时，该回路必须停电。

单母线分段接线的适用范围有哪些？单母线分段接线在对供电可靠性要求不高的中、小型发电厂和变电所中仍被广泛应用，具体应用范围如下：

1）6～10kV配电装置总出线回路数为6回及以上时，每一分段上所接容量不宜超过25MW。

2）35～60kV配电装置总出线回路数为4～8回时。

3）110～220kV 配电装置总出线回路数为 3～4 回时。

13.2.3　单母线带旁路母线接线

单母线带旁路母线接线可分为单母线不分段带旁路母线接线和单母线分段带旁路母线接线两种。

1. 单母线不分段带旁路母线接线

什么是单母线不分段带旁路母线接线？它是怎样工作的？有什么特点？如图 13-4 所示，在工作母线（W）外侧增设一组旁路母线（W_P），并经旁路隔离开关引接到各线路的外侧。另设一组旁路断路器（QF）（两侧带隔离开关）跨接于工作母线与旁路母线之间。

当任一回路的断路器需要停电检修时，该回路可经旁路隔离开关（QS）绕道旁路母线，再经旁路断路器 QF 及其两侧的隔离开关从工作母线取得电源。此途径即为"旁路回路"或简称"旁路"。而旁路断路器就是各线路断路器的公共备用断路器。但应注意，旁路断路器在同一时间里只能替代一个线路断路器的工作。

这种接线方式可以不停电检修断路器，故提高了供电可靠性。但是，当母线出现故障或检修时，仍然会造成整个主接线停止工作。为了解决这个问题，可以采用带旁路母线的单母线分段接线。

2. 单母线分段带旁路母线接线

什么是单母线分段带旁路母线接线？它是怎样工作的？有什么特点？图 13-5 所示为单母线分段带旁路母线接线。这种接线方式兼顾了旁路母线和母线分段两方面的优点，但当旁路断路器和分段断路器分别设置时，所用断路器数量多，设备费用高。在工程实践中，为了减少投资，可不专设旁路断路器，而用母线分段断路器兼作旁路断路器。

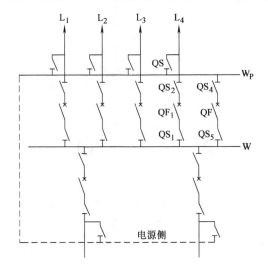

图 13-4　单母线不分段带旁路母线接线

W—母线　W_P—旁路母线

QF—旁路断路器　QS—旁路隔离开关

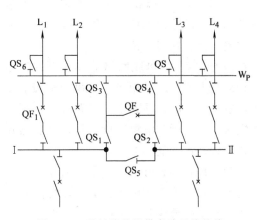

图 13-5　单母线分段带旁路母线接线

Ⅰ、Ⅱ—母线　W_P—旁路母线

在正常工作时，靠旁路母线侧的隔离开关 QS_3、QS_4 断开，而隔离开关 QS_1、QS_2 和断路器 QF 处于合闸位置（这时 QS_5 是断开的），主接线系统按单母线分段方式运行。当需要检修某一出线断路器（如 L_1 回路的 QF_1）时，可通过倒闸操作，将分段断路器作为旁路断路器使用，即由 QS_1—QF—QS_4 从 I 母线接至旁路母线，或经 QS_2—QF—QS_3 从 II 母线接至旁路母线，再经过 QS_6 构成向 L_1 供电。此时，分段隔离开关 QS_5 是接通的，以保持两段母线并列运行。

3. 单母线（或分段）带旁路母线的应用范围

单母线带旁路母线接线主要用于哪些场合？旁路母线系统增加了许多设备，造价昂贵，运行复杂，只有在出线断路器不允许停电检修的情况下，才应设置旁路母线。

1）6~10kV 户内配电装置一般情况下不装设旁路母线。因为其容量不大，供电距离短，易于从其他电源点获得备用电源，还可以采用易于更换的手车式断路器。只有架空出线很多且用户不允许停电检修断路器时才考虑采用单母线分段带旁路母线的接线。

2）35kV 配电装置一般不设旁路母线，因为重要用户多为双回路供电，允许停电检修断路器。如果线路断路器不允许停电检修，在采用单母线分段接线时可考虑增设旁路母线，但多用分段断路器兼作旁路断路器。

3）110~220kV 如果采用单母线分段，一般应设置旁路母线且以专用旁路断路器为宜。

13.2.4 双母线接线

1. 什么是双母线接线？

图 13-6 所示为双母线接线。它有两组母线，I 为工作母线，II 为备用母线。每一电源和每一出线都经一台断路器和两组隔离开关分别与两组母线相连，任一组母线都可以作为工作母线或备用母线。两组母线之间通过母线联络断路器（简称母联断路器）连接。

2. 双母线接线的运行状况

双母线接线在正常运行状态时的运行方式是怎样的呢？正常运行时，工作母线（I）带电，备用母线（II）不带电，所有电源和出线回路都连接到工作母线上（工作母线隔离开关在闭合位置，备用母线隔离开关在断开位置），母联断路器亦断开，这是一种运行方式。此时相当于单母线运行。工作母线发生故障将导致全部回路停电，但可在短时间内将所有电源和负荷均转移到备用母线上，迅速恢复供电。

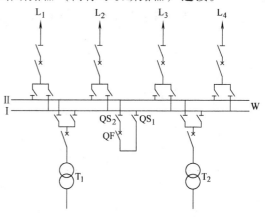

图 13-6 双母线接线

QF—母线联络断路器

为了提高供电可靠性，也常采用另外一种运行方式，即工作母线和备用母线各自带一部分电源和负荷，母联断路器合上，这种运行方式相当于单母线分段运行。

若某一组母线故障，担任分段的母联断路器跳开，接于另一组母线的回路不受影响。同时，接于故障母线的回路经过短时停电后也能迅速转移到完好母线上恢复供电。

双母线接线在检修母线时怎样操作呢？检修任一组母线都不必停止对用户供电。如欲检修工作母线，可经"倒闸操作"将全部电源和线路在不停电的前提下转移到备用母线上继续供电。这种"倒闸操作"应遵循严格的顺序，步骤如下：

1）合上母联断路器两侧的隔离开关。

2）合上母联断路器给备用母线充电。

3）此时两组母线已处于等电位状态。根据"先通后断"的操作顺序，逐条线路进行倒闸操作：先合上备用母线隔离开关，再断开其工作母线隔离开关；直到所有线路均已倒换到备用母线上。

4）最后断开母联断路器，拉开其两侧隔离开关。

5）工作母线已被停电并隔离，验明无电后，随即用接地刀开关接地，即可进行检修。

双母线接线检修出线断路器怎样操作呢？检修任一台出线断路器可用临时"跨条"连接，该回路仅需短时停电，以检修断路器 QF_2 为例，其操作步骤如下（见图 13-7，注意一些隔离开关在断开位置）：

1）设原先以单母线分段方式运行，被检修断路器 QF_2 工作于 Ⅱ 段母线上。先将 Ⅱ 段母线上其他回路在不停电情况下转移到 Ⅰ 段母线上。

2）断开母联断路器 QF，并将其保护定值改为与 QF_2 一致。断开 QF_2，拉开其两侧的隔离开关，将 QF_2 退出，并用临时"跨条"连通留下的缺口，然后再合上隔离开关 QS_2 和 QS_3（这段时间即为该线路的停电时间，很短）。

3）最后合上母联断路器 QF，线路 L_2 重新送电。此时由母联断路器 QF 代替了线路 L_2 的断路器 QF_2。电流路径如图 13-7 中虚线所示。

双母线接线在检修进出线的母线隔离开关时怎样操作呢？检修任一进出线的母线隔离开关时，只需断开该回路及与此隔离开关相连的一组母线，所有其余回路均可不停电地转移到另一组母线上继续运行。

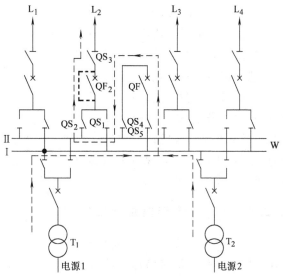

图 13-7　检修断路器时采用临时"跨条"
（注意一些隔离开关处于断开位置）

3. 双母线接线的优缺点

（1）优点

双母线接线与单母线相比，停电的机会减少了，必需的停电时间缩短了，运行的可靠性和灵活性有了显著的提高。另外，双母线接线在扩建时也比较方便，施工时可不必停电。

（2）缺点

1）在倒母线的操作过程中，需使用隔离开关切换所有负荷电流回路，操作过程比较复杂，容易造成误操作。

2）工作母线故障时，将造成短时（切换母线时间）全部进出线停电。

3）在任一线路断路器检修时，该回路仍需停电或短时停电（用母联断路器代替线路断路器之前）。

4）使用的母线隔离开关数量较多，同时也增加了母线的长度，使得配电装置结构复杂，投资和占地面积增大。

4. 双母线接线的适用范围

1） 6～10kV配电装置，当短路电流较大，出线需带电抗器时。

2） 35～60kV配电装置，当出线回路超过8回时，或连接的电源较多、负荷较大时。

3） 110～220kV配电装置，当出线回路为5回及以上时，或者出线回路为4回但在系统中地位重要时。

为了提高双母线接线的可靠性，可进行两种方式的改进：①双母线分段接线；②双母线带旁路母线接线。

13.2.5 双母线分段接线

1. 双母线分段的特点

什么是双母线分段接线，它有什么特点？双母线分段接线如图13-8所示，用分段断路器将工作母线分为两段，每段用母联断路器与备用母线Ⅰ相连。这种接线具有单母线分段和双母线接线的特点，任何一段母线故障或检修时仍可保持双母线并列运行，有较高的可靠性和灵活性，但所使用的电气设备较多，使投资增大。另外，当检修某回路出线断路器时，则该回路停电，或短时停电后再用"跨条"恢复供电。

2. 双母线分段接线的适用范围

双母线分段接线的适用范围主要有哪些？

1） 双母线分段接线广泛应用于中、小型发电厂的6～10kV发电机电压母线。

2） 220kV配电装置进出线回路总数为10～14回时，可在一组母线上分段（双母线3分段），进、出线回路总数为15回及以上时，两组母线均可分段（双母线4分段）；对可靠性要求很高的330～550kV超高压配电装置，当进出线总数为6回以上时，也可采用双母线3分段或双母线4分段。

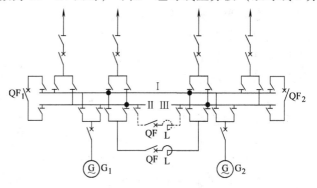

图13-8 双母线分段接线
QF₁、QF₂—母联断路器 QF—分段断路器
L—分段电抗器（仅用于6～10kV母线）

13.2.6 双母线带旁路母线接线

什么是双母线带旁路母线接线？有什么特点？采用带旁路母线的双母线接线，目的是为了不停电检修任一回路断路器。图13-9所示为双母线带旁路母线接线的常用接线形式。其中，图13-9a所示为既有母联断路器QF₁，又有专用旁路断路器QF₂，Wₚ为旁路母线。这种接线运行方便灵活、可靠性高，但投资较大。因此，一般规定当220kV线路有5（或4）回及以上出线、110kV线路有7（或6）回及以上时，可采用有专用旁路断路器的带旁路母线的双母线接线。当出线回路数较少时，为了减少断路器的数目，可不设专用的旁路断路器，而用母联断路器兼作旁路断路器，如图13-9b所示。

13.2.7 3/2断路器双母线接线

什么是3/2断路器双母线接线？3/2断路器双母线接线简称为3/2断路器接线，如图

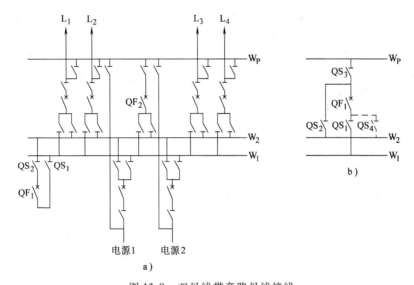

图 13-9　双母线带旁路母线接线

a）有专用旁路断路器　b）母联断路器兼作旁路断路器

13-10 所示。每两回进、出线占用 3 台断路器构成一串，接在两组母线之间，断路器数与回路数之比为 3/2，因而称为 3/2 断路器接线，也称一台半断路器接线。

　　3/2 断路器接线可靠性高、调度灵活、操作检修方便，其主要缺点是占用断路器较多，投资较大，同时使继电保护也比较复杂。

　　使用 3/2 断路器接线要注意什么问题呢？接线至少配成 3 串才能形成多环供电。配串时应使同一用户的双回线路布置在不同的串中，电源进线也应分布在不同的串中。在发电厂只有两串和变电所只有两台主变压器的情况下，有时可采用交叉布置，但交叉布置使配电装置复杂。

　　3/2 断路器接线的主要适用范围：3/2 断路器双母线接线是现代大型电厂和变电所超高压（330、500kV 及以上电压）配电装置的常用接线

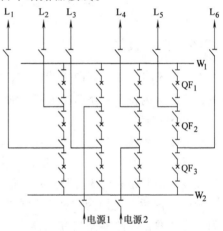

图 13-10　3/2 断路器接线

形式，在 500kV 的升压变电站和降压变电站中一般都采用这种接线。

13.2.8　单元接线

　　什么是单元接线？有什么特点？将发电机与变压器或者发电机-变压器-线路都直接串联起来，组成单元接线，如图 13-11 所示。这种接线中间没有横向联络母线的接线，大大减少了电器的数量，简化了配电装置的结构，降低了工程投资。同时也减少了故障的可能性，降低了短路电流值。但是，当某一元件故障或检修时，该单元全停。

　　单元接线的主要接线形式有：发电机-双绕组变压器单元接线（见图 13-11a）、发电机-三绕组变压器单元接线（见图 13-11b）、发电机-变压器-线路单元接线（见图 13-11c）、变压器-线路单元接线（见图 13-11d）。

什么是扩大单元接线？为了减少变压器及其高压侧断路器的台数，节约投资与占地面积，可采用图13-12所示的扩大单元接线。图13-12a是两台发电机与一台双绕组变压器的扩大单元接线，图13-12b是两台发电机与一台低压分裂绕组变压器的扩大单元接线，这种接线可限制变压器低压侧的短路电流。扩大单元接线的缺点是运行灵活性较差。

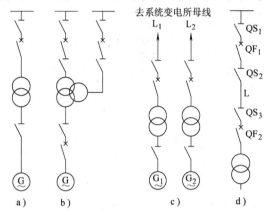

图 13-11 单元接线

a）发电机-双绕组变压器单元接线

b）发电机-三绕组变压器单元接线

c）发电机-变压器-线路单元接线

d）变压器-线路单元接线（用于降压变电所）

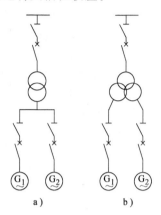

图 13-12 扩大单元接线

a）发电机-变压器扩大单元接线

b）发电机-分裂绕组变压器扩大单元接线

13.2.9 桥形接线

当只有两台变压器和两条线路时，常采用桥形接线。桥形接线根据断路器 QF_3 的安装位置，可分为内桥和外桥两种形式，如图13-13所示。

1. 内桥接线

什么是内桥接线？它有什么特点？内桥接线如图13-13a所示。相当于两个"变压器-线路"单元接线增加一个"桥"相连，"桥"上布置一台桥断路器 QF_3 及其两侧的隔离开关。这种接线4条回路只用3台断路器，是最简单经济的接线形式。

所谓"内桥"是因为"桥"设在靠近变压器一侧，另外两台断路器则接在线路上。内桥接线的特点如下：

1）当线路发生故障时，仅故障线路的断路器跳闸，其余3条支路可继续工作，并保持相互间的联系。

2）当变压器故障时，联络断路器及与故障变压器同侧的线路断路器均自动跳闸，使未故障线路的供电受到影响，需经倒闸操作后，方可恢复对该线路的供电（如 T_1 故障时，L_1 受到影响）。

3）正常运行时变压器操作复杂。如需切除变压器 T_1，应首先断开断路器 QF_1 和联络断路器

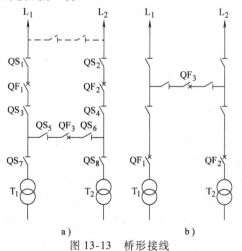

图 13-13 桥形接线

a）内桥接线 b）外桥接线

QF_3，再拉开变压器侧的隔离开关，使变压器停电。然后，重新合上断路器 QF_1 和联络断路器 QF_3，恢复线路 L_1 的供电。

内桥接线适用于输电线路较长、线路故障率较高、穿越功率少和变压器不需要经常改变运行方式的场合。

2. 外桥接线

什么是外桥接线？它有什么特点？外桥接线如图 13-13b 所示，桥臂置于线路断路器的外侧。其特点如下：

1）变压器发生故障时，仅跳故障变压器支路的断路器，其余 3 条支路可继续工作，并保持相互间的联系。

2）线路发生故障时，联络断路器及与故障线路同侧的变压器支路的断路器均自动跳闸，需经倒闸操作后，方可恢复被切除变压器的工作。

3）线路投入与切除时，操作复杂，并影响变压器的运行。

外桥接线适用于线路较短、故障率较低、主变压器需按经济运行要求经常投切以及电力系统有较大的穿越功率通过桥臂回路的场合。

13.2.10　角形接线

什么是角形接线？角形接线又称环形接线，将几台断路器连接成环状，在每两台断路器的连接点处引出一回进线或出线，并在每个连接点的 3 侧各设置一台隔离开关，即构成角形接线，如三角形接线、四角形接线、五角形接线等，如图 13-14 所示。角形接线中，断路器数等于回路数，且每条回路都与两台断路器相连接。

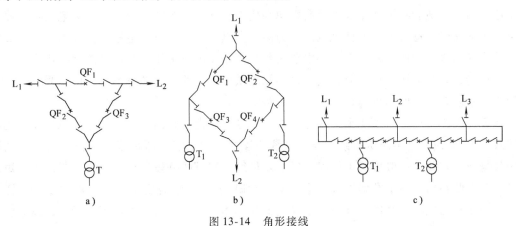

图 13-14　角形接线

a）三角形接线　b）四角形接线　c）五角形接线

13.3　电气主接线实例分析

上面分析的主接线基本形式，从原则上讲分别适用于各种发电厂和变电所。但是，由于发电厂的类型、容量、地理位置以及在电力系统中的地位、作用、馈线数目、输电距离以及自动化程度等因素，对不同发电厂或变电所的要求各不相同，所采用的主接线形式也就各异。下面仅对几种主要类型发电厂及变电所的典型主接线的特点作一介绍。

13.3.1 火力发电厂电气主接线

根据火力发电厂的容量及其在电力系统中的地位,一般可将火力发电厂分为区域性火力发电厂和地方性火力发电厂。这两类火力发电厂的电气主接线有各自的特点。

1. 区域性火力发电厂的电气主接线

区域性火力发电厂有什么特点呢?区域性火力发电厂属大型火电厂,单机容量及总装机容量都较大,多建在大型煤炭基地(有时称为"坑口电厂")或运煤方便的地点(如沿海或内河港口),而与负荷中心(城市)距离较远。它们生产的电能几乎全部经过升压变压器升至较高电压后送入系统,担负着系统的基本负荷。

区域性火力发电厂的电气主接线有什么特点呢?电气主接线多采用发电机-变压器单元接线。220~500kV电压等级的配电装置都采用可靠性较高的接线形式,如双母线、双母线带旁路、双母线四分段带旁路以及更为灵活可靠的3/2断路器接线等。

【实例分析】 图13-15所示为某大型区域性火力发电厂的电气主接线简图。该厂有4台300MW机组和2台600MW机组。500kV线路4回,采用3/2接线,每回出线均装有高压并联电抗器以吸收线路电容充电功率;220kV出线有7回,采用带旁路母线的双母线接线。6台机组都采用发电机-变压器单元接线,且用分相封闭母线连接。由于高、中压穿越功率较小,采用一组自耦变压器作为500kV和220kV之间的联络变压器,其第三绕组35kV侧既作为起动/备用变压器电源,又接入低压电抗器抵消多余的充电功率。

2. 地方性火力发电厂的电气主接线

地方性火力发电厂有什么特点呢?地方性火电厂的特点是电厂建设在城市附近或工业负荷中心,而且,随着我国近年来为提高能源利用率和环境保护的要求,对小火电实行关停的决策,当前在建或运行的地方性火电厂多为热力发电厂,以推行热电联产,在为工业和民用提供蒸汽和热水热能的同时,生产的电能大部分都用发电机电压直接馈送给地方用户,只将剩余的电能以升高电压送往电力系统。这种靠近城市和工业中心的发电厂,由于受供热距离的限制,一般热电厂的单机容量多为中、小型机组。

地方性火力发电厂的电气主接线有什么特点呢?通常,它们的电气主接线包括发电机电压接线及1~2级升高电压级接线,且与系统相连接。发电机电压母线在地方性火电厂主接线中显得非常重要,一般采用单母线分段、双母线、双母线分段等形式。为限制过大的短路电流,分段断路器回路中常串入限流电抗器,10kV出线也常需要串入限流电抗器。这样就可以选用便宜的轻型断路器。升高电压级则根据具体情况,一般可以选用单母线、单母线分段、双母线等接线形式。

热电厂常建在工业区附近,除向附近用户供电外,还向这些用户供热,也属于地方性火力发电厂。

【实例分析】 图13-16所示为某中型热电厂的电气主接线。对于发电机容量为24MW及以上,同时发电机电压出线数量较多的中型热电厂,发电机电压的10kV母线采用双母线分段接线;母线分段断路器上串接有母线电抗器,出线上串接有线路电抗器,分别用于限制发电厂内部故障和出线故障时的短路电流,以便选用轻型的断路器;因为10kV用户都在附近,采用电缆馈电,可以避免因雷击线路而直接影响到发电机。

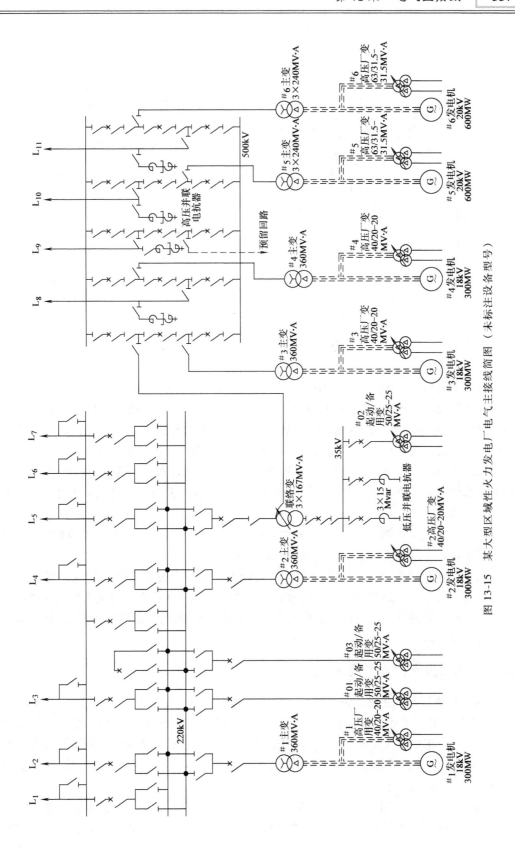

图 13-15 某大型区域性火力发电厂电气主接线简图（未标注设备型号）

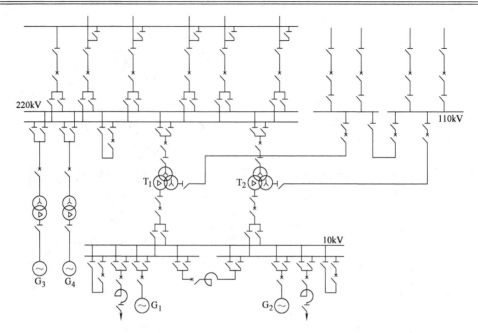

图 13-16 某中型热电厂的电气主接线

该电厂发电机 G_1、G_2 在满足 10kV 地区负荷的前提下，将剩余功率通过变压器 T_1、T_2 升压送往高压侧。而通常 100MW 及以上的 G_3、G_4 发电机采用双绕组变压器分别接成发电机-双绕组变压器单元接线，直接将电能送入系统。单元接线省去了发电机出口断路器，提高了供电可靠性。为了检修调试方便，在发电机与变压器之间装设了隔离开关。

三绕组变压器 T_1、T_2 除担任将 10kV 母线上剩余电能按负荷分配送往 110kV 及 220kV 两级电压系统的任务外，还能在任一侧故障或检修时，保证其余两级电压系统之间的并列联系，保证可靠供电。

该电厂 110kV 侧母线采用单母线分段接线，平时分开运行，以减少故障时短路电流，如有重要用户可用接在不同分段上的双回路进行供电。

该电厂 220kV 侧母线由于较为重要，出线较多，采用双母线接线，出线侧带有旁路母线，并设有专用旁路断路器，不论母线故障或出线断路器检修，都不会使出线长期停电；但变压器侧不设置旁路母线，因在一般情况下变压器高压侧的断路器可在发电机检修时或与变压器同时进行检修。

13.3.2 水力发电厂电气主接线

1. 水力发电厂电气主接线的特点

1）离负荷中心很远。水力发电厂建在有水能资源处，一般离负荷中心很远，当地负荷很小甚至没有，电能绝大部分要以较高电压输送到远方。因此，主接线中可不设发电机电压母线，多采用发电机-变压器单元接线或扩大单元接线。单元接线能减少配电装置占地面积，也便于水电厂自动化调节。

2）为少占地，电气主接线应力求简单。水力发电厂的电气主接线应力求简单，主变压器台数和高压断路器数量应尽量减少，高压配电装置应布置紧凑、占地少，以减少在狭窄山谷中的土石方开挖量和回填量。

3）不考虑扩建。水力发电厂的装机台数和容量大都一次确定，高压配电装置也一次建成，不考虑扩建问题。这样，除可采用单母线分段、双母线、双母线带旁路及 3/2 断路器接线外，桥形和多角形接线也应用较多。

4）主接线应具有较好的灵活性。水力发电机组起动快，起停时额外耗能少，常在系统中担任调频、调峰及调相任务。因此，机组开停频繁，运行方式变化较大，主接线应有较好的灵活性。

2. 大型水力发电厂的电气主接线实例

图 13-17 所示为两个大型水力发电厂的电气主接线。图 13-17a 为某大型水电厂电气主接线，发电机均与升压变压器构成了单元接线或扩大单元接线，扩大单元中的主变压器还采

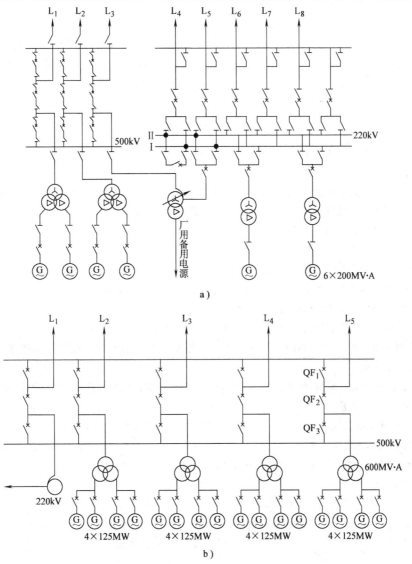

图 13-17　大型水力发电厂的电气主接线

a）某大型水电厂电气主接线　b）葛洲坝（大江）水电厂主接线（隔离开关等略去）

用低压分裂的形式连接两台发电机。这样不仅简化了接线，还可有效地限制发电机电压侧的短路电流。220kV 电压采用双母线带旁路接线，500kV 电压则采用更为可靠的 3/2 断路器接线。由自耦变压器构成 500kV 和 220kV 的联络，其第三绕组作为厂用电的备用电源。

图 13-17b 为葛洲坝（大江）水电厂主接线，4 台 125MW 发电机共用 1 台 600MV·A 主变压器升压至 500kV。因为该厂为低水头发电厂，发电机容量不大。这样配置既减少了主变压器台数，又减少了 500kV 断路器和隔离开关的数量，因而减少了占地，降低了投资。

13.3.3　变电所电气主接线

变电所主接线的设计要求基本上和发电厂相同，即根据变电所在电力系统中的地位、负荷性质、出线回路数等条件和具体情况确定。

通常，变电所主接线的高压侧应尽可能采用断路器数目较少的接线，以节省投资，随出线数的不同，可采用桥形、单母线、双母线接线及角形接线等。如果变电所电压为超高压等级，又是重要的枢纽变电所，宜采用双母线分段带旁路接线或采用一台半断路器接线。变电所的低压侧常采用单母线分段接线或双母线接线，以便于扩建。

思考题与习题

13-1　电气主接线的形式很多，无好坏之分，都有适合的场合。请自己收集资料，分析各种主接线的特点和应用场合。

13-2　利用实习或其他机会，收集几种实际运行中的电气主接线，分析它们的特点。

13-3　利用实习或其他机会，收集某变电站的电源及用户情况、进出特征要求，自行设计一主接线，并与实际主接线对比（注意答案并不唯一）。

13-4　什么是电气主接线？对其有哪些基本要求？

13-5　电气主接线图有哪些基本类型？

13-6　隔离开关与断路器的主要区别是什么？它们的操作顺序应如何正确配合？

13-7　母线的分段和带旁路母线各有何作用？

13-8　在倒闸操作中有时使用跨条，它有什么作用？一般在什么时候使用？

13-9　画图说明什么是单母分段接线方式？从运行角度看它与两组汇流母线同时运行的双母线接线方式在技术上有什么区别？

13-10　在带旁路的双母线接线方式中，双母线和旁路母线的作用各是什么？试述检修与旁路母线相连的出线断路器的大致操作步骤。

13-11　一台半断路器接线与双母线带旁路接线相比较，两种接线各有何利弊？

13-12　什么是单元接线？在发电机—变压器单元接线中，如何确定是否装设发电机出口断路器？

13-13　什么是桥形接线方式？内桥和外桥接线各适用于什么场合？

13-14　角形接线有何特点？

13-15　一座 220kV 重要变电所共有 220、110、10kV 3 个电压等级，安装两台 120MV·A 自耦变压器，其 220kV 侧有 4 回出线，采用双母带旁路接线方式，110kV 侧有 6 回出线，也采用双母带旁路接线方式，10kV 侧有 12 回出线，采用单母分段接线方式。试绘出该变电所的主接线图。

参 考 文 献

[1]　熊信银. 发电厂电气部分 [M]. 北京：中国电力出版社，2004.

[2]　王士政. 发电厂电气部分 [M]. 北京：中国水利水电出版社，2013.

[3]　刘增良. 电气设备及运行维护 [M]. 北京：中国电力出版社，2007.

[4]　陈家斌. 高压电器 [M]. 北京：中国电力出版社，2002.

[5]　尹克宁. 电力工程 [M]. 北京：中国电力出版社，2005.

[6]　刘笙. 电气工程基础（上）[M]. 北京：科学出版社，2003.

第 14 章　电力网络接线的设计

14.1　输电网接线

14.1.1　输电网接线的基本要求

电力系统主要由发电厂、输电网、配电网及负荷 4 部分组成。其中输电网由超高压和高压输电线路、输电网变电所组成。它上连大型发电厂及相邻输电网，下连高压配电网。它的任务是通过合适的接线和电压长距离、大容量地输送电力。输电网的电压一般在 220kV 及以上，目前我国输电网的电压采用 750、500、330、220kV。输电网接线的设计应从全网出发，合理布局，满足网络可靠性、灵活性和经济性的基本要求。

输电网接线设计有哪些基本要求呢？

1）应考虑与电源发展配套，与下一级电压网络相协调，适应各地区电力负荷的增长，并对电源和负荷的变化有一定的适应能力。

2）有较大的抗事故干扰能力，满足电力系统安全稳定的要求，当发生任何单一故障时，仍能保持系统稳定，同时不损失负荷，并不致使其他元件超过事故过负荷，能防止发生灾害性的大面积停电事故。

3）适应各种运行方式下的潮流变化，潮流流向合理，电压质量符合标准，调度灵活。

4）结构简明、层次清晰，电源与负荷之间按照"分层分区"的原则平衡配置，无功功率也按分区就地平衡。

5）过电压水平和短路电流水平不超过允许值。

6）要考虑调度自动化、通信、安全自动、继电保护等控制系统配套建设协调发展。

7）投资和年运行费用综合分析合理，并考虑分期建设和过渡的方便。

14.1.2　输电网的规划设计方法

进行输电网的规划设计采用的方法有启发式和数学优化方法两类。

1. 启发式方法

设计人员一般在分析实际电网的运行现况和问题的基础上，由规划期间的负荷增长及电源规划，根据经验先提出几种输电网接线初步方案，然后通过电网仿真计算分析改善这些方案的技术经济指标，形成若干个可行方案，最后通过若干个可行方案的综合技术经济比较确定最终方案。这种启发式方法直观、灵活、便于人工参与决策，且能够给出符合实际的较优方案，因而得到比较广泛的应用。从输电网接线的初步方案到可行方案的形成，该过程可归纳为以下 3 个部分：

（1）过负荷校验

输电网接线方案，首先要满足输电网各种正常和事故运行方式下输送容量的需要，即设计人员不仅要保证输电网在正常情况下各线路不发生过负荷，还要保证在任一条线路故障退出运行时，其他线路也不出现过负荷并满足系统稳定运行和供电质量的要求。校验线路是否过负荷，输电网各种正常和事故运行方式下的潮流分布计算结果是重要的判断依据。

（2）灵敏度分析

灵敏度分析主要是通过分析某项运行指标与控制变量的关系来确定该变量对系统的影响，从而提出改善该项运行指标的措施。例如，无功的调节对线路潮流与节点电压的灵敏度分析。

（3）可行方案确定

通过过负荷校验和灵敏度分析，进一步调整完善设计人员提出的输电网接线初步方案，形成技术经济上比较合理的可行方案。如果网络中存在过负荷线路，则计算待选线路的综合指标，选择最"有效"的线路优先加入网络，直到网络中不存在过负荷线路。

为了避免这种方法过分依赖于设计人的工程经验，近年来，一类基于生物学、物理学和人工智能的具有全局优化性能、鲁棒性强、通用性强且适于并行处理的现代启发式算法得到了应用发展。它比较接近于人类的思维方式，易于理解。用这类算法求解组合优化问题，在得到最优解的同时也可以得到一些次优解，便于规划人员研究比较。此类算法主要有遗传算法、进化规划、免疫算法、蚂蚁算法等。

2. 数学优化方法

电网规划的数学优化方法就是将电网规划的设计要求归纳为在约束条件下的目标函数求解问题。与启发式方法相比，数学优化方法在理论上更严格。由于电网规划的变量很多，约束条件复杂，求解大规模的规划问题存在不少困难。因此，不得不对具体问题作大量简化，但是有些因素难以用数学模型表达，从而不能计入规划模型内。因此，数学上的最优解未必是完全符合工程实际的最优方案。

常用的数学优化方法有线性规划、非线性规划、整数规划及动态规划等。

14.1.3　输电网的接线方式

输电网接线的基本方式可分为无备用开式接线方式、有备用开式接线方式、简单闭式接线方式与复杂闭式接线方式 4 类。

什么叫无备用和有备用？什么叫开式和闭式接线呢？

1. 无备用开式接线方式

电源和负荷之间采用单回供电线路的接线方式称无备用开式接线方式，开式接线的形式可分为放射型和干线型，如图 14-1 所示。放射型的可靠性高于干线型，但放射型的经济性低于干线型。

2. 有备用开式接线方式

电源和负荷之间采用双回供电线路的接线方式称有备用开式接线方式，如图 14-2 所示。有备用开式接线的形式同样可分为放射型和干线型。因各负荷点均由双回线路或两台变压器供电，供电可靠性显著提高。

3. 简单闭式接线方式

简单闭式接线有单侧电源环型和双侧电源干线型两种形式，如图 14-3 所示。该类接线中每个负荷点的两回电源进线来自不同的方向，尤其是双侧电源干线型接线来自不同的电源点，因而相对于有备用的开式接线有更高的供电可靠性。而且一般情况下，该类接线的线路

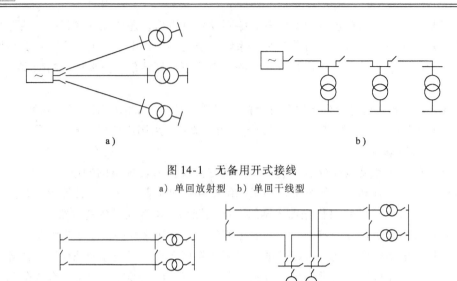

图 14-1 无备用开式接线

a) 单回放射型 b) 单回干线型

图 14-2 有备用开式接线

a) 双回放射型 b) 单侧电源双"T"干线型

长度较短，可节约线路投资。

4. 复杂闭式接线方式

由多环型和其他多种接线形式复合构成的接线方式称为复杂闭式接线方式，如图 14-4 所示。

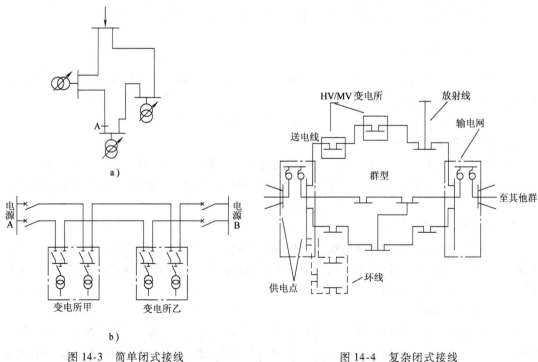

图 14-3 简单闭式接线

a) 单侧电源环型 b) 双侧电源双"T"干线型

图 14-4 复杂闭式接线

由上可见，输电网接线的基本方式有 4 类，而输
电网接线的基本形式可分为放射型、干线型和环型
3 种。

14.1.4 输电网接线实例

输电网的主要任务之一就是给城市配网送电。大
城市电网一般采用由多环和多回路线路构成的复杂闭
式接线，实现高压引进。在城市外围连成坚强的超高
压环网，内外电源都直接或间接地接到环网上，外环
一般采用超高压架空线路，内环可采用架空线路或电
缆。要求从外环降压后，直接送至负荷中心。

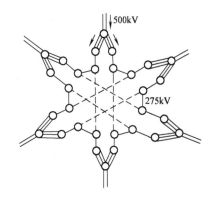

图 14-5 东京 500kV 双外轮型环型结构

那么实际应用又如何呢？日本东京外围电网采用 500kV 双外轮型环型结构，如图 14-5
所示。电源通过位于市郊的变电所用架空线路送电，市区的 275kV/66kV 变电所至少和两个
电源连接。

法国巴黎外围电网为 400kV 双环型结构，如图 14-6 所示，有 6 座 400kV/225kV 降压变
电所通过 12 座枢纽变电所向市区送电，市区有 225kV/20kV 变电所 42 座，变电所密度高，
网络结构紧凑。

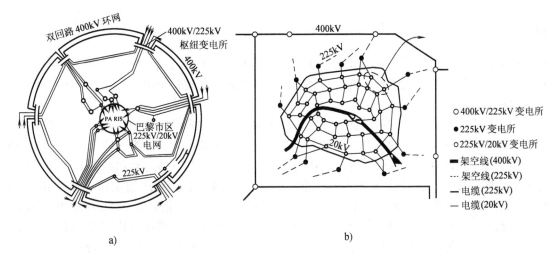

a)   b)

图 14-6 巴黎 400kV 双环型结构

a) 巴黎外围电网 b) 巴黎市区电网

我国沿海某特大城市 2020 年主网架采用 500kV 双外环型结构，然后降压到 220kV 向市
区供电，220kV 环网接线开环运行，主网结构如图 14-7 所示。近年来经受几次重大故障的
考验，没有造成大面积停电的重大事故。

一般大中城市的电网供电要求有来自不同方向的 220kV 双回路双电源供电，较小城市
的电网应有双电源供电，初期电源来自一个电源变电所时，也要求从不同母线以双回路
供电。

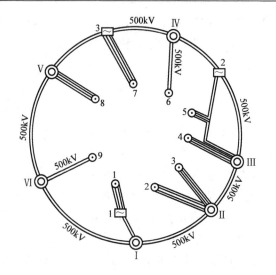

图 14-7 某特大城市 2020 年 500kV 双外环型结构

14.2 配电网接线

14.2.1 配电网的结构

配电网由高、中、低压配电线路和联系它们的变、配电所组成。配电网的主要功能是将小型发电厂或输电网变电所的电能通过合适的接线方式配送到每个用户，并满足用户对供电质量的要求。

随着我国经济技术的高速发展，电力网的电力和电量需求急剧增加，使原电力网不断扩容。更高一级电压输电网的形成，导致了原部分输电网的输电功能向配电转变，使配电网结构发生变化，层次增多。因此，配电电压与输电电压的规定都并非绝对和一成不变的，而是随着各地区具体技术经济因素变化而变化。目前，我国多数城市的输配网电压采用 220/110/10/0.38kV 系列；东北地区是 220/63/10/0.38kV 系列；西北地区是 330/63/10/0.38kV 系列；北京、上海、天津地区是 500/220/35/10/0.38kV 系列。其中我国配电网的高、中、低划分一般为：110、63、35kV 称高压配电网，10（20，6）kV 称中压配电网，380/220V 称低压配电网。

配电网电压等级的选择，应根据现有实际情况和远景发展慎重研究后确定。配电网应优化配置配电电压序列，简化变压层次，避免重复降压。现有的非标准电压应限制发展、合理利用，并分期分批进行改造。

地区应因地制宜选择如下电压序列：110/10/0.38kV、66/10/0.38kV、220/35/10/0.38kV、110/35/10/0.38kV。

14.2.2 供电区域划分

相对于输电网来说，之前的配电网规划标准体系不够完善，原配电网规划设计相关标准近十项，出自不同部门，缺乏全局统筹，且这些标准相互并行，之间衔接不够，亟须统一规范加以指导。

2013 年实施的《配电网规划设计导则》，按照"统筹城乡电网、统一技术标准、差异化指导规划"的思想，考虑到我国地域辽阔，东西部之间、城乡之间经济发展水平不平衡，南北方之间环境和气候差别大，各地配电网在建设标准、空间资源、政策环境、规划理念等方面不一致，发展阶段、用电需求和用电结构也存在诸多差异，首次明确了供电区域划分原则，并将公司经营区分为 A、B、C、D、E 共 5 类供电区域，这为今后本电网络设计提供了统一的标准。

供电区域划分的主要依据是行政级别（见表 14-1），当存在多种选择时，可结合负荷密度（见表 14-2），并参考用户重要程度、用电水平、GDP 等因素综合确定。各类供电区域执行相应类的建设标准。各类供电区域电网建设的基本参考标准见表 14-3。

表 14-1　供电区域划分表

行政级别	供电区域划分			
直辖市、省会城市、计划单列市	市中心区（A）	市区（B）	城镇（B 或 C）	农村（C 或 D）
地级市（自治州、盟）	市中心区（A 或 B）	市区（B 或 C）	城镇（B、C 或 D）	农村（D 或 E）
县（县级市、旗）	—	—	城镇（B、C 或 D）	农村（D 或 E）

注：供电区域面积一般不小于 5km²。

表 14-2　各供电区域规划目标年负荷密度参考值

供电区域类型	负荷密度 σ 的参考范围/（kW/km²）
A	$\sigma \geqslant 20000$
B	$6000 \leqslant \sigma < 20000$
C	$1000 \leqslant \sigma < 6000$
D	$100 \leqslant \sigma < 1000$
E	$\sigma < 100$

注：计算规划区负荷密度时，负荷值不包含 110（66）kV 专线负荷；供电区域的面积为与用电负荷相对应的有效面积，应核减高山、戈壁、荒漠、水域、原始森林等无用电负荷的区域面积。

14.2.3　用户供电要求与电源接入要求

1. 用户供电要求

用户接入容量范围和供电电压有什么要求？

用户的供电电压等级应根据当地电网条件、用户分级、用电最大需量、用电设备容量或受电设备总容量，经过技术经济比较后确定。供电电压等级一般可参照表 14-4 确定。

供电半径较长、负荷较大的用户，当电压质量不满足要求时，应采用高一级电压供电。

用户供电方式应按照用户报装容量选择相应电压等级，严格控制专线数量。用户接入容量在 3000～6000kV·A 时，可由 10kV 开关站的专线供电；用户接入容量在 6000kV·A 及以上时，可由变电站的专线供电。

表 14-3 各类供电区域电网建设的基本参考标准

供电区域类型	变电站			线路			
	建设原则	变电站建设标准	变压器配置容量	建设原则	线路导线截面面积选型依据	110～35kV 线路建设标准	10kV 线路建设标准
A	土建一次建成，变压器分期建设	全户内或半户外站	大容量或中容量	廊道一次到位，导线截面面积一次选定	按经济电流密度	电缆或架空线	电缆为主，架空线为辅
B		全户内或半户外站	大容量或中容量		按经济电流密度	架空线，必要时电缆	架空线，必要时电缆
C		半户外或全户外站	中容量或小容量		按经济电流密度	架空线	架空线，必要时电缆
D		全户外或半户外站	小容量		按允许压降	架空线	架空线
E		全户外或半户外站	小容量		按允许压降和机械强度	架空线	架空线

表 14-4 用户接入容量和供电电压等级推荐表

供电电压等级	用电设备容量	受电变压器总容量
220V	10kW 及以下单相设备	—
380V	100kW 及以下	50kV·A 及以下
10kV	—	50kV·A～10MV·A
35kV	—	5～40MV·A
66kV	—	15～40MV·A
110kV	—	20～100MV·A

注：无 35kV 电压等级的电网，10kV 电压等级受电变压器总容量为 50kV·A～20MV·A。

重要电力用户的电力配置有什么要求？

电力系统中，按供电可靠性的要求以及中断供电的危害程度，将重要电力用户分为特级、一级、二级重要电力用户和临时性重要电力用户。

重要电力用户供电电源配置技术的要求如下：

1）重要电力用户的供电电源应采用多电源、双电源或双回路供电，当任何一路或一路以上电源发生故障时，至少仍有一路电源应能满足保安负荷持续供电。

2）特级重要电力用户宜采用双电源或多电源供电；一级重要电力用户宜采用双电源供电；二级重要电力用户宜采用双回路供电。

3）重要电力用户供电电源的切换时间和切换方式宜满足重要电力用户允许断电时间的要求。切换时间不能满足重要负荷允许断电时间要求的，重要电力用户应自行采取技术手段解决。

4）重要电力用户的供电系统应当简单可靠，简化电压层级。如果用户对电能质量有特殊需求，应当自行加装电能质量控制装置。

重要电力用户应自备应急电源，电源容量至少应满足全部保安负荷正常供电的要求，并应符合国家有关安全、消防、节能、环保等技术规范和标准要求。

特殊用户供电的要求主要有哪些？

用户因畸变负荷、冲击负荷、波动负荷和不对称负荷对公用电网造成污染的，应按照"谁污染、谁治理"和"同步设计、同步施工、同步投运、同步达标"的原则，在开展项目前期工作时提出治理、监测措施。必要时需开展特殊负荷接入系统专题论证。

对电能质量有特殊要求且超过国家标准的电能质量敏感负荷用户，除在电网结构和继电保护和自动化装置的配置上采取必要措施外，用户应自行装设电能质量治理装置。

电动汽车充换电站供电有什么主要要求？

电动汽车具有污染小、效率高、噪声低等优点，随着电动汽车逐步进入市场，电动汽车充换电站将不断增加。电动汽车充换电站供电的主要要求如下：

1）应采用专用供电系统提供电源，不应接入其他无关的电力负荷。

2）具有重大政治、经济、安全意义，或中断供电将对公共交通造成较大影响的充换电站，宜由双回路供电。

3）应根据负荷特点和经济运行选择变压器，容量较大时，可装设两台变压器。

4）充换电站设计应尽量减小对公用电网电能质量的影响。如充换电站达不到标准规定的功率因数或谐波控制要求，应采取相应的治理措施。

2. 电源接入要求

1）110kV 及以下电网规划应适应国家政策鼓励的各类电源（含分布式电源）的并网需求，电源接入应满足国家电网公司/南方电网公司有关电源接入的技术标准规范和电源调度管理的要求。

2）电源接入电网后不应影响电网的安全可靠运行。当线路上接入一个以上的电源时，应综合考虑它们对系统的影响。

3）电源并网电压等级一般可参照表 14-5。

表 14-5　电源并网电压等级

电源总容量范围	数千瓦至数十千瓦	数十千瓦至 7～8MW	8～30MW	30～50MW
并网电压等级	380V	10kV	35kV、66kV	110(66)kV

4）接入 110kV 及以下电压等级的电源原则上应在本级电压电网内消纳。具有间歇性特性的电源总容量或者非间歇特性的电源单机容量不宜超过上一级变压器供电区域内最大允许负荷的 25%，若高于该比例需专题论证。

5）接入 110～10kV 电网的电源，宜采用专线方式接入。在满足电网安全运行及电能质量要求时，电源也可采用 T 接方式并网。

6）电源接入后配电线路的短路电流不应超过该电压等级的短路电流限定值，否则电源需加装电流限制装置。

7）为保证电源起停、波动对系统供电电压的影响在规定的电压偏差范围之内，电源并网点的系统短路电流与电源额定电流之比不宜低于 10，若低于该比值需专题论证。

8）电源接入后有关配电线路和变压器的二次系统应满足有关国家标准、行业标准和公司标准的规定。

14.2.4 配电网的基本要求

配电网的设计要综合考虑新增负荷性质、用电容量、供电要求和当地公共电网现况及其发展规划等因素，选择确定供电可靠、灵活和经济合理的方案。

配电网的设计要满足哪些基本要求呢？

1) 根据高压变电所的分布、负荷的密度和运行管理的需要，大的配电网应划分成若干个相对独立的分区配电网，各分区各电压等级的供电半径合理，但分区的划分可随着情况的变化而调整。

2) 配电网的线路布局、接线方式、主干线路截面等应有较强的时间适应性和随负荷变化的灵活性，做到远近期结合，以近期为主。线路类型可根据条件选用架空线路（裸导线或绝缘导线）或电缆线路。

3) 当技术经济比较合理时，高压变电所之间的中压配电网应有合理的联络容量，正常时开环运行，异常时能转移负荷。

4) 配电网无功补偿应根据就地平衡和便于调整电压的原则进行配置，可采用集中补偿与分散补偿相结合并以分散补偿为主的方式。

5) 配电网接线应标准化，要操作安全、运行灵活，维护方便。

6) 配电网应结构简单，有利于继电保护设置简单可靠，有利于实现调度自动化和配电自动化。

7) 配电网能有效地限制网内短路电流，最大短路电流都在相应电压等级电器设备的允许值之内（通常 110kV：$\leqslant 25$kA；63kV：$\leqslant 25$kA；35kV：$\leqslant 24.7$kA；10kV：$\leqslant 16 \sim 20.2$kA），减少设备投资费用。

8) 配电网建设或改造方案的综合投资、运行费用经济合理。

各类供电区域本电网应满足怎样的供电安全水平要求？

各类供电区域应满足相应的供电安全水平要求（见表 14-6），包括"N-1"停运和"N-1-1"停运条件下的恢复供电负荷范围、恢复供电时间和转供能力。

表 14-6　各类供电区域供电安全水平的基本参考标准

供电区域类型	110 ~ 35kV 电网供电安全水平	110 ~ 10kV 电网供电安全水平		
		10kV 电网供电安全水平		
		主干线停运类型	有联络的 10kV 线路	单辐射的 10kV 线路
A	发生"$N-1$"停运时，应不损失负荷；有特殊要求的区域，发生"$N-1-1$"停运时，应不损失负荷	"$N-1$"故障停运	应通过继电保护自动装置、自动化手段，迅速恢复非故障段供电，线路故障段损失负荷不应超过 2MW，其中电缆线路电缆本体故障时不损失负荷；有特殊要求的区域，主干线发生"$N-1$"故障停运时，应不损失负荷	—
		"$N-1$"计划停运	线路计划停运段损失负荷不应超过 2MW，其中电缆线路电缆本体计划停运时不损失负荷。有特殊要求的区域，主干线发生"$N-1$"计划停运时，应不损失负荷	—

（续）

供电区域类型	110～35kV电网供电安全水平	10kV电网供电安全水平		
		主干线停运类型	有联络的10kV线路	单辐射的10kV线路
B	发生"$N-1$"停运时,应不损失负荷	"$N-1$"故障停运	应通过继电保护自动装置、自动化手段或现场人工倒闸,尽快恢复非故障段负荷,线路故障段损失负荷不应超过2MW,其中电缆线路电缆本体故障时不损失负荷	—
		"$N-1$"计划停运	线路计划停运段损失负荷不应超过2MW,其中电缆线路电缆本体计划停运时不损失负荷	—
C	发生"$N-1$"停运时,原则上不损失负荷	"$N-1$"故障停运	应通过继电保护自动装置、自动化手段或现场人工倒闸,尽快恢复非故障段负荷,线路故障段损失负荷不应超过2MW,其中电缆线路电缆本体故障时不损失负荷	允许故障段及其下游停电
		"$N-1$"计划停运	线路计划停运段损失负荷不应超过2MW,其中电缆线路电缆本体计划停运时不损失负荷	允许计划停运段及其下游停电
D	发生"$N-1$"停运时,根据电网结构,允许损失负荷	"$N-1$"故障停运	应通过继电保护自动装置或现场人工倒闸,尽快恢复非故障段负荷,线路故障段损失负荷不应超过2MW	允许故障段及其下游停电
		"$N-1$"计划停运	线路计划停运段损失负荷不应超过2MW	允许计划停运段及其下游停电
E	因地制宜明确电网供电安全水平			

（表顶标题：110～10kV电网供电安全水平）

14.2.5　配电网的接线方式

　　配电网的接线方式与输电网的基本形式相同吗?有何特点?配电网与输电网接线的基本形式相同,可分为放射型、干线型和环型三类。但由于配电网功能及特点区别于输电网,尤其是城市配电网,负荷点多而密,大小变化,各负荷供电可靠性、供电质量要求还不同,造成配电网的接线在基本形式的基础上有些变化,甚至复杂。

　　过去很多城市配电网采用较复杂的接线,不但设备投资增加,维护工作量和故障机率也相应增多,不能达到安全可靠的效果。近几年来,因为电力技术的进步和发展,电气设备可靠性提高,为简化接线及变电所小型化、标准化提供了条件。现在许多国家对高压配电系统较多地采取简化措施,与配电系统自动化技术结合形成可靠性较高的配电网。各个国家和地区可根据本地的电网结构现况、现有设备水平、负荷性质和运行要求等选择适合本地区配电网特点的接线方式。

1. 国外部分大城市配电网接线方式

　　国外大城市配电网都采用了哪几种接线形式?表14-7汇集了国外部分大城市配电网接

线的形式。从表中可见，西欧国家几乎都采用了下面几种基本接线形式：①放射型，只从一端供电；②环型，单电源环形供电；③网孔型，多个环型（或环型＋两端供电式）组成，大多数是多电源，如图 14-8 所示；④袋型，单电源供电的网络；⑤群型，多电源供电的网络。

表 14-7 国外部分大城市配电网接线的形式

国家或城市名		巴黎	伦敦	芬兰	纽约	东京	荷兰	比利时
市区电网	电压/kV	225/20	132/33	110/20	138/33 – 25	275/66 – 22	150/50	150/36
	电网接线	环群	袋/放射	袋群	环/4×6	环/T 环	环/网孔	群/网孔
	线路类型	电缆	电缆/混合	架空	电缆	混合	混合	电缆
国家或城市名		意大利	西班牙	澳大利亚	南非	加拿大	东柏林	西柏林
市区电网	电压/kV	132/15	220(110)/25	132/66 – 33	132/66 – 11	27.6/8.32	110/10	110/10
	电网接线	网孔/环	袋/网孔	袋/放射	袋/环	袋/放射	群/网孔、放射	环/网孔、放射
	线路类型	架空	空架	混合	混合	混合	电缆	电缆

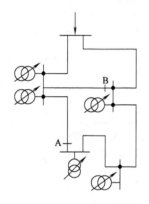

图 14-8 网孔型接线

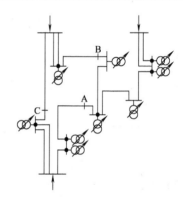

图 14-9 群型接线

图 14-9 所示是一个多电源供电的网络结构（即群型接线），通过断路器操作可形成 3 种供电方式：打开 A、B 和 C，即解列各电源，则成为袋型运行方式；相反，闭合 A、B 和 C，每个变电所至少有两个电源供电，则成为网孔型运行方式；若闭合 A 或 B 或 C，则成为群型运行方式。

（1）东京配电网接线方式

图 14-10a 所示是市区 275kV/66kV 变电所系统接线，市区的 275kV 电缆采用环型和双侧电源双 T 型接线，每个 275kV/66kV 变电所至少和两个电源相连。图 14-10b 是 T 型接线示意图，专设有一回公共备用线路，当任一回线路的正常电源发生故障时，与公共备用线路连接的断路器会自动接通。图 14-10c 是 66kV 变电所系统接线。

（2）巴黎配电网接线方式

图 14-11a 所示是法国巴黎 400kV、225kV 电网和高（HV）/中（MV）压变电所之间的具体接线，225kV/20kV 变电所和 400kV/225kV 变电所至少有两个电源，而 HV/MV 变电所根据需要可构成袋型、群型或网孔型。巴黎市区全用电缆线，郊区用架空线把 400kV 降压变电所和城区电网连接起来。图 14-11b 所示是巴黎中压配电网采用的接线，即双侧电源，正常时单电源运行，当工作电源失电时，另一侧电源自动闭合。

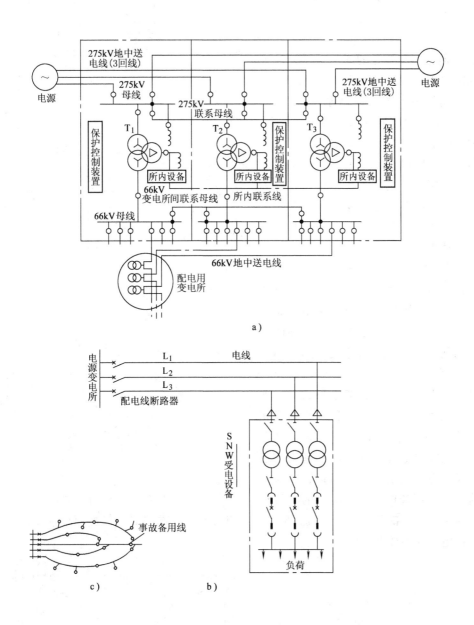

图 14-10   东京电网接线

（3）纽约配电网接线方式

图 14-12a 所示是美国纽约中压配电网双回路接线图。图 14-12b 所示是美国"4×6"网络接线，由 4 个节点、6 条线路而定名，该系统可靠性高、经济效益好。正常运行时，每条线的中间断路器断开，每台变压器低压侧分别向 3 条负荷线路送电。例如，变压器 T_1 分别向 1a、1b 和 1c 共 3 段线路送电，任一条线路故障的影响范围被限制在一个电源供电区内，只占整个网络的 1/12；任一个电源故障时，受其影响的 3 段负荷，可通过自动闭合线路中间断路器，转由其余 3 台正常变压器供电，此时，每台正常变压器的增加容量为故障变压器

容量的 1/3，为全网变压器容量的 1/12。变压器可用率很高，系统设备备用容量可大大减少。

2. 我国常用和推荐的配电网接线方式

我国常用和推荐的 110（66，35）kV 高压配电网接线方式前面已基本介绍过，这里主要介绍中压配电网接线方式。

中压配电网由 10（20，6）kV 架空或电缆线路、配电所、开关站、箱式变电站、柱上变压器等组成，其作用是将电力安全、可靠、经济、合理地分配到用户。

我国中压配电网常用和推荐的接线方式有哪几种呢？

（1）架空线路的接线方式

与输电网的放射型、干线型接线方式类似，架空线路当采用单回放射型（见图 14-1a）时，具有接线简单、操作方便和投资省的特点，其缺点是供电可靠性差；当增加一回成双回放射型（见图 14-2a）时，一般采用单杆双回路架空形式，供电可靠性则大大提高；如果再和 T 型接线相结合就成为单侧电源双 T 干线型（见图 14-2b），则在供电可靠性提高的基础上还增加了经济性；如果沿干线附近，负荷点较多时，可采用如图 14-13 所示的树枝形

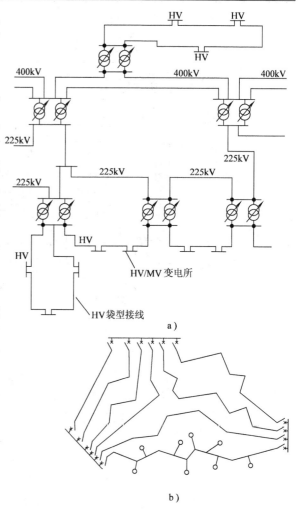

图 14-11　巴黎电网接线

接线，由主干线、次干线和分支线构成的干线型接线，其缺点是当供电距离较远，分支线较多时，供电可靠性较低。

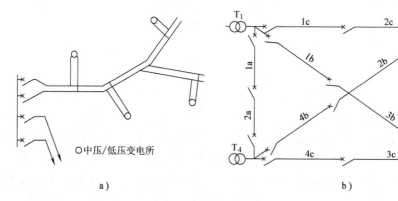

图 14-12　美国纽约电网接线
a）纽约双回线接线　b）美国"4×6"网络接线

另外，在城市市区，中压架空线路一般沿道路架设，并在道路交叉口连接形成格子布局网络。由于线路在适当地点采用柱上开关分断，中压架空网形成多区段、多连接、多电源的环型接线，这与输电网的简单闭式接线方式类似。如图 14-14 所示，各区段的电源由架空线或电缆直接馈入，每两个电源之间的长线路可分成两个以上小段，以便需要时将负荷切换至邻近段电源供电。正常情况下，各电源之间或环型线路的联络开关断开，网络开式运行。当某条线路故障或停电检修时，可通过操作联络开关转移负荷，减少停电范围，提高供电可靠性。

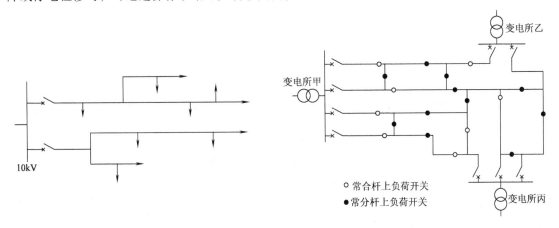

图 14-13　树枝形接线　　　　　　　　图 14-14　分段联络接线

（2）电缆线路的接线方式

电缆网普遍采用环型接线开式运行的方式，其接线简单清晰、运行灵活。当环网中任一段电缆故障时，不影响正常供电。

1）单环型接线。单电源单环型接线，电源取自同一母线，如图 14-15a 所示，也可取自同一变电所的不同段母线，如图 14-15b 所示，供电可靠性图 b 比图 a 接线稍好；双电源单环型接线，电源取自不同两个变电所的母线，如图 14-15c 所示，供电可靠性较高。

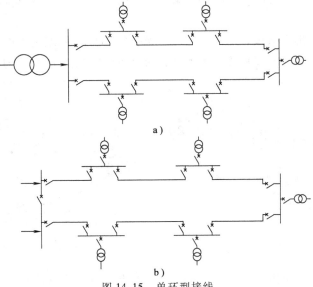

图 14-15　单环型接线

a）单电源单环型接线　b）同一变电所不同段母线

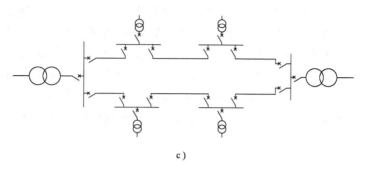

图 14-15 单环型接线（续）

c）两变电所单环

2）双环型接线。双环型接线如图 14-16 所示，每台配电变压器可以从两个环取得电源，供电可靠性很高。

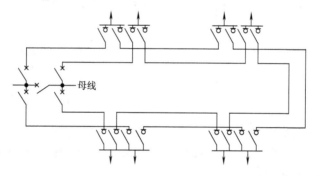

图 14-16 双环形接线（单母线分段）

开环运行的单环网，电缆容量利用率仅为 50%。为提高电缆容量利用率，同时解决电缆出线多的困难，常采用直通式备用电缆布置和分布式电缆布置方式，如图 14-17 和图 14-18 所示。

因电缆一般采用地下敷设，同一路径可敷设多条电缆，供电能力比架空线路大。随着城市发展，负荷密度加大，城市环境要求提高，城市市区电缆网将普遍采用。

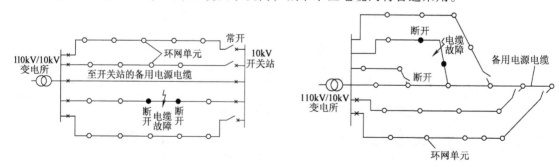

图 14-17 直通式备用电缆布置　　　　　图 14-18 分布式电缆布置

我国低压配电网（380kV/220V 配电网）常采用什么接线方式？380kV/220V 配电网实行分区供电，应结构简单、安全可靠，一般采用放射型结构（见图 14-19）。当供电可靠性要求较高或有其他特殊情况时，可采用双电源供电，必要时380kV/220V电缆线路可采用环形结构，其设备选用应标准化、序列化。

380kV/220V配电网为直接接地系统；居民户应采用"一户一表"的计量方式；电能表应安装在具有防窃电功能的计量柜（箱）内，计量柜（箱）安装位置应接近进户点，并根据不同的380kV/220V接地方式装设适当的剩

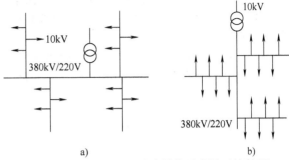

图 14-19 380kV/220V 配电结构示意图（放射型）
a）一般干线型 b）变压器干线型

余电流动作保护装置。有条件时，配电变压器宜配置无功自动补偿及运行数据采集一体化装置。

380kV/220V配电网应有较强的适应性，主干线截面应按远期规划一次选定。导线截面面积选择应系列化，主干线导线截面面积不宜超过3种。各类供电区域380kV/220V主干线导线截面面积一般要求如下：

电缆线路（铜芯）：A、B、C类供电区域类型，主干线≥120mm²。

架空线路（铝芯）：A、B、C类供电区域类型，主干线≥120mm²；D、E类供电区域类型，主干线≥50mm²。

380kV/220V线路供电半径应满足末端电压质量的要求。原则上A类供电区域供电半径不宜超过150m，B类不宜超过250m，C类不宜超过400m，D类不宜超过500m，E类供电区域供电半径应根据需要确定。

思考题与习题

14-1 请自行收集资料，分析某实际输电网的接线方式。

14-2 请自行收集资料，分析某实际配电网的接线方式。

14-3 输配电网的接线方式有哪些基本形式？

14-4 选择输配电网的接线形式要考虑哪些因素？

14-5 试比较输电网接线与配电网接线设计基本要求的相同点与区别。为什么？

14-6 试比较放射型接线和干线型接线的优缺点及适用范围？

参 考 文 献

[1] 中华人民共和国国家标准 GB 50052—2011 供配电系统设计规范［S］. 北京：中国电力出版社，2011.

[2] 中华人民共和国电力行业标准 DL/T 599—2005 城市中低压配电网改造技术导则［S］. 北京：中国电力出版社，2005.

[3] 国家电网公司企业标准 Q/GDW156—2006 城市电力网规划设计导则［S］. 北京：中国水利水电出版社，2007.

[4] 陈章潮，唐德光. 城市电网规划与改造［M］. 北京：中国电力出版社，1998.

[5] 刘健，等. 城乡电网建设与改造指南［M］. 北京：中国水利水电出版社，2001.

[6] 刘笙. 电气工程基础［M］. 北京：科学出版社，2002.

［7］ 熊信银，张步涵. 电力系统工程基础［M］. 武汉：华中科技大学出版社，2003.

［8］ 水利电力部西北电力设计院. 电力工程电气设计手册：电气一次部分［M］. 北京：水利电力出版社，1989.

［9］ 国家电网公司. Q/GDW 738—2012 配电网规划设计技术导则及编制说明［S］.

［10］ 中国电力企业联合会 GB 50613—2010 城市配电网规划设计规范［S］. 北京：中国计划出版社，2011.

第15章 电气设备的选择

15.1 电气设备选择的一般条件

电气设备包括导体和电器，它的正确选择是电力系统工程达到安全、可靠、经济运行的重要条件。选择电气设备的总原则是：①必须贯彻国家的经济技术政策，考虑工程发展规划和分期建设的可能；②应满足正常运行、检修、短路和过电压情况下的要求，并按当地使用环境条件进行校验；③要考虑整个工程建设标准的协调；④新产品选用应积极慎重，不同类设备规格品种选用不宜太多。电气设备种类很多，本章主要介绍如何选择线路、母线、变压器、高压开关和互感器，在技术上满足上述②的要求。

尽管不同电气设备的作用和工作条件不一样，具体选择的校验项目和方法不完全相同，但对它们的基本技术要求是一致的，必须按正常工作条件进行选择，按短路状态校验动稳定和热稳定。

各种电气设备进行选择和校验的项目有哪些呢？由于各种高压电气设备具有不同的性能特点，选择与校验条件不尽相同，高压电气设备的选择与校验项目见表15-1。

表 15-1 高压电气设备的选择与校验项目

设备名称	额定电压	额定电流	开断能力	短路电流校验		环境条件	其他
				动稳定	热稳定		
断路器	√	√	√	○	○	○	操作性能
负荷开关	√	√	√	○	○	○	操作性能
隔离开关	√	√		○	○	○	操作性能
熔断器	√	√	√			○	上、下级间配合
电流互感器	√	√		○	○	○	
电压互感器	√					○	二次负荷、准确等级
支柱绝缘子	√			○		○	二次负荷、准确等级
穿墙套管	√	√		○	○	○	
母线		√		○	○	○	
电缆	√	√				○	

注：表中"√"为选择项目，"○"为校验项目。

除表15-1之外，电压、电流互感器的选择还要考虑被保护设备的精度。

15.1.1 按正常工作条件选择电气设备

正常工作条件是哪些呢？是工作电压、电流和环境。

1. 按工作电压选择

选用电气设备的最高工作电压不应低于所在系统的系统最高电压值。由于电气设备的允许最高工作电压为其额定电压 U_N 的 1.1~1.15 倍，而因电力系统负荷变化和调压等引起的电网最高运行电压不超过电网额定电压 U_{Ns} 的 1.1 倍，所以一般按电气设备的额定电压 U_N 不得低于所在电网的额定电压 U_{Ns} 的条件来选择电气设备，即

$$U_N \geq U_{Ns} \tag{15-1}$$

2. 按工作电流选择

选用导体的长期允许电流 I_{al}（载流量）不得小于该回路最大持续工作电流 I_{max}，当实际环境温度 θ 不同于导体的额定环境温度 θ_0 时，其长期允许电流应该进行修正，K 为综合修正系数。

对于断路器、隔离开关、组合电器、负荷开关等长期工作制电器，在选择其额定电流 I_N 时，应满足各种可能运行方式下回路最大持续工作电流 I_{max} 的要求，即

$$I_N（\text{或 } KI_{al}）\geq I_{max} \tag{15-2}$$

回路最大持续工作电流 I_{max} 根据发电机、调相机、变压器容量和负荷等按表 15-2 所示的原则确定。

表 15-2 各回路最大持续工作电流

回路名称	最大持续工作电流	说　明
发电机、调相机回路	1.05 倍发电机、调相机额定电流	发电机、调相机在运行电压降低到 0.95 额定电压时，输出可以保持不变
变压器回路	1.05 倍变压器额定电流	变压器在运行电压降低到 0.95 额定电压时，输出可以保持不变
	1.3～2 倍变压器额定电流	若要求承担另一台变压器事故或检修时临时转移的负荷
出线回路	1.05 倍线路最大负荷电流	考虑 5% 的线损和事故时转移过来的负荷
母联回路	母线上最大一台发电机或变压器的 I_{max}	
分段回路	母线上最大一台发电机额定电流的 50%～80%	
	变电所应满足用户的一级负荷和大部分二级负荷	
汇流母线	按实际潮流分布确定	
电容器回路	1.35 倍电容器组额定电流	考虑过电压和谐波的共同作用

不计日照时，裸导体和电缆的综合修正系数为

$$K = \sqrt{\frac{\theta_{al} - \theta}{\theta_{al} - \theta_0}} \tag{15-3}$$

式中，θ_{al} 为导体的长期发热允许最高温度，裸导体一般为 70℃；θ_0 为导体的额定环境温度，一般取 25℃；θ 为实际环境温度（℃）。

3. 按当地环境条件校核

当地环境条件对电气设备的使用有何影响呢？当气温、风速、温度、污秽等级、海拔、地震烈度和覆冰厚度等环境条件超过一般电气设备使用条件时，应采取措施。

　　电气设备正常使用环境的海拔不超过 1000m，若海拔增加，由于空气稀薄、气压降低，空气绝缘强度会减弱，使电器对外绝缘水平降低而对内绝缘强度没有影响。安装在海拔高于 1000m 不超过 4000m 的电器设备：对外绝缘，海拔每升高 100m，其外绝缘强度约下降 1%；对允许温升，当最高周围空气温度为 40℃时，海拔每超过 100m（以海拔 1000m 为起点）允许温升降低 0.3%。

　　我国目前生产的电气设备使用的额定环境温度为 40℃。当周围空气温度在 40~60℃时，环境温度每增高 1℃，推荐减少额定电流 1.8%；当周围空气温度低于 40℃时，环境温度每降低 1℃，推荐增加额定电流 0.5%，但其最大过负荷不得超过额定电流的 20%。选择电气设备的实际温度与其类别及安装场所有关，见表 15-3。

表 15-3　选择导体和电器的环境温度

类　别	安装场所	环　境　温　度	
		最　　高	最　　低
裸导体	户外	最热月平均最高温度	
	户内	该处通风设计温度。当无资料时，可取最热月平均最高温加 5℃	
电器	户外	年最高温度	年最低温度
	户内电抗器	该处通风设计最高排风温度	
	户内其他	该处通风设计温度。当无资料时，可取最热月平均最高温加 5℃	

　　注：1. 年最高（或最低）温度为一年中所测得的最高（或最低）温度的多年平均值。
　　　　2. 最热月平均最高温度为最热月每日最高温度的月平均值，取多年平均值。

15.1.2　按短路条件校验热稳定和动稳定

　　如何校验短路热稳定和动稳定呢？

1. 短路热稳定校验

　　电气设备能耐受短路电流流过时间内的热效应而不致损坏，则认为该电气设备对短路电流是热稳定的。

　　对于导体通常按最小截面面积法校验热稳定。满足热稳定的条件为

$$S_{min} = \frac{\sqrt{Q_k}}{C} \tag{15-4}$$

式中，S_{min} 为导体（架空线路、母线、电缆）所需的最小截面面积（mm^2）；Q_k 为短路电流热效应（$kA^2 \cdot s$），按式（15-11）计算；C 为热稳定系数（$\sqrt{J/(\Omega \cdot m^4)}$），不同工作温度下裸导线的 C 值见表 15-7。

　　对于电器按热稳定电流及其通过时间来校验热稳定。满足热稳定的条件为

$$I_t^2 t \geqslant Q_k \tag{15-5}$$

式中，I_t 为所选用电器 t（单位为 s）时间内允许通过的热稳定电流。

2. 短路动稳定校验

　　动稳定是指电气设备承受短路电流产生的电动力效应而不损坏的能力。电气设备动稳定

按应力和电动力校验，电气设备满足动稳定的条件为

$$i_{es} \geq i_M \text{ 或 } I_{es} \geq I_M \tag{15-6}$$

式中，i_M、I_M 为短路冲击电流的幅值和有效值（也有用 i_{sh}、I_{sh} 表示），$i_M = \sqrt{2} K_M I''$，其中，I'' 为短路电流周期分量最大有效值（又称次暂态短路电流有效值），K_M 为冲击系数，取值与被校验电气设备的安装位置有关，发电机机端取 1.9，发电厂高压母线及发电机电压电抗器后取 1.85，远离发电机时取 1.8；i_{es}、I_{es} 为电器允许通过的动稳定电流幅值和有效值，生产厂商用此电流表示电器的动稳定特性，在此电流作用下电器能继续正常工作而不发生机械损坏。

什么情况下可不校验热稳定或动稳定呢？下列几种情况可不校验热稳定或动稳定：

1）用熔断器保护的电器，其热稳定由熔断时间保证，故可不校验热稳定。

2）采用限流熔断器保护的设备，可不校验动稳定。

3）装设在电压互感器回路中的裸导体和电气设备可不校验动、热稳定。

3. 短路电流计算条件

短路电流计算条件有哪些呢？有短路计算时间、容量、类型和短路计算点。

（1）短路计算时间

进行短路电流热效应校验时，所用的短路计算时间 t_k 等于继电保护动作时间 t_{pr} 与相应断路器的全开断时间 t_{ab} 之和，即

$$t_k = t_{pr} + t_{ab} \tag{15-7}$$

断路器的全开断时间 t_{ab} 等于断路器的固有分闸时间 t_{in} 与燃弧时间 t_a 之和，即

$$t_{ab} = t_{in} + t_a \tag{15-8}$$

验算裸导体的短路热稳定时，t_{pr} 宜采用主保护动作时间，如主保护有死区时，则采用能对该死区起保护作用的后备保护动作时间。

验算电器的短路热稳定时，t_{pr} 宜采用后备保护动作时间。少油断路器的燃弧时间 t_a 为 0.04 ~ 0.06s，SF_6 断路器的燃弧时间 t_a 为 0.02 ~ 0.04s。

（2）短路计算容量

校验电气设备动稳定、热稳定以及电器开断电流所用的短路电流，应按本工程的设计规划容量计算，并考虑电力系统的远景发展规划（一般为本期工程投产后 5 ~ 10 年）。

（3）短路计算类型

校验电气设备动稳定、热稳定以及电器开断电流时，一般按三相短路校验，但单相、两相短路较三相短路严重时，则应按最严重短路类型校验。

（4）短路计算点

在正常接线方式时，通过电气设备的短路电流为最大的短路点，称为短路计算点。

短路计算点如何选择呢？短路计算点选择如图 15-1 所示。

1）对两侧均有电源的电气设备，应比较电气设备前、后短路时的短路电流，选择通过电气设备短路电流较大的地点作为短路计算点。例如，校验图 15-1 中的发电机出口断路器 QF_1 时，应比较 k_1

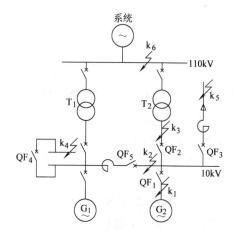

图 15-1 短路计算点选择

和 k_2 短路时流过 QF_1 的电流，选较大的点作为短路计算点。

2）短路计算点选在并联支路时，应断开一条支路。因为断开一条支路时的短路电流大于并联短路时流过任一支路的短路电流。例如，校验图 15-1 中分段回路的断路器 QF_5 时或主变低压侧断路器 QF_2 时，应选 k_2 和 k_3 点为短路计算点，并断开变压器 T_2。

3）在同一电压等级中，汇流母线短路时，短路电流最大。校验汇流母线、厂用电分支电器（无电源支路）和母联回路的电器时，短路计算点应选在母线上。例如，校验图 15-1 中 10kV 母线时，选 k_2 点。

4）带限流电抗器的出线回路，由于干式电抗器工作可靠，出线回路中各个电器的连接线很短，事故概率很低，故校验回路中各电气设备的短路计算点一般选在电抗器后。例如，校验图 15-1 中出线回路的断路器 QF_3 时，短路计算点选在出线电抗器后的 k_5 点。

15.2　输电线路的选择

输电线路按结构特点分为架空线路和电缆线路。架空线路由于结构简单、施工简单、建设费用低、施工周期短、检修维护方便、技术要求较低等优点，得到广泛的使用。电缆线路受外界环境因素影响小，但需要特殊加工的电力电缆，费用高、施工及运行检修的技术要求高，目前仅用于城市居民稠密区和跨海输电等特殊情况。

15.2.1　架空线路的选择

1. 导线与地线的选择

（1）导线的选择

导线用以传导电流、输送电能，它通过绝缘子串长期悬挂在杆塔上。导线常年在大气中运行，长期受风、冰、雪和温度变化等气象条件的影响，承受变化拉力的作用，同时还受到空气中污物的侵蚀。因此，除应具有良好的导电性能外，还必须有足够的机械强度和防腐性能，并要质轻价廉。

导线应从哪几个方面选择才能满足上述要求呢？

1）导线的材料选择。铜是理想的导线材料，其导电性能和力学性能均好，但价格较贵，除特殊需要外，一般不使用。

铝质轻价廉，导电性能仅次于铜，但机械强度较低，仅用于档距（两相邻杆塔间的距离）较小的 10kV 及以下线路。此外铝的抗腐性也较差，不宜在污秽区使用。

铝合金的导电性能与铝接近，机械强度接近铜，价格却比铜低，并具有较好的抗腐性能，不足之处是铝合金受振动断股的现象比较严重，使其使用受到限制。随着断股问题的解决，铝合金将成为一种很有前途的导线材料。

钢具有较高的机械强度，且价格较低，但导电性能差。钢材料的架空线常作为地线使用，作为导线仅用于跨越江河山谷的大档距及其他要求机械强度大的场合。为防腐蚀，钢线需要镀锌处理。

2）导线的种类选择。导线的种类及用途见表 15-4。钢芯铝绞线既有较高的电导率，又有较好的机械强度。铝包钢绞线是以钢丝作为芯线，在钢丝表面均匀而牢固地包覆一定厚度的铝，使钢、铝之间存在良好的冶金结合而构成的一种高效率的新型复合材料。铝包钢芯铝绞线是用铝包钢线作为加强芯，外面再同心绞合一层或多层铝线，有时也可由铝包钢线和铝线混绞而成。因此与传统的铝包钢绞线相比，其导电性能好、线路损耗低、破断强度高、质量小、弧垂特性好、耐腐蚀、热稳定性能好。与同规格、同结构的铝包钢绞线相比，铝包钢芯铝绞线直流电阻减少5%，单位质量减少5%，而破断力提高1.06%；在导线外径和破断力相同时，铝包钢芯铝绞线的电阻下降11%～13%，载流量提高3%左右。因此，在架空线路中，铝包钢芯铝绞线可大大降低输电线路的电力损耗，提高输电效率，而且有扩容效果，是钢芯铝绞线的节能型替代产品。

表 15-4　导线的种类及用途

种　类	型号	结构及特点	用　途
铝绞线	LJ	用圆铝单线多股绞制而成	对35kV架空线路，铝绞线截面面积不得小于35mm² 对35kV以下线路，铝绞线截面面积不得小于25mm²
钢芯铝绞线	LGJ	芯线（或内层）为单股或多股镀锌钢绞线，主要承担张力；外层为单层或多层铝绞线，利用交流电的趋肤效应，发挥导电作用	铝钢截面面积比 $m > 4.5$ 的钢芯铝绞线用于一般地区 铝钢截面面积比 $m \le 4.5$ 的钢芯铝绞线用于重冰区或大跨越地段
铝合金绞线	LHAJ LHBJ	用铝合金单线多股胶制而成，LHAJ为热处理铝镁硅合金绞线，LHBJ为热处理铝镁硅合金稀土绞线 抗拉强度接近于铜线，电导率及质量接近于铝线	抗拉强度高，可减小弧垂，降低线路造价
防腐型绞线	LGJF	在钢芯或各层绞线间涂防腐涂料，提高了绞线的抗腐蚀力	用于沿海及其他腐蚀性严重的地区
铝包钢绞线	GLJ	在单股钢线外面包以铝层，制成单股线或多股绞线	在一些特殊场合，如跨江、跨海、过峡谷等大跨越输变电线路，腐蚀严重地区及多冰雪地区使用
扩径钢芯铝绞线	LGJKF	相对一般钢芯铝绞线而言，内层间有空隙 在同样质量下，扩径导线增大了有效半径，载流能力提高，并可减少电晕损失	用于电晕严重地区
分裂导线	—	使用普通型号的导线，安装间隔棒保持其间隔和形状 分裂导线相当于大大增加了导线的半径，其表面电位梯度小，临界电晕电压高，单位电抗小，导纳大，且无需专门制造	用于超高压输电线路 在我国，二分裂导线可用于220、330kV线路，500kV线路采用四分裂导线

3）导线截面面积的选择。线路的导线截面面积一般先根据具体线路的输送容量，按合理的经济电流密度，选择几个标准的导线截面面积进行经济技术比较来确定。大跨越的导线截面面积宜按长期发热允许电流选择，并应通过技术经济比较确定。

① 按长期发热允许电流选择。按长期发热允许电流（又称载流量），即式（15-2）选择其截面面积。

② 按经济电流密度选择。

何谓经济电流密度？经济电流密度是综合考虑投资、年运行费和国家当时的技术经济政策而确定的电流密度，可使选择的导体年计算费用最小。若已知回路的最大负荷利用小时数 T_{max}，在图15-2对应曲线上可查得导线的经济电流密度 J，则导体的经济截面面积 S 可方便求得

$$S = \frac{I_{max}}{J} \qquad (15\text{-}9)$$

式中，I_{max} 为正常运行方式下导线的最大持续工作电流，计算时不考虑过负荷和事故时转移过来的负荷。

按经济电流密度选择的导线截面面积应尽量接近式（15-9）计算的经济截面面积，当无合适规格的导线时，允许选用小于但接近经济截面面积的导线。按经济电流密度选择的导线截面面积还需要按式（15-2）进行长期发热条件检验，此时计算 I_{max} 需考虑过负荷和事故时转移过来的负荷。

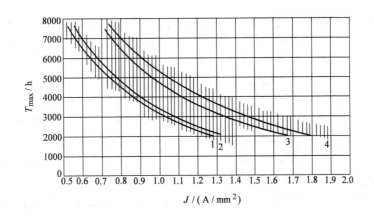

图15-2　经济电流密度

1—变电所、工矿用铝芯电缆　2—铝材硬母线　3—火电厂厂用铝芯电缆

4—35～220kV线路的 LGJ、LGJQ 型钢芯铝绞线

③ 电压损失校验。对于10kV及以下电压等级的线路，如果电压调整问题不能或不宜（经济上不合算）由别的措施解决时，可按允许电压损耗选择导线截面面积。但要注意，如果导线截面面积已大于 $95\,\text{mm}^2$，继续增大导线截面面积对降低电压损耗的作用就不大了。对于35kV及以上电压等级的线路，一般都不采用增大导线截面面积的办法来减少电压损耗。

④ 电晕电压校验。导线的电晕放电会产生电能损耗、噪声、无线电干扰和金属腐蚀等不良影响。为了防止发生全面电晕，要求110kV及以上裸导线的电晕临界电压 U_{cr}（计算公式详见中华人民共和国电力行业标准 DL/T 5222—2005《导体和电器选择设计技术规定》），应大于其最高工作电压 U_{max}，即

$$U_{cr} > U_{max} \qquad (15\text{-}10)$$

什么情况下可不进行电晕校验呢？在海拔不超过1000m的地区，在常用相间距离情况

下，若导线外径不小于表 15-5 所列数值时，可不进行电晕电压校验。

表 15-5　可不进行电晕校验的最小导体型号及外径

标称电压/kV	110	220	330		500	
软导线型号	LGJ—70	LGJ—300	$2 \times$ LGJ—300	LGKK—600	$2 \times$ LGKK—600	$3 \times$ LGJ—500
管型导体外径/mm	$\phi20$	$\phi30$	$\phi40$		$\phi60$	

⑤ 机械强度校验。为了保证电力运行安全可靠，一切电压等级的电力线路都要具有必要的机械强度。对于跨越铁路、通航河流和运河、公路、通信线路和居民区的线路，其导线截面面积应不小于 $35mm^2$。通过其他地区的线路最小允许截面面积：35kV 以上线路为 $25mm^2$，35kV 及以下线路为 $16mm^2$。任何线路都不允许使用单股导线。

⑥ 热稳定校验。按实用计算法，短路电流在导线中引起的热效应为

$$Q_k = Q_t + Q_f \tag{15-11}$$

其中，$Q_t = \dfrac{t_k}{12}(I''^2 + 10I_{t_k/2}^2 + I_{t_k}^2)$；$Q_f = TI''^2$

式中，Q_t 为周期分量热效应（$kA^2 \cdot s$）；Q_f 为非周期分量热效应（$kA^2 \cdot s$）；t_k 为短路持续时间（s）；I''、$I_{t_k/2}$、I_{t_k} 分别为短路电流周期分量 0s、$t_k/2$（s）和 t_k（s）时刻值（kA）；T 为非周期分量等效时间，其值可由表 15-6 查得。

表 15-6　非周期分量等效时间 T

短路点	T/s	
	$t_k \leqslant 0.1s$	$t_k > 0.1s$
发电机出口及母线	0.15	0.2
发电机升高电压母线及出线发电机电压电抗器后	0.08	0.1
变电站各级电压母线及出线	0.05	

何时可忽略非周期分量热效应的影响呢？当短路电流持续时间 t_k 大于 1s 时，导线的发热主要由周期分量热效应决定，可忽略非周期分量热效应的影响。根据短路电流热效应 Q_k 值，再按式（15-4）计算可得到满足热稳定的导线最小截面面积 S_{min}。当所选导线截面面积 $S \geqslant S_{min}$ 时，导线短路时的温升就不会超过导线短时最高允许温度。热稳定系数 C 值可以根据短路前导线的工作温度由表 15-7 查出（计算公式详见电力行业标准 DL/T　5222—2005）。

表 15-7　不同工作温度下裸导线的 C 值　　　（单位：$\sqrt{J/(\Omega \cdot m^4)}$）

工作温度/℃	50	55	60	65	70	75	80	85	90	95	100
硬铝及铝锰合金	95	93	91	89	87	85	83	81	79	77	75
硬　　铜	181	179	176	174	171	169	166	164	161	159	157

在校验过程中，若不满足上述技术条件中的某一条，则应按该技术条件决定导线截面面积。

（2）地线的选择

地线又称避雷线，悬挂于导线之上，是电力线路最基本的防雷措施之一。

地线在防雷方面具有哪些功能呢？①防止雷直击导线；②雷击塔顶时对雷电流有分流作用，减少流入杆塔的雷电流，使塔顶电位降低；③对导线有耦合作用，降低雷击塔顶时塔头绝缘件（绝缘子串和空气间隙）上的电压；④对导线有屏蔽作用，降低导线上的感应过电压。

各级电压线路架设地线的要求有如下规定：

①500kV 线路应沿全线架设双地线；②年平均雷暴日数超过 15 的地区，220～330kV 线路应沿全线架设地线，山区宜架设双地线；③110kV 线路宜沿全线架设地线，在年平均雷暴日数不超过 15 或运行经验证明雷电活动轻微的地区，可不架设地线，但应在变电所或发电厂的进线段架设 1～2km 地线；④35kV 线路一般不沿全线架设地线。

1）地线的种类选择。地线分为一般地线、绝缘地线、屏蔽地线和复合光纤地线 4 种。

①一般地线。一般地线主要适用镀锌钢绞线，其型号的选择视所保护的导线的型号而定。重冰区、严重污秽区应提高一、二级或选用防腐型架空线。

②绝缘地线。为了降低线路的附加电能损失，我国设计的超高压输电线路有的将地线加以绝缘。绝缘地线利用一只带有放电间隙的绝缘子与杆塔隔离开，雷击时利用放电间隙击穿接地，因此绝缘地线具有与一般地线同样的防雷效果。同时绝缘地线还可以作为载波通信的通道，必要时的检修电源，还方便了杆塔接地电阻的测量。

③屏蔽地线。屏蔽地线与一般地线分段配合架设，以防止输电线路电磁感应对附近通信线路的影响。屏蔽地线需要使用良导电材料，目前多用 LGJ—95/55 型钢芯铝绞线。

④复合光纤地线。复合光纤地线有两种架设形式：一种是在已有的一根架空地线上，按一定的节径比缠绕 WWOP 型光纤电缆。光纤电缆实现高抗电磁干扰的通信，原架设地线仍起防雷保护作用，同时又起支撑光纤电缆的作用；另一种是架设一根 OPGW 型复合光纤电缆作为一根地线，复合光纤电缆的外层铝合金绞线起防雷保护和屏蔽作用，芯部的光导纤维起通信作用。

2）地线截面面积的选择。地线的截面面积与导线的截面面积是如何配合呢？地线采用镀锌钢铰线时与导线配合见表 15-8。

表 15-8　地线采用镀锌钢绞线时与导线配合

导线型号（截面面积）	LGJ—185/30 （185mm²）及以下	LGJ—185/45～LGJ—400/50 （185～400mm²）	LGJ—400/65 （400mm²）及以上
地线型号（截面面积）	GJ—35（35mm²）	GJ—50（50mm²）	GJ—70（70mm²）

（3）导线在杆塔上的排列方式及线间距离

1）导线在杆头的排列方式。导线在塔头上的排列方式大体上可以分为水平排列、垂直排列和三角形排列。后者实际上是前两种方式的结合。

2）导线的线间距离。当导线处于铅垂静止平衡位置时，它们之间的距离叫做线间距离。如水平排列的导线由于非同步摆动在档距中央可能互相靠近，垂直排列的导线由于覆冰不均匀或受风作用而舞动等原因，上、下层导线也可能互相接近。为保证必须的相间绝缘水平，必须有一定的线间距离。垂直布置的导线还应保证一定的水平偏移。目前根据经验来确定线间距离。

（4）地线与导线间的距离

地线对边导线的保护角应满足防雷要求，与导线的水平偏移应满足绝缘水平要求。双地线线路，两根地线间距离不应超过地线与导线间垂直距离的 5 倍。

2. 绝缘子的选择

线路绝缘子起何作用？绝缘子是用来支持或悬挂导线和地线，保证导线和杆塔间不发生闪络，保证地线和杆塔间的绝缘。绝缘子长期暴露在自然环境中，经受风雨冰雪及气温突变等恶劣气候的考验，有时还受到有害气体的污染，因此，绝缘子必须具有足够的电气绝缘强度、机械强度和热稳定性，并应定期检修。架空输电线路常用的绝缘子有针式、悬式绝缘子和合成绝缘子等。

（1）绝缘子的类型选择

针式绝缘子用于线路电压不超过 35kV 并导线拉力不大的线路上，主要用于直线杆塔和小转角杆塔。针式绝缘子制造容易、价廉，但耐雷水平不高，雷击容易闪络。

悬式绝缘子广泛用于电压为 35kV 以上的线路，通常都把它们组装成绝缘子串使用，每串绝缘子的数目与额定电压有关。

合成绝缘子是棒形悬式合成绝缘子的简称，具有如下特点：①体积小、重量轻，安装运输方便；②机械强度高；③抗污闪能力强；④无零值，可靠性高；⑤抗冲击破坏能力强。合成绝缘子的爬电比距的选择不宜低于相应瓷绝缘子爬电比距的 3/4。

（2）悬式绝缘子的片数确定

悬式绝缘子在运行中要受到各种大气环境的影响，并可能受到工频电压、操作过电压、雷电过电压的作用。因而要求在这 3 种电压作用以及相关的环境之下能够正常工作或保持一定绝缘水平。

按 DL/T 5222—2005《110～500kV 架空送电线路设计技术规程》规定，在海拔 1000m 以下地区，操作过电压及雷电过电压要求的悬垂绝缘子串绝缘子片数，不应少于表 15-9 所示的数值。

表 15-9 操作过电压及雷电过电压要求悬垂绝缘子串绝缘子最少片数

标称电压/kV	110	220	330	500
单片绝缘子的高度/mm	146	146	146	155
绝缘子片数/片	7	13	17	25

3. 杆塔的选择

杆塔分为钢筋混凝土电杆和铁塔两大类。

钢筋混凝土电杆结构简单、节约钢材、基础简易、工程量小、工程造价低、施工周期短，且具有强度较高、经久耐用、运行维护费用低的优点。其缺点是笨重，运输困难。因此，对于较高的水泥电杆均采用分段制造，现场组装。

常见的铁塔是用螺栓连接或焊接起来的空间桁架，少数国家也有铝合金塔或钢管混凝土结构塔。我国随着城市人均用电量不断增加，110～220kV 变电所开始进入市区，受线路走廊的限制，常规铁塔不便使用，于是研制出了占地面积小的钢管单杆。钢管单杆虽然加工工艺复杂，投资较大，但美观大方，适应市区环境。

杆塔型式的选择要考虑哪些因素？要考虑运行安全、维护方便和节约投资，同时注意当地施工、运输和制造条件。在平地、丘陵以及便于运输和施工的地区，应首先采用预应力混凝土电杆。在运输和施工困难的地区，宜采用拉线铁塔；不适于打拉线处，可采用铁塔。在我国，钢筋混凝土电杆在 35～110kV 线路上得到广泛运用，在 220kV 线路上使用得也不少。220kV 及以上线路使用铁塔较多。110kV 及以上双回路线路也多采用铁塔。

4. 路径的选择

路径选择的目的，就是要在线路起止点间选出一个全面符合国家建设各项方针政策的最合理的线路路径。因此，选线人员在选择线路路径时，应遵循国家的各项方针、政策，对运行安全、经济合理、施工方便等因素进行全面考虑，综合比较，选择出一个技术上、经济上合理的线路路径。

（1）路径选择的步骤

一般分为室内图上选线和现场选线两步。

如何在室内图上选线呢？图上选线在五万分之一或十万分之一的地形图上进行。必要时也可选用比例尺大于五万分之一的地形图。其步骤如下：

1）先在图上标出线路起止点、必经点，然后根据收集到的资料，避开一些设施，同时考虑地形和交通条件等因素，按照线路路径最短的原则，给出几个方案，经过比较，保留两个较好的方案。

2）根据系统远景规划，计算短路电流，校验对最重要电信线路的影响，提出对路径的修正方案或防护措施。

3）向邻近或交叉跨越设施的有关主管部门征求线路路径的意见，并签订有关协议。签订协议应遵循国家有关法律、法令和有关规程的设定，应本着统筹兼顾、互谅互让的精神来进行。

4）应进行现场踏勘，验证图上方案是否符合实际。有时可不沿全线踏勘，而仅对重点地段如重要跨越，拥挤地段、不良地质地段进行重点踏勘。对协议单位有特殊要求的地段、大跨越地段、地下采空区、建筑物密集预留走廊地段等用仪器初测取得必要的数据。

经过上述各项工作后，再通过技术经济比较，选出一个合理的方案。

如何在现场选线呢？现场选线是把室内选定的路径在现场落实、移到现场；为定线、定位工作确定线路的最终走向；设立必要的线路走向的临时目标（转角桩、为线路前后通视用的方向桩等），定出线路中心线的走向，在现场选线过程中，还应顾及到塔位，特别是一些特殊塔位（如转角、跨越点、大跨越等）是否能够成立。

现场选线可以在定线、定位前进行，也可以与定线工作一起进行。

（2）路径选择的技术要求

路径选择时要遵循哪些技术要求呢？

1）线路与建筑物平行交叉，线路与特殊管道交叉或接近，线路与各种工程设施交叉和接近时，应符合规程的要求。

2）线路应避开沼泽地、水草地、易积水及盐碱地。线路通过黄土地区时，应尽量避开冲沟、陷穴及受地表水作用后产生强烈湿陷性的地带。

3）线路应尽量避开地震烈度为 6 度以上的地区，并应避开构造断裂带或采用直交、斜交方式通过断裂带。

4）线路应避开污秽地区，或在污染源的上风向通过。

5）线路转角点宜选在平地或山麓缓坡上。转角点应有较好的施工紧线场地并便于施工机械到达。转角点应考虑前、后两杆塔位置的合理性，避免造成相邻两档档距过大或过小使杆塔塔位不合理或使用高杆塔。

线路转角点不宜选在高山顶、深沟、河岸、堤坝、悬崖、陡山坡或易被洪水冲刷、淹没之处。

（3）路径选择的协议

当跨越与接近重要地区（如铁路、公路、航运、厂矿、邮电、机场等）时，在线路经初步确定后，应与有关单位进行协议，取得书面答复文件。此外，还应与市、县规划部门协商，取得规划部门的同意。

15.2.2 电力电缆的选择

1. 电缆型号选择

选择电缆时，应根据其用途、敷设方式和场所、工作条件及负荷大小，选择线芯材料、线芯数目、线芯绝缘材料和保护层等，进而确定电缆的型号。

2. 额定电压选择

按电缆的额定电压 U_N 不得低于其所在电网额定电压 U_{Ns} 的条件来选择。

3. 电缆截面面积选择

电缆的截面面积选择方法与导线相同吗？选择方法基本相同，按导线的长期发热允许电流选择电缆的截面面积时，按式（15-2）选择，但综合修正系数 K 的计算除环境温度外还与电缆的敷设方式有关。

在空气中敷设时 $\qquad\qquad K = K_t K_1$

在空气中穿管敷设时 $\qquad\qquad K - K_t K_2$

土壤中直埋或穿管直埋时 $\qquad K = K_t K_3 K_4$

以上 3 式中，K_t 为温度修正系数，按式（15-3）计算；K_1 为电缆在空气中多根并列敷设和穿管敷设时的修正系数；K_2 为空气中穿管敷设时的修正系数，当电压在 10kV 及以下时，截面面积 $S \leqslant 95\text{mm}^2$ 时，$K_2 = 0.9$，截面面积 $S = 120 \sim 185\text{mm}^2$ 时，$K_2 = 0.85$；K_3 为直埋敷设电缆因土壤热阻不同的修正系数；K_4 为多根并列直埋敷设的修正系数。K_3、K_4 等修正系数参见 GB 50217—1994《电力工程电缆设计规范》。

按经济电流密度选择电缆截面面积时，应按式（15-9）计算，且还应满足长期发热要求。

为了便于敷设，一般尽量选用线芯截面面积不大于 185mm^2 的电缆。

4. 热稳定校验

电缆的热稳定校验仍采用最小截面面积法，即所选截面面积 S（mm^2）应满足

$$S \geqslant S_{min} = \frac{1}{C}\sqrt{Q_k} \qquad\qquad (15\text{-}12)$$

式中，Q_k 为短路电流热效应（$\text{kA}^2 \cdot \text{s}$）。

热稳定系数 C 用下式计算：

$$C = \frac{1}{\eta}\sqrt{\frac{4.2Q}{K_s \rho_{20} \alpha}\ln\frac{1+\alpha(\theta_h - 20\text{°C})}{1+\alpha(\theta_w - 20\text{°C})}} \qquad\qquad (15\text{-}13)$$

式中，η 为计及电缆芯线充填物热容量随温度变化以及绝缘层散热影响的校正系数，对于

3～6kV 厂用回路，取 0.93；对于 10kV 及以上回路取 1.0；Q 为电缆芯单位体积的热容量，铝芯取 0.59J/（$cm^3 \cdot ℃$），铜芯取 0.81J/（$cm^3 \cdot ℃$）；α 为电缆芯在 20℃时的电阻温度系数，铝芯取 0.00403/℃，铜芯取 0.00393/℃；K_s 为电缆芯在 20℃时的趋肤效应系数，$S <$ 150mm² 的三芯电缆 $K_s = 1$，$S = 150～240$mm² 的三芯电缆 $K_s = 1.01～1.035$；ρ_{20} 为电缆芯在 20℃时的电阻温度系数，铝芯取 $3.1 \times 10^{-6} \Omega \cdot cm^2/cm$，铜芯取 $1.84 \times 10^{-6} \Omega \cdot cm^2/cm$；$\theta_h$ 为短路时电缆的最高允许温度（℃）；θ_w 为短路前电缆的工作温度（℃）。

5. 电压损失校验

对供电距离较远的电缆线路应校验其电压损失，三相电缆线路允许电压降校验条件为

$$\Delta U\% = \frac{\sqrt{3}}{U_e} I_{max} l (r\cos\varphi + x\cos\varphi) \times 100\% \leqslant 5\% \tag{15-14}$$

式中，U_e、$\cos\varphi$ 分别为线路额定电压（线电压，V）和功率因数；l 为电缆线路长度（km）；r 为单位长度电缆的电阻（Ω/km），$r = \rho/S$；x 为单位长度电缆的电抗（Ω/km）。

由于电缆截面可能不是圆形，周围不是空气，还有内外保护层（金属），使电缆的阻抗很难用解析法计算，一般由制造厂商事先测得。一般电缆线路的电阻略大于相同截面面积的架空线路。另外，电缆三相导线间的距离很近，其电抗很小，6～10kV 三芯电缆约为 0.08Ω/km，35kV 三芯电缆约为 0.12Ω/km。

15.3　发电厂及变电所主变压器的选择

在发电厂和变电所中，用来升压向电力系统或降压向用户输送电能的变压器，称为主变压器；用于两种电压等级之间交换电力的变压器，称为联络变压器；另外，用于本厂（所）自用电系统供电的厂（所）用变压器，称为自用变压器。发电厂、变电所主变压器的选择包括变压器容量、台数和型式的选择。

15.3.1　主变压器的容量和台数

主变压器的容量、台数直接影响主接线的形式和配电装置的结构。若主变压器容量选择过大，会使变电设备能力无法充分利用，不仅造成投资浪费，还会引起运行费用的增加；反之，若主变压器容量选择过小，则会无法满足负荷的供电需求，也影响发电机的发电能力的充分发挥。

主变压器容量和台数的确定应该遵循哪些原则呢？

1. 发电厂主变压器的容量和台数的确定原则

（1）具有发电机电压母线接线的主变压器

连接在发电机电压母线与系统之间的主变压器容量应按下列条件计算：

1）母线上所连的发电机满输出运行时，在扣除发电机电压最小直配负荷及厂用负荷后，母线上剩余的有功和无功功率应能通过主变压器送入系统，但不考虑稀有的最小负荷情况。

2）当发电机电压母线上最大一台发电机组故障或检修时，母线上的主变压器应能从电

力系统倒送功率，以满足发电机电压母线上最大负荷的需要。若发电厂在分期建设过程中发生上述情况，可考虑该主变压器的允许过负荷能力和限制非重要负荷措施。

3）对水电比重较大的电力系统，由于经济运行的要求，有时在丰水期可能停用火电厂的部分或全部机组，以节省燃料。此时，火电厂上的主变压器应有从系统倒送功率满足发电机电压母线上最大负荷需要的能力。

4）按上述条件计算时，应考虑发电机电压母线上负荷的逐年发展。特别应注意发电厂初期运行，当发电机电压母线上负荷不大时，不影响本母线上所连的发电机向系统送电。

5）发电机电压母线与系统连接的主变压器一般为两台。对主要向发电机电压母线供电的地方电厂，而系统电源仅作为备用，则允许只装设一台主变压器作为发电厂与系统间的联络。对小型发电厂，接在发电机电压母线上的主变压器宜设置一台。若发电机电压母线上装设了两台或以上的主变压器，则当其中容量最大的一台主变压器退出运行时，其他主变压器在允许正常过负荷范围内，应能输送母线剩余功率的70%以上。

（2）单元接线的主变压器

发电机与主变压器为单元接线时，主变压器的容量可按下列条件中的较大者选择：

1）按发电机的额定容量扣除本机组的厂用负荷后，留有10%的裕度。

2）按发电机的最大连续输出容量扣除本机组的厂用负荷。

当采用扩大单元接线时，应采用分裂绕组变压器，其容量应等于按上述1）或2）算出的两台机容量之和。

（3）连接两种升高电压母线的联络变压器

1）满足两种电压网络在各种不同运行方式下，网络间的有功和无功功率交换。

2）其容量一般不小于接在两种电压母线上最大一台机组的容量，以保证最大一台机组故障或检修时，通过联络变压器来满足本侧负荷的要求；同时，也可在线路检修或故障时，通过联络变压器将剩余容量送入另一侧系统。

3）为了布置和引接线的方便，联络变压器一般装设一台，最多不超过两台。

2. 变电所主变压器的容量和台数的确定原则

1）主变压器容量一般按变电所建成后 5~10 年的规划负荷选择，适当考虑远期 10~20 年的负荷发展。

2）有一、二级负荷的变电所宜装设两台主变压器，当技术经济比较合理时，可装设两台以上主变压器；变电所有其他电源能保证主变压器故障停运后的一级负荷，则可装设一台主变压器。对地区性孤立的一次变电所或大型工业专用变电所，可设 3 台主变压器。凡装有两台及以上主变压器的变电所，其中一台主变压器事故停运后，其余主变压器容量应保证该所全部负荷的 70%，在计及过负荷能力后的允许时间内，应保证用户的一、二级负荷。

3）变压器台数多，运行率可提高，但过多的台数会引起接线复杂，事故时，均匀转移负荷困难；又单台变压器容量选择过大时，会引起短路容量太大和低压侧出线过多，不易馈出。因此，我国《城市电力网规划设计导则》规定，主变压器的台数不宜少于 2 台或多于 4 台；选择单台变压器容量不宜大于下列数值：220kV：180MV·A；110kV：63MV·A；63kV：31.5MV·A；35kV：20MV·A。

在一个城市电网中，同一级电压的主变压器单台容量规格不宜超过 3 种；在同一变电所中，同一级电压的主变压器宜采用相同的规格。

15.3.2　主变压器的负载率

何谓变电容载比？与负载率成何关系？发电厂、变电所的主变压器容量和台数的确定除与上述因素有关外，还与主变压器的负载率或变电容载比的取值有关。变电容载比是指城网变电容量（kV·A）与对应最大负载（kV·A）的比值，它是反映城网供电能力的重要技术经济指标之一。变压器的负载率基本上可认为与变电容载比成反比，它是变压器实际供给的最大负载与自身的额定容量之比。和容载比一样，负载率是控制变电总容量的指标。

按我国《城市电力网规划设计导则》有关规定，一般城网变电容载比如下：

220kV 电网：1.6 ~ 1.9；

35 ~ 110kV 电网：1.8 ~ 2.1。

关于负载率的取值问题，我国目前有两种主要倾向，即高负载率和低负载率，它们对应取值见表 15-10。

表 15-10　变压器负载率取值

变电所变压器台数	高负载率	低负载率
2	0.65	0.5
3	0.86	0.67
4	1.0	0.75

何时取高负载率？何时又取低负载率呢？高负载率的取值标准是指在本变电所内一台主变压器退出运行时，剩余主变压器应能供给原来所有负荷，且其过负荷在130%以内。而低负载率则是根据"$N-1$"供电安全准则，当本变电所内一台主变压器退出运行时，保证剩余主变压器能供给原来所有负荷，并且其主变压器不过负荷。在进行区域内变电所布局规划时，若采用高负载率取值标准，可通过增加变电所之间联络线的方式，减少区域内的主变压器总容量或变电所座数；若采用低负载率取值标准，区域内的主变压器总容量或变电所座数将增加，变电所之间的联络线将减少。

实际工程中，各发电厂、变电所主变压器负载率的取值视具体情况，就经济性、可靠性以及全区域的观点加以确定。

15.3.3　主变压器的型式

1. 相数的确定

发电厂、变电所主变压器采用三相或是单相，主要考虑变压器的制造条件、可靠性要求及运输条件等因素。特别是大型变压器，尤其需要考察运输的可能性，运输尺寸是否超过隧洞、涵洞、桥洞的允许通过限制，运输重量是否超过桥梁、车辆、船舶等运输工具的允许承载能力。

当不受运输条件限制时，330kV 及以下变电所的主变压器和与容量为 300MW 及以下机组单元连接的主变压器，均应采用三相变压器；若受到运输条件限制时，则宜选用两台小容量三相变压器代替一台大容量三相变压器，或选用单相变压器组。单相变压器组相对投资大、占地多、运行损耗也较大，同时配电装置结构复杂，也增加了维修工作量。500kV 及以上变电所的主变压器和与容量为 600MW 机组单元连接的主变压器选用三相或单相，应综合运输和制造条件，经技术经济比较确定。当选用单相变压器组时，可根据系统和设备情况确定是否在本变电所（发电厂）或本地区装设一台备用相。

2. 绕组数的确定

变压器按其绕组数分类有双绕组式、三绕组式、自耦式以及低压绕组分裂式等型式。发电厂如以两种升高电压级向用户供电或与系统连接时，可以采用一台三绕组变压器或两台双绕组变压器；若两种升高电压均为中性点直接接地系统，且技术经济合理时，可选用自耦变压器。

最大机组容量为 125MW 及以下的发电厂以两种升高电压级向用户供电或与电力系统连接时，其主变压器宜采用三绕组变压器，但每个绕组的通过容量应达到该变压器额定容量的 15% 以上，否则绕组未能充分利用，反而不如选用两台双绕组变压器合理。通常一台三绕组变压器及其配套设备的价格，与满足同功能的两台双绕组变压器及其配套设备的价格相比要低。

容量为 200MW 及以上的机组，升压的主变压器一般采用双绕组变压器，其主接线如图 15-3 所示。发电机回路及厂用分支回路采用分相封闭母线；如高压和中压间需要联系时，可在发电厂设置联络变压器，其联络变压器宜选用三绕组变压器，低压绕组可作为厂用备用电源或厂用起动电源，也可连接无功补偿装置。当采用扩大单元接线时，应优先选用低压分裂绕组变压器，这样可以大大限制短路电流。

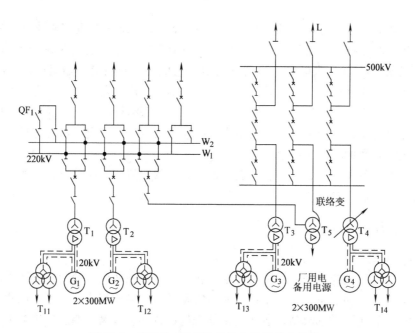

图 15-3　容量为 200MW 及以上机组的主接线

3. 联结组标号的确定

变压器三相绕组的联结组标号如何确定？必须和系统电压相位一致吗？必须和系统电压相位一致，否则，不能并列运行。电力系统采用的绕组连接方式有 Y（星形）联结和 D（三角形）联结两种，采用何种连接方式应根据具体工程来确定。我国 110kV 及以上电压，变压器绕组都采用 YN 联结；35kV 电压采用 Y 联结，其中性点多通过消弧线圈接地；35kV 以下电压（不包括低压）都采用 D 联结。

在发电厂和变电所中，一般考虑系统或机组的同步并列要求以及限制 3 次谐波对电源的影响等因素，根据以上绕组连接方式的原则，三相变压器联结组标号一般都选用 YNd11 常规接线，尽量不选用全星形联结，如必须选用，应增加三角形联结的稳定绕组（配电变压器除外）。

4. 调压方式的确定

为保证发电厂或变电所的供电电压在允许范围内变化，一般通过变压器绕组的分接头开关切换，改变变压器高压绕组匝数，从而改变其电压比，实现电压调整。变压器分接头开关有两种切换方式：一种为不带电切换，称无励磁调压，通常调压范围为 ±5%，一般用于电压波动范围较小，且电压变化较少的场所；另一种可带负荷切换，称有载调压，通常调压范围为 ±8×1.25%，一般用于电压波动范围较大，且电压变化频繁的场所。因有载调压分接头开关结构较复杂，价格较贵，对 500kV 变压器选用有载调压时，应经技术经济论证。大型发电机的升压变压器可不设分接头。

5. 冷却方式的确定

变压器的冷却方式随其型式和容量不同而异，一般推荐油浸式自冷或风冷、强迫油循环水冷或风冷和强迫导向油循环风冷或水冷几种类型。其中强迫导向油循环风冷或水冷是利用潜油泵将冷油压入线圈之间、线饼之间和铁心的油道中，使铁心和绕组中的热量直接由具有一定流速的油带走，而热油到变压器的上层后由潜油泵抽出，经过风冷却器或水冷却器冷却后，再由潜油泵注入变压器油箱底部，构成变压器的油循环。

15.4　支柱绝缘子及穿墙套管的选择

15.4.1　支柱绝缘子的选择

支柱绝缘子起何作用？又如何选择呢？支柱绝缘子只承受导体的电压、电动力和机械荷载，不载流，没有发热问题。

1. 种类和型式选择

户内型支柱绝缘子主要由瓷件及用水泥胶合剂装于瓷件两端的铁底座和铁帽组成，铁底座和铁帽胶装在瓷件外表面的称为外胶装（Z 型），胶装入瓷件孔内的称为内胶装（ZN 型）。外胶装机械强度高，内胶装电气性能好，但不能承受扭矩，对机械强度要求较高时，应采用外胶装或联合胶装绝缘子（ZL 型，铁底座外胶装，铁帽内胶装）。

户外型支柱绝缘子采用棒式绝缘子，支柱绝缘子需要倒挂时，采用悬挂式支柱绝缘子。

2. 额定电压选择

支柱绝缘子的额定电压 U_N 按不得低于其所在电网额定电压 U_{Ns} 的条件来选择。在户外有空气污秽或冰雪的地区，应选用高一级电压的产品。

3. 动稳定校验

支柱绝缘子的动稳定如何校验呢？当三相导体水平布置时，如图 15-4 所示，支柱绝缘子所承受电动力应为两侧相邻跨导体受力总和的一半，作用在导体截面水平中心线与绝缘子轴线交点上的电动力 F_{max}（N）为

$$F_{max} = \frac{F_1 + F_2}{2} = 1.73 \times 10^{-7} \frac{L_1 + L_2}{2a} i_{sh}^2 \qquad (15\text{-}15)$$

式中，L_1、L_2 为与绝缘子相邻的跨距（m）。

由于制造厂商给出的是绝缘子顶部的抗弯破坏负荷 F_{de}，因此必须将 F_{max} 换算为绝缘子顶部所受的电动力 F_c（N）（见图 15-5），根据力矩平衡关系得

$$F_c = F_{max} \frac{H_1}{H} \qquad (15\text{-}16)$$

式中，H 为绝缘子高度（mm）；H_1 为绝缘子底部到导体水平中心线的高度（mm），$H_1 = H + b + h/2$，h 为导体放置高度，b 为导体支持器下片厚度，一般竖放矩形导体 b 为 18mm，平放矩形导体及槽形导体 b 为 12mm。

动稳定校验条件为

$$F_c \leq 0.6 F_{de} \qquad (15\text{-}17)$$

式中，F_{de} 为抗弯破坏负荷（N）；0.6 为安全系数。

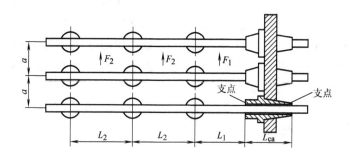

图 15-4　支柱绝缘子和穿墙套管所受电动力（俯视）

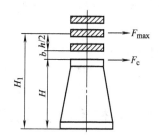

图 15-5　F_{max} 与 F_c 换算

15.4.2　穿墙套管的选择

穿墙套管起何作用？又如何选择呢？穿墙套管用于穿墙导体与墙之间的绝缘，不但承受导体的电压、电动力和机械荷载，还有载流发热问题。

1. 种类和型式选择

根据装设地点可选户内型和户外型，根据用途可选择带导体的穿墙套管和不带导体的母线型穿墙套管。户内配电装置一般选用铝导体穿墙套管。

2. 额定电压选择

按穿墙套管的额定电压 U_N 不得低于其所在电网额定电压 U_{Ns} 的条件来选择。当有冰雪时，应选用高一级电压的产品。

3. 额定电流选择

带导体的穿墙套管，其额定电流 I_N 不得小于所在回路最大持续工作电流 I_{max}。母线型穿墙套管本身不带导体，没有额定电流选择问题，但应校核窗口允许穿过的母线尺寸。

4. 热稳定校验

热稳定应满足式（15-5），即：$I_t^2 t \geqslant Q_k$。

母线型穿墙套管不需要进行热稳定校验。

5. 动稳定校验

当三相导体水平布置时，穿墙套管端部所受电动力 F_{max}（N）为

$$F_{max} = \frac{F_1 + F_2}{2} = 1.73 \times 10^{-7} \frac{L_1 + L_2}{2a} i_M^2 \tag{15-18}$$

式中，L_1 为套管端部至最近一个支柱绝缘子之间的距离（m），如图 15-4 所示；L_2 为套管本身长度 L_{ca}（m）。

动稳定校验条件为

$$F_{max} \leqslant 0.6 F_{de} \tag{15-19}$$

式中，F_{de} 为抗弯破坏负荷（N）；0.6 为安全系数。

15.5　高压断路器、隔离开关和高压熔断器的选择

15.5.1　高压断路器的选择

1. 种类和型式选择

高压断路器应根据其安装地点、环境条件和使用技术条件等进行选择，还应考虑便于施工调试和运行维护，并进行必要的技术经济比较。35~220kV 电网可选用少油断路器、SF_6 断路器或真空断路器；330kV 及以上电网首选 SF_6 断路器，也可选用真空断路器和少油断路器。

2. 额定电压与电流选择

断路器的额定电压 U_N 按不得低于其所在电网额定电压 U_{Ns} 的条件来选择；断路器的额定电流 I_N 按不得小于所在回路最大持续工作电流 I_{max} 的条件来选择。

3. 额定开断电流选择

断路器的额定开断电流 I_{Nbr} 应不小于其触头刚分开时的短路电流有效值 I_k，即

$$I_{Nbr} \geqslant I_k \tag{15-20}$$

从发生短路到断路器的触头刚刚分开所经历的时间称为开断计算时间 t_{br}，为保证断路器能开断最严重情况下的短路电流，开断计算时间等于主保护动作时间 t_{pr} 与断路器固有分闸时间 t_{in} 之和，即

$$t_{br} = t_{pr} + t_{in}$$

短路电流 I_k 的取值与开断计算时间 t_{br} 有关系吗？对于非快速动作断路器（其 $t_{br} \geqslant$ 0.1s），计算开断短路电流时可略去短路电流非周期分量的影响，简化用短路电流周期分量 0s 有效值 I'' 校验断路器的开断能力，即

$$I_{Nbr} \geqslant I'' \tag{15-21}$$

对于快速动作断路器（其 $t_{br} < 0.1s$），当在发电机附近短路时，开断短路电流中非周期分量可能超过周期分量的 20%，需要用 t_{br} 时刻的短路全电流有效值校验断路器的开断能

力，即

$$I_k = \sqrt{I_{pt}^2 + (\sqrt{2}I''e^{-t_{br}/T_a})^2} \tag{15-22}$$

式中，I_{pt} 为触头刚刚分开时的短路电流周期分量有效值，在此可取 $I_{pt} = I''$；T_a 为短路电流非周期分量衰减时间常数，$T_a = \dfrac{X_\Sigma}{\omega R_\Sigma}$，其中，$X_\Sigma$、$R_\Sigma$ 分别为电源至短路点的等效电抗和等效电阻，ω 为角频率。

4. 额定关合电流选择

如果在断路器关合前已存在短路故障，则断路器合闸时也会产生电弧，为了保证断路器关合时不发生触头熔焊及合闸后能在继电保护控制下自动分闸切除故障，断路器额定关合电流 i_{Ncl} 不应小于短路电流最大冲击值，即

$$i_{Ncl} \geq i_M \tag{15-23}$$

5. 热稳定与动稳定校验

热稳定应满足式（15-5），即

$$I_t^2 t \geq Q_k$$

动稳定应满足式（15-6），即

$$i_{es} \geq i_M \text{ 或 } I_{es} \geq I_M$$

15.5.2 高压隔离开关的选择

隔离开关的选择与断路器相同吗？隔离开关没有灭弧装置，不能用来开断和接通负荷电流及短路电流，故没有开断电流和关合电流的校验。但隔离开关具有切合电感、电容性小电流的能力，在正常操作时，能可靠切除电压互感器、避雷器、空载母线、励磁电流不超过 2A 的空载变压器及电容电流不超过 5A 的空载线路等。

隔离开关的种类和型式选择应根据配电装置的布置特点和使用要求等因素进行综合技术经济比较后确定。隔离开关的额定电压、额定电流选择和热稳定、动稳定校验项目与断路器相同。

隔离开关选型参考表见表 15-11。

表 15-11 隔离开关选型参考表

使用场合		特 点	参考型号
屋内	屋内配电装置成套高压开关柜	三极，10kV以下	GN2，GN6，GN8，GN19
	发电机回路，大电流回路	单极，大电流 3000~13000A	GN10
		三极，15kV，200~600A	GN11
		三极，10kV，大电流 2000~3000A	GN18，GN22，GN2
		单极，插入式结构，带封闭罩 20kV，大电流 10000~13000A	GN14
屋外	220kV 及以下各型配电装置	双柱式，220kV 及以下	GW4
	高型，硬母线布置	V 形，35~110kV	GW5
	硬母线布置	单柱式，220~500kV	GW6
	20kV 及以上中型配电装置	三柱式，220~500kV	GW7

【例 15-1】 某变电所 110kV 出线，最大负荷为 35MW，$\cos\varphi = 0.85$。已知出线三相短路时 $I'' = 18.6\text{kA}$，$I_{t_k} = 14.2\text{kA}$，$I_{t_k/2} = 12.3\text{kA}$，线路主保护动作时间为 0.06s，后备保护动

作时间为 2s，户外环境温度为 25℃，试选择出线断路器和隔离开关。

【解】　（1）线路最大持续工作电流为

$$I_{max} = \frac{P_{max}}{\sqrt{3}U_N\cos\varphi} = \frac{35 \times 10^3}{\sqrt{3} \times 110 \times 0.85}A = 216.1A$$

（2）按额定电压、持续工作电流及短路电流水平，查资料选择 SF_6 断路器的型号为 LW25—126/1250—31.5；隔离开关的型号为 GW4—110/630。断路器的全分闸时间为 0.06s，断路器的 4s 热稳定电流为 31.5kA，隔离开关的 4s 热稳定电流为 20kA。

（3）动稳定校验。短路电流冲击值为

$$i_{sh} = \sqrt{2}K_M I'' = 2.55 \times 18.6kA = 47.35kA$$

其值小于所选断路器和隔离开关动稳定电流。

（4）热稳定校验。短路电流持续时间为

$$t_k = t_{pr} + t_{ab} = (2 + 0.06)s = 2.06s$$

周期分量热效应为

$$Q_t = \frac{t_k}{12}(I''^2 + 10I_{t_k/2}^2 + I_{t_k}^2) = \frac{18.6^2 + 10 \times 14.2^2 + 12.3^2}{12} \times 2.06kA^2 \cdot s = 431.5kA^2 \cdot s$$

由于 $t_k > 1s$，故不计非周期分量热效应。则短路电流热效应为

$$Q_k = Q_t + Q_f = 431.5kA^2 \cdot s$$

其值小于所选断路器和隔离开关热稳定允许值。表 15-11 列出断路器和隔离开关选择结果。

表 15-12　例 15-1 断路器和隔离开关选择结果

项　目	计算数据	LW25—126/1250	GW4—110/630
额定电压/kV	110	110	110
额定电流/kA	216.1	1250	630
额定开断电流/kA	18.6	31.5	—
动稳定电流/kA	47.35	80	50
热稳定电流/kA	431.5	$31.5^2 \times 4 = 3969$	$20^2 \times 4 = 1600$

15.5.3　高压熔断器的选择

什么是限流式和非限流式高压熔断器？限流式熔断器能在短路电流达到最大值前，使电弧熄灭，短路电流迅速减到零，因而，开断能力较大，其额定最大开断电流为 6.3～100kA；非限流式熔断器熄弧能力较差，电弧可能要延续几个周期才能熄灭，其额定最大开断电流在 20kA 以下。高压熔断器按安装地点分户内和户外式；型式上可分为插入式、母线式、跌落式和非跌落式等。

1. 额定电压选择

非限流式高压熔断器，其额定电压应大于或等于所在电网的额定电压。

限流式高压熔断器一般不宜使用在电网工作电压低于熔断器额定电压的电网中，以避免熔断器熔断截流时产生的过电压超过电网允许的2.5倍工作相电压。这是由于限流式高压熔断器灭弧能力很强，电流突然减小到零，其所在电路因具有电感而产生过电压。过电压倍数与电路参数和熔体长度有关，额定电压越高，熔体越长，在熔化过程中，弧道电阻的变化越大，限流作用也越大，电流关断也越快，产生的过电压也越高。若将其用在低于其额定电压的电网中，因熔体较长，过电压高达3.5~4倍相电压，可能使其他电器因过电压而损坏；而将其用在等于其额定电压的电网中，过电压一般为2~2.5倍相电压，不超过电网允许的2.5倍工作相电压。

2. 额定电流选择

高压熔断器的额定电流选择包括熔管额定电流和熔体额定电流的选择，其中熔管额定电流 I_{Nt} 应按大于或等于熔体额定电流 I_{Ns} 选择。

熔体额定电流如何选择呢？

1）保护35kV及以下电力变压器的熔体额定电流选择。应按通过变压器回路最大持续工作电流、变压器的励磁涌流和保护范围以外的短路电流及电动机自起动等引起的冲击电流时，其熔体不应误熔断来选择，即

$$I_{Ns} = KI_{max}$$

式中，K 为系数，当不考虑电动机自起动时，可取1.1~1.3；当考虑电动机自起动时，可取1.5~2.0。

2）保护并联电容器的熔体额定电流选择。应按电网电压升高、波形畸变引起电容器回路电流增大或运行中出现涌流时，其熔体不应误熔断来选择，即

$$I_{Ns} = KI_{Nc}$$

式中，K 为系数，对限流式熔断器，当保护一台电容器时，可取1.5~2.0，当保护一组电容器时，可取1.43~1.55；I_{Nc} 为电容器回路的额定电流。

3）保护电压互感器高压熔断器，只需按额定电压和断流容量选择，熔体的选择只限承受电压互感器的励磁冲击电流，不必校验额定电流。

3. 额定开断电流校验

1）非限流式熔断器，用冲击电流的有效值 I_M 进行校验，校验条件为

$$I_{Nbr} \geq I_M$$

2）限流式熔断器，因在短路电流达到最大值之前，已将其切断，故可不计非周期分量的影响，校验条件为

$$I_{Nbr} \geq I''$$

式中，I_{Nbr} 为熔断器的额定开断电流，它与断流容量的关系为 $S_{Nbr} = \sqrt{3}U_N I_{Nbr}$。

3）选择跌落式熔断器时，其断流容量应分别按上、下限值校验。开断电流应以短路全电流校验。

4）后备熔断器除校验额定最大开断电流外，还应满足最小开断电流的要求。

4. 选择性校验

选择熔体时，应保证前后两级熔断器之间、熔断器与电源侧或负荷侧继电保护之间的动作选择性，使它们的动作时间互相配合，熔断器的熔断时间可根据其安秒特性曲线和短路电流来确定。

15.6　电流和电压互感器的选择

15.6.1　电流互感器的选择

1. 种类和型式选择

按安装地点分户内或户外式，按安装方式分支持式、装入式（装在变压器套管或多油断路器套管中）和穿墙式（兼作穿墙套管），按一次绕组匝数分单匝 LD（用于大电流）、多匝 LF（用于小电流）和母线式 LM（用于大电流）。

3 ~ 35kV 户内配电装置的电流互感器，采用瓷绝缘结构或树脂浇注绝缘结构。35kV 及以上配电装置的电流互感器，宜采用油浸瓷箱式、树脂浇注式、SF_6 气体绝缘结构或光纤式的独立式电流互感器。

2. 额定电压与电流选择

电流互感器的额定电压 U_N 按不得低于其安装回路的电网额定电压 U_{Ns} 选择；电流互感器的一次额定电流 I_{N1} 按不应小于所在回路的最大持续工作电流 I_{max} 选择。

为保证电流互感器的准确级，I_{max} 应尽可能接近 I_{N1}。当电流互感器用于测量时，其一次额定电流应尽量选择比回路中正常工作电流大 1/3 左右。

电力变压器中性点电流互感器的一次额定电流，应大于变压器允许的不平衡电流，一般可按变压器额定电流的 30% 选择。放电间隙回路的电流互感器，一次额定电流可按 100A 选择。

电流互感器的二次额定电流 I_{N2}，可根据二次回路的要求选用 5A（强电系统）或 1A（弱电系统）。

3. 准确级和额定容量选择

何谓电流互感器的准确级？电流互感器的准确级是指电流互感器在规定的二次负荷变化范围内，一次电流为额定值时的最大电流误差百分数。根据测量时电流互感器误差的大小和用途，发电厂和变电所中电流互感器的准确级分为 0.2、0.5、1、3 级及 P 和 TP 级。为保证测量仪表的准确度，电流互感器的准确级不得低于所供测量仪表的准确级。用于电能计量的电流互感器，准确级不应低于 0.5 级，500kV 宜采用 0.2 级；供运行监视仪表用的电流互感器，准确级不应低于 1 级；非重要回路测量仪表用的电流互感器，准确级可用 3 级；稳态保护用的电流互感器选用 P 级；暂态保护用的电流互感器选用 TP 级。

电流互感器的额定容量 S_{N2} 是指在额定二次电流 I_{N2} 和额定二次阻抗 Z_{N2} 下运行时，二次绕组输出的容量，即 $S_{N2} = I_{N2}^2 Z_{N2}$，制造厂商一般提供电流互感器的 Z_{N2}（Ω）值。

4. 二次负荷的校验

为保证所选电流互感器的准确级，其最大相二次负荷 S_2 应不大于所选准确级相应的额定容量，即

$$S_2 \leqslant S_{N2} \tag{15-24}$$

由 $S_2 = I_{N2}^2 Z_{2L}$ 和 $S_{N2} = I_{N2}^2 Z_{N2}$ 得

$$Z_{2L} \leqslant Z_{N2} \tag{15-25}$$

式中，Z_{2L}为电流互感器最大相二次负荷阻抗（Ω）。

若忽略阻抗中很小的电抗，则二次负荷阻抗为

$$Z_{2L} = r_a + r_{re} + r_L + r_c \tag{15-26}$$

式中，r_a、r_{re}为测量仪表和继电器的电流线圈电阻（Ω），可由其线圈消耗的功率求得；r_L为仪表或继电器至电流互感器的连接导线电阻（Ω）；r_c为接触电阻（Ω），一般取0.1Ω。

由式（15-24）~式（15-26）可将二次负荷校验条件转化为求连接导线的最小截面面积。连接导线的电阻应满足

$$r_L \leqslant \frac{S_{N2} - I_{N2}^2(r_a + r_{re} + r_c)}{I_{N2}^2}$$

根据电阻的计算公式$r = \rho L/S$，可得满足准确级要求的连接导线最小截面面积S（mm²）为

$$S \geqslant \frac{\rho L_c I_{N2}^2}{S_{N2} - I_{N2}^2(r_a + r_{re} + r_c)} = \frac{\rho L_c}{Z_{N2} - (r_a + r_{re} + r_c)} \tag{15-27}$$

式中，ρ为连接导线的电阻率，铜为$\rho = 1.75 \times 10^{-2}\,\Omega \cdot mm^2/m$；$L_c$为连接导线的计算长度（m），与仪表和继电器至电流互感器安装点的实际距离L及电流互感器的接线方式有关。

计算长度L_c与电流互感器的接线方式有何关系呢？电流互感器的常用接线方式如图15-6所示。当电流互感器采用单相接线时，如图15-6a所示，往返导线中的电流相等，电流互感器的二次电压为

$$\dot{U}_c = \dot{I}_c(r_L + r_a + r_L) = \dot{I}_c(r_a + 2r_L)$$

考虑到$r_L = \rho L/S$，故可取$L_c = 2L$。

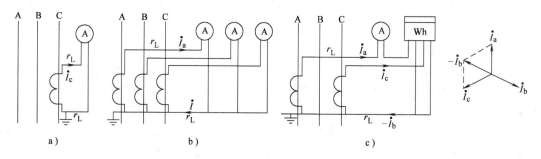

图15-6 电流互感器的常用接线方式

a）单相接线 b）星形联结 c）不完全星形联结

当电流互感器采用星形联结时，如图15-6b所示，如果一次侧负荷对称，则中性线（返回导线）电流$\dot{I}$很小可略去不计，电流互感器的二次电压为

$$\dot{U}_a = \dot{I}_a(r_a + r_L) + \dot{I}r_L \approx \dot{I}_a(r_a + r_L)$$

故可近似取$L_c = L$。

当电流互感器采用不完全星形联结时，如图15-6c所示，中性线（返回导线）电流等于$\dot{I}_a + \dot{I}_c = -\dot{I}_b$，电流互感器的二次电压为

$$\dot{U}_a = \dot{I}_a(r_a + r_L) - \dot{I}_b r_L = \dot{I}_a + (\dot{I}_a - \dot{I}_b)r_L = \dot{I}_a(r_a + \sqrt{3}r_L e^{j30°})$$

如果只计阻抗的模，忽略相角的旋转，二次负载电阻近似为$r_a + \sqrt{3}r_L$，故近似取

$L_c = \sqrt{3}L$。

为保证连接导线具有一定的机械强度，铜导线截面面积不应小于 1.5mm^2，铝导线截面面积不应小于 2.5mm^2。

5. 热稳定校验

对带有一次绕组的电流互感器，需要进行热稳定校验，校验条件为

$$I_t^2 \geq Q_k \text{ 或 } (K_t I_{N1})^2 \geq Q_k \tag{15-28}$$

式中，I_t 为电流互感器 1s 允许通过的热稳定电流；K_t 为电流互感器的 1s 热稳定倍数，$K_t = I_t/I_{N1}$。

6. 动稳定校验

当短路电流通过电流互感器时，会在其内部产生电动力。内部动稳定校验条件为

$$i_{es} \geq i_M \text{ 或 } \sqrt{2}I_{N1}K_{es} \geq i_M \tag{15-29}$$

式中，i_{es}、K_{es} 为电流互感器的动稳定电流及动稳定电流倍数，$K_{es} = i_{es}/(\sqrt{2}I_{N1})$。

对采用硬导线连接的瓷绝缘电流互感器，由于相间电动力的相互作用，其瓷帽上也将承受电动力的作用。因此，需要进行外部动稳定校验，校验条件为

$$F_{al} \geq 0.5 \times 1.73 \times 10^{-7}\frac{L}{a}i_M^2 \tag{15-30}$$

式中，L 为电流互感器瓷帽端部到最近一个支柱绝缘子之间的距离（m），对母线型电流互感器为电流互感器瓷帽端部到最近一个支柱绝缘子之间的距离与电流互感器两端瓷帽间的距离之和；a 为相间距离（m）；i_M 为短路冲击电流幅值（A）；F_{al} 为电流互感器瓷帽上的允许力（N）。

15.6.2　电压互感器的选择

1. 种类和型式选择

应根据安装地点及使用条件来选择电压互感器的种类和型式。

3 ~ 35kV 户内配电装置，一般采用油浸绝缘结构或树脂浇注绝缘结构的电磁式电压互感器，大多采用后者；35kV 户外配电装置，宜采用油浸绝缘结构的电磁式电压互感器；110kV 及以上配电装置，当容量和准确度等级满足要求时，宜采用电容式电压互感器；SF_6 全封闭组合电器的电压互感器宜采用电磁式。

当需要测量零序电压时，3 ~ 20kV 可以采用三相五柱式电压互感器，也可以采用三台单相式电压互感器。

2. 额定电压的选择

电压互感器一次侧的额定电压应满足电网电压要求，二次侧的额定电压按测量表计和保护要求，已标准化为 100V。电压互感器一次绕组及二次绕组额定电压的具体数值与电压互感器的相数和接线方式有关系。

电压互感器一、二次绕组额定电压与其相数和接线方式有何关系呢？电压互感器的一次绕组接于电网的线电压上时，一次绕组额定电压应等于电网额定电压 U_{Ns}；一次绕组接于电网的相电压上时，一次绕组额定电压应等于电网额定电压 $U_{Ns}/\sqrt{3}$。单相式电压互感器用于测量线电压或用两台连接成不完全星形时，一次绕组额定电压选电网额定电压 U_{Ns}，二次绕

组额定电压选 100V；3 台单相式电压互感器连接成星形时，一次绕组电压额定选 $U_{Ns}/\sqrt{3}$，二次绕组额定电压选 $100/\sqrt{3}V$，用于中性点直接接地系统，辅助二次绕组额定电压选 100V，用于中性点不接地系统，辅助二次绕组额定电压选 100/3V；三相式电压互感器接于电网的线电压上，三相绕组为一整体，一次绕组额定电压（线电压）选 U_{Ns}，二次绕组额定电压（线电压）选 100V，辅助二次绕组额定电压选 100/3V。

3. 准确级的选择

何谓电压互感器的准确级？电压互感器的准确级是指电压互感器在规定的二次负荷和一次电压变化范围内，二次负荷功率因数为额定值时，最大电压误差的百分数。根据测量时电压互感器误差的大小和用途，发电厂和变电所中电压互感器的准确级分为 0.2、0.5、1、3 级及 3P 和 6P 级（保护级）。为保证测量仪表的准确度，电压互感器的准确级不得低于所供测量仪表的准确级。

4. 二次负荷的校验

为保证所选电压互感器的准确级，其最大相二次负荷 S_2（V·A）应不大于所选准确级相应的一相额定容量 S_{N2}，否则准确级将相应降低，校验条件为

$$S_2 \leqslant S_{N2} \tag{15-31}$$

进行校验时，根据负荷的接线方式和电压互感器的接线方式，尽量是各相负荷分配均匀，然后计算各相或相间每一仪表线圈消耗的有功功率和无功功率，则各相或相间二次负荷可按下式进行计算，即

$$S_2 = \sqrt{(\Sigma S_0 \cos\varphi)^2 + (\Sigma S_0 \sin\varphi)^2} \tag{15-32}$$

式中，S_0、φ 分别为接在同一相或同一相间中的各仪表线圈消耗的视在功率和功率因数角。

若电压互感器与负荷的接线方式不同，用表 15-13 中相应公式计算出电压互感器每相或相间有功功率 P 和无功功率 Q，并与互感器接线方式相同的负荷相加，可得二次负荷为

$$S_2 = \sqrt{(\Sigma P)^2 + (\Sigma Q)^2} \tag{15-33}$$

表 15-13 电压互感器二次绕组有功及无功负荷计算公式

	互感器为 V 形、负荷为不完全星形联结		互感器为 V 形、负荷为星形联结
接线		接线	
A	$P_A = [S_{ab}\cos(\varphi_{ab} - 30°)]/\sqrt{3}$ $Q_A = [S_{ab}\sin(\varphi_{ab} - 30°)]/\sqrt{3}$	AB	$P_{AB} = \sqrt{3}S\cos(\varphi + 30°)$ $Q_{AB} = \sqrt{3}S\sin(\varphi + 30°)$
B	$P_B = [S_{ab}\cos(\varphi_{ab} + 30°) + S_{bc}\cos(\varphi_{bc} - 30°)]/\sqrt{3}$ $Q_B = [S_{ab}\sin(\varphi_{ab} + 30°) + S_{bc}\sin(\varphi_{bc} - 30°)]/\sqrt{3}$	BC	$P_{BC} = \sqrt{3}S\cos(\varphi - 30°)$ $Q_{BC} = \sqrt{3}S\sin(\varphi - 30°)$

（续）

	互感器为 V 形、负荷为不完全星形联结	互感器为 V 形、负荷为星形联结
C	$P_C = [S_{bc}\cos(\varphi_{bc} + 30°)]/\sqrt{3}$ $Q_C = [S_{bc}\sin(\varphi_{bc} + 30°)]/\sqrt{3}$	

15.6.3　电流和电压互感器的配置原则

1. 电流互感器的配置原则

电流互感器配置有哪些原则呢？

1）每条支路的电源侧均需装设足够数量的电流互感器，供该支路测量、保护使用。此原则与开关电器的配置原则相同，因此一般断路器与电流互感器紧邻布置。配置的电流互感器应满足下列要求：①一般应将保护与测量用的电流互感器分开；②尽可能将电能计量仪表互感器与一般测量用互感器分开，前者必须使用 0.5 级互感器，并应使正常工作电流在电流互感器额定电流的 2/3 左右；③保护用互感器的安装位置应尽量扩大保护范围，以尽量消除主保护的不保护区；④大接地电流系统一般为三相配置以反映单相接地故障；小电流接地系统发电机、变压器支路也应三相配置，以便监视不对称程度，其余支路一般配置于 A、C 两相。

2）为了减轻内部故障时发电机的损伤，用于自动调节励磁装置的电流互感器应布置在发电机定子绕组的出线侧。为了便于分析及在发电机并入系统前能发现内部故障，用于测量仪表的电流互感器宜装在发电机中性点侧。

3）配备差动保护的元件，应在元件各端口配置电流互感器，当各端口属于同一电压级时，互感器电流比应相同，接线方式相同。Yd11 联结组变压器的差动保护互感器接线应分别为三角形与星形，以实现两侧二次电流的相位校正，同时变压器低压侧电流比 K_b 与高压侧电流比 K_h 的关系为 $K_b = K_T K_h / \sqrt{3}$，其中 K_T 为变压器的电压比。

4）为了防止支持式电流互感器套管闪络造成母线故障，电流互感器通常布置在断路器的出线或变压器侧。

2. 电压互感器配置原则

电压互感器的配置应满足测量、保护、同期和自动装置的要求；保证在运行方式改变时，保护装置不失压、同期点两侧都能方便地取得电压。

电压互感器具体如何配置呢？

1）母线。6~220kV 电压级的每组主母线的三相上应装设电压互感器，旁路母线则视回路出线外侧装设电压互感器的需要而确定。

2）线路。当需要监视和检测线路断路器外侧有无电压，以供同期和自动重合闸使用时，该侧装一台单相电压互感器。

3）发电机。一般在出口处装两组电压互感器。其中一组（3 只单相、双绕组 Dy 联结）用于自动调节励磁装置，准确级为 0.5 级。一组供测量仪表、同期和继电保护使用，该组电压互感器采用三相五柱式或 3 只单相接地专用互感器，接成 Yy⊿ 联结，辅助绕组接成开口三角形，供绝缘监察用。

当互感器负荷太大时，可增设一组不完全星形联结的互感器，专供测量仪表使用。50MW 及以上发电机中性点常还设一单相电压互感器，用于 100% 定子接地保护。

4）变压器。变压器低压侧有时为了满足同步或继电保护的要求，设有一组电压互感器。

5）330～500kV 电压级的电压互感器配置。双母线接线时，在每回出线和每组母线的三相上装设。一个半断路器接线时，在每回出线三相上装设，主变压器进线和每组母线上则根据继电保护装置、自动装置和测量仪表的要求，在一相或三相上装设。线路与母线的电压互感器二次回路不切换。

图 15-7 所示为发电厂各互感器配置。

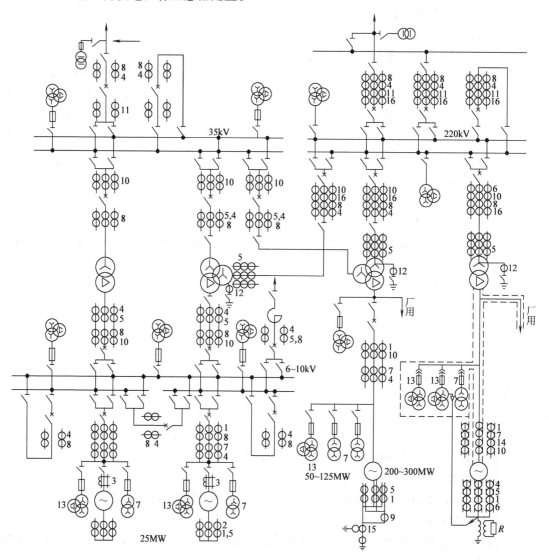

图 15-7　发电厂各互感器配置（图中数字标明用途）

1—发电机差动保护　2—测量仪表（机房）　3—接地保护　4—测量仪表　5—过电流保护

6—发电机-变压器差动保护　7—自动调节励磁　8—母线保护　9—横差保护

10—变压器差动保护　11—线路保护　12—零序保护　13—仪表和保护用 TV

14—失步保护　15—定子 100% 接地保护　16—断路器失灵保护

【例 15-2】　已知某 35kV 变电所低压侧 10kV 母线上接有有功电能表 10 只、有功功率表 3 只、无功功率表 1 只、母线电压表及频率表各 1 只、绝缘监视电压表 3 只，电压互感器及仪表接线和负荷分配如图 15-8 和表 15-14 所示。试选择供 10kV 母线测量用的电压互感器。

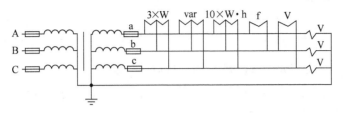

图 15-8　测量仪表与电压互感器的连线图

【解】　鉴于 10.5kV 为中性点不接地系统，电压互感器除供测量仪表外，还用来作交流电网绝缘监视，选用 JSJW—10 型三相五柱式电压互感器（也可选用 3 只单相 JDZJ—10 型浇注绝缘 TV，但不能用 JDJ 型或 JDZ 型 TV 接成星形），其一、二次电压为 $\dfrac{10}{\sqrt{3}} \Big/ 0.1 \Big/ \dfrac{0.1}{3}$ kV。

由于回路中接有计费用电能表，故电压互感器选用 0.5 准确级。与此对应，互感器三相总的额定容量为 120V·A。电压互感器接线为 YNynd0。各仪表的型号及参数，连同初步计算结果列于表 15-14 中。

表 15-14　电压互感器各相负荷分配（不完全星形负荷部分）

仪表名称及型号	每线圈消耗功率/V·A	仪表电压线圈		仪表数目	AB 相		BC 相	
		$\cos\varphi$	$\sin\varphi$		P_{ab}/W	Q_{ab}/var	P_{bc}/W	Q_{bc}/var
46D1—W 型有功功率表	0.6	1		3	1.8		1.8	
46D1—var 型无功功率表	0.5	1		1	0.5		0.5	
DS1 型有功电能表	1.5	0.38	0.925	10	5.7	13.9	5.7	13.9
46L1—Hz 型频率表	1.2	1		1	1.2			
16L1—V 型电压表	0.3	1		1			0.3	
总计					9.2	13.9	8.3	13.9

根据表 15-14 可求出不完全星形部分负荷为

$$S_{ab} = \sqrt{P_{ab}^2 + Q_{ab}^2} = \sqrt{9.2^2 + 13.9^2}\,\text{V·A} = 16.7\,\text{V·A}$$

$$\cos\varphi_{ab} = P_{ab}/S_{ab} = 9.2/16.7 = 0.55 \qquad \varphi_{ab} = 56.6°$$

$$S_{bc} = \sqrt{P_{bc}^2 + Q_{bc}^2} = \sqrt{8.3^2 + 13.9^2}\,\text{V·A} = 16.2\,\text{V·A}$$

$$\cos\varphi_{bc} = P_{bc}/S_{bc} = 8.3/16.2 = 0.51 \qquad \varphi_{bc} = 59.2°$$

由于每相上还接有绝缘监视电压表 V（$P' = 0.3\text{W}$，$Q' = 0$），故 A 相负荷为

$$P_A = \frac{1}{\sqrt{3}} S_{ab} \cos(\varphi_{ab} - 30°) + P'_a = \left[\frac{1}{\sqrt{3}} \times 16.7\cos(56.6° - 30°) + 0.3\right]\text{W} = 8.62\text{W}$$

$$Q_A = \frac{1}{3} S_{ab} \sin(\varphi_{ab} - 30°) = \frac{1}{\sqrt{3}} \times 16.7\sin(56.6° - 30°)\,\text{var} = 4.3\,\text{var}$$

B 相负荷为

$$P_B = \frac{1}{\sqrt{3}}\left[S_{ab}\cos(\varphi_{ab} + 30°) + S_{bc}\cos(\varphi_{bc} - 30°) \right] + P'_b$$

$$= \left\{ \frac{1}{\sqrt{3}} \left[16.7 \cos(56.6° + 30°) + 16.2 \cos(59.2° - 30°) \right] + 0.3 \right\} W = 9.04W$$

$$Q_B = \frac{1}{\sqrt{3}} \left[S_{ab} \sin(\varphi_{ab} + 30°) + S_{bc} \sin(\varphi_{bc} - 30°) \right]$$

$$= \left\{ \frac{1}{\sqrt{3}} \left[16.7 \sin(56.6° + 30°) + 16.2 \sin(59.2° - 30°) \right] \right\} var = 14.2var$$

显而易见，B 相负荷较大，故应按 B 相总负荷进行校验：

$$S_B = \sqrt{P_B^2 + Q_B^2} = \sqrt{9.04^2 + 14.2^2} V \cdot A = 16.8 V \cdot A < 120/3 V \cdot A$$

故所选 JSJW—10 型互感器满足要求。

15.7 SF₆ 封闭式组合电器的选择

15.7.1 一般规定

1. 技术条件

SF₆ 封闭式组合电器（以下简称封闭电器）及其操动机构应按什么技术条件选择？①电压；②电流（主母线及各进出线回路）；③频率；④绝缘水平；⑤开断电流；⑥短路关合电流；⑦动稳定电流（主回路和接地回路）；⑧热稳定电流和持续时间（主回路和接地回路）；⑨操作顺序；⑩机械负荷；⑪操作次数；⑫分、合闸时间；⑬绝缘气体和灭弧室气体压力；⑭年漏气率；⑮操动机构型式、电压。

2. 环境条件

封闭电器应按哪些使用环境条件校验？①环境温度；②日温差；③最大风速；④相对湿度；⑤污秽；⑥覆冰厚度；⑦海拔；⑧地震烈度。

3. 适用情况

根据技术经济比较合理时，全封闭电器宜用于下列情况的 110kV 及以上电网：①深入大城市内的变电所；②布置场所特别狭窄地区；③地下式配电装置；④重污秽区；⑤高海拔区；⑥高烈度地震区。

15.7.2 性能要求

封闭电器的各元件按其工作特点应满足哪些要求？

1. 负荷开关元件

负荷开关元件应满足：①开断负荷电流；②关合负荷电流；③动稳定电流；④热稳定电流和持续时间；⑤操作次数；⑥分、合闸时间；⑦允许切、合空载线路的长度和空载变压器容量；⑧允许关合短路电流；⑨操动机构型式等要求。

2. 接地开关和快速接地开关元件

接地开关和快速接地开关元件应满足：①关合短路电流；②关合时间；③关合电流的次数；④切断感应电流能力；⑤操动机构型式、操作气压、操作电压、相数。

如不能预先确定回路不带电，要采用具有关合动稳定能力的接地开关；如能预先确定回路不带电，则可采用关合能力低于动稳定值或不具有关合能力的接地开关。

3. 电缆终端盒、SF₆ 充气套管和 SF₆ 油套管元件

电缆终端盒、SF₆ 充气套管和 SF₆ 油套管元件应满足：①动稳定电流；②热稳定电流和持续时间；③安装时的允许倾角。

其他电器元件的选择，已在本章各节中分述。

15.8　硬母线的选择

在发电厂和变电所中各级电压配电装置的连接，以及发电机、变压器等电气设备和相应配电装置的连接，大都采用矩形或圆形截面的裸导线或绞线，这统称为母线。母线的作用是汇集、分配和传送电能。由于母线在运行中，有巨大的电能通过，短路时，承受着很大的发热和电动力效应，因此，必须合理地选用母线材料、截面形状和截面面积以符合安全经济运行的要求。

何谓硬母线？又是如何选择呢？母线按结构分为硬母线和软母线。其中软母线采用绞线，用于户外，其选择方法参见 15.2.1 节架空线路的选择；硬母线又分为矩形母线和管形母线，其选择方法由本节介绍。

15.8.1　硬母线的材料、类型与布置方式

1. 硬母线的材料

矩形硬母线材料采用铝、铝合金和铜。管形硬母线材料采用铝镁合金和铝锰合金两种：铝镁合金的载流量小，不易焊接，但强度高；铝锰合金的载流量大，强度比铝镁合金低，但较纯铝高，又易于焊接，因此一般采用铝锰合金管形母线。一般优先采用铝和铝合金导体，对持续工作电流较大且位置特别狭窄的发电机出线端部或污秽对铝有较严重腐蚀的场所选铜导体。

2. 硬母线的选型

常用硬母线截面形状有矩形、槽形和管形。母线截面形状影响导体的散热、趋肤效应系数和机械强度。20kV 及以下回路的正常工作电流不超过 4000A 时，宜选用矩形导体，当单条导体的载流量不能满足要求时，每相可采用 2～4 条并列使用；在 4000～8000A 时，宜选用槽形导体；在 8000A 以上时，宜选用管形导体。对 110kV 及以上高压配电装置，当采用硬导体时，宜选用铝合金管形导体（防止电晕）。500kV 硬导体可采用单根大直径圆管或多根小直径圆管组成的分裂结构。

3. 硬母线的布置方式

硬母线的布置方式有哪些？常采用三相水平布置和三相垂直布置。对于矩形母线导体，其散热和机械强度还与布置方式有关。图 15-9a、b 所示为矩形母线导体三相水平布置，图 15-9a 中

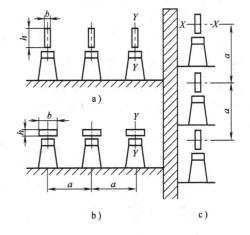

图 15-9　矩形母线导体的布置方式
a) 水平布置，导体竖放　b) 水平布置，导体平放
c) 垂直布置，导体竖放

导体竖放，散热条件好，载流量大，但机械强度较差；图 15-9b 中导体平放，机械强度较高，但散热条件较差；图 15-9c 为矩形母线导体三相垂直布置，它综合了图 15-9a、b 的优点。对于管形母线导体，其布置方式分支持式和悬吊式两种。支持式是采用棒式支柱绝缘子，将管形母线支撑起来；悬吊式是采用悬式绝缘子将管形母线吊起来。悬吊式与支持式相比，抗震性能好，适用于地震烈度较高地区，以及截面面积大和直径大的情况。

15.8.2 硬母线的截面面积的选择及热稳定、电晕校验

1. 截面面积选择

配电装置的汇流母线及长度较短的导体，一般按长期发热允许电流选择其截面面积，即按式（15-2）选择。

2. 热稳定校验

按最小截面法校验热稳定，满足热稳定的条件为式（15-4），当所选母线导体截面面积 $S \geqslant S_{\min}$ 时，母线短路时的温升就不会超过母线导体短时最高允许温度。

3. 电晕校验

110kV 以下裸导体母线不用电晕校验；110kV 及以上的管形导体母线按式（15-10）校验，当外径大于表 15-5 所列数值时，可不进行电晕电压校验。

15.8.3 硬母线的动稳定校验

固定在支柱绝缘子上的硬导体，在短路电流产生的电动力作用下会发生弯曲，承受很大的应力，可能使导体变形或折断。为了保证硬导体的动稳定，必须进行应力计算与校验。硬导体的动稳定校验条件为最大计算应力 $\sigma_{\max}$ 不大于导体的最大允许应力 σ_{al}，即

$$\sigma_{\max} \leqslant \sigma_{\mathrm{al}} \tag{15-34}$$

硬导体的最大允许应力：硬铝为 $70 \times 10^6 \mathrm{Pa}$，硬铜为 $140 \times 10^6 \mathrm{Pa}$，铝锰合金为 $90 \times 10^6 \mathrm{Pa}$。$1 \mathrm{Pa} = 1 \mathrm{N/m^2}$。

最大计算应力 $\sigma_{\max}$（$\mathrm{N/m^2}$）为

$$\sigma_{\max} = \frac{M_{\mathrm{maz}}}{W} \tag{15-35}$$

式中，$M_{\max}$ 为最大合成弯矩（N·m），需按荷载组合条件不同分别进行计算；W 为导体的截面系数（$\mathrm{m^3}$），对于管形导体，取 $9.8 \times 10^{-8}[(D^4 - d^4)/D]$，其中 D、d 为管形导体的外径和内径（mm）；对于矩形导体与导体尺寸、布置方式有关，矩形导体的截面系数按表 15-15 选取。

表 15-15　矩形导体的截面系数

布置方式	说　明	截面系数
	单条平放	$W = \dfrac{bh^2}{6}$
	单条竖放	$W = \dfrac{b^2 h}{6}$

（续）

布置方式	说　明	截面系数
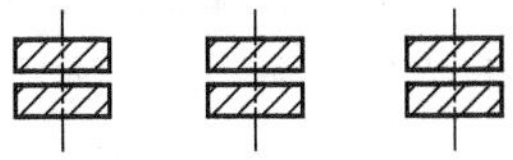	双条平放	$W = \dfrac{bh^2}{3}$
	双条竖放	$W = 1.44b^2h$
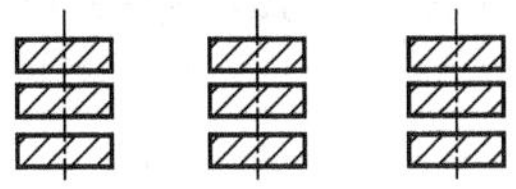	三条平放	$W = \dfrac{bh^2}{2}$
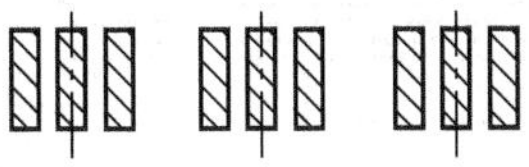	三条竖放	$W = 3.3b^2h$

由于最大合成弯矩 M_{max} 的计算与硬母线导体的形状、尺寸和布置方式有关，因此，需分别考虑计算。

1. 矩形母线的动稳定校验

由于相间距离较大，无论什么形状的导体和组合，计算单位长度导体所受相间电动力 f_{ph}（N/m）时，可不考虑形状的影响，其值为

$$f_{ph} = 1.73 \times 10^{-7} \frac{1}{\alpha} i_{sh}^2 \beta \tag{15-36}$$

式中，i_{sh} 为三相短路冲击电流（A）；α 为相间距离（m）；β 为动态应力系数；1.73×10^{-7} 为系数（$\Omega \cdot s/m$），后面公式中同此。

每相为单条矩形导体的母线应力如何计算与校验呢？矩形导体母线系统可以视为均匀荷载作用的多跨连续梁，导体所承受的最大弯矩 M_{max} 为

$$M_{max} = \frac{f_{ph}L^2}{10}$$

式中，L 为支柱绝缘子跨距（m）。

导体最大相间计算应力 σ_{ph}（Pa）为

$$\sigma_{ph} = \frac{M_{max}}{W} = \frac{f_{ph}L^2}{10W} \tag{15-37}$$

满足动稳定的条件为

$$\sigma_{max} = \sigma_{ph} \leqslant \sigma_{al} \tag{15-38}$$

不满足动稳定要求时，可以适当减小支柱绝缘子跨距 L，重新计算应力 σ_{ph}。为了避免重复计算，常用绝缘子间最大允许跨距（m）校验动稳定。令式（15-38）中的 $\sigma_{max} = \sigma_{ph} = \sigma_{al}$，得

$$L_{max} = \sqrt{\frac{10\sigma_{al}W}{f_{ph}}} \tag{15-39}$$

只要支柱绝缘子跨距 $L \leqslant L_{\max}$，即可满足动稳定要求。为了避免导体因自重而过分弯曲，所选支柱绝缘子跨距 L 不得超过 $1.5 \sim 2\mathrm{m}$。

每相为多条矩形导体的母线应力又如何计算与校验呢？多条矩形导体母线中，每相由多条相同截面面积尺寸的矩形导体并列组成。导体除受相间电动力的作用外，还受到同相中条与条之间的电动力作用，短路时的最大计算应力 $\sigma_{\max}$ 由相间计算应力 σ_{ph} 和同相条间计算应力 σ_{b} 之和组成，满足动稳定的条件为

$$\sigma_{\max} = \sigma_{\mathrm{ph}} + \sigma_{\mathrm{b}} \leqslant \sigma_{\mathrm{al}} \tag{15-40}$$

多条矩形导体的相间计算应力 σ_{ph} 与每相单条矩形导体时的相同，按式（15-37）计算，但截面系数为多条矩形导体的截面系数，根据每相导体的条数和布置方式选用表 15-15 中公式计算。

由于条间距离小，相邻导体条间距离一般为矩形导体短边 b 的 2 倍，故条间计算应力 σ_{b} 比相间应力大得多，为了减小条间计算应力，一般在同相导体的条间每隔 $30 \sim 50\mathrm{cm}$ 左右装设一金属衬垫。每个绝缘子跨距 L 中所安装的衬垫个数不宜过多，以免影响导体散热，衬垫跨距 L_{b} 可通过动稳定校验条件来确定。双条平放矩形导体侧视图如图 15-10 所示。

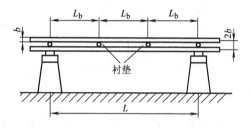

图 15-10 双条平放矩形导体侧视图

每相多条矩形导体中，电流的方向相同，边条受的电动力最大。根据两平行导体电动力计算公式，并考虑导体形状对电动力的影响，每相为两条且各通过 50% 的电流时，单位长度条间最大电动力 f_{b}（N/m）为

$$f_{\mathrm{b}} = 2K_{12}(0.5i_{\mathrm{sh}})^2 \frac{1}{2b} \times 10^{-7} = 2.5K_{12}i_{\mathrm{M}}^2 \frac{1}{b} \times 10^{-8} \tag{15-41}$$

每相为 3 条时，可以认为中间条通过 20% 电流，两边条各通过 40% 电流，则单位长度条间最大电动力 f_{b} 为

$$f_{\mathrm{b}} = 2K_{12}(0.4i_{\mathrm{M}})(0.2i_{\mathrm{M}})\frac{1}{2b} \times 10^{-7} + 2K_{13}(0.4i_{\mathrm{M}})^2 \frac{1}{4b} \times 10^{-7}$$

$$= 8(K_{12} + K_{13})i_{\mathrm{M}}^2 \frac{1}{b} \times 10^{-9} \tag{15-42}$$

式（15-41）和式（15-42）中，K_{12} 和 K_{13} 分别是第 1、2 条导体和第 1、3 条导体间的形状系数。

边条导体所受的最大弯矩 M_{b}（N·m）为

$$M_{\mathrm{b}} = \frac{f_{\mathrm{b}}L_{\mathrm{b}}^2}{12}$$

根据表 15-15 中的图可以看出，不论导体是平放还是竖放，每相多条导体所受条间电动力的方向与每相单条竖放时所受相间电动力方向相同，故边条导体的截面系数为 $W = b^2 h/6$，因而条间计算应力 σ_{b}（Pa）为

$$\sigma_{\mathrm{b}} = \frac{M_{\mathrm{b}}}{W} = \frac{f_{\mathrm{b}}L_{\mathrm{b}}^2}{12W} = \frac{f_{\mathrm{b}}L_{\mathrm{b}}^2}{2b^2 h} \tag{15-43}$$

按 $\sigma_{max} = \sigma_{ph} + \sigma_b \le \sigma_{al}$ 校验动稳定，如果不满足动稳定要求时，可以适当减小衬垫跨距 L_b，重新计算应力 σ_b。为了避免重复计算，常用最大允许衬垫跨距 L_{bmax} 校验动稳定。令 $\sigma_{max} = \sigma_{ph} + \sigma_b$ 中 $\sigma_{max} = \sigma_{al}$，得条间允许应力 $\sigma_{bal} = \sigma_{al} - \sigma_{ph}$，代入式（15-43）得最大允许衬垫跨距 L_{bmax}（m）为

$$L_{bmax} = \sqrt{\frac{12\sigma_{bal}W}{f_b}} = b\sqrt{\frac{2h\sigma_{bal}}{f_b}} \tag{15-44}$$

为防止因 L_b 太大，同相各条导体在条间电动力作用下弯曲接触，还应计算衬垫临界跨距 L_{cr}（m），即

$$L_{cr} = \lambda b \sqrt[4]{h/f_b} \tag{15-45}$$

式中，λ 为系数，铝：双条为 1003，3 条为 1197。

只要所选衬垫跨距 $L_b = L/(n+1) \le \min(L_{bmax}, L_{cr})$，就能满足动稳定又避免同相各条导体在条间电动力作用下弯曲接触，其中 n 即为满足动稳定的衬垫个数。

2. 管形母线的动稳定校验

管形母线常用于 110kV 及以上的户外配电装置。110kV 户外配电装置管形母线的相间距离为 1.4m（户内为 1.2m），支柱绝缘子跨距为 8m（户内 6m）；220kV 户外配电装置管形母线的相间距离为 3m，支柱绝缘子跨距为 12m。与矩形母线相比，管形母线的尺寸大，跨距长，母线自重、覆冰、风力、地震力、引下线重量和单柱式隔离开关的静触头加金具重量所产生的应力已不能忽略不计，校验机械强度时，必须考虑这些因素组合作用的影响，并需要进行母线的挠度校验。有关管形母线的动稳定校验方法可参考相关资料。

思考题与习题

15-1　请自行查找资料，分析什么是电气设备的热稳定校验、什么是动稳定校验。为什么要进行热稳定、动稳定校验？哪些设备需要进行热稳定、动稳定校验？

15-2　请注意观察悬垂绝缘子串数与电压等级的大致关系。

15-3　电气设备选择的一般条件是什么？其中按正常工作条件选择电气设备要考虑哪些方面？

15-4　如何计算短路电流周期分量和非周期分量的热效应？

15-5　试述架空线路设计选择的内容？导线和电缆截面面积的选择应分别考虑哪些条件？

15-6　导线和电缆的截面面积如何按"经济电流密度"选择？

15-7　选择主变压器时应考虑哪些因素？其容量、台数、型式等应根据哪些原则来选择？

15-8　高压断路器、高压熔断器及高压隔离开关在选择时，哪些需校验断流能力？哪些需校验动、热稳定性？

15-9　熔断器的主要功能是什么？什么叫"限流"熔断器和"非限流"熔断器？

15-10　电压互感器与电流互感器各有何作用，运行时有何特点？为什么工作时，电磁型电流互感器二次侧不能开路，而电压互感器不能短路？

15-11　电流互感器和电压互感器的配置原则是什么？在选择时两者有什么相同点和不同点？

15-12　电动力对导体和电气设备运行有何影响？

15-13　某变电所 380V 侧母线采用 80mm × 10mm 铝母线，水平布置，平放，两相邻母线轴线距离为 200mm，档距为 0.9m，档数大于 2。若母线的三相短路冲击电流为 42.5kA。试求该母线三相短路时所受的最大电动力，并校验其动稳定度。

15-14　试选择某变电所 10.5kV 侧的汇流母线。已知三相母线水平布置，导体平放，相间距离 $a =$

0.35m，绝缘子跨距 $L = 1.2$m，环境温度为 40℃，断路器全分断时间 $t_{ab} = 0.2$s，继电保护动作时间 $t_{pr} = 1.2$s，母线最大长期工作电流 $I_{max} = 1.1$kA，三相短路电流 $I'' = 11.6$kA，$I_{t_k} = 9.36$kA，$I_{t_k/2} = 9.6$kA。

参 考 文 献

［1］ 中华人民共和国电力行业标准 DL/T 5222—2005　导体和电器选择设计技术规定 ［S］. 北京：中国电力出版社，2005.

［2］ 中华人民共和国电力行业标准 DL/T 5092—1999　110 ~ 500kV 架空送电线路设计技术规程 ［S］. 北京：中国电力出版社，2000.

［3］ 中华人民共和国国家标准 GB 50217—2007　电力工程电缆设计规范 ［S］. 北京：中国计划出版社，2007.

［4］ 水利电力部西北电力设计院. 电力工程电气设计手册：电气一次部分 ［M］. 北京：水利电力出版社，1989.

［5］ 中国航空工业规划设计院. 工业与民用配电设计手册 ［M］. 3 版. 北京：中国电力出版社，2005.

［6］ 中华人民共和国国家标准 GB/T 17468—2008　电力变压器选用导则 ［S］. 北京：中国标准出版社，2009.

［7］ 范锡普. 发电厂电气部分 ［M］. 北京：水利电力出版社，1987.

［8］ 许珉，等. 发电厂电气主系统 ［M］. 北京：机械工业出版社，2006.

［9］ 刘笙. 电气工程基础 ［M］. 北京：科学出版社，2002.

［10］ 宋继成. 220 ~ 500kV 变电所电气接线设计 ［M］. 北京：中国电力出版社，2004.

［11］ 傅知兰. 电力系统电气设备选择与实用计算 ［M］. 北京：中国电力出版社，2004.

第16章 电力工程管理

16.1 电力工程管理概述

16.1.1 我国电力工业体制改革历程

我国的电力工业体制改革是在社会主义市场经济建设和开放政策的背景下逐步向前推进的。迄今为止，电力工业体制的发展可以粗略分为4个阶段：独家办电阶段、集资办电阶段、内部模拟电力市场阶段、电力市场改革试点和发展阶段。

1）独家办电阶段。20世纪80年代以前，在相当长的计划经济时代里，国内电力工业采取的是"国家投资、独家办电"的政策，属于垄断性的经营模式。在电力供应严重不足的情况下，基于计划经济的垄断性经营模式有效地保证了"利用有限的社会资源发展电力工业"的目标，产生了很好的效果。但是，这种经营管理模式也带来了一些弊端，使得电力部门逐步成为福利事业单位，电价结构不合理，电力企业缺乏足够的发展基金。电力建设资金长期不足、电力供应长期短缺的局面，在很大程度上制约了国民经济的发展。

2）集资办电阶段。随着改革开放政策的深入发展，电力不足对各地区和各产业的发展的束缚效应越来越明显，电力供求矛盾越来越尖锐。为了促进电力工业的发展，尽快扭转长期缺电局面，国务院于1978年确立了"政企分开，省为实体，联合电网，集资办电"和"因省、因网制宜"的发展方针，由此打破了独家办电的局面，充分调动了各方面集资办电的积极性。但是，随着投资主体和权益的多元化，电价管理体系越来越混乱，没有统一的定价原则和标准，形成"一厂一价"、"一厂多价"。国家对不同投资主体实行不同的电价政策，易于造成市场行为和电力企业行为的扭曲。部分企业的目标不是挖掘潜力、降低成本，而是将"跑"电价作为提高"效益"的捷径。

3）内部模拟电力市场阶段。英、美等国电力市场尝试的初步成功，将我国电力建设、管理人员的目光吸引到电力市场，如何在电力市场中引入竞争机制成为研究的焦点。1997年1月16日，国家电力公司在京成立，此举标志着我国电力工业的管理体制由计划经济向社会主义市场经济的过渡发生了历史性转折。但是，内部模拟电力市场始终是一种内部管理的模式，仍不能真正实现"公正、公平、公开"地对待各个发电企业。

4）电力市场改革试点和发展阶段。1997年底，由于经济结构的调整以及东南亚经济危机的影响，国内电力供求形势变化，使得原来被缺电所掩盖的结构性矛盾日益显露。在对电力市场机制初步考察后，有关部门提出了电力市场改革的实施方案，决定首先开放发电侧市场，时机成熟后再开放供电侧市场。从1998年开始，我国确定在电力行业实行"厂网分开、竞价上网"的改革，并确定山东、上海、浙江及东北的辽宁、吉林、黑龙江电网作为首批"厂网分开"的试点单位。2000年初，山东、上海、浙江发电侧电力市场正式投入商业化运行，拉开了我国电力市场化改革的序幕。

16.1.2 我国电力市场化改革

我国从国家电力公司成立到1998年撤销电力工业部，以此为标志，结束了由国家垄断电力的局面，向统一、竞争、有序的电力市场迈进。

为什么要进行电力市场化改革？中国的改革开放使电力工业出现了产权多元化的局面。外资、合资、股份制、地方集资等多种办电形式的大量涌现，一方面对缓和电力供需矛盾起到了积极作用，另一方面也形成了利益主体多元化的局面。如何协调好投资各方的经济利益已成为一个非常敏感的问题。如果没有健全的市场机制和监管体系，对待不同产权的电厂，往往会出现两种倾向。一种是对系统内的电厂采取保护主义，不顾电厂的效率如何，优先保证其发电量，这样一来无疑会降低社会总体效益，损害投资环境；另一种是为了吸引外资，给与其电厂种种优惠待遇，使其不承担风险便可以获得利润，这样必然会损害国家利益。只有走向电力市场才能平等互利，协调好现有各投资方的利益，使投资者在承担一定风险的情况下有利可图。只有健康的电力市场才能进一步吸引外资，增加产出，从而有助于提高经济效益。

改革的目标是什么？改革目标是打破垄断，引入竞争，提高效率，降低成本，健全电价机制，优化资源配置，促进电力发展，推进全国联网，构建政府监督下的政企分开、公平竞争、开放有序、健康发展的电力市场体系。

主要在哪些方面进行改革？

1) 为在发电环节引入竞争机制，首先要实现"厂网分开"，将国家电力公司管理的电力资产按照发电和电网两类业务，依据行政划拨方式进行划分。

①发电环节，按照现代企业制度要求重组为5个全国性独立发电公司，分别是中国华能集团公司、中国大唐集团公司、中国华电集团公司、中国国电集团公司、中国电力投资集团公司。

②电网环节，分别成立国家电网公司和中国南方电网有限责任公司。国家电网公司下设华北（含山东）、东北（含内蒙东部）、西北、华东（含福建）和华中（含川、渝）5个区域电网有限责任公司或股份公司；西藏电力企业由国家电网公司代管；南方电网公司由广东、

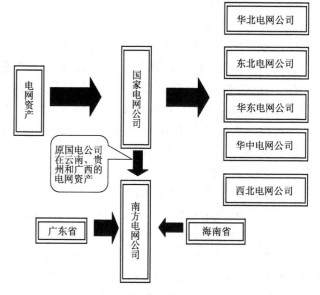

图16-1 电网资产的划分

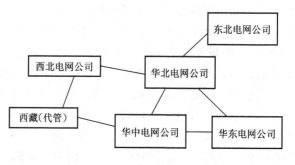

图16-2 5大电网公司地理分布

海南和原国家电网公司在云南、贵州、广西的资产组成，按各方面拥有的电网净资产比例，由控股方负责组建南方电网公司。如图 16-1～图 16-3 所示。

图 16-3 南方电网公司管辖区域

2）为有效进行主辅分离和完成电力"三产"多种经营企业的重组及与电网企业的剥离工作，决定成立 4 家辅业公司，它们是中国电力工程顾问集团公司、中国水电工程顾问集团公司、中国水利水电建设集团公司、中国葛洲坝集团公司。

3）为了对电力企业进行有效的监督，国务院决定成立国家电力监管委员会，按照垂直管理体系，向区域电网公司电力交易调度中心派驻代表机构。监管委员会的主要职责是制定市场运营规则，监督市场运行，维护公平竞争；向政府价格主管部门提出调整电价建议；监督电力企业生产标准，颁发和管理电力业务许可证；处理电力纠纷；负责监督社会普遍服务政策的实施。

4）初步制定了电价改革方案，并对发电排放环保折价标准、电力项目行政审批办法，以及对中电联职责的要求等方面进行了深入研究与探索。

※16.2 电源侧管理

在人类历史上，技术的重大进步、经济的迅速发展，都有赖于能量的供应与新能源的发现。发展电能是新能源广泛应用和建立可持续发展能源系统的必然结果。

16.2.1 能源的分类

由于能源形式多样，因此通常有多种不同的分类方法，它们或按能源的来源、形成、使用分类，或从技术、环保角度进行分类。不同的分类方法，都是从不同的侧重点来反映各种能源的特征。

1. 按地球上的能量来源划分

1）地球本身蕴涵的能源，如核能、地热能等。

2）来自地球外天体的能源，如太阳能，以及由太阳能引起的水能、风能、波浪能、海洋温差能、生物质能、光合作用、化石燃料（如煤、石油、天然气等，它们是由上亿年前积存下来的有机物质转化而来的）等。

3）地球与其他天体相互作用的能源，如潮汐能。

2. 按被利用的程度划分

1）常规能源。其开发利用时间长、技术成熟，能大量生产并广泛使用，如煤炭、石油、天然气、水能等，常规能源有时又称为传统能源。

2）新型能源。其开发利用较少或正在研究开发之中，如太阳能、地热能、潮汐能、核能等。新能源有时又称为非常规能源或替代能源。

3. 按能否再生划分

1）可再生能源。它不会随其本身的转化或人类的利用而日益减少，如水能、风能、潮汐能、太阳能等。

2）非再生能源。它随人类的利用而越来越少，如石油、煤炭、天然气、核燃料等。

16.2.2 常规能源发电

1. 火力发电

火力发电是世界上最早的大规模商业性生产电能的发电技术，至今也是国内外最重要的发电技术。火力发电的基本原理是利用各种燃料（以煤炭为主）燃烧的热能来转化为电能。一般从燃料到电能需经过如下的能量转换过程：从燃料化学能到热能的转换；从热能到机械能的转换；从机械能到电能的转换。我国以火力发电为主的格局将持续相当长的一段时间。今后我国火力发电应发展高参数的大机组、采用先进的煤炭洁净燃烧技术，进一步提高燃煤电厂的效率并减少对环境的污染。

2. 水力发电

我国水力资源十分丰富，理论蕴藏量达680GW，其中可开发储量为380GW，居世界第一位。水能资源最显著的特点是可再生、无污染。水电机组起停方便，机组从静止状态到满负荷运行仅需几分钟。因此宜在电网中担负调峰、调频、调相任务，并作为事故备用容量。我国水力发电发展很快，已建和在建的大型水电站有三峡水电站、二滩水电站、葛洲坝水电站、李家峡水电站以及小浪底水电站等，为解决我国的电力短缺做出了巨大的贡献。

16.2.3 新型能源发电

1. 磁流体发电

磁流体发电是一种将热能转换成电能的新型发电方式，其原理与传统的发电方式一样均为电磁感应现象。它是利用高温导电流体高速通过磁场，在电磁感应的作用下将热能转换成电能的。所用的导电流体可以是导电的气体，也可以是液态金属。导电流体的高温，可以从矿物燃料燃烧时的化学能转换成热能而获得，也可由核燃料在核反应中由核能转换成热能而获得。

磁流体发电的优点：发电效率高；磁流体发电机没有高速旋转部件，它本身是一个结构简单的静止机械；机组容量大；机组起动快；环境污染小。

磁流体发电的应用：作为经常满载运行的基本负荷电站；使用于各种特殊要求的情况下，如作紧急备用和承担尖峰负荷的发电装置；在军事方面可用作导弹、激光武器、雷达装置和宇宙发射站的脉冲电源以及航空照明电源等。

2. 核能发电

核能是目前比较理想的新能源，核电站已经达到技术上成熟、经济上有竞争力、工业上可以大规模推广的阶段。核能发电的原理是：核燃料在反应堆内进行核裂变的链式反应，产生大量热量，由冷却剂（水或空气）带出后，在蒸汽发生器中把热量传给水，将水加热成蒸汽来转动汽轮发电机发电。

由于核电站在运行过程中产生大量的放射性物质，因此为了确保运行人员和附近居民不受有害影响，必须对这些放射源加以限制和防护，做到核电站内外的任何人所受的辐照剂量小于相应的规定值。为了保证核电站的安全，通常设有"二道屏障"和多种安全设施来确保其不发生事故，或者即使万一发生严重事故，放射性物质也不致外逸或尽可能少逸和迟逸。

3. 太阳能发电

太阳能是指太阳辐射出的能量。尽管太阳辐射到地球大气层的能量仅为其总辐射能量的 22 亿分之一，但已高达 1.73×10^{17} W，换句话说，太阳每秒钟照射到地球上的能量就相当于 500 万 t 煤。太阳能是一种清洁的能源，同时太阳能的获得无需人工的输送，是一种取之不尽的可再生能源。

太阳能发电主要有两种方式，即热力发电和光发电。太阳能热力发电方式与常规热力发电方式基本相同，根据发电系统中所采用的集热器的型式不同，可以分为分散型和集中型两大类，两者都是将太阳的辐射能转换成热能，进而转换成电能。太阳能光伏发电是利用光电效应把太阳能直接转换成电能，从长远观点看这是很有前途的发电方式。不过目前这种方式过于昂贵，完全不能与现有发电方式相竞争。

将太阳能与其他形式能源结合在一起组成联合热力发电系统，使各种能量都能在最合理的范围内得到充分利用，这是一种有效的途径。这方面有太阳能-矿物燃料混合电站、太阳能-抽水蓄能电站、太阳能发电与沼气发电联合电站、太阳能与磁流体等联合发电系统。

4. 风力发电

利用风力发电已越来越成为风能利用的主要形式，受到世界各国的高度重视，而且发展速度最快。风力发电是利用风力机（又称为风车）将风能转换为机械能、再转换为电能的。它通常有 3 种运行方式：一是独立运行方式，通常一台小型风力发电机向一户或几户提供电力，它用蓄电池蓄能，以保证无风时的用电；二是风力发电与其他发电方式（如柴油机发电）相结合，向一个单位或一个村庄或一个海岛供电；三是风力发电并入常规电网运行，向大电网供电，常常是一处风场安装几十台甚至几百台风力发电机，这是风力发电的主要发展方向。

5. 地热发电

地球本身就是一座巨大的天然储热库。所谓地热能就是地球内部蕴藏的热能。对地球而言，从地壳到地幔再到地核其温度是逐步增高的。表 16-1 列出了地球内部温度分布的概况。

表 16-1　地球内部的温度概况

深度/km	60	100	500	2900 ~ 6371
温度/℃	300 ~ 600	1000 ~ 1500	1600 ~ 1900	2000 ~ 5000

通常地幔中的对流把热能从地球内部传到近地壳的表面地区，在那里热能可能绝热储存达百年之久。地质学上常把地热资源分为蒸汽型、热水型、干热岩型、地压型、岩浆型 5

类。人类很早以前就开始利用地热能，例如利用温泉沐浴、医疗，利用地下热水取暖、建造农作物温室、水产养殖及烘干谷物等。地热能的利用可分为地热发电和直接利用两大类，地热发电是地热利用的最重要方式。根据地热流体的类型，目前有两种地热发电方式，即蒸汽型地热发电和热水型地热发电。

蒸汽型地热发电是把蒸汽田中的干蒸汽直接引入汽轮发电机组发电，但干蒸汽地热资源十分有限，且多存于较深的地层，开采技术难度大，故发展受到限制。

热水型地热发电是地热发电的主要方式，目前有闪蒸系统和双循环系统两类。工作原理都是将地热水产生蒸汽，蒸汽进入汽轮机发电。

6. 海洋能发电

在地球表面，海洋面积约占 71%。北半球海洋约占 61%，南半球约占 81%。海洋能有两种不同的利用方式：一种是利用海水的动能，如潮汐、海流有规则的动能和无规则的波浪动能；另外一种是利用海洋不同深度的温差通过热机来发电。理论上它们的储量都很大，但限于目前的技术水平，尚处于小规模研究开发阶段。

1）潮汐能发电。潮汐能是以位能形态出现的海洋能。海水涨落的潮汐现象是由地球和天体运动以及它们之间的相互作用而引起的。月球对地球的引力方向指向月球中心，其大小因地而异。同时地表的海水又受到地球运动离心力的作用，月球引力和离心力的合力正是引起海水涨落的引潮力。除月球外，太阳和其他天体对地球同样会产生引潮力。我国潮汐能的理论含量达 $1.1 \times 10^8 kW$，其中浙江、福建两省蕴藏量最大，约占全国的 80.9%。

潮汐发电是潮汐能的主要利用方式。潮汐电站可以是单水库或双水库。单水库潮汐电站利用水库的特殊设计和水闸的作用涨潮、落潮时均发电，只在水库内外水位相同的平潮时不发电。双水库潮汐电站能够全日连续发电。我国第一座单水库双向式潮汐电站——浙江温岭县江厦潮汐电站第一台机组于 1980 年 5 月建成发电。由于潮汐电站的建设是一项新的能源利用技术，还有一些问题需要进一步研究解决，其中最突出的是泥沙淤积和海工结构物的防腐蚀以及防止海生物的附着问题。

2）波浪能发电。波浪能是以动能形态出现的海洋能。波浪是由风引起的海水起伏现象，它实质上是吸收了风能而形成的。波浪功率的大小与风速、风向、连续吹风的时间、流速等诸多因素有关。

目前波浪能发电装置就原理来说大致分为 3 种：①利用海面波浪的上下运动产生空气流或水流而使轮机转动；②利用波浪装置前后摆动或转动产生空气流或水流而使轮机转动；③把低压大波浪变为小体积高压水，然后把水引入某一高位水池积蓄起来，使其产生一个水头，从而冲动水轮机。波浪能发电装置按其位置不同分为海岸式和海洋式两类。

3）海洋温差发电。温差能是以热能形态出现的海洋能，又称为海洋热能。海洋是地球上一个巨大的太阳能集热和蓄热器。由于太阳投射到地球表面的太阳能大部分被海水吸收，使海洋表层水温升高。

海洋温差发电主要采用开式和闭式两种循环系统。发电系统由蒸发器、冷凝器、汽轮发电机、泵、海洋构筑物、取水管和定位设备所组成。热交换器（蒸发器和冷凝器）是海洋温差电站的关键设备。提高传热系数是技术的关键，它的进步能大大降低电站的成本。

7. 氢能发电

氢是 21 世纪人类最理想的能源之一，它的热值高、密度小，易着火、燃烧快，储存、输送方便，可从其他能源转化而来，燃料产物是洁净的水，没有环境污染问题。

1）燃料电池。燃料电池是将石油、天然气、煤等转换成氢气，以氢作为燃料电池中的燃料，通过电化学反应过程由氧化作用释放出的化学能直接转换为电能的一种发电装置。它属于一种洁净的能源转换，是一种效率较高的直接发电方式，是一种很有发展前途的新能源。

燃料电池的优点：能量转换效率高；污染排放物少，噪声低，振动小；负荷应变速度快，起动时间短。

2）氢直接产生蒸汽发电。与常规火电厂相似，采用汽轮机为热动力机，区别在于用紧凑、高效、无污染的燃烧室蒸汽发生器取代锅炉。氢与氧按化学比例配合，直接送入燃烧室燃烧（最高温度可达2800℃），同时向燃烧室喷水以增加蒸汽流量并适当降低蒸汽温度，满足汽轮机的要求。

3）氢直接作为燃料发电。在普通内燃机中以氢为燃料，内燃机直接带动发电机发电。

此外，也可将氢直接作为工质，利用其他热源（如太阳能）加热氢，在较低温度条件下（如100~150℃）就可得到稳定的高压（10~15MPa）氢气流，直接进入氢气轮机带动发电机发电。这种发电方式，可以使得低温热源得到充分利用。

16.2.4　不同能源电厂的发展建议

在国民经济中，电力必须先行。我国电力的建设应根据区域经济的发展规划，建立合理的电源结构，提高水电比重，加强区域电网，增加电网容量，扩大电网之间的互联和大电网的优化调度。

1）火电厂应采用超临界或超超临界参数机组，这样的机组效率高、调峰性能好、运行可靠；采用先进的煤炭洁净燃烧技术，进一步提高燃煤电厂的效率；关停和改造小火电；积极发展热电联产；发展燃气-蒸汽联合循环机组。

2）优先发展优质、洁净能源，如水力和天然气发电。在经济发达而又缺电的地区，适当建设核电站。

3）积极开发利用新能源发电。积极开发利用太阳能、地热能、风能、潮汐能、海洋能等新能源发电，以补充常规能源发电的不足。在农村和牧区，逐步因地制宜地建立新能源示范区。

4）建立合理的农村能源结构，扭转农村严重缺电现象。因地制宜地发展小水电、风力发电、沼气池等措施发电。

5）加强节能技术改造工作。

※16.3　需求侧管理

当今世界面临资源和环境问题的多重挑战，面对日益增长的能源需求和不断增长的资源压力，只有采取社会行动，在大力提高用能用电效率的基础上满足日益增长的能源需求，减少经济增长对能源供应的依赖程度和减轻社会的发展负担，给新能源和可再生能源的接替争取更长的时间，才能为能源的可持续发展开辟道路。需求侧管理（Demand Side Management，DSM）就是在这种背景下应运而生并发展起来的。它从根本上改变了单纯注重依靠增加能源供应来满足能源需求增长的传统思维模式，建立了把需求侧节约的能源作为供应侧一种可替代资源的新概念，使资源配置拓展到更广阔的领域，能够以最经济的方式和最好的社会效益达到同样能源服务的目的。

16.3.1 需求侧管理的概念

什么是需求侧管理？早在1982~1984年，美国就开始研究和发展 DSM 项目，并给出了具体的定义：需求侧管理是电力企业活动的计划和实施，这些活动影响用户对电力的使用，从而使电力企业的负荷曲线发生预期的变化。

DSM 是一种电力公司的工作和管理模式，通过经济、技术和行政管理等手段，促进用户改变其电力与电量消耗的模式，从而增加发电设备的利用率、降低发电成本。所以 DSM 也被认为是一种需方的资源，它与供方资源（发、送、配电设备等）一样都是资源规划（Integrated Resource Plan, IRP）的重要内容。通过供需两方面的综合安排达到最佳的资源配置；能够最小费用地满足用户的需求与电能系统运行安全性和可靠性；减少大气污染，保护地球环境。

16.3.2 需求侧管理的内容和手段

电力企业在需求侧管理方面的活动，包括负荷管理、新技术应用、战略性的节能措施、电气化、分布式发电以及市场机制的调整，它们与广大用户在电力供应、计量、收费等方面有着密切的联系，所处地位有利于传递和收集信息，并组织需求侧管理项目的实施，理应成为实施需求侧管理的主体。

需求侧管理的内容有哪些？

1）削峰。削峰的目的是：减少峰荷时调用昂贵机组，减少备用容量（旋转备用），降低运行费。主要措施有：供电公司直接切负荷（严重缺电时）或用户接到通知后自己减负荷；转移负荷，如采用经济或行政手段错开高峰时段和枯水期用电，调整不同用户的高峰用电时间或作业程序等。

2）填谷。填谷是指提高低谷负荷。填谷的目的是：提高负荷率，充分利用闲置机组，增加电力销售。主要措施有：采用日峰谷价和季节性峰谷价，刺激低谷时的用电需求，充分利用空闲机组，降低峰谷差，增加电力销售的收入。

3）负荷转移。负荷转移是将高峰负荷退役到非高峰时段。实施手段有：分时电价、对蓄热蓄冷设备提供优惠电价、鼓励电器设备交替运行。

4）节能。节能的目的是提高用电效率，减少能源浪费，保护环境。主要措施是采用节能技术和设备，如"绿色电器"、隔热材料等。

5）灵活负荷。灵活负荷的目的是降低用户电费支出，或使用户承担系统部分备用。采取的主要措施有提供多种多样的供电方式及电价，如可中断负荷电价等。可中断负荷电价是指在高峰时段，用户按要求停止部分或全部用电，因避峰而享受的一种优待电价。

6）战略负荷增长。战略负荷增长的目的是扩大电力能源市场的规模，优化资源配置。主要采取的措施有开发新设备，如电动汽车专用的蓄电池，淘汰低效率的其他能源设备等。

通过哪些手段实施需求侧管理？实施需求侧管理的手段包括经济手段、技术手段和行政手段3种。经济手段是市场经济中最重要的手段，对电力公司而言，可采取分类电价、分时电价、实时电价、可中断电价，以及奖惩、补贴、财政援助、低息贷款、免费服务等。技术手段包括：采用先进技术设备及管理技术，调整用户负荷曲线的形状。行政手段包括：制定政策法规，鼓励电力公司和用户参与需求侧管理；进行宏观调控，加大宣传推广的力度。

16.3.3　实施需求侧管理的模式

实施 DSM 的主体为电力公司。电力公司与用户有着供应、计量、收费等多方面的联系，所处地位有利于传递和收集信息并组织项目的实施。在实施 DSM 的过程中，可采用统筹型模式或对象型模式，前者有代表性的是美国，而后者则是北欧国家。

1. 统筹型模式

以美国为例，在实施 DSM 的时候，经电价管理委员会同意，在电价上附加少部分费用作为开展 DSM 的资金来源，然后用于广大用户购买节能电器和高效电机等的直接回扣。

2. 对象型模式

如北欧等国，单独对每一用户进行能源监测，然后提出其高效耗能设备使用效率等方面的报告，并进行整改，使参与 DSM 的用户的能源使用效率有很大提高。

16.3.4　需求侧管理的实施流程

图 16-4 所示为我国的 DSM 实施流程。

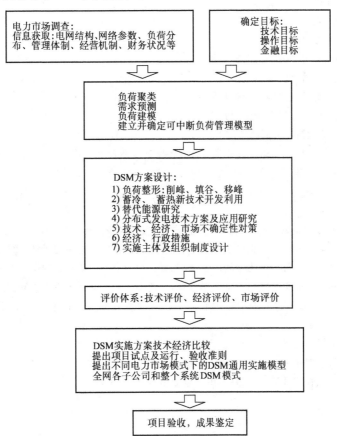

图 16-4　DSM 实施流程

16.3.5 需求侧管理节能技术

能源是国民经济和社会发展的重要物质基础,是提高和改善人民生活质量的必要条件。由于能源问题日益突出,节能已经成为解决当代能源问题的一个公认的重要途径。有科学家把"节能"称之为"第五大能源",与煤、石油和天然气、水能、核能 4 大能源相并列,由此可见节能的重要意义。

需求侧的节能措施有哪些呢?采用绿色照明技术;使用高效节能的家用电器;推动建筑节能技术的应用,新建节能建筑及改造既有非节能建筑;推广热电冷联产及分布式发电技术;推广热泵技术的使用;合理、科学地进行无功补偿、随机补偿、集中补偿、自动补偿等;积极对需要调速改造的电动机、风机、水泵、压缩机统计数量和容量,并进行改造或替换;积极替换已淘汰的变压器及更老型号的变压器等。

思考题与习题

16-1 电力工业体制的发展经历了哪些阶段?

16-2 我国电力市场化改革的原因是什么?

16-3 电力市场化改革的主要内容有哪些?

16-4 常规能源发电有哪些?

16-5 新型能源发电有哪些?

16-6 我国不同能源电厂的发展趋势如何?

16-7 什么是需求侧管理?

16-8 实施需求侧管理的内容及措施有哪些?

16-9 通过哪些手段实施需求侧管理?

16-10 需求侧的节能措施有哪些?

16-11 请自行收集资料,了解未来可能会有哪些新型能源发电形式。

16-12 请自行收集资料,分析在日常生活中有哪些节能措施。

参 考 文 献

[1] 刘振亚. 中国电力与能源 [M]. 北京:中国电力出版社,2012.

[2] 韦钢,张永健,陆剑峰,等. 电气工程概论 [M]. 北京:中国电力出版社,2005.

[3] 于尔铿,韩放,谢开,等. 电力市场 [M]. 北京:中国电力出版社,1998.

[4] 王锡凡,王秀丽,陈皓勇. 电力市场基础 [M]. 西安:西安交通大学出版社,2003.

[5] 国家电网公司电力需求侧管理指导中心. 电力需求侧管理实用技术 [M]. 北京:中国电力出版社,2005.

[6] 刘继春. 电力市场运营系统 [M]. 北京:中国电力出版社,2004.

[7] 黄素逸. 能源与节能技术 [M]. 北京:中国电力出版社,2004.

[8] 任有中. 能源工程管理 [M]. 北京:中国电力出版社,2004.

附　　录

附录 A　电力工程常用术语（按汉语拼音顺序排列）

B

保护接地 Protective earthing

保护装置 Protection device；Protective gear

报价处理系统 Price system

变电所 Substation

变压器保护配置原则 Transformer protection schemes

避雷线 Ground wire

并联补偿 Shunt compensation；Parallel compensation

不对称故障 Asymmetric fault

C

操作（内部）过电压 Operational（internal）overvoltage

磁链方程 Flux linkages equation

次同步谐振 Subsynchronous resonance

次暂态电抗后电动势 Voltage behind sub-transient reactance

长期边际成本法 Long run marginal cost method

超高压交流电力系统 EHV AC power system

超高压直流电力系统 EHV DC power system

潮流计算 Load flow calculation

串联电容补偿 Series capacitor compensation

D

dq0 坐标系下的方程 The equations in dq0 components

大干扰稳定性 Large signal stability

单相对地故障 Phase-to-earth fault；Single line to ground fault（USA）

单相接地短路 Single-phase ground short circuit

档距 Span

等面积定则 Equal area criterion

低频减载 Underfrequency load shedding

低频振荡 Low-frequency oscillation

低压减载 Under-voltage load shedding

电磁功率 Electromagnetic power

电磁暂态过程 Electromagnetic transient process

电感 Inductance

电机 Electric machine

电价结构 Price structure

电价制度 Electricity price system

电缆线路 Cable line

电力交易中心 Power Exchange，PE

电力市场 Electricity market

电力网 Electric power network，Power grid

电力网数学模型 Mathematical models of electric power network

电力系统 Electric power system，Power system

电力系统电压特性 Power system voltage characteristic

电力系统过电压 Power system overvoltage

电力系统分析 Electric power system analysis

电力系统计算 Electric power system computation

电力系统联络线 Power system tie line

电力系统频率特性 Power system frequency characteristic

电力系统稳定 Electric power system stability

电力系统稳定器 Power system stabilizer，PSS

电力系统谐波 Power system harmonic

电流互感器 Current transformer

电能计量系统 Energy Measurement System，EMS

电气距离 Electric distance

电气设备 Electrical equipment

电气制动 Electric stop

电枢 Armature

电网 Electric power system，Power grid

电网公司 Grid Company，GC

电网结构 Electric power network composition，Power network configuration

电压波动 Voltage fluctuation

电压等级 Voltage class，Voltage grade，Voltage range

电压方程 Voltage Equation

电压偏差 Voltage deviation

电压偏低 Voltage depression

电压稳定 Voltage stability

电压稳定分析 Voltage stability analysis

电压下降 Voltage reduction

电源侧管理 Power supply side management

调度员潮流 Dispatcher power flow

定时限 Definite time

定子 Stator

定子绕组 Stator winding

动态稳定 Dynamic stability

独立发电商 Independent power producer

独立系统调度员 Independent System Operator，ISO

短路计算 Short-circuit calculation

断路器 Breaker

对称分量法 Symmetrical component method

对称故障 Symmetrical fault

多重故障 Multiple fault；Cross country fault

F

发电机 Power generator

发电机保护 Generator protection

发电机的失步保护 Generator out of Step Protection

发电机的失磁保护 Field failure protection of generator

发电机负序电流保护 Generator negative current protection

发电商竞价管理系统 Power bidding management system

方向保护 Directional protection

非全相运行 Open phase operation

分布式发电技术 Distributed power generation technology

分裂导线 Split conductor

分时电价 Time of use power price

峰谷分时电价 Peak/valley time-based electricity price

辐射形网 Radial network

负荷持续曲线 Load duration curve

负荷动态特性 Dynamic load characteristic

负荷管理 Load management

负荷静态特性 Static load characteristic

负荷曲线 Load curve

负荷特性 Load characteristic

复合序网 Composite sequence network

负荷因数 Load factor

负荷预测 Load forecasting

负荷转移 Load transfer

负序电流 Negative-sequence current

负序电抗 Negative-sequence reactance

负序分量 Negative sequence component

负序网络 Negative sequence network

负序阻抗 Negative sequence impedance

G

杆塔 Pole and tower

钢芯铝绞线 Aluminium conductor steel-reinforced

高次谐波 Higher harmonic

高压交流电力系统 HVAC system

高压直流电力系统 HVDC system

供电 Supply (of electricity)

供电电压 Supply voltage

供电质量 Quality of supply

功率特性曲线 Power characteristic curve

（电力系统）故障 Fault (in electric power system)

故障清除 Fault clearance

H

合同管理系统 Contract management system

横向故障 Horizontal fault

弧垂 Sag

互联电力系统 Interconnected power system

换位 Transposition

环网 Looped network

J

基础电价 Base price

奇次谐波 Odd harmonic

继电保护装置 Protective relaying equipment

即时信息系统 Instant messaging system

极限切除角度 Limit cut angle

极限切除时间 Critical clearing time

架空线路 Overhead line

降压变压器 Step-down transformer

交流电力系统 AC power system

交流输电 AC power transmission

交易管理系统 Transaction management system

交轴次暂态电动势 Sub-transient internal voltage on q-axis

交直流混合输电 AC-DC power transmission

交轴次暂态电抗 Sub-transient reactance on q-axis

结算系统 Clearing system

静态安全分析 Static security analysis

静态电压稳定 Static voltage stability

静态稳定 Steady state stability

静态稳定储备系数 Static stability reserve factor

静态稳定极限 Static stability limit

静态稳定判据 Static stability criterion

静止无功补偿 Static reactive compensation

静止无功补偿器 Static var compensator

距离保护 Distance protection

绝缘故障 Insulation fault

绝缘子 Insulator

K

可靠性 Reliability

可控串联补偿 Controlled series compensation

可中断电价 Interruptible price

空载电动势 Open-circuit voltage，No-load voltage

快速汽门控制 Fast valve control

L

励磁电流 Excitation current

励磁电压 Excitation system voltage

励磁机 Exciter

励磁绕组 Exciting winding

励磁系统 Excitation system

联络线 Tie line

联系电抗 Contact reactance

两部制电价 Two-part tariff

两相短路 Two-phase short circuit

两相短路接地 Two-phase ground short circuit

两相断线 Two-phase disconnection

两相对地故障 Two-phase-to-earth fault；Double line to ground fault（USA）

灵活负荷 Flexible load

灵敏性 Sensitivity

零序保护 Zero-sequence protection

零序电流 Zero-sequence current/residual current

零序分量 Zero sequence component

零序网络 Zero sequence network

零序阻抗 Zero sequence impedance

六相输电 Six-phase power transmission

M

母线故障 Bus-bar fault

双回路输电 Transmission with two line in parallel

瞬时故障 Transient fault

T

调压变压器 Regulating transformer

同步电机 Synchronous electric machine

W

外部过电压 External overvoltage

网络等效 Network equivalence

网络分析 Network Analysis, NA

网络拓扑 Network topology

稳态方程与参数 Steady-state equations

无功补偿 Reactive power compensation

无功电源容量 Reactive generation capacity

无功规划 Reactive power plan

无功优化 Reactive power optimization

X

系统操作员 Systems Operator, SO

系统等效网络 System equivalent network

系统容量 Power system capacity

线路故障 Line fault

线路压降 Line voltage drop

相间故障 phase-to-phase fault; line-to-line fault （USA）

削峰填谷 Peak load shifting

小干扰法 Small interfering law

小干扰稳定性 Small signal stability

谐波 Harmonic

谐波电压源 Source of harmonic voltage

谐波电流源 Source of harmonic current

谐波电流 Harmonic current

谐波电压 Harmonic voltage

谐振过电压 Resonant overvoltage

选择性 Selectivity

需求侧管理 Demand Side Management, DSM

序阻抗 Sequence impedance

Y

异步电机 Asynchronous electric machine

一部制电价 One-part tariff

一相断线 One-phase disconnection

隐极 （电机） Non-salient pole

永久性故障 Permanent fault

优化潮流计算 Optimum load flow calculation

原动机及调速器 Prime mover and governor

Z

暂态安全分析 Transient safety analysis

暂态电抗 Transient reactance

暂态电抗后电动势 Voltage behind transient reactance

暂态电动势 Transient internal voltage

暂态电压稳定 Transient voltage stability

暂态能量函数法 Transient energy function method

暂态稳定 Transient stability

自动重合闸 Auto-reclosure

自动发电控制 Automatic Generation Control，AGC

自耦变压器 Auto-transformer

资源规划 Integrated resource plan

综合成本法 Embedded cost method

纵联差动保护 Longitudinal differential protection

纵向故障 Vertical fault

最优潮流 Optimal Power Flow，OPF

正序等效定则 Positive sequence equivalent rule

正序分量 Positive sequence component

正序网络 Positive sequence network

正序增广网络 Positive sequence augmented network

正序阻抗 Positive sequence impedance

直击雷 Direct lightning strike

直接法 Direct method

直流电力系统 DC power system

直流输电 DC power transmission

直轴次暂态电动势 Sub-transient internal voltage on d-axis

直轴次暂态电抗 Sub-transient reactance on d-axis

中性点不直接接地系统 Neutral ungrounded solidly system

中性点消弧线圈接地系统 Neutral grounded system through an arc suppression coil

逐步积分法 Step-by-step integration method

主接线 Main circuit diagram

阻尼绕组 Damping winding

助增电流 Infeed current

转运电价 Wheeling rate

转子绕组 Rotor winding

转子 Rotor

状态估计 State estimation

附录 B 部分常用导线、电缆安全载流量表

表 B-1 橡胶或塑料绝缘线安全载流量

根数 × 线径/mm	标称截面面积/mm²	安全载流量/A			
		BX	BLX	BV	BLV
1 × 1.13	1	20		18	
1 × 1.37	1.5	25		22	
1 × 1.76	2.5	33	25	30	23
1 × 2.24	4	42	33	40	30
1 × 2.73	6	55	42	50	40
7 × 1.33	10	80	55	75	55
7 × 1.76	16	105	80	100	75
7 × 2.12	25	140	105	130	100
7 × 2.50	35	170	140	160	125
19 × 1.83	50	225	170	205	150
19 × 2.14	75	280	225	255	185
19 × 2.50	95	340	280	320	240

说明：BX（BLX）铜（铝）芯橡胶绝缘线或 BV（BLV）铜（铝）芯聚氯乙烯塑料绝缘线，广泛应用于 500V 及以下交直流配电系统中，作为线槽、穿管或架空走道敷设的机间连线或负荷电源线。但截面面积在 0.5mm² 及以下者，仅在电源设备内部作布线用。此表所列数据为周围温度为 35℃、导线为单根明敷时的安全载流量值。

表 B-2 TMY、LMY 汇流母排技术数据

根数 × 线径/mm	标称截面面积/mm²	质量/(kg/m)		安全载流量/A	
		TMY	LMY	TMY	LMY
25 × 3	75	0.688	0.208	340(300)	265(230)
30 × 3	90	0.800	0.234	405(360)	305(265)
30 × 4	120	1.006	0.324	475(415)	370(325)
40 × 4	160	1.424	0.432	625(550)	480(425)
40 × 5	200	1.780	0.540	700(620)	545(480)
50 × 5	250	2.225	0.675	860(760)	670(590)
50 × 6	300	2.670	0.810	955(840)	745(655)
60 × 6	360	3.204	0.972	1125(990)	880(775)
60 × 8	480	4.272	1.295	1320(1160)	1040(910)
60 × 10	600	5.340	1.620	1525(1350)	1180(1030)
80 × 8	640	5.696	1.728	1755(1540)	1355(1190)
80 × 10	800	7.120	2.160	1900(1750)	1540(1350)

说明：TMY（LMY）分别为铜（铝）母汇流排，当周围空气温度为 25℃、母排极限温升为 70℃时的直流负荷安全载流量为表中所标示，括号内数字为温度为 35℃时的直流负荷安全载流量值。

表 B-3　LJ 裸铝绞线技术数据

规格（根数×线径）/mm	标称截面面积/mm²	直流电阻（20℃)/（Ω/km)	质量/（kg/km)	安全载流量/A
7×1.70	16	1.847	44	105
7×2.12	25	1.188	68	135
7×2.50	35	0.854	95	170
7×3.00	50	0.593	136	212
7×3.55	70	0.424	191	265

说明：LJ 裸铝绞线主要适用于交流高、低压架空线路中。

表 B-4　电力电缆埋设时安全载流量

标称截面面积/mm²	橡胶或塑料绝缘电力电缆（500V)						油浸纸绝缘电力电缆			
	铜芯			铝芯			铜芯		铝芯	
	单芯	二芯	三芯	单芯	二芯	三芯	三芯（10kV)	四芯（1kV)	三芯（10kV)	四芯（1kV)
2.5(1.5)	48	39	34	38	30	26				
4(2.5)	64	49	44	50	37	34	46		35	
6(4)	80	62	53	64	49	41	55		42	
10(6)	111	94	80	87	71	62	78		60	
16(6)	148	120	102	115	94	80	75	105	67	83
25(10)	191	156	134	150	120	102	100	138	79	106
35(10)	232	187	160	182	143	125	120	161	101	124
50(16)	289	236	200	227	183	156	150	198	123	152
70(25)	348	285	245	273	218	187	180	244	145	184
90(35)	413	344	294	323	262	227	215	285	180	220
120(35)	471	396	344	369	302	263	245	322	211	248

说明：标称截面面积一栏，括号内数字为四芯电力电缆中性线截面面积。表中所列均为交流值。

附录 C　常用变压器技术数据

表 C-1　200～1600kV·A 三相双绕组有载调压配电变压器技术数据

额定容量 /kV·A	电压组合及分接范围			联结组标号	空载损耗 /kW	负载损耗 /kW	空载电流 （%)	短路阻抗 （%)
	高压 /kV	高压分接范围 （%)	低压 /kV					
200					0.48	3.06	1.5	
250					0.56	3.60	1.4	
315					0.67	4.32	14	4.0
400					0.80	5.22	1.3	
500	6 6.3 10	±4×2.5	0.4	Dyn11 Yyn10	0.96	6.21	1.2	
630					1.20	7.65	1.1	
800					1.40	9.36	1.0	
1000					1.70	10.98	1.0	4.5
1250					1.95	13.05	0.9	
1600					2.40	15.57	0.8	

注：1. 根据用户需要，可提供高压绕组电压为 10.5kV 及 11kV 的变压器。

　　2. 根据用户需要，可提供低压电压为 0.69kV 的变压器。

表 C-2　6300～63000kV・A 三相双绕组有载调压电力变压器技术数据

额定容量 /kV・A	电压组合及分接范围		联结组 标号	空载损耗 /kW	负载损耗 /kW	空载电流 （%）	短路阻抗 （%）
	高压 /kV	低压 /kV					
6300	110 ± 8 × 1.25%	6.3 6.6 10.5 11	YNd11	10.0	36	0.80	10.5
8000				12.0	45	0.80	
10000				14.2	53	0.74	
12500				16.8	63	0.74	
16000				20.2	77	0.69	
20000				24.0	93	0.69	
25000				28.4	110	0.64	
31500				33.8	133	0.64	
40000				40.4	156	0.58	
50000				47.8	194	0.58	
63000				56.8	234	0.52	

注：1. 有载调压变压器，暂提供降压结构产品。

2. 根据用户要求，可提供其他电压组合的产品。

3. −10% 分接位置为最大电流分接。

表 C-3　6300～63000kV・A 三相三绕组有载调压电力变压器技术数据

额定容量 /kV・A	电压组合及分接范围			联结组 标号	空载损耗 /kW	负载损耗 /kW	空载电流 （%）	短路阻抗 （%）
	高压 /kV	中压 /kV	低压 /kV					
6300	110 ± 8 × 1.25%	35 37 38.5	6.3 6.6 10.5 11	YNyn0d11	12.0	47	0.95	高一中 10.5 高一低 17.5～18.5 中一低 6.5
8000					14.4	56	0.95	
10000					17.1	66	0.89	
12500					20.2	78	0.89	
16000					24.2	95	0.84	
20000					28.6	112	0.84	
25000					33.8	133	0.78	
31500					40.2	157	0.78	
40000					48.2	189	0.73	
50000					56.9	225	0.73	
63000					67.7	270	0.67	

注：1. 有载调压变压器，暂提供降压结构产品。

2. 高、中、低压绕组容量分配为（100/100/100）%。

3. 根据需要联结组标号可为 YNd11y10。

4. −10% 分接位置为最大电流分接。

5. 根据用户要求，中压可选用不同于表中的电压值或设分接头。

表 C-4　31500～240000kV·A 三相三绕组有载调压自耦电力变压器技术数据

额定容量 /kV·A	电压组合及分接范围			联结组 标号	空载损耗 /kW	负载损耗 /kW	空载电流 （%）	容量分配 （%）	短路阻抗 （%）
	高压/kV	中压/kV	低压/kV						
31500	220 ± 8 × 1.25%	115 121	6.3 6.6 10.5 11 35 37 38.5 10.5 11 35 37 38.5	YNa0d11	25	108	0.56	100/100/50	高一中 8～10 高一低 28～34 中一低 18～24
40000					30	132	0.56		
50000					36	157	0.49		
63000					42	189	0.49		
90000					51	247	0.42		
120000					64	308	0.42		
150000					76	365	0.35		
180000					85	419	0.35		
240000					104	540	0.30		

注：1. 表中所列数据适用于降压结构产品。

　　2. 不推荐采用低压为 6.3kV、6.6kV、10.5kV、11kV 的产品。